辛苦耕耘寒暑中
师生戮力辟蹊同
锲精谒底求佳境
总为领域献真经

2014.9.1

TIANRAN GAOFENZIJI XINCAILIAO CONGSHU

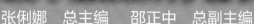

《天然高分子基新材料》丛书

张俐娜　总主编　邵正中　总副主编

"十二五"国家重点图书

天然橡胶
及生物基弹性体

张立群　主持编著

张立群　张继川　廖双泉　编著

化学工业出版社

·北京·

本书为《天然高分子基新材料》丛书之一。基于高分子化学、高分子物理以及材料科学基本概念和理论，全面系统地论述了三叶橡胶的栽培与制备，三叶橡胶的生物合成、结构及分子量，三叶橡胶的结晶及理化性质，三叶橡胶的物理、化学改性及应用。在此基础上，结合国内外第二天然橡胶资源和生物基合成弹性体的开发热潮，系统总结了银菊橡胶、蒲公英橡胶、杜仲橡胶、其他天然橡胶以及生物基合成弹性体的研究进展。

本书既梳理了天然橡胶生产、研究的历史脉络，又总结了天然橡胶和生物基弹性体的相关理论知识和技术方法，还反映了该领域的最新研究成果，适合高分子材料领域、橡胶材料和加工领域从事科研、生产应用的人员使用，也可供高等院校相关师生参考学习使用。

图书在版编目（CIP）数据

天然橡胶及生物基弹性体/张立群编著． —北京：化学工业出版社，2014.11（2021.8重印）

（《天然高分子基新材料》丛书．张俐娜总主编）

"十二五"国家重点图书

ISBN 978-7-122-21226-9

Ⅰ．①天…　Ⅱ．①张…　Ⅲ．①天然橡胶②生物合成-弹性体　Ⅳ．①TQ33

中国版本图书馆CIP数据核字（2014）第148488号

责任编辑：翁靖一　　　　　　　　　　　　装帧设计：刘丽华
责任校对：边　涛

出版发行：化学工业出版社（北京市东城区青年湖南街13号　邮政编码100011）
印　　装：北京宝隆世纪印刷有限公司
710mm×1000mm　1/16　印张34½　字数691千字　2021年8月北京第1版第2次印刷

购书咨询：010-64518888　　　　　　　　售后服务：010-64518899
网　　址：http://www.cip.com.cn
凡购买本书，如有缺损质量问题，本社销售中心负责调换。

定　　价：198.00元

《天然高分子基新材料》丛书编委会

编委会主任：张俐娜　中国科学院院士，武汉大学教授

编委会副主任：邵正中　复旦大学教授，长江学者特聘教授
　　　　　　　　周伟斌　化学工业出版社社长

委员（按姓氏汉语拼音排序）：

蔡　杰　武汉大学教授

陈国强　清华大学教授，长江学者特聘教授，国家"973"项目首席科学家

陈　云　武汉大学教授

杜予民　武汉大学教授

付时雨　华南理工大学教授，珠江学者特聘教授

黄　进　武汉理工大学教授，教育部新世纪优秀人才

任　杰　同济大学教授，教育部新世纪优秀人才

邵正中　复旦大学教授，长江学者特聘教授，国家杰出青年科学基金获得者

汪秀丽　四川大学教授，教育部新世纪优秀人才

王玉忠　四川大学教授，长江学者特聘教授，国家杰出青年科学基金获得者

张洪斌　上海交通大学教授

张立群　北京化工大学教授，长江学者特聘教授，国家"973"项目首席科学家

张俐娜　中国科学院院士，武汉大学教授

周伟斌　化学工业出版社社长

《天然高分子基新材料》丛书编著人员

丛书总主编： 张俐娜

丛书总副主编： 邵正中

分册编著人员：

《纤维素科学与材料》	蔡 杰 吕 昂 周金平 张俐娜 编著
《蚕丝、蜘蛛丝及其丝蛋白》	邵正中 著
《甲壳素/壳聚糖材料及应用》	施晓文 邓红兵 杜予民 编著
《木质素化学及改性材料》	黄 进 付时雨 编著
《大豆蛋白质科学与材料》	陈 云 王念贵 编著
《淀粉基新材料》	王玉忠 汪秀丽 宋 飞 编著
《多糖及其改性材料》	张洪斌 编著
《天然橡胶及生物基弹性体》	张立群 编著
《聚乳酸》	任 杰 李建波 编著
《微生物聚羟基脂肪酸酯》	陈国强 魏岱旭 编著

　　生物经济是建立在生物资源可持续利用和生物技术基础之上，而不完全依赖于化石资源的一种新经济形态。它的创建正在挑战并推动着传统工业、农业、林业等产业的发展，引起了工业界、学术界和政府的高度关注和协力应对，以形成新的资源配置和利用。在材料科学领域，基于"可持续发展"和"环境保护"两方面的考虑，利用可再生的生物质创造新材料同样面临着重要的发展机遇。显然，这是由于化石资源的日益枯竭及其产品对环境造成不同程度的污染所致。

　　在可再生的生物质中，天然高分子占据非常重要的地位。天然高分子是一类来源于自然界广泛存在的动物、植物以及微生物中的大分子有机物质，主要包括多糖（如纤维素、甲壳素/壳聚糖、淀粉、透明质酸等）、蛋白质（植物蛋白如大豆蛋白，动物蛋白如蚕丝、各类酶等）以及木质素、天然橡胶、天然聚酯等。它们是自然界赋予人类最重要的物质资源和宝贵财富。天然高分子，可以被直接利用及通过化学或物理方法构建成新的功能材料，也可以制备成各种化工原料、生化品、低聚物及生物柴油等。广义的天然高分子还包括天然高分子衍生物以及用天然有机物质作为原料通过生物合成、化学合成或复合而形成的各种高分子材料（如聚乳酸、聚羟基脂肪酸酯、生物弹性体等）。天然高分子材料废弃后很容易被土壤中的微生物降解和无害化处理，是典型的环境友好材料。

　　当前，化学科学发展的趋势之一是致力于解决人类社会中的环境问题并促进世界的可持续发展。近年来，科学界和工业界正在积极关注建立环境友好的技术和方法及基于天然高分子的"绿色"产品和材料的研究与开发。很多全球性大公司对于生物质材料、生物燃料及相关的加工技术都制订了高瞻远瞩的发展计划，尤其瞄准天然高分子基新材料在生物医药、纺织、包装、运输、建筑、日用品，乃至光电子器件等诸多领域的应用前景。美国能源部(DOE)

预计，在2020年源于植物生产的基本化学结构材料将增加到10%，而在2050年将达到50%。可见，天然高分子基新材料领域的研究及应用正在蓬勃展开，它们必然带动农业、绿色化学、生物医学、可生物降解材料以及纳米技术、生物技术、分子组装等多学科的发展，终将对人类的生存与健康和世界经济发展起不可估量的作用。

顺应于天然高分子科学与技术的发展，迫切需要该领域的科技工作者对这些生物质大分子及其改性材料的基本概念、基础理论、实验技术、应用前景以及学科的发展历史和最新研究成果有足够的了解和认识，因此亟须有套权威丛书来系统介绍它们。同时，为了培养一大批从事天然高分子材料科学与技术的科技人才，极力促进各相关知识领域及其应用产业链间资源与信息的整合，也急需一套全面、系统介绍天然高分子材料与应用的专著供大家参考。为此，我受化学工业出版社邀请，专门组织我国长期从事天然高分子研究的老、中、青年专家、教授共同编写了《天然高分子基新材料》丛书（共10册）。该丛书包括《纤维素科学与材料》、《蚕丝、蜘蛛丝及其丝蛋白》、《甲壳素/壳聚糖材料及应用》、《木质素化学及改性材料》、《大豆蛋白质科学与材料》、《淀粉基新材料》、《多糖及其改性材料》、《天然橡胶及生物基弹性体》、《聚乳酸》和《微生物聚羟基脂肪酸酯》。我国可利用的生物质资源极其丰富，相关研究和产业化也取得了长足发展。尤其近几年，我国在纤维素低温溶解、天然高分子纺丝、丝蛋白和多糖结构功能解析、生物塑料和生物基弹性体等方面取得了一系列国际瞩目的研究成果。本套书以高质量、科学性、准确性、系统性和实用性为目标，图文并茂、深入浅出地表述，具有科普性强，内容新颖、丰富的特点；不仅全面介绍了许多重要天然高分子材料的基本概念、基础理论、实验技术以及最新研究进展和发展趋势，也反映了所有编著者在各自领域的研究成果和经验积累，涵盖了天然高分子基新材料基础研究和应用的诸多方面，便于读者拓展思路、开阔眼界。

历经近两年时间，这套《天然高分子基新材料》丛书即将问世。在此，我衷心地感谢杜予民教授（武汉大学）、邵正中教授（复旦大学）、陈国强教授（清华大学）、张立群教授（北京化工大学）、王玉忠教授（四川大学）、张洪斌教授（上海交通大学）、任杰教授（同济大学）、陈云教授（武汉大学）、黄进教授（武汉理工大学）、蔡杰教授（武汉大学）等积极热心地参加并负责完成了书稿。同时，他们的很多研究生也参与了这项工作，并在文献查阅和翻译外文资料以及编写、制图等方面付出了艰辛的劳动。尤其，一些国内外知名专家如江明院士（复旦大学）、Gregory F Payne教授（美国马里兰大学）、张厚民教授（Hou-min Chang，美国北卡罗来纳州立大学）、谢富弘教授（Fu-hung Hsieh，美国密苏里大学哥伦比亚分校）、王彦峰教授（武汉大学中南医院）和杨光教授（华中科技大学）等热情地为这套书提出了一些宝贵的意见，在此一并表示感谢。最后，也感谢化学工业出版社为这套书的出版所做的一切努力。

资源、健康、环境与发展是人类关心的根本问题。我们期待本套书的出版对天然高分子基材料的创新和技术进步及国民经济的发展有积极的促进作用，进而有效地提升我国天然高分子研究的国际地位，推动整个学科的全新发展。我衷心地希望更多的教师、研究生、工程师、生物学家及高分子学家能参与到天然高分子基新材料的研究、开发及应用行列，共同推进人类社会的可持续发展，共建我们美丽的家园。

张俐娜

中科院院士
武汉大学教授
2014年2月28日

　　天然橡胶是一种非常重要且很有趣的天然高分子材料。通常所说的天然橡胶，是指源自于巴西的三叶橡胶，直接从树上流出的高分子胶乳，破乳后洗涤干燥就生产出了高分子材料，过程简单，这是其他天然高分子材料所不具备的优势。高分子科学的研究，其开端就将天然橡胶作为最为主要的研究对象之一，许多高分子物理的现象、概念和理论是通过对天然橡胶的研究而提炼出来的。当今，天然高分子材料的种类有很多种，譬如淀粉、壳聚糖、蚕丝蛋白等，但真正在工业界大规模应用且很早就产业化的应该就是天然橡胶了。2013年，全世界天然橡胶的产量已经达到1100多万吨，而我国天然橡胶的年耗量为400万吨左右，居世界第一位。天然橡胶已经在人类日常生活、工业农业、尖端装备等方面发挥着不可缺少的重要作用。此外，天然橡胶还有一个重要的特性——应变诱导结晶，也就是说，不该结晶时它就展示弹性，而要破坏它时它就拉伸结晶来抵抗，这种宝贵的特性不仅保证了它在工程轮胎、飞机轮胎、纤维和钢丝/橡胶复合材料黏合层中难以逾越的应用地位，而且也是天然橡胶在人类的计划生育和生理疾病防治上做出重大贡献的性能基础，因而被合成橡胶的结构设计所学习。

　　目前，全球有关天然橡胶的书籍并不多。作为长期从事橡胶领域前沿与应用研究的科研工作者，有责任也有义务将此不依赖化石资源的优良材料通过出版的形式贡献和传承于世人，所以在承接编著本书的任务时，备感压力。庆幸近些年巴西三叶橡胶干胶及胶乳的聚集态结构研究、拉伸结晶研究有了较多的进展，天然橡胶制备、母胶技术也发展迅速，天然橡胶纳米复合材料的前沿研究也十分活跃，给了作者更多的驱动力。其次，令人振奋的还有第二天然橡胶的蓬勃发展。由于人类对橡胶需求量的不断上涨，石化资源又日渐枯竭，最近二十年，世界范围内产生了第二天然橡胶的研究热潮，典型的代表是银胶菊橡胶、蒲公英橡胶和杜仲橡胶。目前尚缺少专门的书籍对他们的研究进展加以总结和评述，因此这部分的引入既是此书的特色之一，又强化了此书的学术与技术价值。最后，作者或许是在世界上首次提出了生物基工程弹性体的概念和内涵，并据此利用一些大宗的生物基单体设计和制备出了一些生物基工程弹性体，国际上一些公司则先利用生物基单体转化为与来自于化石资源的同样结构的单体，再聚合成为传统结构的弹性体材料。这两条思路都是生物基材料的思路，都属于生物基高分子材料的范畴，因而也被总结进本书，并成为一个特色和亮点。这样的一种架构力图体现生物基橡胶可持续发展的大战略思想，并表达了学习自然、超越自然的科学意志，希望能对读者有所裨益。

本书的撰写，不仅搜集了大量的文献资料，而且汇集了天然橡胶领域最新的研究成果，其主要特点是从材料科学与工程的角度出发，分章论述了各种天然橡胶的生物学特点、栽培和养护特性，但是更多的笔墨集中在天然橡胶的提取、制备技术和结构与性能上，同时对这些材料的现实应用也做了相应的介绍。

全书共分10章，由张立群教授主持编著，由张立群、张继川、廖双泉共同撰写。但部分章节的编写、修改和文献整理工作得到诸多已毕业或在读的学生们的帮助，在此一并表示感谢。其中，张继川博士参与了第1章、第3章、第8章和第9章的编写；海南大学廖双泉教授、赖杭桂教授参与了第2章的编写；吴晓辉博士研究生参与了第4章和第5章的编写；孙树泉博士研究生参与了第4章、第6章和第7章的编写；孟阳博士研究生参与了第5章的编写；中国热带农业科学院湛江实验站刘实忠研究员参与了第6章的编写；王润国博士、王朝博士、康海澜博士参与了第10章的编写。全书由张立群教授负责统稿和审校。由于科研、教学任务繁重，春节假日、周末和夜晚便成了主要写作时段，衷心地感谢家人、朋友和同事的大力支持与理解。也要特别感谢丛书的总主编张俐娜院士和邵正中教授的支持和指导，感谢丛书编委会专家的支持与建议，感谢化学工业出版社各级领导的支持。最后，感谢国家"973"项目和国家自然科学基金重点课题的资助。

本书适合于从事高分子材料、天然高分子材料、橡胶以及天然橡胶的科学研究、加工应用等领域的工程师、科学家、技术管理等相关人员阅读，也适合于上述领域的研究生、教师参考学习。

虽然是怀着认真谦虚的态度来编著此书，但限于时间、精力，书中难免有疏漏和不足之处，恳请广大读者批评指正。

（张立群，于北京化工大学）

二零一四年四月八日

目 录
contents

第3章　三叶橡胶的生物合成、结构及分子量　⟨119⟩

第4章　三叶橡胶的结晶及理化性质　　159

第5章　三叶橡胶的物理、化学改性及应用　(225)

第6章　银菊橡胶　(339)

第8章 杜仲橡胶 (401)

第9章　其他天然橡胶 (449)

第10章　生物基合成弹性体 (471)

第1章
绪论

1.1 引言 ‹‹‹

　　天然橡胶是一种重要的战略物资，与煤炭、钢铁、石油并称为四大基础工业原料，广泛地用于航空航天、汽车、飞机轮胎和医疗卫生等领域[1]。比如：一辆载重汽车需要240kg橡胶，一架喷气式飞机需要600kg橡胶，一辆轻型坦克需要800kg橡胶，一艘3.5万吨的军舰需要68t橡胶，这些例子中，天然橡胶占据了很大比例[2]。天然橡胶具有多种优良的性能，如：高弹性、高强度、高绝缘性、优良的耐磨性等，其中最为突出的是其应变诱导结晶性能及其所产生的高强度，这使得天然橡胶在常态下为弹性体，受到外力作用时，就会产生应变诱导结晶抵抗外力的破坏作用，这种特性是目前大多数合成橡胶无法相比的。天然橡胶的综合物理机械性能至今不可替代，用途极为广泛[3]。目前，世界上的橡胶制品多达7万多种，其中涉及天然橡胶的就有4万多种，体现在人类现代生活的方方面面，其中轮胎工业就占据了天然橡胶70%的消费市场[4]。如果把现代社会比作一个人，那么天然橡胶和合成橡胶就是这个人的两只脚，维持着现代社会的良好运转。因此，天然橡胶在国民经济发展和国防安全建设中具有十分重要的地位和作用[5,6]。

1.2 发展历史 ‹‹‹

1.2.1 世界天然橡胶的发展历史

1.2.1.1 古老的硫化橡胶化石（史新世晚期，5500万年以前）

　　据文献记载，1924年在德国出土的史新世晚期的褐煤沉积层中的橡胶化石，是迄今为止发现的最古老的橡胶样品。有趣的是，它不仅是最古老的橡胶文物，而且经化学分析它还含有1.92%的结合硫黄，经丙酮抽提之后，还可感知到一定的弹性[7]。这些硫化橡胶化石以棕褐色的厚鬃毛垫的形式保存下来，长约22cm，见图1.1，其中的鬃毛直径约100μm，彼此之间相互分离，并以近似平行的方式排列，见图1.2。

　　经过仔细研究，科学家们认为这些鬃毛是双子叶被子植物，比如大戟科、夹

图 1.1 厚鬃毛垫状硫化橡胶化石 ×0.3
（德国 Geiseltal 山谷褐煤沉积层出土）

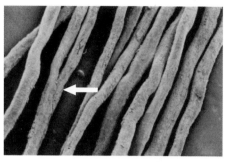

图 1.2 硫化橡胶化石的扫描电镜照片 ×50

竹桃科、桑科以及山榄科等植物体内的无节乳胶管中的天然胶乳经过硫黄硫化之后形成的硫化橡胶化石。经过数千万年的演化，无节乳胶管内外的细胞组织都被降解掉了，只有里面的硫化橡胶按照无节乳胶管的空间结构形式形成了化石，并保存了下来。这也为地球植物的进化演变过程提供了珍贵的证据[8]。

经 ^{13}C-NMR 谱图分析，无节乳胶管内硫化橡胶的主要成分为顺式 -1,4- 聚异戊二烯，见图 1.3。其中图 1.3（a）为现存三叶天然橡胶的 ^{13}C-NMR 谱图，5 个核磁共振峰所对应的碳原子清楚而明确，从左至右分别为 135ppm（1ppm=$1×10^{-6}$）处的 α-烯烃碳、125ppm 处的 β-烯烃碳、35ppm 处的 γ- 亚甲基碳、30ppm 处的 δ-亚甲基碳、25ppm 处的 ε- 甲基碳。图 1.3（b）为硫化橡胶化石的 ^{13}C-NMR 谱图，与图 1.3（a）相比，天然橡胶的 5 个核磁共振峰还都存在，这点可以证明该硫化橡胶化石的化学成分及结构确实是顺式 -1,4- 聚异戊二烯，但是图 1.3（b）还多出 45ppm 和 55ppm 的两个核磁共振峰，很有可能是 α-烯烃和 β-烯烃被水合加成的产物[8]。

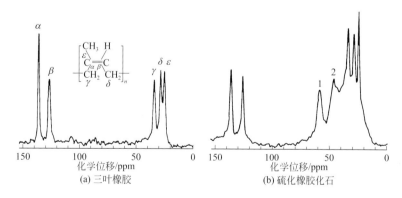

图 1.3 现存三叶橡胶和硫化橡胶化石的 ^{13}C-NMR 谱图

人们普遍认为，这种硫化橡胶化石的形成是自然界原始硫化的结果。人们猜测，在远古时代的地壳变动过程中，含有无节乳胶管的双子叶被子植物被倾倒继而被埋到了地下，而地壳运动往往伴随有大量的硫黄出现，偶然的机会存在于无节乳胶管内的天然胶乳遇到了地壳运动中的硫黄，这些硫黄慢慢渗透到无节乳胶管内的天然胶乳中，在受到地热及压力的作用，便发生了橡胶的硫化反应，最终以化石的形式保存了下来，这应该是地球上最古老的硫化橡胶，堪称大自然的杰作[9]。

1.2.1.2 古印第安人的天然橡胶文明（公元前 16 世纪～公元 15 世纪）

人类真正有意识地去应用橡胶，最早要数中美洲的古印第安人，包括阿兹特克人（Aztec）、奥尔梅克人（Olmec）和玛雅人（Maya），以使用美洲橡胶树（Castilloa elastica）或者巴西三叶橡胶树（Hevea brasiliensis）渗出的胶乳制造橡胶物品而闻名[10,11]。考古学家于 1989 年在墨西哥韦拉克鲁斯州马纳帝的奥尔梅克遗址（Olmec site of Manatí, Veracruz, Mexico）挖掘出 12 个橡胶球，其中的两个经过放射性 ^{14}C 测定被证实为公元前 1600 年以前的文物，这是迄今为止所发现的最早的人造橡胶制品，距今已经有 3500 年的历史[12]。另外，在今天墨西哥国家博物馆中保存的公元 6 世纪的壁画副本（真迹已遭到破坏）就描述了早期的阿兹克特人（Aztec）使用橡胶球举行祭祀活动，见图 1.4。在美国哈佛大学皮博迪考古和人类学博物馆（peabody museum of archaeology and ethnology）内也展示有许多公元 10 世纪至哥伦布发现新大陆期间，在墨西哥的奇琴伊察、尤卡坦州等地发现的各种橡胶物品，包括各种样式的橡胶球（rubber ball）、橡胶凉鞋底（rubber sandal sole）、固定斧头和斧柄的橡胶皮筋（rubber band）等[13]。

在考古所发现的中美洲古印第安人制造的各种橡胶物品中，很大一部分是举行带有宗教意义的比赛所使用的"橡胶球"，见图 1.5。古印第安人的"橡胶球"比赛，并不是我们今天举行的各种纯竞技类的球类游戏，而是带有宗教意味的竞技比赛。双方选手视场地的大小可以出场 3～10 人，比赛时双方选手不能用手或脚触球，只能用膝部、臀部及腰腹部击球，将球击进环洞的一方将赢得比赛。

图 1.4　修堤库特里（Xiuhtecuhtli，阿兹克特　　　图 1.5　古印第安人所制作的橡胶球实物
　　　　人的火神）在供奉橡胶球

据说输球一方的所有队员会被杀死，作为祭品献给天神，主要目的是祈福辟邪，见图1.6。一般比赛用球重达4～7kg，这种橡胶球弹性极好，并且又有很好的强度，非常适合当时的竞技比赛。按照现代科技的视角来看，这种橡胶球必定经过了一定的物理化学反应，使其表面变得光滑而不自黏，有非常好的弹性和强度，以适应当时比赛过程中的连续撞击而不被破坏，这从另一个方面体现出古代印第安人先进的橡胶生产文明[14～17]。

图1.6　古印第安人橡胶球场及比赛

最近美国麻省理工学院考古和人类学材料研究中心的科研人员通过仔细分析流传下来的古代印第安人的相关史料，结合现代考古学的研究成果，再加上走访中美洲现代印第安人部落宗教习俗以及历史遗迹，基本搞清楚了古代印第安人是如何运用天然胶乳制造日常生活和宗教所需的橡胶制品的，并再现了古印第安人生产与制造橡胶产品的配方与工艺[12]。科研人员推断古印第安人是从橡胶树中获取胶乳，然后将其与月光花（Ipomoea alba，牵牛花的一种）蔓藤的汁液按照一定的比例混合，最终可以得到性能各不相同的橡胶材料，从而可以制备用途不同的橡胶制品。比如按照天然胶乳和月光花蔓藤汁液3∶1的比例制成的橡胶材料具有较好的耐磨性和耐疲劳性能，非常适合制作橡胶凉鞋的鞋底；按照1∶1的比例混合制成的橡胶材料弹性最大，并且强度较高，非常适合制作橡胶球；如果是纯胶乳直接干燥得到的橡胶材料则兼具较高的阻尼性能和强度，非常适合用作固定斧头和斧柄的橡皮筋[13]。

为了更好地验证上述结论，研究人员在生长于墨西哥的美洲橡胶树和附近伴生的月光花上分别取得橡胶乳液和汁液原料。将这些原料按照1∶1混合后，大约10min就会生成固体橡胶，此时可以将这种固体橡胶材料塑造成任何想要的形状，再过5min，所制备的橡胶制品就会变硬。通过这样的配方与工艺，研究人员在实验室内制成了片状橡胶材料，同时也制造出了古印第安人带有宗教意义的比赛用的"橡胶球"，见图1.7。

(a)　　　　　　　　　(b)　　　　　　　　　(c)

图1.7　科学家利用天然胶乳和月光花蔓藤汁液制作出了橡胶球

科研人员通过分析月光花和天然胶乳的成分后认为，月光花蔓藤汁液在与天然胶乳的混合中发生了两个作用，非常类似于现代橡胶工业中的硫化工艺，从而赋予天然橡胶较好的力学性能：① 在天然胶乳中加入月光花蔓藤汁液之后，其中含有的电解质可以使天然胶乳破乳而发生凝聚，从而使水相和橡胶相分离，起到了分离纯化天然橡胶的作用，此外，存在于胶乳中的有机小分子也会溶解在水相中被带走，从而使得天然橡胶大分子间可以较为容易的发生相互缠结和反应形成非共价键交联点，以增加天然橡胶的弹性和强度；② 月光花汁液中存在的磺酰氯、磺酸等含硫基团会与天然橡胶大分子发生共价交联反应，从而增加天然橡胶的强度和弹性[12]。

古印第安人正是通过上述配方和工艺制得了性能各异的橡胶产品，从而创造了较为先进的、带有宗教意义的中美洲古印第安人橡胶生产文明，这要比查尔斯·古德伊尔（Charles Goodyear）发明硫化橡胶早了3500年。研究人员认为，中美洲的古印第安人能够制造出高性能橡胶制品并不令人感到意外。因为在中美洲的热带雨林里，橡胶树生长的地区一般都会伴有牵牛花的生长。而牵牛花具有令人产生幻觉的特性，所以也被古印第安人用于宗教仪式。因此，中美洲的古印第安人有意识地利用橡胶树的乳液和牵牛花汁液制造具有一定弹性和韧性的橡胶制品并不令人感到意外[18,19]。

1.2.1.3　欧洲人发现了天然橡胶（公元15世纪～16世纪）

最早发现天然橡胶的欧洲人是意大利航海家哥伦布（Christopher Columbus，1451～1506年）[20,21]，见图1.8。1493～1496年间，哥伦布率领船队，进行了第二次海上航行探险，并到达了今天的海地。在当地探险旅行期间，他看到当地印第安人在玩一种黑色的弹球游戏，经过询问得知，这种黑色的弹球是用当地一种橡胶树渗出的乳液做成的。哥伦布将这种黑色的橡胶球带回了欧洲，陈列在博物馆中进行展示，使得欧洲人第一次接触到了天然橡胶[22,23]。

但是对天然橡胶的首次文献记录并非出自哥伦布，而是来自意大利历史学家皮特·马特·德安吉拉（Peter Martyr d'Anghiera，1457～1526年），见图1.9。

图1.8　意大利航海家哥伦布　　　图1.9　意大利历史学家皮特·马特·德安吉拉

他本是西班牙的宫廷教师，后来被任命为西班牙负责美洲殖民地的行政官员，因此有机会接见包括哥伦布在内的许多探险家。他在1530年出版的著作《新的世界，De Orbe Novo（On the new world）》中对天然橡胶的性状进行了描述，书中称这种物质为"gummi optimum"，并描述了美洲当地人是如何收集这种物质的[24～26]。

　　在随后的几十年里，其他的西班牙作者陆陆续续从不同方面，对天然橡胶进行了描述。比如，1536年T.deMotolinia在他所著的《新西班牙历史，History of New Spain》中描述了阿兹特克人涉及天然橡胶的宗教仪式；1545年B.de Sahagun在其所著的《新西班牙通史，General history of New-Spain》中将墨西哥橡胶树命名为"ulequahuitlh"，将所产胶乳命名为"ulli"；1653年B.Cobo在其所著的《新世界历史，History of the New World》中首次把Rubber（橡胶）与Cauchuc（西班牙语为caucho）联系起来，并将墨西哥语"Ule"或者"ulli"归属于Cauchuc[7]。

1.2.1.4　欧、美人开始研究天然橡胶（公元1735～1830年）

　　从哥伦布第一次接触弹性橡胶球到第一次工业革命期间，限于当时的科技水平并不发达，无论是美洲印第安人还是欧洲人对于天然橡胶还都处于一种自然认识的状态，并没有对天然橡胶进行系统的研究。随着18世纪第一次工业革命的爆发，世界范围内的工业化进程开始加快，对于新技术、新材料的发明和发现逐渐增多，配合机器工业革命进程的深入展开，橡胶这种大宗基础性的工业原材料必然会成为世界工业发展进程不可或缺的一员[27]。

　　第一次工业革命发生在欧洲，因此欧洲人首先开展了天然橡胶的研究。1735年法国科学家康达敏（Charles de Condamine，1701～1774年，见图1.10）[28,29]参加了南美洲科学考察队。其目的本来是测量正交于赤道上1°子午线的长度，以验证艾萨克·牛顿（Isaac Newton）所提出的"地球不圆论"，但是在考察途

图1.10 法国科学家康达敏

中，康达敏却意外地发现了天然橡胶。一年之后的1736年，康达敏到达了厄瓜多尔的基多，从那里他向法国科学院邮寄了一系列的天然橡胶样品，并附带有相关的研究报告，里面详细描述了天然橡胶的来源以及生产过程，其中包括橡胶树可以流淌胶乳，名字为Heve，当地印第安人将之命名为"cahuchu"或者"caoutchouc"，意思为会哭泣的树。在报告中，还提到了亚马逊河沿岸的居民用烟熏火烤天然橡胶以使之变得更为稳定，当地人还将天然橡胶制成梨形容器，在顶部安装一个中空的木筒，挤压容器，里面保存的液体就会出来，与今天的注射器非常类似。可以说康达敏的研究报告第一次较为系统地描述了天然橡胶的诸多性质。1745年，康达敏在南美洲旅行考察10年之后，回到了巴黎，随行带回来了大量的旅行记录，之后他将这些记录加以整理，并于1751年出版了名为《南美洲内地旅行志》的著作。他在书中较为详细地描述了橡胶树的产地、采集乳胶的方法和橡胶的利用情况[30]，但是这些文献材料还不能称之为真正的研究论文。

第一篇真正意义上的有关天然橡胶的研究论文是康达敏的朋友，佛朗索瓦·弗雷斯诺（François Fresneau，1703～1770年）[31～33]撰写的。1744年，康达敏在南美洲考察期间，在法属圭亚那遇到了弗雷斯诺，两人共同进行了一段短暂的科研工作，期间弗雷斯诺对于康达敏所描述的天然橡胶产生了浓厚的兴趣。之后不久康达敏回到了法国，而弗雷斯诺则留在了圭亚那，并利用业余时间研究天然橡胶。1748年弗雷斯诺根据他的研究成果写了一篇备忘录，里面详细描述了天然橡胶的物理性能，以及它在西方世界的应用前景，特别提到法国以及圭亚那可以借此赚取巨大的利益。他将这篇备忘录递交给了圭亚那新任总督卢林（Rouillé），希望引起他的重视，但是卢林并不感兴趣，而是将之转交到了法国科学院，最终落到了熟知天然橡胶的康达敏手中。1751年康达敏将其呈交给法国科学院，并于1755年发表，这是第一篇真正意义上的有关天然橡胶方面的科学论文，弗雷斯诺在这篇论文的介绍中就提到了1736年康达敏邮寄到法国科学院的天然橡胶材料以及附属的描述天然橡胶的研究报告，见图1.11。

随后弗雷斯诺继续从事天然橡胶的研究，他希望能够找到一种能够很好地溶解天然橡胶的溶剂，以便将天然橡胶应用于涂布、胶黏剂以及涂料等，就像美洲土著人利用胶乳涂布，制作防雨布。1763年他应法国财政大臣贝尔坦（Bertin）的要求写了一篇有关其对天然橡胶研究工作的报告，里面写到松节油可以溶解天然橡胶，并可将这种天然橡胶溶液应用于防水织布材料，但是除了收到贝尔坦一句"谢谢！"之后再无下文。不得已，弗雷斯诺又找到老朋友康达敏希望相关材料可以在法国科学院发表，在康达敏的帮助下，经修改过的论文于1765年提交到法国科学院。同期，法国的赫里桑特（L.A.P.Herissant）和马克尔（P.J.Macquer）

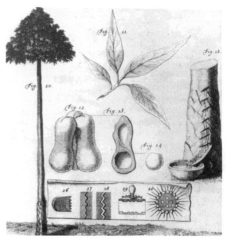

图1.11　弗雷斯诺发表的关于三叶天然橡胶的论文及论文中的图片

也都宣称自己发现松节油可以溶解天然橡胶，而这两个人是贝尔坦的好朋友，因此三人同期宣称发现松节油可以溶解天然橡胶纯属巧合，还是另有隐情就不得而知了。

　　之后，欧洲人又陆陆续续发现了天然橡胶的其他一些性能，并制作出相应的产品[7]。比如，1768年，法国人马克尔（P.J.Macquer）发现可用乙醚溶解天然橡胶，并制作出医用软管；1770年，英国化学家普立斯特勒（J.Priestley）发现橡胶能擦去铅笔字迹，由此发明了橡胶（Rubber）这个词汇；1790年英国人罗伯特（W.Robert）和戴特（W.Dight）使用橡胶清漆处理帆布得到一种防水材料，并申请了第一个橡胶专利，B.P.1751/1790；1803年英国人古夫（J.Gough）通过研究发现橡胶拉伸生热，以及在拉伸状态下，加热橡胶会产生回缩现象；1820年英国人汉考克（T.Hancock）发明了橡胶捏合机，不过是以马驱动的，一次只能加工15磅（1磅≈0.45kg）橡胶，同年在伦敦建立起第一个橡胶加工厂，供应马车上给乘客避雨的橡胶防水布料，后来发展到一次能加工180～200磅橡胶，这标志着橡胶进入到机器加工时代；1823年英国人麦金托什（C.Mackintosh）发现天然橡胶可以溶解在石脑油中，同时用天然橡胶溶液制成防雨布，随后申请专利B.P.4804/1823，为此在哥拉斯格（GLASGOW）建立一家公司专门从事防雨布的生产，但制品热天发黏，冷天变脆，质量很差，后来还制作橡胶鞋和消防水龙带。有了这些研究成果以及专利，天然橡胶的使用量逐渐增大，应用领域逐渐延伸，全球天然橡胶的消耗量逐年增加，见表1.1，世界天然橡胶工业体系的雏形渐露端倪。

■ **表1.1**　19世纪早期全球天然橡胶的消费

年份/年	1822	1825	1828	1830
消费量/t	31	30	51	156

注：数据来源于IRSG（International Rubber Study Group）。

这一时期，虽然欧洲人对于天然橡胶的研究有了很大进步，但基本都是围绕着天然橡胶的溶解性能展开。寻找天然橡胶的优良溶剂，并制作出高质量的防水、防雨布是这一时期天然橡胶的研发重点。这也许和欧洲多阴雨的气候有关，人们急需寻找一种加工容易，而且质量上乘的防水材料。但是，由于没有认识到天然橡胶的本质性能，天然橡胶的潜能并没有挖掘出来，生产出来的天然橡胶产品对于温度特别敏感，温度稍高天然橡胶就会发黏，并散发出臭味，温度一低，天然橡胶又发脆、发硬，很容易碎裂。因此，这一时期天然橡胶的开发进展不大。

1.2.1.5 查尔斯·古德伊尔（Charles Goodyear）发明硫化橡胶（公元1834～1839年）

查尔斯·古德伊尔（Charles Goodyear，1800～1860年），见图1.12，生于美国康涅狄格州的纽黑文市，父亲是当地一家五金店店主，古德伊尔从小学习五

图1.12　查尔斯·古德伊尔

金器具的制作，帮助父亲打理五金店，但是五金店还是在1830年破产关闭了[34,35]。1834年，破产的古德伊尔来到纽约向罗克斯伯里天然橡胶公司（Roxbury India Rubber Co.）的零售店推销一种新型阀门。但是店主拒绝了古德伊尔的推销，并解释了原因：由于当时的天然橡胶制品全部由生胶制作，对温度特别敏感，温度一高，天然橡胶制品就会相互粘在一起，且散发恶臭；温度一低，天然橡胶就会发硬发脆，容易破碎。因此人们在经过初期的热情之后，目前已经对天然橡胶产品避之不及，公司已经处于破产的边缘，因此已经不再需要新型阀门了。

古德伊尔看着货架上一堆堆散发臭味的天然橡胶产品，突发奇想，说不定会有一种物质能够改变天然橡胶发黏的特性。此后古德伊尔的后半生都在从事天然橡胶的研究，并为此吃尽了苦头。从纽约回到费城之后，古德伊尔就因为欠债而被关进了监狱，驻监期间他要求妻子拿来天然橡胶样品和擀面杖，在监狱里开始了他的天然橡胶研究。

古德伊尔考虑到，既然天然橡胶本质发黏，那么类似滑石粉之类的氧化镁粉也许可以改善黏性。出狱之后，古德伊尔立即着手实验，并取得了令人满意的效果。在一个儿时朋友的资助之下，古德伊尔成立了一家企业专门生产氧化镁干燥的天然橡胶制品，在妻子、女儿的帮助下，古德伊尔制作了几百双天然橡胶的套鞋，但不幸的是，在他还没有卖出这些套鞋之前，夏季来了，古德伊尔眼看着这些套鞋变形走样，黏在了一起。古德伊尔第一次试验以失败告终[36]。

后来古德伊尔举家搬到了纽约继续从事天然橡胶研究工作，这次他对配方和工艺进行了改进，在使用氧化镁的同时，并用生石灰（主要成分为氧化钙），之

后将混合好的胶料放到热水里蒸煮，这次的产品要比第一次的更好，并在纽约举行的一次贸易展上获得了奖章。之后古德伊尔使用了各种方式对他脏兮兮的天然橡胶制品进行装饰，比如对其进行涂装、镀金、刻蚀。期间的一个早晨，由于材料短缺，他决定使用硝酸去除一个涂成青铜色的样品的颜色，结果发现橡胶变成了黑色，看着黑漆漆的橡胶制品，古德伊尔随手丢进了垃圾桶。几天以后，古德伊尔总感觉那个硝酸处理后的橡胶制品有点与众不同，因此他又从垃圾桶里把那个经硝酸处理后的橡胶样品找出来，结果证明他的直觉是对的，经硝酸处理之后，天然橡胶制品的表面变得非常干爽而平滑，这比以前任何方法制得的天然橡胶制品都好[37]。一位纽约商人出资几千美元资助他生产经硝酸处理过的天然橡胶产品，但是很不幸，1837年的金融恐慌重创美国商业及投资人，古德伊尔再次破产，一家人不得不搬进废弃的工厂，以打鱼为生。

古德伊尔在波士顿再次获得资助生产经硝酸处理过的橡胶制品，并经历了短暂的繁荣。他的合伙人设法获得了为美国政府制作150个经硝酸处理的天然橡胶邮包的合同，这一次，古德伊尔信心满满，在做好这150个邮包之后，古德伊尔将之储存在一个暖和的房间里，之后一家人度了一个月的假，回来之后，他发现这些邮包已经变形，底部像以前一样粘在了货架上。古德伊尔试验再次以失败告终[38]。古德伊尔的事业与信誉几乎陷入了谷底。

后来古德伊尔一家搬到了马萨诸塞州的沃本（Woburn, Massachusetts），在这里他遇到了事业中最重要的一个人——纳撒尼尔·海沃德（Nathaniel Hayward）。此人发现如果把溶解在松节油中的硫黄溶液涂抹在橡胶片表面，然后在太阳光下曝晒，得到的橡胶表面比以前所有工艺处理的橡胶制品都光滑，海沃德还为此申请了专利USP1090，古德伊尔立即买下了此项专利的授权，开始使用硫黄处理天然橡胶。由于古德伊尔此前制作的橡胶制品都遇热发黏，因此古德伊尔始终认为加热会使天然橡胶熔化，因此这一时期古德伊尔均是在常温下使用硫黄处理天然橡胶，得到的产品虽然表面比生胶干燥许多，但是本质上还是黏性橡胶[39]。

转机出现在1839年2月的一天，古德伊尔带着硫黄处理过的天然橡胶制品来到沃本（Woburn）当地的一家杂货铺，向人们展示他的产品，但是周围的人们对之却报以嘲笑。古德伊尔激动万分，手里挥舞着天然橡胶产品向人们解释，期间一块橡胶样品滑落，掉在了炉子上，他赶紧弯腰去抠这块橡胶，他本以为橡胶会像蜂蜜一样遇热熔化，但是抠下来的却是烧焦了的橡皮一样的物质，与烧焦部分挨着的是一层黄色的带有弹性的新物质。古德伊尔立刻意识到他发现了制作非黏性橡胶制品的方法了。他确定是硫黄和加热改变了天然橡胶的黏性本质。通过反复试验，他确定在压力的作用下，使用蒸汽于270 ℉（132℃），加热4～6h，可以获得性能较为稳定的硫黄硫化的天然橡胶产品。这一次，古德伊尔获得了真正成功，并于1844年获得美国专利，USP3633[40]。

为了获得更大的利益，古德伊尔邮寄给英国橡胶公司一批硫化橡胶样品，目的是通过展示自己的样品以说服对方购买自己硫化橡胶技术的授权许可。但具有讽刺意味的是，英国橡胶工业的先驱汉考克获得了部分样品，并通过观察残留在样品表面的硫黄花纹破解了硫化橡胶的配方，并先于古德伊尔8周申请了硫化橡胶方面的专利，B.P.9952/1843。古德伊尔勃然大怒，并和汉考克对簿公堂，但最终输掉了官司。随后汉考克的朋友布莱克登（William Brockendon）根据罗马神话中的火神（Vulcan），将橡胶的硫化过程定义为vulcanization[7]。

古德伊尔发明硫化橡胶的过程带有偶然性，但是从人类社会文明的发展历程来看，硫化橡胶的发明又有其必然性。正如他自己所说："The hot stove incident held meaning only for the man whose mind was prepared to draw an inference.That meant the one who had applied himself most perseveringly to the subject.（热炉子事件仅仅对那些时刻准备做出推断的人才有意义，这意味着那个人必须把自己全身心投入到这项事业中来）"[41]。

此外，硫化橡胶的发明恰巧发生在以电力、汽车工业繁荣为代表的第二次工业革命爆发之前，电力工业对于绝缘材料的需要，以及汽车工业对于轮胎的需求，都为硫化橡胶的发明奠定了雄厚的市场基础，提供了强大的驱动力，硫化橡胶的发明恰逢其时，这也是历史发展的必然。因此，伴随着人类历史上的第二次工业革命的爆发，天然橡胶在硫黄的帮助下迎来了人类史的大发展时期，史称"rubber boom"[42,43]。

1.2.1.6　野生天然橡胶大繁荣（rubber boom）时期（公元1870～1912年）

古德伊尔发明硫化橡胶之后，硫化橡胶很快在民生工业发挥了较大作用，首先古德伊尔与其内弟联手创建了生产带有弹性的硫化橡胶布料的公司，使用该布料可以生产带有褶皱的很时尚的衬衫。随后胶布、胶鞋、胶管、胶板等日用品纷纷涌现，为人们的日常生活带来极大便利。19世纪中叶，真正意义上的天然橡胶工业体系已开始形成[34]，全球天然橡胶消耗量出现迅猛增长，见表1.2。

■ **表1.2**　19世纪中后期全球天然橡胶的消费

年份	1840	1850	1860	1870
消费量/t	394	388	2670	8000

注：数据来源于IRSG（International Rubber Study Group）。

1870年后，世界爆发第二次工业革命，科学技术的发展突飞猛进，各种新技术、新发明层出不穷，并被迅速应用于工业生产，大大促进了经济的发展。最突出表现在3个方面：① 电力的广泛应用；② 内燃机和新交通工具的发明；③ 新通信手段的发明。而这些新技术、新发明都会应用到大量的橡胶制品，比如电力工业需要绝缘材料，汽车和自行车工业需要轮胎[44,45]。同时，世界天然橡胶工业本身在发展的过程中也涌现了几项重大发明或者发现。比如，1845年英国人托马森（R.W.Thomson）首先发明了空心轮胎，见图1.13，接着又于1867年发明了实心轮胎[46]，随后广泛应用在自行车上；1888年英国兽医邓禄普（J.B.Dunlop）发明了充气轮胎[47]，并申请了专利B.P.10607/1888[48]，见图1.14；1895年法国米其林（Michelin）兄弟首次将橡胶充气轮胎应用在汽车上[49]；1900年帘子布开始在汽车轮胎上应用[7]；1905年美国人厄诺拉格（G.Oenslager）发现苯胺具有可以快速促进硫黄硫化的作用[50]；1908年美国人奥斯瓦尔德（W.Ostwald）还发现苯胺可以用作防老剂[7]；1912年，莫特（S.C.Mott）发现了炭黑的补强效果；1916年本伯里（F.H.Bunbury）申请了橡胶密炼机专利[7]。因此，这一时期橡胶加工工艺和加工装备得到了进一步完善和发展，基本形成现代橡胶工业的雏形。

图1.13 托马森轮胎（1845年）

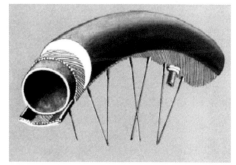

图1.14 邓禄普轮胎（1888年）

这期间还成立了几家世界级的橡胶以及轮胎大公司[7]。比如，1872年意大利倍耐力（Pirelli & C）公司建立，只是到19世纪末才开始生产轮胎；1889年H.Du Cros和J.B.Dunlop建立充气轮胎有限公司（Pneumatic Tyre Co.,）后来成为世界著名的邓禄普橡胶有限公司（Dunlop Rubber Co.，Ltd），1985年日本住友橡胶有限公司取得了生产和销售Dunlop品牌轮胎的使用权，1997日本住友将75%的Dunlop股权转售给美国固特异公司；1889年法国米其林（Michelin）兄弟建立米其林公司（Michelin& Co.）；1898年弗兰克·希柏林（Frank Seiberling）创立固特异轮胎与橡胶公司（The Goodyear Tire & Rubber Company）以纪念硫化橡胶的发明者查尔斯·古德伊尔（Charles Goodyear）；1900年H.S.Firestone建立费尔斯通轮胎与橡胶公司（FirestoneTire & Rubber Co.），该公司于1988年被日本普利司通轮胎有限公司收购；1904年德国建立大陆橡胶有限公司（Continental Caoutchouc Co.）；1907年日本普利司通轮胎有限公司的创始人石桥正二郎创立一个名叫"SIMA"屋的成衣铺，1929年公司开始进军轮胎生产领域，1931年石桥正二郎建立普利司通轮胎有限公司（Bridgestone Tire Co.，Ltd）。以上发展史数据表明，目前处于世界轮胎前五名的公司基本都是在天然橡胶大繁荣期间建立起来的。

这些事件的发生极大地促进了天然橡胶工业的发展，无疑会迅猛增加对于天然橡胶原材料的需求。1870年全球消耗天然橡胶8000t，1890年全球天然橡胶的消耗量接近30000t，到1910年全球天然橡胶的消耗量突破10.5万吨，四十年来增加了近13倍[51,52]，见图1.15。仅1890～1910年期间，全球汽车工业、自行车工业以及电子工业对于天然橡胶的需求就增加了6倍。1900年天然橡胶的价格为440英镑/t，到1910年就涨到接近1000英镑/t，而当时一英镑可以折合6～7两白银，见图1.16。因此当时天然橡胶的价格非常昂贵，利润空间很高，吸引大批具有冒险精神的资本家从事天然橡胶的种植、加工及贸易[53,54]。

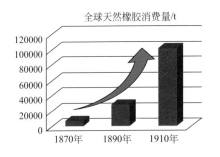

图1.15　橡胶大繁荣期间橡胶消费剧增　　　图1.16　橡胶大繁荣期间橡胶价格暴涨

橡胶大繁荣期间，几乎所有的天然橡胶资源均来自野生橡胶树，而当时全球90%的天然橡胶均产自巴西热带雨林的野生三叶橡胶树。繁荣的天然橡胶贸易为当地带来了巨大的财富，巴西亚马逊河谷上游的玛瑙斯港（Manaus port）也因为天然橡胶的中转运输贸易而成为当时世界最富裕的城市之一[55]，见图1.17。

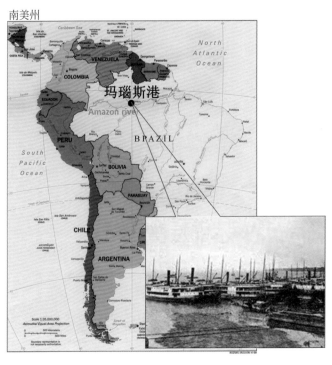

图1.17　亚马逊河谷上游的玛瑙斯港（Manaus port）因天然橡胶贸易而繁荣

　　随着第二次工业革命的深入推进，世界经济的快速发展对于天然橡胶的需求急剧增加，为了满足世界经济快速发展对于天然橡胶的需求，贪图利润的橡胶大亨们不断扩大野生天然橡胶的收割范围，并使用武力逼迫当地的印第安人深入到亚马逊雨林深处收割天然橡胶。这导致劳工成本不断增加，再加上交通运输不便，使得野生天然橡胶的生产成本越来越高，而当地的橡胶大亨（Rubber baron）却利用垄断的地位随意操纵价格[56]。这使得西方的工业家和政治家们忍无可忍，此外巨额的天然橡胶贸易利润，也令他们眼红，于是西方的工业巨头和政治家们联合起来拼命寻找其他可替代的天然橡胶资源。例如，英国殖民者在南尼日利亚的黄金海岸开发绢丝橡胶（Funtumia elastica）；德国殖民者在东非的埃塞俄比亚开发木薯橡胶（Manihot glaziovii）；比利时国王利奥波特二世（Leopold Ⅱ）在刚果殖民地开发科齐藤橡胶（Landolphin vine）。其他国家的官员及商业集团也派遣出自己的橡胶作物勘探队在世界各地寻找适宜的橡胶作物，足迹遍及马达加斯加、安哥拉、南非、印度等。

　　看到天然橡胶巨额利润，美国政界和华尔街的投资商们自然不会无动于衷，他们组建公司在海地开发桉叶藤橡胶（Cryptostegia grandiflora），在南墨西哥、中美洲以及南美的委内瑞拉开发美洲橡胶（Castilloa elastica）。同时还将目光转移到原产于墨西哥北部的一种叫做银胶菊的含胶植物上。仅在1900～1907年间，在北墨西哥就有超过20家公司从事银菊橡胶的加工和生产。最著名的莫过于美国罗德岛参议员Nelson Aldrich父子于1902年成立的洲际橡胶公司（Intercontinental Rubber Company，IRC）。1903年眼光敏锐的华尔街银行家们，比如Bernard Baruch、Thomas Fortune Ryan、Sol Guggenheim也纷纷跟进投资IRC，他们期待能把IRC打造成像洛克菲勒石油公司那样的行业巨头。高额的投入自然带来丰厚的回报，在1909～1910年，IRC的净收益就超过250万美元。1910年银菊胶的产量达到10000t，占到美国当年总进口量的24%，消耗量的19%。但是这一时期，美国在北墨西哥进行的银菊胶的生产始终被墨西哥革命所困扰，这些革命者破坏当地橡胶加工厂，没收银胶菊原材料及其他财产，破坏铁路，绑架公司员工，给美国在北墨西哥银菊胶的生产制造了很大的障碍[57]。

　　1910年以后，随着性能优异、价格低廉的东南亚天然橡胶开始供应世界天然橡胶市场，世界天然橡胶的价格开始暴跌，1910年天然橡胶的价格为历史最高，接近1000英镑/t，到1912年就跌破500英镑/t。由于无法和强大的东南亚三叶天然橡胶竞争，上述天然橡胶的开发活动最后均以失败告终。东南亚人工栽培天然橡胶的成功直接导致了历史上喧嚣一时的巴西野生三叶天然橡胶大繁荣时代的终结以及其他野生橡胶探索活动的终结。

1.2.1.7　东南亚天然橡胶种植工业的形成（公元1876～1912年）

　　橡胶大繁荣时期，巴西为了维护自身天然橡胶的利益，制定了严厉的法律，禁止任何人将巴西三叶橡胶树的种子带出国境，任何人如果胆敢偷运1粒橡胶种

图1.18 亨利·魏克曼

子出境，将被判处死刑。为了打破巴西天然橡胶资源的垄断地位，1876英国探险家亨利·魏克曼[58,59]（图1.18），九死一生从巴西亚马逊河热带丛林中采集了7万粒橡胶种子，躲过巴西海关官员的搜查，将其带回到英国并交予植物学家胡克（J.D.Hooker），胡克将橡胶种子在伦敦皇家植物园——邱园（Kew Garden）进行培育[60,61]。虽然亨利·魏克曼带回来的种子甚多，但是栽植于邱园温室的橡胶树发芽率却低于10%，仅长出了3000多棵幼苗，而且生长情况也不是很好。于是英国人又将这3000多棵幼苗万里迢迢地运往英属刚果、利比里亚、尼日利亚、斯里兰卡、马来西亚、新加坡等热带殖民地进行试种。其中的22棵橡胶树苗于1877年落户英属马来西亚殖民地，由于没有天敌，并且气候、土壤条件适宜，至1907年这22棵树苗已经繁衍成2000万株橡胶树的种植农场[62]。荷兰殖民者也如法炮制，于1906年在自己的殖民地苏门答腊发展天然橡胶种植工业[57]。至此，巴西三叶橡胶树在东南亚的种植与栽培获得了巨大成功，这直接导致了巴西野生天然橡胶工业体系的崩溃，并最终在东南亚形成了全球垄断性的天然橡胶供应体系，其种植面积和产量均超过世界种植面积和产量的90%以上。

东南亚人工栽培三叶天然橡胶获得成功有其历史必然的条件：① 三叶橡胶树在东南亚生长适应，且没有天敌，即使成片种植也不发生在南美气候环境下极易流行的枯叶病。② 英国人和荷兰人在东南亚殖民地建起各自的三叶天然橡胶种植工业体系之后，进一步通过研究改进天然橡胶的割胶工艺以及繁殖技术，使得东南亚三叶橡胶树的橡胶生产率大大提高。比如1887年，英国人瑞德利（H.N.Ridley）在担任新加坡植物园主期间，发明了不伤害橡胶树形成层组织，可在原割口上重复切割的连续割胶法，纠正了以前巴西橡胶树原产地割胶工人用斧头砍树取胶造成橡胶树受伤而不能持久产胶的旧方法，使得橡胶树能几十年连续割胶，效益大大提高。1915年，荷兰人赫顿（Van Hetten）在印度尼西亚爪哇茂物植物园发明橡胶芽接法，使优良橡胶树无性系可以大量繁殖推广，橡胶树的产量也成倍提高。③ 从印度、中国、爪哇等地引进了大量廉价的种植工人，劳动力成本大幅度下降。

东南亚人工栽培三叶橡胶树的成功，使得三叶橡胶树可以像农作物一样进行集约化经营管理，彻底改变以往野生三叶橡胶树混乱开发的局面，这也使得天然橡胶的劳动力成本大大降低，生产效率和产量大大提高。从1909年开始，东南亚品质优良、价格低廉的天然橡胶开始大量进入世界天然橡胶市场，重挫当时天然橡胶的价格，并延伸了天然橡胶的应用领域，这也彻底宣告巴西野生天然橡胶工业垄断地位的终结。但从另一方面，这也造成了其他品种天然橡胶开发进程的中断，并在随后的100多年逐步形成东南亚三叶天然橡胶一胶独大、垄断供应的局面。

1.2.1.8 史蒂文森计划（Stevenson Plan，公元1922 ~ 1928年）[57]

1910年以后，世界天然橡胶的供应逐步由以前的巴西野生天然橡胶向东南亚人工栽培天然橡胶过渡。显然集约化生产的东南亚天然橡胶要比散乱的巴西野生天然橡胶的劳动效率和生产率高很多，其直接后果是供过于求，天然橡胶的价格也一路走低。1910年天然橡胶价格达到历史最高值，接近约1000英镑/吨，到1914年跌至约为200英镑/吨，四年间价格下降了4/5。1914年一战爆发，受战争进程的影响，天然橡胶的价格小幅上扬，至1917年达到260英镑/吨。但是战后，天然橡胶的价格暴跌，至1922年跌至历史最低点的80英镑/吨。

英国掌握着全球75%的天然橡胶的生产，因此英国的利益因为天然橡胶价格的下跌受到了损害。为了保住自身的天然橡胶利益，1920年英国天然橡胶种植协会向时任负责殖民地事物的国务大臣温斯顿·丘吉尔（Winston Churchill）寻求帮助，以稳定天然橡胶价格。丘吉尔指派詹姆斯·史蒂文森（James Stevenson）成立一个调查委员会专门负责解决天然橡胶的价格问题。随后该调查委员会提出可通过制定削减产量、限制出口的政策来拉高天然橡胶的价格。1922年10月，英国及附属锡兰（今斯里兰卡）及马来亚（今马来西亚）政府通过《橡胶出口限制法案，Export of Rubber（Restriction）Enactment》，史称"史蒂文森计划"。随着"史蒂文森计划"的实施，天然橡胶的价格也开始上涨，到1925年天然橡胶的价格暴涨至250英镑/t。

当时美国消耗了全球75%的天然橡胶，但美国自身仅产少量的银菊天然橡胶，所消耗80%以上的天然橡胶依赖进口。"史蒂文森计划"对美国的经济造成很大打击。时任美国商务部长的胡佛（Herbert.Hoover）通知英国政府，如果英国政府不终止"史蒂文森计划"，那么美国政府将极尽所能保护自己不受该法案的伤害。同一时期，前苏联和德国也深受"史蒂文森计划"之害，因此美、苏、德三国政府积极发展合成橡胶以应对英国的"史蒂文森计划"。

实际上"史蒂文森计划"实施以来，除了在1925年短暂拉高了天然橡胶的价格以外，其后天然橡胶的价格再度下跌，并处于疲软状态，"史蒂文森计划"的效果并不是很理想，这是因为：① 荷兰在印度尼西亚也控制着大片天然橡胶种植农场，荷兰政府认为英国提出的"史蒂文森计划"仅仅是为了英国的一己私利，因而拒绝参与该计划，而且还趁此机会提高天然橡胶的产量，扩大自身在美国的市场份额，并为此赚取了巨额利润。② 美国、苏联以及德国政府为了摆脱天然橡胶受制于人的局面，大力发展合成橡胶以取代天然橡胶，比如德国开发出甲基橡胶，并在一战期间生产了2000多吨甲基橡胶应急；1930年苏联使用酒精为原料生产出丁二烯，以金属钠为催化剂生产出丁钠橡胶（Buna）；随后德国通过乙炔为原料生产出丁二烯，以金属钠为催化剂也生产出丁钠橡胶，并随后衍生出丁苯橡胶（Buna-S）和丁腈橡胶（Buna-N）；美国也于1931年开发出氯丁橡胶。虽然，这些合成橡胶在性能上还无法和天然橡胶竞争，但是至少不再完全受制于人，在战时应急还是管用的。③ 美国政府施加压力，因为一战期间英国为了打赢战争向美国借了大笔外债，美国为了维护自身利益，以债权国的身份向英国施加强大的压力，要求英国终止"史蒂文森计划"。1928年，英国政府看到"史蒂文森计划"实施6年以来，天然橡胶的价格并没有拉高多少，反而让荷兰政府得到了利益，并且美国政府还不断施压，于是终止了"史蒂文森计划"。

英国提出的"史蒂文森计划"计划实际效果并不理想，但是其影响却很深远。该计划使美、苏、德等国政府深感不安，那就是一个国家如果不掌握独立的天然橡胶资源，很容易成为别国控制的对象，一战期间德国更是为此吃尽了苦头。一战后，德国由于海外殖民地被瓜分，且本国地域狭小，因此不再制定发展天然橡胶的计划，而是一心扑在合成橡胶的开发中来，并且效果不错，后来的丁苯橡胶和丁腈橡胶都是德国开发出来的。美国和苏联由于地域广大，在开发合成橡胶的同时，也没有忘记寻找适合两国本土气候和环境的天然橡胶植物。

▒ 1.2.1.9 后"史蒂文森计划"时代美、苏本土天然橡胶的开发（公元 1928 ~ 1939年）[57]

美国本土天然橡胶的开发走的是政府调查和民间开发两条路线。在政府调查方面，1930年1月，美国政府委托陆军少校艾森豪威尔调研国内的银胶菊的开发状况，以决定是否支持美国本土的银菊橡胶工业的开发。历经半年，艾森豪威尔经历了5千英里（1英里=1609.344m）的里程，考察了美国唯一幸存的银菊橡胶生产公司——洲际橡胶公司（Intercontinental Rubber Cooperation）设在南加州、德克萨斯州以及墨西哥的种植农场和生产设施，并附带考察了银胶菊的生长情况、周边的气候环境条件、风土人情。最后艾森豪威尔作出结论：鉴于美国本土不产三叶天然橡胶，美国政府应该最低限度的，并以适当的保护价，保留一部分美国本土的银菊天然橡胶工业，以备不时之需。艾森豪威尔在报告中建议保留大约40万英亩种植农场，每年可产银菊橡胶8万吨，占到当年美国总消耗量的1/5。所带来的好处为：① 可解决贫困人口的就业问题；② 为美国南部干旱地区提供一种永久性的农作物，增加当地农民收入；③ 缓解美国过度依赖进口天然橡胶的现状；④ 为美国农民提供一种轮替作物，以缓解过度种植棉花和谷物带来的收益低下问题。艾森豪威尔还推断，美国的银菊橡胶工业很有可能发展为美国重要的工业体系。

艾森豪威尔将其调研情况进行汇总，写成了报告，提交给了美国政府。但是美国政府的官僚们却将之束之高阁，任其堆积灰尘。原因是1929年美国经济大萧条，整个经济疲软，对于天然橡胶的需求下降，而东南亚天然橡胶生产严重过剩，结果造成20世纪30年代天然橡胶的价格非常低廉。1925年的天然橡胶价格为260英镑/t，到了1931年下降到不到40英镑/t。因此美国官员们认为现阶段根本没有必要保留美国本土的"高成本"天然橡胶工业。从而采取了冷眼旁观，任美国本土银菊橡胶的开发自生自灭的态度。

在民间开发方面，美国伟大的发明家托马斯·爱迪生（Thomas Alva Edison，1847～1931年），在其晚年的20世纪20年代，看到美国由于不产天然橡胶而处处受制于人，因此产生了想为美国寻找一种可以在本土开发的天然橡胶作物，后人也将其称为爱迪生最后的大实验（One Last Grand Experiment）。此想法受到了爱迪生的朋友，美国轮胎界巨头费尔斯通（Harvey Firestone）和汽车界巨头福特（Henry Ford）的鼎力支持。三人为此在爱迪生建在佛罗里达·迈尔斯堡的冬季别墅创立了爱迪生植物研究公司，见图1.19。爱迪生和他的研究团队考察了佛罗里达及美国南部近17000种植物，并测定含胶量及所含橡胶的质量，经综合评定后，一种广泛生长在美国南部的秋麒麟草（goldenrod）被认为最具开发价值。经过两年的杂交育种试验，爱迪生研究团队将秋麒麟草胶乳的含胶量提高到12%，与以前相比增加了2倍多，见图1.20。虽然取得了上述成绩，但是秋麒麟草最终还是没有形成产业化，究其原因是秋麒麟草天然橡胶的分子量太低，性能太差，并不适合作为天然橡胶的原材料。在爱迪生去世后，秋麒麟草天然橡胶项目虽仍进行了几年，但最后还是被终止了。

图1.19　福特、爱迪生、费尔斯通（1929年）　图1.20　爱迪生的团队培育的优质秋麒麟草

"史蒂文森计划"终止之后，美国政府和民间虽然对发展美国本土的天然橡胶工业体系做了很大的尝试，但是由于美国本土所产天然橡胶无论在质量上还是价格上都不具竞争力，因此美国很快就放弃了本土天然橡胶产业的开发，转而开发更具竞争力的合成橡胶，并且取得了成功。

相反苏联的举国体制取得了本土天然橡胶开发的成功。1917年10月革命，俄罗斯建立了苏维埃政权。西方列强为了将这个新生的社会主义国家扼杀在摇篮里，采取了严厉的经济制裁和封锁措施。天然橡胶这一战略物资，自然难逃被制裁、禁运的命运。自此，新生的苏维埃政权开始发展自己的天然橡胶之路。

1931年苏联当局派遣若丁（L.E.Rodin）为首的调查团在邻近我国新疆的哈萨克斯坦（Kazakhstan）东部的天山一带发现了橡胶草，调查团将根带回，培养在彼得格勒植物学研究所的温室中，橡胶草抽叶开花，生长情况良好。若丁根据这些资料，加以详细描述，并发表论文，正式将这种橡胶草定名为俄罗斯蒲公英（Taraxacum koksaghyz Rodin）[63,64]。自此拉开了前苏联独立自主的蒲公英天然橡胶工业发展之路。经过不懈努力，前苏联建立起较为齐全的蒲公英橡胶研究、开发和生产体系，取得了在本土发展天然橡胶工业体系的巨大成功。正如斯大林在1931年所说："There is everything in our country but rubber. But after a couple of years we are going to have rubber too in our disposal.（我国可以生产除了橡胶之外任何东西，但是经过几年以后我们也可以生产天然橡胶了）"。第二次世界大战期间，前苏联大量开发蒲公英橡胶，其产量在1943年一度达到3000t，这也为世界反法西斯斗争取得胜利做出了一定的贡献。

1.2.1.10 第二次世界大战期间天然橡胶的第二次繁荣（The Second Rubber Boom，公元1939～1945年）

1939年德国入侵波兰，标志着第二次世界大战全面爆发。1941年12月7日，日本偷袭珍珠港发动太平洋战争，随后全面入侵并占领了东南亚的马来西亚、印度尼西亚、新加坡等国家，控制了全球90%的天然橡胶供应，并立即掐断了盟国三叶天然橡胶的供应线。以美、苏、英为首的盟国立即感受到了天然橡胶短缺带来的压力。为此盟国各政府纷纷制定政策，寻找其他天然橡胶来源，以解燃眉之急，由此拉开了天然橡胶开发历史上的第二次大繁荣。如果说第一次天然橡胶大繁荣是发现和利用野生天然橡胶的过程，那么第二次天然橡胶大繁荣，则是人工栽培和开发天然橡胶的过程。

英国政府虽然损失了马来亚等地天然橡胶的种植农场，但是由于日本没有入侵印度和锡兰，因此保住了锡兰的天然橡胶种植农场，英国天然橡胶的供应得以维持。苏联政府由于前期已经投入了巨大的人力、物力开发本国的蒲公英橡胶工业，并建立起较为完备的蒲公英橡胶工业生产体系，因此第二次世界大战爆发后，苏联政府积极扩大生产，1943年蒲公英橡胶的产量达到3000t，基本也维持了本国的天然橡胶的需求。在战争后期，由于盟国的海上封锁，法西斯德国的天然橡胶供应也非常紧张，因此德国政府也在臭名昭著的"奥斯维辛"集中营，利用囚犯开发蒲公英橡胶来解决天然橡胶短缺的困局。

第二次世界大战爆发对美国的打击最大，1941年美国消耗天然橡胶77.5万吨，几乎全部依赖进口。供应链的突然中断，使美国政府措手不及。为此美国紧急制定了国内开发和国外合作的政策，以弥补天然橡胶的不足。在国内开发方面，美国政府于1942年3月，启动了ERP（Emergency Rubber Project）计划[65]，该计划类似曼哈顿计划，数千名科技人员和近万名工人被召集起来，开发美国本土的银胶菊和其他天然橡胶植物资源，以弥补天然橡胶的不足。美国洲际橡胶公司（Intercontinental Rubber Cooperation）从1902年就开始从事银胶菊的生产与研发，相关技术和经验最为成熟。因此美国政府全权委托该公司在美国本土开发银菊橡胶，并为此投入大量的人力、物力。战争期间银胶菊的种植面积超过3万英亩，到战争结束时一共生产出1400t银菊橡胶。同期，美国洲际橡胶公司设在墨西哥的工厂每年还生产出7000t野生的银菊橡胶。此外，美国农业部还批准了在美国本土开发俄罗斯蒲公英橡胶（Taraxacum Kok Saghyz）项目和秋麒麟草（Goldenrod）橡胶项目。蒲公英橡胶方面，人们开始乐观地预计，每英亩（1英亩=4046.86m^2）蒲公英橡胶的产量可以达到200lg（1lg≈0.45kg），但是由于缺乏有关蒲公英橡胶草的育种、栽培、病虫害防治以及田间管理方面的知识，每英亩蒲公英橡胶的实际产量只有30～60lg，与预期产量相差很大；秋麒麟草橡胶方面，经过测试发现，秋麒麟草橡胶的质量较差，不足以制造要求很高的轮胎。由于开发效果不理想，美国政府很快就放弃了蒲公英橡胶和秋麒麟草橡胶项目。实践证明，农业栽培是一个长期过程，因此美国这种临时抱佛脚的ERP计划实际效果并不理想[66]。

在国外合作方面，1942年5月美国政府与巴西政府签订协议，美国进口巴西的野生天然橡胶以维持战争之需，协议要求巴西政府要把天然胶乳的年产量从目前的18000t增加到45000t，史学家把这一段时期称为巴西天然橡胶的第二次繁荣（The Second Rubber Boom），由此巴西亚马逊河谷上游的玛瑙斯港再现往日的辉煌。美国政府和墨西哥政府签订协议在墨西哥北部开发银菊橡胶，在墨西哥南部开发美洲橡胶（Castilloa elastica）。

此外，美国政府还与海地政府签订协议，要求海地政府规划一定的土地，动员一定数量的劳工，开发桉叶藤橡胶（Cryptostegia），但是由于桉叶藤胶乳的采集非常困难，造成生产桉叶藤橡胶的劳动强度非常高，据估算收集1磅胶乳需要3个工（一个工等于一个工人工作一天），而生产1t桉叶藤橡胶就需要6000个工人工作一天。而战时劳工非常短缺，因此美国政府在海地的桉叶藤橡胶项目并不成功[67]。

实际上，第二次世界大战期间由于日本把持了东南亚90%以上的天然橡胶产量，虽然盟国各政府（包括法西斯德国）想了很多办法开发其他天然橡胶来替代三叶天然橡胶，但是其数量根本无法满足实际的需求，因此无论是美国、苏联或者法西斯德国对于橡胶的需求很大一部分来自于合成橡胶。比如1941年美国消费天然橡胶77.5万吨，到1945年下降到10.5万吨；而美国在1941年仅生产合成橡胶8000t，而且并不用在轮胎上，到1946年就达到76万吨。第二次世界大战期间，合成橡胶的出色表现，也使美国政府坚信，大力发展合成橡胶可以使自己摆脱受制于人的局面。这也直接造成战后合成橡胶的飞速发展。

1.2.1.11 第二次世界大战结束后天然橡胶与合成橡胶的竞争（公元1946～2000年）

第二次世界大战期间其他品种天然橡胶的再度繁荣昙花一现，第二次世界大战结束后随着东南亚三叶天然橡胶恢复供应，美、苏政府纷纷放弃了各自不具竞争力的天然橡胶开发计划，并转向更具竞争力的合成橡胶的开发，世界逐步形成天然橡胶与合成橡胶竞争的局面。

第二次世界大战结束后，由于东南亚天然橡胶恢复了供应，美、苏又有合成橡胶的大力支撑，对于天然橡胶的需求疲软，从而导致世界范围内天然橡胶的价格大跌。因此，仅在第二次世界大战结束1年后的1946年，美国政府就终止了ERP计划，第二次世界大战期间美国在南加州开发的近上万公顷银胶菊，被毁掉改种其他经济价值高的农作物，这使得美国在第二次世界大战期间好不容易建立起来的银菊橡胶工业体系瞬间崩塌。

在巴西三叶橡胶的开发方面，其实在第二次世界大战期间美国已经解决了许多关系到在中南美洲建立高产抗病橡胶园的技术性难题，如果继续资助这些研究，美国极有可能在自己的后院——中南美洲建立起和东南亚相媲美的天然橡胶种植基地。但是基于政治原因，以及对合成橡胶的痴迷，1952年美国政府不顾与橡胶事业有关的企业领导人如哈维·小费尔斯通、固特异公司的保罗·利奇菲尔德、美国橡胶公司（今尤尼罗伊尔公司）的G.M.提斯代尔的激烈反对，终止了相关研究计划。当时主管美国橡胶研究资金援助工作的主任雷·希尔甚至认为，天然橡胶不适合于拉丁美洲。此外，当时英国人正在马来亚疯狂镇压共产党暴动，而美洲的橡胶种植园将会损害英国这块殖民地的经济支柱，为了支持英国的行动，美国政府不惜牺牲本国发展天然橡胶的计划。1953年秋，当天然橡胶研究计划被取消的时候，许多人认为合成橡胶的技术创新会永不停歇地进行，美国联邦政府的官员们还武断地地宣称，天然橡胶没有将来，不再具有战略意义。

美国政府是合成橡胶开发的坚定支持者，因为第二次世界大战期间，美国从1942～1945年，仅用了3年时间，就将其合成橡胶的产量从不足10000t，提高到近80万吨，有力地支撑了战争的需求。可以说第二次世界大战期间，如果不是合成橡胶取得了巨大成功，那么也许就无法很快取得世界反法西斯战争的胜利。凭借合成橡胶在第二次世界大战中的出色表现，且合成橡胶的生产还不受气候和地理环境的限制，美国政府坚信，合成橡胶可以完全替代天然橡胶。

美国政府大力发展合成橡胶基于以下3个原因：① 第二次世界大战期间，合成橡胶的成功开发，有力地支持了世界反法西斯战争取得了伟大胜利，并且与天然橡胶相比，合成橡胶的表现并不逊色；② 第二次世界大战期间美国已经建立起较为完备的合成橡胶研发、生产以及销售体系网络，是世界上头号合成橡胶工业强国，而美国的天然橡胶生产体系软弱无力，美国不希望本土的橡胶消费市场再次被天然橡胶占领，从而再次受制于人；③ 第二次世界大战结束后，世界无产阶级革命风起云涌，美国非常担心东南亚各国会变成社会主义大家庭的一员，从而再次上演第二次世界大战时期日本对美国实行禁运的一幕。

第二次世界大战结束后，苏联政府也认为发展合成橡胶更具优势，虽然苏联本国大力发展蒲公英橡胶工业，但是蒲公英橡胶无论从质量上还是产量上都无法和强大的东南亚三叶天然橡胶相比。但是由于当时苏联的领导人斯大林对于本国特有的蒲公英橡胶情有独钟，凭借领导人的意志，苏联在第二次世界大战结束后还继续从事蒲公英橡胶的研发与生产。但是随着1953年斯大林逝世，苏联也逐步放弃了成本高昂的蒲公英橡胶的生产与开发，转向了更具竞争力的合成橡胶的生产与开发。

第二次世界大战之后，德国战败投降，在后来发展经济的时代，更是专注合成橡胶的开发，至今的朗盛、拜尔、巴斯夫都是世界著名的合成橡胶制造商。

第二次世界大战结束后，世界革命风起云涌，亚、非、拉第三世界国家纷纷掀起独立革命运动，1945年印度尼西亚独立，1948年斯里兰卡独立，1957年马来西亚独立，这些国家纷纷把原殖民地时期的天然橡胶种植农场收归国有，开始了独立自主发展本国天然橡胶产业的时代，而泰国本身是个独立的国家，也在独自开展本国的天然橡胶种植产业。至此，世界形成了美、苏、欧、日等世界强国大力发展合成橡胶和东南亚小国大力发展天然橡胶的格局，世界由此正式进入合成橡胶和天然橡胶竞争的格局。

第二次世界大战结束至20世纪70年代，是合成橡胶发展的黄金时代（图1.21）。比如，1950年全球天然橡胶产量186万吨，合成橡胶54万吨；到1960年天然橡胶产量210万吨，仅增长13%，合成橡胶117万吨，增长117%，增长速率接近天然橡胶的10倍；到1970年天然橡胶产量288万吨，十年间仅增长37%，合成橡胶590万吨（其中美国188万吨、苏联80万吨、日本70万吨、德国30万吨），十年间增长400%，增长速率为天然橡胶的11倍。1970年合成橡胶的市场份额大约为67.2%，天然橡胶的市场份额为32.8%，天然橡胶的市场份额跌至历史最低点。战后的20多年，合成橡胶以10倍天然橡胶的速率发展，天然橡胶在与合成橡胶的竞争中基本处于劣势。

 **VS**

图1.21 第二次世界大战后合成橡胶与天然橡胶竞争

然而20世纪70～80年代发生了两件大事，又使得天然橡胶在与合成橡胶的竞争中出现了逆转。第一件事是20世纪70年代发生的两次石油危机，重创世界资本主义国家的经济，从此石油峰值理论喧嚣尘上，以石油为原料的合成橡胶工业也受到沉重打击，合成橡胶也由此失去了价格低廉的优势。第二件事是1974

年美国福特公司宣布将公司所生产的轿车和卡车轮胎换成性能更好、更耐用、更省油的子午线轮胎。而子午线轮胎的制造技术要比斜交胎复杂很多，对于橡胶原材料的要求也更高，而只有天然橡胶才具有子午线轮胎胎壁所需的强度以及与钢丝粘接所需的较强的黏附性能。从此子午线轮胎横扫美国市场，到1993年就占了北美总销售量的95%。1993年全球合成橡胶消费869万吨，市场份额61.7%，天然橡胶消费539万吨，市场份额38.3%，天然橡胶的市场份额再度回升，一直到今天，合成橡胶和天然橡胶基本维持6∶4的消费比例。此外，人们还发现合成橡胶的某些性能，比如高抗冲击、耐穿刺、抗撕裂性能根本无法和天然橡胶比拟，从而使天然橡胶具有不可替代性，尤其对于复杂重载荷条件下服役的飞机轮胎、载重轮胎和矿山轮胎，天然橡胶更是不可或缺，天然橡胶的地位从而得到了加强。例如，载重子午线轮胎需要50%的天然橡胶制造，工程机械轮胎需要90%的天然橡胶制造，飞机轮胎需要100%天然橡胶制造。

因此，第二次世界大战以来，巴西三叶天然橡胶在与其他品种天然橡胶的竞争中具有质量优异、价格低廉的优势；而在与合成橡胶的竞争中具有高抗冲、耐穿刺、低生热、易与金属黏合等特性，使得天然橡胶具有不可替代性，在世界天然橡胶工业发展的历史中逐步形成一胶独大的局面。

1.2.1.12 21世纪初全球第二天然橡胶的研究与开发（2000至今）

第二次世界大战以后，美国政府认为合成橡胶可以完全替代天然橡胶，但是现实的发展背离了美国政府意愿。天然橡胶由于自身优异的特性，使其具有不可替代性。虽然轿车轮胎可以用合成橡胶替代，但是对于飞机轮胎这种高抗冲击要求的轮胎，合成橡胶根本达不到要求。于是美国政府对此变得担心起来。1985年，美国国防储备物质政策办公室委托阿克隆大学斯密特斯科学服务研究所（美国有关轮胎和橡胶研究规模最大最权威的独立测试和咨询实验室）对如果美国的天然橡胶供应再次被掐断将会发生何种情况进行研究。最终研究结果令人担忧：① 轿车轮胎用天然橡胶可以完全被合成橡胶替代，但是代价是可能会牺牲汽车的性能，同时轮胎损坏的更快；② 工程机械轮胎用天然橡胶不可替代；③ 医用天然胶乳不可替代。这是因为，天然橡胶具有应变诱导结晶的特性，该特性使得天然橡胶在常态下是一种弹性材料，而在受到外力破坏时就会诱导结晶抵抗这种破坏，因而可以说天然橡胶是一种具有智能性质的自补强型橡胶，这是合成橡胶所无法比拟的。因此，该项目结束后，美国国防储备物质中心主任彼得·罗曼总结天然橡胶的重要性时说道："我能告诉您的就是——我肯定不希望坐在装配用合成橡胶轮胎制造的波音747飞机上"。为此，美国为确保天然橡胶安全、持久、稳定的供应，开发美国本土的天然橡胶工业体系再次提上日程。

此外，进入21世纪以来，几个不稳定因素加快了美国本土天然橡胶的开发进程：① 石油价格逐年攀升，导致石油基合成橡胶的价格不断上涨，再加上全球劳动力价格的不断上涨，推动天然橡胶的价格逐年上涨；② 全球气候变化异常导致天然橡胶的产量不稳定，从而影响全球天然橡胶的稳定供应；③ 中国和印度等新兴经济体的快速发展对于天然橡胶的需求越来越大，而天然橡胶的产能却逐渐接近饱和；④ 巴西三叶橡胶树自身遗传基因比较狭窄，抗病性较弱，而有巴西三叶橡胶树癌症之称的南美枯叶病会随时令东南亚天然橡胶产业崩溃；⑤ 巴西三叶橡胶不具备机械化生产的条件，劳动强度大，因而劳工成本居高不下。

在此背景下，美国提出开发基于国内的（domestic），可替代性的（alternative），可再生的（renewable）第二天然橡胶资源，希望摆脱本国、本地区不能生产天然橡胶以及巴西三叶橡胶单一而脆弱供应的尴尬局面。而曾经进行过商业化开发的北美银菊橡胶和俄罗斯蒲公英橡胶被认为是最具开发前景的两种天然橡胶资源。欧洲和日本本身也不产天然橡胶，看到美国政府的雄心计划，也纷纷跟进，提出各自的第二天然橡胶资源开发计划。

首先，美国是银胶菊的原产地，自1900年以来，美国虽然对于银胶菊的工业化开发时断时续，但是对于银胶菊的研究始终没有停止过。进入2000年以来，美国已经成立了3个组织从事银胶菊的商业开发活动。它们分别是Yulex公司，PanArids公司以及日本Bridgestone公司北美研发中心。目前Yulex是开发银菊胶较为成功的公司，拥有500t的生产装置和3500英亩的银胶菊种植基地，主要从事银菊胶乳的商业化开发。2012年6月Yulex公司与Cooper轮胎达成战略合作进行银菊胶轮胎的开发，此项目还受到美国农业部690万美元的资助。

美国俄亥俄州立大学农业研究与发展中心（Ohio Agricultural Research and Development Center，OARDC）受到俄州第三前线项目资助300万美元及美国农业部资助38万美元，以蒲公英橡胶为研究对象，于2007年启动"卓越计划"（Program of Excellence in Natural Rubber Alternatives，PENRA）。该计划目标于2035年在俄州建立4个规模种植农场。每个农场规模：4万英亩种植、5千万磅产胶量（约24万亩，2.5万吨）。

欧盟于2008年4月，以可再生橡胶和生物质能源为目标，以蒲公英和银胶菊为研究对象，正式实施"珍珠计划"（EU-based Production and Exploitation of Alternative Rubber and Latex Sources，EU-pearls）[68]。项目拨款770万欧元，其中欧盟出资560万欧元，非欧盟国家出资210万欧元，涉及7个国家的11个单位。目标是找到欧洲本地区的高产栽培种植方法，探索出高效的提胶技术以及相关副产品开发工艺路线，以及可行的商业开发模式。目前阶段性的研究结果表明，在德国和西班牙北部发展蒲公英橡胶，在包括西班牙南部和法国南部的地中海沿岸发展银菊橡胶，无论在气候条件上，还是在商业开发上都具有可行性。如果项目开发成功，届时欧洲也将有自己的天然橡胶基地，从而摆脱100%对于东南亚天然橡胶的依赖。

日本由于土地资源受限，因此日本石桥公司北美研发中心参与到美国的"卓越计划"中去，目标是力争2014年制造出蒲公英橡胶轮胎；石桥公司还在美国的亚利桑那收购了281英亩土地，用于银胶菊种植和育种研究基地，并建立研究中心对银胶菊橡胶进行开发，计划是2015年展开银胶菊橡胶轮胎的实验。

我国也不甘落后，2012年5月9日，北京化工大学、山东玲珑轮胎有限公司以及中国热带科学研究院签订战略合作协议开发蒲公英橡胶为主，银菊橡胶和我国特有杜仲橡胶资源为辅的第二天然橡胶资源（Program of the Second Natural Rubber in China，PSNRC），随后，黑龙江科学院也加入联盟，为我国第二天然橡胶的开发以及实现我国天然橡胶的多元化供应提供强有力的技术支持。

因此，随着蒲公英橡胶和银菊橡胶成功实现商业化开发，世界天然橡胶种植版图也将发生重大变化。可以预见，在不久的将来，东南亚的三叶橡胶将会继续扮演天然橡胶主要供应者的角色；包括我国新疆在内的中亚地区、美国北部和加拿大南部以及欧洲北部将会出现蒲公英橡胶草大规模种植区域；墨西哥北部、美国南部以及地中海沿岸地区将出现银菊橡胶大规模种植区域。如果这一预测变为现实或许会改变世界天然橡胶的分布带，以及世界天然橡胶的分布格局。

1.2.2 我国天然橡胶的发展历史

我国天然橡胶的发展历史基本分为两个阶段，第一个阶段是新中国成立前我国民族企业家自发的天然橡胶工业发展历程；第二个阶段是新中国成立，在党中央领导下举国发展我国天然橡胶工业体系的历程。

1.2.2.1 新中国成立前我国天然橡胶产业备受打压发展缓慢

我国天然橡胶种植始于1904年。当时，被孙中山先生誉为"边寨伟男"的民主革命志士、云南土司刀安仁先生[69]，见图1.22，从海外购买了8000多株巴西三叶橡胶树苗，历经千辛万苦运到云南，栽植于盈江县新城凤凰山，建起了我国第一个橡胶园（至1950年仅存2株，现仅存一棵，被誉为"中国橡胶母树"）。

图1.22　云南土司刀安仁

两年后的1906年，海南岛爱国华侨何麟书[70]先生，见图1.23，集资5000元，在海南家乡成立了琼安垦殖公司，从马来西亚引进4000粒橡胶种子，种植在琼海、儋州一带，开辟了中国第一家橡胶种植园，但由于技术不过关以及气候土壤环境等因素，这4000粒种子没长出一株树苗。在总结失败教训后，何麟书又集资了1.5万元，并决定用移植橡胶苗的方法代替原有的播种方法。当时，海峡殖民当局严禁橡胶树苗出口，他冒着很大的风险，几经周折，终于运回5000多株苗，结果成活了3000多株。1915年琼安公司胶园第一次割胶，并获得了成功，至此天然橡胶终于在海南扎下了根。

在何麟书的带动下，不少华侨和国内有识之士先后在海南岛建立公司，种植橡胶。比如，1907年区慕颐、胡子青等人在海南创办侨兴有限公司，从东南亚引入橡胶苗400余株；1911～1912年，秘鲁华侨曾江源和曾金城父子从新加坡购买橡胶苗10万株，在海南那大建立侨植胶园，1920年曾金城又从马来西亚运回大批橡胶苗，在海南儋州再建了天任和蔡惠胶园；1927年林育仁从泰国带回数株橡胶苗和一批种子，在广东雷州半岛种植、育苗，到1950年存2000多株；1948年福建籍华侨钱仿舟从泰国运回2万株橡胶苗，种植于云南西双版纳，1950年仅存97株。到1949年，历经45个春秋惨淡经营，我国先后建立大小胶园200余个，种植天然橡胶3000公顷，年产干胶不过200t[71]。

图1.23 爱国华侨何麟书

在天然橡胶加工方面，起初我国天然橡胶工业均由外国资本控制，他们一面加紧向中国倾销产品，另一面又来华办厂，以抢占中国的橡胶市场，同时也为他们所发动的侵华殖民战争服务。由此也引发我国民族资本投资橡胶工业。1915年我国在广州建立第一个橡胶加工厂——广州兄弟创制树胶公司，生产鞋底；1919年在上海建立了上海清和橡皮工厂；1927年建立了现在的上海正泰橡胶厂，生产著名的"回力牌"球鞋；1928年建立上海大中华橡胶厂，生产胶鞋，1932年开始生产"双钱"牌轮胎，首次实现我国轮胎工业的国产化，见图1.24和图1.25。20世纪30年代以后在山东、辽宁、天津等地逐步建立了橡胶厂，我国的橡胶工业逐步由胶鞋等生活用品转向轮胎，中国橡胶工业初具雏形。

图1.24 1934年申报上的"回力"球鞋广告

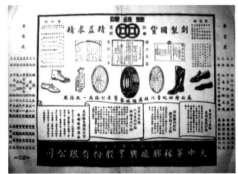

图1.25 大中华"双钱"橡胶产品广告

但是在漫长的战争岁月，中国民族资本投资的橡胶工业，既受到外国资本投资的橡胶工业打压，又受到国内频发的战事的破坏，发展极为缓慢。当时的国民党政府经济部在调查资料中称，作为"重要工业之一，对于国防交通及民生日用均有莫大之关系的橡胶工业之发展，备历困难，最初受舶来品之压迫，继复遭二次战争之破坏，实在颠沛忧患中长成，工厂存续维艰，难以为继者，为数额多"。

至1948年，全国名义上有橡胶厂263家，拥有炼胶机（开放式）1009台，月生胶加工能力4000～5000t，实际上这些企业多是作坊式生产，缺东少西，处于停产、半停产状态。

1.2.2.2 新中国成立后我国天然橡胶的发展历程

1949年新中国成立，西方国家对我国实行全面经济封锁，天然橡胶作为重要战略物资，是禁运的重点。1950年，朝鲜战争爆发，我国天然橡胶供应关系更趋紧张。在此背景下，中共中央果断作出"一定要建立我国自己的橡胶生产基地"的战略决策。

当时以苏联为首的社会主义国家几乎都不生产橡胶，但是我国南方一些地区具备种植天然橡胶的条件，并且有成功种植的经验。因此苏联对此非常关注，曾多次在不同场合建议中国独自、或者联合、或者帮助中国发展天然橡胶，希望把中国打造成以苏联为首的社会主义阵营的天然橡胶供应基地。1952年8月，中、苏双方签署《关于苏联援助中国种植和割制橡胶的协定》。协定要求苏方提供相应的贷款、技术、设备帮助中国发展天然橡胶产业，而中国则以天然橡胶偿还贷款和利息。1953年，斯大林去世，同时苏联政府在国际市场上可以购买到天然橡胶，苏联后来终止了这一协定。此后中国开始了举国独立自主发展天然橡胶产业之路[72]。

1951年8月底，周恩来在中南海主持政务院会议，通过《关于扩大培植橡胶树的决定》。该《决定》分析了当前我国天然橡胶所面临的严峻形势，以及我国适宜种植天然橡胶的地区及气候环境条件，并提出从1952～1957年种植天然橡胶700多万亩，争取10年后年产干胶10万吨的发展目标。此文件成为我国第一个发展天然橡胶产业的纲领性文件。

会后，党中央指定副总理陈云统筹安排，亲自主持天然橡胶的开发工作。同时鉴于我国适宜植胶地区大多位于华南热带雨林地带，1951年11月党中央又确定在广东建立华南垦殖局（后改为垦殖总局），实行中央与地方双重领导体制，任命中共中央华南分局第一书记叶剑英为局长，直接指挥大规模种植橡胶，创建我国天然橡胶生产基地。叶帅为此付出了巨大的努力，上任伊始就动员广大农林科技人员，并号召全国有志青年"到北纬22°站队"，考察调研我国的天然橡胶状况。他亲自带队进行天然橡胶生存考察活动，历经十月基本搞清楚我国天然橡胶的现状，以及我国适宜种植橡胶地区的气候、土壤、环境条件，并形成考察报告报送中央，为我国发展天然橡胶产业提供了宝贵的资料。1959年叶帅视察华南亚热带作物科学研究所（现名中国热带农业科学研究院）写诗道："四十年前旧胶园，将来发展看无边。橡胶好似人中脚，结合机床共向前[73]。"抒发了自己直面我国天然橡胶事业的决心和信念。

为加强领导，中央还任命广东、广西的党政主要领导人冯白驹、陈漫远为副局长，中共中央华南分局秘书长李嘉人任专职副局长，协助叶剑英领导天然橡胶的种植工作。1952年初，中央军委又紧急命令，从华南地区抽调两万多人的整建制部队，迅速组成林业工程第一师、第二师和一个独立团，进军荒山野岭，垦荒植胶，建设天然橡胶基地。1952年林垦部决定成立特种林业（天然橡胶）研究所，集中研究天然橡胶种植与开发的科学技术问题。至此，我国从政策制定、组织架构以及人员配置形成初步的天然橡胶种植开发体系，这为我国今后60年的天然橡胶的成功开发奠定了扎实的基础。

1951年9月，国务院决定在云南建立我国第二个橡胶基地，对云南省西双版纳等地开始了橡胶宜林地的勘察工作。1951～1952年，新中国农业部林业司司长何康和著名植物学家蔡希陶骑马考察云南，提出发展我国橡胶业的大胆设想和可行性方案，周恩来总理和陈云副总理亲自听取汇报，果断地拍板决策。1952年，中央发出指示，开辟云南橡胶垦殖区。1953年2月建立云南垦殖局，由原西南农业部副部长屈健出任局长。1955年4月，中国人民解放军13军37师、39师和军直单位的1697名官兵转业，在勐海县建立了西双版纳最早的国营橡胶农场——黎明农场。1956年3月、12月和1957年1月，在叶剑英元帅的部署下，华南垦殖区的大批干部和技术工人抽调到云南边疆，随后开展了热火朝天的国营橡胶农场建设工作，先后共建立了10个县级国营橡胶农场。

到20世纪60年代，我国已经形成以10万转业官兵为主体，吸收大批知识青年和支边青年组成的30万垦荒植胶大军，分布在广东、海南、云南莽莽的热带雨林里。在广东建起100多个橡胶农场（图1.26），植胶树199万亩，年产干胶2.18万吨；在云南建起32个橡胶农场，植胶树32万亩，年产干胶569t（原文数据如此），创造了巨大的成绩[74]。

国际上一般认为巴西三叶橡胶只能生存于南北纬15°之间的热带雨林里。按此条件，我国仅有少数几个岛礁具备这个条件，因此当时国外专家认为在我国发展天然橡胶工业几乎是不可能的。但在国家的大力支持下，我国的科技工作者勇于开拓创新，发挥了科学技术的奇特作用，为大规模种植天然橡胶建立了不朽的历史功绩。据华南热带作物科学研究院统计，1954～1984年的30年间共取得科技成果274项，其中有些研究成果已是世界先进水平或占领先地位。目前，我国已成为世界上唯一在北纬18°～24°地区大面积植胶成功的国家，创造了世界纪录，改写了国际橡胶权威的传统理论，为我国和世界天然橡胶事业发展提供了宝贵经验。1982年全国科学技术奖励大会上，国家科委授予"橡胶树在北纬18°～24°大面积种植技术"重大科技成果发明一等奖。

图1.26　国营天然橡胶种植农场

2007年国务院办公厅印发了《关于促进我国天然橡胶产业发展的意见》（国办发[2007]10号），进一步明确了天然橡胶是重要的战略物资和工业原料的战略定位，肯定了我国天然橡胶产业所做出的重大贡献，指出了当前我国天然橡胶产业发展中存在的问题和面临的挑战。《意见》明确提出到2015年，我国国内天然橡胶年生产能力要达到80万吨以上，境外生产加工能力达到60万吨以上的目标。《意见》为我国天然橡胶产业的快速健康发展明确了前进的方向、创造了良好的环境、开辟了广阔的工作空间，这是新时期指导我国天然橡胶产业发展的一部划时代的纲领性文件。

截止到2012年，我国天然橡胶产业的发展历经60年，经过三代农垦人的努力，已经成立海南农垦、云南农垦、广东农垦为主的三大农垦集团，建立起约100万公顷国营和民营胶园，产量80万吨左右，面积居世界第4位，产量居世界第6位。

1.2.2.3 我国天然橡胶的现状及发展战略

2001年我国加入WTO，使我国的经济发展与世界全面接轨，对外开发的程度也达到了前所未有的广度和深度。2001～2012年这12年间，我国GDP年均增长9.5%，目前我国已经成为仅次于美国的世界第二大经济体[75～77]。我国经济的快速发展带动汽车工业的迅猛发展，2012年我国汽车产销量分别达到1927万辆和1930万辆，连续4年成为世界第一大汽车产销国，增长势头异常迅猛，据专家预计未来二三十年我国汽车工业仍将保持这种迅猛发展的势头[78]。汽车工业的迅猛发展推动轮胎工业高速发展，2012年中国轮胎产量达到4.7亿条，占到全球轮胎产量的1/3还多。繁荣的轮胎工业需要大量橡胶原材料的支撑，2012年我国消耗橡胶原材料730万吨，占到世界橡胶总消耗量的近1/3，其中合成橡胶385万吨，占53%，天然橡胶345万吨，占47%[79]。

虽然我国天然橡胶工业取得了很大进步，但是与我国的需求相比还远远不够。以2012年为例，我国消耗天然橡胶345万吨，自产80万吨，进口350万吨（受2011年天然橡胶涨价的影响，下游厂商增加了库存）。对外依存度接近80%，形势不容乐观[80]。如此高的对外依存度已经严重影响到我国天然橡胶这一战略物资的安全。

众所周知，东南亚是全球主要的天然橡胶资源供应地，产量占到了全球的70%以上，我国几乎所有进口的天然橡胶均来自东南亚。以2012年为例，我国进口天然橡胶352万吨，其中从泰国进口193万吨，占我国总进口量的55%，印度尼西亚67万吨，占19%，马来西亚49万吨，占14%，越南32万吨，占9%，其他来源11万吨，占3%[80]。但是我国又因南海部分岛礁主权归属问题与东南亚一些国家存在争端。目前宣称拥有南海（部分）诸岛主权的国家为：越南，实际控制28个岛礁；菲律宾，实际控制9个岛礁；马来西亚，实际控制3个岛礁；印度尼西亚，实际控制2个岛礁；文莱，实际控制1个岛礁；我国（含台湾）实际

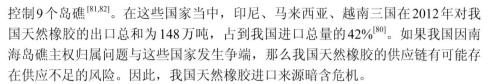

控制9个岛礁[81,82]。在这些国家当中，印尼、马来西亚、越南三国在2012年对我国天然橡胶的出口总和为148万吨，占到我国进口总量的42%[80]。如果我国因南海岛礁主权归属问题与这些国家发生争端，那么我国天然橡胶的供应链有可能存在供应不足的风险。因此，我国天然橡胶进口来源暗含危机。

除此之外，我国单一的天然橡胶供应模式还面临巨大的生物学风险。东南亚三叶橡胶树几乎均遗传自英国人亨利·魏克曼（Henry.Wickham）移栽至马来西亚的22株三叶橡胶树，遗传基因基础非常狭窄，品种单一，容易感染南美枯叶病（SALB），从而导致天然橡胶大面积减产，这也是20世纪初南美天然橡胶工业迅速衰落的原因之一。由于巴西三叶橡胶树在东南亚属于外来树种，没有天敌，大面积种植极少感染南美枯叶病，并且东南亚土壤条件、气候环境和巴西相似，适于三叶橡胶树的生长，因而东南亚就逐渐成为全球天然橡胶资源的主要供应地。但是，南美枯叶病的威胁依然存在，因为在印度和泰国的某些地方已经出现南美枯叶病的案例，并对这两个国家的天然橡胶产业造成了巨大威胁。因此，南美枯叶病疫情一旦控制不住，泛滥成灾，东南亚天然橡胶工业在瞬间崩塌也不是天方夜谭。

此外，由于我国三叶天然橡胶树种植的纬度较高，因此整体的生存质量和抗病性较差，受病虫害和天气灾害等因素影响较大，因而平均单位产量和东南亚天然橡胶的主产区有较大差距。以马来西亚为例，当地天然橡胶平均一公顷产胶1.3t，好的地方可以达到2t，而我国一公顷平均产胶只有600kg，个别地方可以达到1t。因此，我国天然橡胶工业还存在着先天条件不足、发展比较脆弱的特点。

因此，面对上述问题，立足本国，寻找三叶天然橡胶以外的第二天然橡胶资源，实现我国天然橡胶产业全疆域种植、多元化发展，打破东南亚三叶天然橡胶的垄断性供应，可能是实现我国天然橡胶产业安全、长久发展的可行之路。我国国土面积广大，气候条件多样复杂，物种丰富，为我国独立自主的天然橡胶多元化发展之路提供了扎实的物质基础。目前适于在我国发展的第二天然橡胶资源有原产于我国新疆和哈萨克斯坦边界地区的蒲公英橡胶，原产于墨西哥北部荒漠中的银菊橡胶以及我国特有的杜仲橡胶。

1.2.3 天然橡胶大分子结构与性能的认知历程

天然橡胶的结构认知过程也经历了100多年的历史，是一个具有重要借鉴性的科学问题研究案例。

1826年，法拉第（M.Faraday）[83]研究天然橡胶的组成，指出天然橡胶仅仅由碳原子和氢原子组成，并给出经验式为C_5H_8。多年以后 Weber 发现天然橡胶可与溴反应，表明天然橡胶是不饱和化合物，并给出经验式$C_5H_8Br_2$，并暗示发生的可能是加成反应。直到1924年 Macallum 和 Whitby 发明双折射技术和1927年 Kemp 使

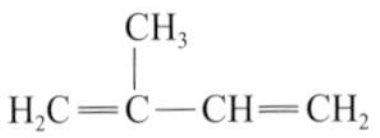

$$H_2C=\overset{\displaystyle CH_3}{\underset{\displaystyle |}{C}}-CH=CH_2$$

图1.27　异戊二烯的结构

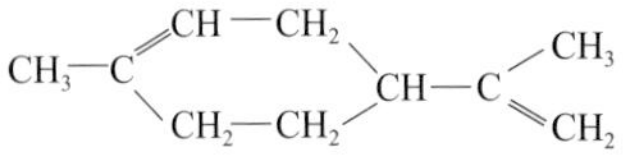

图1.28　二戊烯的结构

用更为精确、可靠的氯化碘和天然橡胶发生反应，证实发生的确实是加成反应。

为了搞清楚天然橡胶精确的分子结构，Gregory、Bouchardat、Greville Williams等人试图通过分析天然橡胶干馏后的产物，来确定天然橡胶分子中碳原子和氢原子的排列。试验结果表明天然橡胶经过干馏后可以得到两个主要的产物，一种馏分的沸点为 $34\sim37℃$，另一种馏分的沸点为 $175\sim176℃$。

第一种馏分为异戊二烯，化学式为 C_5H_8，Euler等人通过异戊二烯合成的方法确定其结构，见图1.27；第二种馏分为二戊烯，化学式为 $C_{10}H_{16}$，Perkin于1904年通过合成的方法确定其结构，见图1.28。显然二戊烯是异戊二烯的二聚体，后者加热到270℃可以发生可逆反应转化为前者[84]。

1861年，英国化学家格雷哈姆（T.Graham）创立胶体化学，并认为高分子是由一些小的结晶分子所形成。之后人们普遍使用胶体化学的理论解释天然橡胶的结构，认为天然橡胶是异戊二烯小分子的物理聚集，而不是化学共价键的结合[84]。

1900年哈里斯（C.Harries）开始从事橡胶结构的研究，他于1904年提出了天然橡胶具有环状结构的假说，认为天然橡胶的基本结构单元是异戊二烯，两个异戊二烯分子结合形成二甲基环辛二烯，彼此再通过双键中碳原子的"副价力"的作用，进行自聚而形成直链缔合物。哈里斯的理论，依然建立在单体小分子的自聚而非它们之间形成共价键的基础之上，符合当时的束胶理论，获得了许多化学家的赞同[84]，见图1.29。

但是毕克斯（C.Pickes）并不同意哈里斯的环式结构假说，他在1910年指出，天然橡胶通过干馏并不能得到这个环式结构单元，而且天然橡胶与溴反应后仍然保留有胶体性质，但此时却已经没有双键，更不可能再有哈里斯所说的"副价力"。因此，认为天然橡胶分子是环状结构单元并靠"部分副价力"结合成直链的见解是缺乏根据的。所以毕克斯提出天然橡胶是通过异戊二烯分子之间的"主价键"（即共价键）作用形成的聚合物，但他仍倾向认为形成的是没有端基的环状聚合物，且至少是八聚环式以上的结构单元，完全低估了天然橡胶的超高分子量。为此，哈里斯于1914年将天然橡胶的结构修改为 $6\sim8$ 聚环式结构单元的结构式[84]，见图1.30。

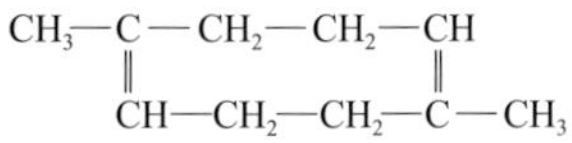

1920年，施陶丁格提出了著名的大分子学说[85]。他认为天然橡胶等高分子聚合物，都是由数目巨大的单体小分子通过共价键的重复连接而形成的线型长链分子。施陶丁格的大分子理论，动摇了传统的胶体理论的基础，遭到了胶体论者的激烈

$$CH_3-\overset{}{C}-CH_2-CH_2-CH$$
$$CH-CH_2-CH_2-\overset{}{C}-CH_3$$

图1.29　二甲基环辛二烯

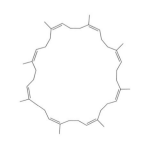

图1.30　异戊二烯八聚环

反对。胶体论者坚持认为，天然橡胶是通过部分副价键缔合起来的，这种缔合归结于异戊二烯的不饱和状态。他们为此预言：天然橡胶加氢将会破坏这种缔合，得到的产物将是一种低沸点的低分子烷烃。1922年，施陶丁格和弗里特希（J.Fritschi）制出氢化橡胶，发现其性质与天然橡胶差别极小，尤其是，它不能蒸馏，还可像橡胶一样生成胶体溶液，这是证明天然橡胶是长链聚合物的最早实验证据。

但是施陶丁格的大分子理论还有两个问题没有解决，所以一直被胶体论者所反对。一是大分子的分子量测定问题，虽然施陶丁格通过测定高分子溶液的黏度确立了分子量和黏度之间的关系，并提出了施陶丁格方程$\eta = K_m M$，但是胶体论者则认为黏度和分子量没有直接的联系；二是高分子结构中晶胞与其分子的关系，通过X射线衍射法来观测纤维素，双方都发现单体（小分子）与晶胞大小很接近。虽然施陶丁格认为晶胞大小与高分子本身大小无关，一个高分子链可以穿过许多晶胞，但胶体论者认为一个晶胞就是一个分子，晶胞通过晶格力相互缔合，形成高分子。

1926年瑞典化学家斯维德贝格（T.Svedberg）和法拉斯（R.Fahraeus）首次用超离心机成功测定羟基和羧基血红蛋白的分子量在20万～30万之间，成功解决了大分子的分子量问题。随后晶体学家通过天然纤维素X射线衍射图发现，晶体的对称性在纤维轴向上的伸展，远超过单个晶胞，甚至超过一个晶粒。20世纪30年代中，美国杜邦公司的化学家卡罗泽斯（H Carothers）按照缩聚反应原理，利用分子蒸馏技术，合成分子量超过20000的超聚物，通过定量测定反应中消去的水，还能估算出长链分子中的链节数。到1934～1937年间，庞默拉（R.Pummerer）从天然橡胶的降解产物中，分离出微量的端基化合物，直接证实了橡胶的线型长链分子结构，至此天然橡胶是线型大分子结构的事实逐渐被人们所接受。鉴于施陶丁格在高分子领域中的卓越贡献，他获得了1953年诺贝尔化学奖。

确立了天然橡胶是线型大分子结构之后，面临着该线型大分子是顺式结构还是反式结构的问题。施陶丁格早期的研究工作曾提出，天然橡胶是反式异构体，而古塔波胶和巴拉塔胶为顺式异构体。但是随后Meyer和Mark利用X射线衍射研究拉伸状态下天然橡胶的性能，并提出天然橡胶是顺式异构体的观点。这一观点随后被Bunn在1942年所证实，并揭示了拉伸结晶天然橡胶的大分子结构以及相应的结晶参数，见图1.31和图1.32。

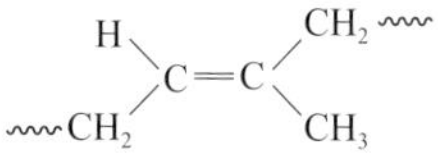

trans-1,4-polyisoprene

图1.31 反式异构体

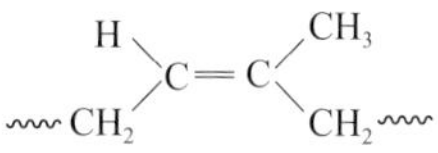

虽然人们已经明确天然橡胶最低98%以上都是由顺式-1,4-戊二烯构成，但是对剩余的2%以内的微观结构的鉴定也花费了很多年的精力。随着科学技术飞速发展，人们逐步揭开了天然橡胶剩余2%的微观结构。1969年，F.Lynen揭示了天然橡胶的生物合成历程[86]，并给出天然

cis-1,4-polyisoprene

图1.32 顺式异构体

橡胶的微观结构，他提出天然橡胶大分子一端是二甲基烯丙基团，然后连接 n 个异戊二烯单元形成天然橡胶大分子长链，最后以焦磷酸酯端基封端，见图1.33。

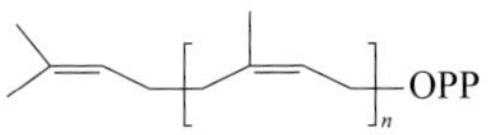

图1.33　F.Lynen 给出的天然橡胶分子结构

1989年Tanaka利用现代 ^{1}H-NMR 和 ^{13}C-NMR 技术分析了天然橡胶大分子结构[87]。他提出天然橡胶的结构单元不仅仅全是顺式 -1,4- 单元结构，还存在2～3个反式 -1,4- 单元结构与二甲基烯丙基相连，见图1.34。

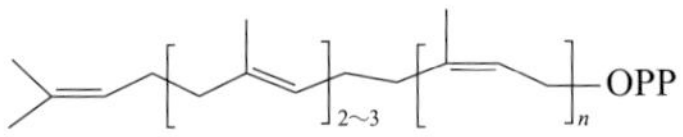

图1.34　Tanaka 给出的天然橡胶分子结构

随后Cornish、Puskasa[88,89]等人发现天然橡胶的大分子结构与含胶植物品种密切相关，并修正了Tanaka给出的天然橡胶大分子微观结构，即按照含胶植物不同，所得到的天然橡胶大分子有可能含有0～3个反式 -1,4- 单元结构，见图1.35。

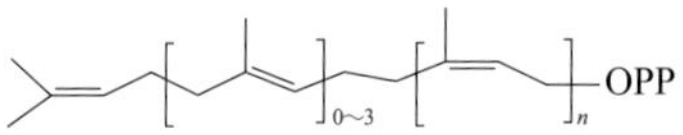

图1.35　Cornish 等提出的天然橡胶分子结构

此外，科学家们进一步发现，天然橡胶大分子的焦磷酸酯端基会水解形成羟基，形成的羟端基遇到脂肪酸还会进一步形成酯端基[88]。通过NMR技术的帮助，人们还在天然橡胶大分子上发现一些反常（abnormal group）基团结构，比如环化基团、环氧化基团、醛化基团和胺化基团，见图1.36。

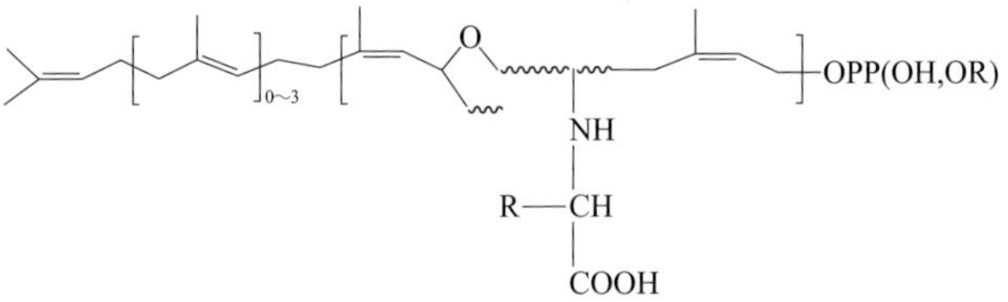

图1.36　较为复杂的天然橡胶长链大分子结构

因此天然橡胶并不仅仅是由顺式 -1,4- 单元结构连接而成的简单的长链大分子，而是由98%的顺式 -1,4- 单元结构，以及2%左右的其他基团结构组成的较为复杂的长链大分子结构。由于其高达98%的顺式结构，赋予了天然橡胶一种合成橡胶所难以媲美的特殊性能——应变诱导结晶性能[90]。当外力作用于天然橡胶时，天然橡胶产生应变，变形达到一定程度时，天然橡胶发生结晶抵抗外力对于天然橡胶的破坏。而当外力去除或减小时，产生的应变诱导结晶也随之消失，天然橡胶又转变成常态下的高弹性的材料，见图1.37。虽然合成橡胶中的硅橡胶、顺丁橡胶、氯丁橡胶、丁基橡胶、异戊二烯橡胶、某些乙丙橡胶、氢化丁腈橡胶、某些氟橡胶等均可以在某些温度下产生拉伸结晶，但与天然橡胶这种在较大温度范围内均可产生迅速拉伸结晶的性能还无法相比。

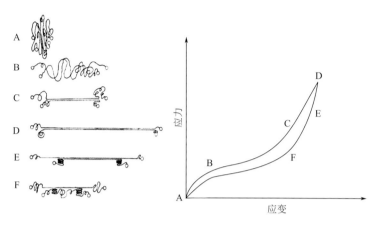

图1.37 天然橡胶的应力-应变曲线及应变诱导结晶过程[84]

可以说天然橡胶大分子结构赋予自身的应变诱导结晶性能，使天然橡胶变成一种智能材料（smart material）。在需要高弹性的条件时，可以保持高弹性状态，而在需要结晶的条件时，可以产生结晶抵抗破坏，而不再需要结晶时，又可以恢复成高弹性状态。天然橡胶的这一优点可以使得天然橡胶具有高抗冲、耐撕裂、耐穿刺等优异的力学性能，是现有大多数合成橡胶无法比拟的。这也是到目前为止，天然橡胶不能被合成橡胶完全取代的根本原因。

不仅如此，天然橡胶生产制造过程在天然橡胶干胶中留下了5%左右的非胶组分，它们主要是蛋白质、脂肪酸、金属离子等[91]。人们已经发现，这些非胶组分会与天然橡胶大分子的两个末端通过氢键、极性范德华作用力甚至离子键相互作用，形成一个物理网络结构。不同地域生长的天然橡胶，不同的加工过程，非胶组分种类和含量会发生一定的变化，从而该网络结构也有所不同。这个物理网络结构会显著影响天然橡胶的后续加工性能、储存稳定性、力学性能（包括等温结晶性能和拉伸结晶性能等），有关这些研究还需进一步深化，相关的研究成果在后面的章节还有叙述，见图1.38。

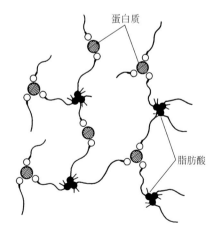

图1.38 天然橡胶的物理网络结构

1.3 天然橡胶与生物基合成弹性体的分类 <<<

据统计，全球大约有9个科，300多个属，超过2500种植物可以生物合成天然橡胶。其中绝大多数都集中在赤道热带雨林地区[92]。这9个科分别为：大戟科（euphorbiaceae）；夹竹桃科（apocynaceae）；萝摩科（asclepiadaceae）；菊科（asteraceae）；桑科（moraceae）；罂粟科（papaveraceae）；山榄科（sapotaceae）；卫矛科（celastraceae）和杜仲科（eucommiaceae）。

大戟科（euphorbiaceae）的代表植物是巴西三叶橡胶树（hevea brasiliensis），主要生长在南北纬15°的赤道热带雨林地区，巴西三叶橡胶是世界唯一成功产业化的橡胶品种，是全球橡胶工业体系中唯一的天然橡胶品种。目前全球种植面积超过1000万公顷，产能超过1000万吨，其中大约92%的产能集中在东南亚（含中国和印度），西部非洲占5%，南美洲占3%。我国是唯一在北纬15°以北成功种植巴西三叶天然橡胶的国家，目前种植面积约100万公顷，占世界第四位，产能近80万吨，占世界第六位。木薯橡胶树（manihot glaziovii）是另外一种代表植物，原产于巴西，后被引种到非洲，曾经被商业化开发，但因产量和质量不如巴西三叶橡胶而被放弃。

菊科（asteraceae）的代表植物是银胶菊（guayule）和俄罗斯蒲公英（russion dandelion），这两种橡胶是继巴西三叶橡胶之外最具开发前景的天然橡胶植物，由于银菊胶颗粒结合蛋白不与免疫球蛋白 IgE（Ⅰ型乳液过敏反应）和三叶橡胶乳液蛋白 IgG 抗体发生交叉反应，不会引起乳胶过敏现象，因而在医用外科手套和安全卫生产品方面近年来备受人们关注。蒲公英橡胶的性能和巴西三叶橡胶类似，如果经过种质改良，产量达到三叶橡胶的平均水平，则可以完全不受热带气候条件的限制大规模商业化开发。其他代表作物：秋麒麟草（goldenrod），因爱迪生晚年曾进行过开发而著名，但因橡胶分子量太低而质量较差；向日葵（sunflower），因其已经大规模种植，如果通过现代育种技术和基因工程提高含胶量和橡胶的质量，那么向日葵橡胶极有可能在短时间内实现大规模工业化；莴苣橡胶（lactuca rubber）目前仅具有科学研究意义，尚未看到商业化开发的前景。

夹竹桃科（apocynaceae）的代表植物是桉叶橡胶藤（cryptostegia grandiflora），美国政府曾经在海地大规模开发；其他代表植物，绢丝橡胶树（funtumia elastica），橡胶大繁荣时期，英国曾在非洲进行开发，质量基本可以满足工业要求，但是产量较低；科齐橡胶藤（landolphia vine）因比利时国王利奥波德二世（leopold Ⅱ）血腥开发而著名。

桑科（moraceae）的代表植物是美洲橡胶树（castilloa elastica），是人类接触的最早的天然橡胶，在橡胶大繁荣时期和第二次世界大战期间广泛开发，质量较好，但是产量较低；另外一个代表植物是印度橡胶榕（ficus elastica），因外形美观而作为室内观赏植物，因橡胶质量较差，仅作为研究使用，目前科学家正在对它进行综合利用的研究。

山榄科（sapotaceae）的代表植物是古塔波树（gutta percha），在第二次（电力）工业革命时期，发挥过巨大作用，是铺设大西洋海底电缆的主要绝缘材料。目前每年维持百吨级的产量，限于应用在牙科填料方面；其他代表，巴拉塔树（balata）在古塔波胶大繁荣时期，作为古塔波胶的补充资源；Chicle胶树（Manilkara Zapota），曾经是口香糖工业的主要原材料。

卫矛科（celastraceae）的代表植物是桃叶卫矛（evonymus），前苏联曾经进行大规模开发，以替代古塔波胶。

杜仲科（Eucommia ulmoides Oliv.）的代表植物是杜仲，为我国特有含胶植物，新中国成立初期，我国曾经尝试开发杜仲胶以替代古塔波胶，目前仍在尝试规模种植与开发阶段。

上述含胶植物均进行过商业化开发，但是所产橡胶各不相同。具体来说，天然橡胶可以分为，顺式-天然橡胶，即顺式-1,4-聚异戊二烯；反式-天然橡胶，即反式-1,4-聚异戊二烯；还有的植物既合成顺式天然橡胶，也合成反式天然橡胶，其所产混合橡胶可称为顺反-天然橡胶。上述天然橡胶及其分类见图1.39。

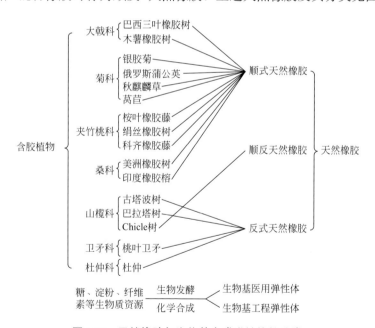

图1.39　天然橡胶与生物基合成弹性体的分类

生物基弹性体是利用糖、淀粉、油脂、纤维素等生物质资源经过发酵，得到生物基小分子单体，再通过化学合成的方式得到的弹性体，或者将生物基单体进一步转化为传统结构的单体，再化学合成为生物基传统橡胶，比如生物基异戊橡胶、生物基乙丙橡胶等。从某种意义上说，也是一种新型的天然橡胶，可分为生物基医用弹性体和生物基工程弹性体。生物基医用弹性体大部分应用于人体医疗诊治，因而侧重于生物相容性和可降解性；生物基工程弹性体主要应用于工程机械和需要较高力学性能与环境稳定性能的装备与器件，更侧重于不可降解性。生物基弹性体及其分类见图1.39。

进入21世纪以来，石油产量日益逼近峰值，包括合成橡胶在内的石油基高分子材料日益面临无米下锅的窘境；石油价格的节节攀升，造成下游石油基合成橡胶的价格不断上涨，同时也推动天然橡胶的价格一路攀升。此外，石油基合成橡胶工业过度的碳排放是造成全球气候变暖的元凶之一，并面临着节能减排的巨大压力。因此未来利用可再生的生物资源，发展生物基弹性体也将是我国乃至世界橡胶工业未来可持续发展的重要途径。

北京化工大学在生物基工程弹性体方面取得了一些重要的成果[93]，首次提出了生物基工程弹性体（BioBased Engineering Elastomer，BEE）的概念和内涵，目前基于大宗的生物基单体，已经合成出3种最具前景的生物基工程弹性体：① 聚酯基生物工程弹性体，目前已经建成100t中试装置；② 衣康酸酯基生物工程弹性体，已经在实验室取得突破，并试制了轮胎样品；③ 大豆油基生物工程弹性体，已经在实验室取得突破。而目前国际上一些大公司则侧重于开发生物基传统橡胶，比如，杰能科和固特异从糖类生产生物基异戊二烯，进而合成异戊橡胶，德国朗盛公司利用生物基原料合成生物基三元乙丙橡胶和生物基丁基橡胶。

本书将围绕图1.39所示的内容进行编写，巴西三叶天然橡胶已经实现了商业化，因此本书分四章重点编写；银胶菊、蒲公英和杜仲正在商业化，本书也各自分章编写；其他含胶植物将合并一章进行编写；最后生物基弹性体作为一种新型的橡胶品种单列一章进行编写。

纵观我国天然橡胶方面的专著（这里特指书名含有天然橡胶的专著），内容几乎都是介绍巴西三叶天然橡胶，对于其他品种的天然橡胶要么是没有介绍，要么寥寥几笔带过。而关于生物基弹性体的专著更是一本没有。笔者为此查阅了中国国家图书馆有关天然橡胶方面的专著，书名带有天然橡胶的中文专著共25本，其中经管类12本，占48%；材料加工类10本，占40%；农艺类2本，占8%；综合类1本，占4%。而其他品种天然橡胶的有关专著，仅仅是在20世纪50年代，在我国极度缺乏天然橡胶的年代里，编写的几部小册子，比如1951年罗士苇先生编写的《橡胶草》；1955年张笑尘先生编译的《马莱树胶》；1956年柳大绰先生编写的《植物橡胶》等。20世纪80年代旁庭祥教授还编写过一本《银胶菊》。但是这些小册子均是专门针对某一个胶种所写，内容偏少而且已经年代久远，急需结合最新研究进展满足读者需求。

因此，面对国内外第二天然橡胶资源和生物基弹性体的开发热潮，结合天然橡胶生产技术、结构与性能以及应用领域的重要进展以及作者们的研究成果，非常有必要出版一本新书，以供橡胶材料科学与工程领域及相关领域的研究人员进行参考。

参考文献

[1] 韩洪洪. 当代中国史研究，2005，12（4）：69-76.

[2] 黄宗道. 天堂的种子——热带作物. 北京：清华大学出版社，2000：1.

[3] Bertrand H. Rubber Chemistry and Technology，2011，84（3）：425-452.

[4] Katrina C. Phytochemistry，2001，57：1123-1134.

[5] 邓海燕. 轮胎工业，2011，31（10）：589-596.

[6] 王启方，黄茂芳，余和平. 中国橡胶，2011，27（6）：22-26.

[7] Schidrowitz P，Dawson T R. History of The Rubber Industry，W.Heffer & Sons Ltd（Ed），1952：1-22.

[8] Paul G.Mahlberg，Donald W.Field and James S.Frye. American Journal of Botany，1984，71（9）：1192-1200.

[9] 张启耀，周伟俊. 橡胶工业手册. 第十二分册. 技术经济：修订版. 北京：化学工业出版社，1996：1-2.

[10] Andrea J.Stone，Ancient Mesoamerica，2002，13（1）：21-39.

[11] Mary E M. Record of the Art Museum. Princeton University，1989，48（2）：22-31.

[12] Dorothy H，Sandra L.Burkett，Michael J.Tarkanian. Science，1999，284（5422）：1988-1991.

[13] Tarkanian M J，Hosler D. Latin American Antiquity，2011，22（4）：469-486.

[14] Bernie DeKoven. International Journal of Play，2012，1（2）：332-335.

[15] Peter Donahue. Journal American Indian Culture and Research，1997，21（2）：43-60.

[16] Paul F.Healy. Ancient Mesoamerica，1992，3（2）：229-239.

[17] Scarborough V，Mitchum B，Carr S，Freidel，David. Journal of Field Archaeology，1982，9（1）：21-34.

[18] Michael J.Tarkanian，Dorothy Hosler.Arqueología Mexicana，2000，8（44）：54-57.

[19] Michael J.Tarkanian and Dorothy Hosler. The Mesoamerican Ballgame，E.Michael Whittington（Ed.），2001：116-121.

[20] Jerry B.Pausch，Anal.Chem.，1982，54（1）：89-96.

[21] Dooling D，James，Lachman R. Journal of Experimental Psychology，1971：88（2），216-222.

[22] Paul E.Hurleya，Journal of Macromolecular Science：Part A-Chemistry，1981，15（7）：1279-1287.

[23] Umar H Y，Giroh D Y，N.B Agbonkpolor，C.S.Mesike. J.Hum.Ecol.，2011，33（1）：53-59 .

[24] Jules Janick. HortScience，2013，48（4）：406-412.

[25] John E.Staller，Michael Carrasco. Pre-Columbian Foodways，Springer（Ed），2010：23-69.

[26] Franke J.Neumann. History of Religions，1973，13（2）：149-159.

[27] 庄解忧. 厦门大学学报（哲学社会科学版），1985，4：54-60.

[28] H.Mooibroek，K.Cornish. Applied Microbiology and Biotechnology，2000，53（4）：355-365.

[29] H.de Livonnière. Clinical Reviews in Allergy，1993，11（3）：309-323.

[30] George B.Kauffman，Raymond B.Seymour. J.Chem.Educ.，1990，67（5）：422-435.

[31] E.A.Hauser. Rubber Chemistry and Technology，1938，11（1）：1-4.

[32] Emma.Reisz. Atlantic Studies，2007，4（1）：5-26.

[33] Jose Miguel Martin Martinez. Materialstoday，2006，9（3）：55-62.

[34] George B.Kauffman. The Chemical Educator，2001，6（1）：50-54.

[35] Ralph Frank. India rubber man，Publisher Caxton Printers（Ed），Caldwell，1939：281-286.

[36] Siegfried Wolff. Rubber Chemistry and Technology，1996，69（3）：325-346.

[37] Gent AN. Rubber Chemistry and Technology，1990，63（3）：49-53.

[38] Sebrell LB. Ind.Eng.Chem.，1943，35（7）：735-750.

[39] Paul J.Flory. Rubber Chemistry and Technology，1968，41（4）：41-48.

[40] Charles Goodyear：US，3633.1844.

[41] Reader's Digest." The Charles Goodyear Story." Reader's Digest January，1958.

[42] Brian J.Godfrey，John O.Browder. Geographical Review，1996，86（3）：441-445.

[43] John Melby. The Hispanic American Historical Review，1942，22（3）：452-469.

[44] 徐玮. 世界历史，1989，6：20-29.

[45] 王志林，余冰. 理论月刊，2010，5：16-19.

[46] E.S.Tompkins. Rubber Chemistry and Technology，1965，38（5）：8-20.

[47] Frank F, Hofferberth W. Rubber Chemistry and Technology, 1967, 40 (1): 271-322.

[48] J.B.Dunlop: B P, 10607. 1888.

[49] Joan C.Long. Rubber Chemistry and Technology, 2001, 74 (3): 493-508.

[50] George Oenslager. Ind.Eng.Chem., 1933, 25 (2): 232-237.

[51] Roland CM. Rubber Chemistry and Technology, 2006, 79 (3): 429-459.

[52] Michael Chibnik. Ethnology, 1991, 30 (2): 167-182.

[53] Paul T.Cohen. International Journal of Drug Policy, 2009, 20 (5): 424-430.

[54] Bradford L.Barham, Oliver T.Coomes. Latin American Research Review, 1994, 29 (2): 73-109.

[55] Robert F.Murphy. American Anthropologist, 1957, 59 (6): 1018-1035.

[56] J.Valerie Fifer. Journal of Latin American Studies, 1970, 2 (2): 113-146.

[57] Mark R.Finlay, Growing American Rubber: Strategic Plants and the Politics of National Security. Rutgers University Press, 2009: 1-25.

[58] Wickham H A. On the plantation, cultivation, and curing of Para Indian rubber, Trench, Trübner & Co., Ltd (Ed).London, 1908.

[59] Richard E S. Endeavour, 1977, 1 (3-4): 133-138.

[60] Randolph R.Resor. The Business History Review, 1977, 51 (3): 341-366.

[61] Richard E S. Economic Botany, 1979, 33 (3): 259-266.

[62] U.Onokpise Oghenekome. Economic Botany, 2004, 58 (4): 544-555.

[63] Barbara C.Hellier. HortScience, 2011, 46 (11): 1438-1439.

[64] Hannes Dempewolf, Loren H.Rieseberg, Quentin C.Cronk. Genetic Resources and Crop Evolution, 2008, 55 (8): 1141-1157.

[65] McGinnies W C, Mills J L. Guayule rubber production, the World War II Emergency Rubber Project: a guide to future development, Office of Arid Lands Studies. University of Arizona (Ed): 1980.

[66] Wadleigh C H, Gauch H G. Soil Science, 1944, 58 (5): 399-404.

[67] Dortignac E J. Soil Science, 1950, 69 (2): 95-106.

[68] van Dijk P, Kirschner J, Štěpánek J, et al. Journal of Applied Botany and Food and Quality, 2010, 83 (2): 217-219.

[69] 林密.今日海南, 2004, 10, 20-21.

[70] 林位夫, 周钟毓.热带农业科学, 1999, 4: 63-67.

[71] 郑文荣.中国橡胶工业年鉴, 2002: 55.

[72] 许人俊.中国农垦, 1999, 10: 11-14.

[73] 许人俊.百年潮, 1999, 10: 49-54.

[74] 许人俊.党史博览, 2006, 8: 30-34.

[75] 王进.中国外资, 2012, 3: 111-112.

[76] 曹敏.中国外资, 2012, 257: 27-28.

[77] 国立.中国流通经济, 2013, 4: 55-59.

[78] 徐秉金.时代汽车, 2012, 3: 12-19.

[79] 邓雅俐.中国橡胶, 2013, 29 (7): 4-9.

[80] 莫业勇.世界热带农业信息, 2013, 2: 1.

[81] 何志工, 安小平.当代亚太, 2010, 1: 132-145.

[82] 郭渊.北方法学, 2009, 3 (14): 133-138.

[83] Stavely F W, Biddison P H, Forster M J, et al. Binder, Rubber Chemistry and Technology, 1961, 34 (2): 423-432.

[84] Brydson J B. Rubber chemistry. London: Applied Science Publishers Ltd (Ed), 1978: 11-13.

[85] 张清建.自然辩证法通讯, 2006, 28 (5): 94-99.

[86] Lynen FJ. Rubb Res Inst Malaya, 1969, 21 (4): 389-406.

[87] Tanaka Y.Prog Polym Sci, 1989, 14: 339-71.

[88] Puskasa J E, Gautriauda E, Deffieuxb A, Kennedya J P. Prog.Polym.Sci, 2006, 31: 533-548.

[89] Katrina C. Phytochemistry, 2001, 57 (7): 1123-1134.

[90] Tokia S, Fujimakib T, Okuyamab M. Polymer, 2000, 41: 5423-5429.

[91] TanakaY. Rubber Chemistry and Technology, 2009, 82: 283-314.

[92] Perumal V, Natesan G, Palanivel S, et al. African Journal of Biotechnology, 2013, 12 (12): 1297-1310.

[93] 雷丽娟, 张立群.橡胶工业, 2010, 8: 453-458.

第2章
三叶橡胶的栽培与制备

2.1 概述 <<<

　　天然橡胶（natural rubber）是从热带植物—巴西三叶橡胶树（hevea brasiliensis）的乳液中提取出来的。因此也把天然橡胶称为三叶橡胶（hevea rubber）或者巴西橡胶（para rubber）。因其具有优异的综合性能，广泛应用于工业、农业、国防、交通、运输、机械制造、医药卫生领域和日常生活等方面，是重要的工业原料和不可替代的战略物资。实际上全球大约有2000多种植物都含有天然橡胶，其中绝大部分不具备商业化开发的价值。目前只有三叶橡胶成功实现了大规模商业化开发，其他品种的天然橡胶或仅有少量生产或仅存于教科书中不为世人所熟知，人们就习惯地将巴西三叶橡胶称为天然橡胶。巴西三叶橡胶树生产的胶乳和固体天然橡胶见图2.1。

图2.1　巴西三叶橡胶树生产的胶乳和固体天然橡胶

　　三叶橡胶树原产于南美洲亚马逊森林，1876年被移植到英国邱园，1877年22株三叶橡胶树被运至新加坡，1898年传到马来半岛。目前的种植地区已遍及亚洲、非洲、大洋洲、拉丁美洲，其中90%以上的植胶面积集中在东南亚地区。世界上种植天然橡胶的国家除中国外均分布在南纬10°以北、北纬15°以南的赤道附近。种植面积较大的国家有泰国、印度尼西亚、马来西亚、印度、越南、中国、斯里兰卡、尼日利亚和巴西等[1]。

2.1.1　三叶橡胶树的生物学特性

　　三叶橡胶树在植物分类上属于大戟科（Euphobiaceae），橡胶树属（Hevea），巴西橡胶树种（Hevea brasiliensis），属高大乔木植物，又名巴西橡胶树，俗称胶树。高可达30m，有丰富乳汁。其指状复叶具小叶3片，叶柄长达15cm，小叶柄基部常具2～4枚腺体。小叶椭圆形，长10～25cm，宽4～10cm，顶端短尖至渐尖，基部楔形，全缘，两面无毛。侧脉10～16对，网脉明显；小叶柄长1～2cm。花序腋生，圆锥状，长达16cm，被灰白色短柔毛。雄花：花萼裂片卵状披针形，长约2mm；雄蕊10枚，排成2轮，花药2室，纵裂；雌花：花萼与雄花同，但较大；子房3室，花柱短，柱头3枚。花期5～6月。种子为椭圆状蒴果，直径5～6cm，有3纵沟，顶端有喙尖，基部略凹，外果皮薄，干后为淡灰褐色，有网状脉纹，内果皮厚、木质。种子含油22%～25%，为半干性油，是油漆和肥皂的原料。果壳坚硬，可作为优质活性炭及醋酸等的化工原料。三叶橡胶树木材质轻，花纹美观，加工性能好，经化学处理后可制作高级家具、纤维板、胶合板、纸浆等，见图2.2。

图2.2　三叶橡胶树及生物学特性

橡胶树的生长发育分为以下5个阶段：

① 苗期　从播种、发芽到开始分枝阶段，需要1.5～2年的时间（1.5～2龄）；

② 幼树期　从分枝到开割阶段，要4～5年（5～7龄）；

③ 初产期　从开割到产量趋于稳定的阶段，需要3～5年的时间（8～12龄）；

④ 旺产期　从产量稳定到产量明显下降，大约持续20～25年（12～35龄）；

⑤ 降产衰老期　从产量明显下降到失去经济价值阶段。

2.1.2　种植面积

世界天然橡胶主要产自亚洲、非洲和拉丁美洲。据统计，全世界有43个国家种植天然橡胶，种植面积约1100万公顷。其中泰国、印度尼西亚、马来西亚和印度四个国家的种植面积约占世界总面积的75%，产量约占世界总产量的77%。天然橡胶生产国协会（ANRPC）各成员国三叶橡胶树种植情况如下。

① 泰国橡胶树种植业起源于19世纪末期，自1991年以来，一直是世界第

一大天然橡胶生产国和出口国。自2000年以来天然橡胶年产量占到世界总产量34%左右，一直保持世界最大天然橡胶生产国的地位。

② 印度尼西亚是大规模种植橡胶树的起源地，始于1902年，其种植面积居世界第一，是世界第二大天然橡胶生产国。2012年印度尼西亚橡胶树种植面积仍保持在348.4万公顷。种植区域主要分布在苏门答腊岛和加里曼丹岛。苏门答腊岛的橡胶树种植面积占全国橡胶树总种植面积的75%，加里曼丹岛占20%。

③ 马来西亚自1991年失去世界天然橡胶霸主地位后，天然橡胶的种植面积和产量再也没有提升上来。马来西亚天然橡胶产量93%来自小型私营种植园，7%来自300多家大型种植园。大型种植园主要集中在吉达州、玻璃市、森美兰州、霹雳州和槟城。2012年马来西亚天然橡胶种植面积为104.1万公顷，产量为92.28万吨。

④ 印度是全球第四大天然橡胶生产国，种植面积2012年增长至75.9万公顷，产量为84.57万吨。此外，印度还是一个天然橡胶高产国，2012年产量达到1.8t/hm²，是天然橡胶产能最高的国家。

⑤ 越南种植橡胶树始于1923年，2012年扩大到91.05万公顷。种植区主要集中在东南部和中部高原地区，其中同奈和小河两个省的橡胶树种植面积最大，其次是西宁、多乐、广平、广治等省。

⑥ 斯里兰卡是最早种植三叶橡胶树的东南亚国家之一。1910年种植面积已达10.4万公顷，2012年种植面积为10.08万公顷，产量为15.2万吨。

⑦ 中国从开始引种至今有110多年的历史，真正意义上的发展只有50多年的历史。截至目前，我国天然橡胶树主要分布于海南、云南和广东的北热带及南亚热带地区，已经建立起100多万公顷国营和民营胶园，产量超过70万吨，面积居世界第四位，产量居世界第六位。表2.1为2001～2012年我国天然橡胶的种植面积和产量。

■ **表2.1** 2001～2012年我国天然橡胶种植面积和产量

项目	2001	2002	2003	2004	2005	2006	2007	2008	2009	2010	2011	2012
面积/万公顷	62.8	63.1	66.1	69.9	74.1	77.6	87.5	93.2	97.1	102.5	107	111
产量/万吨	47.8	52.7	56.5	57.4	51.1	53.79	58.84	54.78	64.34	65.50	70.7	75

2.1.3 产胶量

据天然橡胶生产国协会（ANRPC）及国际橡胶研究组织（IRSG）的统计数据，目前全球天然橡胶种植面积接近1100万公顷，年生产能力约1000多万吨，其中ANRPC成员国的产能占全球总产能的92.3%。ANRPC目前的主要成员国是泰国、印度尼西亚、马来西亚、印度、越南、中国、菲律宾、斯里兰卡和柬埔寨[2,3]。2003～2012年ANRPC成员国天然橡胶产量见表2.2，从表中看到，ANRPC成员国天然橡胶产量历年占世界天然橡胶消耗量的91%～98%。

■ **表2.2**　2003～2012年ANRPC成员国天然橡胶产量

年份	ANRPC天然橡胶产量/万吨	同比增长率/%	占世界天然橡胶消费量比例/%
2003	733.8	—	92.37
2004	805.5	9.77	92.58
2005	823.8	2.27	90.84
2006	911.8	10.68	97.74
2007	925.4	1.49	92.42
2008	925.3	−0.01	96.12
2009	890.5	−3.79	94.16
2010	948.8	6.55	95.60
2011	1026.2	8.16	93.29
2012	1052.9	2.60	93.92

2012年全球天然橡胶产量为1140.7万吨，其中ANRPC成员国的天然橡胶产量为1052.9万吨。在ANRPC成员国中，泰国占35.5%，印度尼西亚占28.5%，马来西亚占8.70%，印度占8.60%，越南占8.10%，中国占7.5%，斯里兰卡占1.1%，其他来源占2%，见图2.3。

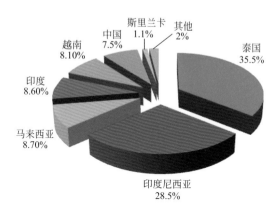

图2.3　2012年ANRPC成员国天然橡胶产量分布

2.1.4　耗胶量

目前，全球每年天然橡胶消耗1000万吨左右，并形成了三大消耗梯队格局。第一梯队是百万吨级（年消耗量大于100万吨），包括中国、欧盟和美国。第二梯队是十万吨级（年消耗量10万～100万吨），包括印度、日本、印度尼西亚、马来西亚和泰国等国家。第三梯队是不足十万吨级（年消耗量小于10万吨），共有200多个国家。全球天然橡胶消耗量如表2.3所列。

■ 表2.3　全球天然橡胶消耗量　　　　　　　　单位：×10³t

年份	第一梯队			第二梯队						第三梯队			总计
	中国	欧盟	美国	印度	日本	印度尼西亚	马来西亚	泰国	越南	斯里兰卡	菲律宾	其他	
2008	2680.0	1250.0	1040.0	881.0	877.9	414.0	493.0	398.0	100	80.1	66.3	1900.0	10180.0
2009	3230.0	825.0	690.0	905.0	635.6	422.0	487.0	399.0	120	84.9	72.6	1458.9	9330.0
2010	3420.0	1120.0	930.0	944.0	750.4	439.0	478.0	459.0	140	107.2	62.5	1919.9	10770.0
2011	3602.0	1215.4	1029.3	958.0	765.1	474.0	419.0	487.0	145.0	111.8	64.3	1389.1	10660.0
2012	3834.0	1070.0	977.0	987.0	718.0	502.0	458.0	505.0	150.0	110	65.6	1628.4	11005.0

2002年我国超过美国成为世界天然橡胶最大消耗国，2004年我国天然橡胶年消耗量超过世界天然橡胶总消耗量的25%，目前已接近全球天然橡胶总消耗量的35%，见图2.4。据中国橡胶工业协会统计，2010年我国天然橡胶消耗量和进口量分别为342万吨和276万吨，2011年分别为360万吨和285万吨，2012年分别为383万吨和323万吨。天然橡胶进口量分别占当年消耗量的80.9%（2010年），79.2%（2011年）和87.9%（2012年）。我国进口天然橡胶的主要来源是泰国、印度尼西亚、马来西亚、越南，来自上述4个国家合计进口量占我国天然橡胶总进口量的97%，见图2.5。

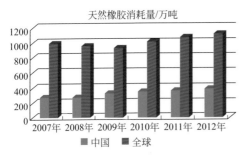

图2.4　全球及我国天然橡胶消耗统计

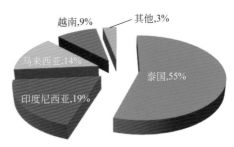

图2.5　2012年我国天然橡胶进口统计及分布

2.2　三叶橡胶树的栽培与种植　◀◀◀

2.2.1　生长环境要求

2.2.1.1　适宜气候

（1）纬度和温度　纬度和温度是影响橡胶树生长发育、产胶率和地理分布的主要因素之一。橡胶树一般适生于赤道两侧、南北纬15°范围内的热带雨林地区。适宜生长的温度为20～30℃，最适温度为25～27℃，最低温度16℃，最高温度39℃，气温降至5℃以下胶树开始受寒害，低于0℃时橡胶树遭受严重寒害致死；当温度高于40℃时胶树生长受到抑制。我国的橡胶树主要生长在北纬18°09′～24°59′，由于纬度较高，主要受到寒害影响。

（2）湿度　水分是一切植物生理过程所必需的。胶树枝、叶、根的含水量约为50%，胶乳的含水量一般在65%～75%。根据橡胶树生长和产胶状况，年降雨量在1500mm以上，土壤相对湿度80%以上地区均能满足胶树生长和产胶对水分的要求。

（3）风　橡胶树喜微风，惧怕强风。微风促使空气流动交换，增加橡胶树冠层附近的二氧化碳浓度，有利于光合作用效率的提高；而强风则会吹折吹断橡胶树枝干，造成严重损害；因此选择可以避风的地区种植橡胶树或者在橡胶种植园周围营造防风网非常重要。

2.2.1.2　土壤要求

土壤对于橡胶树生长的快慢和产胶量的高低是一个重要的限制因素。橡胶树是高大乔木，根系庞大，需要的水、肥量大。因此，种植橡胶树的土壤必须土层深厚、排水良好、保水力强、肥力高，一般以热带雨林或季雨林下的砖红壤最为适宜，土层深度为1m以上，土壤酸碱度（pH值）在4.5～6.0之间[4]。

2.2.1.3　需肥特点

氮、磷、钾、钙、镁是三叶橡胶树栽培需要的主要元素。橡胶树主要吸收氮元素的铵态氮和硝态氮，但硝态氮在树体内很少存在。磷不仅参与橡胶树的光合作用、呼吸作用、代谢物质的运输等活动，还参与了橡胶的合成。钾对橡胶树的特殊作用表现在钾素含量充足时能增强橡胶树产量、排胶能力，增加胶乳中钾含量，提高胶乳机械稳定性，有利于排胶；钾还可促进橡胶树体内单糖向多糖转化，提高橡胶树体内淀粉、纤维素的含量，有利于细胞壁、机械组织及输导组织的发育，提高橡胶树抗病、抗风和抗寒能力。胶乳质量与钙含量也有密切的关系，胶乳钙含量越高，胶乳稳定性越差。橡胶树体内的镁与其他元素的比值对橡胶树生长和产胶也有着重要的影响。成龄橡胶树叶片中镁的正常含量为0.35%～0.45%；若叶片中钾含量正常为0.9%～1.1%时，而镁含量在0.3%以下，则会出现缺镁症。胶乳中含镁量高、含钾量低时，便会降低胶乳的机械稳定性，使胶乳质量下降。镁、磷的比例对橡胶树的生长也很重要，当镁、磷比值接近1时，胶乳质量才能稳定。

天然橡胶树生长和产胶需要人为施肥。橡胶树叶片营养诊断是指导橡胶树施肥的重要依据，大量元素氮、磷、钾、镁等在其叶片中含量可分为3个时期：每年春初到6月是橡胶树叶片生长时期，该时期形成全年的绝大部分抽叶，大部分吸收和储藏的养分大量输送到叶部；7～9月是叶片养分较稳定时期，各类养分变化较小，也是叶片营养诊断的采样时期；10月以后，叶片衰老，叶片中的矿质营养部分向茎和根转移，大部分养分含量逐渐下降。但钙含量的月变化量与氮、磷、钾、镁的含量刚好相反，年初新抽出的叶片钙含量最低，随着叶龄的增加，到叶凋落时含量最高，其中9～10月增长较大。研究表明[5,6]，成龄橡胶树在常规割胶条件下，每生产100kg的干胶，需要消耗氮6.75kg、磷1.61kg、钾5.89kg、镁1.18kg；在使用乙烯利刺激增产剂割胶后，按照刺激割胶增产30%计算，需要消耗的养分比常规割胶消耗的氮、磷、钾、镁分别增加47%、77%、71%、46%。由于养分随排胶流失增加，割胶抑制营养根的生长，减少养分吸收，在连续使用刺激割胶后，胶树叶片氮、磷、钾养分水平将下降5%～10%。

2.2.2　选种

三叶橡胶树的自然繁衍方式为种子繁殖，见图2.6，但实验表明三叶橡胶树也可以进行无性繁殖。由于三叶橡胶树长期异花授粉，基因型高度杂合，杂交有性（种子）后代遗传性状分离强烈，育种周期长；加上用于常规育种的材料均来源于魏克汉（Henry.Wickham）系统的品系及其衍生的无性系，遗传基础较狭窄。因此，选择优良高产母树进行无性繁殖仍然是目前橡胶树生产繁殖的主要手段。

(a)

2cm
(b)

图2.6　三叶橡胶树的种子

2.2.2.1　种质资源收集

在选育种上能否取得突破性的成果通常取决于优异基因的发现和利用。因此，种质资源是开展橡胶树抗寒高产新品种选育的物质基础，直接关系到良种选育的成败。橡胶树原产于巴西亚马逊河流域马拉岳西部地区，各产胶国都非常重视巴西橡胶树与近缘种的收集，为进一步育种工作提供丰富的基础材料。在国际橡胶研究与发展委员会（International Rubber Research and Development Board，

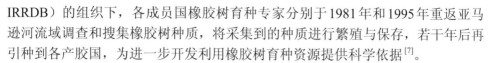

IRRDB）的组织下，各成员国橡胶树育种专家分别于1981年和1995年重返亚马逊河流域调查和搜集橡胶树种质，将采集到的种质进行繁殖与保存，若干年后再引种到各产胶国，为进一步开发利用橡胶树育种资源提供科学依据[7]。

目前除巴西作为橡胶树原产地具有丰富的种质资源外，其他国家如马来西亚、印度尼西亚、印度、法国和我国也保存有较丰富的橡胶树种质资源。我国在20世纪60年代从国外引进了大量优良品种，促进了我国植胶业的迅速发展。目前，我国保存有230余份Wickham种质和6041份IRRDB野生橡胶种质[8]。

2.2.2.2　橡胶树无性选种

橡胶树为异花授粉植物，自然繁殖方式为种子繁殖。由于个体基因型的高度杂合性，其有性后代群体遗传性状分离强烈，因而实生（种子）群体难以在生产上推广应用。自从1915年荷兰人黑尔滕（VanHetten）等在印度尼西亚发明橡胶树芽接技术以来，选择优良高产母树进行无性繁殖是目前橡胶树生产繁殖的主要手段，无性系内个体的一致性保持了母树优良的遗传性状，使多年生木本植物橡胶树能以优良无性繁殖系为主在生产上种植推广，大幅度提高了橡胶树的产量及抗性。

橡胶树的无性选种是指从有性后代的种子群体中选择优良单株经无性繁殖而建立无性优良群体的过程。最初的无性系是从实生树自然的杂交后代中选择出来的，称之为初生代无性系，如PR107、GT1、PB86等。以初生代无性系为杂交亲本从后代中选出的无性系称次生代无性系，如RRIM600、大丰95等，以此类推，获得三生代无性系及四生代无性系等。每通过一个世代的杂交选育，可以不断组合双亲本的优良基因，使后一世代无性系产量、抗性及副性状进一步得到提高。

值得注意的是，橡胶树的无性选种过程必须正确掌握分枝芽与茎干芽、即老态与幼态选择的产量差异。国内外研究表明[9]，橡胶树同一株实生树的基因型虽然相同，但随着个体发育过程由幼态向老态推移，体细胞的分化程度也是由低到高，在高分化细胞中基因启动频率与时间不同于分化程度低的细胞，同一株高产实生树茎干的产胶量不能传给其分枝芽无性系，但能近似地传给其茎干芽无性系，因此，采用未选实生树的上（第一分枝）、下（茎干）部位产胶量综合选择才能正确鉴定母树的实际产胶能力。

2.2.3　育种

2.2.3.1　橡胶树杂交育种

橡胶树为多年生木本作物，既可通过异花授粉蒴果内的种子繁殖有性后代（实生苗），又可利用芽片、花药和内珠被等外植体进行无性繁殖。杂交育种是培育橡胶树新品种的重要手段，即利用橡胶树高产无性系之间有性杂交的基因重组，选出高产个体而繁殖新无性系的过程。通过有性杂交培育新品种迄今仍是最常用和有效的方法，产胶国都非常重视常规杂交育种研究，有目的地开展有性杂交育种工作，在橡胶树的杂交育种方面取得了一定进展。三叶橡胶树的花见图2.7。

图2.7　三叶橡胶树的花

2.2.3.2　新育种方法研究

（1）遗传变异分析　遗传变异是橡胶树育种改良的物质基础，掌握其遗传变异规律，是为将来的橡胶树良种选育夯实基础。研究发现橡胶产量相关性状遗传变异最大，最有助于遗传分化，也为杂交育种提出基因型的最大分化组合。

（2）遗传增益估算　遗传增益是衡量橡胶树遗传改良效果的主要指标，可通过后代测定试验进行估算，指标大小反映了子代比亲本有望增加的收获量。基于橡胶树授粉和产量鉴定之间的育种周期长达20～30年，分布于3个选择阶段。通过选择，建立无性系群体（分离园）和后代鉴定来改良橡胶树是十分有前途和有益的工作。

（3）早期预测选育　漫长的育种周期阻碍了橡胶树育种的发展，而早期预测技术是缩短育种年限的有效途径。因此，印度尼西亚制定的IRR系列橡胶树优良无性系选育计划由3个连续阶段构成。第1阶段是适用于新型后代的早期选择试验，其后是小规模无性系试验，最后是多地方品种大规模无性系试验。为实现早期预测，橡胶树育种者在运用传统形态学、细胞学、生理生化方法的基础上，借助分子遗传学研究手段进行产胶量预测。

（4）无性系选择方法　实现高产与抗性结合是橡胶树育种的目标。所以，确定严格的橡胶树无性系选择的决策分析是当前橡胶树育种面临的重要课题。利用多准则分析方法实现无性系选择目标，建立包括橡胶树割胶、15年的累积产量、15～25年间的累积产量、抗风性、抗病性、生理抗性、嫁接和品质等标准，使用Electre Ⅲ对单个标准的相对重要性排序，决定无差别和偏好阈值[10]。

（5）区域适应性评价　区域试验是作物优良新品种推广不可缺少的重要环节，旨在通过鉴定不同品种在不同地点的丰产性、稳定性和适应性，为确定新品种推广应用区域提供重要依据。区域适应性评价通常采用基因型与环境互作效应（GEI）分析方法。基因型与环境互作效应是指某一基因型在不同环境下的各种表现，参试品种在不同区试点的表现并不一致，GEI大小随无性系的不同而变化。

2.2.4　种植园的建设与日常管理

2.2.4.1　合理配置品系

由于植胶区的地理位置不同，地形、地势各异，对光、热、水、风等气候因素起着极为复杂的再分配作用，因而形成多种多样的植胶环境类型区[11]。合理配置品系，就是在气候类型区基础上，以林段或地块为单位，根据地形、坡向、坡位等划分出不同的环境类型小区，然后因地制宜，对口配置品系。合理配置品系能充分发挥地力和品系的潜力，获得高产和稳产。

2.2.4.2　高标准开垦与建园

为了营造橡胶树速生、高产的环境条件，做好胶园的水土保持，提高橡胶树光合生产能力，减少灾害的发生，为橡胶树速生、高产、稳产打下良好的基础，必须高标准、高质量开垦与建立橡胶种植园，以实现胶园的梯田化、良种化、林网化、速生化。① 精心做好胶园建设规划，合理布局"山、水、园、林、路"。② 做好园地开垦工作。在平缓地区实行全面机耕或带面全垦，植胶带宽25m以上，使用人工或钩机挖穴，力求环山、等高、内倾、松土，形成良好的保肥保水带面。在丘陵山区，修筑水平梯田，做好胶园的水土保持，梯田面上使用人工或钩机挖穴，充分利用表土，营造疏松、肥沃的耕作环境。采用大穴种植，植穴规格为：80cm（面宽）×80cm（高）×70cm（底宽）。开垦工作要在种植前的2～3个月完成。③ 表土与基肥混匀回穴，每植穴施磷肥0.25～0.5kg，优质有机肥20kg以上。④ 风害地区营造防护林。防风林树种选用木麻黄、台湾相思、桉树、火力楠等，主林宽15m，与风向垂直，副林10m，与风向平行。防护林以混种防护效果较好，高矮互补，一般种树5～6行。⑤ 合理密植。采用宽行密株种植形式，种植密度为420～549株/hm²，在中国最佳的种植密度为495株/hm²左右，也就是株行距2.5m×8m或3m×7m。

2.2.4.3　胶园的管理

定植后，为了能促进橡胶幼树的生长，达到速生、早投产、产生效益，就要加强对幼龄胶园的管理。其中，种植后头三年的管理是关键，管理好了，就能保苗率高，胶树生势苗壮[11]。① 定植后及时抹芽、修枝，以培养一段高达2m以上的无分枝，直立茎干供以后割胶使用。② 除草松土；③ 在定植后头一二年内进行补换植，保证林相整齐；④ 对幼树进行修枝整形定向培养抗风树型；不过量施用氮肥；⑤ 视肥料种类、树龄等的不同，采取不同的施肥方法。

开割胶树除了生长要消耗养分，每年的产胶还会带走大量的养分，施肥是橡胶树增产的重要措施，需加以补充以满足生长和产胶的需要。开割胶园土壤培肥与改良的主要措施有：① 深沟施肥结合盖草培肥；② 营养诊断和测土配方施肥；③ 维修梯田，保持水土；④ 行间浅耕松土，施有机肥并盖草。

2.2.5　病虫害及自然灾害的防治

2.2.5.1　南美叶疫病及其防治

南美叶疫病，也称南美枯叶病（south american leaf blight，SALB）是由子囊

真菌（microcylus ulei）引起的一种病害，能引起三叶橡胶树落叶甚至整株死亡，是对三叶橡胶树威胁最大的一种病害，极具毁灭性。该病曾在20世纪30年代重创中南美洲的天然橡胶种植业，是造成中南美洲天然橡胶种植工业衰落，以及开启东南亚天然橡胶种植工业繁荣的主要原因，至今没有找到有效的控制方法，目前仍是限制中南美洲大规模发展天然橡胶种植业的主要因素。南美叶疫病菌主要侵害幼树的叶子，幼嫩的叶片感病后就会产生大量的分生孢子，而分生孢子又造成再侵染。嫩叶染病后表现为产生灰黑色模糊病斑，其上覆盖橄榄绿粉状孢子堆，并伴随叶片畸形、皱缩、变黑、穿孔及干枯，最后导致落叶，枝条枯死直至植株死亡。如果感病叶片不脱落，子囊壳便发育，在正趋成龄的叶片上产生子囊孢子，直至叶片脱落。每年越冬后橡胶树新叶抽出时，由存留在树上或者地面的老残病叶释放子囊孢子侵染嫩叶，开始一年新的侵染循环。南美叶疫病不仅侵染橡胶树叶，还侵染叶柄、绿茎、花序和幼果等部位，见图2.8。

图2.8　三叶橡胶树枯叶病病症

南美叶疫病首先于1900年发现于亚马逊雨林。随后南美叶疫病很快从亚马逊雨林地区扩散至三叶橡胶人工种植农场。1910年传播至圭亚那，1916年传播至特立尼达和多巴哥，1935年传播至哥斯达黎加，1944年传播至委内瑞拉，1946年传播至墨西哥，目前整个中南美洲都是南美叶疫病的重灾区，其分布主要从中南美洲的北部墨西哥向南一直延伸至巴西南部。20世纪50年代意大利倍耐力公司和美国固特异公司曾尝试在巴西建立天然橡胶种植农场，但是由于无法控制南美叶疫病而最终以失败告终。

由于东南亚不受南美叶疫病的困扰，因此东南亚的天然橡胶种植工业取得了巨大成功。这也是中南美洲天然橡胶种植工业衰退的另外一个原因。目前全球90%以上的天然橡胶供应均来自东南亚地区。但是东南亚的三叶橡胶树几乎全部遗传自亨利·魏克汉系统的22株品系，遗传基因非常狭窄，加上东南亚地区的气候条件与巴西非常类似，因而极易遭受南美叶疫病的侵染，从而给当地的天然橡胶种植工业造成毁灭性打击，造成全球非常脆弱、单一的天然橡胶供应体系。

目前东南亚地区采取严格的检疫措施以及积极培育抗病性强的品种以期免受南美叶疫病的侵染。一般控制南美叶疫病害的应急措施是空喷或用热雾机从地面喷2,4,5-涕这种除草剂，摧毁病区及其邻近植区的胶树。防治南美叶疫病的药剂的选择标准是药剂抑制分生孢子和子囊孢子的产生和萌芽的效力以及毒杀感病叶片组织中病菌的能力，而且还要不会造成叶片过早脱落[12,13]。

2.2.5.2　棒孢霉落叶病及其防治

橡胶树棒孢霉落叶病在不同植胶国由不同疫霉菌生理小种引起。该病最早于1958年见于印度的橡胶树实生苗圃，主要在苗圃和幼树上发生。橡胶树棒孢霉落叶病病原菌为多寄主棒孢真菌，是一种广泛分布的多寄主的真菌，见图2.9。棒孢霉落叶病能够侵害橡胶树幼苗、幼树和成龄树，侵害嫩叶、老叶、嫩梢、嫩枝，田间整年都存在病菌分生孢子，雨季与旱季都能发生侵染。因此，应采取综合防治策略，即种植抗病品系、铲除易感病品系，将引进品系种在适宜的气候区，并采用多品系种植和化学防治方法来进行综合治理[14]。

后期坏死斑

鱼骨状病斑

图2.9　三叶橡胶树棒孢霉落叶病病症

2.2.5.3　第二次落叶病及其防治

第二次落叶病由橡胶白粉病、炭疽病、季风性落叶病等引起。气温下降时由寒害产生的大量干枯腐烂的枝条上堆集了许多炭疽病病菌，为传播提供了丰富的病源；其次，大雨暴雨等降水频繁时，橡胶树嫩叶易产生伤口，这为炭疽病菌侵入和传播提供了途径。因此，降水频繁、气温下降将导致白粉病会出现短时间的暴发流行。

白粉病（图2.10）和炭疽病（图2.11）对橡胶树发生叠加危害，防治重点为炭疽病。防治办法：用硫黄粉与多菌灵或代森锌混合使用，先筛晒好硫黄粉，选择适宜的天气进行喷粉。可在其中加入廉价的滑石粉作为稀释剂，硫黄粉、多菌灵（代森锌）和滑石粉的混合比例一般为4∶1∶15，防治效果较好，但4～6月的多雨天气给喷粉作业带来困难；另外寒害后橡胶树叶减少，药粉利用率较低。

图2.10　三叶橡胶树白粉病　　　　　图2.11　三叶橡胶树炭疽病

2.2.5.4　白根病及其防治

橡胶白根病是胶树的一种严重的根部病害，是东南亚和一些非洲植胶国的一种主要橡胶病害（图2.12）。叶片褪色是最早出现的症状，先在一条或几条枝条上出现；如果是幼树则整株叶片褪绿，随后叶片黄化、脱落。有些树提前开花，最后枝条枯死，整株死亡。病害的主要特征是在根上有白色的根状菌索。菌索平坦、牢固地黏附在病根上，沿根生长形成网状。菌索在侵入树皮部位之前有菌索的附着部分，这一部分有时能伸延250cm之长。菌索的生长端白色、扁平。老龄菌索近圆形、淡黄色。菌索幅广不等，但粗度最多不过0.6cm。有时菌索能联结成连续的菌片。刚被杀死的木材褐色、坚实，随后变为淡黄色乡湿腐状。在根茎或暴露的根系和树桩上，常常附生子实体，天气潮湿时尤易生长[15]。

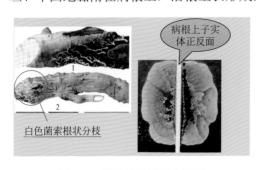

病根上子实体正反面

白色菌索根状分枝

图2.12　三叶橡胶树的白根病

白根病的防治，应贯彻预防为主、综合防治的方针。以农业防治为基础，着重清除侵染来源和做好幼树的防治工作。主要的措施是清除已经出现的和潜在的侵染来源。定植后一年开始，每季度作一次叶片调查，以发现侵染中心。

2.2.5.5　条溃疡病及其防治

橡胶树条溃疡病是由卵菌纲的棕榈疫霉侵染所引起的，是橡胶开割树的一种主要割面病害。20世纪80年代以前，此病害在云南和海南的部分地区分布较普遍，危害较大。但自采用乙烯利刺激割胶后，随着橡胶树条溃疡病的危害程度的降低，又普遍存在对该病害不重视的现象。调查结果表明，条溃疡病大多数发生在靠近水库、地势低洼、易积水的林段。条溃疡病病原菌好水性强，只有在雨天或相对湿度达90％以上条件时，孢子囊才能形成、萌发、传播和侵染。同时，该病原菌嗜爱冷凉气温，其在10～33℃范围内均能生长，在降雨或高湿度的情况下，尤其阴雨连绵的天气是病原菌侵染的首要条件之一。在进入冬季割胶期间，连续出现3天以上的阴雨天气，相对湿度在90%以上时，就可以引起病菌侵染。防治割面条溃疡病要以防为主，以治为辅，采取综合防治措施[16,17]。

2.2.5.6 木菌害及其防治

危害橡胶木的木腐菌属高等担子菌，其主要破坏构成木材细胞壁的纤维素、半纤维素及木质素成分。根据其破坏的化学成分的不同而引起的木材腐朽变化可分为白腐（以分解木质素为主）及褐腐（以分解纤维素为主）。受木腐菌侵蚀后木材组织结构被破坏，物理及力学性能严重损失，最终失去使用价值。

严重影响橡胶木使用价值的其他菌害是橡胶木的色变和霉变。橡胶木是极易发生变色的树种，一般新伐的橡胶木如不及时处理，二三天内就会因变色菌的侵害而使橡胶木产生红、褐等色变，因而降低、失去或部分失去在家具、装修等方面的使用价值。橡胶木霉变虽然对其使用价值的危害不如木材腐朽与木材变色那样严重，但是作为橡胶木制品若使用过程中经常发生霉变也会严重影响橡胶木制品的使用价值及声誉。橡胶木的霉变主要发生在木材表面，可以刷去或刨掉，对材质的影响较小[18]。

2.2.6 我国成功种植三叶橡胶树

当前栽培种植的巴西橡胶树，原产在赤道带的巴西亚马逊平原的热带雨林区，是一种典型的热带多年生的速生森林乔木树种，只适生于越冬没有低温冻、寒的环境，生性畏寒怕风。世界上现有43个种植橡胶国家，大都分布于南纬10°至北纬15°之间。我国种植橡胶树地区处于南亚热带地区，大致在北回归线附近以北的我国大陆南部及沿海地区，包括海南、云南南部及广西、广东和福建东南部的沿海地区。受大地形的分配作用不同，我国南亚热带植胶区形成3个大类型区：一是受川藏及云贵高原有效屏障的云南南部植胶区；二是受福建北部的武夷山及中南部载云山的丛山屏障下的闽南及粤东沿海植胶区；三是受平流寒潮从湖北、湖南盆地穿越南岭山脉，沿湘桂铁路扩散南下，影响两广南部的植胶区[19～21]。

低温是限制我国橡胶产业发展的一个重要因素，抗寒性是我国橡胶树选育种的重要目标。培育推广具有抗寒性能的优良品种是我国橡胶产业可持续发展的关键。近半个世纪以来，植胶工作者为了解决在我国南亚热带冬季有冻、寒地区的植胶生产安全越冬的问题，开展了巴西橡胶树抗寒高产的选育种工作，希望选育出适生在我国南亚热带地区，在冬季会出现强冻、寒害低温的情况下，能越冬生长的抗寒高产的橡胶树新品种。几十年来通过抗寒母树的选择、初生代无性系的引进和选育、有性系育种及次生代无性系的选育和新技术应用等，筛选出一系列适合我国热带北缘气候条件种植的抗寒高产品种，如GT1、93-114、云研77-2、云研77-4等。制订出因地制宜的抗风防寒栽培措施，打破了国际权威认定的橡胶树种植传统禁区（认为在北纬17°以北不宜种植橡胶树），使橡胶树在中国北纬18°～24°地区大面积种植成功[22～24]。不仅如此，我国还在高海拔植胶取得成功，如在中国云南省的南部（西双版纳）的许多橡胶园的海拔高度超过1000m，而在世界上各植胶国胶园的最高海拔高度都没有超过500m。自此，我国在克服寒冷气候条件种植三叶橡胶树方面取得重大突破。目前，中国的天然橡胶产业蓬勃发展，形成了以云南省、海南省、广东省为主的3大橡胶种植基地和较为完善的产业体系。

2.3 三叶橡胶采集与胶乳的保存

2.3.1 三叶橡胶的采集

2.3.1.1 割胶时间[25,26]

当芽接桩树和优良实生树种植后，到芽接树离地100cm高处，优良实生树离地50cm高处，树围达到50cm（风、寒害较重地区达到45cm）以上的胶树，整个林段有一半的植株达此标准时即可开割。每年开割时间应依据橡胶的物候而定，当林段内胶树第一蓬叶老化的植株达80%以上可以开割。当胶树黄叶量达50%以上时，可以单株停割；若整个林段单株停割率达50%时，即停止割胶。

一般在割胶后1h收胶；冬季和涂施刺激剂后，排胶时间较长，应适当推迟收胶。冬季长流胶多，应进行二次收胶。收胶时注意收集胶杯中凝块、胶线、泥胶等杂胶。

2.3.1.2 割线走向和斜度

① 割线走向　胶树中乳管与树干中轴成2°～7°角，依逆时针从左下方向右上方螺旋排列。因此，在割线相同的情况下，割胶时从左上方向右下方割（左割）比从右上方向左下方割（右割）切断的乳管多，可以提高产量8%。

② 割线斜度　阳刀：幼龄和中龄实生树为22°；芽接树和老龄实生树为25°～30°；阴刀：40°～45°，见图2.13。

2.3.1.3 割胶制度[27～32]

割胶制度包括割胶间隔时间、是否使用刺激剂、刺激剂浓度高低等。早期的割胶制度一般不使用化学刺激剂，而且是高频割胶，即割胶间隔时间较短。新割

| (a) 刀具 | (b) 割胶 | (c) 割面与乳管排列 | (d) 收集胶乳 |

图2.13　天然橡胶的割胶

胶制度是低频割胶，即割胶间隔时间较长，并采用化学刺激割胶。目前一般的化学刺激剂主要是乙烯利。天然橡胶主产区全面推广高效化学刺激，割胶频率从高频割制的2天一刀，发展到低频新割制的3天一刀、4天一刀和5天一刀。

2.3.2　新鲜胶乳的保存[33～44]

胶乳保存是指使胶乳保持稳定胶体状态。胶乳保存有两种方式：一种为长期保存，指使浓缩天然胶乳使用前长时间保持胶体稳定状态的措施；另一种为短期保存，指使胶乳从胶树流出后到制胶厂加工前保持胶体稳定状态的措施。

2.3.2.1　胶园"六清洁"

胶乳变质的主要原因是在细菌和酶的作用下导致胶乳自然凝固，因而应设法做好清洁卫生工作，创造杀菌抑酶的条件，防止胶乳的自然凝固。因此胶乳早期保存的关键在于大力做好与胶乳接触者、物的清洁卫生，即重点做好胶园"六清洁"，以防止或减少细菌等对胶乳的污染，进而提高保存效果、减少保存剂用量、降低生产成本、提高产品质量。胶园"六清洁"主要包括：

① 林段、树身清洁　胶树周围过高的杂草、树身上的泥土、青苔、蚁路、外流胶等，均须经常清除；

② 胶刀清洁　胶刀要磨光滑、锋利、无锈，不受杂物污染；

③ 胶杯清洁　每年在胶树开割之前，胶杯需清洁、消毒一次；

④ 胶舌清洁　经常清除胶舌上的残胶和树皮、虫蚁等杂物；

⑤ 胶刮清洁　每次收完胶后，须清除胶刮上的残胶，不宜将胶刮置于硬而粗糙的表面上摩擦，以免磨损胶刮表面，增多细菌藏匿的场所；

⑥ 收胶桶清洁　收胶桶必须是专用装胶容器，并定期进行清洁除菌处理。

"六清洁"是为胶乳早期保存而进行预防为主的重要措施。

2.3.2.2　合理使用保存剂

由于制胶厂使用的原料新鲜胶乳都来自远近不同的许多林段，胶乳从采集到胶厂加工的停放时间不同。因此，除了做好胶园"六清洁"延长胶乳保存时间外，往往还需根据具体情况外加一定种类和数量的化学药品（称为保存剂）进一步延长胶乳的保存时间，以满足制胶生产工艺和产品质量的要求。

新鲜胶乳常用保存剂及其使用方法如下。

（1）氨　氨因使用方便，用量适宜时对产品质量无不良影响，且来源充沛、价格低廉、易于除去、适应性强，是目前生产上广为使用的胶乳早期保存剂。使用时将氨气溶在水里，制成氨水使用。使用时应注意以下几点：

① 适宜用量　太少将达不到保存的目的；太多则浪费且增加胶乳凝固费用，甚至造成凝固困难。适宜的加氨量主要根据胶树的品系、割胶季节、天气、胶乳的清洁度、胶乳运输方式、要求胶乳保存的时间、胶树是否采用化学刺激或强度割胶，以及制胶生产的方式和产品的种类等条件而定。就生产烟胶片、颗粒橡胶等生胶而言，氨的用量一般为新鲜胶乳重的 0.05% ～ 0.08%，最多不超过 0.1%；就制造浓缩天然胶乳而言，因生产周期或处理时间较长，则新鲜胶乳早期保存的氨用量较高。如用以生产离心浓缩天然胶乳，早期保存的氨用量为新鲜胶乳重的 0.15% ～ 0.35%，其中，当日离心一般将氨含量控制在 0.15% ～ 0.25%；次日离心则控制在 0.25% ～ 0.35%。

新鲜胶乳加氨量对胶乳质量的影响结果见表2.4和图2.14。图2.14是将混合新鲜胶乳分别加氨至0.2%、0.3%、0.4%和0.5%，储存于有开口盖的桶中，每日下午测定挥发脂肪酸值的结果。从表2.4明显看到，氨含量越高，每毫升胶乳含活菌数越少。图2.14的结果表明，挥发脂肪酸的生成随着氨含量的增加而延滞一定时间，在挥发脂肪酸值达到0.1后，随后迅速增加。

■ **表2.4　不同加氨量对胶乳活菌数含量的影响**

氨含量（新鲜胶乳计）/%	0	0.05	0.075	0.1	0.13	0.25	0.35	0.5
1mL的活菌数/×10^4	12100	9700	4100	2200	1200	30	2.8	0.09

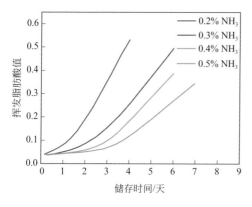

图2.14　不同加氨量对胶乳挥发脂肪酸值的影响

氨保存时除了防止用量过少外，用量过多同样会造成损失：一是浪费氨并加大中和氨的用酸量，增加制胶生产的成本；二是影响胶乳的凝固、橡胶的干燥和产品的质量。在高氨胶乳中因为橡胶粒子保护层的蛋白质被氨水解，使部分橡胶粒子表面裸露，或橡胶粒子表面的部分蛋白质被形成的铵皂取代，在加酸时容易产生局部凝固，使凝固操作控制困难。不仅如此，同一胶乳在凝固时除中和酸用量随氨含量的增加而加大外，由于同离子效应其凝固用酸量也随氨含量的增高而增多，见图2.15所示。实际生产表明，将不同氨含量（0.07%以上）的胶乳加酸制成胶片，置于烟房中进行干燥时，随着氨含量的增多，胶片在干燥过程中变脆、发软、伸长、断片、颜色变深和干燥缓慢的程度愈加严重。这些现象主要都是由于铵盐造成的。

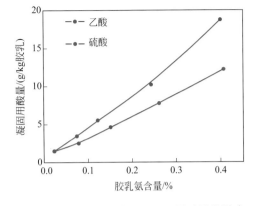

图2.15　胶乳不同氨含量对凝固用酸量的影响

带往林段用的氨水浓度通常配成10%左右。若浓度太低，因增加氨水用量而增加胶乳运输量；特别是用以制造离心浓缩天然胶乳时，还会降低离心机的分离效率；反之，氨水浓度太高，氨的挥发损失大，也不利于胶乳和氨的均匀混合。

②　及时加氨　在新鲜胶乳中加氨越早，保存效果就越好。相关的试验结果见表2.5。

■ 表2.5　不同加氨时间对胶乳保存的效果

加氨时间（加氨量0.05%，新鲜胶乳计）	不加	上午10：30	上午6：50
有效保存时间/h	5.5	7	10.5

在收胶、运输的过程中，氨容易挥发而损失一部分氨。所以胶乳运回收胶站和制胶厂后，还须根据天气、胶乳质量、加工等具体情况确定是否补氨。其补氨水量（W'）可按下式计算：

$$W' = \frac{W(A_2 - A_1)}{C - A_2}$$

式中　W——原胶乳重，kg；

　　　A_1——原胶乳氨含量，%；

　　　A_2——要求胶乳达到的氨含量，%；

　　　C——氨水浓度，%。

相对C而言，A_2值很小，实际计算中为方便起见，往往可忽略不计，因而可简化为：

$$W' = \frac{W(A_2 - A_1)}{C}$$

③　操作安全　氨对皮肤有腐蚀性，对眼睛有刺激作用。使用时慎防浓氨水溅进眼睛或洒到皮肤上。一旦发生，应立即用清水冲洗。在放出氨气或倒浓氨水时应站在氨气（氨水）瓶的上风处。此外，因为氨有腐蚀性和挥发性，氨水应盛

于陶瓷、玻璃或塑料等耐腐蚀的容器内，并密封存放于阴凉之处。

用氨作胶乳保存剂存在如下缺点：易挥发，有腐蚀性和臭味，刺激眼睛，增加胶乳的凝固用酸量，当氨用量过高时，会使制得橡胶的塑性保持率降低，颜色加深。

（2）亚硫酸钠　一种无色晶状的温和碱。由于对胶乳中生成的酸能起中和作用，且能抑制细菌生长和防止胶乳的氧化，对胶乳具有一定的保存作用。对含氧化酶过多或易产生黑胶线的胶乳（如PR107胶乳），保存效果更好。

亚硫酸钠对胶乳的有效保存时间较短，一般只能比不加保存剂的延长2～4h，通常多用于制造白绉胶片的新鲜胶乳的早期保存。在制造白绉胶片时，大都在胶乳凝固前加入0.5%～0.7%（对干胶计）的亚硫酸氢钠，以防止白绉胶片变色。若新鲜胶乳使用亚硫酸钠作保存剂时，亚硫酸钠的用量约占胶乳重的0.05%～0.15%。也可将亚硫酸钠用作制造烟胶片的胶乳早期保存剂，天气良好时，其用量为胶乳重的0.04%～0.05%；雨后或潮湿天气，需增至0.07%以上。应该指出，亚硫酸钠用量与胶乳保存时间并不呈正比关系，即使用量大大增加，也难以把胶乳保存到第2天。

亚硫酸钠的溶液宜现配现用。原因是它容易氧化而变成硫酸钠，失去对胶乳的保存作用。一般是在使用前的晚间配制，将配好的溶液按每个胶工所割树位的每天平均胶乳产量定量分配，装于玻璃瓶中，发给割胶工携带至林段使用。储备溶液的浓度一般可配成10%。

（3）甲醛　甲醛具有高度的化学活性，可用作杀菌剂、保存剂和鞣革剂等。在胶乳中，它起着杀菌、抑酶的作用，甚至可能与胶乳的蛋白质（包括橡胶粒子保护层的蛋白质）发生反应，提高它们对于化学药剂和酶的抗力，因而对胶乳具有良好的保存效果。

市售的甲醛为38%的甲醛水溶液，具辛辣的窒息性臭味，对黏膜有强烈刺激性，储存中会慢慢被氧化而生成甲酸，故用作胶乳保存剂时，必须先用碳酸钠或氢氧化钠进行中和。

使用时，将甲醛加水稀释至5%左右。如浓度过高，容易使胶乳产生少量的凝粒。天气良好时，一般用量为胶乳的0.03%左右；雨天及潮湿天气，用量应增加约一倍。

（4）碳酸钠　是一种白色粉状的温和碱。用量为胶乳重的0.1%时，可使胶乳的pH值上升于7左右，主要起着pH缓冲剂的作用，从而能防止细菌侵染所引起的酸对胶乳稳定性的破坏。同时，还能使钙、镁离子生成溶解度很小的碳酸盐，起到金属离子隔离剂的作用。主要用于制造烟胶片胶乳的早期保存。

碳酸钠用量占胶乳重的0.1%时，对胶乳没有显著的保存作用；用量达0.2%，可延长胶乳的保存时间1～2h；用量为0.5%，可将胶乳保存到6h以上；用量为1%，则可保存胶乳约24h。如以少量的氨、硫酸锌、苯甲酸钠、磷酸钠配合碳酸钠使用，可显著提高胶乳的保存效果。

（5）羟胺与氨并用　生产恒黏胶和低黏胶时使用此种保存体系。羟胺属于杀菌剂，其作用原理在于它能与糖类反应而减少了供细菌代谢作用的糖。但由于它呈酸性，不能单独用来保存胶乳，将羟胺与氨并用可获得满意的保存效果，见表2.6和表2.7。

■ **表2.6**　不同羟胺用量对新鲜胶乳的保存效果

中性硫酸羟胺加入量（干胶计）/%	氨（胶乳计）/%	平均保存时间/h
0	0	2.5
0	0.05	5.2
0.05	0.05	5.8
0.10	0.05	6.8
0.15	0.05	18.8

表2.6说明，羟胺用量达干胶的0.15%且与氨并用时，可显著延长新鲜胶乳的保存时间。

■ **表2.7**　羟胺与氨并用和单氨保存效果比较

保存体系		平均保存时间/h
中性硫酸羟胺加入量（干胶计）/%	氨（胶乳计）/%	
0	0	2.5
0	0.05	5.2
0.15	0.02	9.5
0	0.1	16.8
0.15	0.05	18.8
0	0.15	29.8
0.15	0.08	31.8

表2.7说明，采用羟胺与氨并用体系比单氨保存的氨量可减少一半，这意味着胶乳凝固用酸量减少60%左右。不仅如此，胶乳需要保存较长时间时，单以氨作保存剂，其用量必须大大增加，明显延长橡胶干燥时间。因此，推荐在不同情况下采用表2.8的保存体系。

■ **表2.8**　不同情况下使用的保存体系

中性硫酸羟胺（干胶计）/%	氨（胶乳计）/%	需要保存时间/h	
		大胶园胶乳	小胶园胶乳
0.15	0.03	11	5
0.15	0.07	11～19	5～11
0.15	0.15	19～30	11～20

羟胺能在胶乳阶段稳定橡胶的黏度，用这种胶乳制得的泡沫橡胶，收缩较小，定伸应力较低，通常只有丁苯胶乳才具有这些性能。

采用羟胺与氨并用保存体系时应注意如下几点：

① 羟胺和氨应混在同一储备液内使用，既方便使用，又少出错。储备液最好在使用的前一天配制，储备液保存90天也不会失效。

② 在收胶站加0.15%（对干胶计）羟胺后，制胶厂不必再加羟胺便可制得正常的恒黏胶。

（6）硼酸和氨并用　生产浅色标准胶时应采用此种保存体系。根据试验结果（表2.9），硼酸用量占胶乳重的0.2%以下时，随氨含量的增加，提高保存效果不明显。但硼酸用量较高时，它与氨并用可大大提高胶乳的保存效果。硼酸的作用机理是它与糖类形成了螯合物而剥夺了细菌的营养基。

■ **表2.9**　硼酸与氨并用对新鲜胶乳的保存效果

保存体系		保存时间/h	
硼酸（胶乳计）/%	氨（胶乳计）/%	大胶园胶乳	小胶园胶乳
0.2	0.03	16	11 ～ 15
0.3	0.02	18	14 ～ 18
0.3	0.05	—	18 ～ 19
0.3	0.07	32 ～ 60	29 ～ 40
0.4	0.03		20 ～ 26
0.4	0.05	—	24 ～ 30
0.5	0.03	34 ～ 55	20 ～ 27
0.5	0.05	39 ～ 43	20 ～ 43
—	0.15	44 ～ 56	43 ～ 50

（7）尿素　一种易溶于水的无色晶体物质。将它配成水溶液或直接加入胶乳后，由于胶乳固有的尿素酶的作用，使尿素逐渐分解而产生氨和二氧化碳。而尿素能对胶乳起保存作用，正是因它分解所产生的氨之故。

试验表明，在林段加0.1%尿素进入胶乳（一般在3 ～ 5h内，尿素全部分解生氨）代替常用的0.1%氨作新鲜胶乳保存剂，然后在收胶站加0.1%的氨可使新鲜胶乳质量全面满足当天离心的要求，所得浓缩天然胶乳和胶清烟胶片的质量也同样可达一级品的规定指标。

（8）胶乳的复合保存剂　由两种或两种以上的保存剂组成的胶乳保存体系，如氨与甲醛并用等复合保存体系，一般都有氨。作为第一保存剂，氨主要是提高胶乳的pH值，增加橡胶粒子所带的阴电荷，提高ζ电位；第二、第三保存剂主要是杀菌剂、毒酶剂和胶体稳定剂。

曾经试验过的复合保存体系有如下几种：

NH₃+SDC/ZnO（SDC——二乙基二硫代氨基甲酸钠，ZnO——氧化锌）、NH₃+ZDC/ZnO（ZDC——二乙基二硫代氨基甲酸锌）、NH₃+TT/ZnO（TT——二硫化四甲基秋兰姆）、NH₃+HH（HH——水合联氨）、NH₃+TU（TU——硫脲）、NH₃+HNS（HNS——中性硫酸羟胺）、NH₃+Na₂S（Na₂S——硫化钠）等。试验结果表明，上述所有复合保存体系，在用量适中的情况下，都可以保存胶乳10天以上，尤以SDC、ZDC、TT与ZnO和NH₃并用的效果最好，但我国目前推广应用的是NH₃+TT/ZnO复合保存体系。

在NH₃+TT/ZnO复合保存体系中，用量（对胶乳计）分别为：NH₃ 0.2%～0.3%，TT/ZnO 0.02%（可根据胶乳保存时间要求适当减少，对于制造生胶的新鲜胶乳一般为NH₃ 0.08%、TT/ZnO 0.02%）。这种复合保存体系对胶乳的保存效果及浓缩天然胶乳质量的影响分别见表2.10～表2.12。

■ **表2.10　新鲜胶乳的保存效果**

保存剂组合及用量（对胶乳计）	胶乳开始变质时间/天	胶乳保存6d的VFANo.	胶乳保存6天的黏度/（mPa·s）
0.5%NH₃	>10	0.421	8.10
0.18%NH₃+0.02%TT/ZnO	>10	0.013	9.14

注：1. 新鲜胶乳的原始VFAN₀.为0.012。
　　2. 以胶乳变色、发臭、产生凝粒或明显增稠等作为胶乳变质的标志。
　　3. 胶乳的黏度用落球式黏度计测定。

■ **表2.11　新鲜胶乳的保存效果**

保存剂	胶乳保存2天的VFANo.	胶乳保存5天的VFAN₀.
0.5%NH₃	0.618	—
0.23%NH₃+0.02%TT/ZnO	0.346	0.355

注：新鲜胶乳的原始VFAN₀.为0.254。

■ **表2.12　不同保存体系的浓缩天然胶乳的质量**

新鲜胶乳保存体系	浓缩天然胶乳保存体系	浓缩天然胶乳挥发脂肪酸值（30天）/%	浓缩天然胶乳机械稳定度（30天）/s
0.5%NH₃	0.61%NH₃	19.6	316
0.18%NH₃+0.02%TT/ZnO	0.63%NH₃	1.6	478

注：新鲜胶乳保存6天后进行离心浓缩。

从表2.10可以看出，复合保存体系对抑制胶乳挥发脂肪酸的生成非常有效。氨含量达0.5%者，虽然几天还没明显变质，但是，VFAN₀.已高达0.421，已不宜用来制造浓缩天然胶乳了。

从表2.11可以看出，即使新鲜胶乳原始VFAN₀.相当高的情况下，加同量的

TT/ZnO对胶乳挥发脂肪酸的生成也有明显的抑制作用。因此，如果新鲜胶乳产量超过离心机正常的生产能力，采用NH$_3$+TT/ZnO复合保存体系，就可以避免因产量过高而采取中调节管或大调节管所造成的经济损失。在这种情况下还可以采取正常的调节器组合，以获得较高的干胶制成率和经济效益。

从表2.12可以看出，新鲜胶乳用NH$_3$+TT/ZnO复合保存剂保存6天后所生产的离心浓缩天然胶乳，其VFAN$_0$.还完全符合浓缩天然胶乳的质量的要求。

2.4 三叶橡胶的制备方法 ◀◀◀

2.4.1 浓缩天然胶乳的制备[33,45～51]

浓缩天然胶乳作为一种重要的工业原料，是在20世纪20年代随着巴西橡胶树栽培事业的发展而兴起的。近年来，全球浓缩天然胶乳的产量已达100万吨/年以上。普通浓缩天然胶乳的产量一般为天然橡胶总产量的8%～10%，个别天然橡胶生产国所占比例可达15%左右。浓缩天然胶乳的制备工艺中浓缩方法是关键，一般有离心法、膏化法、蒸发法和电泳法四种。

浓缩天然胶乳加工的基本工艺流程如下：

2.4.1.1 离心法制备浓缩天然胶乳

天然胶乳是一种复杂的胶体溶液，为液相非均一体系，目前广泛采用离心沉降方法进行浓缩。

（1）胶乳离心浓缩的原理 胶乳离心浓缩是利用高速旋转的离心机产生比地心引力加速度大得多的离心加速度作用于胶乳，加快橡胶粒子与乳清的分离速率，从而使胶乳达到浓缩的目的。胶乳在高速离心机作用下的分离速率为：

$$U = \frac{2}{9}a(D-d)\frac{r}{\eta} = \frac{2}{9}(39.44n^2R)(D-d)\frac{r^2}{\eta}$$

式中，U为分离速率，m/s；η为乳清的黏度，kg/s·m；D为乳清的密度，kg/m^3；d为橡胶粒子的密度，kg/m^3；r为橡胶粒子的半径，m；R为转鼓的旋转半径，m；n为转鼓的旋转速率，r/min；a为离心加速度，m/s^2。

从上面公式可以看出，橡胶粒子与乳清的分离速率与胶乳的特性和质量以及分离条件等有密切的关系。橡胶粒子的半径越大，乳清的黏度越小，乳清与橡胶粒子的密度差越大，离心机转鼓的半径越大以及转速越高，则离心分离速率就越快。橡胶粒子与乳清的密度差是实现橡胶粒子与乳清分离的根本原因，属于胶乳分离的内因；而离心加速度则是促使胶乳分离的外因。

（2）离心法浓缩天然胶乳工艺流程　离心法浓缩天然胶乳的一般工艺流程为：

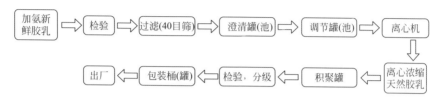

浓缩天然胶乳生产中涉及新鲜胶乳的处理，包括过滤、保存剂的调节、澄清等。用于浓缩天然胶乳生产用的新鲜胶乳，过滤前如发现已经微变质，必须另作处理。每批新鲜胶乳在澄清前，取样测定氨含量和挥发脂肪酸值，并根据新鲜胶乳的挥发脂肪酸值的高低确定浓缩加工的先后以及按新鲜胶乳氨含量的要求，及时补加所需的氨量；必要时还另加适量的TT/ZnO复合保存剂。澄清是让经过粗滤除去较大杂质颗粒的新鲜胶乳流入澄清罐（池）静置不动，使密度大的细小杂质尽量沉到罐（池）底以便得到清洁的新鲜胶乳。胶乳澄清时间长短对胶乳的质量产生较大影响，通常为2h。由澄清罐（池）导出的清洁胶乳，流入调节罐（池），再由调节罐（池）流入离心机进行离心。调节罐（池）由罐（池）体、浮阀和60目筛网三部分组成，见图2.16。离心机是离心浓缩天然胶乳生产最主要的设备，基本结构如图2.17所示。LX-460型离心机主要技术参数及规格见表2.13。

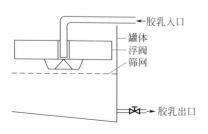

图2.16　调节罐（池）结构示意图

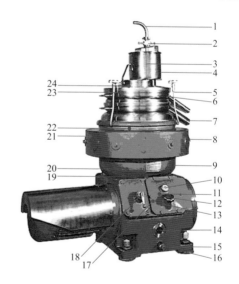

图2.17　胶乳离心机LX-410型实物照片

1—进料管；2—连接螺母；3—浮阀；4—调节斗；5—夹杆；6—浓缩胶乳收集罩；7—胶清收集罩；8—制动线圈；9—机架；10—转速表；11—转数计；12—进油塞；13—横轴；14—油镜；15—放油螺丝；16—地脚螺丝；17—蜗轮；18,21—手刹车；19—立轴；20—顶轴承；22—转鼓；23—调节螺丝；24—调节管

■ **表2.13** X-460型离心机主要技术参数及规格

项目		LX-460型
转鼓额定转速/（r/min）		7027
转鼓	内径φ/mm	395
	碟片数/片	≥110
	碟片间隙/mm	0.5
分离因数		11407
计数器转速/（r/min）		121
启动时间/min		8～10
止动时间（使用止动按钮）		0～3min（可调）
电动机	型号	Y160M-4TH
	功率/kW	11
	转速/（r/min）	1460
整机质量/kg		1040
外形尺寸（长×宽×高）/mm³		1303×843×1665

2.4.1.2 蒸发法浓缩天然胶乳

蒸发法是将新鲜胶乳加热，使其所含大部分水分逐渐变成蒸汽而除去，从而实现浓缩的目的。蒸发法浓缩天然胶乳的一般工艺流程为：

2.4.1.3 膏化浓缩天然胶乳

膏化浓缩天然胶乳是在天然胶乳中加入膏化剂浓缩而制成。在鲜胶乳中加入一种膏化剂，橡胶粒子会形成很多小橡胶粒子团，使橡胶粒子有效半径增大，加速橡胶粒子上浮的速率，从而在胶乳表面形成干胶含量很高的浓膏（即膏化浓缩天然胶乳），下层变成含橡胶粒子很少的乳清（即膏清）。胶乳静置时出现上浓下稀的现象叫做"膏化"。排去下层的膏清便是膏化浓缩天然胶乳。

膏化法浓缩天然胶乳的一般工艺流程为：

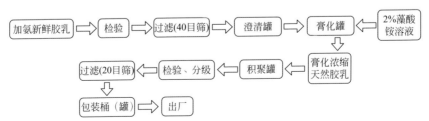

当新鲜胶乳运到工厂时，过滤流入澄清罐，通入氨气，使胶乳含氨量达到0.5%，静置2～4天，让杂质自然沉降。澄清后的胶乳即可流入膏化罐准备膏化处理。使用藻酸铵作膏化剂时，用量约为胶乳重的0.1%～0.5%，配成2%的溶液。将膏化剂溶液加入膏化罐的胶乳中，充分搅拌使之混合均匀，然后静置膏化。

2.4.1.4　电渗法浓缩天然胶乳

电渗法浓缩天然胶乳的生产原理是以胶乳电渗析时发生分层原理为基础，利用天然胶乳中橡胶粒子带阴电荷，通电时，带阴电的橡胶粒子向阳极移动，并在该极板薄膜富集而分离。

浓缩天然胶乳的四种生产方法中，电渗法浓缩天然胶乳仍未能投入商业性生产，膏化法和蒸发法也仅在有限的规模上使用，90%以上的浓缩天然胶乳都是采用离心法生产，其应用范围最广。

2.4.2　标准橡胶（颗粒胶）的制备

标准橡胶是指质量符合"标准橡胶质量标准"的各种天然生胶。在我国，标准橡胶目前只限于采用颗粒胶生产工艺生产的天然生胶。而其他天然生胶，如烟胶片、风干胶片、绉胶片等仍未纳入标准橡胶中。

生产标准橡胶的原料主要为新鲜胶乳，除此之外还有杂胶。

2.4.2.1　胶乳级标准橡胶的生产[46,52～56]

2.4.2.1.1　标准橡胶的造粒　标准橡胶生产过程的造粒方法主要有锤磨法造粒、剪切法造粒和挤压法造粒。我国锤磨法造粒已发展成标准橡胶生产的主要方法，而挤压法和剪切法则少有应用。

（1）锤磨法造粒　锤磨法生产胶乳级标准橡胶的工艺流程如下：

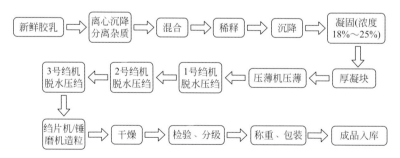

① 新鲜胶乳的离心沉降分离杂质　新鲜胶乳首先通过40目或60目过滤筛粗滤，在凝固前再用60目筛细滤或通过离心沉降器进行净化除杂。目前制胶厂使用的新鲜胶乳净化设备主要有过滤筛和离心沉降器。

a.过滤筛　用于过滤胶乳的筛网必须用不锈钢制作，不能使用铜或铁质的筛网，因为铜、铁等是橡胶的有害金属，促使橡胶老化。常用的过滤筛有斗筛（图2.18）、半圆筛（图2.19）和电动连续过滤筛（图2.20）等形式，常用筛号的规格见表2.14。

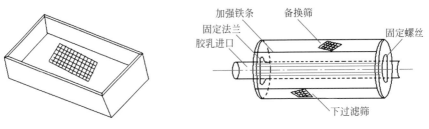

图2.18　斗筛示意图　　　　　　　　图2.19　半圆形过滤筛示意图

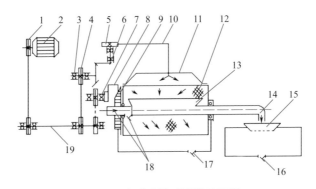

图2.20　电动连续过滤筛示意图

1—三角皮带轮；2—电动机；3—轴承；4—皮带；5,7—扁轮；6—斜齿轮；8—抓钩；9—带动轮；10—喷水管；11—防水罩；12—转筛；13—杂质收集罩；14—杂质出口；15—杂质收集斗筛；16—洗筛水排出口；17—胶乳排出口；18—胶乳进口；19—联轴

■ 表2.14　常用筛号规格

筛号，筛孔数目	40	60	80	100	325
筛孔净宽/mm	0.351	0.246	0.175	0.147	0.043

斗筛结构简单、使用方便，但清洗麻烦、不能连续过滤，仅适于小厂或处理少量零星胶乳时使用。半圆筛网面积比斗筛大，因而单位时间的处理量比斗筛大；结构简单又无需动力带动，对于中小型制胶厂较适用。电动连续过滤筛适用于大中型制胶厂，由圆形筛网、筛网转动机构、喷洗机构和杂质承接筛网等主要部分组成，圆形筛兼做进料管和排渣管。

b.离心沉降器　离心沉降器的工作原理是利用胶乳与杂质相对密度的差异，在离心力作用下使其分离。离心沉降器主要由转动轴、分离钵体、进料管和控制杂质含量的出料装置等四个部分组成，结构比较简单，如图2.21所示。目前生产上应用的离心沉降器有立式和卧式两种。卧式的因高差小，胶乳冲击小，因而产生泡沫少，较适宜于高差受到限制的工厂使用。

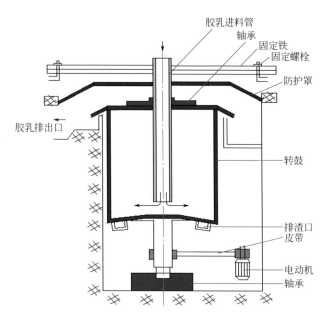

图2.21 420型离心沉降器结构示意图

沉降器对胶乳净化的效果主要取决于转鼓的转速和半径以及胶乳在转鼓中的停留时间或进料速率。一般来说，处于旋转中的物体所产生的离心力（F）与物体的质量（G）、旋转半径（r）成正比，与旋转速率（n）的平方成正比，其关系式为：$F \approx \dfrac{Grn^2}{900}$。在设计沉降器时，增加转速或增大转鼓半径都能增大离心力。但在保证转鼓机械强度的前提下，以增大转速更为有利；在使用离心沉降器时，要使杂质充分沉降，必须首先保证转鼓的转速。影响净化效果的另一个因素是进料速率。进料速率与胶乳在转鼓内的停留时间即杂质的沉降时间有关，如进料过快，胶乳停留时间短，杂质未能充分分离，净化效果就差。

与使用过滤筛比较，离心沉降器的优点在于能处理浓度高的胶乳，处理量超过任何一种形式的过滤筛。其缺点主要是不能除去诸如树皮、树叶以及早凝胶块等相对密度小于胶乳的杂质；其次是从转鼓流出的胶乳由于强烈的撞击作用，产生泡沫，如直接引到凝固槽，则泡沫往往溢出流槽或凝固槽槽面。

② 胶乳混合 新鲜胶乳的混合是提高产品性能一致性的重要措施。为了达到最大限度的混合，同一天的胶乳最好能一次混合完毕。如因设备限制或各批胶乳进厂的先后时间相差很大，需要分批处理时，应尽量减少混合次数。

胶乳混合池示意图如图2.22所示。制胶厂一般设2～3个混合池。每个混合池的容量除按日产量和每天处理的批次计算外，还需考虑稀释水的容量。为了便于清洗，混合池的内表面须用瓷砖衬垫。池底沿胶乳出口方向要有一定的倾斜度，前后高差一般为8～10cm，以便将胶乳排尽。混合池设上下两个排出口，上出口供排胶乳用，下出口供排出沉渣和清洗水用。胶乳出口位置必须高出凝固

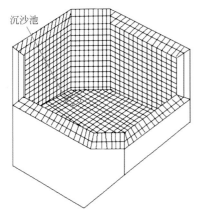

沉沙池

图 2.22　胶乳混合池示意图

槽槽面 30～40cm，以便利用高差把胶乳排入凝固槽。为提高沉降效果，在混合池底加设一个尺寸为 40cm×25cm×10cm 的沉沙池，对沉降下来的泥沙集中在小池中而不随最后部分胶乳排出，在排完清洁胶乳后再将含有残渣的脏胶乳从小池底部的出口排出，进行再沉降，最后的残渣单独处理，制成次等胶。

③ 胶乳稀释　新鲜胶乳混合后，需加入一定量的水稀释至预先确定的浓度，然后再取样测定稀释胶乳的氨含量。胶乳浓度和氨含量是确定凝固剂用量的依据。

新鲜胶乳稀释的目的是调节胶乳浓度，从而控制胶乳的凝固速率和凝块的软硬。在生产中，凝块的软硬度影响脱水和造粒工艺，从而影响颗粒的含水量和干燥时间。因此生产上对胶乳凝固时的浓度都有相应的要求。稀释浓度是由凝固浓度来决定的，可根据下式计算：

$$稀释浓度（\%）=凝固浓度（\%）\times\left(1+\frac{酸水质量}{稀释胶乳质量}\right)$$

其中凝固浓度指凝固时加入酸水以后胶乳的浓度。一般稀释浓度约比凝固浓度高 1.5%～2%。胶乳稀释加水量可根据下式计算：

$$稀释水质量（kg）=胶乳质量（kg）\times\frac{新鲜胶乳浓度（\%）-稀释浓度（\%）}{稀释浓度（\%）}$$

制胶用水，尤其是直接加入胶乳中的稀释用水，其水质对胶乳的稳定性和产品质量均有影响。加入胶乳的水如果混浊不清，会增加制得橡胶的杂质含量；若稀释用水含有较多的铜、锰、铁等有害金属，将导致橡胶不耐老化；若稀释用水呈较强的酸性或碱性，则会相应地降低胶乳的稳定性或增加凝固用酸量等。

④ 胶乳的凝固　胶乳的凝固是天然生胶生产的一个重要环节。胶乳的凝固条件、凝固方法不仅影响到机械脱水、干燥等后续工序，而且影响生胶的性能。

胶乳的凝固方法可分为 3 类。化学方法：加入酸、盐、脱水剂之类的凝固剂使胶乳凝固，其中酸类是目前生产中普遍使用的凝固剂；物理方法：用加热、冷冻或强烈机械搅拌使胶乳凝固；生物方法：利用胶乳原有的或外加的细菌或酶的作用使胶乳凝固。

以酸为凝固剂凝固胶乳最常用于工业生产，而且目前仍普遍使用，常用的酸凝固剂有醋酸、甲酸和硫酸。其工艺过程如下：

酸凝固方法的优点是胶乳可在短时间内凝固完毕，无需积聚胶乳；且凝块有充分的熟化时间以满足机械处理所要求的软硬度。缺点是设备占地面积大，用工多而且生产不能连续化。

⑤ 凝块的压薄　胶乳凝固后，形成凝块。凝块的厚度在10cm以上时，必须先经压薄机压薄，使厚度减少到5～6cm再送入绉片机进行压绉。

压薄机有单对辊筒的普通压薄机和两对辊筒的超厚压薄机两种。前者可加工厚度在25cm以下的凝块，而后者可加工厚度在45cm以下的凝块。普通压薄机和超厚压薄机的相关技术参数见表2.15和表2.16，结构示意图如图2.23、图2.24所示。

■ **表2.15** Y450×650型压薄机技术参数

项目		指标值
辊筒直径/mm		450
辊筒长度/mm		650
辊筒花纹	波纹（深×宽）/mm	20×40
	槽距/mm	59
	波纹槽宽/mm	560
辊筒转速/（r/min）		6.4
主电动机	功率/kW	10
	转速/（r/min）	960
减速器传动比		20
出片输送带线速率/（m/min）		13.6
生产能力/[干胶质量（kg）/h]		2500

■ **表2.16** 2-520型超厚压薄机技术参数

项目			指标值	
辊筒			第一对	第二对
直径×长度/mm			$\phi520×500$	$\phi400×630$
转速（上/下）/（r/min）			2.8/2.7	9.3/8.3
速比（上/下）			1/0.96	1/0.89
可调辊距/mm			0～80	0～8
电动机	主电机	功率/kW	7.5	
		转速/（r/min）	1440	
	行走电机	功率/kW	1.1	
		转速/（r/min）	1440	
产量/[干胶质量（kg/h）]			2500	

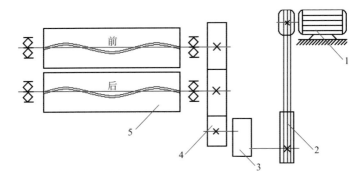

图2.23　Y450×650型压薄机示意图

1—电动机；2—三角皮带；3—减速箱；4—传动齿轮；5—辊筒

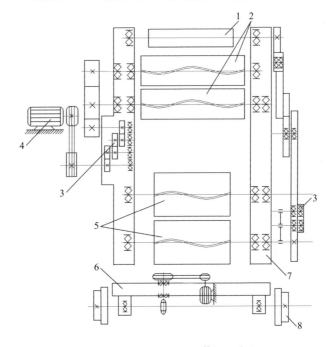

图2.24　2-520型超厚压薄机示意图

1—输送带驱动轮；2—第二对辊筒；3—减速箱；4—主电动机；5—第一对辊筒；
6—行走机构；7—辊筒轴支座；8—挂轮机构

⑥ 凝块的脱水和压绉　凝块的脱水和压绉主要通过绉片机完成。绉片机又称脱水机，生产上一般使用3台绉片机。由转速不同的两个辊筒所组成。当凝块通过绉片机时，由于受到强烈的滚压和剪切作用，导致大量脱水且表面起绉。压出的绉片经锤磨机造粒后所得的粒子表面粗糙，表面积大，干燥时间较短。粒子间也不容易互相黏结，透气性好。绉片机组对凝块的脱水和压绉效果直接影响锤磨机的工作和所造粒子的软硬度、粗细以及后序干燥时间的长短。一般而言，绉片机台数越多，则凝块的脱水和压绉效果好，造粒线的生产效率高。就单机而

言，辊筒直径大、转速低、速比大、花纹沟深、辊筒间隙小，则处理效果好；反之则处理效果差。

生产上使用的绉片机，辊筒规格多为 ϕ200mm×600mm，其主要技术参数见表2.17。

■ **表2.17** 绉片锤磨法造粒 ϕ200mm×600mm绉片机组技术参数

项目		深纹绉机1[#]	中纹绉机2[#]	浅纹绉机3[#]
辊筒尺寸/mm			ϕ200×600	
辊筒花纹/mm	深度	3.5	1.5	1.5
	宽度	4	3	3
	菱形	14×9	20×13	20×13
辊筒转速（后/前）/(r/min)		27.7/25.5	42.8/24	49.3/27.7
辊筒速比（后/前）		1.09/1	1.78/1	1.78/1
驱动大（小）齿轮速比		模数＝8 齿数=98/23 速比＝4.26		
电动机	型号	JO252-4		
	功率/kW	10		
	转速/(r/min)	14500		
减速机		PM350 传动比i=6.9		
产量/[干胶质量（kg/h）]		800～1000		
外形尺寸/mm		1785×1250×1305		

⑦ 绉片机/锤磨机造粒 凝块经3台绉片机脱水压绉后，用输送带送至绉片机/锤磨机进行造粒。绉片机/锤磨机由进料绉片机和锤磨机组成，其结构见图2.25、图2.26，技术参数见表2.18。

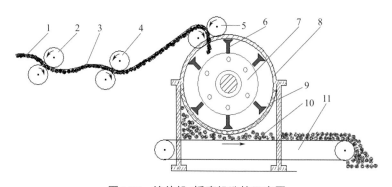

图2.25 绉片机/锤磨机造粒示意图

1—凝块；2—1[#]绉机；3—绉片；4—2[#]绉机；5—进料绉机；6—扁锤；
7—转子；8—壳体；9—筛网；10—胶粒；11—皮带机

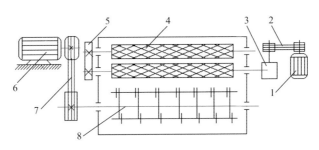

图2.26　绉片机/锤磨机结构示意图

1—绉片机电动机；2,7—传动皮带；3—减速箱；4—辊筒；

5—速比齿轮；6—锤磨机电动机；8—转子及摆

■ **表2.18**　绉片机/锤磨机技术参数

绉片机		锤磨机	
辊筒规格/mm	$\phi150\times500$	转子（离心直径×长度）/mm×mm	$\phi550\times500$
菱形花纹（$a\times b$）/mm×mm	11×11	转子转数/（r/min）	2000
槽纹（宽×深）/mm×mm	1.5×1.5	锤子形状、数目	T形42（6排，7个/排）
辊筒转数前/后/（r/min）	47/70	锤顶与进料辊距离/mm	5～6
辊筒工作间隙/mm	1.55	筛网孔径/mm	$\phi20$
电动机	功率/kW　7.5	电动机	功率/kW　22
	转速/（r/min）　1440		转速/（r/min）　1440
传动方式	皮带-减速箱	传动方式	三角皮带

　　锤磨机造粒的原理是利用处于高速转动的锤子具有的巨大动量，当锤子与进料绉片机压出的绉片接触的瞬间，把部分动量传递给胶料产生强烈的碰撞作用使胶料被撕碎成小颗粒。由于转子的转速高，锤子数目多，在单位时间里绉片受锤击的频率很高。假设锤子每次都能碰到绉片，则每分钟绉片受到锤击的次数可高达84000次。

　　进料绉片机的作用主要是控制锤磨机的进料，使进料均匀从而使锤磨机的工作电流稳定，造出的粒子均匀，其次还有将绉片进一步脱水和压薄起绉的作用。影响造粒效果的因素有：

　　a.转子的转速　在锤子数目固定的条件下，转子转速愈高，则单位时间里锤击的次数愈多，粒子愈细，生产能力随着增加。但转速提高，电动机的负荷、机器噪声随之增大，零件寿命缩短，也容易造成事故。

　　b.进料速率　绉片机的进料速率取决于辊筒的转速。进料速率越高，所造粒子越粗。一般而言进料绉片机前后辊筒转速分别为47r/min和70 r/min较合适。

　　c.锤子顶端与绉片机辊筒间的距离为5～6mm，过大时会造成粒子粗或粗细不均匀。

　　d.凝块的预处理　单用一台绉片机处理凝块，造出的粒子含水量高，受热容易黏结，干燥时间较长；经多台绉片机压出的绉片较薄，且粒子更细。一般要求压出绉片的厚度在5～6mm较合适。

（2）剪切法造粒　剪切造粒法生产工艺流程如下：

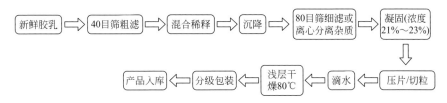

① 胶乳的凝固条件　凝固浓度一般控制在21%～23%。胶乳进厂经混合后可加水稀释至22%～24%。凝固适宜用酸量（以干胶计）一般为0.6%～0.7%。由于凝固浓度较高，胶乳凝固速率也较快，容易产生局部凝固及酸量分布不均匀等现象，操作时除加酸量要准确外，还应注意搅拌均匀，动作迅速。酸水浓度控制在4%～6%，酸水量可由已确定的稀释浓度和凝固浓度计算出来。

② 切粒机的构造与使用　剪切法造粒是由压片机/切粒机组来完成的。切粒机主要由机架、切条机构、切粒机构、筛网、输送带和挡板等组成。其工作原理是：高速旋转的辊筒使安装在辊筒上的转刀具有很大的切力，在旋转力与固定刀的剪切作用下，把由压片机送来的胶片先切成胶条，进而切成胶粒，见图2.27。

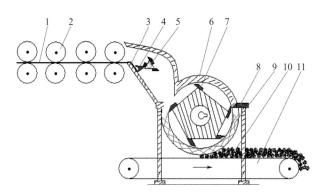

图2.27　压片/切粒法造粒机组

1—凝块；2—"四合一"压片机组；3—胶片；4—切条固定刀；5—切条转刀；
6—壳体；7—切粒转刀；8—切粒固定刀；9—筛网；10—胶粒；11—输送带

a.切条机构　由一把固定刀和装有三把飞刀的三角形辊筒组成。辊筒转速为920r/min，双刀旋转直径为142mm，辊筒长600mm，固定刀安装在辊筒轴线的平面上。切条机构的作用是把胶片切成条状，以减轻切粒机构的负荷，提高切粒效率及机器寿命。

b.切粒机构　由二把固定刀和装有五把飞刀的五边形辊筒组成。切粒辊筒转速为1150 r/min，刀刃旋转直径为296mm，固定刀安装在切粒辊筒轴线水平面的前后。切粒机构的作用是把胶条反复剪切成符合大小要求的胶粒。

c.筛网　半圆形，直径ϕ323mm，长约620mm，筛孔直径ϕ10.5mm，筛网的作用在于控制产量及胶粒的大小。

d.输送带　宽640mm，长6m，由鼓轮牵引启动，其作用是把胶粒块从切粒机底部输送到机外，便于搬卸，输送带速率控制着胶粒层的厚薄。输送带的动力是由压片机传动齿轮供给，所以它的速率随压片机速率变化而变化。一般为1.8 ～ 2.4m/min。

e.刀　转刀尺寸为60mm×70mm×7mm，刀刃角度为30°，固定刀尺寸为600mm×60mm×10mm，刀刃角度为76°。刀是切粒机最重要的工作部件。因此，要求刀口笔直、耐磨。其耐磨程度与刀的材料硬度、厚度、刀刃角度有关。

f.挡板与罩　包括上罩、下罩、前滑板、后挡板等部分。它们的尺寸与安装位置，将影响到机器能否正常工作，特别是前滑板与后挡板影响很大。

③压片机/切粒机组造粒过程　凝块进入压片机后，经过辊筒滚压去掉大量水分。在花纹辊筒推动下，凝块均匀地进入切粒机，被切条转刀与固定刀切成6 ～ 9mm的条状，而后跌入切粒机。经切粒转刀与固定刀剪切而成粒状并靠气流的作用把胶粒从筛网吹出，较大的胶粒则又被气流带回反复剪切。

切粒机产量为750 ～ 850kg干胶/h，电动机功率13kW，正常工作电流为20 ～ 25A，耗电为16 ～ 22kW·h/t干胶，粒子含水量为45% ～ 50%。

（3）挤压法造粒　挤压法标准橡胶生产中，凝块的脱水和造粒仅由一台挤压机完成。与其他造粒方法比较，挤压法造粒具有设备结构紧凑、体积小、耗材少以及脱水效率高、耗电少等优点。目前尚存在挤压机的某些零部件容易磨损，造成粒子不均匀以及减速箱容易进水损坏轴承等问题。

挤压机的生产效率约为800kg干胶/h，胶粒的湿基含水量约为30%。

①胶乳的凝固条件　胶乳的凝固浓度在18% ～ 23%范围，当天凝固隔天造粒以18% ～ 20%为宜；当天造粒以浓度20% ～ 23%为宜。凝块的熟化时间不少于3h。凝块的规格为宽20cm，厚4 ～ 6cm，因受挤压机喂料口尺寸的限制，不宜用过宽或过厚的凝块。

②挤压机的结构　挤压机主要由电动机、减速箱、机筒、螺杆、飞刀和输送带等组成，见图2.28。

a.电动机　主机配套电动机功率为22kW，转速为1450r/min。

b.减速箱　采用双级齿轮减速，传动比为5 ：22。

c.机筒　机筒由进料段、笼条段、圆筒段、冷却段和阻尼圈等五部分组成，机筒内表面呈锯齿形以增加摩擦力，防止胶料在机筒内打滑。凝块经挤压而排

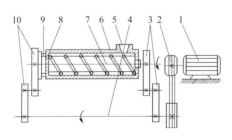

图2.28　挤压机结构示意图
1—电动机；2—三角皮带传动；3—传动齿轮（减速）；4—传动轴；5—进料口；6—机筒；7—螺杆；8—阻尼圈；9—飞刀；10—传动齿轮（增速）

出的乳清由排条间的间隙排出机外。

d.螺杆 螺杆由送料段和锥形段组成，转速为120r/min。

e.飞刀 六把飞刀安装在飞刀体上，其作用是将出料圈挤出的胶条切成颗粒。飞刀体的转速为1560 r/min，采用双级齿轮增速。

f.输送带 由飞刀箱下方伸延至干燥箱，用于输送由飞刀切下的胶粒。

③ 挤压机的造粒过程 胶乳凝块从喂料口进入机筒后，随螺杆的转动逐步向前推移，同时在挤压和剪切力的作用下大量脱水。当胶料运动到达螺杆锥形段，所受的压力大大增加。在此压力作用下由出料圈成条状排出，排出的胶条即被高速旋转的飞刀切割成胶粒并落入下面的输送带。

2.4.2.1.2 标准橡胶的干燥 国产标准橡胶的干燥方法主要采用热风穿透干燥法。这种干燥方法是以重油、天然气、沼气或电热为燃料，以100℃左右的烟道气（热风）直接穿透胶层加热橡胶使其干燥。深层干燥法，湿胶层的厚度一般为60～70 cm；而浅层干燥法则为20～30cm。锤磨法和挤压法生产标准橡胶都采用这种干燥方法。由于压片/剪切造粒法所得的胶粒含水量较高，粒子较柔软，不适用深层干燥法，一般采用木柴熏烟的薄层干燥法。此种方法仍以木柴为燃料供应热源，胶层厚度为5cm左右。

（1）深层穿透干燥法 燃油干燥的主要设备包括燃油和供热系统、干燥柜及干燥车3个部分。

制胶厂一般采用重油、天然气、沼气做燃料。干燥器使用的风机一般是中压式离心风机，全压范围为100～200mmHg。风机的选择主要取决于干燥器每小时所需提供的风量。根据风机作用的不同可分为排湿风机和循环风机两种。热风道可用3～4mm厚的钢板卷制的圆形管道，烟气流动的阻力损失较小，但耗用钢材较多。一般多用砖砌，为减少阻力损失，管道布置应力求缩短、平直，避免急转弯或截面的突然扩大或缩小。干燥车和干燥柜是干燥系统中的重要部分。

① 干燥车 干燥车的结构单元是干燥箱。干燥箱的规格根据标准橡胶的包装规格来确定，按规定，为59cm×39cm×70cm，每箱装满的湿胶干燥后的质量约40kg。干燥箱用厚2mm的铝板制作，底为多孔筛板。筛板的开孔率对气流的流通有显著影响，开孔率过小将妨碍热风的流动，使穿过筛板的风量减少，从而导致干燥时间的延长；开孔率过大，则会降低筛板强度缩短使用寿命。从使用效果看，开孔率为35%似乎较合适。孔洞的排列采用品字形，使相邻两排中三个孔的中心分布在等边三角形的三个顶点上。目前生产上使用的干燥车按箱数分有28箱、15箱、14箱、10箱、8箱和4箱等多种形式，对应的干胶容量分别为1000kg、550kg、500kg、360kg、300kg和150kg左右。驱动形式有轮式（图2.29）和链传动（图2.30）两种。轮式干燥车可在轨道上移动，适宜于主车间、干燥柜和包装间之间距离较远时使用，但干燥柜内的密封较为困难；链传动干燥车容易密封，但不适于远距离输送。

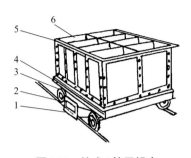 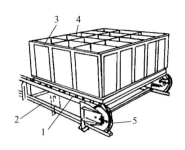

图2.29　轮式8箱干燥车　　　　图2.30　链动式15箱干燥车
1—热风罩；2—铁轨；3—轮子；　　　1—链带；2—链槽；3—车架；
4—分风室；5—车架；6—装胶箱　　　　4—装胶箱；5—链轮

② 洞道式干燥柜　洞道式干燥柜也叫半连续干燥器。一般采用砖结构，仅在需要密封的位置上设有钢结构的框架以加固洞道并提供安装密封材料的位置，顶面用水泥预制板覆盖，洞道壁中设有若干个进风口、回风口和废气排出口。

洞道式干燥柜的特点是利用部分废气循环来降低热损耗，节约燃料，一般热风分2股或3股进入干燥器，并在2次穿透胶层后，或作为回风引回热风管或作为废气排除。对处于干燥初期（即恒速阶段和降速阶段初期）的胶层，由于胶温低，含水量高，热风穿过胶层时把大量热能传给橡胶并带走大量水分成为低温、高湿的气流，这部分气流没有利用价值，作为废气排除；而处于干燥后期的胶层，随着干燥程度的提高，胶层温度逐渐升高而含水量又低，热风穿透胶层时消耗的热量及带走的水分都较少，排出的气流温度较高而湿度较低，将其引回热风管再利用，可节省燃料。

洞道式干燥柜如按热风穿透一次胶层为一段来划分，可分为四段、六段和三段干燥柜。四段干燥柜示意图见图2.31。

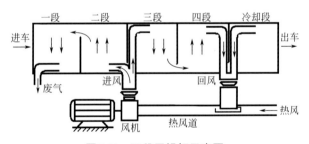

图2.31　四段干燥柜示意图

在水电资源丰富的地区，以电代油干燥标准橡胶，不但能充分利用当地的资源优势，而且电热干燥具有设备简单，操作方便，对环境污染较少等优点。除以电热代替燃油产生热风外，电热干燥的干燥车、干燥柜、风机等设备及干燥原理与燃油干燥的相同。

（2）自控浅层干燥法　马来西亚、泰国和印尼等国，其橡胶加工使用的干燥设备普遍采用的是浅层干燥生产线（图2.32）。以柴油为燃料，干燥过程基本自动化，热风路线为多段式多车位，具有干燥产品成熟率高、油耗低，其干燥能力可达6t/h等特点。

① 工艺流程

湿胶料经隔离剂（如生石灰等）处理后由抽胶泵、振动筛、装料斗等自动装入干燥车中，并在干燥柜前滴水（1h左右），借助链轮式推进器自动推入干燥柜内。根据天然橡胶的干燥特性，严格控制干燥时间与温度，湿胶料在干燥柜内先后经过热空气的机械抽湿、高温除湿和中温除湿等阶段，并在冷却车位被冷却至50℃以下，最后出料。自控浅层干燥生产线结构示意图见图2.32。若干燥能力为2t标准橡胶/h，其车位数可选22个；干燥能力为4t标准橡胶/h，其车位数可选32个。热风和冷却系统主要由风道、干燥柜、干燥车和风机组成，并采用在抽湿车位后增设数个后抽湿车位，冷却余热分别供应手段和湿段车位，由风机风压匹配和冷却风机减压形成负压密封，以及带锥套的快装轴承和皮带轮等新技术和工艺。

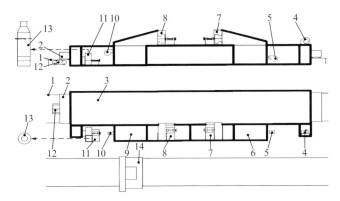

图2.32　自控浅层干燥生产线结构示意图

1—轨道；2—干燥车；3—干燥柜；4—冷却风机；5—2号燃油机；6—2号燃烧室；
7—2号主风机；8—1号主风机；9—1号燃烧室；10—1号燃油机；11—抽湿风机；
12—链轮式推进器；13—废气处理塔；14—自动装料站

干燥车的格数视包装规格及工厂布局等灵活掌握，如对国际标准包装40kg/包，每格尺寸可设计为400mm×600mm×500mm；对马来西亚标准包装33.3kg/包，每格尺寸可设计为330mm×680mm×400mm。此外，干燥车两边的侧板可设计成活动板，以便卸料。

热风由两台主风机提供，1号风机提供的热风在两次穿透胶层后，一部分进入燃烧室被等焓加热提高其饱和度以循环利用；另一部分先穿透一次后抽湿车位的胶层，再穿透一次抽湿车位的胶层，然后被抽湿风机抽走，排至废气处理装置，余热利用更为充分。

② 废气处理系统　填料塔技术是化工行业中回收尾气中有效成分的一种技术。通过设置可活动的填料支承圈和填料压板，使填料塔内的填料厚度可根据天然橡胶干燥废气处理量而改变。利用废气处理塔脱除废气的臭味。所使用的喷淋液能与干燥废气中产生臭味的吲哚和二氧化硫等进行置换，填料则用于增大两者的接触面积。选用的填料塔透气率为95.5%左右，以减少废气的穿透阻力，防止干燥柜进车段产生正压。填料塔内可设二级喷淋系统，第一级喷淋去除废气中的吲哚，第二级喷淋去除废气中的二氧化硫。每一级有独立的填料层、专用的雾化喷嘴和专用喷淋溶液，至于填料厚度可改变，喷淋液也可回收再利用。根据填料塔的直径和填料厚度，选用螺旋形不锈钢雾化喷嘴，确保雾化后的喷淋液均匀地喷向填料层。

③ 主要设备及配套装置见表2.19。

■ 表2.19　标准橡胶自控浅层干燥生产线设备及配套装置

序号	名称	干燥能力为4t标准橡胶/h			干燥能力为2t标准橡胶/h		
		型号、规格或技术参数	数量	单位	型号、规格或技术参数	数量	单位
1	干燥柜	51000mm×7000mm×1500mm，型钢框架结构，内层不锈钢板，中间保温层厚度100mm，外挂装饰板	1	套	32000mm×68000mm×1500mm，型钢框架结构，内层不锈钢板，中间保温层厚度100mm，外挂装饰板	1	套
2	燃油机	L1或L2，燃烧能力7.5GPT	2	台	L1或L2，燃烧能力5.5GPT	2	台
3	主风机	SUS720（14号）风量200000m³/h，全压2500Pa，配75kW电机	2	台	SUS620h（10号），风量120000m³/h，全压2000Pa，配45kW电机	2	台
4	抽湿风机	SUS270（13号），机壳和叶轮为不锈钢材料，风量20000 m³/h，全压1000Pa。配15kW电机	1	台	SUS170（9号），机壳和叶轮为不锈钢材料，风量：20000m³/h，全压1000Pa。配15kW电机	1	台
5	冷却风机	SUS30，风量10000 m³/h，全压800Pa，配电11kW电机	1	台	SUS20，风量10000m³/h，全压800Pa，配电11kW电机	1	台
6	燃烧炉	1000mm×500mm	2	个	1000mm×500mm	2	个
7	油泵	SN500	1	台	SN500	1	台
8	干燥车	28箱，不锈钢材料，1480mm×4850mm×500mm	42	台	22箱，不锈钢材料	42	台
9	推进器	链轮式，速比1：2.5	1	台	链轮式，速比1：2.5	1	台
10	自动装料站	抽胶泵为不锈钢材料	1	套	抽胶泵为不锈钢材料	1	套
11	自动控制装置	控制柜的控制线路采用可编程控制器	1	套	控制柜的控制线路采用可编程控制器	1	套
12	废气处理装置	1600mm×6000mm，塔体为不锈钢，填料为不锈钢，填料为泰勒花环	1	套	1600mm×6000mm，塔体为不锈钢，填料为不锈钢，填料为泰勒花环	1	套

④ 运行参数的设定 不同的标准橡胶浅层干燥自动调控生产线干燥不同的原料品种时，其干燥时间、干燥设定温度、燃油机的油嘴型号和干燥车的装载量是不一样的，主要技术参数举例见表2.20。

■ **表2.20** 2t标准橡胶/h浅层干燥自动调控生产线主要运行参数的设定

原料/产品	产量/(t/h)	1号主风机				2号主风机				进（出）车时间/min	最大装车质量/kg
		设定温度/℃	上限温度/℃	回差/℃	油嘴	设定温度/℃	上限温度/℃	回差/℃	油嘴		
鲜乳胶/SCR5	2.8	120	125	2	10+8	108	113	2	3+2	10.0	480
全乳生物凝固/SCR-RT5 SCR-AT	3.0	121	126	2	10+8	110	115	2	3+2	9.5	480
鲜乳胶块/SCR-RT SCR-AT	2.8	120	125	2	10+8	108	113	2	3+2	10.0	480
生胶片/SCR-RT5	3.0	121	126	2	10+8	110	115	2	3+2	9.5	480
胶园凝胶/SCR20 SCR-RT20	2.4	118	123	2	9+8	108	113	2	3+2	10.5	420
胶清胶/胶清胶	2.00	116	121	2	8+8	106	111	2	2+2	11.5	400
泥胶等/等外胶	1.95	110	115	1	8+7	100	105	1	2+2	12.5	400

注：1. 设定温度为欲控制的干燥目标温度，此时燃油机从2段火转换成1段火。

2. 上限温度为燃油机停火温度，防止干燥温度超温。

3. 回差为燃油机达到上限温度或设定温度后再次点火所需要的温度差。

⑤ 主要特点

a. 生产能力强 浅层干燥生产线的产量受凝固质量、压绉造粒质量、温度设定和气候等因素的影响。海南某厂使用的2t/h浅层干燥线，在凝固质量和压绉造粒质量好，气温高且湿度低时，生产乳胶级产品的最高产量可达3.75t/h。

b. 加工品种全 适于干燥不同原料的系列产品，包括：以新鲜胶乳为原料的SCR5或SCR WF；以胶园凝胶为原料的SCR10或SCR20；以全乳生物凝固的凝块为原料的SCR-RT5、SCR-AT或SCR-CV-RT5；以自然凝固或生物凝固胶块为原料的SCR-RT5、SCR-RT10或SCR-CV-RT5；以生物胶片为原料的SCR-RT5，SCR-RT10；以胶园凝胶为原料的SCR-RT20；以胶清为原料的胶清橡胶。

c. 产品质量优

外观质量：所得产品不夹生，不发黏，颜色均匀一致。

理化指标：所得产品的理化性能、力学性能、硫化性能、硫化特性等都能达标。

d. 干燥能耗低 干燥能耗与每小时干燥产量直接相关。对于同一种浅层干燥生产线，每小时干燥产量越高，干燥能耗越低。实际测试自控浅层干燥线的能耗，结果见表2.21。结果表明，采用自控浅层干燥线取得了明显的节能效果。

■ 表2.21　自控浅层干燥线的能耗

原料/产品	2 t/h自控浅层干燥线				4 t/h自控浅层干燥线			
	柴油耗[1]/（kg/t胶）		电耗[2]/（kW·h/t胶）		柴油耗/（kg/t胶）		电耗/（kW·h/t胶）	
	实测值	参考值	实测值	参考值	实测值	参考值	实测值	参考值
新鲜胶乳/SCR5	30.0		30.1		23.5		33.2	
全乳生物凝固/SCR-AT，SCR-RT5	28.2		28.3		22.2		31.2	
新鲜胶块/SCR-RT5，SCR-AT	29.3	35	29.4	45	26.5	35	33.2	45
生胶片/SCR-RT5	28.2		28.3		25.1		31.2	
胶园凝胶/SCR20，SCR-RT20	32.8		34.7		26.9		36.4	
胶清/胶清橡胶[3]	35.0		41.0		41.3		41.3	

① 柴油耗的测量方法：在凝固质量和压绞质量均好以及最佳温度条件下，在大气温度和湿度适中的5月或10月份的某一日上午和下午各计量1h（取燃油机正常燃烧时段），取2个数的平均值，得出燃油机每小时喷油量。油耗=燃油机每小时喷油量/每小时干燥产量+2。

② 电耗的测量方法：用钳形表测量干燥控制柜的总电流，功率取0.75，计算出总功率。电耗=总功率/每小时干燥产量+3。

③ 胶清橡胶的柴油耗参考值为47kg/t胶，电耗参考值为47kW·h/t胶。

2.4.2.2　胶园杂胶、凝胶级标准橡胶的生产

（1）杂胶级标准橡胶的生产　杂胶也称胶园凝胶，通常是指采胶过程形成的胶团、胶线、泥胶以及胶乳加工过程产生的碎胶屑、泡沫胶和各种原因形成的熟化胶块。杂胶的加工，随着标准橡胶加工业的发展，目前已从传统的褐绉片趋向于制成标准橡胶[56]。

杂胶标准橡胶的生产工艺流程大致如下：

① 杂胶的分类　根据杂胶的来源和所得橡胶的质量，可将杂胶划分为如下3类。典型的杂胶见图2.33。

a.胶头、胶团、洗桶水、泡沫胶以及碎胶屑

胶头：又叫杯凝胶，是指采胶过程中胶乳在胶杯内自然凝固而成的胶膜。其质量与胶乳凝块相近；数量则与排胶时间有关，高产树和长流胶，往往在收胶后很长时间仍有胶乳排出，胶头数量也较多。

图2.33　杂胶示意图

胶团：是指在收胶桶或过滤筛上收集的早期凝块，胶团的质量也较好。其数量与胶园"六清洁"的程度、气候条件、胶乳早期保存状况等有关。

制胶过程产生的泡沫胶、洗桶水胶、凝块碎屑等，数量虽不多，但质量较好。

这类杂胶如能及时加工，所制得的橡胶在硫化性能方面与烟胶片相近，用作轮胎胶料时，其疲劳性能更与烟胶片接近。

b.胶线、皮屑胶　胶线是指割胶后残留在胶树割口上的胶乳凝固而成的胶膜，皮屑胶则是指割胶时连同树皮割下的胶线。这种杂胶由于与树皮接触时间较长，沾染树皮中的锰、铁一类物质较多，加上都较薄，与阳光、空气接触的表面积大，因而很容易受到氧化。用这类杂胶制得的橡胶，无论在外观或理化性能方面都比前一类差。可加工成三级标准橡胶。

c.泥胶　泥胶是指采胶过程中外流到地上的胶乳凝固而成的杂胶。这类杂胶沾有许多泥沙等杂质，而这些杂质有促使橡胶氧化变质的作用。如果能在泥胶形成不久即及时收集加工，则不仅杂质容易脱除，而且产品质量也较好。但泥胶一般在林段里留置的时间都很长，经日晒雨淋，橡胶严重氧化变质，有的又黑又黏，有的又硬又脆，不但在加工时杂质很难脱除干净，而且制得的产品外观质量和理化性能都极差。

② 杂胶的收集、储存和分级

a.杂胶的收集　做到及时脱除杂质、保证质量，同时将杂胶按质分类，为加工创造有利条件。

b.杂胶的储存　杂胶储存的方法、条件及时间长短对制得橡胶的杂质含量和理化性能均有影响。阳光能促进橡胶氧化降解。杂胶因含有各类杂质，尤其是胶线中锰、铁含量较高，这种变价金属的存在，在阳光照射下更加速橡胶氧化的作用。

将杂胶储存在水中以便搬运和输送。浸泡老化发硬的杂胶有助于除杂操作，还可以使橡胶软化，从而有利于加工和混合操作。但应避免将杂胶浸泡过度，长期浸泡将会降低橡胶的塑性初值和塑性保持指数。最适宜的方法是将杂胶在荫蔽环境下储存。

c.杂胶的分级　特级杂胶应是浅色、新鲜、清洁的湿胶头、胶团、洗桶水胶、泡沫胶以及制胶厂的凝块、碎胶屑等；干爽、清洁、浅色、未氧化发黏、未长霉、未发臭的上述这种杂胶的干料也可当该级胶料验收。该级杂胶的杂质含量不超过2%。

一级杂胶应是浅色、新鲜、清洁的湿胶线。干爽、清洁、浅色、无氧化发黏、未长霉的胶头、胶团等也可当一级杂胶验收。该级杂胶的杂质含量不超过2%。

二级杂胶是颜色略深，有少量较难分离的变色胶块或轻微发臭的新鲜湿胶头、胶线、胶团、洗桶水胶、泡沫胶、制胶厂的碎胶屑等，干爽、无长霉、未发臭的胶线、胶团等也可当该级杂胶验收。该级杂胶的杂质含量不超过5%。

三级杂胶是颜色深、发臭、发脆、有霉迹、轻微发黏的各种湿杂胶（不含胶泥），或是干爽颜色深、有轻微长霉、轻微发黏的各种杂胶（不含胶泥）。该级杂胶的杂质含量不超过8%。

等外杂胶。凡严重长霉、发黏、变黑、泥沙杂质含量超过10%的各种杂胶均列为等外杂胶。其中泥胶又分两级：

一级泥胶：收集及时、无严重氧化发黏，并经洗去大部分泥沙杂质的泥胶。

二级泥胶：不含一级规定的泥胶定为二级，但必须经过清洗。

③ 杂胶的浸泡和洗涤

a.杂胶的浸泡　浸泡对于新鲜杂胶而言，主要是防止氧化变色和除去泥沙等杂质；对于干杂胶而言，主要是使其软化而易于压炼，并有助于压炼过程中杂质的脱除。常用的浸泡液包括：

1%的亚硫酸钠或偏重亚硫酸钠溶液。这种药品含有二氧化硫，具有漂白和防止胶料变色的作用。当新鲜杂胶安排在隔天压炼时，用这种溶液浸泡比较合适。溶液需在使用前配制，每批溶液可连续使用2～3次。

新鲜乳清。利用新鲜乳清浸泡杂胶，既能极大地节约用水，又能使新鲜胶头或胶团中未凝固的胶乳凝固。乳清中含有氨基酸，能溶解杂胶中大部分的铜，成为络合物而除去，从而使杂胶，尤其是胶线中的铜含量大为降低，铁含量减少2/3～3/4，锰也能除去一部分。缺点是乳清容易发臭，必须天天更换。

水。用水浸泡杂胶是干杂胶软化最普遍采用的方法，简便而有效。水浸泡既能软化杂胶，又能除去部分泥沙、杂质和水溶性盐类，杂胶中金属离子能与蛋白质分解生成的氨基酸形成络合物而溶解。

浸泡干料时，先将经过分选的各级杂胶分别卸入浸泡池，然后注入清水，加上压盖，使杂胶完全浸泡在水中。第二天可用水浆或耙子搅动杂胶，促使黏附在杂胶表面的杂物脱落，然后排除污水，再注入清水，盖好压盖，以后每隔2～3天换水1次。

杂胶浸泡时间的长短，取决于杂胶的种类、软硬程度以及气温高低等条件。为达到适于压炼的软硬度，各类杂胶的浸泡时间大致为：干胶线1～3天；干胶头3～7天；干胶团5～7天；二级泥胶5～8天。

冬季温度低，由于橡胶结晶使硬度增加，即使延长浸泡时间也难以使胶料继续软化，此时，往往需在压炼前将杂胶加热促使其软化。

b.杂胶的洗涤　杂胶洗涤是降低产品的杂质含量，提高产品质量的一个重要措施。其作用一是用机械方法充分脱除杂质；二是使性质不同的杂胶初步掺和并进一步软化，为压炼创造有利条件。国内使用波浪型双辊筒洗涤机洗涤胶料，可更有效的降低杂质含量。见图2.34。

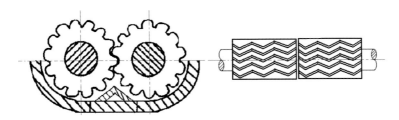

图2.34　波浪型双辊筒洗涤机示意图

c.杂胶的掺和　杂胶掺和的目的在于获得质量一致性好的产品，减少产品质量的变异，因而掺和的规模越大越好。掺和方法可采用下述的一种或几种结合进行：

（a）将批次不一的杂胶在卸车时均匀分配到储放槽里，使得在一个储放槽里的各批杂胶得到初步掺和；

（b）把经过洗涤的杂胶（或经锤磨过的碎胶）分配到掺和池里；

（c）把反复掺和过的胶料重叠压绉。

④ 杂胶的压绉、造粒　压绉除能进一步清除杂质并使产品均匀一致外，还能使所造胶粒较为均匀，以适应干燥的需要。

胶料压绉的次数应根据胶料的性质和造粒方法而定，一般情况下，胶料经过洗涤后先经深纹压绉机压绉6～8次，接着用中纹压绉机压绉6～8次，使绉片的厚度达3～4mm便可进行造粒。

胶料压绉过程中应充分喷水，压绉后的胶料也应充分漂洗并及时造粒，以降低产品的杂质含量，不能及时造粒的绉片则应浸泡于水中，防止胶料氧化变色。

杂胶料的造粒与胶乳级标准橡胶的相同，应注意所造胶粒应均匀、疏松，否则干燥困难。如果造出的胶粒能经水中漂洗后才装箱，那么可以进一步除去杂质，又可以减轻胶粒之间的黏结。

目前最普通使用的造粒机械是绉片机-锤磨机和撕粒机。用绉片机-锤磨机所生产的橡胶颗粒的形式，在很大程度上取决于进料片的厚度和使用的筛网规格。使用厚的绉片和小孔径筛网会导致电动机超载；使用大孔径筛网时橡胶的颗粒较大，干燥困难。一般使用筛孔直径为0.5～0.75in（1in=0.0254m）的筛网。

⑤ 杂胶的干燥　杂胶级标准橡胶的干燥可采用与胶乳级标准橡胶相同的干燥设备，但干燥条件略有不同。若采用与生产胶乳级标准橡胶相同的深层干燥设备，且一同干燥，则杂胶颗粒在装入干燥车时，胶料的装箱厚度宜薄些，恰当的

装箱高度应根据干燥柜的实际干燥情况而定，否则会出现干燥过度或不足的现象。胶料的干燥温度应略低，干燥胶块时，温度最好不超过110～115℃，干燥胶粒时，则温度不超过105～110℃。

（2）凝胶掺和级标准橡胶的生产

凝胶掺和级子午线轮胎橡胶的工艺流程示意图见图2.35。

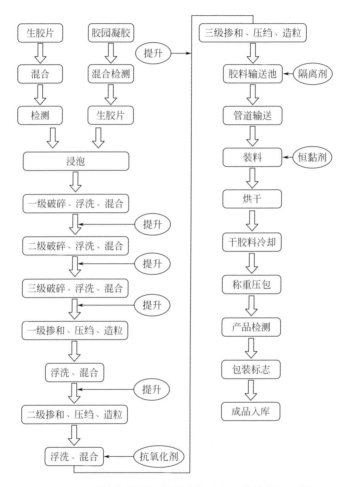

图2.35　凝胶掺和级子午线轮胎橡胶的工艺流程示意图

① 凝胶原料（生胶片、胶园凝胶）的验收与预处理　典型的生胶片、凝胶团见图2.36。

验收：包括称重和外观质量检查

预处理：去除原料中的假冒胶料、塑料袋、泥胶、带树皮胶线、严重发黏胶料、石块、铁器等物质。

② 原料的混合　以铲车把当天要加工的原料进行充分的混合，使原料的性能一致。

(a) 生胶片   (b) 凝胶团

图2.36 生胶片、凝胶团示意图

③ 原料的理化性能检测 对批次原料进行理化性能检测，作为批次生产的技术参数。检测主要项目：杂质含量、灰分、塑性初值、塑性保持率、门尼黏度。

④ 原料浸泡 批次加工的原料必须在储存水池中进行浸泡，使胶料变软，易于分离泥沙杂质。

⑤ 胶料的三级破碎、浮洗、混合 破碎设备：第一级破碎设备为低速高扭力的碎胶机，第二级破碎设备为双螺杆碎胶机，第三级破碎设备为高速锤磨机，最后碎胶块的直径为3～5cm。胶料的浮洗、混和设施为3个浮洗池及配套的拨胶机。胶料破碎、浮洗、混合池见图2.37。

图2.37 胶料破碎、浮洗、混合池示意图

⑥ 胶料的三级掺和、压绉、造粒 掺和压绉造粒设备由3个机组组成生产线，每个机组由下列设备组成：绉片机3台，撕粒机1台，配套设备为斗式提升机和输送机。湿胶粒的混合、浮洗设备由2个浮洗池及配套拨胶机组成。绉片最终厚度为5～6mm，湿胶粒直径为5～6mm。

⑦ 湿胶粒的输送与装料 湿胶粒的输送由输胶泵、塑料管组成输送设施；由振动筛及卸料斗、干燥车组成装料设施。

必须在胶粒池中加入湿胶粒隔离剂，以保证湿胶粒在输送过程中不成团堵塞管道，并保证湿胶粒在装车时保持松散不黏结成团。隔离剂为低浓度石灰悬浊液，浓度为2%～3%，并由振动筛及回流管道回流入胶粒池，循环使用。

装料量视胶包净重为依据，33～35kg/包的每车总重为480～500kg，40kg/包的每车总质量为530～560kg。湿胶粒装料见图2.38。

图2.38 湿胶粒装料示意

⑧ 抗氧化剂及恒黏剂的应用 以胶园凝胶为原料，经检验其塑性保持率低时，应在第5个净洗池中加入抗氧化剂草酸，用量为0.1%～0.2%（占干胶重）；以生胶片为原料，加工生产高、中恒黏子午线轮胎标准橡胶时，应分别在湿胶粒喷淋用量为干胶重的盐酸羟胺恒黏剂0.04%～0.06%及0.08%～0.1%。

⑨ 干燥 胶料在干燥过程中，必须严格执行干燥操作规程，控制干燥温度和干燥时间。

使用浅层多车位自控干燥生产线时，采用的工艺条件见表2.22。当然，必须根据干燥的效果，适当调整干燥技术条件。燃烧机停火后，应继续鼓风30～40min，以冷却胶料及燃烧机。

■ **表2.22 橡胶干燥工艺条件**

原料/产品	温度梯度/℃	总干燥时间/h
生胶片/SCR·CV-RT5	125～115	3.5～4.0
胶团/SCR·CV-RT10	122～112	4.3～4.5
胶园凝胶/SCR·CV-RT20	120～110	4.5～4.6

2.4.3 烟胶片和风干胶片

2.4.3.1 烟胶片

烟胶片（RSS）是天然生胶的传统产品。在标准橡胶出现以前，它是天然生胶最主要的品种。目前仍有生产和市场需求。据统计，需求量在3%左右。其一般的工艺流程如下：

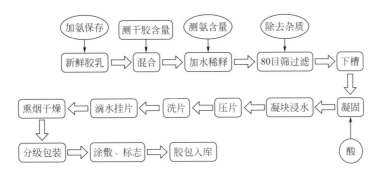

（1）**新鲜胶乳的处理**　胶乳的净化处理一般是在稀释胶乳下槽时用80目筛网（不应少于60目筛）过滤，也可在新鲜胶乳进入混合池前用离心沉降器分离杂质。

新鲜胶乳在加水稀释并搅拌均匀后，应让其静置一段时间，使其中的泥沙之类相对密度大的杂质下沉到混合池的底部。这个过程称为沉降，目的在于除去杂质，提高产品的清洁度。沉降时间的长短主要取决于胶乳的黏度、稀释度和混合池中胶乳的高度，一般为30～40min。在清洁胶乳排出后，池底含有残渣的脏胶乳必须进行再沉降处理，回收部分清洁胶乳，其余部分则作次等胶处理。

（2）**凝固方法和凝固条件**　胶乳的凝固方法依凝固浓度的不同，有稀释胶乳凝固和原胶乳凝固之分，但结果都必须使压出的胶片能适应片状胶干燥的需要。

① **稀释胶乳凝固法**　一般用各种形式的凝固槽凝固，用隔板分隔凝块，凝块经一定时间熟化后再压片。

凝固浓度（指干胶含量，下同）一般控制在14%～18%范围，具体应根据气温和熟化时间而定。在夏季或隔天压片，可用14%～16%；冬季或当天压片可用16%～18%。凝固浓度确定后，相应的稀释浓度便可根据凝固时加入的酸水量计算出来，通常稀释浓度约比凝固浓度高1.5%～2%。

凝固适宜用酸量也应根据季节和凝块熟化时间来决定，夏天或隔天压片时低些，冬天或当天压片时高些；用乙酸作凝固剂时，凝固适宜用酸量（对干胶重）控制在0.5%～0.8%；用甲酸时为0.3%～0.5%。中和用酸则根据胶乳氨含量另计。如以pH值控制凝固，则一般控制范围为pH=4.5～5.0。

槽中胶乳的凝固高度决定了凝块的宽度，但因受压片机辊筒长度的限制，一般取24～26cm。凝块厚度（即隔板间的距离）一般为3～4cm。

② **原胶乳凝固**　原胶乳如用凝固槽凝固，难于制得符合干燥要求的胶片。生产上使用原胶乳凝固有两种方法，一种是用圆柱形凝固桶凝固，制得的圆柱形凝块用锯片机切割成连续的薄片再经压片机压片；另一种是用凝固带连续凝固；通过控制胶乳和凝固剂的流量使带上的凝块具有合适的厚度和软硬度，再经压片机压片。

（3）**压片和挂片**

① **压片**　凝块在压片前的含水量为350%～500%（对干胶），因此十分松软，

容易变形或断裂。经机械滚压脱水后，其含水量一般可降至60%左右。压片不但使干燥过程排水量大为减少，而且胶片的强度大为增加，便于挂片；此外，在滚压过程中，凝块中所含的残酸和部分非橡胶物质随同乳清排出，也能使其含量降低，有利于保证产品质量。胶片厚度是影响胶片干燥的主要因素。胶片越薄，干燥后期越利于水分的扩散，可显著缩短干燥时间。压片前的凝块厚度一般为2.5～3.5cm，压片后其厚度减至2.0～3.0mm；长、宽相应增加了85%～90%、61%～65%。为便于表面水分的蒸发以及内部水分向外扩散，一般都将湿胶片的表面压成棱形花纹，以增加有效干燥表面积，缩短干燥时间。

② 挂片和滴水　挂胶竿的中心距离通常为7.5～9cm，每层可放挂胶竿32～37根，每根挂胶竿可挂5～6张胶片，每部胶车的容量为0.5～0.6t干胶，由底盘、车轮和挂车架等组成，其尺寸大小可设计为长、宽和高均为280～285cm。挂胶架共分五层，用角钢焊接而成，供承放挂胶竿用。

由压片机压出的胶片经漂洗后逐片挂到竹竿上，从胶车顶层开始逐层挂满全车。挂片要求胶片不重叠、不粘连、整齐稳当。胶车的两端要挂满而不留空位，以增加胶车容量并防止烟气偏流。

由于烟房内上层和下层之间通常有5～7℃的温差，挂片时一般应上层稍密，下层稍疏，特别在不满车时更应如此。此外，坏胶乳、雨冲胶等制得的胶片应挂在胶车的下层。

刚压出的胶片由于机械力作用的消除而慢慢收缩，并将其中部分乳清挤出，产生所谓"滴水"现象。因此刚挂满胶片的胶车不应立即移入烟房，而应放在阴凉通风处让其滴水，以免将水分带入烟房，增加烟房的湿度和燃料的消耗。滴水时间不宜过长，一般2～4h即可。阳光能促进橡胶氧化而降低质量，滴水期间应严防胶片曝晒。

（4）胶片的干燥

① 滴水和初期熏烟　湿胶片停止滴水后，应即刻移入烟房熏烟。由于烟房内温度较高，胶片会重新滴水而增加烟房内的湿度。所以，初期熏烟最好在单独的烟房（即预热烟房）内进行，以免影响其他胶片的干燥，也便于控制温度。预热烟房要求地面排水良好，使胶片滴下的水分能迅速排出，不致在烟房内汽化，消耗热量。预热烟房的温度一般应控制在48～50℃，通风口应适当打开，增加空气流动，排出湿气。胶片一般在预热烟房停留1天后再移入正式烟房。

② 晾、烟结合方法　晾、烟结合的干燥方法是一种节省木柴的好方法。胶片滴水后移入预热烟房，在50℃左右温度下熏烟3～4h，然后移到晾棚晾干1.5～2天，最后移入正式烟房76℃以下熏烟1～2天，使胶片干透。采用此法比单纯熏烟的，可节省木柴25%左右。

晾干时间要根据气候条件灵活掌握，晴天多晾少烟，阴雨天少晾或不晾直接进行烟干。

③ 烟干　胶片熏烟时要控制烟房的温度、湿度和通风。先放在冷端，然后

逐天往热端推移。烟房热端的温度控制在75℃以下。温度过高会促进橡胶的氧化，引起胶片发黏、起泡而降低质量。

④ 熏烟、电烘结合方法　湿胶片在预热烟房中45～50℃下熏烟1天，使胶片吸收木柴的烟分以防霉。然后移入电干燥房，在60℃的温度下干燥2天。

目前所用的电干燥房是在原有烟房的烟道上装设若干组电热丝加热空气使胶片干燥。为使房内空气流通和温度分布均匀，可根据干燥房长短安装适量的通风机。

烟房是胶片干燥的主要场所，其设计是否合理，管理是否妥当，对产品质量和木柴消耗都有重大的影响。洞道式烟房具有结构简单、操作方便、木柴消耗较少等优点，是目前生产烟胶片普遍采用的烟房形式。

烟房应建在地下水位低的地方。如果地下水位过高，增加湿度，影响胶片的干燥。烟房的宽度一般为3m，比挂胶车略宽，长度视需要而定，一般不少于4部车，但不多于12部车。烟房的墙壁一般用双隅砖砌成空心墙（留2～3cm的空气层）。内外表面用水泥批挡。门采用质轻而不易变形的杉木，在两层木板中间填上锯屑保温，外面加钉一层薄铁皮。烟房的屋顶一般采用单层混凝土拱或砖拱，屋顶与挂胶车之间留有适当距离（一般为60～70cm）。烟房内的地面用混凝土浇成。预热烟房的地面应由中间向两侧倾斜，靠墙壁处设排水沟，以使胶片滴下的水分能尽快排出烟房。炉灶的设计要求木柴不能完全燃烧（即闷烧），以保证干燥过程需要的热量和烟量。

烟道是烟气流通的道路，烟道的形式有如下两种：一种是在靠近热端横方向设一条连接火炉的主烟道，另一种烟道形式是在烟房中纵贯全长设一条主烟道，其一端与炉颈相接。烟道中的烟气经出烟口而流入烟房。出烟口要分布均匀，一般在每部挂胶车位置的中心和四角各设1个出烟口。

2.4.3.2　风干胶片

风干胶片生产工艺与烟胶片有许多相同之处，其区别在于：一是胶乳凝固时除加酸以外还加入适量的氯化亚锡；二是胶片的干燥采用自然风干和热干燥相结合的方法。

风干胶片生产的工艺流程如下：

（1）氯化亚锡的作用和使用方法　氯化亚锡能防止橡胶氧化变色，具有催干作用，加速凝固作用。氯化亚锡用量（以干胶计，下同）一般为0.15%～0.20%，通常配成浓度15%～20%的溶液备用。配制时加少许酸使其保持酸性，以抑制水解。氯化亚锡晶体和溶液具有较强的腐蚀性。使用时应注意：使用木质、玻璃或陶瓷等容器；操作时宜带上防护手套；与氯化亚锡溶液接触过的生产

设备及工具，使用后必须立即清洗干净。

（2）胶乳凝固条件　凝固浓度控制在13%～17%。通常加酸后4min左右即凝固完全，但冬季则要8～10min甚至更长。初开割及割胶后期所得的胶片较难干燥，可适当降低凝固浓度。氯化亚锡会降低胶乳的凝固pH值，生产风干胶片时，一般将凝固pH值控制在4.8～5.0，用酸量在0.5%～0.65%之间。加入氯化亚锡的胶乳，其凝固速率比烟胶片的快得多，故不宜搅拌过久，插放隔板要迅速。一般插隔板后8～10min，便可起隔板。因此，隔板可轮换使用，可节省隔板和设备费用。

（3）风干胶片的干燥　胶片的干燥采用自然风干和热干燥相结合的方法。

① 自然风干　压片机压出的胶片先挂在挂胶车上滴水，然后移至晾干房晾干。在晴天高温的季节里，胶片的晾干速率很快，一般经2～3天，3.5mm厚胶片的水分含量可降至3%左右。但在低温、潮湿季节，特别是相对湿度在80%以上时，胶片的晾干速率很慢，而且在短时间内，胶片便会发霉，表面滑腻，并且出现红、黄、黑等颜色的霉斑，也容易产生胶锈，使胶片干燥后呈现褐色。为了防止胶片发霉，保证胶片质量，遇到这种天气时，胶片不宜留在晾片房，而尽快推进干燥房干燥。

在自然风干过程中，加入氯化亚锡的胶片相对不加的胶片干燥较快。在晴朗天气，自然风干24～27h后，含水率可从70%～80%降低到5%。而对照胶片的含水率从60%～70%降低到5%，则需要33～39h。

② 热干燥　干燥房的结构和洞道式烟房相似。不同的是烟气不进入干燥室，而是将热传给烟道上面盖的钢板（通常厚2～3mm），受热的钢板产生热辐射而加热干燥室内的空气，使胶片干燥。

干燥房温度的控制原则与烟胶片生产相同，最高温度不得超过70℃，热干燥的时间由几小时至3天不等，依胶片的晾干程度而异。胶片风干时间与热干燥时间的关系见表2.23。

■ 表2.23　胶片风干时间与热干燥时间的关系

风干时间	1天		2天		3天		4天		5天	
胶片厚度/mm	风干 3.98	对照 3.70	风干 3.85	对照 3.73	风干 3.85	对照 3.80	风干 3.85	对照 3.73	风干 3.87	对照 3.80
65～75℃加热/h	16	23.2	8	13.3	4	10	4	8	4	5
干燥时间比值/%	100	145	100	167	100	250	100	200	100	125

2.4.4　绉胶片

2.4.4.1　褐绉片

褐绉片是用各类杂胶为原料加工而成的表面起绉、褐色片状的生胶产品，其生产工艺流程如下：

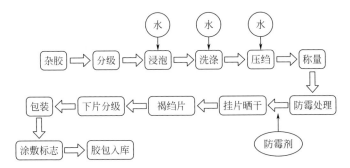

（1）**压绉装备**　压绉一般是用多台绉片机对杂胶进行多次的压炼。由于绉片机两对辊筒的转速不同，使通过辊距的杂胶受到剪切的作用而反复被撕裂和揉搓。压皱的目的在于一方面可使杂胶中残存的杂质得到进一步净化；另一方面使原来质地不匀的杂胶充分混合。此外，经反复压炼而成的绉片，内部结构疏松而表面起绉，可加快干燥速率，缩短干燥时间。

生产褐绉片时一般用绉片机组来完成压绉工序。机组中各单机依其所起的作用不同可分为洗炼机、接合机和整理机。三者的结构基本相同，仅辊筒花纹深度有所区别，故有时又分别称为深纹机、中纹机和光面机。洗炼机通过压炼先使胶料破碎并通过喷水冲掉杂质，然后使零散的杂胶初步撮合黏结成毯状厚片；接合机把洗炼机压出的含有不均匀胶块、表面粗糙、颜色不均匀的毯状厚片进一步压炼均匀，并充分利用辊筒宽度接合成宽而薄的绉片；整理机将接合机压出的绉片进一步压薄并使其表面平整。

机组的排列通常是按洗炼机、接合机、整理机的顺序一字排开，以方便操作。台数则由加工量的大小来决定，对于加工量大的工厂可采用六台绉片机组成机组，如国外引进的PSM14×30型绉片机组，由三台花纹机和三台光面机组成，辊筒直径为400mm，所需动力较大，但产量高，压绉效果也较好。国产ϕ200×600型胶园绉片机组由二台花纹机和一台光面机组成，其结构简单，所需动力较小，台数也少，适用于中小型工厂。

（2）**压绉工艺**

① 加工次序　一般而言，新鲜杂胶容易加工，产品质量也较好，应优先加工；经水中储存的杂胶，进厂后也应尽量安排当日加工；干杂胶，在不影响鲜杂胶加工的前提下尽早处理；干透的胶块，在短期内不易变质，可安排晚些；泥胶，特别是已氧化发黏的泥胶以及各类严重变质的杂胶，应安排在最后甚至是停割后再加工，以免妨碍其他质量好杂胶的及时处理。

② 进料方式　一是单层进料，主要起压薄和撕碎胶块及分散污点的作用；二是双层或三层折叠进料，有填补绉片上的空洞，使质量、颜色均匀化的作用；三是交叉进料，主要起增加绉片宽度的作用。

③压绉次数

a.洗炼　一般为8～12次，先将杂胶滚压破碎，继而碾压成片，然后双层折叠横放进料，最后单层滚压成毯状厚片。

b.接合　一般为6～8次，先将洗炼机压出的毯状厚片单层进料压薄，然后交叉双层折叠滚压，最后单层滚压一次。如压出的绉片不完整，可双层折叠进料滚压1～2次，最后单层滚压成2～3mm的薄绉片。泥胶绉片最后厚度可达4mm，以增加强度，防止干燥过程断裂掉片。

④为使压出绉片的厚度和长度一致，便于挂片和干燥，每次的投料量应尽可能一致，一般为3～6kg干胶，压出绉片长度为6m左右，含水量约为32%。

⑤压绉过程应对胶料大量喷水，以清除杂质和冷却辊筒。

（3）浸片防霉　为了防止绉片在干燥过程中长霉，可将初压出的绉片放入1%亚硫酸氢钠溶液中浸泡1～2h，然后送去干燥房挂片干燥。较厚的绉片，尤其在潮湿季节，干燥极慢，较易长霉，可暂用0.2%～0.3%五氯酚钠水溶液浸片。初压出的绉片在此溶液中浸泡15min后，置于浸片池上面的滴水架上滴水，然后送入干燥房挂片干燥。五氯酚钠有毒，使用时应注意安全，并要防止废水污染水源和农田。

另一种方法是将压出的长绉片，直接通过装有0.1%对硝基酚溶液浸洗池，用卷片机一面缠卷，一面浸泡，然后用推车送去干燥房挂片，使用卷片机操作方便，便于搬运和挂片。对硝基酚本来是较好的防霉剂，但价高、有毒，故制胶厂没有普遍采用。

（4）褐绉片的干燥　褐绉片的干燥多采用自然风干法，也可采用加热干燥或自然风干和加热干燥相结合的方法。

自然风干是将湿绉片挂在自然风干房中，利用流动的空气使其干燥。其特点是设备简单、造价低、管理方便，不消耗燃料；但干燥时间受气候变化的影响很大，特别是低温潮湿季节，绉片难干易长霉。

采用加热干燥的好处是绉片干燥快，基本上不受气候变化的影响。但干燥房的造价高，且需要消耗燃料，成本较高。

2.4.4.2　白绉片

白绉片是以新鲜胶乳为原料，经适当措施改善胶乳颜色后，再经凝固、绉片机压炼、干燥而成的表面带有绉纹的纯白色或浅黄色产品。其主要用途在于制造白色和颜色鲜艳的橡胶制品。根据改善颜色的方法的不同，白绉片生产主要分为全乳凝固法和分级凝固法两种，工艺流程如图2.39所示。

（1）全乳凝固法　此法是将全部新鲜胶乳制成白绉片。它在凝固前的各种处理与制造烟胶片基本相同，而压炼及以后的干燥工序等，则基本上与褐绉片生产相似。

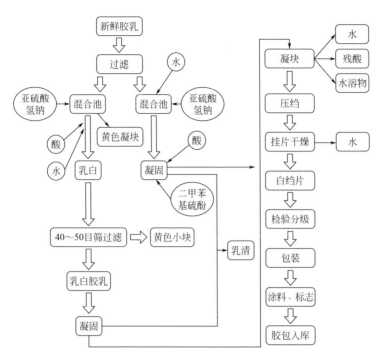

图2.39　白绉片的生产工艺流程示意图

　　用于生产白绉片的新鲜胶乳不宜以氨作保存剂，一般都以亚硫酸钠作保存剂，其用量为胶乳重的0.05%～0.15%。一般将亚硫酸钠配成3%的溶液加入胶乳中，新鲜胶乳进入混合池后应立即进行处理，以防止胶乳进一步变色。处理的方法有两种：一加亚硫酸氢钠；二是加二甲苯基硫酚。亚硫酸氢钠是一种还原剂，可防止胶乳中因酶氧化产生的颜色，但对胶乳中固有的黄色物质并无漂白作用。使用时配成5%的溶液加入量为干胶重的0.5%～0.7%，用量不宜太大，否则不但延缓干燥，且使凝块过硬，不便压炼操作。二甲苯基硫酚本是橡胶的软化剂，但有漂白作用，可漂白胶乳中多种色素物质。一般用量为干胶1.2%～2.5%；相对那些黄色胶乳用量高达2.5%～3.75%。由于它不溶于水，故在加入胶乳前需配成5%的乳浊液，选用0.5份的duponylos为分散剂。

　　凝固剂一般使用甲酸，配成1%溶液，用量为干胶0.25%～0.35%，凝固剂也可使用草酸，配成5%的溶液，用量为干胶的0.5%～0.75%。价格虽较高，但能避免白绉片在储存过程中因胺类物质而引起的变色。将凝固剂加入胶乳时，须边加边搅拌，以促使其分布均匀，然后除去表面泡沫。插入隔板后将剩余的隔板盖于凝固池上，以免外来杂质落入凝固池沾污凝块。凝块不宜过硬，以手能撕碎为度。否则将使压炼产生困难，获得的薄片结构不够均匀。

　　白绉片的压炼，可用4～5台一组的绉片机组进行。压炼方法与压炼杂胶绉片相似，因凝块柔软均匀，又没有污染杂质，故比压炼杂胶绉片容易，压炼次数也较少，只需将凝块压成紧密坚实、绉纹均匀的绉片即可。

干燥最好采用人工加热法,以减少绉片变色和发霉的机会,干燥温度不宜超过35℃。如压炼次数过多或干燥温度太高,绉片颜色容易变暗。

（2）分级凝固法　分级凝固法是将胶乳分阶段凝固的一种方法。首先在胶乳中加少量酸,使部分胶乳凝固。先凝固出来的级分为乳黄,含有胶乳中所存在的全部或大部分黄色物质。剩余未凝固的为乳白,加入足够酸使之凝固,制成纯白色绉片。具体的操作方法如下:

① 在混合池中将新鲜胶乳稀释至干胶含量为25%;

② 按100份干胶加入0.5份亚硫酸氢钠或0.4份偏重亚硫酸氢钠,并搅拌均匀;

③ 再按100份干胶加入0.1份左右的乙酸搅拌均匀;

④ 静置数小时后,胶乳形成黄色凝块(其总量一般为总干胶的15%左右,随胶乳种类和用量不同而异),小心地将它移出,压制成低级褐绉片;

⑤ 将剩下的乳白用40目筛过滤,以除去小的黄色凝块,再按全乳凝固法制成白绉片。为了防止白绉片在储存过程中因胺类物质引起的变色,也用草酸凝固。

分级凝固法制得的白绉片质量较好,但加工时间长,而且只能将胶乳的一部分制成一级白绉片,余下的只能制成低级褐绉片。

压炼和干燥方法与全乳凝固法相同。

2.5　商业三叶橡胶的种类与分级

2.5.1　产品种类和名称

从三叶橡胶树割取的胶乳因收集的条件和方法不同,有新鲜胶乳、胶杯凝胶、自凝胶块、胶线、皮屑胶和泥胶等;又可由不同的加工方法制成各种产品,见表2.24。

■ 表2.24　三叶橡胶树割取的胶乳形成的原料和加工制成的产品种类

在胶园或工厂收集的原料	经制胶厂加工而成的产品种类
新鲜胶乳（田间胶乳）	① 天然生胶　烟胶片、风干胶片、白绉胶片、浅色绉胶片、全乳绉胶片、乳黄绉胶片、纯烟绉胶片、浅色颗粒胶、较高级别颗粒橡胶、恒黏和低黏橡胶、纯化橡胶、散粒橡胶、充油橡胶、环化橡胶、环氧化橡胶、易操作橡胶、接枝橡胶、氯化橡胶、氢氯化橡胶、热塑性天然橡胶、增塑橡胶、炭黑母炼胶、难结晶橡胶、液体天然橡胶以及其他改性天然橡胶等 ② 天然胶乳　离心浓缩天然胶乳、膏化浓缩天然胶乳、蒸发浓缩天然胶乳、电泳法天然胶乳、预硫化胶乳、接枝胶乳以及其他改性成或特制胶乳等
胶杯凝胶	颗粒橡胶、胶园褐绉胶片、薄褐胶绉片（再炼胶）、混合绉胶片和充油橡胶等

续表

在胶园或工厂收集的原料	经制胶厂加工而成的产品种类
自凝胶块	颗粒橡胶、胶园褐绉胶片、薄褐绉胶片、混合绉胶片和充油橡胶等
胶线	较低质量的颗粒橡胶、胶园褐绉胶片、混合绉胶片和充油橡胶等
皮屑胶	硬平树皮绉胶片、再炼胶和标准平树皮绉胶片等
泥胶	标准平树皮绉胶片和硬平树皮绉胶片

2.5.2　标准橡胶

标准橡胶是1965年首先由马来西亚开发成功的，并以 SMR 的名称推广到全世界，故亦称 SMR 胶。它是工厂化大规模生产、采用科学的组分/性能分类标准检测控制的天然橡胶。现在世界上各产胶国（以马来西亚、印度尼西亚、泰国等为主）70%～90%的产量皆是此工艺制造，已经成为天然橡胶主流。以橡胶的杂质含量、灰分、氮含量、挥发分、塑性保持指数、塑性初值等为主要性能作为分级标准，分为恒黏胶、低黏胶、浅色胶、全乳胶、5 号、10 号、20 号、50 号和通用胶共九个等级。凡按该标准分级的橡胶统称为"标准马来西亚橡胶"（SMR）。该分类方法的主要优点是产品根据理化性能分级，而且这些理化性能均可用客观的检验方法测定，质量有保证，因而得到用户的普遍接受。目前已发展成为橡胶国际贸易的标准。标准橡胶的化学组分见表2.25。

■ **表2.25　标准橡胶化学组分**

组分/%	数值	组分/%	数值	组分/%	数值
橡胶	92.4～94.0	丙酮抽出物	2.63～3.21	水溶物	0.15～0.50
蛋白质	3.16～3.38	灰分	0.22～0.30	挥发分	0.44～0.71

标准橡胶主要特征如下：① 质量差异性小，性能比较稳定；② 分子量和门尼黏度均低于烟片胶，通常是其80%～90%。因此一般经过简单塑炼即可，有的甚至可以直接加工使用；③ 硫化速率稍低，门尼焦烧要比烟片胶长 25%～50%，这对轮胎加工非常有利；④ 生胶机械强度低于烟片胶，炭黑增after又高于烟片胶；⑤ 包装合理，标识清楚，易于运输、储存和使用。标准胶主要用于轮胎、胶管、胶鞋、胶布和各种橡胶制品中，尤以轮胎用量最大。

2.5.2.1　马来西亚标准橡胶分级标准

马来西亚于1965年开始执行标准马来西亚橡胶（SMR）计划，制定标准马来西亚橡胶规格并开始生产标准胶。到1970年修订了规格，并分别于1979年和1991年作第二次和第三次修订，其规格分别见表2.26和表2.27。

■ **表2.26** 标准马来西亚橡胶（SMR）规格（1979年1月1日起执行）

项目	SMRCV	SMRLV[2]	SMRL	SMRWF	SMR5	SMRGP	SMR10	SMR20	SMR50
	胶乳				胶片原料	掺和	胶园级原料		
	黏度固定		—			黏度固定			
留在44μm筛网的杂质含量（质量分数）/%	≤0.03	≤0.03	≤0.03	≤0.03	0.05	0.10	0.10	0.20	0.50
灰分（质量分数）/%	≤0.50	≤0.60	≤0.50	≤0.50	0.60	0.75	0.75	1.00	0.60
氮含量[1]（质量分数）/%	≤0.60	≤0.60	≤0.60	≤0.60	0.60	0.60	0.60	0.60	0.60
挥发分（质量分数）/%	≤0.80	≤0.80	≤0.80	≤0.80	0.80	0.80	0.80	0.80	0.80
塑性初值	—	—	≥30	≥30	30	30	30	30	30
塑性保持率/%	≥60	≥60	≥60	≥60	60	50	50	40	30
拉维邦颜色限度	—	—	≤6.0	—	—	—	—	—	—
门尼黏度 $ML_{1+4}^{100℃}$	—[3]	—[4]					—[5]		
硫化	R[6]	R[6]	R[6]	R[6]	—	R[6]	—	—	—
标志颜色[7]	黑	黑	淡青	淡青	淡青	蓝	褐	红	黄
塑料包装颜色	透明	透明	透明	透明	透明	透明	透明	透明	透明
塑料袋颜色	橙	深红	透明	白色不透明	白色不透明	白色不透明	白色不透明	白色不透明	白色不透明

① 根据ISO检查方法检验。

② 含4份轻质非污染性的矿物油，生产者控制丙酮抽出物为6%～8%（质量份）。

③ 共有3个副级，即SMR CV50、CV60和CV70。生产者控制门尼黏度限度分别为：45～55、55～65和65～75。

④ 只有1个SMRLV50等级，生产者控制门尼黏度限度为45～55。

⑤ 生产者控制门尼黏度为58～72。

⑥ 提供硫化仪曲线图作为硫化的参考资料。

⑦ 印在胶包识别带上的颜色。

注：1.所使用的橡胶原料及其所制成的各等级的橡胶：

2.用胶乳为原料制成恒黏胶（CV）、低黏胶（LV）、浅色（L）和全胶乳（WF）四个级别的标准橡胶；用烟胶片、风干胶片或未熏烟胶片为原料制成5号标准橡胶；用胶乳橡胶与田间凝块按一定比例掺和制成通用级（GP）标准橡胶；用田间凝块制成10号、20号和50号标准橡胶。

■ **表2.27**　SMR规格（从1991年10月1日起强制实施）

参　数		SMR CV60	SMR CV50	SMR L	SMR 5[1]	SMR GP	SMR 10CV	SMR 10	SMR 20CV	SMR 20
		胶乳			胶片	混合胶	杂胶			
留在44μm筛网的杂质含量（质量分数）/%		≤0.02	≤0.02	≤0.02	≤0.05	≤0.08	≤0.08	≤0.08	≤0.16	≤0.16
灰分（质量分数）/%		≤0.50	≤0.50	≤0.50	≤0.60	≤0.75	≤0.75	≤0.75	≤1.00	≤1.00
氮含量（质量分数）/%		≤0.60	≤0.60	≤0.60	≤0.60	≤0.60	≤0.60	≤0.60	≤0.60	≤0.60
挥发分（质量分数）/%		≤0.80	≤0.80	≤0.80	≤0.80	≤0.80	≤0.80	≤0.80	≤0.80	≤0.80
快速华莱士可塑度（P_0）		—	—	35	30	—	—	30	—	30
抗氧指数（PRI）/%		60	60	60	60	50	50	50	40	40
拉维邦颜色	单个值	—	—	≤6.0	—	—	—	—	—	—
	范围	—	—	≤2.0	—	—	—	—	—	—
门尼黏度$ML_{1+4}^{100℃}$		60±5	50±5	—	—	60±7	②	—	③	—
硫化特性④		R	R	R	—	R	R	—	R	—
等级标志颜色		黑色	黑色	淡绿	淡绿	蓝色	深红	褐色	黄色	红色
塑料包装颜色		透明	透明	透明	透明	透明	透明	透明	透明	透明
塑料袋颜色		橙色	橙色	透明	乳白	乳白	乳白	乳白	乳白	乳白

① SMR5的两个副级是SMR 5RSS和SMR 5ADS，分别用烟胶片和风干胶片直接打包制备的。

② 附加的对生产者限制和有关的控制，也是马来西亚橡胶研究院施加的，以提供更多的额外保证。

③ 目前，SMR 10CV和SMR 20CV在没有技术规格的情况下，生产者的最终产品SMR 10CV的门尼黏度控制在60（+7，-5），而SMR 20CV则控制在65（+7，-5）。

④ 提供流变图和硫化检验数据（Δ转矩，最优硫化时间和焦烧）。

2.5.2.2　我国标准橡胶分级标准

1965年马来西亚橡胶研究院首先提出了"标准马来西亚橡胶"分级方案，并于1979年正式规定了新的修正方案。各主要产胶国都参照其标准先后制订出本国的标准橡胶分级方案。我国也已于1976年制订了《国产标准橡胶暂行标准》，1987年规定了《国产标准橡胶的规格》（GB/T 8081—1987），并于1999年颁布了新的国家标准《天然生胶 标准橡胶规格》（GB/T8081—1999，eqv ISO 2000：1999），用于代替GB/T 8081—1987。而后2008年、2012年先后颁布了新的国家标准《天然生胶标准橡胶规格》，用于代替以前的标准。此外，近年来还对某些特种天然生胶制定了行业或企业标准，参见表2.28～表2.32。

■ **表2.28** GB/T 8081—2008 天然生胶 技术分级橡胶（TSR）的技术要求

性能	5号胶（SCR 5）	10号胶（SCR 10）	20号胶（SCR 20）	10号恒黏胶（SCR 10CV）	20号恒黏胶（SCR 20CV）	恒黏黏（SCR CV）	浅色胶（SCR L）	全乳胶（SCR WF）	试验方法
颜色标志，色泽	绿	褐	红	褐	红	绿	绿	绿	
留在45μm筛上的杂质（质量分数）/%	≤0.05	≤0.10	≤0.20	≤0.10	≤0.20	≤0.05	≤0.05	≤0.05	GB/T 8086
灰分（质量分数）/%	≤0.6	≤0.75	≤1.0	≤0.75	≤1.0	≤0.5	≤0.5	≤0.5	GB/T 4498
氮含量（质量分数）/%	≤0.6	≤0.6	≤0.6	≤0.6	≤0.6	≤0.6	≤0.6	≤0.6	GB/T 8088
挥发分（质量分数）/%	0.8	0.8	0.8	0.8	0.8	0.8	0.8	0.8	ISO 248烘箱法，105℃±5℃
塑性初值	30	30	30	—	—	—	30	30	GB/T 3510
塑性保持率/%	60	50	40	50	40	60	60	60	GB/T 3517
拉维邦颜色指数	—	—	—	—	—	—	≤6	—	GB/T 14796
门尼黏度 $ML_{1+4}^{100℃}$	(60±5)[①]	—	—	[②]	[②]	(60±5)[①]	—	—	GB/T 1232.1

① 有关各方也可同意采用另外的黏度值。

② 没有规定这些级别的黏度，因为这会随着例如储存时间和处理方式而变化，但一般是由生产方将黏度控制在65（+7，−5）。有关各方也可同意采用另外的黏度值。

■ **表2.29** 海南天然橡胶产业集团股份有限公司企业标准Q/HJJG 01—2006
《天然生胶 20号子午线轮胎标准橡胶规格》的技术要求

性能	极限值	试验方法
留在45μm筛网上的杂质含量（质量分数）/%	≤0.20	GB/T 8086
塑性初值[①]	≥30	GB/T 3510
塑性保持率/%	≥45	GB/T 3517
氮含量（质量分数）/%	≤0.6	GB/T 8088
挥发分（质量分数）/%	≤0.8	GB/T 6737
灰分（质量分数）/%	≤1.0	GB/T 4498
门尼黏度 $ML_{1+4}^{100℃}$	83±10	GB/T 1232.1
硫化胶拉伸强度[②]/MPa	≥19.6	GB/T 528

① 交货时塑性初值不大于48。

② 进行拉伸性能试验的硫化胶使用GB/T 15340—1994附录A中规定的ACS 1纯胶配方（橡胶100.00份、氧化锌6.00份、硫黄3.50份、硬脂酸0.50份、促进剂M 0.50份）、硫化条件（140℃×20min、30min、40min）和混炼程序，使用GB/T528规定的1号裁刀。

■ **表2.30** 农业行业标准NY/T 459—2001《天然生胶 子午线轮胎标准橡胶规格》的技术要求

性能	各级子午线轮胎橡胶的极限值		检验方法
	一级（SCR RT1）	二级（SCR RT2）	
杂质含量（质量分数）/%	≤0.05	≤0.10	GB/T 8086
塑性初值[①]	≥36	≥36	GB/T 3510
塑性保持率/%	≥60	≥50	GB/T 3517
氮含量（质量分数）/%	≤0.6	≤0.6	GB/T 8088
挥发分（质量分数）/%	≤0.8	≤0.8	GB/T 6737
灰分（质量分数）/%	≤0.6	≤0.75	GB/T 4498
丙酮抽出物含量[②]/（mg/kg）	≤（2.0～3.5）	≤（2.0～3.5）	GB/T 4498
门尼黏度$ML_{1+4}^{100℃}$	83±10	83±10	GB/T 1232
硫化胶拉伸强度[③]/MPa	≥21.0	≥20.0	GB/T 528

① 交货时塑性初值不大于48。

② 为非强制性项目。

③ 硫化胶拉伸强度的测定使用GB/T 15340—1994附录A中规定的ACS 1纯胶配方（质量份）：橡胶100.00份、氧化锌6.00份、硫黄3.50份、硬脂酸0.50份、促进剂M 0.50份、硫化条件（140℃×20min、30min、40min、60min）和混炼程序，使用GB/T528规定的1号裁刀。

■ **表2.31** 农业行业标准NY/T 459—2011《天然生胶 子午线轮胎标准橡胶规格》的技术要求

性能	各级子午线轮胎橡胶的极限值			试验方法
	5号（SCR RT 5）	10号（SCR RT 10）	20号（SCR RT 20）	
颜色标志，色泽	绿	褐	红	
留在45μm筛网上的杂质含量（质量分数）/%	≤0.05	≤0.10	≤0.20	GB/T 8086
塑性初值[①]	≥36	≥36	≥36	GB/T 3510
塑性保持率/%	≥60	≥50	≥40	GB/T 3517
氮含量（质量分数）/%	≤0.6	≤0.6	≤0.6	GB/T 8088
挥发分（质量分数）/%	≤0.8	≤0.8	≤0.8	GB/T 24131（烘箱法105℃±5℃）
灰分（质量分数）/%	≤0.6	≤0.75	≤1.0	GB/T 4498
丙酮抽出物含量/（mg/kg）	≤（2.0～3.5）	≤（2.0～3.5）	≤（2.0～3.5）	GB/T 3516
门尼黏度[②]$ML_{1+4}^{100℃}$	83±10	83±10	83±10	GB/T 1232.1
硫化胶拉伸强度[③]/MPa	≥21.0	≥20.0	≥20.0	GB/T 528

① 交货时塑性初值不大于48。

② 有关各方也同意采用另外的黏度值。

③ 进行拉伸试验的硫化胶使用NY/T 1403—2007表中规定的ACS 1纯胶配方（质量份）：橡胶100.00份、氧化锌6.00份、硫黄3.50份、硬脂酸0.50份、促进剂MBT 0.50份、硫化条件140℃×20min、30min、40min、60min。

■ 表2.32　农业行业标准NY/T 733—2003《天然生胶　航空轮胎标准橡胶规格》的技术要求

性能	限值	试验方法
杂质含量（质量分数）/%	≤0.05	GB/T 8086
塑性初值[①]		GB/T 3510
塑性保持率/%	≥60	
氮含量（质量分数）/%	≤0.5	GB/T 8088
挥发分（质量分数）/%	≤0.8	GB/T 6737
灰分（质量分数）/%	≤0.6	GB/T 4498
丙酮抽出物含量[②]/（mg/kg）	≤3.5	GB/T 3516
铜含量[②]/（mg/kg）	≤8	GB/T 7043.2
锰含量[②]/（mg/kg）	≤10	GB/T 13248
门尼黏度$ML_{1+4}^{100℃}$	83±10	GB/T 1232
硫化胶拉伸强度[③]/MPa	≥21.0	GB/T 528
硫化胶扯断伸长率[③]/%	≥800	GB/T 528

① 交货时塑性初值不大于48。

② 丙酮抽出物含量、铜含量、锰含量为非强制性项目。

③ 硫化胶拉伸强度的测定使用GB/T 15340—1994附录A中规定的ACS 1纯胶配方（质量份）：橡胶100.00份、氧化锌6.00份、硫黄3.50份、硬脂酸0.50份、促进剂M 0.50份、硫化条件140℃×20min、30min、40min、60min及混炼程序，使用GB/T528规定的1号裁刀。

注：按本标准供应航空轮胎标准橡胶，不得含有胶清橡胶。

2.5.2.3　其他国家标准橡胶分级标准

印尼标准橡胶（SIR）规格，由1989年1月起执行。其中，CV为恒黏标准胶，L为浅色标准胶，WF为全乳级标准胶。在恒黏标准胶中有三个次级，分别为CV50、CV60和CV70，其门尼黏度的范围为46～55、56～65和66～75.5、10和20则分别为5号标准胶、10号标准胶和20号标准胶，这是根据其杂质含量的最高值来命名的。印尼标准橡胶（SIR）规格见表2.33。

■ 表2.33　印尼标准橡胶（SIR）规格（由1989年1月起执行）

项目	胶乳			胶乳/凝块	胶园凝块		试验方法
	SIR3CV	SIR3L	SIR3WF	SIR5	SIR10	SIR20	
杂质含量（质量分数）/%	≤0.03	≤0.03	≤0.03	≤0.05	≤0.10	≤0.20	ISO249
灰分（质量分数）/%	≤0.50	≤0.50	≤0.50	≤0.50	≤0.75	≤1.00	ISO247
挥发分（质量分数）/%	≤0.80	≤0.80	≤0.80	≤0.80	≤0.80	≤0.80	ISO244
氮含量（质量分数）/%	≤0.60	≤0.60	≤0.60	≤0.60	≤0.60	≤0.60	ISO1656

续表

项目	胶乳			胶乳/凝块	胶园凝块		试验方法
	SIR3CV	SIR3L	SIR3WF	SIR5	SIR10	SIR20	
塑性初值	≥30	≥30	≥30	≥30	≥30	≥30	ISO2007
塑性保持率/%	≥60	≥75	≥75	≥70	≥60	≥50	ISO2930
拉维邦颜色指数	—	≤6.0	—	—	—	—	ISO4660
门尼黏度$ML_{1+4}^{100℃}$	①	—	—	—	—	—	ISO289
加速储存硬化试验ΔP	≤8	—	—	—	—	—	RRIM
硫化②	—	—	—	—	—	—	ISO667

① 次级标记，门尼黏度范围CV50为46～55，CV60为56～65，CV70为66～75。
② 硫化特性根据需要提供。

泰国标准橡胶（TTR）规格，见表2.34。

■ **表2.34**　泰国标准橡胶（TTR）规格

性能	TTR5L[1]	TTR5[1]	TTR10	TTR20	TTR50
留在44μm筛网的杂质（质量分数）/%	≤0.05	≤0.05	≤0.10	≤0.20	≤0.50
灰分（质量分数）/%	≤0.60	≤0.60	≤0.75	≤1.00	≤1.50
氮含量（质量分数）/%	≤0.65	≤0.65	≤0.65	≤0.65	≤0.65
挥发分（质量分数）/%	≤1.00	≤1.00	≤1.00	≤1.00	≤1.00
塑性保持率/%	≥60	≥60	≥50	≥40	≥30
塑性初值	≥30	≥30	≥30	≥30	≥30
拉维邦颜色限度	≤6.0	—	—	—	—
级别标志颜色	浅绿	浅绿	褐	红	黄
塑料包装袋颜色	透明	透明	透明	透明	透明
塑料袋颜色	透明	白色不透明	白色不透明	白色不透明	白色不透明

① 只限用胶乳凝块。

印度标准橡胶（ISNR）规格，见表2.35。

■ **表2.35**　印度标准橡胶（ISNR）规格（1974年生效）

性能	专用5号	5号	10号	20号	50号
杂质含量（质量分数）/%	≤0.05	≤0.05	≤0.10	≤0.20	≤0.50
挥发分（质量分数）/%	≤1.00	≤1.00	≤1.00	≤1.00	≤1.00
灰分（质量分数）/%	≤0.60	≤0.60	≤0.75	≤1.00	≤1.50
氮含量（质量分数）/%	≤0.70	≤0.70	≤0.70	≤0.70	≤0.70
塑性初值	≥30	≥30	≥30	≥30	≥30
塑性保持率/%	≥80	≥60	≥50	≥40	≥30

新加坡标准橡胶（SSR）规格见表2.36。

■ 表2.36 新加坡标准橡胶（SSR）规格

性能	Hoto Rubber Processing PTELTD			
	SSR 5[①]	SSR 10	SSR 20	SSR 50
杂质含量（44μm筛孔）/%	≤0.05	≤0.10	≤0.20	≤0.50
灰分/%	≤0.60	≤0.75	≤1.00	≤1.50
挥发分/%	≤0.80	≤0.80	≤0.80	≤0.80
氮含量/%	≤0.60	≤0.60	≤0.60	≤0.60
塑性初值	≥30	≥30	≥30	≥30
塑性保持率/%	≥60	≥50	≥40	≥30
标志颜色	浅绿	褐	红	黄

① 由胶乳片材料制成。

美国标准橡胶（ASTM）规格见表2.37。

■ 表2.37 美国标准橡胶（ASTM）规格（D2227—80）

性能	天然橡胶等级			
	等级5	等级10	等级20	等级50
留在45μm筛网上的杂质含量（质量分数）/%	≤0.05	≤0.100	≤0.200	≤0.500
灰分（质量分数）/%	≤0.60	≤0.75	≤1.0	≤1.5
铜/%	≤0.0008	≤0.0008	≤0.0008	≤0.0008
锰/%	≤0.0010	≤0.0012	≤0.0008	≤0.0008
挥发分（质量分数）/%	≤0.80	≤0.80	≤0.80	≤0.80
氮含量（质量分数）/%	≤0.60	≤0.60	≤0.60	≤0.60
	≥0.25	≥0.25	≥0.25	≥0.25
塑性初值	≥40	≥40	≥35	≥30
塑性保持率/%	≥60	≥50	≥40	≥30

英国标准橡胶（BS）规格见表2.38。

■ 表2.38 英国标准橡胶（BS）规格（4396：1976）

性能	各级橡胶的极限值						检验方法
	2L	5	5L	10	20	50	
留在45μm筛网上的杂质含量（质量分数）/%	≤0.02	≤0.05	≤0.05	≤0.10	≤0.20	≤0.50	BS1673：Part2
塑性保持率/%	≥60	≥60	≥60	≥50	≥40	≥30	BS1673：Part3

续表

性能	各级橡胶的极限值						检验方法
	2L	5	5L	10	20	50	
快速塑性	≥30	≥30	≥30	≥30	≥30	30	BS1673：Part3
挥发分（质量分数）/%	≤1.00	≤1.00	≤1.00	≤1.00	≤1.00	≤1.00	BS1673：Part2
氮含量（质量分数）/%	≤0.60	≤0.60	≤0.60	≤0.60	≤0.60	≤0.60	BS1673：Part2
灰分（质量分数）/%	≤0.60	≤0.60	≤0.60	≤0.75	≤1.00	≤1.50	BS1673：Part2
拉维邦颜色指数	≤6	—	≤6	—	—	—	

注：L表示浅色标准胶。

2.5.3 天然橡胶烟片胶和绉片胶分级

天然橡胶烟片胶和绉片胶（ribbed smoked sheets &crepes，RSS）是由三叶橡胶树上流下的白色乳浆经凝固、压片、干燥得到。用烟熏干燥而成的称为烟片胶；不经烟熏，加入催干剂用空气干燥而成的称为风干胶（ADS，air dried sheets）。风干胶颜色较浅，可以制造浅色及艳色橡胶制品。烟片胶的化学组成见表2.39。

■ **表2.39 烟片胶化学组成**

组分/%	数值	组分/%	数值	组分/%	数值
橡胶	91.68～96.51	丙酮抽出物	1.25～4.10	水溶物	0.06～0.23
蛋白质	2.07～3.84	灰分	0.09～0.41	挥发分	0.20～0.74

烟片胶有如下特性：① 有结晶性，自补强性能好，生胶和配合橡胶的机械强度较高；② 分子量大、门尼黏度高，需经塑炼才能应用；③ 非橡胶成分多且变化较大（4%～10%），因此品质均一性较差；硫化时间长短不同、不易掌握；物理机械性能差异较大；④ 滞后损失小，耐屈挠疲劳性能较好。

烟片胶是天然生胶中有代表性的品种，产量和耗量较大，因生产设备比较简单，适用于小胶园生产。由于烟片胶是以新鲜胶乳为原料，并且在熏烟干燥时，烟气中含有的一些有机酸和酚类物质，对橡胶具有防腐和防老化的作用，因此使烟片胶的综合性能好、保存期较长，是天然橡胶中物理机械性能最好的品种，可用来制造轮胎及其他橡胶制品。烟片胶制造时耗用大量木材，生产周期长，成本较高。

2.5.3.1 天然橡胶烟胶片和绉胶片外观分级

按GB/T 8089—2007《天然生胶 烟胶片、白绉胶片和浅色绉胶片》的适用范围和技术要求，烟片胶根据其外观要求可以分为：

① 一级烟胶片（No.1 RSS） 胶片应干燥、清洁、强韧、坚实，应无缺陷、树脂状物质（胶锈）、火泡、砂砾、污秽包装和任何其他外来物质。但允许有实物标准样本所示程度的轻微分散的屑点和分散的针头大小的小气泡。

每个胶包在包装时必须无霉，但允许在交货时发现包皮上或者在包皮与胶包表面连接处有极轻微的干霉痕迹，但未渗入到胶包内部。拉维邦色泽应小于或等于6.0。

不应有氧化斑点或条痕、胶块、分级剪下的不合格的碎胶撇泡胶、弱胶、过热胶、熏烟过度胶、夹生胶、返生胶、无花纹不透明和烧焦胶片及其他杂质。

② 二级烟胶片（No.2 RSS） 胶片应干燥、清洁、强韧、坚实，且应无缺陷、火泡、砂砾、污秽和下述规定允许之外的其他任何外来物质。

交货时允许有轻微的胶锈，在包皮上、胶包表面和内部胶片允许有少量的干霉。如果胶包上出现有显著程度的胶锈或干霉者，其胶包数不应超过抽样胶包数的5%。拉维邦色泽应小于或等于6.0。

允许有实物标准样本所示程度的针头大小的小气泡和微小的树皮屑点。

不应有氧化斑点或条痕、胶块、分级剪下的不合格的碎胶、撇泡胶、弱胶、过热胶、烟熏过度胶、夹生胶、返生胶、无花纹不透明和烧焦胶片及其他杂质。

③ 三级烟胶片（No.3 RSS） 胶片应干燥、强韧，且应无缺陷、火泡、砂砾、污秽和下述规定允许之外的其他外来物质。

交货时允许有轻微的胶锈，在包皮上、胶包表面和内部胶片允许有少量的干霉。如果胶包上出现有显著程度的胶锈或干霉者，其胶包数不应超过抽样胶包数的10%。

允许有实物标准样本所示程度的针头大小的小气泡和微小的树皮屑点。

不应有氧化斑点或条痕、胶块、分级剪下的不合格的碎胶、撇泡胶、弱胶、过热胶、烟熏过度胶、夹生胶、返生胶、无花纹不透明和烧焦胶片及其他杂质。

④ 四级烟胶片（No.4 RSS） 胶片应干燥、强韧，且应无缺陷、火泡、砂砾、污秽和下述规定允许之外的其他外来物质。

交货时允许有轻微的胶锈，在包皮上、胶包表面和内部胶片允许有少量的干霉。如果胶包上出现有显著程度的胶锈或干霉者，其胶包数不应超过抽样胶包数的20%。

允许有实物标准样本所示程度的数量和大小的中等树皮颗粒、气泡、半透明的斑点、轻度发黏和轻度的烟熏过度橡胶。

不应有氧化斑点或条痕、弱胶、过热胶、烟熏不透胶、烟熏过度胶和烧焦胶片。

⑤ 五级烟胶片（No.5 RSS） 胶片应干燥、坚实，且应无火泡、砂砾、污秽和下述规定允许之外的其他外来物质。

交货时允许有轻微的胶锈，在包皮上、胶包表面和内部胶片有少量的干霉。如果胶包上出现有显著程度的胶锈或干霉者，其胶包数不应超过抽样胶包数的30%。

允许有实物标准样本所示程度的数量和大小的中等树皮颗粒、气泡和小火泡、斑点、烟熏过度胶和缺陷。允许有轻度的烟熏不透胶。

不应有氧化斑点或条痕、弱胶、过热胶和烧焦胶片。

⑥ 等外级烟胶片　不符合上述④、⑤ 等级外观要求，胶包内混有比五级要求中的中等树皮还大的大树皮颗粒、大量干霉的烟胶片，视为等外级烟胶片。

白绉胶片和浅色绉胶片根据其外观要求可以分为：

① 特一级薄白绉胶片　胶片应色泽白而且均匀、干燥、坚实。拉维邦色泽应小于或等于1.0。

不应有任何原因所引起的变色、酸臭味、灰尘、屑点、砂砾或其他外来物质、油污或其他污迹、氧化或过热的迹象。

② 一级薄白绉胶片　胶片应色泽白，干燥、坚实。允许有极轻微的色泽深浅的差异。拉维邦色泽应小于或等于2.0。

不应有任何原因所引起的变色、酸臭味、灰尘、屑点、砂砾或其他外来的物质、油污或其他污迹、氧化或过热的迹象。

③ 特一级薄浅色绉胶片　胶片应色泽很浅，而且均匀、干燥、坚实。拉维邦色泽应小于或等于2.0。

不应有任何原因所引起的变色、酸臭味、灰尘、屑点、砂砾或其他外来物质、油污或其他污迹、氧化或过热的迹象。

④ 一级薄浅色绉胶片　胶片应色泽浅、干燥、坚实。允许有极轻微的色泽深浅的差异。拉维邦色泽应小于或等于3.0。

不应有任何原因所引起的变色、酸臭味、灰尘、屑点、砂砾或其他外来物质、油污或其他污迹、氧化或过热的迹象。

⑤ 二级薄浅色绉胶片　胶片应干燥、坚实。色泽略深于一级薄浅色绉胶片。允许有轻微的色泽深浅的差异。拉维邦色泽应小于或等于4.0。

允许有样本所示程度的带有斑迹和条痕的橡胶，一旦在被检验的胶包中，这种胶包的个数不得超过检验包数的10%。

除上述可允许者外，不应有任何原因所引起的变色、灰尘、屑点。砂砾或其他外来物质、油污或其他污迹、氧化或过热的迹象。

⑥ 三级薄浅色绉胶片　胶片应色泽淡黄、干燥、坚实。允许有色泽深浅的差异，拉维邦色泽应小于或等于5.0。

允许有样品所示程度的带有斑迹和条痕的橡胶，但在被检验的胶包中，这种胶包的个数不得超过检验胶包数的20%。

除上述可允许者外。不应有任何原因所引起的变色、灰尘、屑点、砂砾或其他外来物质、油污或其他污迹、氧化或过热迹象。

国际上，天然橡胶按照不同的制备方法和外观颜色分级见表2.40。

■ 表2.40　国际天然橡胶品种等级表

品种	等级	原料	颜色
条纹烟片胶 （ribbed smoked sheets）	RSS 1X 号（特一级）	胶乳	浅棕色
	RSS1 号（一级）	胶乳	浅棕色
	RSS2 号（二级）	胶乳	棕色
	RSS3 号（三级）	胶乳	深棕色
	RSS4 号（四级）	胶乳	深棕色
	RSS5 号（五级）	胶乳	深棕色
白绉片胶 （white crepes）	WC 薄片 1X 号（特一级）	胶乳	白色
	WC 厚片 1X 号（特一级）	胶乳	白色
浅绉片胶 （pale crepes）	PC 薄片 1X 号（特一级）	胶乳	浅黄色 ↓ 深黄色
	PC 厚片 1X 号（特一级）	胶乳	
	PC 薄片 1 号（一级）	胶乳	
	PC 厚片 1 号（一级）	胶乳	
	PC 薄片 2 号（二级）	胶乳	
	PC 厚片 2 号（二级）	胶乳	
	PC 薄片 3 号（三级）	胶乳	
	PC 厚片 3 号（三级）	胶乳	
胶园褐绉片胶 （estate brown crepes）	EBC 薄片 1X 号（特一级）	新鲜胶乳、高级胶园杂胶	浅褐色 ↓ 深褐色
	EBC 厚片 1X 号（特一级）		
	EBC 薄片 2X 号（特二级）	杯凝胶、胶园杂胶	
	EBC 厚片 2X 号（特二级）		
	EBC 薄片 3X 号（特三级）		
	EBC 厚片 3X 号（特三级）		
混合周片胶 （compo crepes）	CC1 号（一级）	杯凝胶、胶园杂胶	浅褐色 ↓ 深褐色
	CC2 号（二级）	烟片胶切下的碎胶、湿胶	
	CC3 号（三级）		
薄/厚褐绉片胶 （thin/thick brown crepes）	TBC1 号（一级）	湿胶、自然凝固杂胶	浅褐色 ↓ 深褐色
	TBC2 号（二级）		
	TBC3 号（三级）		
	TBC4 号（四级）		
平树皮绉片胶 （flat bark crepes）	标准树皮 FBC 绉片胶	洗涤压胶丢下的	浓褐色
	硬树皮 FBC 绉片胶	碎胶、泥胶	黑褐色
纯烟毡绉片胶（pure smoked blanket crepes）	PSBC	烟胶切下的碎片	褐色到浓褐色

2.5.3.2 天然橡胶烟胶片和绉胶片物理和化学性能要求

按GB/T 8089—2007《天然生胶 烟胶片、白绉胶片和浅色绉胶片》的适用范围和技术要求，烟胶片、白绉胶片和浅色绉胶片的物理和化学性能规格要求符合表2.41的规定。

■ **表2.41** 烟胶片、白绉胶片和浅色绉胶片的物理和化学性能规格

性能	各级烟胶片的极限值			检验方法
	一级～三级烟胶片、特一级和一级薄白绉胶片、特一级～三级薄浅色绉胶片	四级烟胶片	五级烟胶片	
留在45μm筛上的杂质（质量分数）/%	0.05	0.10	0.20	GB/T 8086
塑性初值（P_0）	≥30	≥30	≥30	GB/T 3510
塑性保持率（PRI）/%	≥60	≥50	≥40	GB/T 3517
氮含量（质量分数）/%	≤0.6	≤0.6	≤0.6	GB/T 8088
挥发分（质量分数）/%	≤1.0	≤1.0	≤1.0	ISO 248（烘箱法，105℃ ±5℃）
灰分（质量分数）/%	≤0.6	≤0.75	≤1.0	GB/T4498

2.5.4 脱蛋白天然橡胶

脱蛋白天然橡胶（Deproteinized Natural Rubber，简称DPNR）是指将新鲜的三叶天然胶乳通过水洗或者蛋白酶水解的方式将天然胶乳内的游离蛋白和橡胶粒子表面的结合蛋白进行脱除而得到的天然橡胶，脱蛋白天然橡胶进一步通过皂化或者转酯化反应去除脂肪酸，就可以得到线型的天然橡胶分子[57]，具体见第3.2.2章节。

经过脱蛋白纯化工艺处理之后，天然橡胶的氮含量和灰分极低，使其致敏性大大降低，因此主要制成乳胶制品，广泛应用于医药、卫生、保健等领域，比如低过敏外科手套、安全套、人工心脏瓣膜等；此外脱蛋白天然橡胶还具有低蠕变、低应力松弛、良好的耐疲劳和动态生热等独特的性能，使其在某些特殊工程领域的应用也得到了关注，比如密封圈、绝缘垫、抗震及振动吸收装置、海底橡胶制品等。目前脱蛋白天然橡胶的消费市场主要在欧美、日本及韩国，而马来西亚是脱蛋白天然橡胶的唯一生产国。

脱蛋白天然橡胶的生产工艺[58,59]（图2.40）包括鲜胶乳的酶解、低氮和低灰分的控制、连续蒸汽凝固及干燥。其工艺原理是胶乳中的蛋白质被蛋白酶分解为多肽和氨基酸，酶解以后的乳胶在连续蒸气凝固塔内凝固，蛋白质分解物从橡胶粒子表面脱除，并在随后的洗胶工艺中去除。脱蛋白天然橡胶生胶性能主要指标为：氮含量不大于0.15%，灰分不大于0.2%，塑性初值不小于35，塑性保持率不小于60，门尼黏度60～70。

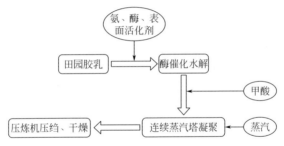

图2.40　脱蛋白天然橡胶制备图

与天然橡胶相比，脱蛋白天然橡胶的应力-应变曲线略有下降，具体就是单位应力下产生的应变更大，这是由于一部分天然交联网络会因蛋白质的去除而遭到破坏，从而造成弹性降低，塑性增加。但是由于脱蛋白天然橡胶还存在脂肪酸形成的网络，因此降低幅度并不大。而合成异戊橡胶既没有蛋白质形成的网络，也没有脂肪酸形成的网络，仅有一些分子间的物理缠结，因此其非硫化状态下的应力-应变曲线很难出现拉伸诱导结晶现象，见图2.41。

因为蛋白质含有氨基、酰氨基，特殊的蛋白质中甚至含硫，对天然橡胶硫化交联有很好的促进作用。因此，与普通天然橡胶相比，脱蛋白天然橡胶的硫化速率更慢，交联程度更低。普通硫化体系的对比如图2.42所示[60]。有效硫化体系，过氧化物硫化体系具有相同的规律[60,61]。

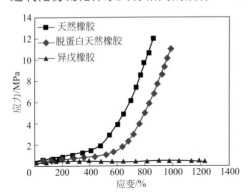

图2.41　天然橡胶（NR）、脱蛋白天然橡胶（DPNR）及异戊橡胶（IR）生胶的应力-应变曲线

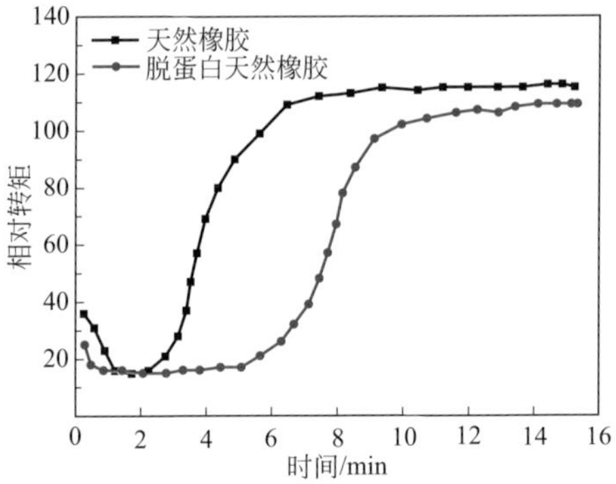

图2.42　天然橡胶与脱蛋白天然橡胶硫化曲线图（纯胶，普通硫化体系）

在炭黑增强体系中，蛋白质同样起到了促进硫化的作用，与普通天然橡胶相比，无论普通硫化体系还是有效硫化体系，脱蛋白天然橡胶的硫化速率更慢，交联程度更低，表现为硬度较小，定伸应力较低，断裂伸长率较长，裂纹增长速率更慢。但是，脱蛋白天然橡胶的撕裂强度、耐热性能和耐磨耗性能都有一定程度的下降，并且随交联程度和交联键类型变化较大，见表2.42[61]。需要指出的是，脱蛋白天然橡胶的一个突出优势就是压缩变形小，生热低，弹性好，因此可能适用于减震制品中[62]。

■ **表2.42** 天然橡胶与脱蛋白天然橡胶硫化数据表（普通硫化体系）

项目	纯胶体系		炭黑增强体系	
	天然橡胶	脱蛋白天然橡胶	天然橡胶	脱蛋白天然橡胶
硬度	47.6	40.5	65.5	57.0
100%定伸应力/MPa	1.0	0.8	3.7	2.8
300%定伸应力/MPa	2.6	1.8	—	—
拉伸强度/MPa	29.7	27.1	28.9	28.1
断裂伸长率/%	735	782	415	435

在白炭黑增强体系中，蛋白质也同样起到了促进硫化的作用，见图2.43。无论是否添加硅烷偶联剂硅69，与普通天然橡胶相比，脱蛋白天然橡胶所需要的硫化时间更长，交联程度更高[63]。从图中还可以看出，在有硅69存在的情况下，异戊橡胶由于不含蛋白质，显示出了和脱蛋白天然橡胶硫化时间较慢的相似规律；但是如果不添加硅69，异戊橡胶的硫化时间比普通天然橡胶和脱蛋白天然橡胶都快，显示出了不一样的规律，这有待于进一步研究。

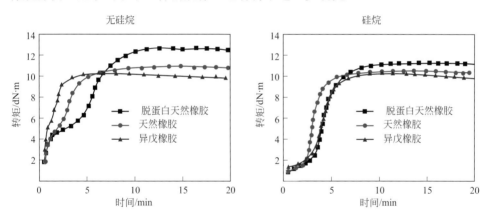

图2.43 天然橡胶与脱蛋白天然橡胶硫化曲线图（白炭黑，半有效硫化体系）

值得指出的是，与生胶体系和炭黑体系不同，白炭黑增强体系中，脱蛋白天然橡胶的硫化扭矩更高；反应在应力-应变曲线上，无论添加硅69与否，脱蛋白天然橡胶的应力—应变曲线比普通天然橡胶要高，见图2.44。表明同等硫化条件下，白炭黑增强的脱蛋白硫化天然橡胶形成的交联网络程度更高[63]。

在不同温度下对白炭黑增强的天然橡胶、脱蛋白天然橡胶以及异戊橡胶进行混炼，然后将所得胶料进行力学性能和化学结合胶性能的测定，见图2.44。从图中看到，随着温度升高，脱蛋白天然橡胶的拉伸强度、扯断伸长率和300%定伸应力都比普通天然橡胶和异戊橡胶要高，并且还保持了比较稳定的力学性能。因此可以得出结论认为，随着混炼温度增高，脱蛋白天然橡胶物理机械性能的稳定性更好[63]。此外，白炭黑增强的脱蛋白硫化天然橡胶的60℃损耗因子较小，生

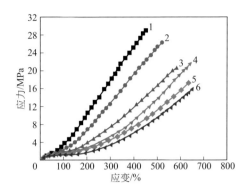

图2.44 白炭黑增强的天然橡胶及不同处理工艺得到的纯化天然橡胶的应力应变-曲线
1—脱蛋白天然橡胶-硅烷；2—天然橡胶-硅烷；3—异戊橡胶-硅烷；
4—脱蛋白天然橡胶-无硅烷；5—异戊橡胶-无硅烷；6—天然橡胶-无硅烷

热较低。这也表明，脱蛋白天然橡胶在某些动态应用场合，可能比普通天然橡胶有更大的优势。分析认为白炭黑增强的脱蛋白天然橡胶的力学性能更稳定，是因为脱蛋白天然橡胶大分子与白炭黑形成了更多的化学结合胶，从而使得所形成的硫化交联网络更为稳定，如图2.45（d）所示。

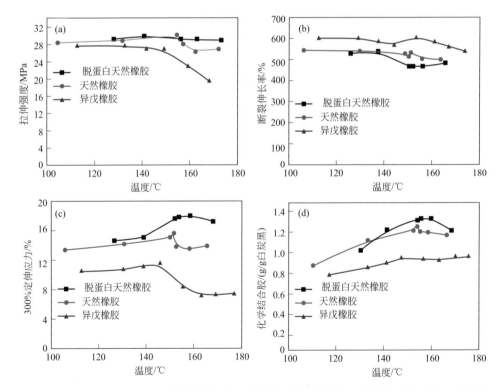

图2.45 不同混炼温度下白炭黑增强的各种天然橡胶及异戊橡胶的力学性能及化学结合胶曲线
（a）拉伸强度；（b）扯断伸长率；（c）300%定伸应力；（d）化学结合胶

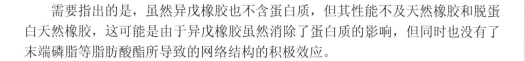

需要指出的是，虽然异戊橡胶也不含蛋白质，但其性能不及天然橡胶和脱蛋白天然橡胶，这可能是由于异戊橡胶虽然消除了蛋白质的影响，但同时也没有了末端磷脂等脂肪酸酯所导致的网络结构的积极效应。

2.5.5　黏度稳定天然橡胶[64~67]

黏度稳定天然橡胶是在胶乳或湿的颗粒胶中，加入极少量（干胶质量0.4%）的储存硬化抑制剂（如羟胺或氨基脲类化合物），使之与橡胶链上的醛基作用，导致醛基钝化从而抑制生胶储存硬化，保持生胶有一个稳定的黏度范围，再经凝固、干燥得到黏度稳定天然橡胶。一般有恒黏、低黏和固定黏度三种，恒黏橡胶（CV）门尼黏度控制在60±5，低黏橡胶（LV）门尼黏度控制在50±5。制备黏度稳定天然橡胶一般采用标准胶。生胶门尼黏度在储存过程中一直稳定，加工过程中不需塑炼，可以直接混炼，不仅能够减少高分子链的断裂，而且缩短炼胶时间，节省能量35%左右，但是共硫化速率较慢，需要调节硫化体系用量。

黏度稳定天然橡胶主要由马来西亚和印度尼西亚生产，其标准见表2.43。

■ **表2.43　黏度稳定天然橡胶标准表**

项目	马来西亚		印度尼西亚	
	SMR-CV	SMR-LV	SIR-5CV	SIR-5LV
杂质含量/%	0.03	0.03	0.05	0.05
灰分/%	0.50	0.60	0.50	0.50
氮含量/%	0.60	0.60	0.60	0.60
挥发分/%	0.80	0.80	1.0	1.0
塑性保持率/%	60	60	60	60
商品牌号	CV_{50}、CV、CV_{30}	LV	CV_{50}、CV_{55}、CV、CV_{65}、CV_{30}	LV_{45}、LV、LV_{55}、LV_{60}、LV_{70}

2.5.6　易操作天然橡胶[68]

易操作天然橡胶（superior processing natural rubber）是20%硫化胶乳与80%新鲜胶乳混合凝固，经干燥、压片制成。分为SP烟片胶和SP绉片胶。近些年来，还出现了由80%硫化胶乳和20%新鲜胶乳组成的PA浓缩胶以及添加40份环烷油的PA充油胶。这种PA橡胶（processing aid rubber）为易操作橡胶改进品，产量增长迅速。

易操作天然橡胶的特征如下：① 必须用新鲜胶乳制备；② 可以单独使用，但多与其他橡胶并用；③ 有预交联成分，压延、挤出工序时表面光滑、速率快、收缩小，常用来制备要求收缩变形小、尺寸严格的压延挤出制品以及裸露硫化的各种非模型制品。

易操作天然橡胶主要是马来西亚较大型胶乳制备公司生产。根据硫化胶乳含量和产品压制干燥形式不同，可以分为若干牌号见表2.44。

■ 表2.44 易操作天然橡胶分类牌号

名称	代号	原料配合组分/%			特征
		硫化胶乳	新鲜胶乳	环烷油	
易操作烟片胶	SP-RSS	20	80		变形小、尺寸规格稳定，用于压出型材、医疗用品、胶管等
易操作风干胶	SP-ADS	20	80		
易操作浅绉胶	SP-PC	20	80		
易操作褐绉胶	SP-EBC	20	80		
易操作浓缩胶	PA80	80	20		表面光滑、硫化快、保型性好、多用于纯胶配合
易操作充油胶	PA57	80	20	40	成本低，适合高填充配合、多用于填料配合

2.5.7 充油天然橡胶 [69～72]

充油天然橡胶（oil-extented natural rubber）是在胶乳中混合大量填充油（芳烃油或环烷油），经絮凝、造粒、干燥而成。亦可将填充油直接喷洒在絮凝的颗粒上，经混合压块而成。前者称为湿法，后者称为干法。湿法质量均匀，但工艺复杂，成本较高。这种特制橡胶由于充油降低了高分子链间作用力，增加了分子链的热运动和分子链间的相对移动，柔软性提高，非常容易混炼加工，制品质量均匀。但制品撕裂性能下降，永久变形增大。适用于乘用轮胎胎面、管带和胶板等产品，尤其适用于雪地防滑轮胎。

充油天然橡胶主要由马来西亚和印度尼西亚生产，主要牌号见表2.45。

■ 表2.45 充油天然橡胶牌号表

种类	OE75/25	OE70/30	OE60/40
橡胶	75	70	60
填充油	25	30	40
主要用途	轮胎	胶管	工业制品

参考文献

[1] 王惠君，王文泉，杨子贤等.橡胶综述.安徽农业科学，2006，34（13）：3049-3052.

[2] 徐文英.全球天然橡胶供应情况分析.中国橡胶，2009，25（9）：20-22.

[3] 邓海燕.全球天然橡胶产供需格局与形势分析.轮胎工业，2011，31（10）：589-596.

[4] 蒋菊生，王如松.中国热带北缘橡胶种植生态工程.中国科协，2004：50-54.

[5] 陶仲华，罗微，林钊沐.橡胶树大量元素研究概况.广东农业科学，2007，11：57-59.

[6] 邢慧，蒋菊生，麦全法.橡胶林钾素研究进展.热带农业科学院，2012，32（4）：42-48.

[7] 吴春太，李维国，黄华孙.近年来国内外橡胶树种质资源与育种方法研究新进展.西北林学院学报，2013，28（2）：118-124.

[8] 曾霞，黄华孙.国内外橡胶树种质资源收集保存及其研究进展.热带农业科技，2004，27（1）：24-29.

[9] 华南热带作物学院主编.热带作物育种学.北京：中国农业出版社，1989：271-276.

[10] Diaby M，Valognes F，Clement-Demange A. A multicriteria decision approach for selecting Hevea clones in Africa [J]. Biotechnologie，Agronomie，Société et Environnement，2010，14（2）：299-309.

[11] 张惜珠，黄慧德.橡胶树栽培与割胶技术.北京：中国农业出版社，2010.

[12] Romano R. 橡胶树南美叶疫病及其防治.陆佑军译.热带作物译丛，1985，6：21-23.

[13] Hashim S. 橡胶南美叶疫病防治研究新进展.陈秋波译.热带作物译丛，1979，6：15-16.

[14] 高宏华，罗大全，黄贵修.巴西橡胶树棒孢落霉落叶病概述.热带农业学，2008，28（5）：19-24.

[15] 肖倩纯.橡胶白根病及其防治.热带作物研究，1987，3：79-82.

[16] 黎辉，朱智强.海南西培农场橡胶树条溃疡病发生规律及防治经验总结.热带农业工程，2011，35（2）：15-16.

[17] 张开明.广东垦区巴西橡胶树条溃疡病发生规律及其防治.热带作物学报，1981，2（2）：44-52.

[18] 刘秀英.橡胶木菌害及其防治技术研究概况.木材工业，1998，12（6）：20-22.

[19] 吴春太，李维国，高新生等.我国橡胶树育种面临的问题与对策.广西农业学报，2009，21（12）：74-77.

[20] 吴春太，李维国，高新生等.我国橡胶树育种目标及发展策略探讨.广西农业学报，2009，40（12）：1633-1636.

[21] 韦庆龙，谭明玮.关于我国南亚热带地区的植胶生产问题.农业研究与应用，2012，25（1）：18-21.

[22] 江爱良.中国热带东、西部地区冬季气候的差异与橡胶树的引种.地理学报，1997，52（1）：45-53.

[23] 郑杰.茂名垦区2008年寒害后橡胶树病虫害的发生及防治建议.热带农业科技，2008，31（4）：17-18.

[24] 王祥军，李维国，高新生.巴西橡胶响应低温逆境的生理特性及其调控机制.植物生理学报，2012，48（4）：318-324.

[25] 南风.橡胶割胶新技术要点.农村实用技术，2013，2：44-45.

[26] Soumahin EF，Obouayeba S，Anno A. Low tapping frequency with hormonal stimulation on Hevea brasiliensis clone PB 217 reduces tapping manpower requirement. Journal of Animal & Plant Sciences，2009，2（3）：109-17.

[27] 校现周.我国割胶制度的现状分析与国外研究进展.热带农业科学，2006，25（4）：61-63.

[28] 魏小弟，许闻献，校现周，曾庆.中国低频刺激割胶制度的研究及应用.橡胶树割胶制度改革论文集（第三集）.北京：中国科学技术出版社，2000，42.

[29] 罗世巧，魏小弟.橡胶树五天一刀低频割胶制度的研究.热带作物学报，2002，23（3）：12-20.

[30] Vijayakumar K，Thomas K，Rajagopal R et al. Low frequency tapping systems for reduction in cost of production of natural rubber. Planters Chronicle，1997，11：451-454.

[31] Gohet E，Chantuma P. Reduced tapping frequency and DCA tapping systems. Research Towards Improvement of Thailand Rubber Plantations Productivity. Annual IRRDB Meeting，2003：15-16.

[32] Sainoi T，Sdoodee S. The impact of ethylene gas application on young tapping rubber trees[J]. Journal of Agricultural Technology，2012，8（4）：1497-507.

[33] 何映平.天然橡胶加工学.海口：海南出版社，2007.

[34] 刘宏超，王启方，卫飞云，余和平.天然胶乳保存体系研究进展.广东化工，2013，40（19）：71-72.

[35] 张才发，尤承霖.鲜胶乳的新保存剂.世界热带农业信息，1976，3：26-27.

[36] 安果夫，王长卓.天然浓缩胶乳的保存：第一部分评价方法和对现有保存剂体系的评价.世界热带农业信息，1965，5：41-46.

[37] 安果夫，毕莱，顾之翰.天然浓缩胶乳的保存：第三部分——各种有机锌化合物作第二保存剂的评价.世界热带农业信息，1966，4：43-47.

[38] 安果夫，刘元达.用橡胶促进剂作浓乳的第二和第三保存剂的评价.世界热带农业信息，1979，2：28-30.

[39] 拉姆拉，罗俊波.二硫化四甲基秋兰姆/氧化锌复合保存剂的商业应用.世界热带农业信息，1977，3：21-22.

[40] 林文光，邹建云.鲜胶乳复合保存剂的时差协合效应.云南热作科技，1992，15（4）：1-3.

[41] 黎燕飞，李宗良，罗庭.低氨浓缩天然胶乳保存的研究.热带农业工程，2010，34（2）：24-26.

[42] Ong CO. Preservation and enhanced stabilization of latex：US，5840790A. 1998-11-24.

[43] Boonsatit J，Bunkum L，Nawamawat K，Sakdapipanich J. The study of bacterial type in fresh natural rubber latex and investigating new preservative for natural rubber latex. 34th Congress on Science and Technology of Thailand，2008：1-6.

[44] Graham DJ，Taysum DH. Preservation of rubber latex：US，3100235A. 1963-08-06.

[45] 袁子成.天然胶乳的性质与商品胶乳工艺.北京：中国农业出版社，1990.

[46] 刑精景.橡胶制胶和天然橡胶产品检验.北京：中国农业出版社，1997.

[47] Ariyawiriyanan W，Nuinu J，Sae-heng K，Kawahara S. Energy Procedia，2013，34：728-733.

[48] Ho C，Kondo T，Muramatsu N，Ohshima H. Journal of Colloid and Interface Science，1996，178（2）：442-445.

[49]. Rippel MM，Lee L-T，Leite CA，Galembeck F. Journal of Colloid and Interface Science，2003，268（2）：330-40.

[50] Gazeley K，Gorton A，Pendle T. Natural Rubber Science and Technology，1988：63-140.

[51] Eduard SO. Process for concentrating or enriching rubber latex：US，2138073A. 1938-11-29.

[52] 袁子成，刘元达.生胶及胶乳的应用性质.北京：中国农业出版社，1991.

[53] 陈旭东.碎胶机简介.热带农业工程，1997，2：30-31

[54] 张劲.马来西亚天然橡胶初加工设备考察报告.热带作物机械化，1997，（1）：1-4.

[55] 莫芝胜.CM660×700 锤磨造粒机的设计.2007海南机械科技论坛论文集，2007.

[56] 黄向前，杨全运，胡绍森等.天然橡胶凝块与集中加工技术的开发.热带农业科学，2005，24（6）：1-7.

[57] Amnuaypornsri S，Sakdapipanich J，Toki S. Rubber chemistry and technology，2008，81（3），753-766.

[58] 曾英，张志强.脱蛋白天然橡胶的性能和应用.橡胶工业，1999，46（1）：26-28.

[59] 蔡克平，黄胜良，李普旺等.国产脱蛋白天然橡胶的性能及应用.橡胶科技，2013，11：25-28.

[60] Tanaka Y. Structural characterization of natural polyisoprenes：solve the mystery of natural rubber based on structural study. Rubber chemistry and technology，2001，74（3）：355-375.

[61] Suchiva K，Kowitteerawut T，Srichantamit L. Structure properties of purified natural rubber. Journal of applied polymer science，2000，78（8）：1495-1504.

[62] Rattanasom N，Chaikumpollert O. Crack growth and abrasion resistance of carbon black‐filled purified natural rubber vulcanizates. Journal of applied polymer science，2003，90（7）：1793-1796.

[63] Sarkawi S S，Dierkes W K，Noordermeer J W M. Reinforcement of Natural Rubber by Precipitated Silica：The Influence of Processing Temperature. Rubber Chemistry and Technology，2014，87（1）：103-119.

[64] 李志君，赵艳芳. 恒粘天然橡胶理化性能的研究. 弹性体，2002，12（5）：10-13.

[65] 黄克奋. 国产天然橡胶新品种恒粘胶性能介绍. 热带农业工程，2000，2：5-15.

[66] 黄克奋. 国产恒粘天然橡胶性能简介. 中国橡胶，1999，24：22-23.

[67] Yip E. Clonal characterization of latex and rubber properties. The Journal of Notural Rubber Research，1990，5（1）：52-80.

[68] Baker H，Foden R. Recent Developments in Superior Processing Natural Rubber. Rubberchemistry and Technology 1960，33（3）：810-824.

[69] 郭文. 充油天然橡胶的制备与利用. 天津橡胶，1997，（1）：10-17.

[70] 张新惠，李柏林，蔡洪光等. 膦酸酯稀土催化体系高顺-1,4-聚丁二烯橡胶的充油效应及充油橡胶的性能. 合成橡胶工业，1994，（2）：98-101.

[71] 郭济中. 天然橡胶充油研究. 河北化工，1996，（2）：1-5.

[72] 赵敏. 充油天然橡胶及其生产方法以及橡胶组合物和使用其的轮胎. 轮胎工业，2010，（2）：79.

第3章
三叶橡胶的生物合成、结构及分子量

3.1 三叶橡胶的生物合成 <<<<

三叶橡胶树（Hevea brasiliensis Muell.Arg.）是三叶橡胶的主要产源，但是其选育周期极为漫长，4～5年才能开花，7～8年才能割皮取胶[1,2]。乳管是合成和储存天然胶乳的唯一场所，是决定三叶橡胶产量最重要的组织结构。实际上种子成熟时，胚中已有明显的乳管系统分布，存在于下胚轴和子叶中。当种子萌发时，这些乳管由新的分生组织细胞进一步分化伸延成具有分枝的管状结构，随后乳管细胞由下至上分化进入到种苗体内新生的各级组织当中[3]。

乳管的发育、生长与幼苗各部分组织生长是协调一致的，其中在树皮内生成的乳管组织最多，因此人们选取树皮部位，通过割破乳管的方式获取胶乳。而树皮内的乳管列数目与胶乳产量成正比关系，是决定橡胶产量的最重要的组织结构因素[4]。

3.1.1 三叶橡胶树皮结构

三叶橡胶树皮由里到外，分别由木质部、形成层、韧皮部以及外皮组成。树皮的最外层是粗皮，由木栓层、木栓形成层和栓内层构成，主要成分是木栓层，它由许多排列紧密的木栓化细胞组成[5]。

紧接着粗皮内缘是韧皮部的外层，外观黄褐色，摸之有砂粒感，特点是石细胞（细胞壁很厚而且木质化的死细胞）多，并聚集成堆，其中的乳管被挤压得支离破碎，不再具备合成胶乳的功能，其中的乳管列数约占总列数的30%。韧皮部内层，外观淡黄色，是乳管分布最多、排列最整齐的层，乳管列数占树皮总列数的70%左右，产胶机能最旺盛，是树皮中的主要产胶部分。

形成层位于韧皮部和木质部之间，是一层排列整齐紧密的活细胞。在横切面上，这些细胞呈很窄的长方形，紧密地排列在一起，在形态上不易与刚分裂的细胞区分开来。形成层是一层具有强烈分生能力的细胞，向内分生的细胞分化为次生木质部，向外分化成次生韧皮部。橡胶树树皮中主要结构成分有乳管、筛管、韧皮部薄壁组织细胞、髓射线和石细胞等，见图3.1[6,7]。

3.1.2 三叶橡胶树乳管组织

三叶橡胶树的乳管是一种含有胶乳的特化细胞或一列含有胶乳的并合细胞，也称乳管细胞。三叶橡胶树的乳管组织遍布于巴西橡胶树除木质部之外的所有器官中，其中绝大多数乳管集中在树皮组织器官内的韧皮部，并形成一系列的乳管列，与形成层呈同心圆排列[8]，见图3.1。

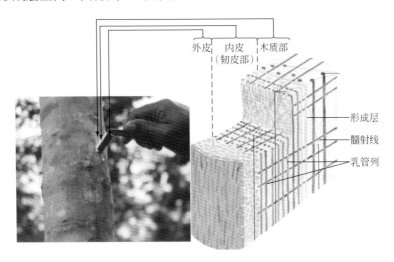

外皮　内皮　木质部
　　　（韧皮部）

形成层
髓射线
乳管列

图3.1　三叶橡胶树皮的结构以及乳管层的位置

乳管列的数目会随着树龄增加和树皮增厚而增多，乳管列数的多少是橡胶树品系的特征，和三叶橡胶产量成正相关。3龄以前，高产无性系和低产无性系之间的乳管列数目差别不大，4龄起，高、低产品系乳管数量差异才开始明显，15龄之前的一些品系中乳管列数目与树龄呈线性关系。一般成龄树割面部位乳管列数可达10～30列[9]。

根据来源，橡胶树的乳管又可分为初生乳管和次生乳管，前者来自初生分生组织，在幼苗中初生乳管的数量与成龄树的产量呈显著的相关，一般可用作橡胶树育种早期选择的指标；后者由维管形成层产生的乳管原细胞分化而来，与三叶橡胶的生产密切相关[10]，见图3.2。

次生乳管的发育可分为早期、成熟期和衰老期三个阶段[11,12]。早期，维管形成层会分裂产生一定数量的乳管原细胞，继而先后分化成次生幼龄乳管细胞。此时形成的乳管不但数量少，而且直径和长度也小，大多呈直线状，自上而下相互穿插排列。大多数相邻乳管间的距离较大，但末端比较接近。时机成熟，相邻乳管末端部位会产生突起，且不断伸长，直至接触，之后接触部位细胞壁融解，形成了连接乳管的通道，即接合管。接合管的形成将大多数乳管连接成乳管网，但是由于发育早期产生的接合管数量较少，因而形成的乳管网结构不完整，乳管排列稀疏，密度也小。发育早期的网状乳管分布在形成层外缘，由于数量较少且发育不充分，割胶时不会割到这些乳管层，对胶乳产量影响不大。

成熟期，原有乳管组织不断发育成熟，同时新的乳管原细胞分化形成越来越多乳管，使得次生成熟乳管数量不断增加，长度、直径也逐渐增大，相邻乳管间的距离逐渐变小。这不但使得相邻乳管末端可以相互接触生成接合管，而且中

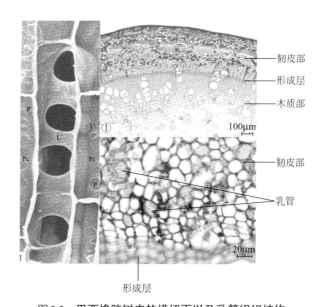

图3.2　巴西橡胶树皮的横切面以及乳管组织结构
①—幼树皮组织；②—放大幼树皮组织；③—乳管扫描电镜照片

间部位也可以相互接触生成接合管。数量众多的接合管将所有的乳管连接成较为完整的乳管网。此时乳管组织已得到充分的发育，乳管组织的结构趋于稳定。成熟期的乳管网主要分布在韧皮部，数量众多，是主要的产胶乳管层。人们通过特定刀具在树皮上反复"割胶"，切断韧皮部中的乳管，即可不断获取胶乳，见图3.3。

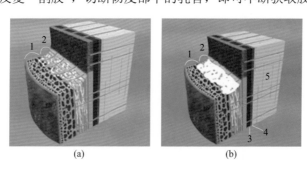

图3.3　巴西橡胶树的乳管组织及割胶后流出的胶乳示意图
1—外树皮；2—内树皮；3—新生韧皮部；4—形成层；5—木质部

　　衰老期，橡胶树的生长会将乳管组织逐渐向外皮推移，同时树围也不断增大。此时，次生韧皮组织细胞已失去分裂能力并形成稳定的结构。因此树皮外侧的树围不是通过次生韧皮组织的分裂和生长来增粗，而是通过其组织侧面扩大来调节，因而会在树皮中产生切向拉力。在切向拉力的作用下乳管网开始变形，并受到不同程度的破坏。同时，乳管中的胶乳会凝固，甚至完全消失，仅剩空空的乳管。衰老期的乳管层主要分布于树皮外侧，数量较少，且结构被破坏，对产胶不起作用。

次生乳管的分化既是品系的特征，又受遗传因素、发育阶段、树龄、生态因子、割胶效应、植物外源激素及其他生长物质等因素的影响。比如，排胶能够促进乳管细胞的分化。机械伤害可以诱导维管形成层分化出次生乳管。对橡胶树萌条外施茉莉酸及其前体亚麻酸能够诱导橡胶树的次生乳管细胞的分化[13]。

根据乳管的发育阶段、位置以及割胶的影响，可以把乳管分成许多不同的"类型"。比如：初生和次生韧皮部胚性乳管、植株幼嫩部分次生韧皮部的幼龄乳管、成熟树干上次生韧皮部割胶时未被割到的幼龄乳管、树干上常规割胶时定期被割的成龄乳管、树皮外层的衰老乳管等[14]。

3.1.3　三叶橡胶树乳管细胞质及天然胶乳

3.1.3.1　乳管细胞质的构成

长期以来，人们认为巴西橡胶树胶乳是一种液泡汁，例如在Bobilioff等人的一些权威著作中就是如此描述[15]。但实际上胶乳是乳管细胞中一种特化了的细胞质，是乳管细胞原生质体的一部分。关于橡胶树胶乳的细胞质属性，早已从细胞学观点及生物化学方面予以证实。乳管细胞质实际上是一种水和胶体粒子构成的连续相-分散相体系，连续相主要由水和水溶性物质构成；分散相主要是一些细胞器，其中除了含有和普通薄壁细胞相同的成分，如细胞核、线粒体、高尔基体、核糖体和内质网等细胞器外，还有3种特征性细胞器，即橡胶粒子、F-W复合体和黄色体。如果将胶乳在59000g（重力加速度）的条件下高速离心1h，可以将胶乳区分成4个区带，从上到下分别是橡胶粒子、F-W粒子、乳清以及黄色体[16,17]，见图3.4。

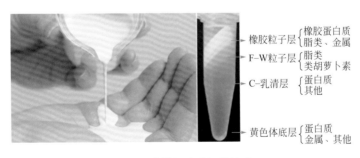

图3.4　乳管细胞质组分构成

（1）橡胶粒子　合成橡胶的细胞器，数量很大，占到胶乳体积的20～50%，其形态与粒子的大小有关，大部分粒子是具有明显界膜的圆球，直径多在1μm以下，在粒子膜表面存在橡胶转移酶、橡胶延伸因子（REF）、小橡胶粒子蛋白（SRPP）、焦磷酸酶等与橡胶合成相关的重要酶和调控因子，是三叶橡胶后期生物合成的唯一场所。

（2）F-W复合体　由Frey—Wysliag于1929年发现，呈球形泡囊，直径3～6μm，双层膜结构，具有合成ATP的功能，而ATP是合成三叶橡胶重要前体——甲羟戊酸的重要媒介，因而有人推测F-W复合体是三叶橡胶前期生物合成的一个重要场所。此外F-W复合体还含有类胡萝卜素和多酚氧化酶等成分，因而有人认为F-W复合体是一种质体。

（3）乳清层　是乳管细胞质的连续相，主要包括水及各种水溶性物质，例如蛋白质、糖、有机酸、脂肪酸和无机盐等，是三叶橡胶生物合成中进行各种物质和能量交换的媒介。

（4）黄色体　一般占胶乳体积的15%～20%，是乳管的液泡和溶酶体系统，在乳管细胞中呈球形囊泡，由内质网膨大形成，直径通常为1～3μm，其外部为一层80Å厚的三重结构膜，该膜具半透性，对渗透较敏感。黄色体粒子的完整程度与乳管堵塞、停止排胶直接相关。割胶时，由于割口的切变应力和稀释效应等影响，使对渗透特别敏感的黄色体破裂，并释放出质子、二价阳离子和带正电荷的蛋白质，带负电荷的胶乳因而失去稳定性而絮凝，从而限制了排胶时间。

乳管细胞是多核的，细胞核分布在乳管细胞的边缘，乳管被割开后不会被排出，保证了胶树被割后胶乳的再生。线粒体的一般长度为2～3μm，通常分布在乳管周缘区域，乳管被割开后排出的胶乳中极少有线粒体[18]。

3.1.3.2　天然胶乳的组分

通过割胶，三叶橡胶树内的乳管细胞质就变成了人们所需要的天然胶乳。按说二者应该是同一种物质，但是乳管细胞质从植株体内流出之后，其组成和性状就开始发生改变。例如乳管细胞质中的细胞核和线粒体并不会流出体外；黄色体在流出的过程中会发生破裂，从而改变胶乳的组成和性状；再如，随着时间延长，天然胶乳的稳定性会变差，从而使橡胶烃凝聚。一般新鲜天然胶乳中除了绝大部分水和橡胶烃外，还有许多有机物和无机物。其中非胶组分中含量最多的是蛋白质、类脂物、水溶物、丙酮溶物和无机盐类[19]。其主要成分如表3.1所列。

■ 表3.1　新鲜天然胶乳的主要成分

成分	橡胶烃	水	非橡胶物质				
			蛋白质	类脂物	水溶物	丙酮溶物	无机盐
含量（胶乳计）/%	20～40	52～75	1～2	1左右	1～2	1～2	0.3～0.7

（1）橡胶烃　橡胶烃是天然胶乳的最主要的组分，其化学式为$-(C_5H_8)_n-$，结构主要包括98%以上的顺式-1,4-聚异戊二烯，不足1%的反式-1,4-聚异戊二烯单元以及一些变化的端基结构和变异基团，其数均分子量约为3.0×10^5，平均聚合度约为5000。

（2）水　水在新鲜胶乳中含量最多，是胶乳分散体系的主要成分，占胶乳质量的52%～75%。一部分水在橡胶粒子的表面形成水化膜，使橡胶粒子不易聚结，起着保护橡胶粒子的作用；另一部分水与非橡胶粒子结合，构成非橡胶粒子（特别是黄色体）的内含物；大部分水则成为非橡胶物质均匀分布的介质，构成乳清。

（3）蛋白质 新鲜胶乳的蛋白质含量占胶乳质量的1%～2%。其中，约有20%分布在橡胶粒子的表面，是橡胶粒子保护层的重要组成物质，65%溶于乳清，其余则分布在胶乳底层，与黄色体相关联。由于胶乳的含氮物质绝大部分是蛋白质，而蛋白质一般含氮量在15%～17.5%，其平均值为16%，故只要测得胶乳氮含量后乘上6.25便可得到胶乳蛋白质含量。

（4）类脂物 新鲜胶乳中的类脂物由脂肪、蜡类、甾醇、甾醇酯和磷脂组成，约占胶乳质量的1%。这些化合物都不溶于水，大部分吸附于橡胶粒子的表面，少量则存在于底层部分和F-W粒子中。类脂物中约60%为磷脂，是甘油磷酸的长链脂肪酸酯，其结构式见图3.5（a），式中R和R'是长链烃基。当R"是胆碱时，构成卵磷脂，见图3.5（b）；如果R"是胆胺基时，则是脑磷脂，见图3.5（c）；R"是肌醇基时，则是肌醇磷脂；R"也可以是金属磷酸盐的金属原子。最新研究表明类脂物质对于三叶橡胶的结构，尤其是端基结构的形成有着重要作用，并严重影响三叶橡胶的分子量及分子量分布，进而影响三叶橡胶的物理机械性能。

（5）丙酮溶物 胶乳里能溶于丙酮的物质，统称丙酮溶物。丙酮溶物的含量为新鲜胶乳重的1%～2%，其主要成分有油酸、亚油酸、硬脂酸、甾醇和甾醇酯。类脂物中除磷脂外，几乎都能溶于丙酮，也属于丙酮溶物。在研究丙酮溶物时，曾分离出两种具有防止橡胶老化作用的液体甾醇，其分子式为 $C_{27}H_{42}O_{11}$ 和 $C_{20}H_{30}O$。此外，还含有少量的 α-生育酚和 γ-、α-和 δ-三烯生育酚（tocotrienol）。这些化合物都是橡胶的天然防老剂。同时，丙酮溶物因含大量高级脂肪酸（50%以上），故对橡胶能起物理软化作用，使橡胶在塑炼时容易获得可塑性。

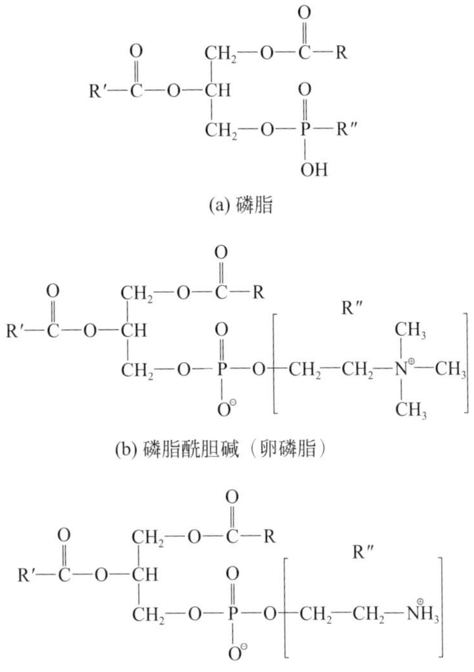

（6）水溶物 水溶物是指胶乳中能够被水溶解的所有物质的统称。其含量占胶乳重的1%～2%，主要分布在乳清中。新鲜胶乳中的水溶物主要由白坚木皮醇（甲基环己六醇）组成，还有少量的环己六醇异构体、蔗糖、葡萄糖、半乳糖、果糖和两种已检定出的五碳糖。此外，还有无机

(a) 磷脂

(b) 磷脂酰胆碱（卵磷脂）

(c) 磷脂酰乙醇胺（脑磷脂）

图3.5 磷脂的化学结构

盐、可溶性蛋白质等。

从胶树中流出来的胶乳，不含挥发性脂肪酸。但胶乳中含有的碳水化合物（糖类）会受细菌代谢作用而产生挥发性脂肪酸，主要是乙酸，并有少量的甲酸和丙酸，胶乳挥发性脂肪酸含量的多少标志着胶乳受细菌降解程度的高低，在一定程度上标志胶乳稳定性的高低，因此，水溶物是间接影响胶乳稳定性的成分。

（7）无机盐　新鲜胶乳中的无机盐占胶乳质量的0.3%～0.7%，其中：钾0.12%～0.25%，钙0.001%～0.03%，镁0.1%～0.12%，铜0.0002%～0.0005%，铁0.001%～0.012%，磷酸根0.25%，钠0.001%～0.10%。

此外，胶乳有时还含少量的硫酸根、盐酸根、铝离子、锰离子、镍离子、铷离子等。上述的无机离子大部分分布在乳清中，少量铜、钙、钾，可能还有铁与橡胶粒子相连，大量的镁则存在于底层部分。在高温下灼烧胶乳时，无机盐都变成灰而遗留下来，称作胶乳的灰分，因此，测定胶乳的灰分含量就可大致了解胶乳中的无机盐含量。

3.1.3.3　天然胶乳的性状

天然胶乳胶体化学结构非常复杂，物理性质不稳定，变异性较大。胶乳从胶树排出后，其成分、结构和性质都迅速地发生变化[17]。

（1）颜色　从胶树排出的胶乳一般呈白色，但也有呈灰、紫、黄色的，甚至呈红色的。

（2）胶乳浓度　胶乳浓度通常用干胶含量或总固体含量表示。其中，干胶含量是胶乳用酸絮凝后所含干橡胶占胶乳质量的百分率；而总固体含量是胶乳除去水分后剩下的固体物占胶乳质量的百分率。两者所包含的物质主要都是橡胶烃，以及少量的非橡胶物质，但总固体含非橡胶物质较多。在新鲜胶乳中，总固体中约含干胶90%。因此，用同批胶乳测定的总固体含量的数值必定比干胶含量大。干胶含量或总固体含量高，表示胶乳的浓度高。

新鲜胶乳的干胶含量与胶树的品系、树龄、季节、割胶强度、化学刺激等有关，通常在20%～40%之间。一般而言，由幼龄树、雨季、强度割胶、乙烯利刺激、接近停割时所得的胶乳，浓度均较低。胶树长期休割后再开始割胶时，干胶含量可以高达45%左右，割胶2～3周后渐渐恢复正常浓度。同样树龄的胶树，因生长情况不同，其浓度也相差很远。

（3）相对密度　胶乳的相对密度取决于橡胶烃含量的多少。由于纯橡胶的相对密度为0.91。当胶乳中橡胶含量越高，则其相对密度越小。一般胶乳的相对密度为0.92～0.98。

（4）酸度　鲜胶乳呈酸性，pH值变化不大，一般在6.1～6.3之间。如果酸度超过这个范围，则主要是掺杂了从胶树筛管中流出的物质所致。

（5）黏度　胶乳的黏度随橡胶含量的增加而增大，但在橡胶含量较低时对黏度的影响不大显著。橡胶含量为35%时，黏度为4～15mPa·s，当含量升至

60%时，黏度升高至30～120mPa·s。

（6）表面张力　天然胶乳中含有大量能降低表面张力的表面活性物质，如蛋白质、类脂物等，它们部分地溶于乳清中而使胶乳的表面张力远低于水的表面张力，如浓度为38%～40%新鲜胶乳的表面张力一般为38～40mN/m，比水的表面张力72mN/m低得多。因此，胶乳一般比较容易润湿表面亲水的物质，如棉织物、纤维物质、皮革等。

（7）电导率　胶乳的电导率主要与其橡胶含量、乳清离子强度和温度有关。一般而言，橡胶含量越多，或乳清离子强度越大，导电能力越强，电导率越大。

新鲜胶乳在室温下的电导率一般为0.4～0.5S/m。由于新鲜胶乳非橡胶物质分解程度很低，故电导率的大小在一定的温度下主要决定于胶乳的浓度。为此，测定胶乳的电导率便可粗略估计其干胶含量。

3.1.4　三叶橡胶粒子的结构

橡胶粒子是橡胶树乳管细胞中的一种特殊细胞器，占乳管细胞质的25%～45%，其主要生物学功能是进行三叶橡胶的生物合成和储存。因此橡胶粒子的形成机制、形态尺寸、结构特点与三叶橡胶的生物合成以及累积有着重要的关联。

3.1.4.1　三叶橡胶粒子形态与尺寸

在电子显微镜下可观察到，充分发育的橡胶粒子呈卵形、梨形或圆球状，大小变化范围比较大，平均粒径尺寸在0.1～0.3μm之间。根据粒径大小可将其大致分为3种类型[20,21]：直径为0.4～0.75μm的是大尺寸橡胶粒子（large Rubber Particle，LRP），直径为0.25～0.35μm的称为中等尺寸橡胶粒子，直径为0.08～0.2μm的称为小尺寸橡胶粒子（small rubber particle，SRP）。其中大橡胶粒子数约占全部橡胶粒子数量的6%，但却占了全部橡胶粒子体积之和的93%，见图3.6。橡胶粒子内部为高度疏水的环境，主要成分为橡胶烃分子，是三叶橡胶的直接来源。

目前对于橡胶粒子形成的机制尚不完全清楚。早期Shouthorn[22]根据对胶乳的光学显微镜观察，提出橡胶粒子的形成可能与胶乳中一种叫做内质网的线状结构有关，因此他推测橡胶粒子起源于内质网。后来虽然在电镜下确实看到离心的胶乳有线状的结构，但却不能证实胶乳粒子的形成与该线状结构有关。也有人认为橡胶粒子是在细胞质中自由产生的，因为根据电镜观察在幼龄乳管中未发现小橡胶粒子与任何其他细胞器有直接联系，因此很可能最初的橡胶粒子就是在细胞质中形成的。此外Siler[23]等提出橡胶粒子可能是先形成了一个膜结合的橡胶转移酶，第1个橡胶分子链延伸后插入到双分子层的疏水区域，当更多的橡胶分子形成时，该区域的膜发生凹陷，最后被"挤下来"而形成一个胶粒。虽然提

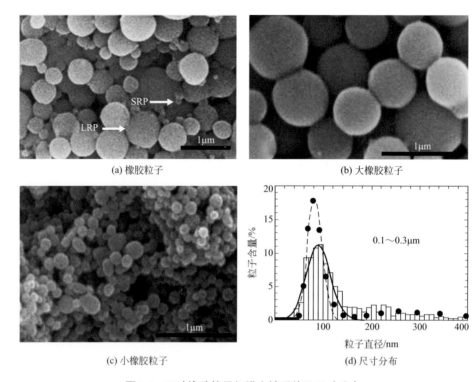

(a) 橡胶粒子

(b) 大橡胶粒子

$0.1 \sim 0.3 \mu m$

粒子含量/%

粒子直径/nm

(c) 小橡胶粒子

(d) 尺寸分布

图3.6 三叶橡胶粒子扫描电镜照片及尺寸分布

LRP—大橡胶粒子；SRP—小橡胶粒子

出了上述假说，但是都没有足够的证据予以支撑。目前学术界对于橡胶粒子是由疏水的橡胶内核和亲水的外膜组成带负电的稳定粒子这一观点是普遍承认的，至于它如何形成以及如何长大，还是人们研究的一个热点，相信不久的将来就会得出较为清晰的结论。

3.1.4.2 三叶橡胶粒子的结构模型

橡胶粒子作为一种能够进行橡胶生物合成的特殊细胞器或者橡胶生物合成的一种产物，其结构与诸如线粒体和叶绿体等细胞器的结构具有一定的相似之处。比如橡胶粒子也具有线粒体和叶绿体所具有的膜-核结构，橡胶粒子的外膜也主要由蛋白质和脂类物质组成等。早期人们认为橡胶粒子是一种带有双层膜-核结构的球形粒子。即橡胶粒子是由橡胶烃构成内核，然后由磷脂包覆在橡胶烃内核表面形成磷脂层，接着再由蛋白质包覆在磷脂层表面形成蛋白质层，磷脂和蛋白质共同构成了橡胶粒子的双层外膜结构[24,25]，见图3.7。

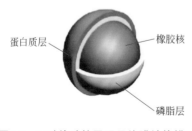

蛋白质层

橡胶核

磷脂层

图3.7 三叶橡胶粒子双层外膜结构模型

随着科学技术的飞速发展，尤其是随着TEM（透射电镜）、ERP（电子顺磁共振波谱）以及AFM（原子力显微镜）的普及应用，人们有了更为有利的手段去研究橡胶粒子的结构。人们逐步发现橡胶粒子并不是人们早期所提出的双层膜-核结构，而是一种单层膜-核结构[26,27]。比如，Gomez等人借助TEM测定了三叶橡胶树的橡胶粒子，提出橡胶粒子是一种由磷脂和蛋白质组成的混合体系并与橡胶烃内核构成单层膜-核结构，推翻了早期橡胶粒子双层膜-核结构的假说，并估测了橡胶粒子外层膜结构的厚度大约为10nm[28]。Cornish等人[25]借助TEM和ERP证明橡胶粒子是由球形、均质的橡胶内核与外部连续、高电子密度的单层表面膜所构成，并且ERP的结果还证实了Siler[23]所提出的橡胶粒子的单层表面膜是通过磷脂和蛋白质相互作用而构成的这一假设，并进一步指出橡胶粒子的单层表面膜具有弹性梯度的特性。Nawamawat等[29]借助AFM技术实现了对橡胶粒子的原位检测以及可视化研究，见图3.8，结果表明橡胶粒子的外层被蛋白质和磷脂混合体系所包覆，图中深棕色的部分为蛋

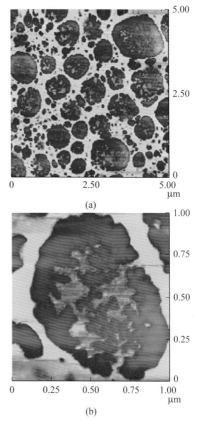

图3.8 三叶橡胶粒子结构的AFM研究结果

白质部分，浅棕色部分为磷脂部分。通过对橡胶粒子横截面进行曲面积分，结果表明橡胶粒子表面84%的区域为蛋白质，16%为磷脂；再通过显微照片的统计可以发现橡胶粒子的平均尺寸在0.1～0.2μm之间，这与之前动态光散射的测试结果相符，参考图3.6。此外AFM压痕实验表明胶乳粒子表面蛋白质和磷脂混合层的厚度大约为20nm，这要比Gomez[28]使用透射电镜测定的10nm大得多。

参考Gomez、Cornish等人研究结果，再结合实际发现，Nawamawat提出了一个橡胶粒子单层膜-核结构模型：即橡胶粒子是由疏水的橡胶烃构成内核，并被亲水的蛋白质/磷脂混合外层所包覆，二者共同构成橡胶粒子的单层膜-核结构。在橡胶粒子外部，蛋白质和磷脂层相互穿插分布在橡胶粒子表面，其中蛋白质部分约占总表面的84%，磷脂部分约占总表面的16%，膜厚20纳米；在橡胶粒子内部，橡胶大分子的两个端基（ω-端基和α-端基）可以自己定位，ω-端基（引发端基）与蛋白质相连接，α-端基（终止端基）与磷脂相连接[25,28,29]，见图3.9。

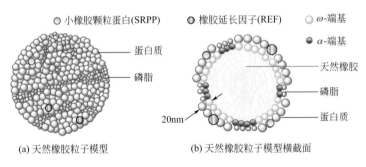

小橡胶颗粒蛋白(SRPP) ⬤橡胶延长因子(REF) ○ω-端基
●α-端基

蛋白质
磷脂

天然橡胶
磷脂
蛋白质

20nm

(a) 天然橡胶粒子模型　　　　(b) 天然橡胶粒子模型横截面

图3.9　单层外膜三叶橡胶粒子结构模型

3.1.4.3　三叶橡胶粒子表面结合蛋白

天然胶乳中的蛋白质占胶乳总量的1%～2%，胶乳中蛋白质的含量与三叶橡胶树的品系以及割胶条件密切相关。在这些胶乳蛋白质中，约有20%分布在橡胶粒子的表面，也就是我们常说的橡胶粒子结合蛋白，是橡胶粒子膜表面的重要组成部分，维持着橡胶粒子的稳定；还有65%溶于乳清中，剩余的15%则与胶乳底层部分的黄色体相联[30]，见图3.4。

对于三叶橡胶生物合成最重要的当属这20%的橡胶粒子结合蛋白。虽然到目前为止，学术界仍未搞清楚橡胶粒子结合蛋白的详细组成，但是根据已有的研究结果，搞清楚了部分橡胶粒子结合蛋白的主要生理功能，比如一部分结合蛋白将参与并调控橡胶生物合成，这也是橡胶粒子结合蛋白的主要组成部分，包括橡胶转移酶（CPT）、橡胶延长因子（REF）和小橡胶颗粒蛋白（SRPP）等，见图3.10；还有一部分结合蛋白与橡胶粒子凝絮和胶乳凝固有关，比如分子量为22000的受体糖蛋白等[16,31]。

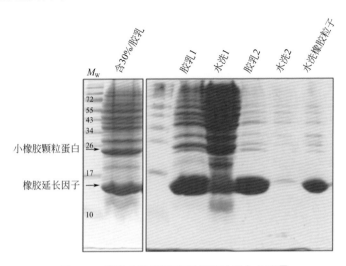

含30%胶乳　　胶乳1　水洗1　胶乳2　水洗2　水洗橡胶粒子

M_W
72
55
43
34
小橡胶颗粒蛋白　26
17
橡胶延长因子　→
10

图3.10　凝胶电泳法测定天然胶乳蛋白分子量

橡胶粒子结合蛋白除了具有参与并调控三叶橡胶合成的生理功能外，一部分橡胶粒子结合蛋白还具有导致部分人群过敏的生理功能，其过敏机理是这些过敏蛋白可与过敏患者血清中的免疫球蛋白IgE结合从而诱发过敏。目前国际免疫学联合会（IUIS）已经在天然胶乳中检测出14种致敏蛋白，并分别予以命名[32]，见表3.2。其中两种是橡胶粒子结合蛋白，分别是分子量为14600的Hev b1，也称作橡胶延长因子（REF），以及分子量为22300的Hev b3，也称作小橡胶颗粒蛋白（SRPP）。通过工业加工处理，在乳胶制成品中仍具有致敏性的乳胶蛋白仅剩四种，但还是包括Hev b1和Hev b3。其中Hev b1为外科手套中的常见过敏源，它是对胶乳过敏的先天性脊柱裂病人的主要致敏源，也是对胶乳过敏的医务人员的主要过敏源；Hev b3也是对胶乳过敏的先天性脊柱裂病人的主要致敏源（阳性率为82%），但不会对乳胶过敏的医务人员造成过敏。

■ **表3.2　国际免疫学联合会（IUIS）在天然胶乳中检测出的14种致敏蛋白**

IUIS 代码	蛋白名称	分子量/$\times 10^3$	所在位置
Hev b1	橡胶延长因子	58/14.6	橡胶粒子表面
Hev b2	β-1,3-葡聚糖酶	34～36	B-乳清
Hev b3	小橡胶颗粒蛋白	22～23	橡胶粒子表面
Hev b4	生氰弐酶	110/115	B-乳清
Hev b5	酸性蛋白	16	C-乳清
Hev b6.01	橡胶素前蛋白	20	B-乳清
Hev b6.02	橡胶素蛋白	4.7	B-乳清
Hev b7	马铃薯糖蛋白同系物	43～46	C-乳清
Hev b8	橡胶树抑制蛋白	14～14.2	C-乳清
Hev b9	橡胶树烯醇酶	51	C-乳清
Hev b10	锰超氧化物歧化酶	22～26	B-乳清
Hev b11	类几丁质酶	33	—
Hev b12	脂质转移蛋白	9.4	—
Hev b13	酯酶	42	—

橡胶粒子结合蛋白导致的过敏除了引起接触性皮炎外，还可引起过敏性结膜炎、过敏性鼻炎、荨麻疹、过敏性哮喘和过敏性休克等速发型过敏反应，即Ⅰ型过敏反应，见图3.11。乳胶过敏还是外科手术及侵袭性检查中过敏性休克的重要原因，也是欧美国家医护人员职业性哮喘最主要的过敏原。橡胶粒子结合蛋白的致敏问题已经引起欧美等发达国家的高度重视，并严重影响了胶乳产品更为广泛的应用。

目前人们通过沥滤、多次离心纯化、氯化处理、

图3.11　天然胶乳过敏症候

酶解处理胶乳等手段，希望清除或者降低胶乳产品中的致敏蛋白，制备出低蛋白胶乳制品，并取得了不错的效果[33]。但是对于对胶乳过敏原极度敏感的人群来说效果有限，此举还会较大幅度增加胶乳产品的成本。因此开发低成本、无过敏原或者低过敏原的新一代胶乳原料是今后研究的热点。其中北美银菊胶乳在制备低成本、无过敏原胶乳产品方面展现出极大的潜力，并受到美、欧等国家的追捧。

3.1.5　三叶橡胶的生物合成

三叶橡胶的生物合成过程非常复杂，自三叶橡胶被欧洲人发现并实现大规模应用以来，人们就开始对三叶橡胶的形成过程进行了不懈而深入的研究。特别是第二次世界大战以来，新的科学技术，比如液体培养、组织培养、示踪技术、光谱技术的发展日新月异，为人们研究三叶橡胶的合成提供了很大帮助，虽然某些细节尚未完全搞清楚，但是三叶橡胶的生物合成过程逐渐变得清晰起来。目前人们普遍认为三叶橡胶的合成由两个过程组成，第一个过程是前体的生物合成，比如异戊烯基焦磷酸酯（IPP）、二甲基烯丙基焦磷酸酯（DMAPP）、牻牛儿基焦磷酸酯（GPP）、法尼基焦磷酸酯（FPP）、牻牛儿基牻牛儿基焦磷酸酯（GGPP），这个过程发生在三叶橡胶乳管细胞质的C-乳清内；第二个过程是三叶橡胶大分子的生物合成，这个过程发生在三叶橡胶乳管细胞质内橡胶粒子的表面的活性中心上。

3.1.5.1　前体的生物合成路线

三叶橡胶树体内的类异戊二烯物质是三叶橡胶生物合成的前体。几种对于三叶橡胶生物合成比较关键的类异戊二烯物质包括异戊烯基焦磷酸酯（Isopentenyl diphosphate，IPP，C_5）、二甲基烯丙基焦磷酸酯（γ，γ-Dimethylallyl pyrophosphate，DMAPP，C_5）、牻牛儿基焦磷酸酯（Geranyl pyrophosphate，GPP，C_{10}）、法呢烯基焦磷酸酯（Farnesyl pyrophosphate，FPP，C_{15}）、以及牻牛儿基牻牛儿基焦磷酸酯（Geranyl geranyl diphosphate，GGPP，C_{20}）[34]。因此想搞清楚三叶橡胶的生物合成路线，就必须首先搞清楚这些前体的生物合成路线。

目前普遍认为，类异戊二烯物质的生物合成存在两条生物合成途径[35,36]：第一条途径是甲羟戊酸（MVA）路线，在细胞质中进行，它以糖酵解产物乙酰辅酶A（乙酰-CoA）作为原初供体，3个乙酰-CoA缩合生成3-羟基-3-甲基戊二酰辅酶A（HMG-CoA），这一反应由乙酰辅酶A硫解酶（AACT）和HMG-CoA合成酶（HMGS）完成。然后在HMG-CoA还原酶（HMGR）的作用下生成甲羟戊酸，再经两次磷酸化和一步脱羧作用形成异戊烯基焦磷酸酯（IPP），IPP经异构酶催化形成二甲基烯丙基焦磷酸酯（DMAPP）。甾体类、倍半萜化合物也是通过这一途径合成的。第二条途径是丙酮酸/磷酸甘油醛（MEP）途径，又称为非依赖甲羟戊酸途径。它主要在植物特有的细胞器—质体中进行，由丙酮酸和3-磷酸甘油醛缩合成5-磷酸-1-脱氧木酮糖（1-deoxy-D-xylulise-5- phosphate，DXP），经过分子重排和一系列的脱氧还原反应生成IPP，IPP经异构酶催化形成DMAPP，这些前体进一步反应会形成各种各样的类异戊二烯物质（Isoprenoids），见图3.12。这是在自然界中广泛分布、种类繁多的一大类化合物，其中低等萜类主要存在于高等植物、藻类、苔藓和地衣中，在昆虫和微生物中也有发现；而甾类化合物主要存在于动物界、植物界和微生物中。目前已知的类异戊二烯化合物有23000种之多，而且还以每周几十种的速率被不断地鉴别出来。

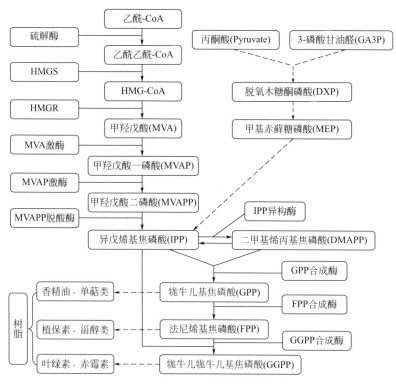

图3.12 三叶橡胶前体的生物合成路线

——代表MVA路径；– – –代表MEP路径

　　植物的类异戊二烯衍生物具有重要的生理、代谢等功能。比如，固醇类化合物是植物细胞生物膜的主要成分；叶绿素和类胡萝卜素是重要的光合色素；植物激素是调控植物生长、发育和防御生物及非生物胁迫的重要物质。此外，类异戊二烯物质还是非常重要的可再生资源，比如萜类中相对分子量较大的植物精油、蜡等可应用于溶剂、调味品、香料；树脂可应用于涂料、黏合剂等。此外工业上应用的三叶橡胶、药物（青蒿素、紫杉醇）和农用化学品（印苦楝子素）都是类异戊二烯产品。

3.1.5.2　三叶橡胶生物合成活性中心

人们经过多年的研究发现，橡胶粒子是三叶橡胶生物合成的唯一场所，而三叶橡胶大分子的生物合成是在橡胶粒子表面的生物合成活性中心进行的。虽然三叶橡胶具体的生物合成机理还没完全搞清楚，但是目前能够确认的是橡胶粒子表面的蛋白质参与了三叶橡胶的生物合成，而磷脂则是三叶橡胶大分子结构的重要塑造者。目前发现橡胶粒子膜上存在顺式异戊烯基转移酶（CPT）、橡胶延伸因子（REF）、小橡胶粒子蛋白（SRPP）、焦磷酸酶等与三叶橡胶生物合成相关的蛋白酶和调控因子。科学家们经过多年探索，认为三叶橡胶的生物合成需要一个活性中心，而这个活性中心就是存在于橡胶粒子表面的顺式异戊烯基转移蛋白酶，见图3.13（a）橡胶粒子上部的黄色CPT标识[16]。

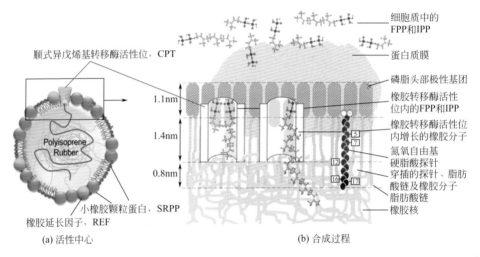

图3.13　橡胶粒子表面三叶橡胶生物合成活性中心及合成过程放大示意图

从图中看到橡胶粒子的活性中心类似一个具有通道的空间场所，通过放大可以较为清楚地描述三叶橡胶的生物合成过程，见图3.13（b）[37]。人们推测在细胞质中游离的前体物质（IPP，FPP）首先必须进入到活性中心才能有机会通过生物合成进入橡胶大分子链，这个过程必须要在细胞质内二价阳离子（Mg^{2+}或者Mn^{2+}）的帮助下才能实现。而橡胶粒子内部等待合成的橡胶大分子必须通过竞争才能进入到粒子表面的活性中心参与合成，橡胶大分子进入活性中心后会被橡胶转移酶激活，然后引入一个异戊二烯单元，完成一个合成步骤，同时释放一分子焦磷酸，之后橡胶大分子失去活性，继而从活性中心脱落。失去活性的橡胶大分子必须重新通过竞争进入活性中心才能进行下一次的合成过程，以实现三叶橡胶大分子链的不断增长。橡胶大分子的激活、合成以及失活过程是在橡胶粒子表面各种蛋白酶的调控下实现的[38]。

3.1.5.3 三叶橡胶的生物合成路线

随着人们对三叶橡胶粒子的结构与生物功能的研究不断深入，科学家们试图进一步探索三叶橡胶的生物合成路线，并提出了各自的三叶橡胶生物合成路线模型。

1969 年，德国植物生理学家 F.Lynen 利用组织培养、示踪原子等技术研究了植物体内诸如法尼醇、香叶醇及聚戊烯醇等小分子类异戊二烯物质的生物合成路线[39]，根据上述研究结果，Lynen 提出了三叶橡胶生物合成路线，即三叶橡胶是由二甲基烯丙基焦磷酸酯引发 n 个异戊烯基焦磷酸酯单体形成三叶橡胶大分子链，最后以焦磷酸端基封端，见图 3.14。

图 3.14 F.Lynen 提出的三叶橡胶生物合成流程图

同时上述合成路线也揭示了三叶橡胶的大分子链结构，即三叶橡胶一端是二甲基烯丙基端基，链接 n 个异戊二烯单元之后形成三叶橡胶大分子链，最后以焦磷酸酯端基封端。上述路线一度被认为是三叶橡胶生物合成的经典路线。

随着 ^{1}H 和 ^{13}C NMR 等技术的快速发展，使人们检测三叶橡胶大分子链的精细结构成为可能。日本化学家 Tanaka 利用 ^{13}C NMR 核磁技术检测三叶橡胶的分子结构，结果发现三叶橡胶大分子不完全是由顺式异戊二烯单元构成，还含有 2 ～ 3 个反式-异戊二烯单元，并且还检测到羟基团和酯基团[40]，见图 3.15。

由此，Tanaka 根据三叶橡胶的结构反推出三叶橡胶的生物合成过程，并把三叶橡胶的生物合成分为链引发、链增长及链终止三个阶段。在链引发阶段，IPP 异构化为 DMAPP，随后 DMAPP 在反式异戊烯基转移

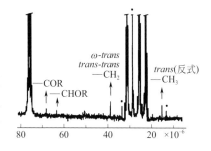

图 3.15 三叶橡胶大分子的 ^{13}C NMR

酶的作用下，引入2～3个IPP转变为FPP和GGPP，而FPP和GGPP就是三叶橡胶的引发剂。与Lynen的合成路线所提到的FPP为顺式结构不同，Tanaka根据^{13}C NMR的结果认为FPP和GGPP为反式结构；在链增长阶段，FPP和GGPP在顺式异戊烯基转移酶的作用下，引入n个IPP最终合成出三叶橡胶长链大分子，并形成焦磷酸酯端基；在链终止阶段，一部分焦磷酸酯端基会水解形成羟基端基，而其中的一部分羟基端基遇到细胞质中的游离脂肪酸还会形成酯基端基，见图3.16。至于为什么先从反式开始，作者认为可能是这种起始方式空间位阻更小，而顺式异戊烯基转移酶的含量较多，或者顺式聚合活化能低，随后的增长则以顺式为主了。

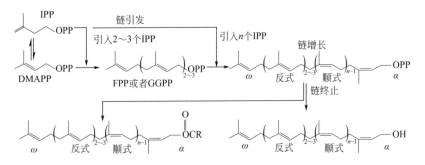

图3.16　Tanaka提出的三叶橡胶的生物合成过程

Tanaka还特地将二甲基烯丙基引发端基命名为ω-端基（引发端基），将焦磷酸酯端基、羟基端基和酯基端基命名为α-端基（终止端基），并提出了新的三叶橡胶大分子链结构模型，见图3.17。从图中看到，三叶橡胶一端是由ω-端基连接2～3个反式-异戊二烯单元，接着再连接1000～3000个顺式异戊二烯单元形成三叶橡胶长链大分子，三叶橡胶的另一端是α-端基封端。

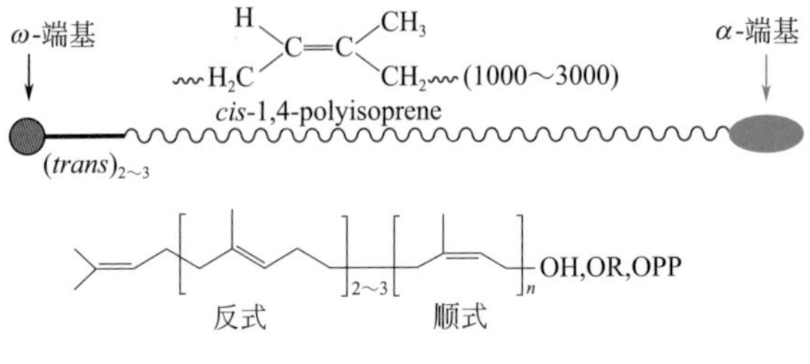

图3.17　Tanaka提出的三叶橡胶大分子链的结构模型

Archer、Audley[41]以及Cornish[42]通过体外孵化生物合成三叶橡胶，发现DMAPP、GPP、FPP、GGPP均可以作为IPP生物合成三叶橡胶的引发剂，且橡胶转移酶对于这些引发剂的尺寸大小和空间化学结构并不敏感，但是引发剂的分子链长度对三叶橡胶的生物合成的引发速率影响却很大。对这些引发剂来说，

IPP被引入三叶橡胶大分子的速率随着引发剂链长度的增加而增加，即DMAPP< GPP< FPP< GGPP。他们还提出了一个新的大分子端基结构模式，即三叶橡胶一端是由ω-端基连接0～3个反式-异戊二烯单元，接着再连接n个顺式异戊二烯单元之后形成三叶橡胶长链大分子，三叶橡胶的另一端是α-端基封端，见图3.18。

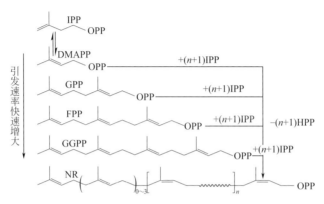

图3.18　Cornish提出的三叶橡胶生物合成路线

美国阿克隆大学的Puskas通过研究认为[43]，三叶橡胶的生物合成过程和高分子化学的阳离子活性聚合过程很相似，因为三叶橡胶的生物合成过程包含阳离子活性聚合的两个关键参数，即橡胶转移酶催化活性中心，和碳阳离子中间体。二者的区别是，在三叶橡胶合成的链增长过程中，每加成一个IPP单体都会释放一个质子氢（H^+）并与焦磷酸根基团（PP^-）形成一个HPP而发生钝化反应（这相当于活性阳离子聚合的失活，如果想再次引发聚合，需要酶催化中心将三叶橡胶大分子链的OPP端基再次激活），而活性碳阳离子聚合活性末端在失活之前会不止加成一个单体。

Puskas结合自己的研究经历，并参考上述学者所提出的三叶橡胶的生物合成路线，提出了三叶橡胶的生物合成过程实际上是一种活性阳离子聚合过程（natural living carboncoationic polymerization，NLCP）的假设。聚合过程所需的物质包括引发剂（DMAPP、GPP、FPP、GGPP，统称APP），单体（IPP），共引发剂（二价阳离子，Mg^{2+}或者Mn^{2+}，统称为Mt^{2+}）。

三叶橡胶的活性阳离子聚合包括引发和增长两个过程。引发过程是引发剂APP在酶和共引发剂Mt^{2+}的作用下将引发剂APP的碳氧键离子化，形成一个烯丙基伯/叔碳阳离子和焦磷酸平衡阴离子，如果该阳离子化活性链端基与附近单体加成，则会形成一个叔碳阳离子，同时损失一个质子氢与焦磷酸根形成一个HPP。链增长就是在离子化/阳离子化的不断重复过程中实现增长的，即三叶橡胶大分子的烯丙基端基被活化酶离子化，随后与接近的单体反应形成叔碳阳离子，接着质子氢丢失，再次重新产生唯一的烯丙基端基，见图3.19。

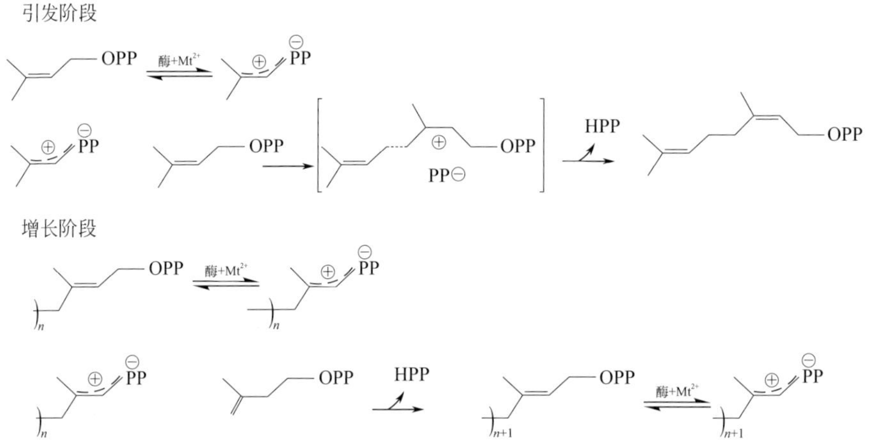

引发阶段

增长阶段

图3.19　三叶橡胶活性阳离子生物合成过程

在三叶橡胶活性阳离子生物合成过程中，三叶橡胶大分子链并不能够无限增长，它会受到植物体的三叶橡胶分子量的调节机制的控制。比如三叶橡胶的链增长过程会受到橡胶粒子尺寸的限制而停止增长，或者会被植物体内的特定蛋白控制而停止增长。分子量停止增长的三叶橡胶大分子并没有进入链终止阶段，仍然处于可以随时被激发的活性状态，只要解除分子量增长的抑制因素，三叶橡胶大分子还可以实现进一步的增长。但是三叶橡胶树在割胶获取胶乳的过程中，原先在乳管细胞内稳定的胶乳粒子遭到了破坏，橡胶粒子内部仍未失去活性的橡胶大分子焦磷酸酯端基遭遇水解，转变成端羟基，其中部分端羟基与胶乳中游离的脂肪酸发生酯化反应而形成端酯基，见图3.20。

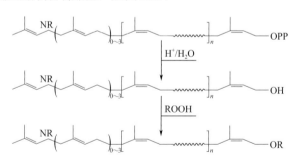

图3.20　活性三叶橡胶大分子的端基水解与酯化过程

根据Puskas所提出的三叶橡胶生物合成过程，三叶橡胶大分子链结构的一端是 ω- 端基连接0～3个反式-异戊二烯单元，接着再连接1000～3000个顺式异戊二烯单元之后形成三叶橡胶长链大分子，三叶橡胶的另一端是 α- 端基封端，见图3.21。特别是Puskas提出大分子的 α- 端羟基和端酯基主要是在胶乳收取和加工过程中产生的。

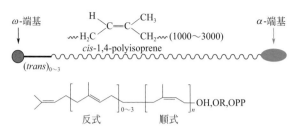

图 3.21　Puskas 提出的三叶橡胶大分子链结构

　　Puskas 提出的三叶橡胶活性阳离子聚合的假设将三叶橡胶的生物合成过程的机理研究推向了新的层面，她抛开生物化学家关于三叶橡胶粒子活性中心酶催化生物合成三叶橡胶大分子的观点，换之以高分子化学家的角度审视三叶橡胶的生物合成过程，并提出三叶橡胶生物合成是一种每个合成步骤都含有钝化——激活过程的活性阳离子聚合这一假设，为今后三叶橡胶实现可操作的体外仿生生物合成提供了新思路。

3.2　三叶橡胶的分子结构

　　如上所述，生物化学家和高分子化学家提出了各种各样的三叶橡胶生物合成模型以及与之相对应的三叶橡胶大分子结构模型[39,40]，但是在端基结构及其起源上仍有分歧，需要进一步的研究。

3.2.1　三叶橡胶引发端基（ω-端基）的结构分析

　　人们普遍认为是二甲基烯丙基焦磷酸酯（DMAPP）引发了三叶橡胶的生物合成过程，在引发过程中 DMAPP 先是在反式异戊烯基转移酶（TPT）的作用下，连接 0～3 个反式异戊二烯单元，形成 GPP、FPP、GGPP 等三叶橡胶的生物合成前体，然后这些前体在顺式异戊烯基转移酶的作用下连接数千个顺式异戊二烯单元，构成了三叶橡胶大分子长链结构[41～43]，见图 3.22。此外，人们通过对聚戊烯醇等三叶橡胶模型化合物的 ^1H 和 ^{13}C NMR 的检测也确定了 ω-端基和与之相连的反式-1,4-单元结构的信号峰位置[44]，见图 3.23。

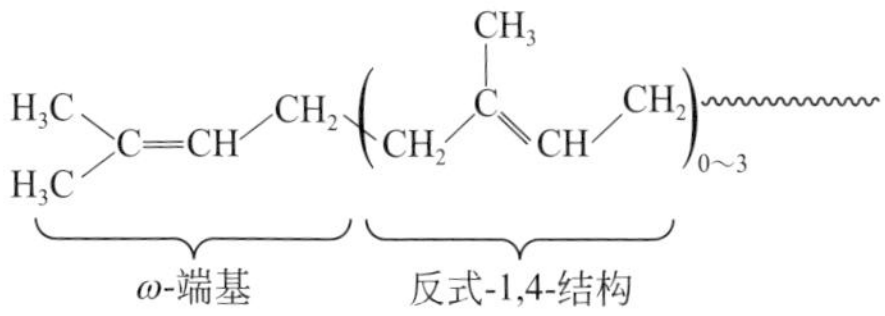

图 3.22　人们推测的三叶橡胶的 ω-端基及随后的反式-1,4-单元结构

三叶橡胶模型化合物：$\omega\text{-}(trans)_2\text{-}(cis)_{13}\text{-}OH$

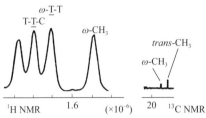

图3.23 模型化合物 ω- 端基和反式 -1,4- 单元结构在 ^1H 和 ^{13}C NMR 的信号峰位置

因此科学家试图通过 ^1H 和 ^{13}C NMR 技术来检测实际三叶橡胶的二甲基烯丙基引发端基和随后的反式 -1,4- 异戊二烯单元结构，以验证人们的推测。通过 ^1H 和 ^{13}C NMR，人们普遍可以检测到反式 -1,4- 异戊二烯单元结构的存在，再通过对 ^{13}C NMR 核磁峰强度的计算，人们认定三叶橡胶大分子内平均可以存在 2 ～ 3 个反式 -1,4- 异戊二烯单元，这一结论与聚戊烯醇等模型化合物的结构相吻合。但无论是 ^1H 和 ^{13}C NMR 在三叶橡胶的样本中均没有检测到二甲基烯丙基端基结构的存在。于是人们考虑可能是由于三叶橡胶的分子量比较高，单位质量三叶橡胶的端基数目比较少，而如果NMR的分辨率不是足够高，就不能分辨出二甲基烯丙基端基内的两个对位甲基的信号峰[45]。

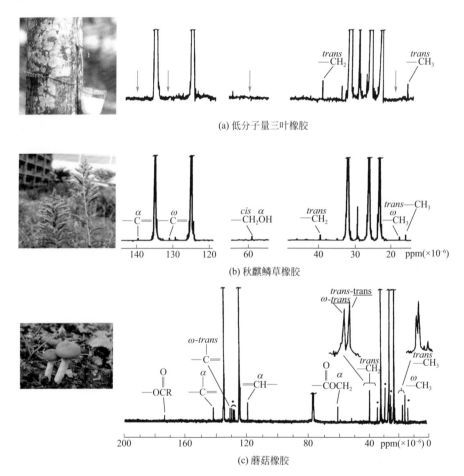

(a) 低分子量三叶橡胶

(b) 秋麒麟草橡胶

(c) 蘑菇橡胶

图3.24 低分子量三叶橡胶、秋麒麟草橡胶和蘑菇橡胶的 ^{13}C NMR 谱图

于是人们试图通过分级的方法，将三叶橡胶按照分子量从高到低进行分级，利用低分子量级分的三叶橡胶进行 ω-端基结构的核磁检测。但是结果令人失望，人们在低分子量三叶橡胶的 ^{1}H 和 ^{13}C NMR 的谱图中依然检测不到二甲基烯丙基的信号峰，见图 3.24（a）和图 3.25（a）。然而，人们并不是凭空认为是 DMAPP 引发了三叶橡胶的生物合成，这是因为人们在蘑菇橡胶、秋麒麟草橡胶等分子量较低的三叶橡胶的类同化合物中检测到了二甲基烯丙基端基的信号峰，并且也检测到了反式-1,4-异戊二烯结构单元的信号峰[46,47]。这与人们所推测的三叶橡胶的生物合成过程以及相对应的分子结构完全吻合，见图 3.24（b）和图 3.24（c）。

鉴于人们在低分子量级分三叶橡胶的核磁谱图中检测不到二甲基烯丙基的端基结构，因此也就无法确定三叶橡胶的引发端基的化学结构。于是人们猜测和蘑菇橡胶等模型化合物不同，三叶橡胶也许有不同的引发端基结构，并且在低分子三叶橡胶核磁谱图中检测到的反式-反式结构单元很有可能是顺式结构单元的异构化产物。但是这个猜测存在很大争议[47]，因为三叶橡胶大分子内顺式结构单元数量较大，因此三叶橡胶的所有大分子不太可能都在同一个位置发生反式-反式结构单元异构化的情况。最大的可能是个体大分子在不同位置出现偶发的顺-反或者反-顺序列结构，但是在核磁谱图中并没有检测到相应的顺-反或者反-顺序列结构的裂分峰，只检测到反-反结构的信号峰，并且与模型化合物的反式单元结构的信号峰位置很相似，见图 3.25（b）和 3.25（c）。因此，比较有可能的是天然橡胶引发端基内的二甲基烯丙基被某个未知基团改性，形成了新的与二甲基烯丙 ω-端基结构非常近似的 ω'-端基，见图 3.26。

最近，人们通过三叶橡胶生物合成体外孵化实验获得了一些有关三叶橡胶 ω'-端基的最新信息。具体做法是将新鲜三叶胶乳超离心分离，参考图 3.4，然后在底部级分中加入 FPP 进行体外孵化生物合成三叶橡胶，并将得到的三叶橡胶与超离心胶乳的上层奶油级分中的三叶橡胶进行 ^{13}C-NMR 测定，然后进行谱图对比，见

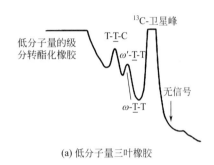

(a) 低分子量三叶橡胶

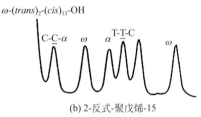

(b) 2-反式-聚戊烯-15

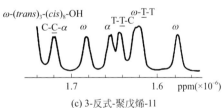

(c) 3-反式-聚戊烯-11

图 3.25　低分子量三叶橡胶、模型化合物和 ^{1}H NMR 谱图

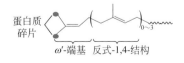

图 3.26　人们推测的三叶橡胶的 ω'-端基及随后的反式-1,4-单元结构

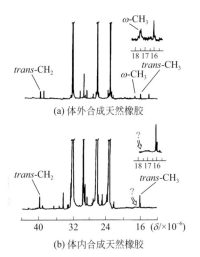

(a) 体外合成天然橡胶

(b) 体内合成天然橡胶

图3.27 ^{13}C NMR测定体内/体外合成三叶橡胶引发端基的结构

图3.27[48]。从图中看到，体外合成三叶橡胶的 ^{13}C NMR谱图清楚地显示出了 ω 端基-反式-反式序列中的二甲基烯丙基团甲基碳原子的特征信号峰。而超离心胶乳上层奶油级分中的三叶橡胶并没有显示出二甲基烯丙基碳原子中的甲基碳原子信号峰。这一证据表明，FPP就是三叶橡胶树中橡胶大分子生物合成的引发剂，因此三叶橡胶大分子引发端基的分子结构就是二甲基烯丙基-反式-反式序列结构。

然而普通三叶橡胶中二甲基烯丙基团的缺失极有可能是在天然胶乳加工过程中二甲基烯丙基团选择性改性造成的。人们推测改性过程很有可能与橡胶粒子表面的结合蛋白质相关，在三叶胶乳的加工过程中，随着橡胶粒子破碎，三叶橡胶大分子的二甲基烯丙基团极有可能在范德华力、氢键或者离子键的作用下与破碎的橡胶粒子结合蛋白形成了支化结构或者空间网络结构，即使通过脱蛋白以及转酯化等手段破坏掉这种支化结构或者网络结构，得到的线型三叶橡胶大分子仍然有可能与蛋白质碎片相连接，从而改变了三叶橡胶初始的 ω- 引发端基结构，形成了改性的 ω'- 端基结构，见图3.26。

根据这个推测，人们通过红外光谱测定脱蛋白三叶橡胶，以验证脱蛋白的三叶橡胶是否存在蛋白质的残基，见图3.28（A-a）到（A-c）。从图中可清楚地看到，三叶橡胶在经过脱蛋白处理之后，存在于3280 cm^{-1}处的波段峰会向3316 cm^{-1}波段位移[49,50]。这和多肽断裂成寡肽之后，存在于多肽3281 cm^{-1}处的特征峰会向寡肽3320 cm^{-1}处的特征峰位移的现象非常相似，见图3.28（B-a）到（B-d）。基于这个证据，人们认为三叶橡胶未确定的 ω'- 端基团极有可能与蛋白质相联系或者相连接。然而这个证据显得有些薄弱，并且没有其他辅助证据予以支撑，所以这个结论提出来之后，很快就有人提出不同意见，认为纯化三叶橡胶3300～3320cm^{-1}波段

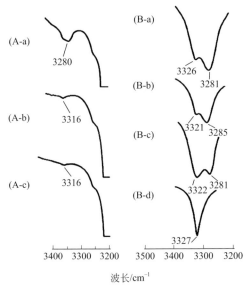

图3.28 天然橡胶和肽的红外光谱图
（A-a）天然橡胶；（A-b）脱蛋白天然橡胶；
（A-c）丙酮抽提脱蛋白天然橡胶；
（B-a）多肽；（B-b）三肽；
（B-c）二肽；（B-d）单肽

上较弱的红外光谱吸收是碳碳双键伸缩振动的泛频[51]，并不是低聚寡肽的特征峰，因而并不能认定三叶橡胶的ω'-端基与蛋白质相关。目前三叶橡胶ω'-端基的化学结构还不清楚，因此探索三叶橡胶ω'-端基的结构已经成为学术界研究的一个热点，相信不久的将来，三叶橡胶ω'-端基的结构将会变得明晰。

3.2.2 三叶橡胶终止端基（α-端基）的结构分析

目前人们普遍认为，在三叶橡胶树体内未经过加工的三叶橡胶大分子的α-端基是以焦磷酸酯基团封端，但是人们一直没有检测到这一基团[42]。因此人们推测，这可能是由于在三叶胶乳的加工过程中，三叶胶乳的稳定性被打破，α-焦磷酸酯端基会水解为α-羟端基，部分α-羟端基遇见三叶胶乳中游离的脂肪酸会进一步酯化变成α-脂肪酸酯端基[40,43]，见图3.29。

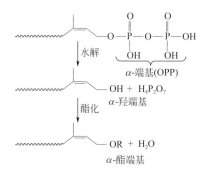

图3.29 人们推测的三叶橡胶的终止端基（α-端基）结构

这一结论在秋麒麟草和蘑菇橡胶等低分子量的天然橡胶中得到了证实，见图3.24（b）和图3.24（c）。但是在低分子量的三叶橡胶中并没有检测到相应的α-羟端基和α-酯端基，见图3.24（a）。因此，人们认为三叶橡胶可能含有不同的α-端基结构，最近人们利用丙酮抽提酶解脱蛋白三叶橡胶，发现每单个橡胶分子链含有1个磷原子和两个长链脂肪酸酯，且与分子量的大小无关，并可通过转酯化或者皂化反应去除。考虑到将丙酮抽提的脱蛋白三叶橡胶再进行转酯化反应会造成分子量和Huggins常数k值的降低，因此人们推测磷原子和长链脂肪酸极有可能作为磷脂成为α-端基的一部分[52]。这一推测可通过高频NMR观察丙酮抽提脱蛋白三叶橡胶的^{1}H—、^{13}C—和^{31}P—NMR的谱图予以证实[45]，见图3.30。

从图中看到，在三叶橡胶的α-端基内不但检测到了单-双磷酸酯基团的信号峰，还检测到了衍生自磷脂的信号峰。因此，三叶橡胶的α-端基团除了含有磷脂基团之外，还有可能含有磷酸酯基团，它存在于橡胶大分子链末端与磷脂之间，并与磷脂基团共同构成了三叶橡胶的α-端基团，见图3.31。

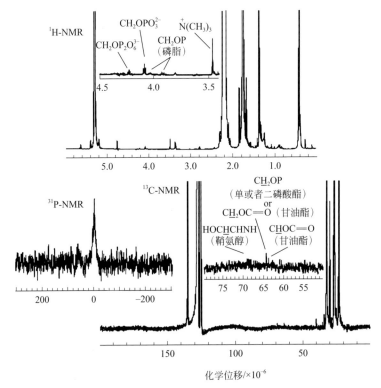

图3.30　高频NMR测定丙酮抽提脱蛋白三叶橡胶的终止端基（α-端基）结构

(a) α-端基结构

(b) 卵磷脂的化学结构

图3.31　推测的三叶橡胶的α-端基和磷脂基团的化学结构

图3.31（a）是推测的三叶橡胶的α-端基的化学结构，方括号内的是与三叶橡胶大分子连接的单磷酸或者双磷酸基团，右侧带有两个辫子的黑色圆球是磷脂基团，再根据图3.30中^{1}H NMR谱图中显示有季铵盐的信号峰，因此该磷脂基团最有可能的是卵磷脂基[53]，见图3.31（b）。人们进一步推测磷脂和膦酸酯基团有可能是通过氢键或者离子键连接在一起，这可以通过复合酶解的方法选择性地剪切膦酸酯和磷脂形成的键予以证实[54]，见图3.32。

从图3.32中看到，脂肪酶和磷脂酶A_2、B会分别与磷脂甘油酰基结构的脂肪酸酯发生酶解反应。另一方面，磷脂酶C和磷酸酯酶仅仅分解磷脂甘油酰基结构的单磷酸键。磷脂经过脂肪酶和磷脂酶A_2、B处理之后产生的脂肪酸分解物可以

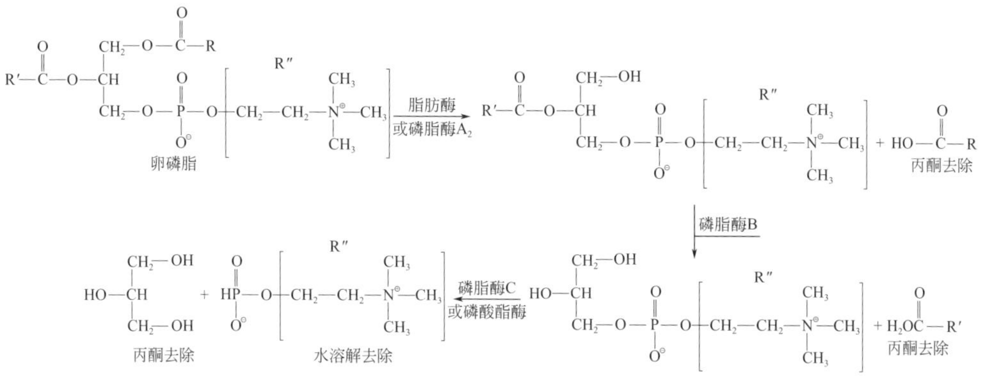

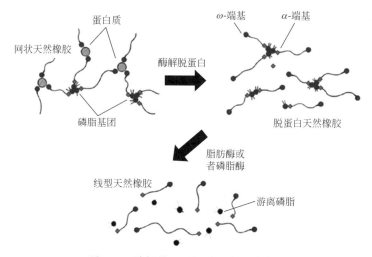

图3.32　磷脂的酶解处理过程

通过丙酮抽提的办法去除，经过磷酸酯酶和磷脂酶C处理之后产生的磷酸酯分解物可通过水洗的方式去除。结果部分分解的磷脂将失去形成氢键或者离子键以及微胶囊结构的活性，从而导致了包含有磷脂支化点的分解断裂，其结果就是三叶橡胶α-端基团的分裂瓦解，使得三叶橡胶大分子与磷脂基团完全分离，见图3.33。

图3.33　酶解处理过的脱蛋白三叶橡胶

将上述经过复合酶处理过的三叶橡胶做 ^{1}H-NMR 的测定，以验证复合酶解三叶橡胶所推测的α-端基的结构，见图3.34。从图3.34（a）中看到，经过转酯化和脱蛋白处理之后，三叶橡胶氢谱中化学位移在3.5ppm<δ<4.5ppm范围内的微细信号峰中，从左至右依次可以检测到双磷酸酯、单磷酸酯、磷脂以及磷脂基团内季铵盐的信号峰。这也证实了人们的猜测，即三叶橡胶的α-端基确实是由单磷酸或者双磷酸并与磷脂基团共同构成。接着将脱蛋白三叶橡胶经过脂肪酶和磷酸酯酶C处理，见图3.34（b）和图3.34（c），从图中看到，三叶橡胶的单磷酸和双磷酸的信号峰基本没变，但是磷脂的信号峰变弱，磷脂内季铵盐的信号峰消失

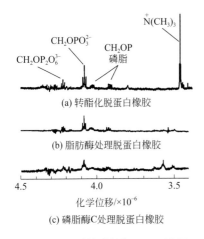

图 3.34　三叶橡胶的 ^{1}H NMR 谱图

（a）转酯化脱蛋白胶
（b）脂肪酶处理脱蛋白胶
（c）磷脂酶C处理脱蛋白胶

了。表明经过脂肪酶和磷脂酶的处理，三叶橡胶 α-端基内的磷脂基团脱离了橡胶大分子变成了游离基团，而单磷酸酯或者双磷酸酯基团仍然存在，此外，通过计算可知，经酶处理1mol三叶橡胶之后会存在大约2mol的脂肪酸酯[53]。因此通过以上证据基本可以确认，三叶橡胶的 α-端基是由单磷酸或者双磷酸以及磷脂基团共同组成，并且在三叶橡胶的 α-端基结构中，橡胶大分子末位的异戊二烯单元并未与磷脂基团内的单磷酸酯基团直接相连，而是和单磷酸或者双磷酸基团直接相连接，参考图3.34（a）。

经过上述对于三叶橡胶端基化学结构的分析可知，三叶橡胶的 ω-端基是由二甲基烯丙基团构成的，但是在三叶胶乳加工的过程中，二甲基烯丙基团有可能被某个未知基团改性，形成了新的与 ω-端基非常近似的 ω'-端基结构，而这个未知基团极有可能与橡胶粒子表面的结合蛋白有关，紧随三叶橡胶的 ω'-端基之后的是0～3个反式-1,4-异戊二烯结构单元；三叶橡胶的 α-端基是由单磷酸或者双磷酸并与磷脂基团共同构成，橡胶大分子末位的异戊二烯单元并未与磷脂基团内的单磷酸酯基团直接相连，而是和单磷酸或者双磷酸基团直接相连接，而单磷酸或者双磷酸有可能通过氢键或者离子键与随后的磷脂基团相连接。此外，三叶橡胶在加工和存储的过程中还有可能发生环氧化、环化、醛化和胺化等变异反应，因此三叶橡胶的大分子结构除了含有较为复杂的端基结构之外，还有可能包含极少量的环氧基团、醛基团、胺化基团等变异基团，见图3.35。

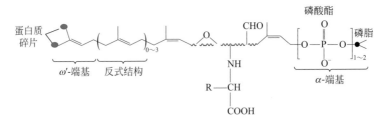

图 3.35　目前推测的三叶橡胶的大分子的最终结构

3.2.3　三叶橡胶的超分子结构——支化和凝胶

由前述可知，三叶橡胶的 ω-端基和 α-端基分别与蛋白质和磷脂相连接，这种端基结构会形成三叶橡胶的超分子结构——支化结构和凝胶结构[55,56]。一般三叶橡胶分子会带有2～4个支化点形成星形分子结构，而如果这些带有支化点的三叶橡胶分子相互连接在了一起就会形成空间网络结构，从而形成凝胶。支化点和凝胶的形成会直接造成三叶橡胶的分子量变大，分布变宽。

三叶橡胶的生物合成发生在橡胶粒子表面，生成的三叶橡胶大分子被储存在橡胶粒子内部，其中的ω-端基与蛋白质相连接，α-端基与磷脂相连接。在加工的过程中橡胶粒子破碎，破碎的橡胶粒子膜表面很有可能作为连接点，形成了三叶橡胶的支化结构或者空间网络结构，因此三叶橡胶极有可能形成不同于三叶橡胶基本结构的超分子结构[29,43]，见图3.36。

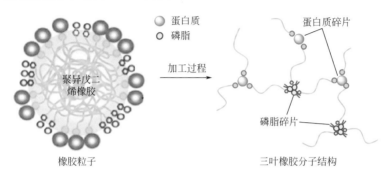

图3.36　三叶橡胶大分子的空间网络结构示意图

从图中可见，橡胶粒子破碎之后，连接三叶橡胶大分子链ω-端基的蛋白质碎片形成三叶橡胶分子结构的支化点，连接三叶橡胶大分子链α-端基的磷脂碎片也形成三叶橡胶分子结构的支化点，因此，破碎的蛋白质和磷脂碎片就可把线型的三叶橡胶大分子连接成为空间网络结构的三维大分子，可以称之为超分子结构。研究表明，凝胶点和支化点的形成有可能是靠氢键和离子键来维持的。

三叶橡胶的支化点既可以在ω-端基形成，也可以在α-端基形成。在ω-端基形成的支化点与蛋白质密切相关，因为使用蛋白水解酶处理天然胶乳会导致这些支化点的分解，继而会造成凝胶含量和分子量的降低。在α-端基形成的支化点与磷脂或者脂肪酸有关，因为通过甲醇钠转酯化作用可以分解由于磷脂或者脂肪酸形成的支化点，造成分子量下降大约1/3。人们推测α-端基处的支化点是由脂肪酸酯中的离子键和在磷脂分子中的磷酸基团经由氢键连接而成，这一点已经通过在橡胶甲苯溶液中加入极性溶剂去除氢键，以及添加磷酸氢二胺去除镁离子而分别得到了证实，见表3.3[53]。

■ 表3.3　不同三叶橡胶样本的分子量和分子量分布

三叶橡胶样品		分子量/（$\times10^5$）		
		M_w	M_n	M_w/M_n
溶液	丙酮抽提脱蛋白橡胶	13.30	1.80	7.41
	转酯化脱蛋白橡胶	4.02	1.04	3.88
	1%乙醇处理丙酮抽提脱蛋白橡胶	5.64	1.01	5.57
胶乳	脱蛋白橡胶	7.86	1.30	6.05
	5%二胺处理脱蛋白橡胶	6.31	1.26	5.01

从表中看到，与未处理的脱蛋白橡胶相比，乙醇和二胺的加入降低了三叶橡胶的分子量以及使得分子量分布变窄，表明去除了支化点中氢键和离子键的影响因素。然而与在脱蛋白三叶橡胶甲苯溶液中加入乙醇导致的分子量降低相比，在脱蛋白胶乳中加入二胺造成的分子量降低较小。这说明在支化点形成的过程中，由镁离子形成的离子键的贡献要比磷脂极性头部集团形成的氢键的贡献小。

可以通过分析高度脱蛋白三叶橡胶级分的氮含量来进一步分析支化点的成分[51]。高度脱蛋白样本可以在SDS（十二烷基磺酸钠）或者Triton X-100（聚乙二醇辛基苯醚）存在的条件下通过连续漂洗3～5次新鲜胶乳得到。整个样本的氮含量为0.015%，表明在漂洗过的橡胶样本中基本不含蛋白质，因而三叶橡胶的ω-端不会再有因蛋白质而形成的支化点。经测试表明高度脱蛋白每个橡胶链内的氮含量与分级三叶橡胶样本的分子量成正比，见图3.37。

这一实验事实证明了支化点内的磷脂组分含有含氮基团，该基团可使橡胶链集合，增加了橡胶大分子的分子量，这同时也证明了作用更强的支化点主要是在α-端基形成的。结合图3.32，进一步推断出，三叶橡胶α-端基支化点的形成有可能由两种机制造成，首先是α-端基内的磷酸酯基团与磷脂基团形成的氢键或者离子键构成了三叶橡胶α-端基间的相互作用，其次是α-端基内的磷脂基团相互间以氢键或者离子键或者微胶囊形成支化点结构[45,54]，见图3.38。

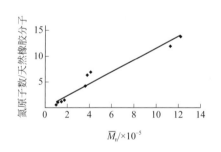

图3.37　三叶橡胶分子量与每个分子链内氮含量的关系（使用Triton X-100漂洗5次的离心鲜胶乳测定）

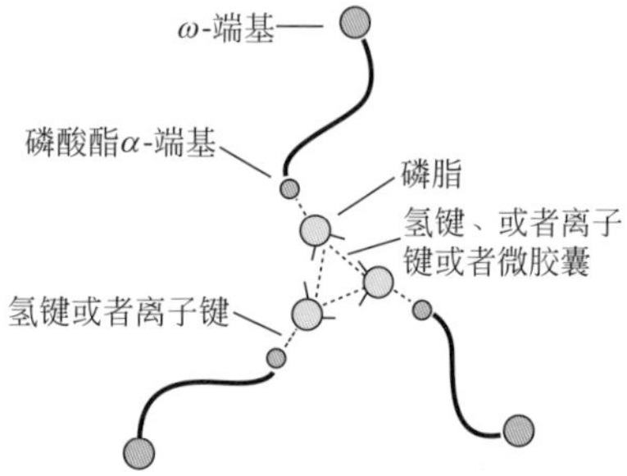

图3.38　三叶橡胶α-端基支化点形成机制示意图

3.2.4　三叶橡胶的存储硬化现象及机理

固体三叶橡胶在长期存储过程中门尼黏度、华莱士塑性指数以及凝胶含量会逐渐增加，这一现象被称为存储硬化，这不但给产品的稳定性评价带来困扰，并会使加工性能变差，增加橡胶加工能耗。过去人们推测三叶橡胶的存储硬化是由于橡胶大分子链上的变异基团（abnormal groups，比如，羰基、内酯以及环氧基团）与蛋白质发生交联反应造成的[57]，但是并没有支撑性证据表明发生了这一反应。此外，人们试图利用环氧化的合成异戊橡胶与氨基酸发生交联反应，以再现三叶橡胶的存储硬化效应，结果也没有发生硬化现象[58]。而纯化的三叶橡胶在加入氨基酸之后则显示出明显的硬化现象，这表明三叶橡胶的存储硬化现象另有原因。

后来人们认为三叶橡胶的存储硬化现象是由于橡胶大分子中的醛基发生醇醛缩合反应造成的。前面提到三叶胶乳在加工的过程中，橡胶大分子有可能发生醛基化等变异反应，在存储过程中，这些变异醛基会发生分子内或者分子间的醇醛缩合反应，形成分子内或者分子间的交联点，从而造就了三叶橡胶大分子的空间网络结构，使得三叶橡胶发生硬化现象。在高温低湿的条件下，会加剧这种反应，并加速三叶橡胶的硬化现象[40,45]，见图3.39。

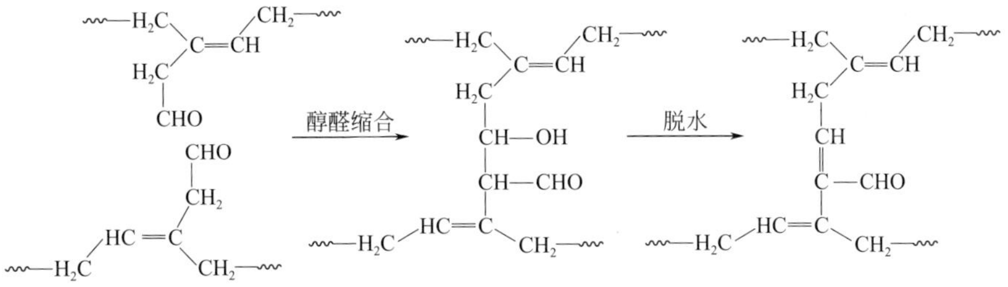

图3.39　三叶橡胶内醛基发生的醇醛缩合反应

上述机理可以很好地解释三叶橡胶的存储硬化现象，并一度成为教科书中解释三叶橡胶硬化现象的经典理论。于是人们试图寻找一种能够阻止醛基发生醇醛缩合反应的物质，以防止三叶橡胶存储硬化现象的发生。经过不懈研究，人们发现羟胺和二甲酮可以有效防止三叶橡胶存储硬化现象的发生[17]。这是因为羟胺可以和醛基发生醛胺缩合反应，从而屏蔽三叶橡胶内的醛基团，因而可以有效阻止醇醛缩合反应的发生，见图3.40[45]。

$$(NR)—CHO \ + \ NH_2—R \longrightarrow (NR)—CH=N—R \ + \ H_2O$$

图3.40　羟胺与三叶橡胶内醛基发生的醛胺缩合反应

人们根据这一原理，通过在三叶橡胶中添加羟胺制备出了恒黏三叶橡胶（CV-NR）。然而最近的研究表明，虽然经过羟胺处理，三叶橡胶可以有效降低自身的黏度，但是经过长时间存储之后，与普通三叶橡胶类似，恒黏三叶橡胶还是会发生硬化现象，并且单位时间硬化的程度与普通橡胶很近似，见图3.41[59]。因此羟胺在三叶橡胶中的作用更类似于增塑剂，并不能有效阻止三叶橡胶的硬化，所以三叶橡胶大分子内的醛基并不是造成存储硬化的原因，三叶橡胶的硬化现象还得另找原因。

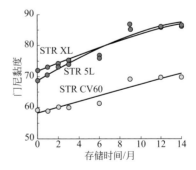

图3.41　普通三叶橡胶和恒黏
三叶橡胶的存储硬化现象
STR XL—泰国标准胶XL级；
STR 5L—泰国标准胶5L级；
STR CV60—泰国标准胶恒黏60级

最近，人们在高温低湿条件下进行的加速存储硬化的测试中，发现脱蛋白三叶橡胶与鲜胶乳三叶橡胶一样，均会发生存储硬化现象。表明蛋白质的去除并没有阻止三叶橡胶的硬化，因此证明了蛋白质不是造成三叶橡胶存储硬化的主要原因，而且也不会与所谓的变异基团发生交联反应。但是进一步将脱蛋白三叶橡胶进行转酯化处理之后，三叶橡胶不再出现存储硬化的现象，这充分表明三叶橡胶中的脂质结构及相关组分才是造成三叶橡胶和脱蛋白三叶橡胶硬化的主要原因，见图3.42[60]。

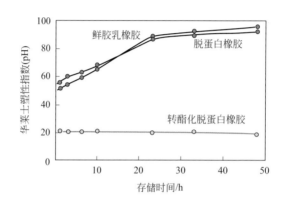

图3.42　高温低湿条件下不同三叶橡胶的加速硬化实验

综合上述分析，我们可以推测，三叶橡胶存储硬化的机理是：新鲜胶乳经过凝固而得到的三叶橡胶，在存储过程中，以α-端基为主的末端官能团在高黏度的橡胶基体中通过氢键作用、微胶囊作用以及离子键作用不断集聚，形成了支化结构甚至网络结构，从而导致了三叶橡胶的存储硬化现象，见图3.43[61]。进一步可以推测，不同的橡胶品系、不同的三叶橡胶制备工艺，三叶橡胶的存储硬化的程度会不同。

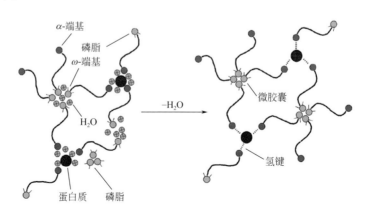

图3.43　高温低湿条件下三叶橡胶的加速硬化过程示意图

　　理论上讲，橡胶大分子的末端集聚，对于材料的物理机械性能是有好处的，特别是对于材料的抗破坏性能以及动态生热性能。但在三叶橡胶制备过程中，这种集聚如果高度形成，就会使加工困难，同时由于集聚是一个热力学驱动的动力学过程，这就很难保证三叶橡胶原材料的批次稳定性。此外不同品系、不同树龄的三叶橡胶的分子量及其分布也会不同，因此，对于橡胶制品厂而言，比较好的做法是使用同一品系、同一树龄、制备工艺和存储时间的一致性很高的三叶橡胶原材料，或者像某些企业那样，先将不同批次的三叶橡胶破碎，再进行物理掺混-均化，以便制备出批次性能比较稳定的三叶橡胶原材料。

3.3　三叶橡胶的分子量及分子量分布　<<<<

3.3.1　三叶橡胶超分子结构的分子量及分子量分布规律

　　前面通过对于三叶橡胶大分子结构的分析可知，三叶橡胶的超分子结构会对三叶橡胶的分子量和分子量分布造成严重影响[55]。一般人们在测定三叶橡胶的分子量和分子量分布时，并不会刻意对三叶橡胶的测试样本进行去"超分子结构"的处理。而是对所采集的三叶橡胶样本进行直接测定，而这些样本中既包括三叶橡胶的线型分子结构，也包括带有支化点和凝胶的超分子结构，因此所测定的三叶橡胶的分子量和分子量分布应该是这些分子结构的共同体现[56]。但是受到不同测试手段和仪器本身的限制，直接测定三叶橡胶样本所得到的分子量和分子量分布的结果也大不相同。比如渗透压法会受到半透膜本身的限制有可能测试不到低分子量三叶橡胶的级分，而造成测试结果偏高；光散射法会受到三叶橡胶分子内干涉条件的限制也有可能测试不到低分子量三叶橡胶的级分，也会使测试结果偏高；最常用的GPC法会受到不同结构三叶橡胶分子溶解性能的限制而有可能检测不到超分子凝胶结构或者超高分子量三叶橡胶的级分，而使测试结果偏低，见图3.44。

　　如果不考虑三叶橡胶的超分子结构，而仅仅用 $(C_5H_8)_n$ 来简要描述三叶橡胶的分子式，那么一般三叶橡胶样本 n 值的测试范围约为10000左右，换算成分子量平均在70万左右，并且分子量分布范围较宽。文献报道直接测定的三叶橡胶的分子

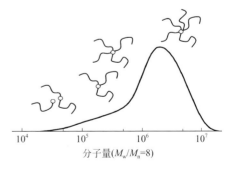

图3.44　三叶橡胶的分子量、分子量分布与结构的关系

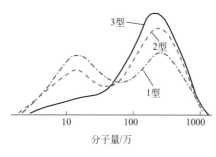

图3.45　三叶橡胶分子量分布曲线类型

量大多在3万～3000万之间；分子量分布指数在2.8～10之间。并且三叶橡胶的分子量分布普遍具有双峰分布规律，在20万～100万低分子量区域存在一个峰，在100万～250万高分子量区域存在一个峰。三叶橡胶的这种双峰分布规律基本可以用三种曲线进行描述，如图3.45所示[17]。

1型是清晰的双峰分布，两峰高度几乎相等，通过这种峰型计算得到的平均分子量偏低；2型也是清晰的双峰分布，但其在低分子量区域内的峰较低，高分子量区域的峰较高，通过这种峰型计算得到的平均分子量适中；3型是一肩一峰的分布方式，在低分子量区域中形成一个"肩"或"小山丘"，在高分子量区域形成一个高大的峰，通过这种峰型计算得到的平均分子量偏高。一般高分子量级分被认为衍生自带有三官能团或者四官能化点的三叶橡胶，低分子量级分被认为是线型分子结构的三叶橡胶。然而，基于渗透压和磁核法测定的分子量，发现不仅高分子量级分含有支化分子结构，低分子量级分也含有支化分子结构，参见图3.44和表3.6。

3.3.2　三叶橡胶分子量及分子量分布与品系的关系

三叶橡胶的分子量和分子量分布与三叶橡胶树的品系密切相关。因为不同品系的三叶胶乳在加工过程中会产生不同分子结构的三叶橡胶，因而会使得三叶橡胶的分子量及分子量分布各不相同。表3.4列出了东南亚地区不同品系的无性系橡胶树所产橡胶的分子量和分子量分布。从表中看到，平均分子量较高的属于3型一肩一峰分布曲线；平均分子量较低的属于1型双峰分布曲线，平均分子量适中的属于2型双峰分布曲线[17]。

■ 表3.4　不同品系无性系橡胶的低分子量橡胶分数和分子量分布曲线类型

无性系橡胶名称[1]	低于5×10^5分子量的橡胶质量/%	分子量分布曲线类型	无性系橡胶名称[1]	低于5×10^5分子量的橡胶质量/%	分子量分布曲线类型
RRIM501	40	1型或2型	PB 5/51	18	3型
RRIM513	34	2型	PB 86	27	2型
RRIM	33	2型	PR 107	28	2型
RRIM	36	1型或2型	GT 1	30	2型
RRIM	30	2型	RRIC 36	23	3型
RRIM	39	1型或2型	Tj 1	20	3型

① RRIM系列，马来西亚橡胶研究院选出的品系编号；PB系列，马来西亚普兰伯沙胶园育出的品系编号；GT系列，印尼橡胶实验站选育出的品系编号；RRIC系列，锡兰（今斯里兰卡）橡胶研究所育出的品系编号；Tj系列，印尼雅兰之橡胶园选育出的品系编号。

　　然而不同品系三叶橡胶过宽的分子量分布会造成批次生产的三叶橡胶的性能差异较大，因而给下游厂商的实际应用带来不利影响。因此培育具有比较适宜的分子量及分子量分布的三叶橡胶树品系是保证三叶橡胶性能稳定的一个重要因素。近年来东南亚产胶国和我国在这方面做了大量的工作，并取得了不错的效果。表3.5列出了东南亚产胶国和我国自行培育的一些优良三叶橡胶树品系。从表中看到，这些品系所产三叶橡胶的分子量在10万～20万之间，分子量分布在3～5之间，保证了所产三叶橡胶性能生产批次的稳定性。

■ **表3.5　不同品系三叶橡胶的分子量和分子量分布**

品系	数均分子量（M_n）	重均分子量（M_w）	黏均分子量（M_v）	分子量分布的宽度系数（M_w/M_n）
RRIM600	152×10^3	550×10^3	499×10^3	3.60
PR107	146×10^3	538×10^3	487×10^3	3.69
热研7-33-97	137×10^3	517×10^3	465×10^3	3.79
热研88-13	106×10^3	499×10^3	443×10^3	4.72
热研8-79	168×10^3	519×10^3	470×10^3	3.09

　　三叶橡胶的分子量及分子量分布不仅与三叶橡胶树的品系密切相关，而且还与三叶橡胶树的树龄密切相关。测试表明三叶橡胶的分子量会随着橡胶树的年龄而增加。值得注意的是，低分子量级分和高分子量级分所产生峰的位置与树龄无关，但是峰强度与树龄有关，一般低分子量级分的峰强度会随着树龄的增加而减小，而高分子量级分的峰强度会随树龄的增加而增加，见图3.46[62]。

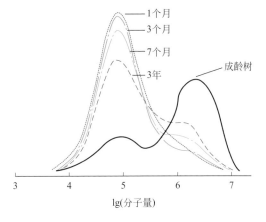

图3.46　三叶橡胶分子量分布曲线类型与树龄间的关系

3.3.3　三叶橡胶线型分子结构的分子量及分子量分布

　　通过上述分析可知三叶橡胶的分子量及分布与三叶橡胶的超分子结构密切相关。因此，要分析线型三叶橡胶的分子量及其分布，就必须对三叶橡胶进行纯化，以去掉三叶橡胶的支化点和凝胶等超分子结构。纯化方式有：① 极性溶剂去除氢键；② 酶解脱蛋白；③ 离心脱蛋白；④ 转酯化去除支化点；⑤ 丙酮抽提游离脂肪。

由氢键形成的凝胶可通过在橡胶甲苯溶液中加入极性溶剂比如甲醇来去除，通过加入极性溶剂，凝胶的含量可以降低到1%～2%，分子量也有明显降低。脂质的分解可以通过在脱蛋白三叶橡胶的甲苯溶液中添加甲醇钠，产生酯转移反应来解决，酯键转移的脱蛋白三叶橡胶仅含有线型三叶橡胶分子；蛋白质的分解可以通过蛋白酶分解或者多次高速离心来实现，见图3.47[63]。

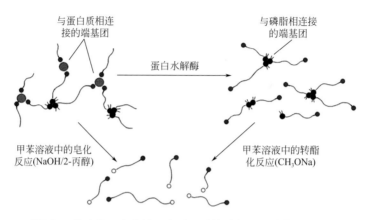

图3.47 脱蛋白、转酯化、皂化处理之后三叶橡胶超分子结构向线型结构的变化

三叶橡胶经过酶解脱蛋白和转酯化反应纯化处理之后，在凝胶含量和分子量分布方面会发生重大改变，见图3.48[64]。从图中看到，源自三叶胶乳的三叶橡胶凝胶含量高达58%，分子量45万，呈单峰分布，为典型的3型分布曲线。经过酶解脱蛋白处理之后，三叶橡胶的凝胶含量降为15%，分子量40万，曲线呈不明显的双峰分布，高分子含量多，低分子含量少，表明蛋白质的去除分解了部分支化点，但还是保留了较多的凝胶含量，分子量下降的较少也从侧面说明蛋白质对于三叶橡胶超分子结构的贡献不大。再将脱蛋白三叶橡胶进行转酯化反应后，凝胶含量降为3%，分子量降到22万，分布呈明显的双峰分布，为典型的2型分布曲线，显示出残余的支化点完全被分解，并造成三叶橡胶分子量分布从高分子量向低分子量转移的重大变化，这也从侧面说明三叶橡胶内的脂质成分才是造成三叶橡胶超分子结构的主要原因。

利用渗透压法测定脱蛋白橡胶和脱蛋白转酯化橡胶的数均分子量，并与[13]C NMR测定的数均分子量进行比较（以三叶橡胶分子内含有2个反式异戊二烯单元进行计算），见表3.6[62]。结果表明，两种方法测定的转酯化脱蛋白三叶橡胶的数均分子量体现了很好的一致性，说明脱蛋白三叶橡胶在发生转酯化反应之后形成了完全的线型三叶橡胶分子，分子量范围在20000～700000之间，这要比直接测定的三叶橡胶的分子量小很多。另一方面，在脱蛋白橡胶的例子当中，渗透压法测定的数均分子量大约是核磁法测定的数均分子量的两倍，表明低分子量级分的脱蛋白三叶橡胶基本包含有两个线型三叶橡胶分子。

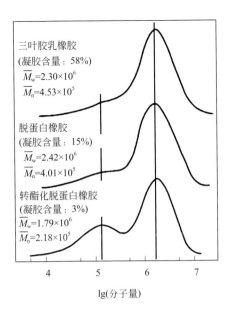

图 3.48   酶解脱蛋白去枝化点以及转酯化去凝胶

■ 表 3.6   渗透压法和 ^{13}C NMR 法测定的脱蛋白和脱蛋白转酯化三叶橡胶的分子量

橡胶	级分[1]	$\overline{M}_\mathrm{n}/\times 10^5$	$\overline{M}_\mathrm{n}/\times 10^5$	$\overline{M}_{渗透压法}/\overline{M}_{核磁法}$	酯键数目[2]/分子链
脱蛋白三叶橡胶	2	13.0	7.4	1.8	2.7
	3	8.4	4.2	2.0	1.8
	4	4.3	3.5	1.2	2.2
	5	3.4	2.1	1.6	2.5
	9	1.6	0.93	1.7	3.0
	10	1.2	0.75	1.3	3.9
	12	0.54	0.30	1.8	4.9
转酯化脱蛋白三叶橡胶	2	6.8	6.9	1.0	0.0
	3	4.0	4.0	1.0	0.0
	4	3.5	3.4	1.0	0.0
	5	2.1	2.0	1.1	0.0
	9	1.0	0.90	1.1	0.0
	10	0.87	0.83	1.1	0.0
	12	0.25	0.24	1.0	0.0

① 鲜胶乳脱蛋白橡胶的级分以及脱蛋白胶中转酯化橡胶的级分。

② ^{13}C NMR 测定的每个分子链内所含酯键。

综上所述，三叶橡胶干胶的分子量与橡胶品系、树龄和加工过程等有着直接的关系，同时，由于橡胶大分子ω-端基会与蛋白质分子间产生相互作用，而α-端基会彼此间以及与其他非胶组分间产生相互作用，因此形成凝胶和支化结构，导致三叶橡胶分子量及其分布曲线会呈现复杂的表象。通过对枝化结构和网状结构的解离，可以获得线型橡胶大分子的分子量及其分布，其为双峰分布。

参考文献

[1] Van Beilen JB. Poirier Y. Trends in Biotechnology，2007，25（11）：522-529.

[2] Venkatachalam P，Sangeetha N G P，Thulaseedharan A. African Journal of Biotechnology，2013，12（12）：1297-1310.

[3] 吴继林，郝秉中．植物学报，1990，32：350-354.

[4] 段翠芳，曾日中，黎瑜．热带农业科学，2005，25（1）：40-45.

[5] Obouayeba S，Soumahin EF，Koffi Mathurin Okoma，et al. International Journal of Biosciences，2012，2（2）：56-71.

[6] Jacob JL，Prévôt JC，Kekwick RGO. General metabolism of hevea brasiliensis latex（with exception of isoprenic anabolism）.In：d'Auzac J，Jacob JL，Chrestin H eds.Physiology of rubber tree latex. CRC Press Inc，Boca Raton，Floride，1989：101-104.

[7] Jacob JL，Prévôt JC，Roussel D，et al. Yield limiting factors，latex physiological parameters，latex diagnosis and clonal typology.In：d'Auzac J，Jacob JL，Chrestin H eds.Physiology of rubber tree latex. CRC Press Inc，Boca Raton，Floride，1989：345-403.

[8] Gomez JB. Anatomy of Hevea and its influence on latex production，Malaysian Rubber Research and Board（MRRDB），Monograph n°7. Kuala Lumpur，1982：76.

[9] 周钟毓，郭祁源，詹赛荣．热带作物研究，1994，4：1-6.

[10] Dusotoit-Coucaud A，Porcheron B，Brunel N，et al. Plant Cell Physiology，2010，51（11）：1878-1888.

[11] Hagel JM，Yeung EC，Facchini PJ. Trends in Plant Science，2008，13（12）：631-639.

[12] Hao BZ，Wu JL. Annals of Botany，2000，85：37-43.

[13] 郝秉中，吴继林，云翠英．热带作物学报，1984，5（2）：19-23.

[14] Wu JL，Hao BZ，Tan HY. Journal of Rubber Research，2002，5（1）：53-63.

[15] Bobilioff W. Anatomy and physiology of Hevea brasilensis.Part I.Anatomy of Hevea brasiliensis.Zurich，Switzerland：Art.Institut Orell Fussli，1923：123.

[16] Berthelot K，Lecomte S，Estevez Y，et al. Biochimica et Biophysica Acta，2014，1838，287-299.

[17] 谢遂志，刘登祥，周鸣峦．橡胶工业手册：第一分册，修订版.北京：化学工业出版社，1989：11.

[18] Dickenson PB. Journal of the Rubber Research Tnstitute of Malaya，1969，21：543-559.

[19] DAJ，CH，MB，et al. Physiologie.Végétale，1982，20（2）：311-331.

[20] Xiang QL，Xia KC，Dai LJ，et al. Plant Physiology and Biochemistry，2012，60：207-213.

[21] Rochette CN，Crassous JJ，Drechsler M，et al. Langmuir，2013，29：14655-14665.

[22] Shouthorn WA.Microscopy of Hevea latex.In：Proceedings of the Natural Rubber Research Conference. Kuala Lumper，RRIM，1961：766-776.

[23] Siler RJ，Goedrich-Tanrikalu M，Cornish K，Plant Physiol Biochem，1997，35（11）：881-889.

[24] Tanaka Y，Kawahara S，Tangpakdee J. Kautsch，Gummi Kunstst，1997，50：6-11.

[25] Cornish K，Wood DF，Windle JJ. Planta，1999，210：85-96.

[26] Wren WG，Rubber Chem.Technol，1942，15：107-114.

[27] Ho CC，Kondo T，Muramatsu N，et al. J.Colloid Interface Sci.，1996，178：442-445.

[28] Gomez J.B.，Subramaniam A.，Proc.Int.Rubb.Conf.. Kuala Lumpur，1986：510–524.

[29] Nawamawat K，Sakdapipanicha JT，Hoc CC，et al. Colloids and Surfaces A：Physicochem.Eng. Aspects，2011，390：157-166.

[30] Wititsuwannakul R，Rukseree K，Kanokwiroon K，et al. Phytochemistry，2008，69：1111-1118.

[31] Yeang HY，Arif SAM，Yusof F，et al. Methods，2002，27：32-45.

[32] Sussman GL，Beezhold DH，Kurup VP. J Allergy Clin Immunol，2002，110（2）：33-39.

[33] 李普旺，陈鹰，许逵，陈晓光. 特种橡胶制品，2004，25（3）：59-62.

[34] Lynen F. Pure Appl Chem，1967，14（1）：137-168.

[35] 张福珠，苗鸿，鲁纯. 环境科学，1994，（1）：1-5.

[36] 刘涤，胡之璧. 植物生理学通讯，1998，1：1-9.

[37] Cornish K. Phytochemistry，2001，57：1123-1134.

[38] Chiang CK，Xie WS. Mcmahan C，et al. Rubber Chemistry and Technology，2011，84（2）：166–177.

[39] Biochemical problems of rubber synthesis. J Rubb Res Inst Malaya，1969，21（4）：389-406.

[40] Tanaka Y，Prog.Polym.Sci，1989，14：339-371.

[41] Archer BL，Audley BG.Bot J Linn Soc，1987：181–96.

[42] Cornish K，Castillon J，Scott DJ.Biomacromolecules，2000，1：632-641.

[43] Puskasa JE，Gautriauda E，Deffieuxb A，Kennedy J. P. Progress of polymer science，2006，31：533-548.

[44] Tanaka Y，Eng AH，Ohya N，et al. Phytochemistry，1996，41：1501-1505.

[45] Tanaka Y，Rubber Chemistry And Technology，2009，82：283-314.

[46] Tanaka Y，Mori M，Ute K. et al. Rubber Chem. Technol.，1990，63：1-7.

[47] Tanaka Y，Sato H. Kageyu A. Rubber Chem. Technol.，1983，56：299-303.

[48] Tangpakdee J，Tanaka Y，Ogura K，et al. Phytochemistry，1997，45：275-281.

[49] Eng AH，Ejiri S，Kawahara S，et al. J. Appl. Polym. Sci. Appl. Polym. Symp.，1994，53：5-14.

[50] Eng AH，Tanaka Y，Gan SN，J. Nat. Rubb. Res.，1992，7：152-155.

[51] Mekkriengkrai D，Sakdapipanich JT，Tanaka Y，Rubber Chem. Technol.，2006，79：366-379.

[52] Tangpakdee J，Tanaka Y，J. Nat. Rubb. Res.，1997，12：112-119.

[53] Tarachiwin L，Sakdapipanich J，Ute K，et al. Biomacromolecules，2005，6：1851-1857.

[54] Tarachiwin L，Sakdapipanich J，Ute K，et al. Biomacromolecules，2005，6，1858-1863.

[55] Angulo-Sanchez JL，Caballero-Mata P，Rubber Chemistry and Technology，1981，54：34-41.

[56] Fuller KNG，Fulton WS，Polymer，1990，31：609-615.

[57] Burfield DR，Gan SN. J. Polym. Sci. Polym. Chem. Ed.，1975，13：2725-2734.

[58] Subramaniam A，Wong WS，J. Nat. Rubb. Res.，1986，1：58-63.

[59] Yunyongwattanakorn J，Sakdapipanich J. Rubber Chem. Technol.，2006，79：72-81.

[60] Yunyongwattanakorn J，Tanaka Y，Kawahara S，et al. Rubber Chem. Technol.，2003，76：1228-1240.

[61] Yunyongwattanakorn J，Sakdapipanich JT，Kawahara S，et al. J. Appl. Polym. Sci.，2007，106：455-461.

[62] Tangpakdee J，Tanaka Y，Wititsuwannakul R，et al. Phytochemistry，1996，42：353-355.

[63] Tanaka Y. Rubber chemistry and Technology，2001，74：355-375.

[64] Tangpakdee J，Tanaka Y. Rubber Chem. Technol.，1997，70：707-713.

第4章
三叶橡胶的结晶及理化性质

4.1 三叶橡胶的结晶 ◀◀◀

天然橡胶最特别的性能之一就是能够结晶，特别是应变诱导结晶。这种性能已经被多种合成橡胶所学习，一些合成橡胶在分子设计上力图也能产生应变诱导结晶结构，但与天然橡胶在较高温条件下、较低应变条件下都能产生应变诱导结晶的特性相比还有一定的差距。天然橡胶在橡胶加工中具有独特的地位，因为它在未硫化状态时具有很强的自黏性[1]和很高的生胶强度[1,2]，而在交联状态时又具有很高的拉伸强度[3]和优异的耐龟裂和耐疲劳裂纹增长性能[4,5]，这些特征都与天然橡胶的结晶有关。很多因素都能导致天然橡胶的结晶，其中最主要的是温度和应变作用。天然橡胶结晶的内因是其高顺式-1,4-异戊二烯构型，而其独特的末端结构及所含有的非胶组分也对其结晶有显著影响。

4.1.1 天然橡胶的低温结晶

天然橡胶的结晶与其他高分子的结晶相类似，但天然橡胶结晶相比聚乙烯、顺丁橡胶、硅橡胶等是一个相对缓慢的过程。在特定的低温下其结晶会加速，但温度低于或高于此温度时，结晶过程都会很慢。这一特性对于实际应用是有好处的，保证了天然橡胶在适宜的低温条件下仍可具有高弹性。

温度，尤其是低温条件–25℃左右时，会导致天然橡胶发生结晶现象。在寒冷气候条件下，天然橡胶制品会出现强度和永久变形缓慢增大的现象[6]，这些都与天然橡胶的结晶有关。硫化天然橡胶和未硫化天然橡胶都会发生低温结晶现象，但相比而言，未硫化天然橡胶的低温结晶现象更加明显，因为未硫化天然橡胶的分子链相对自由，更容易发生规整的排列，从而产生结晶现象；而硫化天然橡胶内部形成了一个很大的交联网络，分子链排入晶格受到限制和抑制。

天然橡胶的低温结晶和熔融往往伴随着一些物理特性的变化，如体积[7]、热容[8]、X射线衍射[9]、光吸收[10]、双折射[11～13]和力学性能变化[10]（如硬度）等。根据这些特性的变化，人们设计了多种方法对天然橡胶的低温结晶进行研究，如X射线衍射法、双折射法、膨胀计法等。

4.1.1.1 未硫化天然橡胶的低温结晶动力学

用"膨胀计法"可以获得天然橡胶低温结晶和熔融的相关数据，由于方法简便、易操作、可实现长时间连续实验，对于研究天然橡胶的低温等温结晶动力学十分有用。

膨胀计法所用到的实验仪器主要是毛细管膨胀计，如图4.1所示，这是一种最简单的膨胀计，很多改进的膨胀计的原理和构造都与之相似。膨胀计法研究天然橡胶低温结晶的原理是：天然橡胶在低温下发生结晶，分子链取向和规整排列，密度增加，在质量不变的情况下，其体积就会减小，在膨胀计中就表现为指示液的液柱高度下降，通过液柱高度的变化来表征天然橡胶的低温结晶过程。

膨胀计分为两部分：上半部分为标有刻度的毛细管，上端敞口；下半部分为样品管，下端封闭。整个毛细管膨胀计由膨胀系数很低的石英玻璃制成，被测橡胶样本和指示液充满样品管，指示液在毛细管中形成一段液柱，通过指示液的高度变化来研究天然橡胶样品体积随温度、时间等因素的变化关系。指示液不能与天然橡胶发生反应，并且不易挥发[14]，一般选用水银作为指示液，这是因为水银不与天然橡胶发生反应，而且其性能稳定，体积膨胀系数随温度变化较小，熔点为–38.87℃（更低的温度下一般选用乙醇作为指示液进行实验，乙醇的熔点为–117.3℃）。用毛细管膨胀计测定天然橡胶结晶过程的方法如下：

图4.1　毛细管膨胀计

① 先加热毛细管使其熔融接到样品管上，保持样品管的另一端敞口；

② 待测天然橡胶样品称重（m_1）后置于样品管中，将样品管的敞口端熔融封闭，注意不要使样品烧坏；

③ 整个膨胀计称重（m_2）后，在固定温度（T_1）下自毛细管上口加入指示液，再称重（m_3）；

④ 将装好的膨胀计放入控温装置中，控制温度，进行实验，观察记录毛细管中指示液的液面高度变化。

利用样品、指示液的密度和质量可以计算出膨胀计的体积；其他温度（T_2）下的体积可以通过玻璃的体积膨胀系数进行换算得到[15]。毛细管长度为40～90cm，内径选用有3种：0.6mm，1.8mm和2.5mm，内径小的毛细管适用于温度变化小的实验，内径大的毛细管适用于温度变化大的实验。用水银对毛细管的内径进行校正和测量（重量法），为确保数据准确，分别在8℃、40℃和120℃下进行校正和测量，然后取平均值[6,7]。天然橡胶样品密度的测量使用比重瓶，Ashton，Houston和Saylor[16]在文献中对比重瓶进行过详细描述，且比重瓶在高温和低温环境中均可适用。人们对天然橡胶温度-体积关系的研究已有很长历史，在20世纪30～40年代，Bekkedahl等人就对天然橡胶的温度-体积关系进行了系统详尽的研究。

未硫化橡胶处于非拉伸状态时，在–40～13℃范围内可以发生结晶，温度过高和过低都不利于天然橡胶结晶，高于13℃或低于–40℃条件下都很难发生结晶。天然橡胶低温结晶是一个相对缓慢的过程，13℃时结晶完全所需的时间约为1年，0℃时约为10天，−20℃时约为几小时[6,7]。

与一般聚合物相似，未硫化天然橡胶的温度-体积曲线中，有两种特殊现象：① 橡胶熔融，橡胶由半晶态转变为熔体。这种过程常在6～16℃范围内发生，且伴随着2.7%的体积变化，橡胶熔体是无定形态，分子链间只有近程有序而无远程有序。如果对橡胶熔体降温，则会发生结晶现象，但由于未硫化天然橡胶的结晶过程相对缓慢，因此，可以观察到11℃以下时未硫化天然橡胶的结晶态和无定形态变化；② 另一种现象是玻璃化转变，发生在−72℃，低于此温度时，无论结晶态橡胶还是无定形态橡胶，都可以观察到一个明显的膨胀系数变化，该膨胀系数在−72℃以下时数值只有−72℃以上时的1/3[6～8]。

不同状态下未硫化天然橡胶的相对体积-湿度关系如图4.2所示，对处于40℃下的未硫化天然橡胶进行降温处理，如果以20℃/h快速降温，样品沿着ABCD变化，如果以非常慢的速率降温，样片就会沿着ABEFG变化。在该图中，体积为温度的函数。为了方便，我们把未硫化天然橡胶在0℃时的无定形态相对体积定为1，其他形态定义如下：无定形态Ⅰ（−72～0℃时的无定形态），无定形态Ⅱ（低于−72℃时的无定形态），结晶态Ⅰ（−72～0℃时的结晶态），结晶态Ⅱ（低于−72℃时的结晶态）。室温下，未硫化天然橡胶以无定形态存在，低于转变温度11℃时，根据降温时间和温度不同，未硫化天然橡胶或者处于无定形态，或者处于从无定形态向结晶态Ⅰ转换过程中。在11℃以下时，结晶态的未硫化天然橡胶密度更大，能量更低，是稳定态，而无定形态则是亚稳态。在−72℃附近，结晶态Ⅰ向结晶态Ⅱ进行转换，因为在更低的温度下，非晶区的无定形态由高弹态转化为玻璃态；在同样的温度附近，亚稳态的无定形态Ⅰ（高弹态）会向无定形态Ⅱ（玻璃态）转换，而不会转换为结晶态Ⅱ[6～8]。

在−190～−72℃范围内，无定形态Ⅱ的平均线性膨胀系数为0.000060，结晶态Ⅱ的为0.000054，将未硫化天然橡胶样品视为各向同性，则其平均体积膨胀系数分别为0.00018和0.00016，膨胀系数随着温度降低会有所减小。在−72～0℃范围内，结晶态Ⅰ的平均线性膨胀系数为0.00014（体积膨胀系数为0.00042）[6～8]。

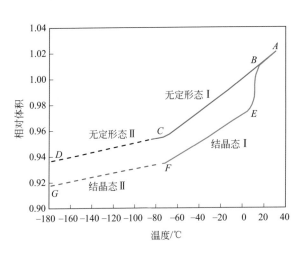

图4.2 天然橡胶的相对体积-温度关系图
温度低于11℃时，无定形部分处于亚稳态，结晶部分处于稳定态；图中虚线部分是通过部分测量值外推所得

未硫化天然橡胶的低温结晶现象最容易发生在–35 ～ –15℃范围内，且能在几小时内完成结晶。在更低的温度下，结晶过程进行缓慢，甚至不发生结晶。将未硫化天然橡胶样品在–50℃放置3周时间，无明显的结晶转变。图4.3是未硫化天然橡胶在0℃时发生结晶的体积-时间曲线，呈现S形，这也是聚合物结晶过程的标志性曲线。从图中可以看出，0℃时未硫化天然橡胶结晶完

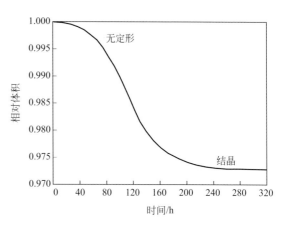

图4.3　未硫化天然橡胶体积-时间曲线（0℃）

全约需280h（10天左右），体积变化率约为2.2%。未硫化天然橡胶在其他温度下的结晶变化与此曲线相似[7,8]。

在0℃时，未硫化天然橡胶从无定形态Ⅰ转变为结晶态Ⅰ，在此过程中，随着时间变化，其体积不断减小。处于结晶状态几周之久的未硫化天然橡胶原胶，从冰浴中取出后迅速放入25℃水中，在样品达到温度平衡前，已经完成了结晶态到无定形态的熔融转变。

天然橡胶的结晶速率和结晶度是研究其结晶的重要内容，Avrami用方程的形式对结晶物质的结晶动力学进行了描述，即Avrami方程：

$$\alpha = 1 - \exp(-Kt^n)$$

式中，α 为结晶分数，t 为时间，K 与 n 为Avrami常数（Avrami constants），其中 n 的物理意义为结晶的维数，聚合物结晶的 n 值一般不是整数，范围在2 ～ 5之间。

E.H.Andrews 和 A.N.Gent 等人利用 Avrami 方程将天然橡胶的结晶度方程表示为：

$$C = 1 - \exp(-KV_t)$$

其中，C 表示结晶度，K 表示晶核密度，V_t 表示时间 t 时一个球晶所占有的体积（不考虑晶体生长时互相的影响作用），由于球晶中还包含有一部分的无定形部分，因此，实际的晶体所占的体积要比 V_t 小，我们引入晶体分数 A，则结晶度变为

$$C = A[1 - \exp(-KV_t)]$$

如果球晶的半径以速率 R 进行生长，那么可以将球晶的体积 V_t 用 R 进行表示：

$$C = A\left[1 - \exp\left(-\frac{4}{3}\pi R^3 K t^3\right)\right] \tag{4.1}$$

上式为天然橡胶异相成核的结晶度表达式。在天然橡胶中由于存在蛋白质、磷脂等非胶成分，结晶过程中的晶核往往以异相成核的方式进行，即晶核为杂

质，为分子链进行有序排列提供了源头。如果是纯净的天然橡胶，结晶过程中的晶核往往以均相成核的方式进行，即晶核为橡胶分子链初始聚集达到一定尺寸后为分子链进行有序排列提供了基础，此时，晶核密度可用 K' 表示，而均相成核的结晶度表达式可为：

$$C = A\left[1 - \exp\left(-\frac{\pi}{3}\right)R^3 K' t^4\right] \tag{4.2}$$

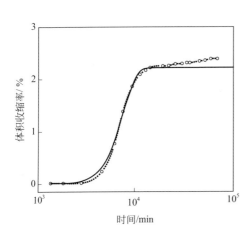

图4.4　纯净的未硫化天然橡胶体积-时间关系
−0.5℃下结晶，图中实线是公式（4.2）的函数，空心点和虚线是实际测量值和拟合线

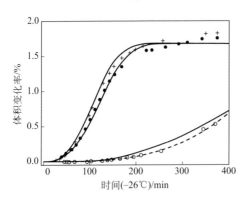

图4.5　不同天然橡胶的结晶过程，图中三条实线是用公式（4.1）拟合所得，一条虚线是用公式（4.2）拟合所得
●—烟片胶Ⅰ；○—用丙酮提纯过的烟片胶Ⅰ；
+—用丙酮提纯过的烟片胶Ⅰ并加入1份硬脂酸

公式（4.1）和公式（4.2）对未拉伸状态下的天然橡胶结晶过程进行了很好的描述，而且与实际结晶过程非常吻合。如图4.4所示，空心点和虚线是−0.5℃下天然橡胶结晶过程体积收缩率与时间的关系，实线是用公式（4.2）的拟合曲线，可以看出：在结晶的前半部分，实线和虚线几乎是重合的，即公式很好地表达了天然橡胶实际的结晶过程，但后半部分公式所得的实线与实际情况的虚线有所差距，这是由于天然橡胶中二次结晶所导致的。

实际使用的天然橡胶往往含有蛋白质、磷脂等非胶成分，或者在使用过程中我们还会在天然橡胶中人工加入硬脂酸等小分子物质，改善天然橡胶的性能，这些情况下的天然橡胶内部结晶都是异相成核的结晶机理，需要用公式（4.1）进行描述。两个公式所描述的对象有所不同，使用时应加以注意。图4.5表示了异相成核和均相成核样品的结晶过程以及两个公式对结晶过程的描述，由图中可以看出，烟片胶和用丙酮提纯后再加入硬脂酸的烟片胶结晶过程，都可以用公式（4.1）很好地表示出来，而用丙酮提纯过的烟片胶，其结晶过程中成核机理为均相成核，用公式（4.2）描述更为合适，如果用公式（4.1）进行描述，则与实际结晶过程中的测试结果差异性较大。

由于实际过程中结晶完全所需要的时间很长，我们往往用结晶半周期$t_{1/2}$对结晶过程进行描述，它表示天然橡胶样品结晶过程发生一半时所需要的时间。我们往往用结晶时体积减小到整个结晶过程总体积减小值的一半时的时间点来定义，有人也用结晶速率变化最快点所对应的时间点来定义，两者差异不大。采用$t_{1/2}$表达结晶性能时，结晶过程仍然可以用公式（4.1）和公式（4.2）来进行描述。分别对两个公式求二次导数，并使其为零，计算所得的t就是我们需要的$t_{1/2}$，如下所示：

$$\ln t_{1/2} = -\frac{1}{3}\ln\left(\frac{4}{3}\pi R^3 K / \ln 2\right) \tag{4.3}$$

$$\ln t_{1/2} = -\frac{1}{4}\ln\left(\frac{\pi}{3}R^3 K' / \ln 2\right) \tag{4.4}$$

其中，公式（4.3）表示未硫化天然橡胶处于未拉伸状态下，异相成核机理结晶时的$t_{1/2}$表达式；公式（4.4）表示未硫化天然橡胶处于未拉伸状态下，均相成核机理结晶时的$t_{1/2}$表达式。

不同温度下，未硫化天然橡胶的结晶速率不同[17]，以烟片胶为例，温度降低结晶速率加快，超过一个温度点之后，温度再降低则结晶速率又变慢，如图4.6所示。将未硫化天然橡胶的结晶半周期及其倒数与结晶温度作图，如图4.7所示。

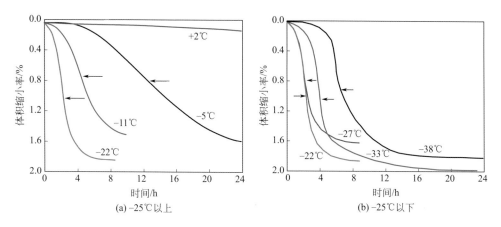

图4.6　不同温度下未硫化天然橡胶的结晶动力学曲线
箭头所指为某一固定温度下样品体积减小一半的点

图4.7中左侧纵坐标表示结晶半周期的倒数，右侧纵坐标表示结晶半周期，横轴为温度。从图中可以看出，在–25℃左右时，未硫化天然橡胶的结晶半周期最短，约为2.4h，温度高于或者低于–25℃，结晶半周期都越来越长。这就说明，未硫化天然橡胶在–25℃时结晶速率最快。实际情况中，由于实验所用的天然橡胶样本品种不同，产地不同，以及所含"杂质"（主要是非胶组分）种类及多少不同，结晶速率最快的温度不一定都是–25℃，但都在该温度附近。笔者曾经用

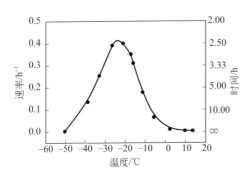

图4.7　天然橡胶结晶速率随温度变化图

一种烟片胶进行实验，发现其结晶最快温度为–20℃，但在研究天然橡胶时，大多数人都认同–25℃左右区域为天然橡胶结晶的最快温度区间。

谈到天然橡胶的结晶，我们也会关注和结晶相关的另一个现象——熔融，了解结晶天然橡胶的熔融过程也有助于我们更好的理解天然橡胶的结晶过程。像其他结晶聚合物一样，结晶的天然橡胶没有固定的熔点，而是一个熔融区间，我们称之为"熔限"，即在一个温度区间内晶区发生熔融。天然橡胶由结晶态转变为无定形态，熔限一般为5～10℃[7,18]，如图4.8所示。

图4.8还表明，结晶温度越高，熔融的起始温度和终止温度越高，且熔限有缩小的趋势[10]。类似的研究同样表明[17]，对在不同温度下结晶的天然橡胶样品升温，所得的熔限也不同，在温度越高的条件下结晶的天然橡胶，熔融的起始和终止温度越高，但熔限越窄，见图4.9。将天然橡胶在不同温度下结晶，待结晶过程完成后，将样品放置在相同的环境中升温使其熔融，追踪其比容随温度的变化。结果表明：对结晶态的天然橡胶升温时，其体积会增加，这是天然橡胶本身的受热膨胀和晶区熔融两方面因素共同导致的。如果只有体积膨胀的因素，那么比容和温度的关系是直线关系，当比容开始偏离直线时，即表示晶区开始熔融，此时对应的温度是熔限的最低温度；当升温到一定程度时，晶区完全熔融，结晶态变为无定形态，此时，样品体积增大只由受热膨胀因素所导致，比容和温度的关系又变成直线关系，此时对应的温度即为熔限的最高温度。图4.9表明，在较

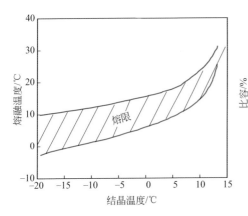

图4.8　结晶天然橡胶的结晶
温度与熔限的关系

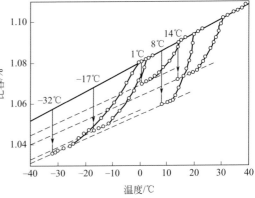

图4.9　天然橡胶在不同温度下结晶和
熔融时对比容和熔限的影响

黑色直线和虚直线所指的分别是天然
橡胶样品无定形态和结晶态的比容值

高的温度下结晶的天然橡胶，其熔限相对较窄[6~8]。

　　Lawrence A.Wood 和 Norman Bekkedahl 曾经系统总结了1946年以前人们研究天然橡胶结晶与熔融关系的数据[6~8]，见表4.1。可以看出，不同的实验测得的天然橡胶结晶温度与熔限有很大差异，这并不是因为试验误差或者橡胶品种差异造成的，而是天然橡胶的熔限受结晶温度的影响，未硫化天然橡胶在–60~13℃范围内都可以发生结晶，对应的熔融温度在–40~45℃范围内，且后者受前者的影响，结晶温度越高，相应的熔融起始温度、终止温度越高，熔限越窄，这也与图4.8和图4.9的结果相一致。

■ **表4.1**　关于天然橡胶结晶温度和熔融温度的相关研究结果

| 熔融 | | | 结晶温度/℃ | 研究者 | 技术手段 | 备注 |
最低温度[1]/℃	最大变化温度[2]/℃	最高温度[3]/℃				
	43.5			Whitby	密度法	
	43			Whitby	密度法	
	41			Whitby	密度法	
	41			Barnes	观察法	弹性，透明度
40				Wood，Bekkedahl and Peters	线性膨胀	
40		50	5~15	Feuchter	密度法	一年时间
	37			Katz	X射线法	
	36			Katz	X射线法	"旧橡胶"
	37			Van Rossem and Lotichius	密度，硬度，光吸收	
35		45		Meyer，von Susich，and Valko	X射线法	
35				Wood，Bekkedahl and Peters	线性膨胀	
34	36	>40		van Rossem and Lotichius	密度法	存放13年
	35			Feuchter and Hauser	收缩法	施加压力1年
		35~40		von Susich	X射线法	
31.5		33		Cotton		"正常冻结"
30		40		Feuchter	密度法	混炼胶
30		39		Katz	密度法	
30	33	35		Pickles（van Rossem）	密度法	
28	32	35		van Rossem and Lotichius	密度法	
27		29		Katz	X射线法	"切割薄片"
25		36		Feuchter and Hauser	收缩法	形变
20		30		Katz	X射线法	
20		30		Bunschoten	密度法	
20	25	30	冷库	Ruhemann and Simon	比热容	烟片胶

| 熔融 | | | 结晶温度/℃ | 研究者 | 技术手段 | 备注 |
最低温度[1]/℃	最大变化温度[2]/℃	最高温度[3]/℃				
		<30	−5.8	Carson		
20		24		Hock	收缩法	
20		23		Hock	收缩法	
20		23	7~10	Thiessen and Kirsh	X射线法	10~15atm下结晶
10	18	30	−15	Ruhemann and Simon	比热容	切割薄片，150atm下结晶
11		13	6	Thiessen and Kirsh	X射线法	30atm
9.5		11	−58~−43	Smith，Saylor and Wing	双折射	溶胶的结晶
8		10		Cotton	观察法	在冷库中冷冻处理
		<20	0~2	Katz and Bing	X射线法	
		<20	−10~−5	Katz	X射线法	
		<20	−10	Katz and Bing	X射线法	
6	11	17	2	Bekkedahl and Wood	体积	硫化橡胶
6	11	16	0	Bekkedahl	体积	
	10			Park		
2		14	−10	van Rossem and Lotichius	密度和硬度	
0	5	10		Ruhemann and Simon	比热容	
−2		14	−50	Smith and Saylor	双折射	凝胶
−5.5		16	−25	Smith and Saylor	双折射	
−15	11	17	<0	Bekkedahl and Matheson	比热容	
	0			Bunn and Garner		
−20		10		Ruhemann and Simon	比热容	Beta-现象

① 最低温度是指熔融的起始温度。

② 最大变化温度是指熔融过程中体积变化最快时对应的温度，早期的研究学者认为是熔点。

③ 最高温度是指熔融的终止温度。

4.1.1.2 未硫化天然橡胶低温结晶结构

同其他结晶高聚物一样，未硫化天然橡胶结晶部分的结构单元并非整根橡胶分子链，而是一些动力学单元，即橡胶分子链的一部分规整排列形成了晶区，另外的部分位于无定形区。

结晶结构是天然橡胶结晶的重要内容之一，从1925年发现天然橡胶的结晶现象[19~23]，人们就开始对天然橡胶结晶结构进行探索和研究。Bunn[24]和

Nyburg[25]最早提出天然橡胶的结晶结构模型，即四根分子链穿过一个晶胞，并且这四根分子链的尺寸几乎相同。Bunn于1942年提出天然橡胶的结晶结构是四个具有基本$ST\bar{S}cis\,ST\bar{S}cis$构象的分子链穿过单斜晶胞，晶胞参数为$a$=12.46Å，$b$=8.89Å，$c$=8.10Å，$\beta$=92°，空间群为$P2_1/a$。之后，在1954年，Nyburg又对天然橡胶的结晶结构进行了定量分析，他认为，四个具有$ST\bar{S}cis\,ST\bar{S}cis$构象的分子链穿过矩形的晶胞（并非正交晶胞），晶胞参数为a=12.46Å，b=8.89Å，c=8.10Å，β=90°，空间群为$P2_1/a$，其中两个镜面对称的分子链占据着一个结晶点，R-因子为24.1%。Natta和Corradini[26]认同Nyburg的结晶结构分析，并在1956年对其进行修正，他们认为空间群应该为$P2_12_12_1$。1975年，Corradini[27]等人又对天然橡胶结晶结构模型进行了修正，认为分子链构象是在$ST\bar{S}cis\,ST\bar{S}cis$和$ST\bar{S}cis\,STScis$之间存在着构象异构，$R$-因子与Nyburg提出的天然橡胶结晶结构模型相一致，如图4.10所示。

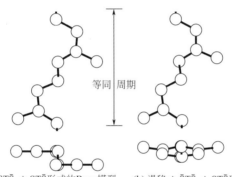

(a) 螺旋$cis\,ST\bar{S}\,cis\,ST\bar{S}$形式的Bunn模型　　(b) 滑移$cis\,\bar{S}T\bar{S}\,cis\,ST\bar{S}$形式的Nyburg模型

图4.10　天然橡胶结晶结构分子模型

Takahashi[28]等人也通过X射线技术分析了天然橡胶结晶结构，发现结果与Bunn建立的模型较为相近：四个具有$ST\bar{S}cis\,\bar{S}TScis$构象的分子链穿过单斜晶胞，晶胞参数为$a$=12.41Å，$b$=8.81Å，$c$=8.23Å，$\beta$=93.1°，空间群为$P2_1/a\text{-}C_{2h}^5$，在晶格中两个统计学上镜面对称的分子链占据着一个结晶点，它们的比率为0.67∶0.33，如图4.11所示。

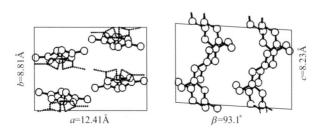

图4.11　天然橡胶结晶结构分子模型（Takahashi模型）

到目前为止，关于天然橡胶的结晶结构并无统一的定论。

4.1.1.3 天然橡胶低温结晶的形貌

聚合物结晶时，晶叠以一点为中心向四周放射状生长，得到的晶体形态就是球晶（spherulites）。球晶以晶核为中心向四周生长，直到不同球晶的边界相遇，球晶的生长才会停止。两个或多个球晶相遇后，分子链就在球晶的边缘上增长积累，所以球晶的交界处往往都是平的。利用电子显微镜，也可以在天然橡胶薄膜中观察到球晶和球晶的生长过程，如图4.12所示。天然橡胶的球晶由纤维状晶丝和不规则晶片组成，这些不规则晶片散布于无定形区域。

在图4.12所涉及的实验观察中，A.N.Gent等人将未硫化天然橡胶压成很薄的片，其厚度仅为一条伸长的橡胶分子链长度的1/10左右，然后用电子显微镜对其观察，获得了未硫化天然橡胶的晶体形貌图。由于样品厚度远远小于分子链长度，因此可以推测橡胶晶体与聚乙烯单晶生长相似，也是分子链不断的折叠形成了球晶，且分子链垂直于球晶表面取向，他们将这些折叠的分子链称之为晶叠，晶叠之间的区域为无定形的分子链，形成了所谓的"插线板模型"，如图4.13所示。

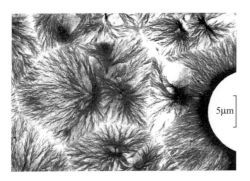

图4.12　未硫化天然橡胶结晶薄片的电镜照片

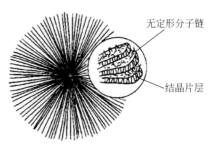

图4.13　球晶中的放射状晶叠结构和插线板模型

4.1.1.4 非橡胶物质对天然橡胶低温结晶的影响

天然橡胶中不仅含有橡胶烃，还含有蛋白质、脂肪酸、灰分、糖类等多种非橡胶物质，研究发现，这些物质对天然橡胶的结晶具有明显的促进作用。

如表4.2所示，在-26℃下，不同种类天然橡胶的结晶半周期主要分为两个等级[29]：120min左右和450min左右。用丙酮提纯天然橡胶可以除去其中的脂溶性小分子成分，提纯或者脱蛋白的天然橡胶结晶半周期明显比较长，这说明非橡胶组分具有促进天然橡胶结晶的作用。在天然橡胶中，橡胶烃占93.7%左右，非橡胶烃占6.3%左右，主要的非橡胶烃成分为：磷脂质（3.4%）、蛋白质（2.2%）、糖类（0.4%）、灰分（0.2%）以及其他（0.1%）。在这些非橡胶烃成分中，磷脂质和蛋白质含量较大，一方面，它们充当了异相成核剂；另一方面，它们与橡胶烃分子链末端互相作用，形成了复杂的空间网络结构[30]，如图4.14所示，这对天然橡胶的结晶产生显著影响。下文的应变诱导结晶部分对此部分有进一步的说明。

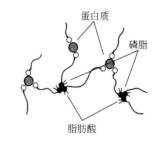

图4.14 天然橡胶分子链与非胶组分间构建的三维网络结构示意图

除天然橡胶自身含有的非橡胶组分影响之外，加入添加剂也会对天然橡胶的结晶产生影响，如表4.3所列[31]，在丙酮提纯过的烟片胶 I 中加入不同种类、不同数量的添加剂，结晶半周期的变化十分明显。

■ **表4.2** 在−26℃环境下不同天然橡胶的结晶半周期

橡胶样品	−26℃时的结晶半周期 $t_{1/2}$/min
胶清颗粒胶	110
烟片胶 I	123
绉胶片	126
烟片胶 II（Wood and Bekkedabl）	144
绉胶片（用丙酮提纯）	410
烟片胶 I（用丙酮提纯）	450
脱蛋白绉胶片（用丙酮提纯）	470
脱蛋白绉胶片	475

■ **表4.3** 在−26℃环境下加入不同添加剂对丙酮抽提天然橡胶的结晶半周期的影响

加入烟片胶 I 中的物质	加入量（质量百分比）/%	−26℃时的结晶半周期 $t_{1/2}$/min
空白	0	460
硬脂酸	0.1	182
硬脂酸	1	115
硬脂酸	4	102
硬脂酸锌	2	112
固体石蜡	2	150
油酸	2	180
氧化锌	2	500
炭黑（MPC）	2	550
L-精氨酸	1	500

从表4.3中可以看出，自身分子链长、结晶速率快的添加剂对未硫化天然橡胶的结晶速率都有促进作用，其中硬脂酸的影响最为明显，且在一定范围内，随着添加剂含量增加，未硫化天然橡胶结晶速率越快[29]。

4.1.1.5 天然橡胶硫化胶的低温结晶

与未硫化天然橡胶相比，如果不施加外力，硫化天然橡胶很难发生结晶。这是因为在未硫化天然橡胶中，分子链的自由程度较大，可以通过热运动进入晶格从而产生结晶，而硫化天然橡胶的分子链都通过交联键形成了交联网络，分子链运动行为受限，不易进入晶格。交联密度越高，结晶速率越慢，结晶程度越低。

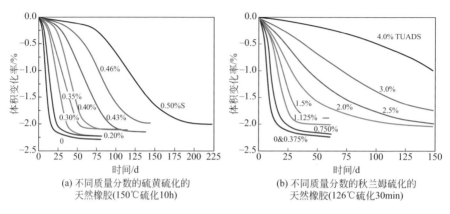

(a) 不同质量分数的硫黄硫化的
天然橡胶(150℃硫化10h)

(b) 不同质量分数的秋兰姆硫化的
天然橡胶(126℃硫化30min)

图4.15 在2℃条件下测得的硫化天然橡胶体积变化率-时间关系

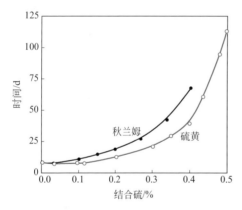

图4.16 硫化天然橡胶结晶半周期与硫化剂用量和种类的关系

硫化天然橡胶的结晶受交联程度影响的现象[6]，如图4.15所示。在低温下（2℃），未硫化天然橡胶的体积随着时间延长不断减小，这是低温结晶所致。随着硫化剂用量的增加，天然橡胶结晶完全所需的时间显著增长。图4.16表明，同样的结合硫情况下，秋兰姆比硫黄对天然橡胶结晶的影响更大。

硫化天然橡胶样条结晶时，力学性能会发生较大的变化，其硬度增大，脆性增大，由弹性体变成了塑料。如果作为减振制品或密封制品时，天然橡胶产生低温结晶对其应用十分不利。虽然硫化天然橡胶在不受外力的情况下低温结晶十分慢，但是大多数时候，天然橡胶制品都是处在受力工况下，此时，由于应变诱导结晶的产生，硫化天然橡胶可能会迅速低温结晶。

4.1.2 天然橡胶的应变诱导结晶

天然橡胶，尤其是硫化天然橡胶，具有很高的拉伸强度和优异的耐龟裂增长性，这些特征是由应变诱导结晶引起的。对硫化天然橡胶进行拉伸很容易使分子网络结构在外力作用下取向，并出现结晶现象，即我们常说的应变诱导结晶（strain-induced crystallization，SIC）。一旦应变撤去，这种结晶又会迅速消失，天然橡胶的熵弹性随之恢复，因此，应变诱导结晶是十分宝贵的有重要应用价值的特性。长期以来，应变诱导结晶的研究对象主要集中于硫化天然橡胶，以下内容也都是围绕硫化天然橡胶的应变诱导结晶展开讨论。

研究聚合物取向和结晶的手段有很多，例如，声速法，双折射法，红外二向色性法，X射线衍射，电子显微镜，原子力显微镜，偏光显微镜，核磁共振技术等。在这些方法中有很多可用于研究硫化天然橡胶的拉伸取向和应变诱导结晶，但不同方法所能测试的取向单元不同，对样品的要求也不尽相同。近几年来橡胶材料的拉伸取向和应变诱导结晶的研究，主要采用的方法是：广角X射线衍射（WAXD）[32,33]、小角X射线散射（SAXS）[34]、双折射[35,36]和红外二向色性[35]等。

4.1.2.1　广角X射线衍射法

（1）广角X射线衍射法的原理　1912年劳埃等人根据理论预见，用实验证实了X射线与晶体相遇时能发生衍射现象，证明了X射线具有电磁波的性质，成为X射线衍射学的第一个里程碑。当一束单色X射线入射到晶体时，由于晶体是由原子规则排列成的晶胞组成的，这些规则排列的原子间距离与入射X射线波长数量级相同，故由不同原子散射的X射线相互干涉，在某些方向上产生强X射线衍射，衍射线在空间分布的方位和强度，与晶体结构密切相关，这就是X射线衍射的基本原理。

如果试样具有周期性结构（晶区），则X射线被相干散射，入射光与散射光之间没有波长的改变，这种过程为X射线衍射效应，因在大角度上测定，所以又称"大（广）角X射线衍射（wide angle X-ray diffraction，WAXD）"。

Mitchell等[37]在1984年研究天然橡胶的同轴拉伸过程时，利用广角X射线衍射技术对天然橡胶拉伸结晶和取向比例进行了计算。但这一期间，由于缺乏原位结构测试技术，人们利用广角X射线衍射技术只能获得少量的硫化天然橡胶应变诱导结晶数据，难以获得应变过程中硫化天然橡胶结构的变化、应力的变化等细节信息。近年来，随着广角X射线衍射技术的不断发展，特别是"同步辐射广角X射线衍射（Synchroton Radiation WAXD）"技术的发展与介入，人们对硫化天然橡胶的应变诱导结晶研究也更加透彻。与一般WAXD相比，同步辐射WAXD具有高强度和高亮度等优点，射线穿透拉伸样品后，还有很高的强度，信号信噪比高，非常适合即时检测NR拉伸结晶，

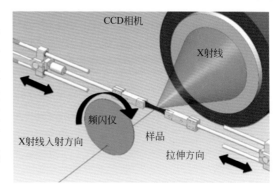

图4.17　对天然橡胶样品拉伸诱导结晶的原位
WAXD测量示意图

避免传统WAXD长时间采集数据导致的应力松弛引起的误差，如图4.17。利用原位同步辐射WAXD分析技术，可以获得红外二向色性和双折射等其他技术不能给出的信息，可将不同相区（晶区，取向无定形区）对取向的贡献区分开来，还可给出晶胞参数结晶度和晶粒尺寸等信息。

拉伸样品的WAXD图可分为3个部分，即各向同性区、取向的无定形区和结晶区[38]。用式（4.5）和式（4.6）可以分别求出取向结晶度（crystallinity index，CI）、取向无定形区分数（oriented amorphous index，OAI）和未取向无定形区分数（unoriented amorphous index，UAI），UAI=1–CI–OAI。

$$CI = \frac{\sum\limits_{晶态} 2\pi \int \sin\phi \mathrm{d}\phi \int I(s)s^2\mathrm{d}s}{\sum\limits_{总体} 2\pi \int \sin\phi \mathrm{d}\phi \int I(s)s^2\mathrm{d}s} \tag{4.5}$$

$$OAI = \frac{\sum\limits_{取向-无定形态} 2\pi \int \sin\phi \mathrm{d}\phi \int I(s)s^2\mathrm{d}s}{\sum\limits_{总体} 2\pi \int \sin\phi \mathrm{d}\phi \int I(s)s^2\mathrm{d}s} \tag{4.6}$$

式中，$I(s)$代表衍射峰的强度分布，s是倒易空间中的倒易矢量［$s=2(\sin\theta/\lambda)$］，单位是nm^{-1}；λ是波长，2θ是散射角；ϕ是散射矢量与拉伸方向的夹角（即方位角）。

聚合物平均取向程度可用二级取向因子$<P_2\cos\phi>$度量，即Hermans取向因子f，如式（4.7）所示：

$$f = (3\cos^2\phi - 1)/2 \tag{4.7}$$

求f关键是求出$\cos^2\phi$，$\cos^2\phi$可由公式（4.8）求出[39]：

$$\cos^2\phi = \frac{\int_0^\pi I(\phi)\cos^2\phi\sin\phi\mathrm{d}\phi}{\int_0^\pi I(\phi)\sin\phi\mathrm{d}\phi} \tag{4.8}$$

从WAXD衍射图上还可以得到晶体尺寸大小，由谢乐公式计算，见式（4.9）：

$$L_{hkl} = K\lambda/(\beta\cos\theta) \tag{4.9}$$

式中，L_{hkl}是晶体在hkl法线方向上的平均尺寸，θ是布拉格散射角，K是谢乐形状因子，β是衍射峰的半高宽。图4.18是一张典型的天然橡胶WAXD图[40,41]。

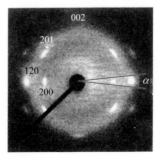

图4.18 硫化天然橡胶在室温条件、拉伸状态下的WAXD图
α为方位角

如图4.18所示，大应变下，硫化天然橡胶会出现明显的结晶现象，浅色光晕代表硫化天然橡胶中的无定形区，白色光斑代表的是结晶区。一些研究表明，虽然天然橡胶的拉伸结晶现象很明显，但即

使在大应变条件下：

① 只有一小部分天然橡胶分子链发生结晶（20% ~ 33%）；

② 天然橡胶中的无定形部分仍然占据很大比例，仍保持非取向状态（62% ~ 75%）；

③ 一小部分分子链处于取向的无定形状态（约5%），如示意图4.19所描述[42]。

由于硫化天然橡胶拉伸时结晶分数不高，所以在拉力去除后橡胶可以轻易恢复到原长。当然，从这个角度讲，硫化天然橡胶的拉伸强度还有很大的提升空间。

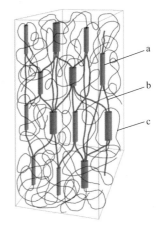

图4.19 硫化天然橡胶在拉伸状态下应变诱导结晶和取向的示意图
a—晶体纤维；b—取向的无定形链；c—非取向的无定形链

（2）天然橡胶应变诱导结晶的形貌与结构

天然橡胶拉伸结晶的晶体形貌与自由状态下结晶的形貌不同，这也是我们研究应变诱导结晶时所关注的。天然橡胶处于未拉伸状态时，如图4.12所示，形成了很多球晶，而且球晶的形状都比较规则，天然橡胶内部晶区和无定形区呈现出"海岛结构"（晶区比例小，为"岛"，非晶区比例大，为"海"，晶区分布于非晶区中）。施加应力后，天然橡胶发生应变诱导结晶，球晶形状发生变化，如图4.20所示，在应变为100%时，球晶结构发生取向，纤状晶片（放射状晶叠结构）相互连接，且连接方向垂直于拉伸方向。应变进一步增大到150%时，已经观察不到明显的球晶结构，海岛结构也消失，纤状晶片占据了整个视野。

(a) 应变为100%

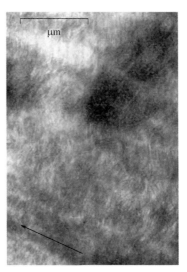

(b) 应变为150%

图4.20 −28℃时处于拉伸状态下的硫化天然橡胶电镜照片
图中箭头所示方向为拉伸方向

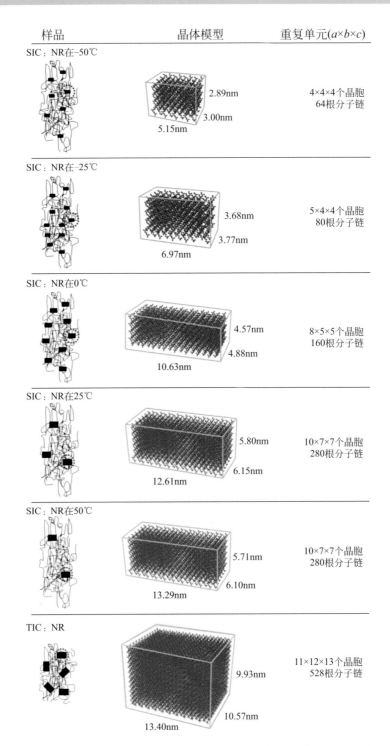

样品	晶体模型	重复单元($a×b×c$)
SIC：NR在−50℃	2.89nm 3.00nm 5.15nm	4×4×4个晶胞 64根分子链
SIC：NR在−25℃	3.68nm 3.77nm 6.97nm	5×4×4个晶胞 80根分子链
SIC：NR在0℃	4.57nm 4.88nm 10.63nm	8×5×5个晶胞 160根分子链
SIC：NR在25℃	5.80nm 6.15nm 12.61nm	10×7×7个晶胞 280根分子链
SIC：NR在50℃	5.71nm 6.10nm 13.29nm	10×7×7个晶胞 280根分子链
TIC：NR	9.93nm 10.57nm 13.40nm	11×12×13个晶胞 528根分子链

图4.21 应变为600%时天然橡胶（NR）在不同温度下的应变诱导结晶（SIC）和温度诱导结晶（TIC）模型示意图及结构参数图，图中间的模型为左侧红色虚线圈的放大图

拉伸结晶时天然橡胶晶体形貌的变化实质是晶体结构的变化所导致的。图4.21所示为应变600%的未硫化天然橡胶在不同温度下的应变诱导结晶（SIC）和温度诱导结晶（TIC，–11℃保存1个月）的模型示意及结构参数。从图中可以看出，对于SIC，随着温度增加，每个晶粒的尺寸、晶粒中包含的晶胞数目和分子链数目、结晶取向以及晶体混乱程度都增加，结晶度减小。这说明温度在SIC过程中是一个重要的影响因素，但温度是通过怎样的机理来影响天然橡胶SIC结晶的呢？分析可知，温度影响着分子链的运动，而分子链运动又会影响规则排列和进入晶格。在低温时（0℃以下），分子链热运动受到阻碍，但取向反而更加容易，因此形成的晶粒尺寸一般较小，但晶粒数目一般较多；而在相对高的温度时（25℃以上），分子链运动性较强，形成的晶粒尺寸较大，但分子链取向更困难，因此晶粒的数目较少。对于TIC，由于结晶过程在不受外力的环境中进行，NR样品内部的不同区域都可能形成结晶，因此晶粒尺寸分布较宽；而且，TIC过程中的结晶度都小于20%，数目较少的大尺寸晶粒不均匀、无规律的分布于样品内部，因此，样品结晶呈现出长程无序状态。TIC与SIC相比，前者晶粒尺寸和晶粒中包含的分子链数目都比后者的大。

未硫化天然橡胶也会有应变诱导结晶的现象，其结晶结构可以通过二维WAXD技术观察到，也可以通过模拟的方法进行计算得到，研究结果表明，二维WAXD技术观察到的结果与模拟的结果具有一致性。图4.22所示的即为未硫化天然橡胶在拉伸状态下的一个晶体模型。在晶粒的 a、b、c 三个方向上平均晶胞数目是由晶格常数和横向晶粒尺寸决定的，实验发现，在–50℃条件下，即使将未硫化天然橡胶拉伸至600%应变，其晶粒尺寸和晶格常数也没有变化，每个晶粒中均包含有4×4×4个晶胞[43]。

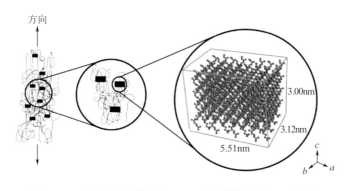

方向

3.00nm

3.12nm

5.51nm

图4.22　未硫化天然橡胶在–50℃下的平均晶粒尺寸模型

（3）广角X射线衍射法对应变诱导结晶影响因素的研究　许多因素都对天然橡胶的应变诱导结晶有所影响，但这其中，应变、温度对应变诱导结晶的影响最为显著，除此之外，交联键类型、促进剂种类等对应变诱导结晶也有一定影响。下面，我们结合广角X射线衍射技术对这些影响因素进行一一说明。

通过广角X射线衍射原位测量技术，人们系统研究了天然橡胶应变诱导结晶和应力-应变曲线的关系，发现天然橡胶应力-应变曲线中滞后损失现象与应变诱导结晶有关，如图4.23所示。高取向结晶衍射峰在应变Strain=3（300%）左右时开始出现，随着拉伸继续，应变增大，衍射峰信号强度也不断增强。在回复过程中，应力-应变曲线会出现硫化橡胶常见的滞后现象，这种滞后现象与WAXD图相吻合，即在拉伸和回复过程中，即使在同一拉伸比时内部结构也会有所不同[44]。

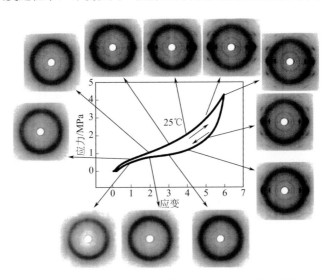

图4.23　硫化天然橡胶在拉伸和回复过程中的应力-应变曲线及原位WAXD衍射图
箭头所指为特定的应变值对应的WAXD图

沿着二维WAXD图的赤道方向[图4.24（a）]，将图4.23中不同应变下的二维衍射图进行处理，可获得对应的一维X射线衍射曲线的变化瀑布图[图4.24（b）]。在应变达到3.0（300%）时，开始出现两个结晶衍射峰，这两个峰分别对应着200和120晶面。随着应变增大，应变诱导结晶部分越来越多，结晶衍射峰不断增大。

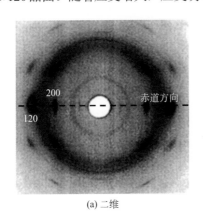

(a) 二维

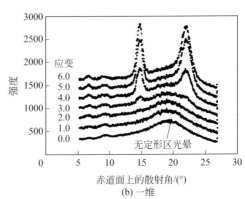

(b) 一维

图4.24　二维和一维WAXD图

利用WAXD方法也可以方便的观察到不同温度对硫化天然橡胶应变诱导结晶的影响[45]，如图4.25所示。

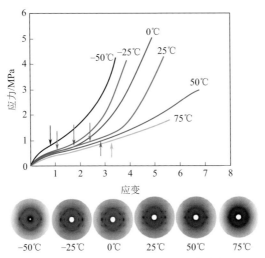

图4.25 过氧化物硫化的天然橡胶在不同温度下的应力-应变曲线，WAXD图是在样品断裂前最大应变处获得的，图中箭头指的是不同温度下应变诱导结晶开始的应变

从图4.25可以看出，相同应变下，低温下的应力要大于高温下的应力；应变诱导结晶现象在图中所示的温度下均可发生，但温度越低，结晶产生得越早；在75℃时，样品中的结晶部分没有随应变增大而增加，但能从WAXD图中分辨出来；-25℃下获得的最大结晶度仍是最高的，在此温度以上，拉伸温度越高，所获得的最大结晶度越低。

不同交联键类型对硫化天然橡胶的应变诱导结晶也有一定影响[46]，如图4.26所示，多硫键含量越多，应变诱导结晶速率越快，但该影响不是特别明显。

促进剂的种类也会对天然橡胶应变诱导结晶产生影响，促进剂的促进作用越好，硫化交联越快，应变诱导结晶程度越高，如图4.27所示。实际上，这反映了

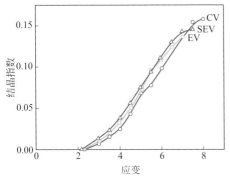

图4.26 不同交联键类型的NR结晶指数-应变曲线
EV多硫键含量为21.0%；SEV多硫键含量为54.2%；CV多硫键含量为90.3%

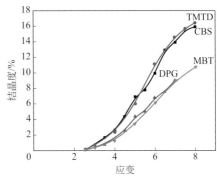

图4.27 不同促进剂交联的NR的结晶度与应变的关系图

交联度过高和过低均不利于拉伸结晶。

（4）用广角X射线衍射法研究动态应变诱导结晶　天然橡胶应变诱导结晶在产品应用中具有很重要的作用，其中，抗裂纹扩展性就是其中之一。人们在研究中发现，即使天然橡胶制品中存在一些裂纹，但仍能在较大的负载下正常使用，这也主要归功于应变诱导结晶对裂纹扩展的阻碍性能。在天然橡胶制品（如轮胎）的使用过程中，很少处于恒定应力或者不受力的状态，往往都是处于交变应力状态下，如轮胎行驶过程中与地面接触时应力大，不接触时应力小，不断反复快速循环。研究交变应力下天然橡胶结晶现象，尤其是裂纹附近的结晶现象就显得十分有意义和重要。

在应力（恒定应力或交变应力）作用下，橡胶样品刻痕附近产生大量微裂纹，微裂纹不断萌生、集结、汇通，形成宏观裂纹并在样品内部不断延伸，最终会发生突然断裂。在天然橡胶中，裂纹并不是齐整的，而是弯弯曲曲，有许多的偏转和枝化，如图4.28所示。通过扫描电子显微镜SEM观察裂纹随时间的变化，我们也可以发现裂纹不断加深，而且裂纹呈现层状不规则的变化。这是因为在应力作用下，天然橡胶样品裂纹附近应力集中，在裂纹前端会发生应变诱导结晶，新的应变诱导结晶区的产生使得裂纹产生偏转和枝化，耗散了大量能量（导致天然橡胶样品疲劳撕裂性能优异）。但在样品的其他部位，即除了裂纹附近的区域，仍处于无定形态和少量的结晶状态[47]。

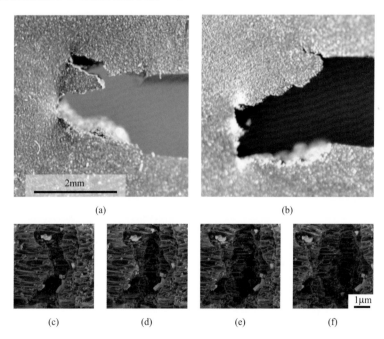

(a) (b)

(c) (d) (e) (f)

图4.28　交变应力下天然橡胶样品的裂纹扩展情况

（a）和（b）为宏观图；（c）～（f）为同一区域的SEM照片，从左到右依次是按时间先后裂纹扩展的微观图，样品是用1.5份硫黄硫化的天然橡胶，并加入50份N235炭黑补强为研究交变应力下天然橡胶样品内裂纹附近的结晶情况，研究人员设计了如图4.29所示的装置，该装置可实现天然橡胶样品受到交变应力作用，并可与同步辐射X射线散射仪器对接，借此可以获得天然橡胶样品结晶度与时间和交变应力间关系的重要数据[47,48]。

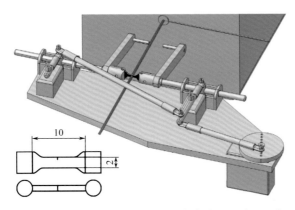

图4.29 研究动态交变应力下天然橡胶结晶的装置示意图

橡胶样品尺寸如图左下角所示，厚度为1mm，刻痕深度为0.5mm（预设裂纹），红色线表示WAXD的光束方向

利用该装置，我们可以获得动态应变下天然橡胶的结晶衍射图，如图4.30所示。通过所获取的大量衍射图，我们可以分析动态交变应力下天然橡胶内部拉伸结晶的过程和变化[47]。

裂纹附近应变诱导结晶区域大小和结晶度受多个因素影响。裂纹附近应力是静态应力还是动态应力即为影响因素之一。最近有学者研究发现，越靠近裂纹尖端，结晶度越高，在裂纹相同区域，静态应力下的结晶度要比动态应力下的结晶度高，静态应力下尖端附近的结晶度最高可达到2.1%，而动态应力下仅为1%左右，如图4.31所示。这意味着即使小量的诱导结晶也可对裂纹扩展起到一定的阻滞作用，但这一发现和结论尚需进一步的证实和认同[47~50]。

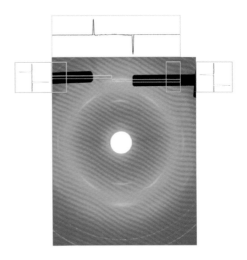

图4.30 用WAXD获得的衍射图

图中两个黑色圆柱形之间的距离可用于拉伸过程中相位角的确定；脉冲曲线表示用Sobel算子计算所得框形区域的强度（绿色表示垂直方向，蓝色表示水平方向，Sobel算子计算相位角的过程比较复杂，在此不做说明）

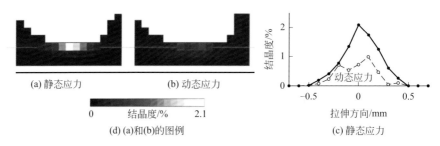

(a) 静态应力   (b) 动态应力

(d) (a)和(b)的图例   (c) 静态应力

图 4.31   在静态和动态应力（最大应变均为70%，动态应力频率为1Hz）下天然橡胶样品裂纹附近的结晶度

（a）和（b）中每个小方框表示100μm×100μm的区域；（c）图数据点是沿着（a）和（b）中水平红色虚线所得的不同区域结晶度数据

对于动态交变应力，R 值（交变应力下最小应变与最大应变的比值）也是影响裂纹附近应变诱导结晶的重要因素之一，研究发现，R 值越大，裂纹附近的结晶度越高。

4.1.2.2   应力松弛法

将硫化天然橡胶拉伸至一固定的形变，置于低温环境中，随着时间延长，橡胶内部分子链沿着拉伸方向逐渐进入晶格，发生应变诱导结晶。该结晶强烈束缚力图回复的分子链，减少橡胶样条的回弹力，致使拉伸应力随着结晶的进行不断减小直至为零，这一过程称为"由应变诱导结晶所导致的应力松弛"。因此，利用天然橡胶的低温应力松弛实验可以对其应变诱导结晶进行分析。广角X射线衍射法虽然功能强大，但测试成本高，且一般只适用于在室温和室温以上对天然橡胶的拉伸结晶进行研究，而应力松弛法可以在很宽的温度范围，尤其是在低温条件下，长时间研究硫化天然橡胶的拉伸结晶动力学[51~53]。

如图4.32所示，硫化天然橡胶应力松弛曲线与未硫化天然橡胶的低温结晶曲线类似，都是一条"倒S"形曲线，也都可用结晶半周期 $t_{1/2}$ 这一重要参数来表征结晶速率。图4.32表明，随着应变不断增大，$t_{1/2}$ 不断减小，说明硫化天然橡胶在大应变下结晶速率很快。如前所述，未受应力作用的硫化天然橡胶的结晶是很慢的。

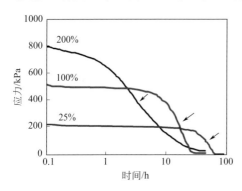

图 4.32   1%DCP硫化的天然橡胶在−25℃下的应力松弛曲线，箭头所指为结晶半周期

试样完全结晶或彻底应力松弛后，在拉伸状态下将试样加热升温，应力会恢复。应力恢复到完全不结晶试样的应力值时，对应的温度取作熔化温度，如图4.33中箭头指示。低伸长下，熔化结束点很明显，但高伸长下，应力-温度

曲线仅仅是逐渐接近由无定形态网络所决定的应力值，因此，虽然在高应变下熔化温度明显上升，但准确的值较难确定。图4.33表明，结晶时的应变越高，其熔化时的熔点也越高。这可从热力学第二定律上找到依据，也即取向度高的分子链所形成的结晶，其熔化前后的熵变较小，故此熔点更高。

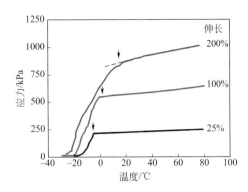

图4.33　Natsyn（高顺式-聚异戊二烯橡胶）的拉伸应力与温度的关系

1%DCP交联；-25℃下拉伸结晶，以10℃/h的速率升温；箭头所指为近似的拉伸结晶的熔融点

天然橡胶的SIC结晶性能比一般橡胶都要好，这一点从应力松弛曲线上很容易发现，天然橡胶的结晶半周期往往都比较短。表4.4中列出的是NR和Natsyn（高顺式-聚异戊二烯橡胶，顺式质量分数为97%～98%）的结晶半周期和熔融温度数据，图4.34中给出了结晶半周期与拉伸应变间的关系。可以看出，应变诱导可使天然橡胶和高顺式聚异戊二烯橡胶的结晶明显加快。与其合成型的高顺式聚异戊二烯橡胶相比，天然橡胶的结晶速率很快，在低应变下硫化天然橡胶结晶速率可高出50%，在高应变下结晶速率高约70%。

■ **表4.4**　用1%DCP硫化的NR、Natsyn试样结晶半周期$t_{1/2}$及近似的融化温度T_m（-25℃下结晶）

伸长率/%	NR		Natsyn	
	$t_{1/2}$/h	T_m/℃	$t_{1/2}$/h	T_m/℃
0	60±10	—	120±10	—
25	30±5	-2	60±8	-5
50	19±3	-1.5	30±4	-4
75	8.5±2	0	18±2	-2
100	4.5±0.5	3	16±2	0
125	3.4±0.4	4	—	—
150	1.7±0.2	12±2	4.5±0.2	8±1
200	0.8±0.05	30±10	3.3±0.2	25±2
250	0.32±0.05	53±10	1.2±0.5	42±2

与天然橡胶相似，其他结晶型橡胶也有应力松弛现象。如图4.35所示，丁基橡胶也符合"应变越大，应力松弛越快"的规律[52]，但与天然橡胶（图4.32）相比，在同样应变条件下，丁基橡胶的应力松弛时间要长得多。200%应变下，天然橡胶的$t_{1/2}$仅为2h左右，而丁基橡胶为500～600h；天然橡胶应力松弛过程中，在结晶完全时应力一般都降低到零，而丁基橡胶应力很难降低到零；丁基橡胶在100%应变时，应力松弛曲线几乎无变化，说明几乎不发生应变诱导结晶，而天

然橡胶在25%应变时应变诱导结晶也很明显。这些都说明了天然橡胶的应变诱导结晶性能优于诸如丁基橡胶这样的可结晶合成橡胶。

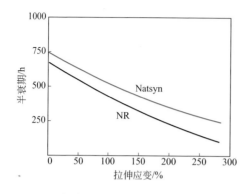

图4.34　交联的NR、Natsyn试样应力松弛 $t_{1/2}$ 与拉伸应变间的关系

试样用1%DCP交联；－25℃下测试

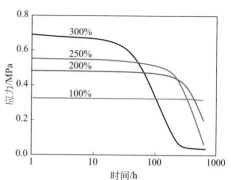

图4.35　用硫黄交联的丁基橡胶应力松弛曲线

－35℃下测试

4.1.2.3　力学性能研究法

硫化天然橡胶在发生应变诱导结晶现象时，其力学性能会有很大变化，如拉伸强度、抗疲劳性能等，这些力学性能的变化也可以间接研究硫化天然橡胶的应变诱导结晶，其中最常用的是应力-应变曲线和拉伸强度。

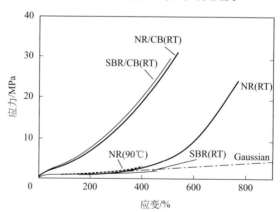

图4.36　不同硫化NR和SBR的应力应变曲线

RT表示室温；CB表示炭黑；Gaussian表示高斯链

从图4.36中可以看到，NR（RT）曲线是一条典型的硫化天然橡胶应力-应变曲线[54]，在应变达到500%左右时应力有一个突然的增加，这主要是因为硫化天然橡胶拉伸结晶引起了强度的增大，而且未增强的硫化天然橡胶强度很容易达到25MPa。在90℃下测得的NR应力-应变曲线与室温下测得的SBR应力-应变曲线相似，都没有应力的突变，强度都很低，这两条曲线和高斯链（交联点之间

的距离视为无穷远）的应力-应变曲线非常相似。通过强度对比发现，应变诱导结晶对硫化天然橡胶的强度有很大的增强作用，是一种自补强效应。但是经过炭黑增强之后，即使是强度很低的丁苯橡胶，其应力应变行为和拉伸强度也可以与NR相媲美。从图4.36还可以看出，如果想制备出又柔软又强劲的橡胶制品，天然橡胶就是首选了，因为经过炭黑增强后，橡胶的硬度和定伸应力都会大幅度增加，弹性和柔软度明显下降。

图4.37继续表明，未增强的硫化天然橡胶在高温条件下，如100℃，很难发生应变诱导结晶（即使有也应该是微弱的），拉伸强度仅为2～4MPa，与高斯链或者未硫化天然橡胶很相似。应该说，此时的温度已经超过了拉伸结晶熔点。理论上讲，交联密度越高（硫黄用量越高），交联点间分子链越短，分子链越不容易产生取向并进入晶格，拉伸结晶就越不易产生，强度和伸长率也越低。

如前所述，温度对天然橡胶的应变诱导结晶有直接的影响，进而对拉伸强度产生影响。如图4.38所示，通过对不同DCP用量交联的天然橡胶的拉伸强度与温度间关系的研究，可以发现：① 在一定温度范围内，温度越低越有利于拉伸结晶，在低于0℃的范围内，用1份和2份DCP交联的天然橡胶，拉伸强度可高达20MPa；② 在0～100℃范围内，拉伸强度随着温度升高而逐渐下降，并且有一个迅速衰减的区域。其本质是因为在低温下，硫化天然橡胶更易产生拉伸结晶，温度升高，拉伸结晶现象逐渐消失，使得强度不断减小，直到减小为1～2MPa。拉伸强度快速下降所对应的温度范围与天然橡胶的拉伸结晶的熔限有关，熔限的终点（我们称之为"转变温度"，图中 a、b、c 所示）表明，在此温度下，硫化天然橡胶的应变诱导结晶度已经不足以抵抗样品拉伸导致的裂纹扩展；③ 随着硫化剂DCP用量增加，即交联密度升高，转变温度由 a 点的100℃降到 c 点的20℃左右，说明交联密度越高，能产生拉伸结晶的最高温度上限越低，范围越窄；DCP用量越大，交联密度越高，硫化天然橡胶的拉伸结晶程度越低，表现为拉伸强度也越低。

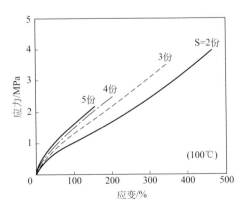

图4.37 在100℃下测试的加入不同份数硫黄硫化的NR（未增强）应力-应变曲线

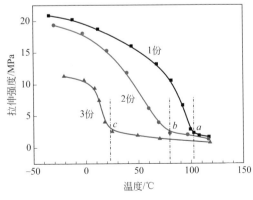

图4.38 不同DCP用量交联的天然橡胶拉伸强度与温度的关系

4.1.2.4 非胶组分对于天然橡胶应变诱导结晶的影响

在4.1.1.4节中，我们知道天然橡胶内的脂肪酸和蛋白质等非胶组分在天然橡胶低温诱导结晶的过程中扮演了异相成核剂的角色，这是促进天然橡胶发生低温诱导结晶的主要原因。但是这些非胶组分会对天然橡胶的应变诱导结晶过程产生什么影响呢？本节将予以重点讨论。

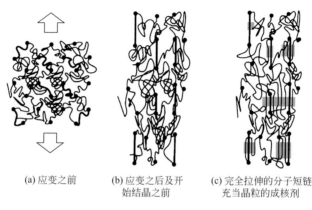

(a) 应变之前   (b) 应变之后及开   (c) 完全拉伸的分子短链
始结晶之前   充当晶粒的成核剂

图4.39 Ikeda提出的硫化天然橡胶应变诱导结晶理论模型

目前人们提出的有关天然橡胶产生应变诱导结晶的机理模型有两个，一个是以Ikeda[55,56]等为代表，针对硫化天然橡胶，提出来的"均相成核应变诱导结晶理论模型"，见图4.39。该理论模型认为硫化天然橡胶内交联点间的单体单元数目是不同的，既有短分子链聚异戊二烯单元[见图4.69（a）中两个交联点间的粗短曲线]，又有长分子链聚异戊二烯单元[见图4.39（a）中两个交联点间的细长曲线]；在外力作用下，短分子链聚异戊二烯单元首先达到完全伸展的状态[见图4.39（b）中的粗短直线]，并诱导周围取向的分子链进入晶格而产生结晶[见图4.39（c）中的粗短直线周围的灰色阴影部分]。一般外力产生的应变越大，导致的完全伸展的短分子链聚异戊二烯单元越多，因而在硫化天然橡胶体内形成的成核剂也越多，其结果就是应变诱导结晶导致的结晶度也越高，见图4.40。其中图4.40（a）是硫化天然橡胶的应力-应变曲线，图4.40（b）是硫化天然橡胶的应变与结晶度的关系。图4.40（a）中硫化天然橡胶ABCDE的应力-应变过程与图4.40（b）中ABCDE所代表的结晶度相对应。

图4.40（a）中的*A*点表示硫化天然橡胶开始结晶的临界伸长率大约为300%，相对应图4.40（b）中的*A*点的结晶度开始大于0；图4.40（a）中的*B*点表示随着应变增大，达到完全伸展的短分子链聚异戊二烯单元的数目增多，天然橡胶应变诱导结晶的成核剂增多，结晶的速率开始加快，相对应图4.40（b）中的*B*点，结晶度随着伸长率增加快速增加；图4.40（a）中的*C*点表示硫化天然橡胶达到最大伸长率（约500%）并开始回缩，相对应图4.40（b）中的*C*点的结晶度达到

最大值（15%左右）；图4.40（a）中的D点表示硫化天然橡胶随着应变的回复，应力开始下降，但由于应力松弛效应，回复时导致的应力要比同等拉伸应变下导致的应力小，相对应图4.40（b）中的D点，天然橡胶的应变诱导结晶开始融化，结晶度也开始下降，但是应变回复时的结晶度要大于同等伸长率拉伸条件下的结晶度，Ikeda等人将之称之为过冷（supercooling effect）效应；图4.40（a）中的E点表示硫化天然橡胶的回复曲线开始与拉伸曲线重合，相对应图4.40（b）中的E点，表明天然橡胶的应变诱导结晶完全融化。

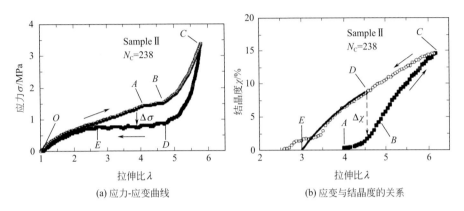

(a) 应力-应变曲线　　　　　　　　(b) 应变与结晶度的关系

图4.40　硫化天然橡胶（含1.2份硫黄）应力-应变曲线及应变-结晶度曲线
N_C—交联点间的单体单元数

Toki和Ikeda[57]等认为与硫化天然橡胶交联点间短分子链聚异戊二烯均相成核导致的应变诱导结晶相比，天然橡胶内的非胶组分对于硫化天然橡胶应变诱导结晶的影响几乎可以忽略不计。为此他们继续利用"同步辐射广角X射线衍射（WAXD）"技术对上述结论进行了验证，见图4.41。

图4.41（a）是未添加硬脂酸的硫化天然橡胶伸长率为300%的WAXD衍射照片，图中仅仅显示出无定形天然橡胶的晕白色的弥散环和硬脂酸001晶面亮白色的衍射光斑；图4.41（b）是未添加硬脂酸的硫化天然橡胶伸长率为500%的WAXD衍射照片，此时硫化天然橡胶发生应变诱导结晶，不仅可以看到无定形天然橡胶弥散环和硬脂酸的衍射光斑，还可以观察到硫化天然橡胶不同晶面的衍射光斑。表明虽然天然橡胶本身就含有硬脂酸，但是并不能以此判定硬脂酸对于天然橡胶的诱导结晶产生了影响。

图4.41（c）是未添加硬脂酸的硫化异戊橡胶伸长率为300%的WAXD衍射照片，图中仅仅显示出无定形异戊橡胶的晕白色的弥散环；图4.41（d）是未添加硬脂酸的硫化异戊橡胶伸长率为500%的WAXD衍射照片，此时硫化异戊橡胶发生应变诱导结晶，不仅可以看到无定形异戊橡胶的弥散环，还可以观察到硫化异戊橡胶不同晶面的衍射光斑。表明即使不含有硬脂酸，硫化异戊橡胶也可以发生应变诱导结晶。这一实验初步说明，无论是天然橡胶还是合成异戊橡胶主要还

是以交联点间完全伸展的短分子链聚异戊二烯单元的均相成核机理而产生应变诱导结晶现象。那么脂肪酸等非胶组分到底会不会对应变诱导结晶产生影响呢？

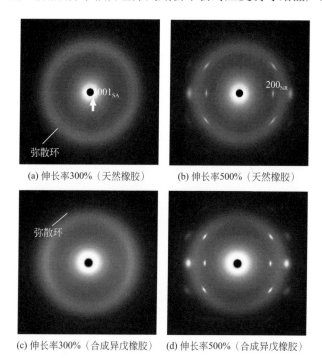

(a) 伸长率300%（天然橡胶）　　(b) 伸长率500%（天然橡胶）

(c) 伸长率300%（合成异戊橡胶）　　(d) 伸长率500%（合成异戊橡胶）

图4.41　未添加硬脂酸的硫化天然橡胶的WAXD衍射照片和未添加硬脂酸的硫化合成异戊橡胶的WAXD衍射照片

含2.5份硫黄；1.5份CZ；SA—硬脂酸；NR—天然橡胶

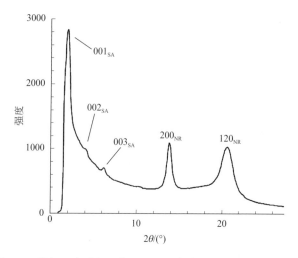

图4.42　添加硬脂酸的硫化天然、异戊橡胶的WAXD衍射图谱

为此，将天然橡胶和异戊橡胶分别添加不同份数（0份、1份、4份）的硬脂酸，并做500%伸长率下所产生应变诱导结晶的WAXD衍射谱图，见图4.42。以200晶面的衍射峰强度（I_{200}）与总衍射峰强度（$I_总$）的比值，表征橡胶的结晶程度，并以此为依据判定硬脂酸对于天然或者异戊橡胶应变诱导结晶的影响，见图4.43和图4.44。

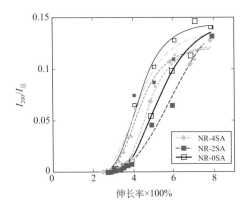

图4.43　硫化天然橡胶的$I_{200}/I_总$与应变的关系
图中粗线和大符号代表拉伸过程，
细线和小符号代表回复过程

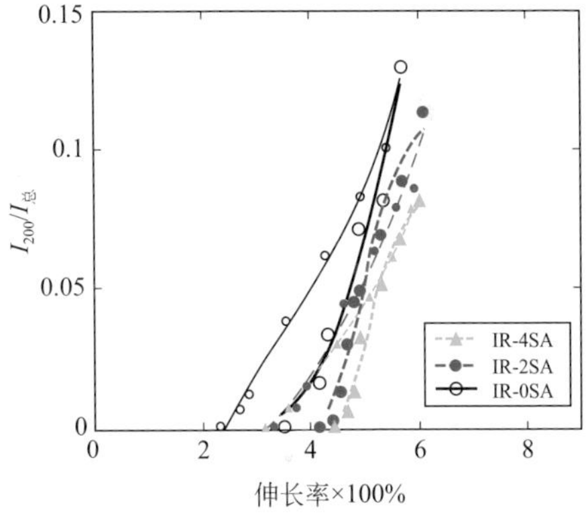

图4.44　硫化异戊橡胶的$I_{200}/I_总$与应变的关系
图中粗线和大符号代表拉伸过程，
细线和小符号代表回复过程

从图4.43中看到，随着硬脂酸添加量的变化，以$I_{200}/I_总$所表征的天然橡胶结晶程度并没有发生明显变化，表明硬脂酸对于天然橡胶的拉伸诱导结晶几乎不产生影响。同理从图4.44中看到，随着硬脂酸添加量的变化，异戊橡胶结晶程度略有下降，但是变化也不明显，表明硬脂酸对于异戊橡胶的拉伸诱导结晶也不会产生明显影响。二者的唯一区别是硬脂酸可使异戊橡胶发生诱导结晶的临界应变向高应变位移，其原因是异戊橡胶本身不含有硬脂酸，而加入的硬脂酸可以溶解在异戊橡胶中从而起到增塑剂的作用，提高异戊橡胶发生诱导结晶的临界应变。天然橡胶因为本身就含有硬脂酸，并且处于饱和状态，而外加入的硬脂酸不能溶解在天然橡胶当中，自然起不到增塑剂的作用。硬脂酸对于交联度也应该有一定的影响，一般会降低变联密度，这会延缓拉伸结晶，遗憾的是研究者并未进行考虑。

但是以Kawahara[58,59]等为代表，针对未硫化天然橡胶，提出了"异相成核应变诱导结晶理论模型"，见图4.45。即天然胶乳粒子在加工的过程中破碎，天然橡胶大分子末端分别连接有蛋白质残基和磷脂基团，并依靠氢键、离子键等连接成空间网

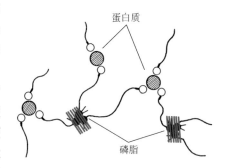

图4.45　未硫化天然橡胶异相成核应变诱导结晶理论模型

络结构。在外力作用下，连接于天然橡胶末端磷脂基团内的脂肪酸以及天然橡胶中的游离脂肪酸充当了成核剂的作用，从而加快了未硫化天然橡胶的应变诱导结晶的速率。

为了验证这一假设，可以将未硫化天然橡胶经过脱蛋白、丙酮抽提游离脂肪酸、转酯化去除连接脂肪酸等方法的处理，以去除脂肪酸、蛋白质等非胶组分因素的影响，见图4.46及表4.5。

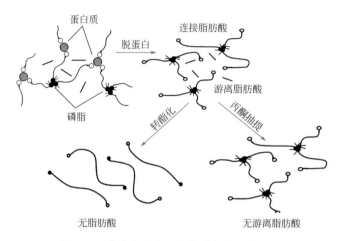

图4.46　去除未硫化天然橡胶内的非胶组分

■ **表4.5　经不同方法处理过的天然橡胶结构参数**

样本	凝胶含量/%	交联密度/($\nu \times 10^{-6}$)	氮含量/%	酯键含量/（mmol/kg）
天然橡胶	49.2	2.87	0.755	20.6
脱蛋白天然橡胶	9.9	1.62	0.016	20.7
丙酮抽提天然橡胶	8.9	1.40	0.013	13.3
转酯化天然橡胶	1.1	—	0.013	0
异戊橡胶	0	—	0	0

从表4.5中看到，经过脱蛋白处理，几乎可以完全去除天然橡胶中的蛋白质含量；经过丙酮抽提几乎可以完全去除天然橡胶中的游离脂肪酸；经过转酯化处理，可以完全去除天然橡胶大分子末端连接的脂肪酸。再对这些处理过的天然橡胶进行应力-应变以及同步辐射广角X射线衍射实验的测试，见图4.47（图中三张WAXD衍射照片为伸长率=400%的测试结果）。从图中看到，未硫化天然橡胶的应力-应变曲线显示出了明显的应变诱导结晶的衍射光斑；经过脱蛋白处理之后，仍然显示出应变诱导结晶的衍射光斑，但是光斑有些变弱，表明蛋白质并不是影响天然橡胶应变诱导结晶的主要因素；经过丙酮抽提天然橡胶之后，天然橡胶应变诱导结晶的衍射光斑完全消失，表明脂肪酸在未硫化天然橡胶的应变诱导结晶过程中起到重要作用。

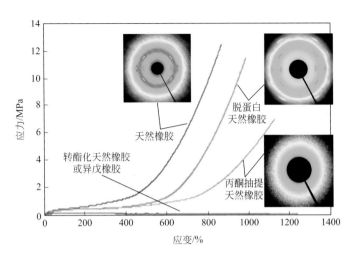

图 4.47　经过不同方法处理之后未硫化天然、异戊橡胶的应力 - 应变曲线及
同步 WAXD 衍射照片（λ=4）

　　另外从图中还可以看到，如果将经过丙酮抽提的天然橡胶进一步拉伸，其应力 - 应变曲线在伸长率≥800%的时候仍可以显示出曲线上扬的趋势，表明此时发生了应变诱导结晶；而转酯化天然橡胶或者未硫化异戊橡胶（不含有任何非胶组分）的应力 - 应变曲线则完全不再有上扬的趋势，表明不再发生应变诱导结晶现象。说明经过丙酮抽提游离脂肪酸之后，连接在天然橡胶大分子末端的脂肪酸仍然充当了天然橡胶应变诱导结晶的成核剂，引发了应变诱导结晶现象。

　　Kawahara 等提出来的"非胶组分异相成核应变诱导结晶理论模型"与 Toki 和 Ikeda 等提出来的蛋白质和硬脂酸等非胶组分对于天然橡胶的应变诱导结晶完全不起作用的观点相反。但是 Kawahara 等提出来的理论模型本身也有局限，该模型仅仅考虑了蛋白质和硬脂酸等非胶组分对于未硫化天然橡胶应变诱导结晶的影响，并没有考虑在硫化状态下，蛋白质和硬脂酸等非胶组分是否还会对天然橡胶的应变诱导结晶产生重大影响。

　　为此，Sakdapipanich[60]等人对此进行了验证。首先他也采取普通天然橡胶（NR）、脱蛋白天然橡胶（DPNR）、脂肪酶解脱蛋白天然橡胶（L-DPNR，这点和 Kawahara 采用丙酮抽提脱蛋白天然橡胶不同，但是二者效果相近）、转酯化天然橡胶（TENR）重复了 Kawahara 有关非胶组分对于未硫化天然橡胶应变诱导结晶影响的实验，所得到的实验结果与 Kawahara 基本相同，见图4.47。这有力地支持了 Kawahara 提出的关于未硫化天然橡胶的"非胶组分异相成核应变诱导结晶理论模型"。之后 Sakdapipanich[60]又通过在 L-DPNR 中反向加入：①磷脂；②蛋白质；③磷脂+蛋白质，然后将上述三个样本连同空白样本做同步辐射 WAXD 测试，以验证在经过纯化的天然橡胶当中反向添加经脱除的非胶组分，是否也能够促进未硫化天然橡胶的应变诱导结晶，结果见图4.48。

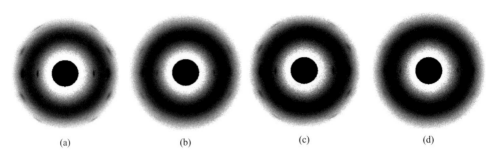

图4.48　不同种类未硫化天然橡胶在λ=7.5时的WAXD衍射图案

（a）脂肪酶处理脱蛋白天然橡胶；（b）脂肪酶处理脱蛋白天然橡胶+抽出蛋白质；（c）脂肪酶处理脱蛋白天然橡胶+卵磷脂；（d）脂肪酶处理脱蛋白天然橡胶+抽出蛋白质+卵磷脂

　　从图4.48中可看出，虽然所有样本均展示出清楚的应变诱导结晶衍射图案，但是与纯L-DPNR相比，添加有蛋白质和磷脂的L-DPNR显示出较低的衍射强度。表明简单添加蛋白质和磷脂会降低天然橡胶的结晶度。这进一步表明，天然橡胶的应变诱导结晶性能并不是蛋白质和磷脂的简单存在造成的，而是二者与天然橡胶大分子链端基相互作用形成的天然空间网络结构造成的。

　　接着用等量DCP（过氧化二异丙苯）对NR、DPNR、L-DPNR进行交联处理，经测试三者的交联密度分别为$0.97×10^{-4}\text{mol/cm}^3$、$0.80×10^{-4}\text{mol/cm}^3$、$0.66×10^{-4}\text{mol/cm}^3$。显然经过脱蛋白和脂肪酶处理之后，由于天然物理交联网络遭到破坏，DPNR和L-DPNR的交联密度会有不同程度的下降。然后利用同步辐射WAXD技术对三种硫化天然橡胶样本进行测试，并按照式（4.5）和式（4.6）分别计算出三种天然橡胶不同应变条件下各向异性区、取向无定形区和结晶区的分数，结果见图4.49。

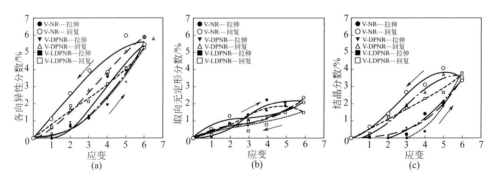

图4.49　硫化NR、DPNR和L-DPNR在拉伸和回复期间应变诱导结晶

（a）各向异性分数；（b）取向无定形分数；（c）结晶分数，
各向异性分数=取向无定形分数+结晶分数；DCP=2份

　　图4.49（a）表明，所有样本开始发生各向异性的应变大约为λ=2.0，并会随着应变的增加而增加；（b）表明所有样本无定形区开始发生取向的应变大约为λ=2.0，取向无定形分数即使在较高的应变下一般也小于3%；（c）表明NR和

DPNR 开始发生应变诱导结晶的应变大约为 $\lambda=3.0$，L-DPNR 开始发生应变诱导结晶的应变大约为 $\lambda=4.0$，显然 L-DPNR 的应变诱导结晶要慢于 NR 和 DPNR。此外，在给定的应变范围内，无论是拉伸期间还是回复期间，硫化 NR 的各向异性分数、取向无定形分数、结晶分数均略高于硫化 DPNR 和硫化 L-DPNR。而当应变达到 $\lambda=6.0$ 时，三者的各向异性分数、取向无定形分数以及结晶分数基本都相同，其 WAXD 衍射光斑的强度也基本一致，见图 4.50。

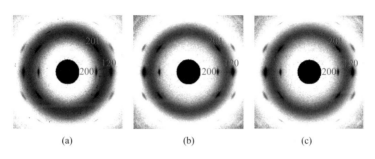

图 4.50　不同种类硫化天然橡胶在 $\lambda=6$ 时的 WAXD 衍射图案
（a）硫化天然橡胶；（b）硫化脱蛋白天然橡胶；（c）硫化脂肪酶解脱蛋白天然橡胶；DCP=2 份

从图 4.49 中可看出，与未硫化天然橡胶相同（参考图 4.47），所有硫化天然橡胶样本均显示出清楚的 120、200、201 晶面衍射光斑并与各向同性的散射环重叠在一起，且结晶衍射强度几乎相同。结合前面的分析可知，与蛋白质和脂肪酸形成的天然交联网络相比，DCP 形成的化学交联网络密度要大得多，此时均相成核自然成为所有天然橡胶应变诱导结晶的主要原因。因此 Sakdapipanich 的这个实验又支持了 Toki 和 Ikeda 提出的关于硫化天然橡胶的"均相成核应变诱导结晶理论模型"。

上述证据初步表明，在较高的应变条件下（$\lambda>6.0$），硫化天然橡胶的应变诱导结晶以均相成核机理为主，异相成核机理的影响可以忽略不计；而在较低应变条件下（$\lambda<6.0$），均相成核和异相成核同时起作用。因此 Sakdapipanich 基于自己的研究认为：非胶组分形成的天然交联网络在硫化天然橡胶应变诱导结晶过程中也扮演着重要的角色[60]。

截至目前，无论是 Toki 和 Ikeda 等提出来的"交联点间短分子链聚异戊二烯单元均相成核应变诱导结晶理论模型"还是 Kawahara 等提出来的"非胶组分异相成核应变诱导结晶理论模型"，哪一个为主哪一个为辅，都还需进一步的证据予以证实。有关天然橡胶应变诱导结晶机理的研究还将是今后研究的一个热点。相信随着研究的深入和系统，以及研究手段的推陈出新，有关天然橡胶应变诱导结晶的机理会变得越来越清晰。

天然橡胶的结晶研究是天然橡胶结构和性能领域的一个重要内容，有大量的文献和研究资料，读者如有兴趣可参考该部分引用的文献以及相应的资料进行深入了解。

4.2 三叶橡胶的性能概述 <<<

4.2.1 一般物理学参数

天然橡胶一般物理学参数见表4.6。在各种橡胶材料中，天然橡胶的生胶、混炼胶和硫化胶的机械强度都较高，见表4.7。这是由两方面原因造成的：① 天然橡胶是自补强型橡胶，在拉伸应力的作用下易发生结晶，晶粒分散在无定形大分子链中起到增强作用；② 天然橡胶中含有一定量的由交联引起的不能被溶剂溶解的凝胶，包括松散凝胶和紧密凝胶，经过塑炼后松散凝胶被破坏，成为可以溶解的，而微小颗粒的紧密凝胶仍不能被溶解，分散在可溶性橡胶相中对增强有一定作用。

■ **表4.6** 天然橡胶一般物理学参数表

性能	数值	性能	数值
密度/（g/cm^3）	0.913	折射率（20℃）	1.52
内聚能密度/（MJ/m^3）	266.2	燃烧热/（kJ/kg）	44.8
体积膨胀系数/（×10^{-4}/K）	6.6	热导率/（W/m·K）	0.134
介电常数	2.37	体积电阻率/Ω·cm	$10^{15} \sim 10^{17}$
击穿强度/（MV/m）	20～40	热比容/（kJ/kg·K）	1.88～2.09

■ **表4.7** 几种主要橡胶的性能对比表

项目	天然橡胶	丁苯橡胶	丁腈橡胶	丁基橡胶	硅橡胶	氟橡胶
纯胶拉伸强度	高	低	低	高	低	中
补强胶拉伸强度	高	中	中	中	低	高
邵A硬度/（°）	30～90	40～90	40～95	40～75	40～85	60～95
硫化性能	优	优	优	良	中	良
压缩变形	良	良	良	中	优	优
气密性能	中	中	良	优	中	良
低温屈挠性能	优	良	良	良	优	中
抗撕裂性能	良	中	中	良	差	良
耐氧老化性能	良	良	良	优	优	优
耐辐射性能	良	优	差	差	优	优

续表

项目	天然橡胶	丁苯橡胶	丁腈橡胶	丁基橡胶	硅橡胶	氟橡胶
耐热性能	中	中	良	良	超优	优
耐寒性能	良	中	中	良	优	中
耐磨性能	良	优	良	良	差	优
成本	低	低	中	中	高	超高

天然橡胶具有优异的物理机械性能、耐疲劳性能和加工性能，但天然橡胶的耐老化、耐热、耐介质和耐磨等性能较差，这就需要对天然橡胶进行改性，常见的改性包括物理改性和化学改性等，详细叙述见第五章。

4.2.2 玻璃化转变

未硫化的橡胶试样在特定的低温下冷冻会失去弹性，受到外力冲击时会如玻璃般粉碎，称之为玻璃化转变。在常温下，橡胶具有弹性，而在较高温度下，受外力拉伸时又会逐渐流动变长，发生黏流。橡胶的热力学性能，对解释橡胶的加工和使用性能有着重要意义。

图4.51是硫化天然橡胶的动态力学曲线图，可以看出，整条曲线大体可以分为3个区域，即玻璃态区、玻璃-橡胶转变区和橡胶弹性平台区。在常温下（玻璃化转变温度以上），橡胶分子处于不停的热运动状态，链段运动使分子链在外力作用下伸张，发生较大的变形，当外力消失，分子链又会自然卷曲，经一段时间后恢复原状，这时橡胶处于高弹态。随着温度的降低，分子链热运动的动能逐渐减小，在一定温度以下，分子链和链段的运动完全被冻结，空洞自由体积小到无法提供足够大的空间容纳链段的局部迁移，因此处于僵硬状态，就如硬脆的玻璃；材料的模量和强度都变得很高，伸长率很低，所以这时处于玻璃态。玻璃态区与高弹态区的分界温度，称为玻璃化转变温度。在玻璃化温度以上，分子链开始活动，橡胶表现出高弹性。因此玻璃化转变温度是橡胶使用温度的下限，玻璃态塑料使用温度的上限。如果是未交联天然橡胶，在橡胶弹性平台区以后，还会出现橡胶流动区和液体流动区。

在图4.51的动态力学性能曲线上，天然橡胶的玻璃化转变温度为–45℃左右。根据聚合物的黏弹性理论，动态测试条件下的玻璃化转变温度比静态条件下测试的要高，而且测试频率越高，玻璃化转变温

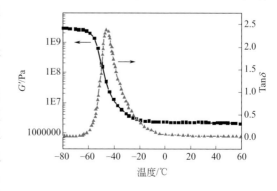

图4.51　硫化天然橡胶动态性能曲线

度也越高。

通常用玻璃化温度表征橡胶的耐寒性能，玻璃化温度越低，耐寒性越好。在玻璃化温度以下，橡胶变硬变脆，在某一温度下，稍受冲击即断裂，这种现象称为橡胶的脆性，此时的温度称脆性温度（T_b）。多数情况下橡胶的玻璃化温度与脆性温度十分接近。但是，由于一些橡胶包括天然橡胶、顺丁橡胶、某些硅橡胶等在低温下可以产生结晶，因此，结晶温度往往是其低温使用温度的下限。

橡胶的玻璃化转变温度（T_g）与分子量无关，与分子链段的长短、橡胶的品种、加工增塑剂的用量等有关。表4.8列举了常用橡胶的玻璃化温度，由表可以看出，天然橡胶、顺丁橡胶、硅橡胶、乙丙橡胶等的T_g比较低。而丁腈橡胶、氯丁橡胶、氟橡胶的T_g就比较高。一般地，橡胶中配合增塑剂可以提高链段的活动能力，从而降低玻璃化温度。加入量越多，T_g下降得越大。因此，在橡胶中加适量增塑剂既方便加工，又降低玻璃化转变温度，提高耐寒性能。

■ **表4.8　常用橡胶的玻璃化转变温度**

橡胶品种	$T_g/℃$	橡胶品种	$T_g/℃$
天然橡胶	−73 ～ −70	异戊橡胶	−73 ～ −70
丁苯橡胶	−60 ～ −58	丁腈橡胶（25% ～ 30%丙烯腈）	−47 ～ −40
顺丁橡胶	−108 ～ −102	乙丙橡胶	−65 ～ −60
丁基橡胶	−70 ～ −65	氯丁橡胶	−50 ～ −40
氟橡胶	−30 ～ −28	硅橡胶	−128 ～ −120

4.2.3　弹性

天然橡胶的生胶及交联密度不太高的硫化胶的弹性是非常高的，在通用橡胶中仅次于顺丁橡胶。例如在0 ～ 100℃范围内，天然橡胶的回弹性在50 ～ 85之间，弹性模量仅为钢的1/3000，伸长率可达1000%，拉伸到350%后的永久变形在15%以内。

因此，天然橡胶的弹性具备橡胶弹性的特点：① 弹性变形大，最高可达1000%。而一般金属材料的弹性变形不超过1%，典型的在0.2%以下；② 弹性模量小，高弹模量约为10^5Pa。而一般金属材料弹性模量可达10^{10} ～ 10^{11} Pa；③ 弹性模量随绝对温度的升高呈正比增加，而一般金属材料的弹性模量随温度升高而降低；④ 形变时有明显热效应。当把橡胶试样快速拉伸（绝热过程），温度升高（放热过程）；形变回复时，温度降低（吸热过程）。而一般金属材料与此相反。

4.2.3.1　橡胶弹性的熵弹性本质

橡胶，包括天然橡胶，其弹性的本质是熵弹性，这可以根据热力学定律推导。根据热力学第一定律，将长度为 l 的试样在外力 f 作用下变形伸长 dl，体系的内能变化 dU：

$$dU=dQ–dW$$

式中，dQ 为体系吸收的热量，dW 为体系对外作的功。假设体系是可逆的，根据热力学第二定律：

$$dQ=TdS$$

式中，T 为绝对温度；d_s 为体系熵的变化；另外，dW 包括膨胀功 PdV 和拉伸功 fdl，即：$dW=PdV–fdl$，其中，p 为压力；dV 为拉伸时的体积变化，则

$$dU=TdS–PdV+fdl$$

由此可以推导等温等容条件下的热力学方程：

$$f=\left(\frac{\partial U}{\partial l}\right)_{T,V}-T\left(\frac{\partial S}{\partial l}\right)_{T,V}$$

实验表明：

$$\left(\frac{\partial U}{\partial l}\right)_{T,V}\approx 0$$

则

$$f=-T\left(\frac{\partial S}{\partial l}\right)_{T,V} \tag{4.10}$$

式（4.10）说明橡胶拉伸时，内能几乎不变，主要是引发熵的变化。在外力作用下，橡胶分子链由卷曲状态变为伸展状态，熵值由大变小，终态是一种不稳定状态，当外力消除后，就会自发回复到初态。这说明高弹态主要是熵的贡献。

同样，由于内能不变，在恒容条件下可以得到：

$$fdl=-TdS=-dQ \tag{4.11}$$

因此，当橡胶拉伸时，$dl>0$，故 $dQ<0$，体系是放热的；反之，当橡胶压缩时，$dl<0$，但 $f<0$，故 $dQ<0$，体系仍是放热的。

研究进一步表明，内能对聚合物的高弹性也有一定的贡献，约占10%，但这不能改变高弹性的熵弹本质。橡胶在小变形时以内能变化为主，大变形时以熵变化为主[61]。

试样在任一给定伸长时内能和熵对拉力的贡献可以由实验测定的外力-温度图计算得到，其示意图如图4.51所示[62]。曲线 CC' 表示某一给定伸长下的外力-温度关系，虚线 AP 是过曲线上任一点 P 的切线，切线的截距即为内能对弹性的

贡献，剩余部分即为熵对弹性的贡献。因此，图4.52虽为示意图，但反映了橡胶网络受拉伸时内能和熵对弹性的贡献。

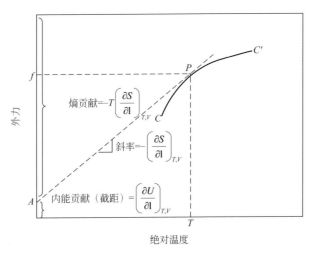

图4.52　外力-温度曲线

4.2.3.2　弹性网络

实际上，只有各个分子链连接成一个网络结构，才能发挥橡胶作用。真实的橡胶交联网络是复杂的，为了理论研究方便，采用一个理想的交联网络模型，该模型符合如下假定：

① 每个交联点由4个有效链组成，交联点是无规分布的。

② 两个交联点之间的网链为高斯链，其末端距符合高斯分布。

③ 高斯链组成的各向同性网络的构象总数是各个网链构象数目的乘积。

④ 网络中的各交联点被固定在它们的平衡位置上。当橡胶试样变形时，网链将以相同比率变形，即所谓"仿射"变形，如图4.53所示。

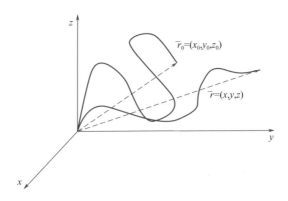

图4.53　网链"仿射"变形前后的坐标

首先考虑一个单位立方体的橡胶试样经受均匀应变的情况。此应变将使这个立方体变成一个规则的，具有不等边长 λ_1、λ_2 和 λ_3 的平行六面体。对于不可压缩材料，公式如下：

$$\lambda_1 \cdot \lambda_2 \cdot \lambda_3 = 1$$

对于这个单位体积中的一个单独分子链，此分子链一端位于笛卡尔坐标系的原点，另一端最初在 (x_0, y_0, z_0) 上，但在施加变形应力后，移至 (x, y, z)。若假定是"仿射形变"，则

$$x = \lambda_1 x_0; \quad y = \lambda_2 y_0; \quad z = \lambda_3 z_0$$

选定的坐标轴与应变主轴重合。于是，使分子链变形所做的功等于所施加的力在整个变形距离上的积分，即：

$$对每个分子链所做的功 = \int_{x_0}^{\lambda_1 x_0} F_x dx + \int_{y_0}^{\lambda_2 y_0} F_y dy + \int_{z_0}^{\lambda_3 z_0} F_z dz$$

根据单个分子链得出的结论 $F = (3kT/na^2)r$，可以推导出：$F_x = x(3kT/na^2)$。F_y 和 F_z 也有类似表达式，所以对每个分子链所做的功：

$$= (3kT/na^2)\left[\int_{x_0}^{\lambda_1 x_0} x dx + \int_{y_0}^{\lambda_2 y_0} y dy + \int_{z_0}^{\lambda_3 z_0} z dz\right]$$

$$= (3kT/na^2)\left[\left(\frac{x^2}{2}\right)_{x_0}^{\lambda_1 x_0} + \left(\frac{y^2}{2}\right)_{y_0}^{\lambda_2 y_0} + \left(\frac{z^2}{2}\right)_{z_0}^{\lambda_3 z_0}\right]$$

$$= (3kT/2na^2)\left[(\lambda_1^2 - 1)x_0^2 + (\lambda_2^2 - 1)y_0^2 + (\lambda_3^2 - 1)z_0^2\right]$$

若单位体积内网链的数目为 N，则对单位体积所做的功为上式对全部 N 个分子链的加和。所以：

$$对单位体积做作的功 = (3kT/2na^2)\left|(\lambda_1^2 - 1)\sum^N x_0^2 + (\lambda_2^2 - 1)\sum^N y_0^2 + (\lambda_3^2 - 1)\sum^N z_0^2\right|$$

由于在无应变状态下链矢量的方向完全是无规的，故不存在偏向 x，y 或 z 方向的情况，且因为：$\sum x_0^2 + \sum y_0^2 + \sum z_0^2 = \sum r_0^2$，因此：

$$\sum x_0^2 = \sum y_0^2 = \sum z_0^2 = \frac{1}{3}\sum r_0^2$$

又因为 $\sum r_0^2 = N\overline{r_0^2}$，其中 $\overline{r_0^2}$ 等于分子链在无应变状态下的均方长度 R^2，等于 na^2，即：$\sum r_0^2 = Nna^2$，因此对单位体积所做的功：

$$= (3kT/2na^2)(Nna^2/3)[\lambda_1^2 + \lambda_2^2 + \lambda_3^2 - 3]$$

$$= \frac{NkT}{2}[\lambda_1^2 + \lambda_2^2 + \lambda_3^2 - 3]$$

$$= \frac{1}{2}G[\lambda_1^2 + \lambda_2^2 + \lambda_3^2 - 3]$$

其中，$G=NkT$，等于剪切模量。因此，这个表示单位体积变形功或弹性储存自由能的表达式就完全可以确定橡胶的弹性。

下面讨论只在 x 方向进行简单拉伸的情况。

由于 $\lambda_1 \cdot \lambda_2 \cdot \lambda_3 = 1$；$\lambda_2 = \lambda_3 = \sqrt{1/\lambda_1}$，故在拉伸中所做的功为：

$$W = \frac{1}{2}G[\lambda_1^2 + (2/\lambda_1) - 3]$$

拉伸应力 σ 为：

$$\sigma = \partial W / \partial \lambda_1 = \frac{1}{2}G(2\lambda_1 - 2/\lambda_1^2) = G(\lambda_1 - 1/\lambda_1^2) \qquad (4.12)$$

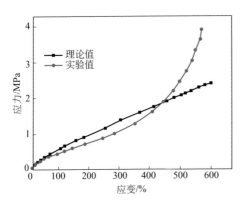

图4.54　交联天然橡胶的应力-应变曲线

式（4.12）给出了使橡胶变形到平衡拉伸比 λ_1 所需的拉伸应力 σ。

但是理论值与实验值存在着一定的偏差，图4.54把理论和实验的应力-应变曲线做了对比[63]。从图中可以发现，对于应变在50%（$\lambda<1.5$）以下的情况，理论和实验结果相当一致。但在较高伸长情况下，则不太相符。这是由于：① 在较高应变时，网链接近其极限伸长，高斯链的假设就不再成立；② 应变引起的结晶作用。

4.2.4　动态力学性能

橡胶的动态力学性能涉及材料在周期性外力作用下的应力、应变和损耗与时间、频率、温度等之间的关系。考察橡胶材料的动态力学性能随温度、时间、频率和组成的变化，可以研究橡胶材料的玻璃化转变和次级松弛转变、结晶、交联、取向、界面等理论问题，还可用于解决实际的工程问题，如根据动态力学性能评价材料优劣，不断改进配方及工艺，从而研制出具有优良阻尼性能和声学性能、耐环境老化和抗疲劳破坏性能等的橡胶材料。

天然橡胶的动态力学性能与填充补强剂的品种和用量、橡胶与填料之间的相互作用、硫化过程以及其他配合剂等密切相关。

4.2.4.1　硫化体系

天然橡胶的硫化体系包括半有效（SEV）硫化体系、有效（EV）硫化体系和传统（CV）硫化体系。其中，CV体系硫化胶具有最多的多硫交联键；EV体系硫化胶的单硫交联键含量最多；SEV体系的硫化胶具有居中的交联键型结构。

从图4.55中可以看出，不同交联键类型对天然橡胶硫化胶的动态力学性能有一定的影响[64]。从玻璃化温度（T_g）转变区域到0℃之间，三种硫化体系的填充和未填充天然橡胶硫化胶具有非常相近的tanδ和T_g值；在超过0℃的较宽温度范围内，特别是接近60℃的区域内，三种体系的填充和未填充的天然橡胶硫化胶的tanδ则依照EV>SEV>CV的顺序减小。这一结果表明，在控制总交联密度相同的情况下，交联键类型对天然橡胶

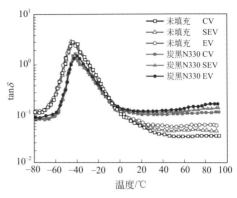

图4.55 不同交联体系的天然橡胶
损耗因子-温度变化图

硫化胶的tanδ的影响，以多硫交联键的动态滞后损失最小，而单、双硫键含量的增加，则会使硫化胶的动态滞后损失增加，这是因为多硫键具有"较长"的交联键和更加柔顺的结构，其动态滞后损失最小。

因此，在不考虑老化的情况下，可将天然橡胶的硫化体系设计为CV体系，使天然橡胶硫化胶具有相对含量较高的多硫键，从而赋予动态橡胶制品（如轮胎）较低的滞后损耗，而使其动态生热降低，滚动损失也减少。

但是，高温硫化和长时间过硫化之后，三种硫化体系的交联结构则发生了不同程度的变化，其中，CV体系硫化的NR硫化胶的动态力学性能变坏程度最大，而SEV和EV体系的NR硫化胶的动态力学性能保持率较高，主要原因是天然橡胶硫化胶中的多硫键热稳定性较弱，造成裂解向单/双硫键的转化，从而影响到天然橡胶硫化胶的动态力学性能[64]。

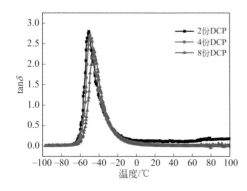

图4.56 不同交联密度的天然橡胶的
损耗因子-温度变化图

图4.56是不同交联密度的天然橡胶的损耗因子-温度变化图，其中不同交联密度通过DCP用量的不同来实现。从图中可以发现，随着交联密度增加，天然橡胶硫化胶的T_g略向高温方向偏移；另一方面，随着交联密度增加，硫化胶的tanδ在低温时下降。这是由于提高交联密度使分子链的受迫振动响应及时，内耗降低。在60～100℃范围内，硫化胶的tanδ下降，表明硫化胶滞后损失减小、生热降低。这说明提高交联密度对降低橡胶复合材料动态生热具有显著作用。

4.2.4.2 增强体系

图4.57是不同炭黑种类和用量对天然橡胶动态性能影响图[65]。从图中可以发现，无论采用何种炭黑种类，随着炭黑用量的增加，天然橡胶硫化胶的tanδ峰值（玻璃态-橡胶态转化区）减小，高于10℃时（橡胶态）的tanδ值增大。这是由于，在玻璃化转变区，胶料处于高度的黏弹滞后状态，胶料能量损耗主要是由天然橡胶基体产生，炭黑用量增加后，混炼胶中结合胶含量的增加以及炭黑浓度的上升导致纯胶含量降低，从而使硫化胶损耗减小；当硫化胶处于高弹态时，链段运动阻力明显小于玻璃化转变时的阻力，损耗因子大幅度下降，且随温度升高，运动阻力进一步降低，但橡胶分子链与炭黑粒子之间、炭黑粒子与炭黑粒子之间具有强的物理吸附作用，这两种作用及其所形成的网络结构具有明显的黏弹滞后效应，所以处于高弹态的天然橡胶硫化胶的tanδ值随炭黑用量增加而增大。因此，在保证制品如轮胎等的力学性能的前提下，为了降低生热，减小能耗，延长橡胶制品的使用寿命，炭黑的填充量应尽量减小。

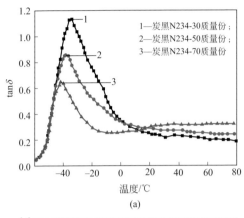

(a)

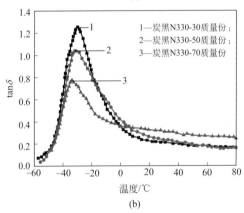

(b)

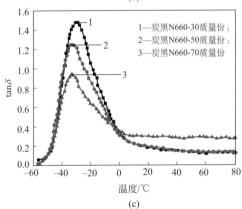

(c)

图4.57 炭黑种类和用量对天然橡胶动态性能影响图

从图4.58中可以发现[66]，在玻璃化转变区天然橡胶硫化胶的tanδ峰值均随炭黑粒径的减小（即N660>N330>N234）而降低，这是由于在相同用量下，粒径小且比表面积大的炭黑粒子之间以及炭黑粒子与橡胶大分子链间的相互作用更强，对玻璃化转变区的橡胶分子链运动行为的影响也更大，这导致橡胶自身的高黏弹损耗效应下降。而在高弹性区，情况正好相反，因为橡胶自身的粘弹损耗效应已经明显降低，如果炭黑粒子与橡胶大分子链间的相互作用越强，所形成的网络结构越强，橡胶的黏性滞后效应则会增大。因此，硫化胶高于10℃时的tanδ值随炭黑粒径的减小而增大。填充N660的天然橡胶硫化胶0℃时tanδ值最高，60℃时最低，说明该材料具有较好的抗湿滑性能和较低的生热性能。

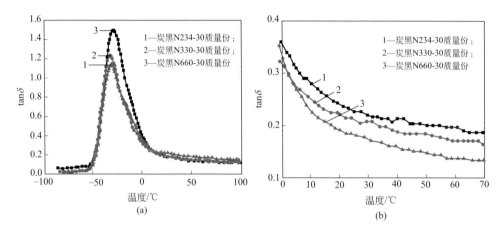

图4.58　炭黑种类对天然橡胶动态性能影响图

4.2.5　溶胀性能

溶剂分子可进入橡胶内部，使其溶胀，体系网链密度降低，平均末端距增加。溶胀过程可看作是两个过程的叠加，即溶剂与网链的混合过程和网络弹性体的形变过程，一方面溶剂力图渗入聚合物内部使其体积膨胀；另一方面由于交联橡胶体积膨胀导致网状分子链向三维空间伸展，使分子网链受到应力产生弹性收缩能，力图使分子网链收缩。耐溶剂性能是指橡胶抗溶剂作用（溶胀、硬化、裂解、力学性能恶化）的能力。

天然橡胶的溶胀同样遵循极性相似和溶解度参数相近原则。天然橡胶是非极性的，能溶于非极性烃类化合物溶剂中，如苯、石油醚、甲苯、己烷等。天然橡胶的溶解度参数δ=16.6，因此可以溶于甲苯（δ=18.2）和四氯化碳（δ=17.6）中，但不溶于乙醇（δ=26.0）。

提高天然橡胶耐溶剂性能的方法和提高耐腐蚀性能相似，最有效的方法：① 提高交联密度；② 提高橡胶与填料之间的相互作用；③ 降低橡胶制品的含胶率；④ 对天然橡胶进行化学改性处理，如氯化、环氧化等。

天然橡胶密封圈在柴油中的溶胀性能如表4.9所列[67]。从表中可以发现，天然橡胶的耐溶胀性能在0#柴油中最好、植物油基柴油次之、动物油基柴油最差。

■ 表4.9 天然橡胶密封圈在柴油中的溶胀性能表

介质	厚度变化率/%	质量变化率/%	拉伸强度变化率/%	断裂伸长率变化率/%
动物油基柴油	4.60	14.47	−33.78	−31.14
植物油基柴油	3.35	10.08	−14.86	−14.91
0#柴油	0.05	1.07	−20.27	−20.68
50%动物油基柴油 +50%植物油基柴油	4.27	12.70	−36.49	−43.42
50%动物油基柴油 +50%0#柴油	3.11	10.51	−28.38	−34.21
50%植物油基柴油 +50%0#柴油	2.29	3.32	−20.68	−21.53

4.2.6 耐化学腐蚀性介质性能

天然橡胶制品在各种腐蚀性介质中使用时，会发生一系列化学和物理变化，导致制品性能变差而损坏。因此，提高天然橡胶制品的耐腐蚀性能具有重要意义。

化学腐蚀性介质主要包括强氧化剂、酸、碱、盐和卤化物等。化学腐蚀性介质对橡胶的破坏作用，是其向橡胶内部渗透、扩散后，与橡胶中的活泼基团（双键、酯键、活泼氢等）发生反应，引发橡胶大分子链中的化学键和次价键破坏，产生结构降解，导致性能下降甚至破坏。橡胶的耐化学腐蚀性能主要取决于橡胶自身的化学组成和结构。总体来讲，耐腐蚀橡胶应具有较高的饱和度，较少的活泼基团，较大的分子间作用力，另外结晶结构有利于提高化学稳定性。

主要橡胶的耐腐蚀性能对比如表4.10所列。天然橡胶作为不饱和度较高、柔性较大的橡胶，其耐化学腐蚀性能要低于饱和橡胶如氟橡胶和丁基橡胶等。在硝酸或二氧化氮介质中，天然橡胶会发生硝化和异构化反应。

■ 表4.10 主要橡胶的耐腐蚀性能对比表

介质	天然橡胶	丁苯橡胶	丁基橡胶	丁腈橡胶	硅橡胶	氟橡胶
脂肪族烃	差	差	差	优	差	良
芳香族烃	差	差	差	良	差	良
酮	良	良	良	差	中	差
喷漆溶剂	差	差	差	中	差	差
汽油	差	差	差	良	差	良
动植物油	差	差	差	优	中	优
臭氧	中	中	优	中	优	优
稀酸	中	中	优	良	良	优
浓酸	中	中	良	中	中	良
碱	中	中	良	中	良	优

注：优＞良＞中＞差。

提高天然橡胶的耐腐蚀性能可以从以下几个方面考虑：① 降低介质向基体内部的渗透扩散速率，可以在橡胶表面形成一层防护层，阻止或降低介质的扩散速率，如利用石蜡或聚四氟乙烯涂覆表面等；② 在基体中加入能够与化学介质反应的助剂，抑制化学反应速率；③ 对基体化学改性，改变分子链结构；④ 降低橡胶制品的含胶率。

天然橡胶的硫化体系影响耐腐蚀性能。一方面，由于橡胶硫化，形成交联网络，交联密度增加，橡胶大分子链结构中的活性基团和双键减少，弱键受化学介质破坏的可能性降低；另一方面，交联网络的形成，增加了大分子链间的相互作用力，降低了化学介质的渗透扩散速率。因此，天然橡胶可以在硬度和物理机械性能允许的情况下，尽可能提高交联密度，增加硫黄用量，提高耐腐蚀性能。硬质橡胶就是其中非常典型的实例，30份以上硫黄交联改性的硬质天然橡胶硫化胶耐腐蚀性能最好，可以作为大型容器的防腐衬里。即使是普通天然橡胶硫化胶，要提高耐腐蚀性能，也要配合4～5份硫黄。

填充体系是橡胶胶料的重要组成部分，选择合适的填充剂对提高胶料的耐腐蚀性能非常必要。填充增强剂应具有化学惰性，不易与化学腐蚀介质反应，不易侵蚀，不含水溶性的电解质杂质。在耐酸胶料中，可以采用炭黑、陶土、硫酸钡、滑石粉和白炭黑等，其中硫酸钡的耐酸性能最好，碳酸钙和碳酸镁可以与酸性物质发生化学反应，不能在耐酸胶料中使用；在耐碱胶料中，不能采用含有二氧化硅类的填料和滑石粉等，这些填料易与碱性物质反应而受侵蚀。另外，应避免采用水溶性和含水量高的填料，因为胶料在高温硫化时，水分会迅速挥发从而产生许多微孔，增大了化学介质的渗透扩散速率，因此可以配合适量的矿物石膏或生石灰粉吸收水分。

增塑体系应采用不易被化学腐蚀介质抽出，不易与介质发生反应的增塑剂。

4.2.7 电学性能

天然橡胶是非极性橡胶，是一种绝缘性较好的材料。绝缘体的体积电阻率在10^{10}～$10^{20}\Omega \cdot cm$范围内，而天然橡胶生胶一般为$10^{15}\Omega \cdot cm$。各种橡胶生胶的电学性能如表4.11所列。

■ **表4.11 各种生胶的电学性能表**

胶种	介电常数ε	介电损耗$\tan\delta$	体积电阻率/（$\Omega \cdot cm$）	击穿电压强度/（$MV \cdot m^{-1}$）
NR	2.4～2.6	0.16～0.29	（1～6）×10^{15}	20～30
SBR	2.4～2.5	0.1～0.3	10^{14}～10^{15}	20～30
NBR	7～12	5～6	10^{10}～10^{11}	20
CR	7～8	3	10^{9}～10^{12}	20
IIR	2～2.5	0.04	>10^{15}	24
EPM	2～2.5	0.02～0.03	6×10^{15}	20～23
MVQ	3～4	0.04～0.06	10^{11}～10^{14}	15～20

硫化体系对橡胶的电绝缘性能有重要影响。硫化胶由于配合了一些极性物料，如硫黄、促进剂等，因此绝缘性能下降。各种橡胶硫化胶的电学性能如表4.12所列。不同类型的交联键，可使硫化胶产生不同的偶极矩。单硫键、双硫键、多硫键、碳碳键，其分子偶极矩各不相同，因此电绝缘性能也不同。天然橡胶、丁苯橡胶等通用橡胶，一般多以硫黄硫化体系为主。一般来说，硫黄用量大，绝缘性变差。

■ 表4.12　各种硫化橡胶的电学性能表

胶种	介电常数ε	介电损耗$\tan\delta$（$\times10^{-2}$）	体积电阻率ρ_v/（$\Omega\cdot cm$）	交流电压击穿强度/（$MV\cdot m^{-1}$）	直流电压击穿强度/（$MV\cdot m^{-1}$）
NR	3.0～4.0	0.5～2.0	10^{14}～10^{15}	20～30	45～60
SBR	3.0～4.0	0.5～2.0	10^{14}～10^{15}	20～30	45～60
BR	3.0～4.0	0.5～2.0	10^{14}～10^{15}	20～30	45～60
IIR	3.0～4.0	0.4～1.5	10^{15}～10^{16}	25～35	70～100
EPM	2.5～3.5	0.3～1.5	10^{15}～10^{16}	25～45	70～100
EPDM	2.5～3.5	0.3～1.5	10^{15}～10^{16}	25～45	—
CR	5.0～8.0	2～20	10^{12}～10^{13}	15～20	—
NBR	5～12	2～20	10^{10}～10^{11}	—	—
MVQ	3～4	0.5～2.0	10^{13}～10^{16}	20～30	—

填充体系对硫化胶的电绝缘性能影响较大。一般地，炭黑能使电绝缘性能降低，特别是高结构，大比表面积的炭黑，用量较大时容易形成导电通道，使电绝缘性能明显下降，因此在电绝缘橡胶中一般不采用炭黑。如果考虑强度等因素而不得不使用炭黑时，可选用粒径大、结构度低的中粒子热裂法炭黑和细粒子热裂法炭黑。其他炭黑除少量用作着色剂外，一般不宜采用。

电绝缘橡胶中常用无机填料，如陶土、滑石粉、碳酸钙、云母粉、白炭黑等。高压电绝缘橡胶可使用滑石粉、煅烧陶土和经过表面处理的陶土。低压电绝缘橡胶可使用碳酸钙、滑石粉和普通陶土。选用填料时，应该格外注意填料的吸水性和含水率，因为吸水性强和含有水分的填料能使硫化胶的电绝缘性能急剧下降。为了减小填料表面的亲水性，提高填料与橡胶的亲和性，可以采用脂肪酸或硅烷偶联剂对陶土和白炭黑等无机填料进行表面改性处理。

填料的粒子形状对电绝缘性能，特别是击穿电压强度影响较大。例如片状滑石粉填充胶料的击穿电压强度为46.7MV/m，而针形纤维状的滑石粉为20.4MV/m。这是由于片状填料在电绝缘橡胶中能形成防止击穿的障碍物，能使击穿路线不能直线进行。增加填料用量也可以提高制品的击穿电压强度。

软化剂和增塑剂对电绝缘性能也有影响。对于天然橡胶制备的耐低压电绝缘制品，选用石蜡油即可满足要求，其用量通常为5～10质量份。但在需要贴合成型时，石蜡油用量大时会喷出表面而影响黏合性能，此时可用石蜡油和古马隆树脂并用，以增加胶料的自黏性。

与通用天然橡胶相比，脱蛋白天然橡胶的电绝缘性能好。天然橡胶生胶体积电阻率一般为 $10^{15}\Omega \cdot cm$，纯化天然橡胶一般为 $10^{17}\Omega \cdot cm$。

4.2.8 气密性

聚合物的气密性能与气体在聚合物中的溶解和扩散有关，这由两个方面的因素决定，一方面是聚合物体系中空洞的数量和大小，即所谓静态自由体积，决定着气体在聚合物中的溶解度；另一方面是空洞之间通道的形成频率，即所谓动态自由体积，决定着气体在聚合物中的扩散率。

天然橡胶分子链有较高的柔性，弹性好，且没有极性，因此气体在其中的溶解和扩散都较大，气密性能较差。作为空气主要组成部分的氮气，在天然橡胶、丁基橡胶中的溶解度（单位：g/100g橡胶）分别为1.8、0.056，扩散率（单位：$10^{-10}m^2/s$）分别为8、0.04[68]。丁基橡胶由于具有密集的对称侧甲基，造成其分子的空间位阻较大，分子链堆砌后的自由体积较小，因此气体在其中的溶解和扩散都很困难。

天然橡胶的气密性虽然不及丁基橡胶，但由于其综合性能包括加工性能良好，历史上曾一直是制备气密制品的主要材料。最近20年，轮胎气密内衬层材料虽以（卤化）丁基橡胶为主，但经常与天然橡胶并用以改善加工性能和与其他部件共硫化性能，详细叙述见第5章天然橡胶与（卤化）丁基橡胶共混改性部分。

从理论上考虑，填料都可以提高橡胶基体的气密性能。这可以从溶解-扩散两方面解释。

（1）溶解 填料本身不发生气体渗透，也不溶解气体。因此，一般情况下橡胶基体的气密性能会随着填料用量的增大而提高，到达一定数值后趋于平衡。但填料对溶解度的贡献还需考虑填料与聚合物的结合情况。填料与聚合物结合较好时，气体在聚合物中的溶解度随填料体积分数增加而降低；填料与聚合物结合较差时，则会在聚合物中形成一些"界面空洞"，反而增加了气体在聚合物中的溶解度。当然，也不能否认有的活性填料有可能在其表面吸附气体分子，造成气密性下降。

（2）扩散 填料能够降低扩散系数是由于其能够增加气体分子透过时的绕行路径，其示意图如图4.59所示，又称Nielsen模型[69]。

笔者总结的不同填料对气体分子在橡胶基体中透过时的绕行路径影响如图4.60所示。近球形结构的填料如炭黑能够提高橡胶基体的气密性能，但是通常采用比表面积小、粒径分布宽和结构度低的炭黑，如炭黑N660和

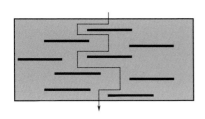

图4.59 气体扩散路径的Nielsen模型

炭黑N990等，可以赋予胶料生热低、滞后损失小、填充量大和气密性好的特点。不同于球形的炭黑，具有独特片层结构的层状硅酸盐、膨胀石墨、滑石粉、石墨烯等，能够有效延长气体分子在橡胶基体中的扩散路径，提高气密性能。而且，在气密制品制备过程中，片层结构还能通过参数的控制实现取向和诱导分子链取向，进一步提高气密性能。各种填料对气密性能的影响如图4.61所示[70]。

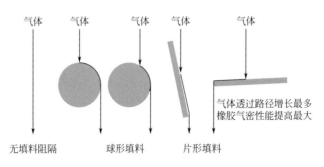

图4.60　不同填料对气密性能的影响

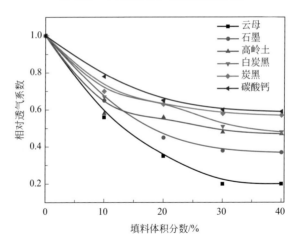

图4.61　不同填料对天然橡胶气密性能的影响

4.2.9　吸水性

传统橡胶大多由高聚合度的碳、氢元素构成，本身是疏水性物质。因此，橡胶材料广泛应用于输水胶管、水密封件、雨衣、雨鞋、橡胶水坝、橡皮艇等，2013年万众瞩目的水上艺术作品大黄鸭，也是由橡胶纤维复合材料制造而成。

虽然天然橡胶是疏水材料，但和其他橡胶相比，其吸水性仍然较大，如表4.13所列[71]，其中，吸水速率是试样吸水10%时所需时间的倒数。从表中可以发现，天然橡胶比较容易吸水，这是由于天然橡胶含有电解质和蛋白质等水溶性杂质，而且分子链柔顺，自由体积大。

■ 表4.13　各种橡胶的吸水速率　　　　　　　单位：1/h

温度/℃	天然橡胶	丁基橡胶	乙丙橡胶	顺丁橡胶	丁腈橡胶	丁苯橡胶
25	0.029	—	0.0018	—	—	0.017
48	0.180	0.0018	0.016	0.015	0.019	0.066
75	1.100	0.035	0.065	0.410	1.100	0.310
92	3.300	0.110	0.280	0.800	3.000	0.740

　　天然橡胶的吸水机理，现在受到普遍赞同的是橡胶半透膜及渗透压理论，即在可溶性杂质的周围，形成了通过半透膜（橡胶层）渗透进来的水，因此其周围的橡胶受到压迫，局部产生变形，引起橡胶收缩，因这种收缩而引起的压力与内部溶质的渗透压相等时，形成平衡状态，达到一定的吸水量。

　　各种橡胶的透水系数如表4.14所示[71]。从表中可以发现，天然橡胶的透水系数同样较大，这和吸水速率是一致的。

■ 表4.14　各种橡胶的透水系数　　　　　　单位：$m^2/(Pa \cdot s)$

温度/℃	天然橡胶	丁基橡胶	三元乙丙橡胶	氯丁橡胶	丁苯橡胶
20	5.68×10^{-18}	0.114×10^{-18}	0.795×10^{-18}	3.63×10^{-18}	6.02×10^{-18}
40	6.72×10^{-18}	0.383×10^{-18}	1.54×10^{-18}	1.02×10^{-19}	7.10×10^{-18}
70	1.03×10^{-16}	0.0655×10^{-16}	0.295×10^{-16}	1.41×10^{-16}	0.994×10^{-16}

　　天然橡胶的吸水受到交联密度的影响，交联程度越高，吸水性能越弱。

　　配合于橡胶中的填充剂，一方面因渗透压而吸收水分，另一方面影响橡胶的弹性。表4.15是不同的填充剂在25℃条件下放置3天后因吸水而产生的质量增加率[71,72]。从表中可以发现，白炭黑、膨润土类填料的吸水性较强，炭黑的吸水性较弱，氧化镁超强的吸水性能是因为其最终形成水合物。

■ 表4.15　各种填充剂因吸水而产生的质量增加率

材料	质量增加率/%	材料	质量增加率/%
沉淀法白炭黑	≥92	气相法白炭黑	≥57
膨润土	≥29	硬质陶土	16
软质陶土	8	氧化锌	1.5
MT炭黑	0.6	SAF炭黑	≥21
HAF炭黑	≥14	氧化镁	≥102

　　需要着重强调的是，虽然在橡胶类产品中，天然橡胶的吸水性能较强，并且受到交联程度、填料体系等的影响，但在整个材料体系中，天然橡胶的吸水性能依然非常低，因此适合制备手套、雨衣等防水制品，详细叙述见第5章天然橡胶乳胶制品章节。

4.2.10 耐疲劳性能

橡胶材料的疲劳破坏都是源于外加因素作用下，材料内部的微观缺陷或薄弱处的逐渐破坏。一般来讲，橡胶材料的动态疲劳过程可以分为3个阶段：第1阶段，橡胶材料在应力作用下变软；第2阶段，是在持续外应力作用下，橡胶材料表面或内部产生微裂纹；第3阶段，微裂纹发展成为裂纹并连续不断地扩展，直到橡胶材料断裂破坏。很显然，第3阶段是橡胶材料疲劳破坏的最重要阶段。

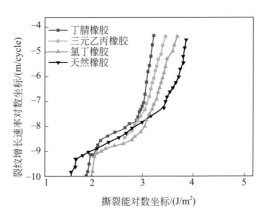

图4.62 不同种类橡胶在22℃下疲劳裂纹增长速率与撕裂能的关系

天然橡胶由于具有拉伸结晶性能，因此耐疲劳性能优异，特别是在较大变形条件下。图4.62是不同种类橡胶在22℃下疲劳裂纹增长速率与撕裂能的关系[73]。从图中可以发现，在高撕裂能区（应变较大），天然橡胶最好，丁腈橡胶最差；在低撕裂能区，氯丁橡胶优于天然橡胶，这是由于在这个区域天然橡胶不能充分发挥应变结晶效应。

从表4.16中可以发现[74]，天然橡胶的疲劳裂纹扩展速率常数是最低的，具有最好的耐破坏性能。但天然橡胶的耐疲劳性能也受到硫化体系、增强体系和环境等的影响。

■ 表4.16 各种橡胶材料的疲劳裂纹扩展速率常数（β）表

橡胶	未填充	填充
天然橡胶	2.0	2.0
异戊橡胶	3.8	2.0
丁苯橡胶	2.3	2.4
顺丁橡胶	3.6	3.0
丁腈橡胶	2.7	2.8
氯丁橡胶	1.7	3.4
三元乙丙橡胶	3.4	3.2

注：疲劳裂纹扩展速率常数（β）越大，材料越容易破坏。

4.2.10.1 硫化体系

硫黄硫化体系是天然橡胶的主要硫化体系之一，也是应用最为广泛的硫化体系。硫黄和促进剂的种类及用量则决定了硫化胶的交联密度和交联类型。一般来说，在普通硫化体系、半有效硫化体系、有效硫化体系三者中，多硫键占大多数的普通硫化体系抗疲劳性能最好，单硫键占大多数的有效硫化体系抗疲劳性能最差，如表4.17所列[75]。从表中可以发现，G_0是引起橡胶疲劳的初始临界撕裂能，多硫体系整体上比单硫体系和碳碳交联体系的G_0高两倍。

■ **表4.17**　不同硫化体系对初始撕裂能G_0影响表

材料	常规体系 （多硫键较多）	TMTD硫化体系 （单硫键较多）	过氧化物体系 （碳碳交联）
天然橡胶	100	100	100
氧化锌	5	4	3
硬脂酸	1	—	—
硫黄	4	—	—
促CBS	1.5	—	—
促TMTD	—	10	—
过氧化二异丙苯	—	—	4
杨氏模量/MPa	2.7	2.6	2.7
G_0/（J/m^2）	50	22	<30

在交联键类型方面，在同样大小的平均交联密度下，多硫键耐疲劳性最好，而单硫键居多的硫化胶比过氧化物硫化胶具有较低的裂纹增长速率。这可能是由于多硫键在应力作用下发生断裂后可以重新合成新的化学交联键，这种能力可以导致交联键重排和应力重新分配[76]。如表4.18所列[77]，由于较高的硫化剂/促进剂比值可以促进多硫键的形成，在应力作用下这些多硫键能断裂和再生，应力重新分布，疲劳寿命提高，但似乎有最佳值。

■ **表4.18**　硫化剂/促进剂比值对疲劳寿命的影响表

硫化剂/促进剂比值		2.75	1.70	0.50	0.07
疲劳寿命，K_c	硫化温度，160℃	329	372	190	71
	硫化温度，174℃	353	427	207	145

注：疲劳寿命K_c越大越好。

4.2.10.2　增强体系

炭黑是天然橡胶最重要的增强性填料。高补强（HAF炭黑）和低补强（MT炭黑）填料对不同橡胶疲劳裂纹增长的影响如图4.63所列，并与相应的未补强橡胶做了比较，其他的配合剂均相同[78]。除氯丁橡胶外，高补强炭黑可以显著提高所有硫化橡胶的抗裂纹增长性能；低补强炭黑对丁苯橡胶、丁基橡胶和氯丁橡胶有较好的效果。

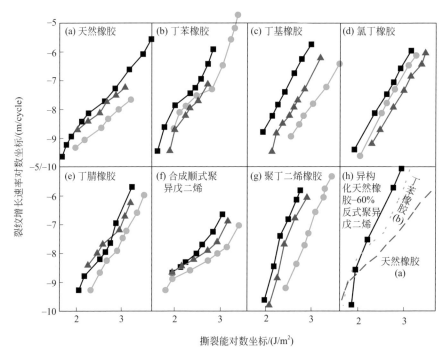

图4.63 不同硫化胶的疲劳裂纹增长速率与撕裂能的关系

■—橡胶；▲—加入50份低补强炭黑；●—加入50份高补强炭黑

炭黑的两种作用：提供滞后源和钝化支化裂纹尖端，如图4.64所示[79]。不同炭黑补强的天然橡胶胶料的疲劳断裂性能表现出不同的破坏形态：用高耐磨炭黑（HAF）补强的胶料潜在缺陷比较大，但其裂纹的增长速率较慢；超耐磨炭黑（SAF）补强的胶料潜在缺陷较小，但其裂纹的增长速率较快；中超耐磨炭黑（ISAF）补强的胶料潜在缺陷和裂纹增长速率均居中。这是由于疲劳过程中的动态生热也对疲劳性能产生影响，动态生热越高，裂纹扩展就越快。炭黑粒径越细，结构性越高，硫化胶动态生热越大；反之，粒径越粗，结构度越低，硫化胶动态生热越小。因此，填料的粒径和用量都有合适范围。总体而言，粒径小，补强效果较好，用量可以少；填料达到补强用量后，随着用量的增加，硫化胶耐屈挠破坏性能基本呈下降趋势[80]。

和炭黑一样，白炭黑也是一种重要的橡胶补强剂，只是由于其表面有很多羟基，需要硅烷偶联剂改性处理。在硅烷偶联剂存在的情况下，天然橡胶与白炭黑之间的相互作用得到改善，力学性能如拉伸强度、疲劳寿命和硬度都得到了提高[81]。

纳米黏土是最近发展起来的一种新型纳米增强填料，理论和实践都证明其可以明显提高橡胶材料的抗疲劳性能[82]。黏土能够发挥作用的前提是必须实现纳米级的分散，其作用机理有3种：① 黏土长径比较大，可以提高复合材料结合胶含量；② 黏土片层结构可以沿拉伸方向取向，并诱导分子链取向；③ 黏土独特

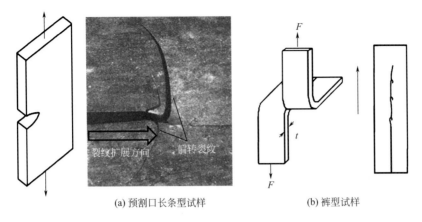

(a) 预割口长条型试样　　　　　　　　(b) 裤型试样

图 4.64　炭黑增强天然橡胶的裂纹尖端支化图

的片层结构和大长径比能够钝化支化裂纹尖端，阻碍裂纹增长，详细叙述见第 5 章天然橡胶/黏土母胶部分。

橡胶疲劳过程中会生热，而橡胶材料是热的不良导体，生热的局部累积会引发高分子链降解和断裂，分子链之间、填料和分子链之间相互作用也会减弱，性能下降，甚至导致材料空心爆裂，因此应尽量将生热的影响降至最低。生热主要来源于分子链之间内摩擦、填料和分子链之间摩擦、填料-填料之间摩擦，大多数情况下，填料-填料摩擦、分子链-填料摩擦是主因。因此，寻找新型导热补强填料，使其兼顾导热性能和力学性能是研究的重点和难点。一些研究表明，纳米氧化铝是一种新型的导热增强填料，经过硅烷偶联剂处理后，复合材料的力学性能保持较好，导热系数较高，动态生热较低[83]，详见第 5 章填料改性中纳米氧化铝部分。

4.2.10.3　环境因素

空气氛围对橡胶疲劳裂纹增长的影响比较显著，一般惰性环境（如氮气）使疲劳裂纹增长速率下降，氧和臭氧使疲劳裂纹增长加速。氧气、臭氧作用机理：应力活化氧化分子链，导致分子链断裂，降低临界撕裂能 G_0。与氧的影响相比，臭氧裂纹可在更低的应力下发生，5×10^{-6} mg/L 的臭氧浓度可以使疲劳裂纹增长速率增加 40% ~ 80%[84,85]。与空气氛围相比，在水浸入的情况下，天然橡胶的裂纹增长速率下降 50% ~ 70%[86]。

操作温度对橡胶疲劳破坏性能的影响则相当复杂，高温作用机理：① 热老化降解，性能下降；② 降低了分子间作用力，降低了填料-橡胶相互作用；③ 加速氧化反应。在多数试验中，天然橡胶的疲劳寿命随温度的升高而降低[84]。

此外，应变载荷形式[87]、防老剂[88]、增塑剂及活性剂[89]、试样厚度[90]、加工工艺和各组分分散均匀程度[91]都会对天然橡胶的疲劳性能有一定的影响。

4.2.10.4 非橡胶成分

众所周知，天然橡胶中含有4%～6%质量份的非橡胶组分；这些组分包括蛋白质、脂肪酸、脂类化合物和其他无机组分等。这些非橡胶组分和天然橡胶的疲劳性能密切相关。通常采用纯化天然橡胶（purified natural rubber，PNR）和普通天然橡胶（WNR，whole natural rubber）对比，来研究非橡胶组分对疲劳性能的影响。

图4.65和图4.66是不同硫化体系下未增强体系和增强体系疲劳性能图[92,93]。其中，硫化体系分别为普通硫化体系和有效硫化体系，增强填料为炭黑。从图中可以发现，无论是否增强和硫化体系如何，纯化天然橡胶的疲劳裂纹增长速率均要慢于普通天然橡胶，疲劳性能更优。这是由于纯化天然橡胶硫化速率较慢，交联程度较低，定伸应力、硬度较小，断裂伸长率较高，这些都有利于提高纯化天然橡胶的疲劳性能。与此伴随的是，纯化天然橡胶的撕裂强度、耐热性能和耐磨耗性能都有一定程度的降低。

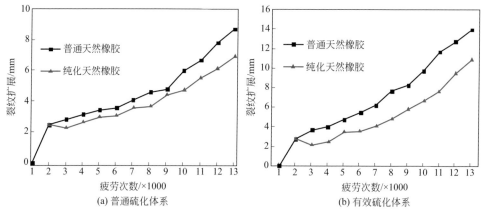

图4.65 未增强体系疲劳性能对比图

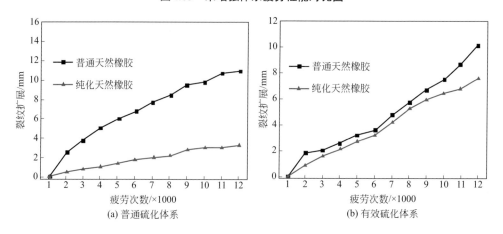

图4.66 炭黑增强天然橡胶体系疲劳性能对比图

和普通天然橡胶相比，纯化天然橡胶疲劳性能的提高是在同等增强体系和硫化体系中得到的，这都来源于非橡胶组分的缺失对交联的影响，改变增强体系和硫化体系，结果可能不同[94]。细致的研究仍然是必须的。

4.2.11　耐磨耗性能

磨耗是指制品或试样在实验室或使用条件下因磨损而改变其重量或尺寸的过程。磨耗性能是橡胶制品的一项非常重要的指标，表征硫化胶抵抗摩擦力作用下因表面破坏而使材料损耗的能力。耐磨耗性是一个与轮胎制品、输送带制品、胶鞋制品以及动密封制品等使用寿命密切相关的性能。提高橡胶制品的耐磨性和使用寿命，可以在节约能源、材料、润滑剂等方面带来相当可观的经济效益和社会效益[95]。

根据接触表面粗糙度不同，橡胶的磨耗机理也不同，随着粗糙度增加，依次是疲劳磨耗、磨蚀磨耗和图纹磨耗[96]。

橡胶在光滑表面上摩擦时，由于周期应力作用，橡胶表面会产生疲劳，造成的磨耗叫做疲劳磨耗，其磨耗强度为：

$$I = K \left(k \frac{\mu E}{\sigma} \right)^m \left(\frac{P}{E} \right)^{1+\beta m} \tag{4.13}$$

式（4.13）中，k 为表面摩擦常数；μ 为摩擦系数；σ 是橡胶的拉伸强度；P 是正压力；K、β、m 为摩擦表面特性参数；E 为弹性模量。

疲劳磨耗是低苛刻度下的磨耗，是橡胶制品在实际使用条件下最普遍存在的形式，不产生磨耗图纹，但在橡胶硬度较低或接触压力及滑动速率大于某一临界值时，橡胶表面起卷、剥离而产生高强度的磨耗，称为卷曲磨耗；这种磨耗是高弹材料特有的现象，这时在橡胶表面也形成横的花纹，这和粗糙表面上形成的沙拉马赫图纹并无本质的区别。

橡胶在粗糙表面上摩擦时，由于摩擦面上尖锐点的刮擦，使橡胶表面产生局部的应力集中，并被不断切割和扯断成微小颗粒，这种磨耗和金属及塑料的磨耗相似，叫做磨蚀磨耗，其特点是在磨损后的橡胶表面形成一条与滑动方向平行的痕带。这种情况下，橡胶磨蚀磨耗的强度 I 可以用下式近似计算：

$$I = k \frac{\mu(1-R)}{\sigma} P \tag{4.14}$$

式（4.14）中，k 为表面摩擦常数；μ 为摩擦系数；R 为橡胶的回弹性；σ 是橡胶的拉伸强度；P 是正压力。

随着苛刻度的增加（更尖锐的摩擦表面，更大的摩擦力，特别是更低的橡胶硬度），橡胶将产生剧烈的磨损，并且在和滑动方向垂直的方向产生一系列表面凸纹，叫做沙拉马赫图纹（schallamach pattern），如图4.67所示，这类磨耗叫图纹磨耗。在磨损过程中凸纹的图形缓慢地沿滑动方向向后移动，其结果是凸纹的

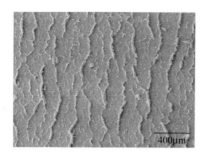

图4.67 沙拉马赫图纹

顶部逐步磨去，这一过程可以看成是一系列凸纹根部的裂口向内部的扩展[97]。

在橡胶磨耗过程中，橡胶内部的化学变化对磨耗的影响不容忽略。在摩擦过程中，橡胶表面的疲劳会导致生热和机械破坏，使橡胶表面分解，变成一层黏性油状物质，所以也叫做油状磨耗[98]。研究表明，大分子分解的主要原因不是热氧降解，而是由于剪切分子形成的高度活化的自由基引起的机械化学降解。油状磨耗可以在某种程度上防止橡胶的进一步磨损，从而导致磨耗速率的降低。此外，在特殊的使用条件下，如飞机着陆或汽车刹车时，在胎面约10^{-2}cm的薄层中，热冲击温度可达几百度，远远超过橡胶的热分解温度，这时橡胶薄层从胎面脱落，粘在路面上，形成黑油状轨迹，叫做热分解磨耗[99]。

4.2.11.1 天然橡胶与其他橡胶对比

天然橡胶的耐磨耗性能通常不及顺丁橡胶、丁苯橡胶、丁腈橡胶和聚氨酯橡胶。这是由于顺丁橡胶分子链柔顺，低应力下耐疲劳性能优异，并且与炭黑的结合结构具有较高的热机械稳定性，从而具有较高的耐磨耗性能；丁苯橡胶、丁腈橡胶和聚氨酯橡胶是由于分子链有苯环或强极性，分子间作用力较大；同理，环氧天然橡胶的耐磨耗性能也要优于天然橡胶。在高温条件下，或在高速摩擦条件下，天然橡胶由于耐热和耐老化性能不足，因此，耐磨性也不如大多数橡胶。

天然橡胶的耐磨性没有能利用上天然橡胶独特的拉伸结晶性能。但如果是考虑大变形情况下的抗崩花、抗掉块性能，大多数橡胶还是难以与天然橡胶抗衡的，因为此时天然橡胶可以产生拉伸结晶了。

4.2.11.2 硫化体系

图4.68是天然橡胶/炭黑采用常规硫化体系（CV），半有效硫化体系（SEV）和平衡硫化体系（EC）的耐磨性能与硫化时间的关系图[100]。显然，EC比SEV好，更要好于CV。硫化时间延长，耐磨性能下降尤以EC最小，这同拉伸强度、定伸应力（硬度）随硫化时间的下降一致[101]。

由于高弹性、低模量的特点，天然橡胶的硬度较小，与刚性物体接触时，真实接触面积较大，而真实接触

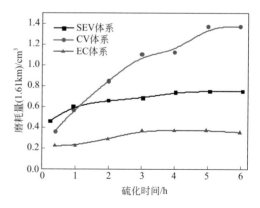

图4.68 不同硫化体系天然橡胶/炭黑硫化胶的耐磨性与硫化时间的关系图

面积的大小是决定摩擦的重要因素，因此，硬度对天然橡胶的摩擦性能的影响较大[102]。橡胶的黏弹性参数 tanδ 对摩擦力也有直接的影响。橡胶交联度的降低，使 tanδ 增大，因此摩擦力增大，摩擦系数和磨损也随之增大[103]。从物理化学的角度来看，交联越弱，磨损率越高，这是由于较低程度的交联易被机械应力破坏的缘故。

4.2.11.3　增强体系

炭黑作为填充剂主要应用于对橡胶的增强，改善橡胶的性能如拉伸强度、撕裂强度、硬度和导热性等，并以此改善橡胶的耐磨耗性。炭黑对橡胶的增强作用主要同炭黑的用量、粒径、结构、比表面积和表面活性有关，这些因素都会对炭黑填充橡胶的摩擦性、磨耗性和滞后性产生影响。一般来说，比表面积、结构和活性增大，用量增加，都有利于提高磨耗性能[104]。

高结构、高耐磨炭黑是轮胎胎面的常用增强剂，对轮胎胎面的补强和磨耗有很大影响。对比不同品种的炭黑在天然橡胶和丁苯橡胶体系应用时的磨损特性，发现炭黑的粒径越小，比表面积越大，胶料的耐磨性越好，因此，得出中超炭黑的耐磨性较为突出的结论[105]。对各种橡胶并用体系的磨损进行了研究，同时比较研究了各种不同性能炭黑填充硫化胶的磨耗性能，指出在不同橡胶并用体系中采用高结构、高耐磨炭黑可获得较高的耐磨性能[106]。

在橡胶基体确定的前提下，通过采用新型炭黑或对炭黑进行表面改性可以明显提高耐磨耗性能。转化炭黑（inversion black）是一种新型炭黑，这种炭黑具有超高比表面积和结构以及更不规则的表面形态，和传统的炭黑填充物进行比较，在使用这种新型炭黑后，橡胶的磨耗性能明显改善[107]。叠氮对氨基苯磺酰（Amine-BSA）作为一种炭黑和橡胶的新型偶联剂，结构图如图4.69所示[108]，可以明显改善橡胶材料的磨耗性能，详细叙述见第5章填料改性中的炭黑部分。

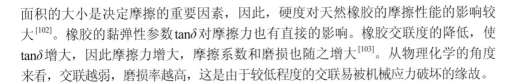

图4.69　叠氮对氨基苯磺酰结构图

4.2.11.4　软化和防护体系

软化剂通常会降低耐磨耗性能；改进耐热、耐疲劳破坏的防护体系，能有效地改进耐磨性，尤其是在疲劳磨耗时。

4.2.12　撕裂强度

橡胶的撕裂是从橡胶中存在的缺陷或微裂纹处开始，然后渐渐发展至断裂。撕裂强度的含义是单位厚度试样产生单位裂纹所需的能量，同橡胶材料的应力-应变曲线形状、黏弹行为相关。应该指出的是，橡胶的撕裂强度与拉伸强度之间没有直接的联系，拉伸强度高的胶料，其撕裂强度不一定好。通常撕裂强度随断裂伸长率和滞后损失的增大而增加；随定伸应力和硬度的增加而降低。

4.2.12.1 天然橡胶与其他橡胶对比

天然橡胶由于具有优异的拉伸结晶性能，因此具有较高的撕裂强度，并且其高温下的撕裂强度保持率较高。同样的，氯丁橡胶也具有拉伸结晶性能，因此其撕裂强度也较高。炭黑补强后的胶料的撕裂强度均有大幅度提升。丁基橡胶内耗较大，分子间的摩擦将大量机械能转化为热能，撕裂强度也较高。和丁基橡胶相对应的，顺丁橡胶由于内耗较小，撕裂强度较低。丁苯橡胶既不具备拉伸结晶，内耗也不大，因此撕裂强度较差。各种橡胶的撕裂强度如表4.19所列[109]。

■ **表4.19** 天然橡胶与其他橡胶撕裂强度对比表　　　　单位：kN/m

类型	纯胶胶料				炭黑胶料			
	20℃	50℃	70℃	100℃	25℃	30℃	70℃	100℃
NR	51	57	56	43	115	90	76	61
CR	44	18	8	4	77	75	48	30
IIR	22	4	4	2	70	67	67	59
SBR	5	6	5	4	39	43	47	27

4.2.12.2 交联密度

撕裂强度与交联密度曲线存在峰值关系，在恰当的交联密度下撕裂强度最大，但这个交联密度值相对拉伸强度的最佳交联密度要小。为获得较大的撕裂强度，硫化时间最好能比正硫化时间稍短，过硫化使撕裂强度降低，但有效硫化体系比常用硫化体系下降程度较少。多硫键具有较高的撕裂强度，故在选用硫化体系时，要尽量使用传统的硫黄-促进剂硫化体系。在天然橡胶中，如用有效硫化体系代替普通硫化体系时，撕裂强度明显降低，但过硫化对其影响较小；普通硫化体系时，过硫对撕裂强度有明显的不良影响，撕裂强度明显降低[110]。

4.2.12.3 增强体系

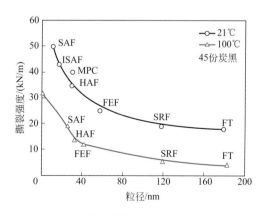

图4.70　炭黑粒径对撕裂强度的影响

随炭黑粒径减小，撕裂强度增加，炭黑粒径对撕裂强度的影响，如图4.70所示[109]。在粒径相同的情况下，能赋予高伸长率的炭黑，即结构度较低的炭黑对撕裂强度的提高有利。在天然橡胶中，增加高耐磨炭黑的用量，可以增大撕裂强度。一般来说，撕裂强度达到最佳值时所需的炭黑用量，比拉伸强度达到最佳值所需的炭黑用量高。另外，炭黑补强还可以冲淡硫化体系对撕裂强度的影响，减少撕裂强度随温度升高而下降的程度。

天然橡胶用白炭黑补强，可以大大提高撕裂强度，并已在轮胎胎面胶中得到广泛应用，这和粒径小、结构度低、氧化程度高的炭黑能够提高撕裂强度相似。对白炭黑进行硅烷偶联剂改性，能够改进同橡胶的相容性和分散性，对改进撕裂强度有利[111]。但超过一定用量后，撕裂强度反而下降。

具有较大长径比的短纤维和黏土等纳米填料，在用量、长度和界面黏合情况恰当的情况下，同样可以提高撕裂强度。填料长度越大，其阻碍裂纹发展的能力越强，越能掩盖末端效应和界面缺陷等因素带来的负效应，撕裂强度越高[112]。

4.2.12.4 软化体系

通常加入软化剂会使硫化胶的撕裂强度降低，尤其是石蜡油和芳烃油，这是由于软化剂降低了分子链间、分子链与填料间的相互作用。但是一些反应性的软化剂可以改善填料分散，提高填料-分子链间的相互作用，同样可以提高撕裂强度。因此，配方设计中要注意填料与软化剂用量两者对撕裂强度的综合效应[113]。

4.2.13 黏合性能

通常橡胶制品成型操作是将胶料或部件黏合在一起，因此橡胶的黏合性能对半成品的成型非常重要。同种橡胶两表面之间的黏合性能称为自黏性；不同种橡胶两表面之间的黏合性能称为互黏性。

黏合性能的本质是高分子链的界面扩散。扩散过程的热力学先决条件是接触物质的相容性；动力学的先决条件是接触物质具有足够的活动性。

（1）接触 在外力作用下，使两个接触面压合在一起，通过一个流动过程，接触表面形成宏观结合。

（2）扩散 由于橡胶分子链的热运动，在胶料中产生微孔隙，分子链链端或链段的一小部分就能逐渐扩散进去。由于链端的扩散，导致在接触区和整体之间发生微观调节作用。活动性高分子链端在界面间的扩散，导致黏合力随接触时间延长而增大。这种扩散最后造成接触区界面完全消失。

因此，橡胶黏性和压力、时间有关，接触压力越大，时间越长，黏性越好。

4.2.13.1 天然橡胶与其他橡胶对比

天然橡胶的自黏性能最好，其自黏性能是乙丙橡胶的5倍，如表4.20所列[109]。其主要原因是天然橡胶的分子结构和非胶组分，能够提供较多的链内自由空隙空间，有足够的扩散通道。另外，生胶强度高也是一个原因。影响胶料黏性的两个因素是生胶的强度和链段的扩散。乙丙橡胶的分子链段扩散较快，但黏性较差，这主要是由于乙丙橡胶本身的强度低，若要提高乙丙橡胶的黏性，应从提高其强度入手；丁基橡胶分子链段扩散慢，黏性差。

■ 表4.20　各种橡胶自黏强度表

胶种	自黏强度/（kN/cm）	胶种	自黏强度/（kN/cm）
NR	12.5	IIR	3.7
SBR-1500	5～6	EPDM	1.75～2.5
BR	5～6		

4.2.13.2　增强体系

炭黑，尤其是活性炭黑，能够提高胶料的黏合性能。炭黑虽然减少了橡胶的接触面积，但能增加橡胶的强度。炼胶的时候，分子链的一端与炭黑生成"结合橡胶"，另一端增加了扩散作用，因此能够提高黏合性能。这种黏合性能与炭黑的活性有关，亦即与炭黑粒子大小有关。例如40份不同粒径炭黑增强天然橡胶自黏性能如表4.21所列[114]。

■ 表4.21　不同粒径炭黑增强天然橡胶自黏性性能表

项目	高耐磨炭黑（N330）	高定伸炉黑（N601）	半补强炉黑（N774）	中粒子热裂法（N990）
粒径/nm	26～30	49～60	61～100	201～500
自黏强度/MPa	0.63	0.5	0.46	0.4

在高耐磨炭黑增强天然橡胶中，炭黑用量增加，自黏性能迅速增加，直至80份为最大，顺丁橡胶也是如此，自黏性能也随炭黑用量增加而逐渐增加，到60份时自黏性达到最大，如图4.71所示[109]。炭黑用量超过一定限度时，橡胶分子的接触面积太少，运动强烈受限，自黏性能下降。天然橡胶的自黏性能好于顺丁橡胶，是因为天然橡胶的生胶强度高，混炼过程中结合橡胶量比顺丁橡胶高。非胶组分也起一定的增黏作用。

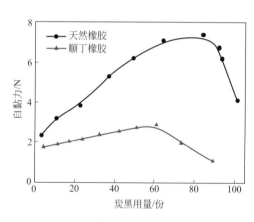

图4.71　炭黑用量对天然橡胶、顺丁橡胶自黏性能影响图

无机填料对天然橡胶黏性的影响，依其增强性质变化，增强效果好的，黏性较优。各种无机填料对天然橡胶黏合性能的影响，依下列顺序递减：白炭黑＞氧化镁＞氧化锌＞陶土。而有些填料（如滑石粉）对黏性总是起负面作用。

4.2.13.3　增塑体系

增塑剂虽然能够降低胶料的黏度，有利于橡胶分子链段的扩散，但也由于其稀释作用，导致分子间作用力下降，强度降低，结果黏性下降。

4.2.13.4 增黏体系

使用增黏剂可以有效地提高胶料的黏合性能。常用的增黏剂有松香、松焦油、妥尔油、萜烯树脂、古马隆树脂、石油树脂、烷基酚醛树脂和非反应型酚醛树脂。其中，非反应型酚醛树脂包括TKO和TKB，TKO是对-叔辛基苯酚甲醛树脂、TKB是对-叔丁基苯酚甲醛树脂，能够非常明显的提高天然橡胶、丁苯橡胶和顺丁橡胶的黏合性能，效果如图4.72所示[115]。

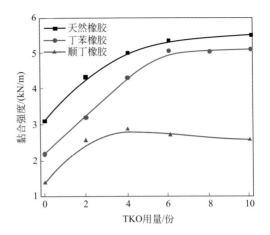

图 4.72 TKO 增粘树脂对 NR、SBR、BR 黏合性能影响图

容易喷出的配合剂，如蜡类、促进剂TMTD、硫黄等应尽量少用，以免污染胶料表面，降低胶料黏合性能。胶料焦烧后，黏合性能急剧下降，因此对含有二硫代氨基甲酸盐类、秋兰姆类等容易引发焦烧的硫化体系要严格控制，使其在黏合成型前不发生焦烧现象。

参考文献

[1] Bruzzone M，Carbonaro A，Gargani L. Rubber Chemistry and Technology，1978，51（5）：907-924.

[2] De Valle L F R，Montelongo M. Rubber Chemistry and Technology，1978，51（5）：863-871.

[3] Thomas A G，Whittle J M. Rubber Chemistry and Technology，1970，43（2）：222-228.

[4] Lake G J，Samsuri A，Teo S C，et al. Polymer，1991，32（16）：2963-2975.

[5] Hamed G R，Kim H J，Gent A N. Rubber Chemistry and Technology，1996，69（5）：807-818.

[6] Bekkedahl N，Wood L A. Industrial & Engineering Chemistry，1941，33（5）：381-384.

[7] Bekkedahl N. Rubber Chemistry and Technology，1935，8（1）：5-22.

[8] Bekkedahl N，Matheson H. Rubber Chemistry and Technology，1936，9（2）：264-274.

[9] Gehman S D. Chemical Reviews，1940，26（2）：203-226.

[10] Rossem A，Lotichius J. Rubber Chemistry and Technology，1929，2（3）：378-383.

[11] Smith W H，Saylor C P. Rubber Chemistry and Technology，1935，8（2）：214-224.

[12] Smith W H，Saylor C P. Rubber Chemistry and Technology，1939，12（1）：18-30.

[13] Smith W H，Saylor C P，Wing H J. Rubber Chemistry and Technology，1933，6（3）：351-366.

[14] Hidnert P，Sweeney W T. NBS J. Res，1928，1：771.

[15] Latimer W M，Buffington R M. Journal of the American Chemical Society，1926，48（9）：2297-2305.

[16] Ashton F W，Houston D F，Saylor C P. Journal of Research of the National Bureau of Standards，1933，11：233-253.

[17] Wood L A，Bekkedahl N. Journal of Applied Physics，1946，17（5）：362-375.

[18] Bekkedahl N，Wood L A. Rubber Chemistry and Technology，1941，14（3）：544-545.

[19] Treloar L R G. Rubber Chemistry and Technology，1940，13（4）：795-806.

[20] Cotton F H. Rubber Chemistry and Technology，1941，14（4）：762-777.

[21] Katz J R. Crystal interferences in rubber and other polyprenes. Gummi-Ztg，1927，41：1-10.

[22] Katz J R. Chemiker-Ztg，1925，49：353-354.

[23] Katz J R. Naturwissenschaftern，1925，13：410.

[24] Bunn C W. Rubber Chemistry and Technology，1942，15（4）：704-708.

[25] Nyburg S C. Rubber Chemistry and Technology，1955，28（4）：999-1006.

[26] Natta G，Corradini P. Rubber Chem. Tech.，1956，29（4）：1458-1471.

[27] Benedetti E，Corradini P，Pedone C. European Polymer Journal，1975，11（8）：585-587.

[28] Takahashi Y，Kumano T. Macromolecules，2004，37（13）：4860-4864.

[29] Tanaka Y，Kawahara S，Tagpakdee J. Kautschuk und Gummi，Kunststoffe，1997，50（1）：6-11.

[30] 河原成元，田中康之. 天然ゴムの構造. 日本ゴム協会誌，2009，82（10）：417-423.

[31] Gent A N. Rubber Chemistry and Technology，1955，28（2）：457-469.

[32] Qu L，Huang G，Liu Z，et al. Acta Materialia，2009，57（17）：5053-5060.

[33] Carretero-González J，Retsos H，Verdejo R，et al. Macromolecules，2008，41（18）：6763-6772.

[34] Shimizu K，Saito H. Journal of Polymer Science Part B：Polymer Physics，2009，47（7）：715-723.

[35] Joly S，Garnaud G，Ollitrault R，et al. Chemistry of Materials，2002，14（10）：4202-4208.

[36] Fiorentini F，Cakmak M，Mowdood S K. Rubber Chemistry and Technology，2006，79（1）：55-71.

[37] Mitchell G R. Polymer，1984，25（11）：1562-1572.

[38] Ikeda Y，Yasuda Y，Makino S，et al. Polymer，2007，48（5）：1171-1175.

[39] 胡恒亮，穆祥祺. X射线衍射技术. 北京：纺织工业出版社，1988：170-171.

[40] Murakami S，Senoo K，Toki S，et al. Polymer，2002，43（7）：2117-2120.

[41] Toki S，Fujimaki T，Okuyama M. Polymer，2000，41（14）：5423-5429.

[42] Toki S，Hsiao B S. Macromolecules，2003，36（16）：5915-5917.

[43] Che J，Burger C，Toki S，et al. Macromolecules，2013.

[44] Toki S，Sics I，Ran S，et al. Macromolecules，2002，35（17）：6578-6584.

[45] Toki S，Che J，Rong L，et al. Macromolecules，2013，46（13）：5238-5248.

[46] Tosaka M，Murakami S，Poompradub S，et al. Macromolecules，2004，37（9）：3299-3309.

[47] Brüning K，Schneider K，Roth S V，et al. Polymer，2013，54（22）：6200-6205.

[48] Brüning K，Schneider K，Roth S V，et al. Macromolecules，2012，45（19）：7914-7919.

[49] Brüning K，Schneider K，Heinrich G. In-Situ Structural Characterization of Rubber during Deformation and Fracture//Fracture Mechanics and Statistical Mechanics of Reinforced Elastomeric Blends. Springer Berlin Heidelberg，2013：43-80.

[50] Albouy P A，Guillier G，Petermann D，et al. Polymer，2012，53（15）：3313-3324.

[51] Gent A N，Kawahara S，Zhao J. Rubber Chemistry and Technology，1998，71（4）：668-678.

[52] Gent A N，Zhang L Q. Journal of Polymer Science Part B：Polymer Physics，2001，39（7）：811-817.

[53] Gent A N，Zhang L Q. Rubber chemistry and technology，2002，75（5）：923-934.

[54] Fukahori Y. Polymer，2010，51（7）：1621-1631.

[55] Tosaka M，Kohjiya S，Murakami S，et al. Rubber Chemistry and Technology，2004，77（4）：711-723.

[56] Trabelsi S，Albouy P A，Rault J. Macromolecules，2003，36（20）：7624-7639.

[57] Kohjiya S，Tosaka M，Furutani M，et al. Polymer，2007，48（13）：3801-3808.

[58] Tanaka Y，Kawahara S，Tangpakdee J. Kautsch. Gummi Kunst，1997，50：6-11.

[59] Kawahara S，Kakubo T，Nishiyama N，et al. Journal of Applied Polymer Science，2000，78（8）：1510-1516.

[60] Amnuaypornsri S，Sakdapipanich J，Toki S，et al. Rubber Chemistry and Technology，2011，84（3），425-452.

[61] R. L. Anthony，R. H. Caston，Eugene Guth. J. Phys. Chem.，1942，46（8）：826–840.

[62] 迈克尔·鲁宾斯坦，拉尔夫·H·科尔比著，励杭泉译. 高分子物理. 北京：化学工业出版社，2007：164.

[63] 金日光，华幼卿. 高分子物理. 第三版. 北京：化学工业出版社，2010：167.

[64] Fan R，Zhang Y，Huang C，et al. Journal of Applied Polymer Science，2001，81（3）：710-718.

[65] Fan R L，Zhang Y，Li F，et al. Polymer Testing，2001，20（8）：925-936.

[66] 程俊梅，赵树高，张萍. 炭黑填充 NR 和 S-SBR 硫化胶动态性能及屈挠破坏性的研究. 弹性体，2008，18（4）：40-43.

[67] Nielsen L. J Macromol Sci Chem A，1967，1：929-942.

[68] Van Amerongen G J. Rubber Chemistry and Technology，1964，37（5）：1065-1152.

[69] 莫桂娣，林培喜，黄克明. 生物柴油对橡胶密封图溶胀性能的影响研究. 化学与生物工程，2009，26（9）：63-65.

[70] Caruthers J M，Cohen R E，Medalia A I. Rubber Chemistry and Technology，1976，49（4）：1076-1094.

[71] 晓强，进文. 乙丙橡胶应用技术. 北京：化学工业出版社，2005：153-154.

[72] 占部诚亮，张基明. 橡胶的吸水现象. 橡胶参考资料，1993，23（2）：18-25.

[73] Stevenson A. Rubber Plast. News，1988，22（2）：42.

[74] Gent A N. 橡胶工程：如何设计橡胶配件. 北京，化学工业出版社，2002：140.

[75] Lake G J，Lindley P B. Rubber J，1964，146（10）：24-30.

[76] Yanyo L C. International Journal of Fracture，1989，39（1-3）：103-110.

[77] J. G. Sommer. Effect of crosslinking system on fatigue life. Rubber World，1997，217（3）：39.

[78] Lake G J，Lindley P B. Rubber Journal，1964，146（10）：24.

[79] Hamed G R. Rubber Chemistry and Technology，1994，67（3）：529-536.

[80] Kim J H，Jeong H Y. International Journal of Fatigue，2005，27（3）：263-272.

[81] Ismail H，Abdul Khalil H P S. Polymer Testing，2000，20（1）：33-41.

[82] Wu X，Wang Y，Liu J，et al. Polymer Engineering & Science，2012，52（5）：1027-1036.

[83] 丁金波，王振华，张立群. 纳米氧化铝/天然橡胶复合材料的性能研究. 橡胶工业，2012，59（6）：331-338.

[84] Lake G J，Lindley P B. Journal of Applied Polymer Science，1965，9（6）：2031-2045.

[85] Lake G J. Rubber Chemistry and Technology，1972，45（1）：309-328.

[86] Selden R. Journal of Applied Polymer Science，1998，69（5）：941-946.

[87] Lake G J. Prog. Rubber Technol，1983，45：89-143.

[88] 毕莲英. 防老剂对胶料耐疲劳强度系数的影响. 世界橡胶工业，1998，25（4）：8-10.

[89] Ismail H，Anuar H. Polymer testing，2000，19（3）：349-359.

[90] Mazich K A，Morman K N，Oblinger F G，et al. Rubber Chemistry and Technology，1989，62（5）：850-862.

[91] 陈兵勇，王炜，王凡等. 天然橡胶疲劳性能的配方与工艺研究. 世界橡胶工业，2009，36（12）：12-15.

[92] Suchiva K，Kowitteerawut T，Srichantamit L. Journal of Applied Polymer Science，2000，78（8）：1495-1504.

[93] Rattanasom N，Suchiva K. Journal of Applied Polymer Science，2005，98（1）：456-465.

[94] Rattanasom N，Chaikumpollert O. Journal of Applied Polymer Science，2003，90（7）：1793-1796.

[95] Zhang S W. Tribology International，1998，31（1）：49-60.

[96] 王贵一. 橡胶的磨耗. 特种橡胶制品，1994，15（1）：42-47.

[97] Gent A N. Rubber Chemistry and Technology，1989，62（4）：750-756.

[98] Zhang S W. Rubber Chemistry and Technology，1984，57（4）：755-768.

[99] Dannenberg E M. Rubber Chemistry and Technology，1986，59（3）：497-511.

[100] 孟宪德，马培瑜. 平衡硫化体系硫化天然橡胶的性能研究. 橡胶工业，1995，42（9）：521-525.

[101] 胡建国，景昀. 硅烷含硫原子数对NR硫化胶性能的影响. 特种橡胶制品，1999，20（4）：9-13.

[102] Hill D J T，Killeen M I，O'Donnell J H，et al. Wear，1997，208（1）：155-160.

[103] Thavamani P，Bhowmick A K. Journal of Materials Science，1993，28（5）：1351-1359.

[104] 添田瑞夫 水之. 炭黑填充橡胶的摩擦与磨耗. 炭黑工业, 1996, 6: 22-30.

[105] Wilder C R, Haws J R, Cooper W T. Rubber Chemistry and Technology, 1981, 54 (2): 427-438.

[106] Byers J T, Patel A C. Rubber World, 1985, 188 (3): 21-29.

[107] Freund B, Forster F. Kautschuk Gummi Kunststoffe, 1996, 49 (11): 774-782.

[108] Gonzalez L, Rodriguez A, De Benito J L, et al. Rubber Chemistry and Technology, 1996, 69 (2): 266-272.

[109] 张殿荣, 辛振祥. 现代橡胶配方设计. 第2版. 北京: 化学工业出版社, 2001.

[110] 杨清芝. 现代橡胶工艺学. 北京: 中国石化出版社, 1997: 160.

[111] 彭华龙, 刘岚, 罗远芳等. 含硫硅烷偶联剂对天然橡胶/白炭黑复合材料力学性能及动态力学性能的影响. 高分子材料科学与工程, 2009, 25 (6): 88-91.

[112] 张立群, 周彦豪. 尼龙和聚酯短纤维用量对其与天然橡胶和氯丁橡胶复合材料性能的影响. 橡胶工业, 1994, 41 (5): 267-274.

[113] 米新艳, 那辉. 一种环氧基小分子多功能添加剂对炭黑在天然橡胶基体中分散性的影响. 弹性体, 2005, 15 (5): 40-43.

[114] 蒋亿. 橡胶胶料的自粘性. 橡塑资源利用, 2003, 4: 20-22.

[115] 李花婷, 蒲启君. 非热反应型烷基酚醛树脂TKO和TKB对橡胶的增粘作用. 橡胶工业, 1994, 41 (6): 338-342.

第5章
三叶橡胶的物理、化学改性及应用

5.1 物理改性 <<<

如前所述，天然橡胶具有良好的综合力学性能和加工性能，被广泛应用。但其耐热氧老化性能、耐臭氧老化性能、耐油性能和耐化学介质性能较差。如能利用天然橡胶的优点，同时通过物理或化学改性技术克服其缺点或赋予其新的性能，用以制造各种橡胶制品，将具有十分重要的意义。

共混改性指的是通过机械混合作用，在一定的温度条件和时间尺度下将聚合物熔体、乳液、溶液等与改性物质如纳米颗粒或聚合物等的块体、粉体、液相分散体等进行高度分散混合，最终形成改性聚合物的技术过程。共混改性因其可接受的技术经济性，在聚合物改性技术中广为采用。共混改性也是天然橡胶改性的有效和重要的手段之一。

大部分的共混改性以物理过程为主，但往往伴随着聚合物与改性组分间的界面化学作用。为了与本章中天然橡胶大分子链的直接化学改性方法相区别，我们将天然橡胶的共混改性简单称为物理改性。

天然橡胶共混改性的目的，总结起来主要有[1]：提高和改进橡胶制品的物理和化学性能，改善橡胶的加工工艺和降低橡胶制品成本。天然橡胶的物理共混改性主要包括：填料共混改性，橡胶共混改性，塑料共混改性等。

5.1.1 填料共混改性

天然橡胶是一种由拉伸结晶所决定的自补强性的橡胶，填料对天然橡胶共混改性的最重要的目的是提高其定伸应力、耐磨性、小变形下的抗疲劳破坏性能等，除此之外，有时也为了提高其导电性、导热性、抗辐射性等。在上一章节中，对天然橡胶的性能已有不少阐述，同时也有大量的国内外文献涉及这种改性，故本节主要阐述原理、新的方法、新的材料体系。

传统理论认为橡胶增强剂有3个主要因素：粒径、结构性和表面活性。已有大量的试验研究表明：三个因素中，粒径是第一要素。补强剂的粒径越小，越与橡胶的自由体积匹配，自身的杂质效应越小，分裂大裂纹的能力越强；粒径越小，比表面积越大，表面效应越强，限制橡胶高分子链的能力也越强。同时，粒径因素包含着部分活性因素，这是由于：当增强剂的粒径小到100nm后，表面原子数目在粒子总原子数目中已占有相当大的比重。由其表面效应（如小尺寸效应、量子效应、不饱和价效应、电子隧道效应等）所引起的与橡胶大分子间作用力的提高，甚至会在一定程度上弥补界面区"常规化学作用力"的缺乏[2]。

因此，笔者于1999年提出："补强剂的粒径是其补强能力的第一要素；纳米增强是橡胶高效增强的必要条件"。同时首次将高级别的炭黑和白炭黑增强橡胶纳入纳米复合材料的范畴。这就为我们发展新型填料提供了一个重要的指导，即要制备高补强的填料，粒径达到纳米水平是必须的。粉煤灰以及其他微米填料通过表面改性制备高补强剂思路的失败就是很好的例子[2]。

目前正在应用和正在研究的橡胶纳米增强剂的示意图如图5.1所示。

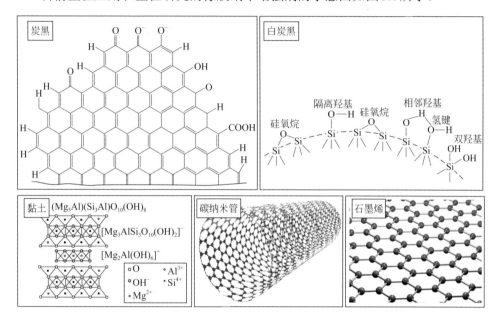

图5.1 橡胶纳米增强剂

5.1.1.1 炭黑

作为纳米粉体，炭黑和白炭黑均具有纳米材料的大多数特性，如强吸附效应、自由基效应、电子隧道效应、不饱和价效应等。根据高级别炭黑和白炭黑填充橡胶的扫描电镜和透射电镜的观察图像，应将炭黑和白炭黑增强橡胶归属于纳米复合材料的范畴。同时，可以将橡胶工业界直接把纳米粉体通过常规机械共混的方式与橡胶进行纳米复合的技术称为机械共混纳米复合技术[2]。

机械共混纳米复合技术的优点是简便、直观、经济，其局限在于，由于粒子尺寸很小，视密度很低，加之橡胶的黏度较高，因而不易被混入和均匀分散，混炼加工时能耗较高，混炼时间几乎占橡胶与各种配合剂总混合时间的1/2～2/3，并且其连续相中纳米粒子很难达到理想的均匀分散，在一定程度上影响了其增强能力的发挥。

影响这种纳米复合技术效果的因素主要有：纳米粒子的大小，纳米粒子间的物理作用力，纳米粒子与橡胶大分子间的作用力，橡胶的黏度和混炼工艺等。改善这种技术的措施有：① 母炼胶法二段混合；② 加入分散剂或偶联剂；③ 对纳米粒子进行表面预改性和/或对大分子进行化学改性（若混合时能在橡胶大分子与纳米粒子间产生化学作用或强烈的物理作用则较佳）；④ 变熔体粉体混合为纳米粒子与橡胶溶液或乳液的混合等。这些措施均能提高纳米粉体在橡胶中的分散效果，如炭黑和白炭黑混炼时使用分散剂已经较普遍，利用乳液混合制备填充炭黑母炼胶在国外也有生产，二段混炼也很常用，炭黑表面的硝化物处理、白炭黑表面的偶联剂处理或共聚物改性被证实是很有效的方式，锡偶联溶聚丁苯橡胶中，炭黑有更高的分散度[2]。

炭黑表面含有羧基、酚基、羰基、醌基等官能团，这些官能团既决定了炭黑的表面活性，又是其进行化学改性的反应点，如自由基对化学吸附影响很大，表面氢比较活泼容易发生取代反应等，因此在炭黑表面接枝高分子链，是提高炭黑在基质中的分散稳定性进而改善应用性能的有效途径。炭黑粒子接枝改性的某些方法可以严格控制接枝聚合物的相对分子质量及其分布，因此可以准确确定分子结构；选择适当条件，可以得到高接枝率的改性炭黑，减少炭黑粒子团聚，并提高与橡胶基体的相容性。图5.2是新型偶联剂-叠氮对氨基苯磺酰（Amine-BSA）与橡胶烃和炭黑反应机理图[3]。同理，经过多羟基苯改性的炭黑可以与橡胶分子产生氢键和氧桥结合，提高交联密度，改善硫化胶的物理机械性能[4]。

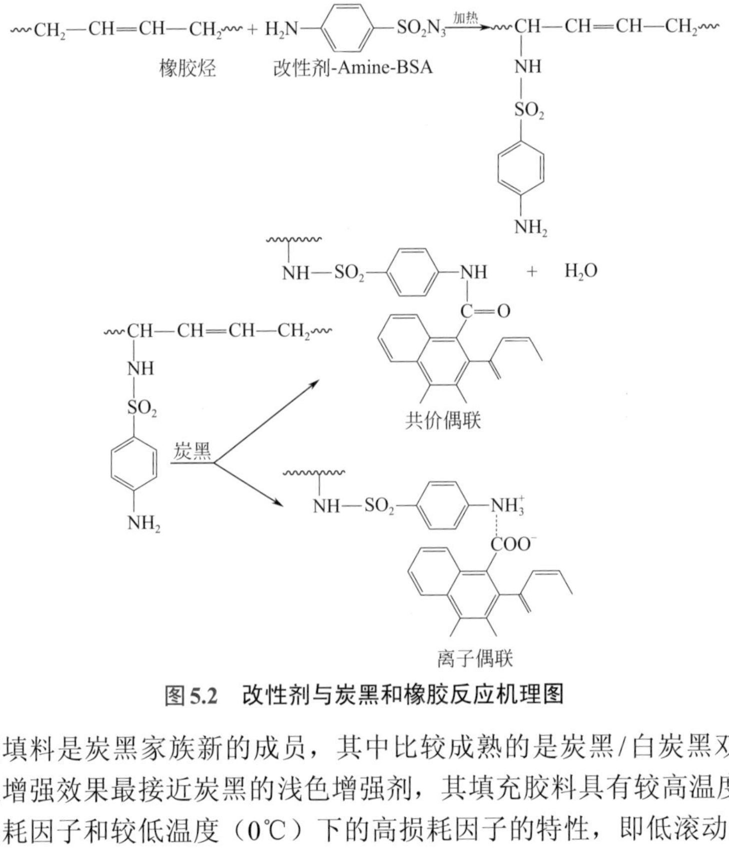

图5.2 改性剂与炭黑和橡胶反应机理图

双相填料是炭黑家族新的成员，其中比较成熟的是炭黑/白炭黑双相填料。白炭黑是增强效果最接近炭黑的浅色增强剂，其填充胶料具有较高温度（60℃）下的低损耗因子和较低温度（0℃）下的高损耗因子的特性，即低滚动阻力和抗湿滑性能，但其增强橡胶的耐磨性不佳。如果炭黑和白炭黑的结构特点有机结合，将可能得到高耐磨、低生热和抗湿滑的橡胶制品。卡博特公司的双相填料是其中比较成熟的技术，名为炭黑/白炭黑双相填料（carbon-silica dual phase filler，CSDPF），其技术是使用适当的试剂制备包含炭黑和白炭黑的聚集体。

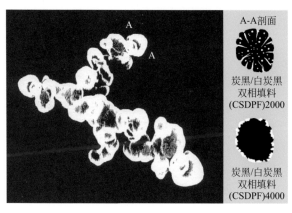

图5.3　炭黑/白炭黑双相填料结构图

双相填料根据白炭黑组分在炭黑中分散状态的不同分为两个系列，即CSDPF 2000系列和CSDPF 4000系列，如图5.3所示，其中白色为白炭黑、黑色为炭黑。在CSDPF 4000系列中，白炭黑位于聚集体的表面，硅含量较高，约10%，主要用于乘用胎胎面；在CSDPF 2000系列中，白炭黑和炭黑在纳米级别上进行紧密混合，硅含量较低，约5.5%，主要用于载重胎胎面。CSDPF 2000系列填充橡胶的动态力学和抗湿滑性能如图5.4和图5.5所示。从图中可以发现，双相填料的较高温度（60℃）下的损耗因子较小，证明其滚动阻力较低，节省油耗，湿滑指数较大，证明其耐湿滑性能较好，驾驶操控性能优异[5]。

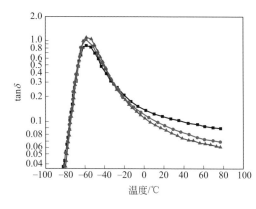

图5.4　双相填料橡胶动态力学性能图
■ 炭黑N110；▲ 双相填料CSDPF；
● 双相填料CSDPF+偶联剂

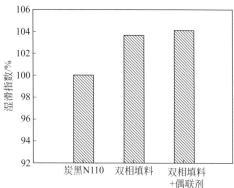

图5.5　双相填料提高橡胶抗湿滑性能图

由于传统的炭黑混炼方式耗时、耗能，粉尘污染严重，并且炭黑分散的均一度较差，因此开发炭黑/天然橡胶母炼胶很有意义，详细叙述见本章炭黑母炼胶部分。

5.1.1.2 白炭黑

如前所述，白炭黑作为最接近炭黑的增强填料，可以明显降低橡胶类复合材料的滚动阻力和提高抗湿滑性能，但是与炭黑相比，白炭黑属极性无机填料，直接混入橡胶基体，分散效果很差，而且分散在橡胶中后容易吸附促进剂而影响硫化。幸运的是白炭黑表面存在大量的硅羟基，这为填料表面化学改性增强填料-橡胶的界面作用提供了可能。基于此，20世纪90年代，全球著名的法国米其林轮胎公司采用硅烷偶联剂对白炭黑进行原位改性，改性后的白炭黑能够以纳米尺度均匀的分散在橡胶基体中，同时与橡胶之间产生化学结合，应用于轮胎胎面中，滚动阻力明显降低。

原位改性分散技术实施过程具体描述为：在橡胶混炼的工艺过程中，在高温和一定的湿度条件下，同时加入硅烷偶联剂和白炭黑，利用橡胶基体传递的高剪切力，边改性边分散，称为原位改性分散技术。

原位改性时，橡胶基体中分散的偶联剂依靠白炭黑表面活性羟基的诱导效应，向白炭黑表面富集，进而两者间发生化学反应。原位改性时，偶联剂与橡胶基本不反应，故可称为单偶联反应，偶联剂的含硫基团将在交联时，在硫化活化剂和促进剂的辅助下与橡胶发生化学反应键接，完成全偶联。原位改性借助橡胶基体（高黏度）传递的高剪切力以及高的温度，因而使白炭黑与硅烷偶联剂的反应能够更容易地进行（属于一种动态反应）。表面改性的发生，橡胶基体传递的高分散力，以及橡胶基体随时产生的隔离效应，三者使得白炭黑能够更好地分散在橡胶中，其示意图如图5.6所示。

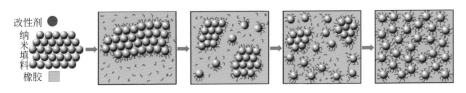

图5.6　原位改性分散技术的原理示意图

原位改性反应作为一种在高黏度的橡胶熔体中发生的固相化学反应，关键在于：偶联剂的类型与用量，原位改性反应的温度和时间的确立。

目前研究和应用最多的硅烷偶联剂是TESPT Si69，见图5.7，虽然其能够有效地与白炭黑发生偶联作用，改善白炭黑在橡胶中的分散性，增大结合胶含量，提高白炭黑填充胶的物理性能和动态力学性能，但在改性过程中需要较长的时间和较高的温度才能与白炭黑充分反应，但是多硫键在混炼温度高于160℃时将发生断裂而参与硫化反应，导致产生焦烧，这就意味着混炼必须返炼，混炼温度一般不能高于160℃，因此存在着混炼时间长、混炼段数多（需用3～6段）、胶料气孔率大的问题。

针对以上问题，目前研究主要集中在降低偶联剂的含硫量或反应活性以延长焦烧时间和储存期。一种新型硅烷偶联剂为NXT，化学名称为3-辛酰基硫代-1-丙基三乙氧基硅烷[6]，其分子式如图5.7所示，主要依靠酰基封闭巯基硅烷，混炼温度可达

(EtO)$_3$Si～～～S～S～S～S～～～Si(OEt)$_3$

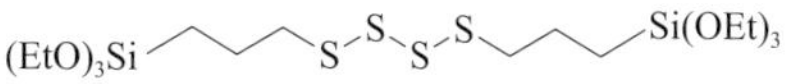

双-[(三乙氧基硅烷基)丙基]四硫化物(Si69)

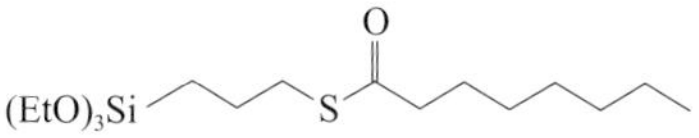

(EtO)$_3$Si～～～S～～～

3-辛酰基硫代-1-丙基三乙氧基硅烷(NXT)

HSC$_3$H$_6$Si[(OC$_2$H$_4$O)$_6$C$_3$H$_7$]$_2$(OCH$_2$CH$_3$)

γ-巯丙基乙氧基双-(丙烷基-六乙基-硅氧烷)(Si747)

图5.7 两种硅烷偶联剂分子式

180℃，用于填充白炭黑的胎面胶中可以降低胶料的黏度，减少混炼段数，改善胶料的加工性能和分散性，提高硫化胶的耐老化性能和动态力学性能。另外一种新型的偶联剂为Si747，化学名称为γ-巯丙基乙氧基双-（丙烷基-六乙氧基-硅氧烷），其分子式如图5.7所示，分子中硫含量较低，焦烧时间较长，能够明显改善白炭黑的分散，并且混炼时显著降低了小分子醇的环境排放。如图5.8所示。

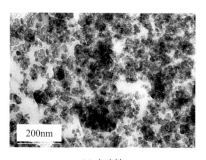

(a) 未改性

(b) 改性

图5.8 偶联剂Si747改性前后透射电镜照片

除了硅烷偶联剂，官能化聚合物改性白炭黑同样是研究的热点，研究比较活跃的聚合物是氯丁橡胶和环氧天然橡胶，其改性原理如图5.9所示[7,8]。

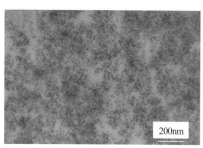

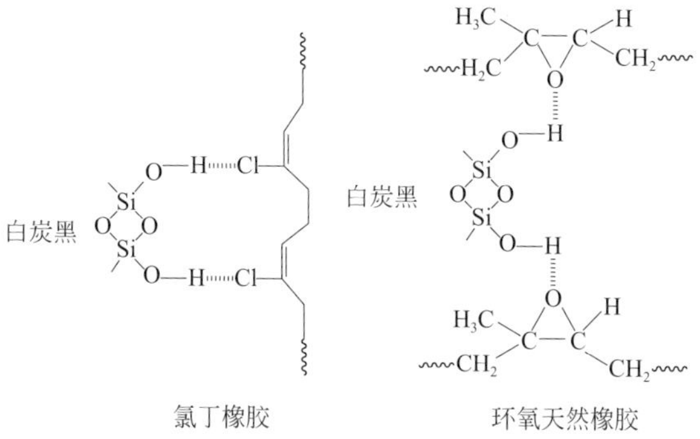

氯丁橡胶

环氧天然橡胶

图5.9 氯丁橡胶和环氧天然橡胶改性白炭黑示意图

其中，环氧天然橡胶改性白炭黑增强天然橡胶的效果如图5.10所示。从应力应变图中可以发现，经过改性后的白炭黑与天然橡胶的界面结合更好，定伸应力更高，增强效果更优；从动态力学性能图中可以发现，天然橡胶tanδ峰值所处的温度保持不变，几乎不受填充体系变化的影响，改性白炭黑体系在–3℃出现一个tanδ峰值，这是环氧天然橡胶的玻璃化转变峰，改性白炭黑明显提高了0℃的tanδ峰值，而对室温以上tanδ值几乎没有影响[9]。环氧天然橡胶研究的重点是采用不同环氧度的天然橡胶接枝白炭黑，可以在较宽的温域内对材料的tanδ值进行有效调控，以获得所期望的最佳性能的材料。

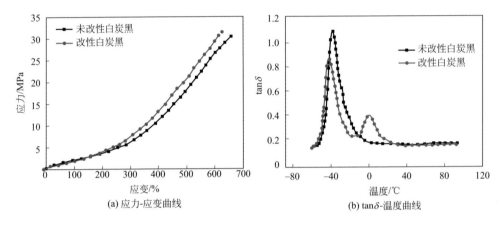

| (a) 应力-应变曲线 | (b) tanδ-温度曲线 |

图5.10　环氧天然橡胶改性白炭黑增强天然橡胶效果图

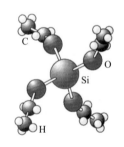

图5.11　四乙氧基硅烷结构式

此外，用溶胶-凝胶（Sol-Gel）反应原位生成白炭黑增强橡胶的技术也有研究，常用的反应剂：四乙氧基硅烷（Tetraethyl orthosilicate，TEOS），其结构式如图5.11所示。TEOS分两步反应，即水解和缩合反应[10]，如图5.12所示，从而在橡胶基质中生成白炭黑。

虽然原位生成白炭黑受到催化剂、硅烷偶联剂、交联密度等因素的影响，但总体来说，利用溶胶-凝胶技术可以有效控制所得原位白炭黑的粒径和粒径分布，而且白炭黑在橡胶基质中的分散更加均匀，与橡胶的界面结合也可

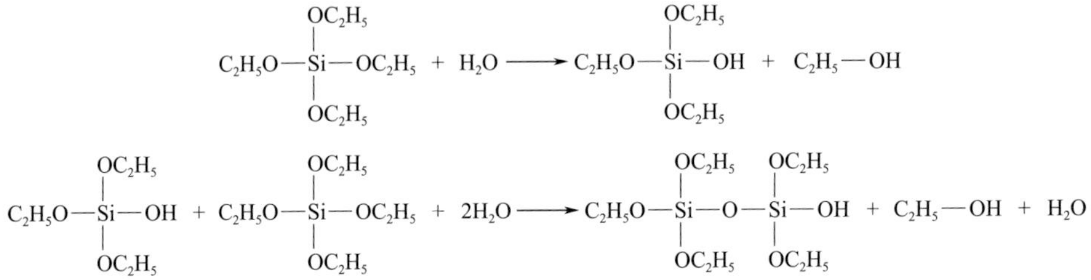

图5.12　四乙氧基硅烷的水解缩合反应式

进行人工设计，因此很难在此复合材料中发现常规白炭黑增强橡胶中大量存在的二次聚集体，如图5.13所示[11]。在白炭黑含量相近的情况下，与传统机械共混方法相比，原位反应生成的白炭黑增强天然橡胶的物理机械性能明显较好，这主要归因于白炭黑与橡胶结合力更强，分散更加均匀。更为重要的是，原位白炭黑增强天然橡胶的动态滞后生热性能尤其卓越，混炼黏度较低，回弹率较高，永久变形和滞后损失较小，这也是由高分散性和强界面结合决定的。因此，溶胶-凝胶技术所赋予原位白炭黑增强橡胶复合材料的强界面、高分散和可设计粒径为制造更高性能的制品提供了可能。

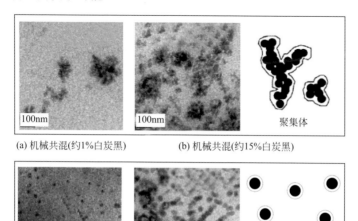

(a) 机械共混(约1%白炭黑)　　　　(b) 机械共混(约15%白炭黑)

(c) 原位反应(约1%白炭黑)　　　　(d) 原位反应(约15%白炭黑)

图5.13　原位白炭黑与共混白炭黑TEM对比图

但是，目前的溶胶-凝胶技术的局限性在于：该技术是通过水解和缩合反应完成的，因此反应速率慢，而且反应过程中生成的小分子排出困难，易在制品中产生气孔或气泡从而降低制品质量，因此该项技术可望先应用于橡胶软、薄制品中[12]。在机械混炼过程中原位生成白炭黑的研究也正在进行之中。

虽然白炭黑的开发和利用已经取得了许多成果，但国内轮胎企业生产轮胎仍普遍采用炭黑填充增强，或者仅并用少量的白炭黑，主要原因有两方面：① 全白炭黑胶料混炼困难，混炼工艺与分散效果难以控制；② 全白炭黑橡胶纳米复合材料的耐磨性较差。针对此种情况，开发易于混炼的高性能的白炭黑纳米复合母炼胶很有意义，详细请见本章白炭黑母胶部分。

5.1.1.3　黏土

黏土作为橡胶填充剂已有很多年的历史。由于其80%以上的粒径在2μm以下，所以其补强能力尚可，但不及炭黑和白炭黑。随着聚合物基纳米复合材料的发展，科研人员利用黏土结构的特殊性（微米颗粒中含有大量的厚度为1nm，长宽100～1000nm的黏土晶层，彼此间共用层间阳离子而紧密堆积），制备了一系列性能优异的黏土/聚合物纳米复合材料。制备黏土/橡胶纳米复合材料的方法有：单体原位反应插层法、端氨基的液体橡胶反应插层法、聚合物熔体加工插层法和聚合物乳液插层法。目前，由于乳液插层法工艺简单、操作方便、成本低，通过此方法制备黏土/天然橡胶纳米复合材料已经实现工业化生产，纳米复合材料的TEM照片如图5.14所示。

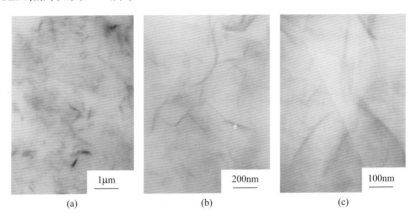

| 1μm | 200nm | 100nm |
| (a) | (b) | (c) |

图5.14　乳液插层法制备的黏土/天然橡胶工业化产品结构图（5clay/100NR）

黏土纳米复合材料的性能特征如下：纳米分散相为形状系数比非常大的片层填料，其有更大的限制大分子变形的能力。复合材料具有较高的模量、硬度、强度，较低的弹性，较大的拉伸永久变形，优异的气体阻隔性能和耐小分子溶胀和透过性能，耐油、耐磨、耐屈挠、减震、阻燃、耐热、耐化学腐蚀，适用于轮胎内胎、气密层、胎面胶、输送带、胶管等制品。

其制备过程和性能的详细叙述见本章黏土/天然橡胶母炼胶部分。

5.1.1.4　纳米碳酸钙、氧化锌、氧化铝等

除了传统的炭黑和白炭黑，国内外已经工业化了多种纳米粉体，如纳米碳酸钙、纳米氧化锌、纳米氧化铝等。人们对其在橡胶中应用性能做了初步的研究，结果表明，即使不经表面处理，它们对橡胶的增强也要高于普通的碳酸钙、陶土、滑石粉等微米填料，这来源于其颗粒的纳米效应。

图5.15　纳米碳酸钙扫描电镜照片

（1）纳米碳酸钙　碳酸钙作为一种常见的增量填充剂被广泛应用于橡胶工业中。纳米碳酸钙的直径目前可以达到40nm，如图5.15所示，其粒径基本都小于100nm。

与常规碳酸钙相比，纳米碳酸钙的比表面积增大，活性增强，应用于橡胶中能够改善物理机械性能，特别是产品的耐磨性、致密性、抗划痕性明显提高，见表5.1[13]。

■ **表5.1** 不同品种碳酸钙的胶料性能对比表

项目	普通碳酸钙	活性碳酸钙	纳米碳酸钙
邵A硬度/（°）	59	61	62
拉伸强度/MPa	11.1	12.1	12.4
断裂伸长率/%	580	590	615
撕裂强度/（kN/m）	41	44	49
阿克隆磨耗/cm³	0.841	0.995	0.838
DIN磨耗/cm³	254	350	248
抗划痕性	一般	一般	良好

但是，纳米碳酸钙团聚现象比较严重，同时与橡胶之间的界面作用较弱，大量填充会降低橡胶制品的综合性能。因此，纳米碳酸钙推广应用的关键之一是必须克服纳米粒子自身的团聚现象，使纳米粒子均匀分散在聚合物基体中，并增加其与聚合物之间的界面相容性。表5.2不同方式改性的纳米碳酸钙增强天然橡胶效果对比表[14]。从表中可以发现，硬脂酸包覆型纳米碳酸钙仅进行了物理改性填充天然橡胶，碳酸钙颗粒与橡胶基体的作用很弱，其增强效果不及酚醛改性纳米碳酸钙。尽管如此，纳米碳酸钙从增容型填料变成增强型填料，仍有很多工作要做。

■ **表5.2** 不同方式改性的纳米碳酸钙增强天然橡胶效果对比表

项目	未补强体系	硬脂酸包覆型	酚醛改性型
邵A硬度/（°）	38	44	45
300%定伸应力/MPa	2.3	2.2	3.6
500%定伸应力/MPa	8.1	8.3	15.8
拉伸强度/MPa	15.0	20.2	23.4
断裂伸长率/%	551	615	597
撕裂强度/（kN/m）	31.0	28.5	39.0

（2）纳米氧化锌　氧化锌的作用在于可与橡胶加工助剂和促进剂中的某些成分发生化学反应，生成可以提高硫化促进剂反应活性的有机锌盐。但氧化锌微米颗粒在橡胶中的分散度和溶解度都是很差的。理论上讲，氧化锌粒径减小，表面积增大，对增强反应活性是有利的。

因此，纳米氧化锌应运而生，其电镜照片如图5.16所示。在全钢载重子午线轮胎胎面胶中，纳米氧化锌减量40%代替普通氧化锌，有利于降低胶料中锌含量，胶料的密度、压缩永久变形小，拉伸强度、撕裂强度、定伸应力大，压缩生热低，老化后拉伸强度大和耐磨性能好，还可以降低胶料的原材料成本[15]。

（3）纳米氧化铝　纳米氧化铝是近年来开发出的一种新型的纳米材料，并被应用于橡胶的补强填料。和传统的炭黑胶相比，用纳米氧化铝制备的橡胶复合材料不仅具有良好力学性能，而且具备较低的滚动阻力和优异的抗湿滑性能。此外，由于氧化铝具备较好的导热性能，还可以提高天然橡胶的导热系数，改善局部热积累。但由于纳米氧化铝具有较小的粒径和较大的比表面积，如图5.17所示[16]，其在橡胶基体中不易分散，因此也可以通过原位改性分散技术来提高其与橡胶间的界面结合作用，改善分散性，其原理如图5.18所示[16]。

图5.16　纳米氧化锌扫描电镜照片

图5.17　纳米氧化铝SEM照片

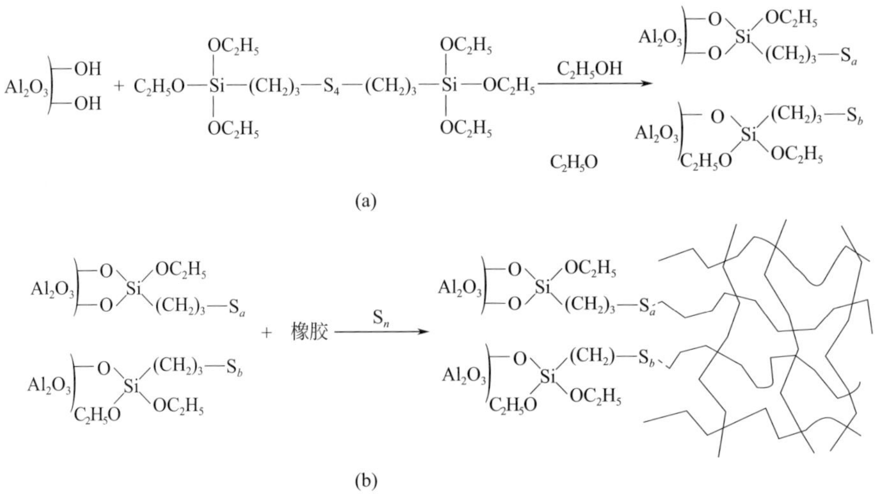

(a)

(b)

图5.18　纳米氧化铝原位改性及与橡胶结合示意图

和传统的炭黑N330填充体系相比（表5.3），经过硅烷偶联剂（Si69）原位改性的纳米氧化铝/天然橡胶复合材料不仅具有良好的补强效果，而且具有优异的动态力学以及导热性能[17]，适合用于轮胎胎肩胶的导热补强填料。

■ **表5.3** 原位改性纳米氧化铝与炭黑补强天然橡胶性能对比表

项目	N330	Nano-Al$_2$O$_3$+Si69
填料质量份/份	47	100
填料体积分数/%	18.7	18.7
拉伸强度/MPa	28.4	23.2
断裂伸长率/%	495	556
永久变形/%	24	32
导热系数 λ/[W/(m·K)]	0.253	0.312
压缩疲劳温升/℃	12.8	5.4
压缩永久变形/%	4.5	1.2

5.1.1.5 纳米纤维

纤维状分散相纳米复合材料的增强规律服从于短纤维增强橡胶复合材料的普遍规律，有时也存在一定的特殊性。局限是：现有纳米纤维的种类较少，较难获得，而且不易在与橡胶直接共混时获得较好的长度保持率。笔者的研究发现，天然的凹凸棒土是一种很有利用价值和发展前景的纳米短纤维前体，通过常规的加工混炼技术，微米的凹凸棒土就可以解离分散为其基本的结构单元-纳米针状单晶。因此，这种纳米复合材料的强度可以达到白炭黑增强的水平，并且具有各向异性。凹凸棒土的结构和在橡胶基体中的取向如图5.19所示，物理机械性能见表5.4。从中可以发现，凹凸棒土有很大的长径比，一般长度1000nm、直径30nm，在橡胶基体中可以明显取向，在几乎所有橡胶基体包括天然橡胶中，都可以使复合材料的硬度、定伸应力提高，断裂伸长率下降，拉伸强度增大[18～20]。

图5.19 凹凸棒土的结构和在橡胶基体中的取向图

■ **表5.4** 凹凸棒土在不同橡胶体系的增强效果表

项目	SBR	FS/SBR	NR	FS/NR	NBR	FS/NBR	CR	FS/CR
邵 A 硬度/（°）	45	73	41	74	54	83	51	83
100%定伸应力/MPa	0.8	10.2	1.0	9.1	1.2	12.1	1.1	13.8
拉伸强度/MPa	2.3	15.8	29.3	24.5	3.2	22.7	6.6	14.6
断裂伸长率/%	556	232	660	390	308	290	509	113
撕裂强度/（kN/m）	11.6	47.2	30.3	65.4	14.3	58.8	—	—

5.1.1.6 碳纳米管

碳纳米管由于其独特的结构、奇异的性能和潜在的应用价值，近年来一直是世界材料科学研究的热点之一。碳纳米管的径向尺寸很小，直径一般在几纳米到几十纳米，而长度一般在几微米至几毫米，因此碳纳米管被认为是一种典型的一维纳米材料。它具有惊人的韧性和弹性变形能力，韧度是其他纤维的200倍，当碳纳米管被高压压扁后，除去外力，又能恢复原状，未被破坏。因此，它或许可以被制成像纸一样薄，用作汽车的减震装置，还有大量的防震橡胶制品中，例如：建筑和桥梁的防地震橡胶垫、大功率电机的防震橡胶垫，等等。

在天然橡胶体系中添加碳纳米管，橡胶样品在硬度、拉伸强度、撕裂强度各方面都有很大提高，但断裂伸长率有所下降，说明碳纳米管在橡胶中具有良好的补强效应。与炭黑补强样品相比，添加碳纳米管样品的回弹性能明显占优，压缩永久变形小。碳纳米管与橡胶间的界面结合和接触面积对复合材料的力学性能起主导作用[21,22]。

笔者对多壁碳纳米管进行了研究。普通多壁碳纳米管缠结严重，长度较小，一般小于10mm；多壁碳纳米管束是在特殊基板生长而成，具有一维取向排列结构，缠结较少，长度较大，一般大于50mm，在橡胶基体中分散比较均匀，其电镜照片如图5.20所示。碳纳米管束在橡胶基体中以更长的管的形式存在，增强效果更强，增强效果见表5.5，复合材料的拉伸强度、定伸应力大幅提高，并且还具有非常高的导热性能，如图5.21所示，可以应用在轮胎胎肩垫胶中。

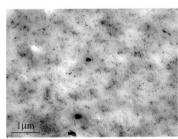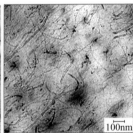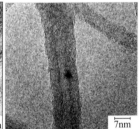

图5.20　碳纳米管束/天然橡胶纳米复合材料TEM照片（5CNTB/100NR）

■ 表5.5　碳纳米管束增强天然橡胶效果表

份数质量/份	0	1	2	5	10	15	20	25	30
100%定伸应力/MPa	1.0	1.3	1.7	2.9	4.8	7.8	13.7	14.4	17.5
200%定伸应力/MPa	1.6	2.3	3.0	4.8	8.3	12.1	17.6	—	—
300%定伸应力/MPa	2.4	3.7	4.8	7.1	12.3	16.0	—	—	—
拉伸强度/MPa	21.2	29.6	28.4	28.2	25.3	18.6	19.7	20.4	21.3
扯断伸长率/%	605	643	602	592	493	314	220	219	180
邵A硬度/（°）	45	51	54	66	72	79	82	86	89

5.1.1.7　石墨烯

石墨烯是一种单层碳原子排列而成的片状二维碳纳米材料，有极高的比表面积（2600m²/g），是构成其他石墨材料的基本单元，其极限拉伸强度可达130GPa，拉伸模量为1.01TPa[23]，横向电导率高达106S/m[24]，热导率高达5000W/（m·K）[25]，可以作为功能填料来改善橡胶的力学性能、电学性能、热学性能[26]，在橡胶领域表现出极大的潜力。

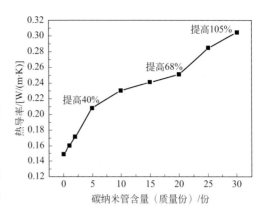

图5.21　不同份数碳纳米管束增强天然橡胶导热性能图

图5.22是通过超声胶乳混合-自组装法制备石墨烯/天然橡胶纳米复合材料。通过该方法，石墨烯可以均匀分散在天然橡胶基体中，如图5.23所示，复合材料的渗阈值体积分数约为0.62%。该材料表现出良好的导电性能、气密性能、机械强度，当石墨烯体积分数为1.78%时，电导率为0.03S/m，比传统方法制得的复合材料高5个数量级，且硫化胶的交联密度、弹性模量、导热系数以及气密性能随着石墨烯含量的增加而增强，如图5.24所示[27]。

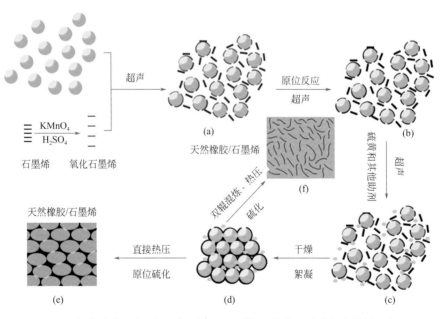

图5.22　超声胶乳混合-自组装法制备石墨烯/天然橡胶纳米复合材料示意图
⬤-天然橡胶乳胶颗粒；▬-石墨烯；-硫黄和助剂；-隔离结构的交联链

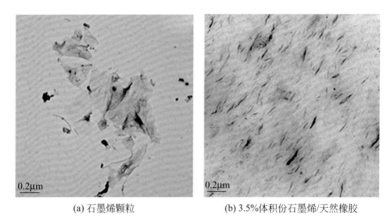

(a) 石墨烯颗粒　　　　　　(b) 3.5%体积份石墨烯/天然橡胶

图5.23　石墨烯TEM照片

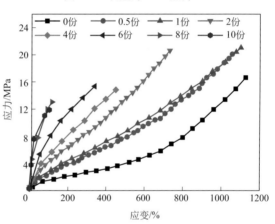

(a) 应力-应变曲线

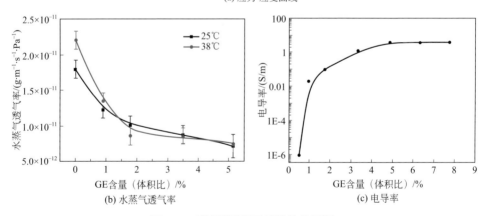

(b) 水蒸气透气率　　　　　　(c) 电导率

图5.24　石墨烯增强天然橡胶效果图

5.1.1.8　三叶橡胶母胶

如前所述，采用传统熔融混炼工艺耗时、耗能，粉尘污染严重，并且增强剂的分散均一性较差，因此天然橡胶母胶成为研究和开发的重点，在这种母胶中，填料已经以纳米形态均匀的分散在基体中，因此在橡胶制品的生产过程中只需简单混炼，这可以缩短混炼时间，减少粉尘飞扬，节约能量，并且分散效果好，制品物理性能高，质量均一。目前，比较成熟的天然橡胶母胶有：天然橡胶/炭黑母胶、天然橡胶/白炭黑母胶、天然橡胶/黏土母胶等。

（1）天然橡胶/炭黑母胶　英文名称：natural rubber/carbon black masterbatch。过去曾有国外企业将新鲜天然胶乳与定量炭黑-水预分散体充分混合，再经絮凝、造粒、干燥制成炭黑母胶，也有用密炼机使天然橡胶和炭黑充分混炼制成。前者称为湿法，后者称为干法。干法与通常的机械混炼没有什么区别，只是将这种耗时耗能的工作交给了专门的混炼公司；而湿法则能够节能降耗，但是炭黑颗粒与橡胶大分子间的界面作用受到一定的影响，同时必须注意制备过程中炭黑与天然橡胶的高度共凝，否则容易引起物料损失和废水处理困难。因此，这两种方法生产的天然橡胶/炭黑母胶未见大规模市场销售。

近年来，卡博特公司采用独特的连续液相混合凝固工艺制备天然橡胶/炭黑母胶，称为卡博特弹性体复合材料[28]，简称CEC。制备工艺如图5.25所示[29]。CEC生产工艺的关键特征是快速混合和凝固以及高温短时间干燥。这样可以更好地保持天然橡胶与炭黑间的相互作用和更有效地避免橡胶降解，从而获得优异的材料性能。

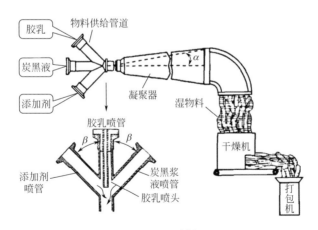

图5.25　CEC制备图

卡博特弹性体复合材料制备的胶料的结合胶含量较高，物理机械性能较优，并且具有优异的耐疲劳和耐磨性能，可以应用于轮胎胎面胶中[28]。国内某轮胎公司用此材料制备了光面工程机械轮胎胎面胶，成品轮胎胎面物理性能见表5.6，成品轮胎胎面的抗切割性能和抗裂口掉块性能改善，轮胎的使用寿命延长，且生产效率提高[30]。但此种母炼胶硬度较高，混炼较难，并且特供个别轮胎公司，并没有大规模销售和应用。

■ 表5.6　炭黑母炼胶成品轮胎胎面物理性能对比表

项目	炭黑母炼胶A	炭黑母炼胶B	传统生产配方	标准
邵A硬度/（°）	73	78	70	≥55
拉伸强度/MPa	23.2	23.2	20.6	≥16.5
断裂伸长率/%	473	480	432	≥350
阿克隆磨耗/cm³	0.11	0.11	0.18	≤0.50

针对卡博特炭黑母胶的问题，笔者重新设计和制备了一种炭黑/天然橡胶纳米复合母胶，此技术要点是将炭黑分散在特殊浸润剂中，超声分散制成稳定炭黑浆液，浆液中炭黑形貌如图5.26所示，然后与天然橡胶共沉共絮凝。制备的炭黑母胶的原子力显微镜照片如图5.27所示，从图中可以发现，与传统熔融共混工艺相比，炭黑母胶的分散更加均匀，粒径更小，基本没有大的聚集体。炭黑母胶的性能见表5.7。炭黑母胶的硬度较大，定伸应力较高，断裂伸长率较低，永久变形较小，这说明炭黑与天然橡胶基体的相互作用较强，并且磨耗性能明显提高。区别于卡博特炭黑母胶，此工艺的最终产品呈颗粒状，便于混炼。

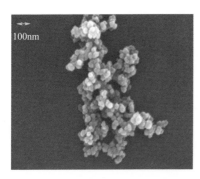

图5.26　特殊浸润剂处理的炭黑N234形貌图

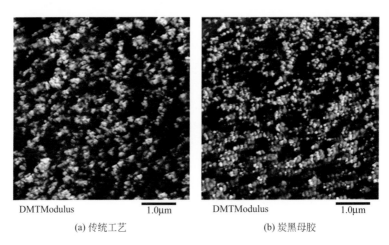

(a) 传统工艺　　　　　　　　　　(b) 炭黑母胶

图5.27　原子力显微镜对比图

（2）天然橡胶/白炭黑母胶　白炭黑母胶的制备与炭黑母胶最大区别在于制备白炭黑悬浮液时要加入表面改性剂，目的是使白炭黑表面官能团部分有机化，有效减少其亲水性，这样就能使白炭黑与橡胶和其他非极性有机相的相容性更好，在共凝聚和干燥时阻止白炭黑粒子的再聚集。

■ **表5.7** 炭黑母胶性能表

项目	传统工艺	母胶工艺
邵A硬度/(°)	67	75
100%定伸应力/MPa	3.1	3.7
300%定伸应力/MPa	13.9	21.4
拉伸强度/MPa	28.4	27.3
断裂伸长率/%	555	370
永久变形/%	32	24
阿克隆磨耗/cm³	0.154	0.100

目前，用于白炭黑预处理的硅烷偶联剂主要有双-[3-（三乙氧基硅）丙基]-四硫化物（TESPT）、双（三乙氧基丙基硅烷）二硫化物（TESPD）、γ-氨丙基三乙氧基硅烷（KH550）、γ-甲基丙烯酰氧基丙基三甲氧基硅烷（KH570）、γ-巯丙基三甲氧基硅烷（KH590）等。此外，某些活性改性剂，例如聚亚甲基联苯二异氰酸酯（MDI）和环己胺（CA）等也用于白炭黑的预处理。以TESPT为例，笔者总结其预处理原理如图5.28所示[31,32]。

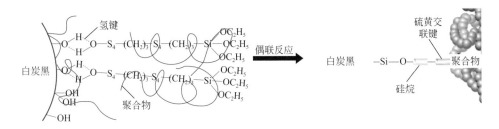

图5.28 白炭黑表面处理原理图

改性后的白炭黑的表面形貌如图5.29所示。白炭黑颗粒的尺寸为几十纳米，比表面积大，容易自聚集，图5.29（a）为未改性白炭黑的表面形貌，白炭黑排列比较紧密，聚集现象比较严重，图5.29（b）、图5.29（c）、图5.29（d）分别为用硅烷偶联剂KH550、KH570、KH590改性后的白炭黑，可以看出改性后的白炭黑排列较未改性的白炭黑疏松，白炭黑聚集程度减小，白炭黑聚集体之间有较大的空洞和孔隙，有利于白炭黑在橡胶基体中的分散。

经过改性的白炭黑/天然橡胶母胶的透射电镜照片效果如图5.30所示。从图中可以明显发现，与传统混炼胶料相比，母胶中白炭黑的分散更加均匀，不存在大的聚集体。表5.8是白炭黑母胶的物理机械性能表，与未改性的白炭黑相比，改性后的白炭黑可以明显提高拉伸强度、撕裂强度，这都是橡胶与填料的相互作用增大的结果，同时断裂伸长率增大，说明白炭黑在基体中分散均匀，尽可能地减少了应力集中点。

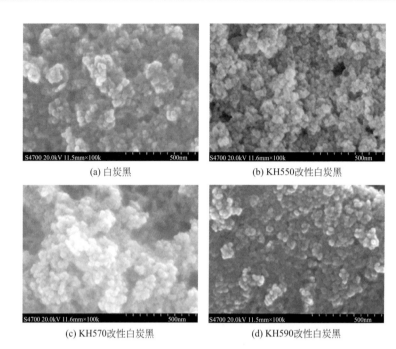

(a) 白炭黑

(b) KH550改性白炭黑

(c) KH570改性白炭黑

(d) KH590改性白炭黑

图5.29　湿法技术制备的改性白炭黑表面形貌

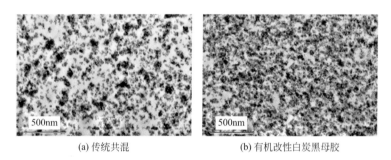

(a) 传统共混

(b) 有机改性白炭黑母胶

图5.30　白炭黑/天然橡胶母胶透射电镜照片

■ **表5.8　白炭黑/天然橡胶母胶性能表**

性能	母胶工艺	传统混炼工艺
100%定伸应力/MPa	2.5	3.2
300%定伸应力/MPa	11.1	15.2
拉伸强度/MPa	26.8	18.1
断裂伸长率/%	541	359
永久变形/%	44	20
撕裂强度/（kN/m）	104.6	57.2

（3）天然橡胶/黏土母胶　1998年，笔者申请了中国发明专利"黏土/橡胶纳米复合材料的制备方法"，利用蒙脱土可以在水中纳米分散的优势，制备出各种黏土/橡胶纳米复合材料。目前已在国内建立和投产了世界上第一条黏土/天然橡胶纳米复合材料生产线，其制备原理如图5.31所示[33]。黏土/天然橡胶纳米复合材料充分利用纳米分散黏土的超高长径比和独特的片层结构，可以明显提高材料的物理机械性能、耐切割性能和耐屈挠疲劳性能，在工程轮胎胎面胶、长距离输送带中得到成功应用[2,33~35]。

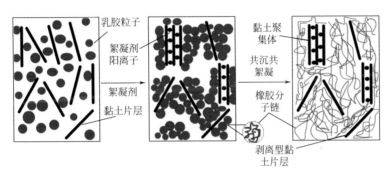

图5.31　黏土/天然橡胶母胶的制备示意图

根据笔者总结，黏土之所以能够增强橡胶，首先得益于能够在橡胶基体中纳米分散，图5.32是利用独创发明专利制备的黏土/天然橡胶纳米复合母胶在炭黑增强前后的透射电镜照片，黑色片层状为黏土片层，可以发现，无论炭黑是否增强，黏土都能够在基体中纳米分散，这保证了增强效果。

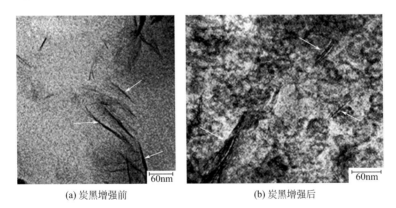

(a) 炭黑增强前　　　　　　　　(b) 炭黑增强后

图5.32　黏土增强天然橡胶的透射电镜图（箭头所指为黏土片层）

其次，得益于独特的片层结构和超高长径比，黏土能够发挥3方面的作用：① 提高结合胶含量（表5.9）。这是由于黏土片层构建填料网络结构的能力较强，即 Payne 效应较强，如图5.33所示，可以包裹更多的橡胶形成结合胶；② 黏土能够沿拉伸方向取向，并诱导分子链取向，如图5.34所示，并且黏土片层还可以诱导天然橡胶提前结晶；③黏土片层能够钝化支化裂纹尖端，使裂纹发生偏转，在静态下增长裂纹扩展路径，如图5.35所示，动态下减缓疲劳裂纹扩展速率，如图5.36所示。

■ **表5.9** 黏土增强天然橡胶结合胶含量

黏土/炭黑比例	0/50	1/45	1/48	1/50
结合胶/%	24.2	29.1	31.1	32.8

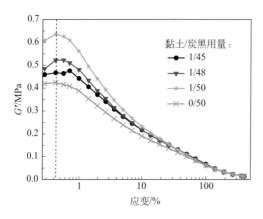

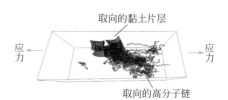

图5.33　黏土/炭黑纳米复合材料的Payne效应图　　图5.34　分子模拟的黏土片层取向图

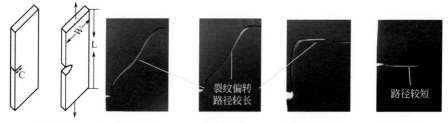

(a) 试样示意图　(b) 黏土/炭黑：1/45　(c) 黏土/炭黑：1/48　(d) 黏土/炭黑：1/50　(e) 黏土/炭黑：0/50

图5.35　黏土可以有效延长裂纹扩展路径图

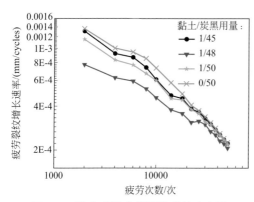

图5.36　黏土减缓疲劳裂纹增长速率图

鉴于以上数据和理论，黏土在耐切割和耐屈挠疲劳裂纹增长方面有着突出表现，因此笔者在国内某知名轮胎企业将其应用在矿山专用全钢载重子午线轮胎胎面胶中。在轮胎试制过程中，采用半拼方式制备轮胎，即一条轮胎胎面，一半是有黏土配方，一半是无黏土配方，这样就可以避免不同车辆、不同轮位的影响，更能有效比较两种胶料性能的优劣，其效果如

图5.37所示。从图中可以发现，有黏土配方的轮胎花纹较深，磨损较少，具有优异的耐切割和防止崩花掉块性能，并且还克服了传统材料常有的花纹沟底裂问题。

(a) 黏土胎面：磨损较少　　(b) 传统胎面：磨损较多　　(c) 黏土胎面：无沟底裂　(d) 传统胎面：沟底裂

图5.37　黏土新材料轮胎路试效果图

5.1.2　聚合物共混改性

现代科学技术的发展对橡胶制品的性能提出了更复杂、更高的要求，通常单一橡胶已不能满足使用要求。因此，在橡胶工业中出现了橡胶的掺和使用（橡胶或橡/塑并用），以便充分发挥橡胶和塑料的优良性能而克服其不足之处，取得兼收并蓄的效果。橡胶并用就是指两种或两种以上的橡胶（或橡胶与塑料）经过工艺加工掺和在一起，所得到的混合物比单独使用一种橡胶在综合性能上要优越得多，可以称为天然橡胶共混物。

5.1.2.1　橡塑共混相容性判断

选择一种聚合物和另一种聚合物共混改性时，为判断共混工艺的可行性，可以先对这两种聚合物的相容性进行判断。如果这两种聚合物具有一定的相容性或相容性良好，可以直接共混，否则应作增容共混处理。

聚合物的相容性可以根据溶解度参数来判断，即"溶解度参数相近相容"原则，常见聚合物的溶解度参数见表5.10。原理如式（5.1）所示。两种聚合物的溶解度参数越接近，相容性越好；当两者的溶解度参数相差较大时，其相容性不足以获得精细分散的共混物结构，硬性共混后力学性能很差，必须实施相容化技术。

$$\Delta H_m = V_m (\delta_a - \delta_b)^2 \Phi_a \Phi_b \tag{5.1}$$

式中，ΔH_m为假定共混时不发生体积变化的混合热焓；V_m为共混物的总体积；δ_a、δ_b分别为共混物中两种聚合物的溶解度参数；Φ_a、Φ_b分别为两种聚合物的体积分数。

利用溶解度参数相近原理，判断非极性聚合物是可信的，但对极性聚合物相容性的判断结果有时会与实际不符。这是因为现有的溶解度参数只考虑了色散力的作用，只符合非极性聚合物的情况。极性聚合物分子之间不仅有色散力，还有偶极力甚至氢键作用，因此对极性聚合物的溶解度参数，只有把3种作用力一并考虑，才是可信的。

■ **表5.10** 常见聚合物的溶解度参数表[36]

聚合物	$\delta/(J/cm^3)^{1/2}$	聚合物	$\delta/(J/cm^3)^{1/2}$
天然橡胶	16.1～16.8	低密度聚乙烯	16.3
二甲基硅橡胶	14.9	高密度聚乙烯	16.7
聚异戊二烯橡胶	17.0	聚丙烯	16.5
顺丁橡胶	16.5	聚苯乙烯	18.6
丁苯橡胶		聚氯乙烯	19.4
（B/S=85/15）	17.3	聚乙酸乙烯酯	19.2
（B/S=75/25）	17.4	聚四氟乙烯	12.7
（B/S=60/40）	17.6	聚氨酯	20.4
丁腈橡胶		聚对苯二甲酸乙二醇酯	21.0
（B/AN=82/18）	17.8	聚酰胺-66	27.8
（B/AN=75/25）	19.1	酚醛树脂	21.4～23.9
（B/AN=70/30）	19.7	脲醛树脂	19.6～20.6
（B/AN=60/40）	21.0	双酚A型环氧树脂	19.8～22.2
氯丁橡胶	16.8～19.2	双酚A型聚碳酸酯	19.4
乙丙橡胶	16.3	聚异丁烯	16.4
丁基橡胶	16.5	聚甲基丙烯酸甲酯	18.8
氯磺化聚乙烯	18.2	聚偏二氯乙烯	24.9
丁二烯-甲基乙烯基吡啶橡胶	16.9	聚乙烯醇缩丁醛	22.7
聚硫橡胶	18.4～19.2	聚乙烯醇	25.2

5.1.2.2 橡/橡共混改性

　　将两种或多种橡胶经过共同的混炼，可以制成并用橡胶。这种并用橡胶经过硫化作用，即可制成并用硫化胶。选用合适的橡胶进行并用，可以得到具有优异物理机械性能的硫化胶。

　　橡胶的并用于20世纪50年代初就已开始，首先应用于橡胶轮胎中，采用天然橡胶与丁苯橡胶并用，或天然橡胶与顺丁橡胶并用，或天然橡胶、丁苯橡胶、顺丁橡胶三者并用，这些并用橡胶都可以制得性能良好的轮胎。此外，橡胶并用也广泛应用于制备橡胶输送带、橡胶胶管和橡胶杂件等。橡胶的并用除上述之外也可广泛用于其他橡胶体系，如天然橡胶或丁苯橡胶可与乙丙橡胶或丁基橡胶并用；极性很强的丁腈橡胶或氯丁橡胶与非极性的天然橡胶、丁苯橡胶或乙丙橡胶并用。

　　两种橡胶经过炼胶机混炼作用制成并用橡胶，其相态结构一般为海-岛两相结构，有时也构成双连续相态结构。海-岛相精细分散程度与两种橡胶的相容性密切相关。两种橡胶的相容性好，分散相具有较小粒径，可以均匀分散在连续相中，硫化胶具有优异的物理机械性能；反之，两种橡胶的相容性差，分散相粒径较大，不能均匀的分散在连续相中，硫化胶的物理机械性能较差。在相容性较差的并用橡胶中添加相容性配合剂，有助于改善相容效果。

并用橡胶的相态结构和相畴平均尺寸见表5.11。从表中可以发现，当两种聚合物的初始黏度和内聚能相当时，共混体系内量多的聚合物易形成连续相（海相），量少的聚合物形成分散相（岛相）。如天然橡胶/丁苯橡胶体系，当天然橡胶/丁苯橡胶=75/25时，天然橡胶是连续相；当天然橡胶/丁苯橡胶=25/75时，丁苯橡胶是连续相；但当两种聚合物质量相当时，则一般内聚能密度小的或黏度低的组分是连续相，例如天然橡胶/丁苯橡胶=50/50时，由于天然橡胶黏度低，因此天然橡胶仍是连续相。

■ **表5.11**　并用橡胶的相态结构和分散相相畴平均尺寸（μm）[37]

并用体系	并用量/质量份		
	25/75	50/50	75/25
丁苯橡胶/天然橡胶	0.3/连续相	5.0/连续相	连续相/0.7
乙丙橡胶/天然橡胶	3.0/连续相	—	连续相/0.8
氯丁橡胶/天然橡胶	2.5/连续相	4.0/连续相	8.0/连续相
丁苯橡胶/异戊橡胶	1.3/连续相	2.0/连续相	连续相/2.0
顺丁橡胶/异戊橡胶	0.2/连续相	0.5/连续相	连续相/0.7
丁苯橡胶/顺丁橡胶	混溶	混溶	混溶
丁腈橡胶-40/丁基橡胶	30/连续相	25/连续相	连续相/20
丁腈橡胶-40/丁苯橡胶	6.0/连续相	—	连续相/4.0
氯丁橡胶/顺丁橡胶	0.3/连续相		连续相/1.0

（1）天然橡胶与丁苯橡胶共混改性　丁苯橡胶（SBR）是单体丁二烯和苯乙烯按一定的比例，在一定的温度条件下共聚得到，其聚合方法有乳液法和溶液法。丁苯橡胶在弹性、强度、磨耗等性能方面的平衡性良好，加工性能优异，而且价格低廉，因此是生产量和消费量最大的一种通用合成橡胶。丁苯橡胶并用天然橡胶可以改善丁苯橡胶的自黏性、提高撕裂强度、弹性以及拉伸强度等性能，天然橡胶中并用丁苯橡胶则能够改善其耐磨性、模量、抗湿滑性等，还可降低成本。该共混物已经有大量的研究报道，并广泛应用于轮胎胎面、输送带、胶管等制品中。

链化学结构不同的丁苯橡胶和天然橡胶有不同的相容性。3种典型的丁苯橡胶：乳聚丁苯橡胶（ESBR）、溶聚丁苯橡胶SSBR（B）、溶聚丁苯橡胶SSBR（C），其化学组成见表5.12。

■ 表5.12　丁苯橡胶的化学组成表

项目	PB			PS/PB
	顺式-1,4/%	反式-1,4/%	1,2/加成%	
ESBR	4.6	68	27.4	31.9/68.1
SSBR（B）	15.2	60.5	24.3	35.0/65.0
SSBR（C）	8.7	49.6	41.7	33.2/66.8

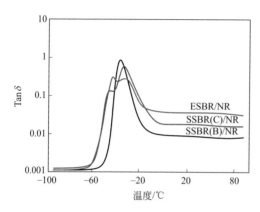

图5.38　丁苯橡胶/天然橡胶复合
体系的动态损耗因子温度谱图

丁苯橡胶与天然橡胶复合体系的动态损耗因子温度谱图如图5.38所示[38]。从图中可以发现，溶聚丁苯橡胶SSBR（B）/天然橡胶[SSBR（B）/NR]复合材料只有1个玻璃化转变，说明SSBR（B）与NR相容性最好；乳聚丁苯橡胶/天然橡胶（ESBR/NR）复合体系和溶聚丁苯橡胶SSBR（C）/天然橡胶[SSBR（C）/NR]复合体系有两个玻璃化转变，这两个玻璃化转变分别是天然橡胶富集相和丁苯橡胶富集相，并且ESBR/NR的2个玻璃化转变的靠拢程度更近，说明ESBR/NR体系的相容性要好于SSBR（C）/NR体系的。

不同共混比的某一品种溶聚丁苯橡胶/天然橡胶的性能见表5.13[39]。从表中可以发现，不同共混比的溶聚丁苯橡胶/天然橡胶共混物都具有单一的T_g，表明该溶聚丁苯橡胶与天然橡胶是相容的。随着天然橡胶用量的增加，共混物的焦烧和正硫化时间下降，硫化速率加快，拉伸强度和撕裂强度增加，邵A硬度下降，而断裂伸长率和滞后损失存在最佳值。此外，共混物的滞后损失均比天然橡胶低，这有利于提高轮胎使用寿命；共混物的耐疲劳性能均优于单一胶种，当溶聚丁苯橡胶/天然橡胶=80/20时，耐疲劳性能最优。抗热氧老化性能以溶聚丁苯橡胶最优，天然橡胶最差，共混物居中。

■ 表5.13　溶聚丁苯橡胶/天然橡胶共混物体系性能表

性能	SSBR/NR（质量比）					
	100/0	80/20	60/40	40/60	20/80	0/100
玻璃化温度/℃	−54.0	−57.0	−60.0	−63.5	—	−72.0
t_{10}/min	11.0	10.8	10.4	10.4	8.6	7.5
t_{90}/min	22.7	21.6	20.8	20.3	16.3	14.4
邵A硬度/（°）	66	64	64	60	59	58

续表

性能	SSBR/NR（质量比）					
	100/0	80/20	60/40	40/60	20/80	0/100
100%定伸应力/MPa	2.0	2.1	2.4	2.1	2.6	2.4
300%定伸应力/MPa	6.0	8.0	10.0	7.5	7.6	5.5
拉伸强度/MPa	16.0	16.2	16.8	17.5	17.4	17.7
断裂伸长率/%	600	600	600	620	680	650
撕裂强度/（kN·m⁻¹）	43	52	55	56	58	60
滞后损失/%	26.4	24.4	26.5	27.3	32.3	33.1
起始龟裂/10⁴次	1.9	9.5	5.2	4.5	3.1	1.5
疲劳寿命/10⁴次	16.5	32.6	18.0	17.2	16.9	12.3
老化性能（48h×100℃）						
100%定伸应力/MPa	2.3	2.5	2.6	2.5	1.9	1.3
300%定伸应力/MPa	10.5	10.8	12.2	11.5	7.9	7.4
拉伸强度/MPa	13.5	12.7	13.5	15.0	14.2	12.5
断裂伸长率/%	400	360	340	380	420	400
永久变形/%	8.0	6.0	5.2	6.8	8.8	7.8

注：SSBR：北京燕山石油化工有限公司研究院提供，其组成（摩尔分数）如下：苯乙烯13.3%，1，2-丁二烯26.3%，顺式1,4-丁二烯22.6%，反式1,4-丁二烯37.8%；分子量（3～4）×10⁵，偶联效率40%～50%。NR：国产1#烟片胶。配方（质量份）：橡胶100，氧化锌5，硬脂酸2，高耐磨炭黑35份，白炭黑15份，偶联剂Si69 2份，机械油（40#）4份，硫黄1份，促进剂CZ 1份，防老剂RD 1.5份，防老剂4010 NA 1份。

（2）天然橡胶与顺丁橡胶共混改性 顺丁橡胶（BR）由于具有分子链柔顺、弹性好、滞后损失小、生热低、填充性好和生产成本低等优点，在橡胶制品中获得广泛应用。但顺丁橡胶拉伸强度低、抗湿滑性能较差、加工性能欠佳，不能单独用于轮胎工业，这在一定程度上限制了顺丁橡胶的发展。天然橡胶与顺丁橡胶及充油顺丁橡胶并用是橡胶工业中应用最广泛的并用体系。以天然橡胶/顺丁橡胶并用体系制备轮胎胎面、胎侧或者输送带等均有良好的技术效果。

一般采用动态力学温度谱法研究聚合物的相容性。NR/BR共混物的动态力学性能-温度谱图如图5.39所示[40]。

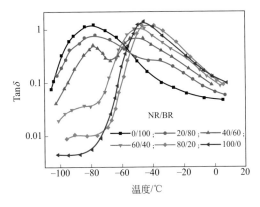

图5.39 不同并用比NR/BR的动态力学性能-温度谱图

从图中可以发现，当NR或BR单独存在时，只有一个损耗峰；其他共混比时，都存在两个损耗峰，说明NR/BR属于两相体系，但两者的相容性较好，这是由于两者分子链短程无序，属于无定形结构，同时NR和BR分子间主要作用方式为范德华力作用[41]。

不同并用比的天然橡胶/丁苯橡胶/顺丁橡胶（NR/SBR/BR）胶料的性能见表5.14[42]。从混炼胶硫化特性可以发现，与NR混炼胶相比，NR/SBR混炼胶的

■ **表5.14** NR/SBR/BR 不同并用比胶料的性能表

性能	NR/SBR/BR 并用比								
	100/0/0	90/10/0	90/0/10	80/20/0	80/0/20	80/10/10	70/20/10	70/10/20	60/20/20
t_{10}/min	11.7	11.1	11.8	11.0	11.5	11.4	11.1	11.4	10.8
t_{90}/min	33.0	33.4	34.0	33.6	33.4	33.6	33.6	33.9	33.4
M_L/dNm	5.8	5.8	5.3	6.3	5.5	6.0	6.4	6.1	6.5
M_H/dNm	13.5	13.4	11.6	15.2	11.5	13.0	14.4	13.3	13.7
邵A硬度 / （°）	71	72	72	73	71	71	72	72	71
100% 定伸应力 /MPa	3.3	3.6	3.7	3.6	3.4	3.6	3.4	3.2	3.1
300% 定伸应力 /MPa	15.9	16.4	17.1	15.9	15.9	16.2	14.9	14.6	14.0
拉伸强度 /MPa	26.6	27.5	26.6	26.9	26.3	27.4	27.0	25.4	24.8
断裂伸长率 /%	497	508	478	491	484	509	519	506	493
永久变形 /%	28	27	24	24	21	21	22	22	21
回弹率 /%	44	41	44	39	45	41	40	43	43
撕裂强度 / （kN·m⁻¹）	112	111	78	115	75	70	64	71	67
固特里奇生热 /℃	30.5	33.4	32.4	34.5	31.4	33.4	34.7	34.0	35.0
固特里奇压缩变形 /%	4.0	4.6	4.6	4.7	3.6	4.6	5.0	4.0	4.2
屈挠疲劳裂纹长度 / mm/21 万次	11.4	12.6	11.5	11.4	12.3	10.5	7.8	9.8	9.7
耐磨指数 /倾角 /速率									
16°/25km·h⁻¹	100	102	110	103	115.4	109.9	104.5	115.2	109.3
16°/2.5km·h⁻¹	100	99.0	108.6	98.4	119.0	106.8	101.8	117.2	115.5
5.5°/25km·h⁻¹	100	95.3	99.9	92.3	105.8	98.9	95.5	105.7	101.8
5.5°/2.5km·h⁻¹	100	103.6	109.2	103.3	112.1	105.5	100.6	109.7	108.6
老化性能/（条件：100℃ ×24h）									
拉伸强度 /MPa	27.2	26.6	24.9	25.2	24.1	25.4	25.7	23.1	23.5
断裂伸长率 /%	445	437	396	418	394	383	397	380	399
撕裂强度 / （kN·m⁻¹）	67	67	69	67	67	65	65	63	63

注：耐磨指数越大，耐磨性能越优；配方（质量份）：橡胶：100份，炭黑N110 43份，白炭黑15份，氧化锌3.5份，硬脂酸2份，偶联剂Si69（液体）2份，防护蜡3份，防老剂4020 3份，促进剂NS 1.8份，硫黄1.2份。

焦烧时间总体延长，这是SBR的不饱和双键比NR少的缘故；NR/BR混炼胶的焦烧时间略有缩短，硫化速率略有加快；NR/SBR/BR混炼胶的焦烧时间延长，硫化速率相当，这是NR占主导地位，三种橡胶硫化速率彼此消长的缘故。

与NR硫化胶相比，NR/SBR硫化胶的回弹值略小，压缩温升较高，其他性能变化不大；NR/BR硫化胶以及合成胶（SBR和BR）用量为20份的NR/SBR/BR硫化胶断裂永久变形较小，撕裂强度较低，耐热老化性能较差，压缩温升略高，耐磨耗性能较优，其他性能变化不大；合成胶用量为30份及30份以上的NR/SBR/BR硫化胶的300%定伸应力和撕裂强度较低，断裂永久变形较小，压缩温升较高，耐热老化性能较差，耐磨性能总体较好，其他性能变化不大。并且还可以发现，NR硫化胶和NR/SBR硫化胶老化前的撕裂强度均在100kN·m^{-1}以上，NR的抗撕裂性能明显优于BR和SBR，这是载重轮胎大量使用NR的主要原因之一，而其他并用胶均在60～80kN·m^{-1}之间，差距非常明显；合成胶用量超过20份的NR硫化胶老化后的撕裂强度较低。

（3）天然橡胶与三元乙丙橡胶共混改性　乙丙橡胶是乙烯、丙烯的二元共聚物，若添加非共轭二烯烃构成三元共聚物，即为三元乙丙橡胶。由于不饱和度很低，具有优异的耐热、耐臭氧及耐天候老化性能，但其硫化速率较慢，耐油性及粘接性能较差。因此，在天然橡胶与三元乙丙橡胶的并用体系中，天然橡胶为主，三元乙丙橡胶为辅，可以提高抗老化性能、抗臭氧性能，如应用在轮胎胎侧胶中等；三元乙丙橡胶为主，天然橡胶为辅，可以增加前者的黏合性，如应用在密封条和输送带中等。

天然橡胶与三元乙丙橡胶并用体系的微观结构是一种微观的两相状态，其DSC谱图如图5.40所示[43]。按并用橡胶的并用比，并用橡胶中的两种橡胶构成了不同的相态结构。例如天然橡胶/三元乙丙橡胶为75/25时，天然橡胶构成了连续相，三元乙丙橡胶构成了分散相，分散相粒径约为3.0μm；当天然橡胶/三元乙丙橡胶为25/75时，三元乙丙橡胶构成了连续相，天然橡胶构成了分散相，此时，分散相的粒径只有0.8μm。这表明，天然橡胶在并用橡胶中构成的分散相具有更小的微粒。

但天然橡胶与乙丙橡胶共混改性体系的物理机械性能较差，这主要是由于两者的共硫化性差造成的，本质是两者的硫化活性和不饱和度的差异。硫化剂在不饱和度高的天然橡胶中的溶解度高，在硫化过程中天然橡胶又以较快的速率消耗硫化剂，从而引起硫化剂从乙丙橡胶向天然橡胶迁移，使得硫化剂的分配更加不均匀，

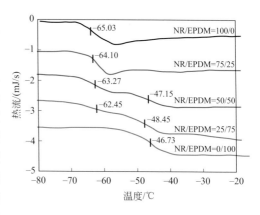

图5.40　不同并用比的天然橡胶/三元乙丙橡胶DSC谱图

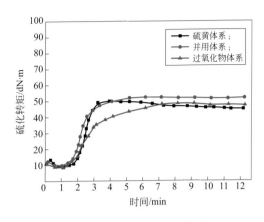

图5.41 并用体系的硫化曲线

硫黄体系：硫黄1.75，促进剂1.0；
并用体系：硫黄1.3，促进剂1.0，过氧化物1.5；
过氧化物体系：硫黄0.5，促进剂0.75，过氧化物2.5

因此，该类并用胶硫化后往往一相过硫，一相欠硫，力学性能较差。因此，天然橡胶/乙丙橡胶共硫化的关键，一是要选择合适的硫化体系，减小其在各橡胶相间的溶解度差；二是要平衡各橡胶相间的硫化活性，协调硫化速率。

天然橡胶常用硫黄硫化体系，三元乙丙橡胶常用过氧化物硫化体系，两种硫化体系各有优缺点。采用硫黄硫化体系硫化时，胶料焦烧安全性良好，硫化速率快，但硫黄在天然橡胶中溶解度大，在三元乙丙橡胶中溶解度小，硫化胶性能受三元乙丙橡胶中第三单体的影响较大，当第三单体含量较低时，硫化体系从三元乙丙橡胶相向天然橡胶相迁移，造成三元乙丙橡胶无法获得足够的交联；采用过氧化物硫化体系硫化时，过氧化物能够均匀分布在性质不同的生胶相中，可以协调两橡胶相的硫化速率，但焦烧安全性差，硫化速率慢，撕裂性能差[44]。

为了使硫化胶具有优良的综合性能，可以将两种硫化体系复合使用，具有较好的效果，如图5.41和表5.15所列[45]。从硫化曲线中可以发现，硫黄体系焦烧时间较长，硫化速率较快，但硫化返原严重，过氧化物体系焦烧时间短，硫化速率慢，但基本没有返原现象，并用体系结合两者优点，焦烧时间和硫化时间适中，并且没有返原现象。从物理机械性能表中可以发现，并用体系性能介于硫黄体系和过氧化物体系之间，起到平衡硫化和协调性能的作用。

■ **表5.15 三种硫化体系物理机械性能表**

项目	硫黄体系	并用体系	过氧化物体系
硫化条件：182℃ × min	5.0	5.0	7.5
邵A硬度/（°）	59	59	54
100%定伸应力/MPa	1.7	1.8	1.5
200%定伸应力/MPa	4.2	4.4	4.4
300%定伸应力/MPa	7.7	8.3	8.5
拉伸强度/MPa	15.4	16.6	17.7
断裂伸长率/%	510	490	500
撕裂强度/（kN/m）	39.9	46.0	39.9
老化性能（条件：100℃ ×72h）			
邵A硬度/（°）	63	60	51

项目	硫黄体系	并用体系	过氧化物体系
100%定伸应力/MPa	2.4	2.2	1.4
200%定伸应力/MPa	5.7	5.2	3.5
300%定伸应力/MPa	—	—	6.4
拉伸强度/MPa	7.5	8.9	10.7
断裂伸长率/%	250	300	440

从硫化工艺上进行改进同样能够解决天然橡胶和三元乙丙橡胶的共硫化问题，通常采用二段硫化法，即先分别对天然橡胶和三元乙丙橡胶进行塑炼，再把全部氧化锌、硬脂酸、硫黄和促进剂加入三元乙丙橡胶中，在特定的条件下对三元乙丙橡胶预硫化，然后再与天然橡胶和增强剂等共混，利用硫黄和促进剂会向天然橡胶迁移的特点，完成硫化胶的均一性。

采用二段硫化法、炭黑增强的不同并用比的天然橡胶/三元乙丙橡胶的物理机械性能见表5.16[46]。从表中可以明显发现，括号内为二段硫化后的数据，经过二段硫化后，在所有天然橡胶/三元乙丙橡胶并用比下，胶料的硬度和定伸应力降低，拉伸强度和断裂伸长率明显提高，说明二段硫化可以显著改善两者的共硫化。表格中的数据是炭黑体系的数据，在白炭黑体系中具有同样的效果。

■ **表5.16　炭黑增强的不同并用比的天然橡胶/三元乙丙橡胶的物理机械性能表**

NR/EPDM并用比	100/0	75/25	50/50	25/75	0/100
邵A硬度/（°）	56	60（60）	62（61）	65（63）	66
200%定伸应力/MPa	3.4	4.1（3.6）	3.5（3.0）	—（2.4）	3.9
拉伸强度/MPa	17.4	11.0（21.6）	4.5（12.7）	1.2（9.0）	18.1
断裂伸长率/%	476	375（555）	245（530）	130（595）	530

注：括号内是二段硫化数据。

需要强调的是，三元乙丙橡胶中的第三组分同样影响着共混体系的硫化和性能。乙亚基降冰片烯（ENB）类三元乙丙橡胶的硫化程度随着ENB含量和分子量的增加而增大，并且根据物理机械性能，含有10.5质量份ENB的三元乙丙橡胶与天然橡胶的共硫化最好[47]。

（4）天然橡胶与（卤化）丁基橡胶共混改性　丁基橡胶是异丁烯和少量异戊二烯的共聚物，其中异戊二烯占0.6%～3%，具有良好的化学稳定性和热稳定性，最突出的是气密性和水密性，其对空气的透过率仅为天然橡胶的1/7，丁苯橡胶的1/5，而对蒸汽的透过率则为天然橡胶的1/200，丁苯橡胶的1/140。丁基橡胶的缺点是与其他橡胶的共混性较差，针对此种情况，卤化丁基橡胶应运而生。卤化丁基橡胶不仅具有丁基橡胶良好的气密性能、耐老化性能和抗屈挠疲劳

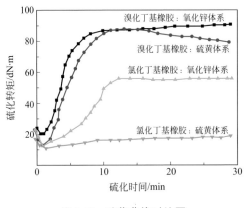

图5.42 硫化曲线对比图

性能，而且由于卤化大大加快了其硫化速率，并能使其与天然橡胶以及其他不饱和橡胶共硫化，改善了黏合性能。

卤化丁基橡胶主要品种是溴化丁基橡胶和氯化丁基橡胶，两者之间的区别就是C—Br键和C—Cl键的区别。由于C—Br键比C—Cl键弱，因此溴化丁基橡胶的硫化速率更快，并且更适用于硫黄体系硫化，两者的硫化曲线如图5.42所示[48]。

卤化丁基橡胶具有优异的气密性和水密性，非常适合制备轮胎气密层，改善轮胎的耐久性和完整性，并用少量天然橡胶不仅能够提高体系的黏合性能，促进与轮胎其他部件的共硫化，还能降低轮胎的制备成本。并用天然橡胶的性能对比见表5.17[48]。从表中可以发现，与氯化丁基橡胶相比，溴化丁基橡胶的自黏性能较好，并且与天然橡胶共混性能良好，拉伸强度较高，黏合强度较大，因此轮胎内衬层常以溴化丁基橡胶为主，辅助以少量天然橡胶。

■ 表5.17　并用天然橡胶性能对比表

卤化丁基橡胶/质量份	100		80		60		40	
	BIIR	CIIR	BIIR	CIIR	BIIR	CIIR	BIIR	CIIR
300%定伸应力/MPa	4.2	3.7	5.7	5.1	7.1	5.7	8.9	4.3
拉伸强度/MPa	9.3	9.9	10.9	10.7	12.8	10.3	14.7	9.7
断裂伸长率/%	740	770	620	620	560	560	490	580
自身黏合强度/Pa	16.8	4.4	14.7	4.7	15.2	9.1	15.4	5.2
与天然橡胶黏合强度/Pa	7.5	1.3	6.2	1.3	14.7	1.9	20.8	2.9
老化性能（120℃×168h）								
300%定伸应力/MPa	6.8	5.5	7.6	7.9	8.4	7.7	6.7	3.6
拉伸强度/MPa	10.0	10.9	9.8	11.0	9.3	9.2	8.8	5.8
断裂伸长率/%	550	640	420	465	320	365	370	475

注：配方（质量份）：卤化丁基橡胶/天然橡胶100份，炭黑N660 6份，石蜡油7份，硬脂酸1份，氧化锌3份，促进剂MBTS 1.25份，硫黄0.5份，合成树脂4份。

虽然溴化丁基橡胶并用天然橡胶可以提高黏合强度和拉伸强度，改善与轮胎其他部件的共硫化，但是并用天然橡胶后体系的气密性能明显下降，如图5.43所示[49]。这是由于在并用体系中，溴化丁基橡胶的含量达到60%以上时才能成为连续相，起到密封气体的作用；小于此含量时，溴化丁基橡胶呈片状较大颗粒分散，气密性能下降明显，与相态相关的电镜照片如图 5.44 所示[49]。因此天然橡胶的并用份数不宜太多，以 20 ～ 30 份为宜。

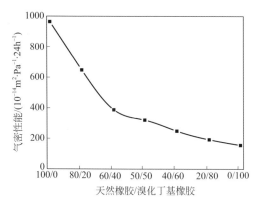

图 5.43　溴化丁基橡胶并用天然橡胶体系气密性能图

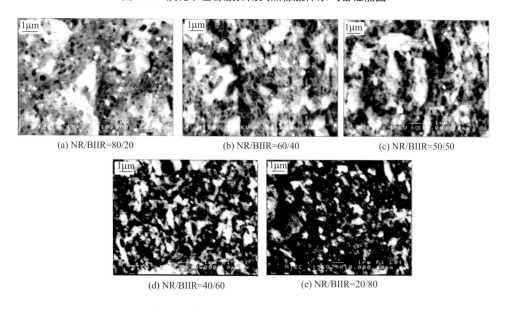

(a) NR/BIIR=80/20　　　　(b) NR/BIIR=60/40　　　　(c) NR/BIIR=50/50

(d) NR/BIIR=40/60　　　　(e) NR/BIIR=20/80

图 5.44　溴化丁基橡胶/天然橡胶并用体系的扫描电镜照片
箭头指向溴化丁基橡胶

（5）天然橡胶与极性橡胶共混改性　常用的极性橡胶包括丁腈橡胶、氯丁橡胶和环氧化天然橡胶等，其中最有代表性的是丁腈橡胶。氯丁橡胶或环氧化天然橡胶常被用作界面改性剂提高丁腈橡胶和天然橡胶之间的相容性。

丁腈橡胶是由丙烯腈与丁二烯单体聚合而成的共聚物，虽然其化学性质和物理性质随着聚合物中丙烯腈含量的变化而变化，但总体来说，具有耐油性（尤其是烷烃油）好、耐磨性较高、气密性好、耐热性较好、粘接力强、耐老化性能较好等优点，缺点是耐低温性差、耐臭氧性差，绝缘性差，弹性稍低，不宜做绝缘

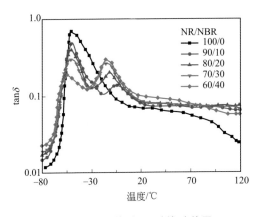

图5.45 天然橡胶／丁腈橡胶并用
体系的DMTA谱图

材料。丁腈橡胶和天然橡胶共混可以明显改善其耐低温性能，提高物理机械性能等。

丁腈橡胶是极性橡胶，天然橡胶的极性很弱，两者的溶解度参数相差较大，是热力学上的不相容体系，并用体系的动态力学性能如图5.45所示[50]。从图中可以发现，随着丁腈橡胶用量增大，玻璃化转变温度T_{g1}基本不变，峰值逐渐降低，T_{g2}略向高温移动，峰值逐渐增大。

天然橡胶与丁腈橡胶不同并用体系的物理机械性能如图5.46所示[51]。从图中可以发现，由于天然橡胶与丁腈橡胶的相容性较差，因此体系的拉伸强度和断裂伸长率随丁腈橡胶用量的增加而降低；但由于两者都可以用硫黄体系硫化，硫黄在两相中的溶解度又相差不大，能够发生异相交联，因此定伸应力还有升高的趋势。

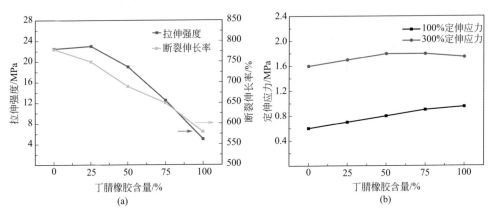

图5.46 天然橡胶／丁腈橡胶并用体系的物理机械性能

5.1.2.3 橡／塑共混改性

橡胶与塑料及合成树脂的共混，也称橡塑并用。天然橡胶是非极性橡胶，虽然本身具有优良的性能，但在非极性溶剂中易溶胀，故其耐油、耐有机溶剂性差；并且天然橡胶分子中含有不饱和双键，耐热氧老化、耐臭氧老化和抗紫外线性能都较差，限制了其在一些特殊场合的应用。橡胶与某些塑料或树脂的机械共混，可以实现对橡胶的改性。天然橡胶的极性较小，并且容易热降解，因此对并用塑料的种类有一定的限制，常和聚乙烯、聚丙烯并用。

（1）天然橡胶与聚乙烯共混改性 聚乙烯是乙烯的均聚物，是一种白色结晶体，平均相对分子质量1万～100万。聚乙烯具有很高的化学稳定性和机械强度，有较强耐射线照射能力，耐寒并易于加工等性能。聚乙烯的这些性能是它被用来做橡胶添加剂的基础。

聚乙烯按照聚合方法和聚合条件不同，可以分为低密度聚乙烯（LDPE）、中密度聚乙烯（MDPE）和高密度聚乙烯（HDPE）等，其结晶度分别为55%～65%、85%和85%～90%，结晶度又直接影响着熔融温度，结晶度越大，熔融温度越高，其熔融温度分别为126℃、135℃和136℃。另外还有线型聚乙烯、低分子量聚乙烯等品种。

聚乙烯，尤其是低密度聚乙烯，结构中不含极性基团，与非极性的天然橡胶相似，溶解度参数也相近，二者有较好的相容性，两者共混的透射电镜照片如图5.47所示[52]。当共混体系中聚乙烯含量较低时，天然橡胶呈现连续相，聚乙烯呈现分散相；当聚乙烯含量较高时，其呈现连续相，天然橡胶呈现分散相；当两相含量接近时，呈现连续两相结构，并且两相的颗粒粒径都较大。

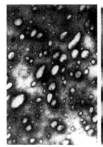 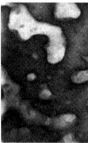   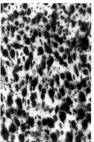

(a) NR/LDPE=80/20　(b) NR/LDPE=60/40　(c) NR/LDPE=50/50　(d) NR/LDPE=40/60　(e) NR/LDPE=20/80

图5.47　不同共混比的天然橡胶/低密度聚乙烯硫化胶的透射电镜图

不同共混比的天然橡胶/低密度聚乙烯的物理机械性能如图5.48所示[52]。从图中可以发现，共混聚乙烯后，天然橡胶混炼胶的拉伸强度、撕裂强度和定伸应力都有一定程度的提高，断裂伸长率下降；硫化胶的拉伸强度和断裂伸长率随聚乙烯份数的增加而下降，但定伸应力（硬度）、撕裂强度随聚乙烯的增加而提高。

为了改善天然橡胶和聚乙烯两相的分散效果，增大两相的相容性，可以采用增容剂来改善相容性。早期的研究中，乙烯与异戊二烯（50/50）嵌段共聚物（PE-b-PI）是常用增容剂[53]，还包括液体天然橡胶、环氧天然橡胶等增容剂[54,55]。最近的研究中，一般采用酚醛类树脂作为交联剂、增容剂和改性剂。图5.49分别是酚醛类树脂HRJ-10518与聚乙烯、天然橡胶反应机理示意图[56]。从示意图中可以发现，酚醛树脂可以起到桥梁作用增强天然橡胶与聚乙烯的相容性，从而提高动态性能和物理机械性能；添加树脂后，体系的交联密度提高、溶胀系数降低，因此体系的弹性响应增强，储能模量提高、损耗因子降低，拉伸强度和断裂伸长率均提高、永久变形降低，拉伸强度提高[56,57]。

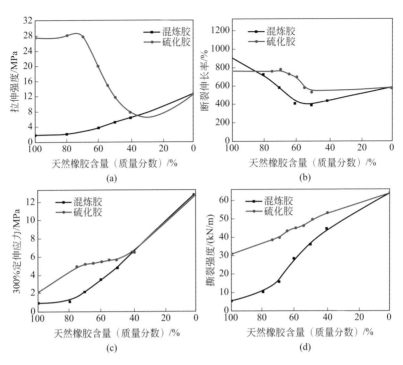

图5.48　不同共混比的天然橡胶/低密度聚乙烯物理机械性能图

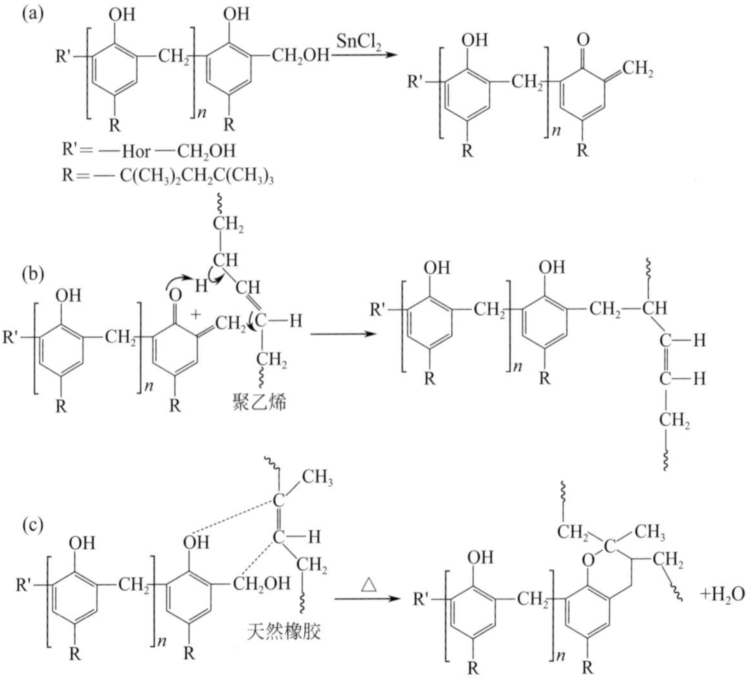

图5.49　酚醛类树脂HRJ-10518与聚乙烯和天然橡胶反应机理图

天然橡胶/聚乙烯共混胶的硫化方式不同，物理机械性能随之不同。硫化方式分为静态硫化方法（传统硫化方法）和动态硫化方法。动态硫化方法是将所用的硫化配合剂在混炼时添加，同时进行动态的硫化反应的方法。两种硫化方法的性能对比如图5.50所示[58]。动态硫化方法中，由于天然橡胶与聚乙烯的相容性更好，其物理机械性能随着聚乙烯含量的增大而提高。

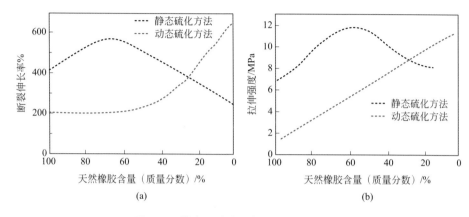

图5.50　静态、动态硫化方法性能对比图

天然橡胶/聚乙烯共混胶可以采用不同的硫化体系进行硫化，包括硫黄硫化体系、过氧化物硫化体系以及两者的并用体系。三种硫化体系的物理机械性能见表5.18[59]。由于过氧化物不仅可以交联天然橡胶，还可以交联处于熔融状态下的聚乙烯，并且过氧化物在天然橡胶和聚乙烯中的溶解度相差较小，因此用过氧化物硫化的共混胶相容性较好，黏度、硬度较高，断裂伸长率和永久变形较小，拉伸强度较高；硫黄为传统硫化体系，仅可以交联天然橡胶，因此共混胶的硬度较小，断裂伸长率和永久变形较大，拉伸强度偏低；并用体系的性能介于两者之间，由于相容性更好，拉伸强度最高。

■ 表5.18　三种硫化体系的物理机械性能表

项目	硫黄体系	过氧化物体系	并用体系
邵A硬度/（°）	82	90	84
拉伸强度/MPa	8.0	14.0	16.0
断裂伸长率/%	500	190	260
永久变形	30	34	32

注：NR/PE：60/40；酚醛类树脂为增容剂。

增强体系对天然橡胶/聚乙烯共混胶具有优良的增强和填充作用。在天然橡胶/聚乙烯共混胶中填充炭黑、白炭黑、陶土和碳酸钙等，对物理机械性能的影响见表5.19[60]。从表中可以发现，炭黑的拉伸强度最高，断裂伸长率最低，永久变形最小，增强效果最优；碳酸钙增强效果最差，拉伸强度最低、断裂伸长率和永久变形较高。

■ **表5.19** 不同增强体系对天然橡胶/聚乙烯共混胶物理机械性能的影响表

项目	炭黑N330	沉淀法白炭黑	硬质陶土	轻质碳酸钙
邵A硬度/(°)	87	83	74	68
拉伸强度/MPa	16.2	15.6	12.2	9.7
断裂伸长率/%	290	490	560	520
永久变形	48	68	100	84

注：天然橡胶70份，聚乙烯30份，DCP 3.5份，软化剂10份，硬脂酸1.5份，防老剂1.2份，增强剂50份。

（2）天然橡胶与聚丙烯共混改性　聚丙烯熔点更高、极性更大，使得其与天然橡胶的相容性更差，简单的机械共混很难制备分散良好的共混胶料。但聚丙烯具有原料丰富、价格低廉、综合性能好的特点，因此成为制备共混型热塑性弹性体的首选塑料。自从20世纪80年代中期，马来西亚橡胶研究所成功开发了天然橡胶/聚丙烯动态硫化热塑性弹性体（TPV）后，天然橡胶/聚丙烯热塑性弹性体逐渐成为一个热点研究领域。与目前研究较成熟的三元乙丙橡胶/聚丙烯热塑性弹性体相比，天然橡胶/聚丙烯热塑性弹性体的成本较低，低温性能改善，加工流动性好，是一种具有较好应用前景的热塑性弹性体[61]。

共混物的制备是先在开炼机上制备天然橡胶母炼胶，在天然橡胶中加入促进剂、防老剂、硫黄等配合剂，在一定温度下混炼，制成天然橡胶母炼胶。然后在塑炼机上在一定温度下将聚丙烯塑化2min，加入天然橡胶母炼胶，动态硫化一定时间，制成硫化共混物。

天然橡胶/聚丙烯共混物的硫化，采用非硫化和硫黄硫化体系，制成非硫化共混物和动态硫化共混物。其力学性能见表5.20[62]。从表中可以发现，动态硫化共混物的撕裂强度明显高于未硫化共混物的。对于NR/PP（70/30）共混物，力学性能在硫化前后变化很大，未硫化共混物的拉伸强度2.4MPa，断裂伸长率180%，撕裂强度22.1kN/m；动态硫化共混物的拉伸强度9.2MPa，断裂伸长率270%，撕裂强度44.4kN/m。而NR/PP（30/70）共混物，硫化后拉伸强度提高不大，断裂伸长率有所下降，未硫化共混物的拉伸强度15.0MPa，断裂伸长率90%；动态硫化共混物的拉伸强度15.4MPa，断裂伸长率55%。

■ **表5.20** 天然橡胶/聚丙烯共混物力学性能表

NR/PP共混物	力学性能			
	100%定伸应力/MPa	拉伸强度/MPa	断裂伸长率/%	撕裂强度/（kN/m）
0/100	—	23.7	5	126
30/70-未硫化	—	15	90	100.5

续表

NR/PP 共混物	力学性能			
	100% 定伸应力 /MPa	拉伸强度 /MPa	断裂伸长率 /%	撕裂强度 /（kN/m）
30/70- 硫化	—	15.4	55	115.2
40/60- 未硫化	12.6	12.6	100	78.2
40/60- 硫化	13.4	14.3	190	100
50/50- 未硫化	8.9	8.9	100	54.9
50/50- 硫化	10.2	12.3	230	93.1
60/40- 未硫化	5.3	5.3	130	36.1
60/40- 硫化	8.0	12.1	220	83.8
70/30- 未硫化	1.7	2.4	180	22.1
70/30- 硫化	5.3	9.2	270	44.4

注：共混物的硫黄硫化体系–100% NR 中：ZnO 5.0 份；SA 2.0 份；CBS 2.0 份；S 0.3 份。

5.2 化学改性

5.2.1 硫化

橡胶的硫化或者说交联，原理上讲是一种极为重要的化学改性过程。三叶橡胶生胶虽然具有良好的弹性、强度等性能，但在使用过程中需要配合各种配合剂，经过硫化才能满足各种用途的要求。橡胶的硫化是指生胶或混炼胶在能量（如辐射）或外加化学物质如硫黄、过氧化物和二胺类等存在下，橡胶分子链间形成共价或离子交联网络结构的化学过程。三叶橡胶适用的硫化剂有硫黄、硫黄给予体、有机过氧化物、酯类和醌类等。

5.2.1.1 硫黄硫化

（1）硫化机理　硫黄通常是含有8个硫原子的环状结构S_8，它在加热条件下会形成共轭π键（如下图所示），均裂成双自由基或异裂成离子。

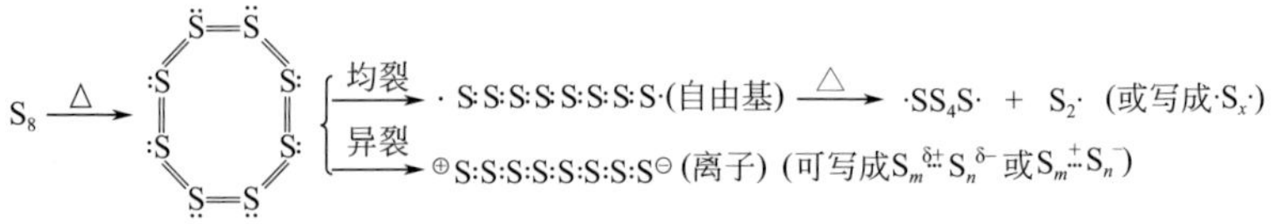

$$S_8 \xrightarrow{\triangle} \overset{\text{均裂}}{\underset{\text{异裂}}{\Big\{}}\quad\cdot S\cdot S\cdot S\cdot S\cdot S\cdot S\cdot S\cdot S\cdot\text{(自由基)} \xrightarrow{\triangle} \cdot SS_4S\cdot + S_2\cdot\text{(或写成}\cdot S_x\cdot\text{)}$$

$$\oplus S\cdot S\cdot S\cdot S\cdot S\cdot S\cdot S\cdot S\ominus\text{(离子)}\text{(可写成}S_m^{\delta+}\cdot S_n^{\delta-}\text{或}S_m^{+}\cdot S_n^{-}\text{)}$$

对于三叶橡胶这类二烯烃类橡胶，其分子链上含有大量的 C=C 双键和烯丙基氢，双键既可以发生离子加成又可以发生自由基加成反应，烯丙基氢既可以发生离子取代又可发生自由基取代反应。目前关于二烯烃类橡胶交联机理主要有以下几种论点。

① 自由基交联机理[63]

a.活泼的多硫双自由基·S_x·直接抽取 α-CH_2 上的氢，实现橡胶交联：

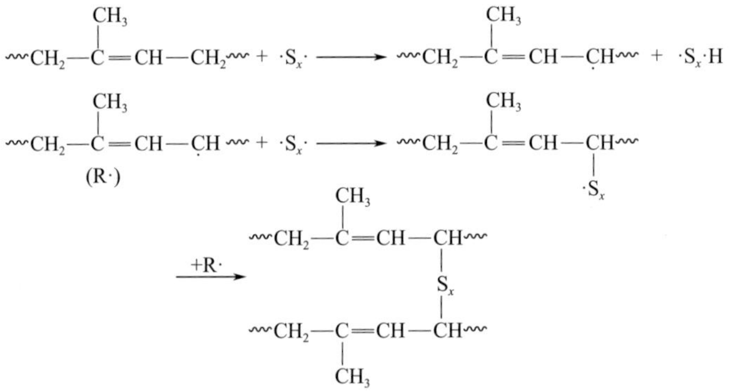

b.·S_x·先与 α-CH_2 上的氢生成硫醇化合物（RS_xH），RS_xH 再与 RH 反应生成交联键：

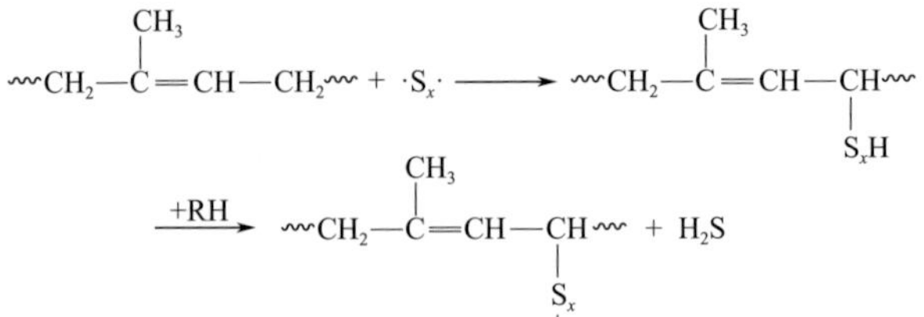

c.·S_x·与橡胶分子链中的 C=C 双键直接加成形成交联键：

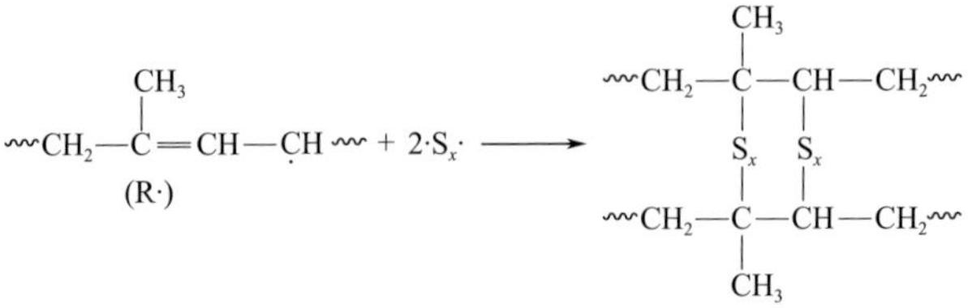

② 阳离子交联机理　二烯烃类橡胶的阳离子交联机理如下所示[64]：

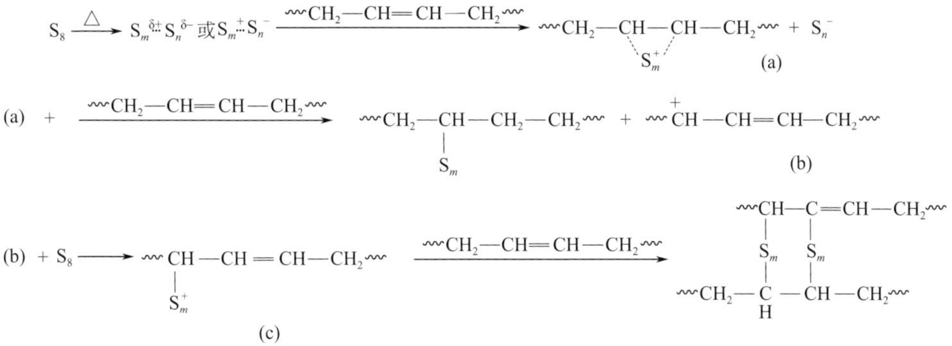

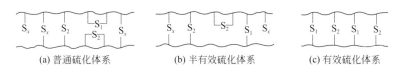

（2）硫黄硫化体系

天然橡胶的硫黄硫化体系按硫黄与促进剂的配比不同，分为普通硫化体系、半有效硫化体系、有效硫化体系和平衡硫化体系几种[65]，各种体系的硫化剂和促进剂用量见表 5.21。

■ **表 5.21**　不同硫黄硫化体系的硫黄和促进剂的用量

硫化体系	硫黄（质量份）/份	促进剂（质量份）/份
普通硫化体系	2.0～2.4	1.2～0.5
半有效硫化体系	1.0～1.7	1.2～2.5
有效硫化体系	0.4～0.8	2.0～5.0

① 普通硫化体系（CV）　普通硫化体系又称传统硫化体系，是采用高量的硫黄与低量的促进剂配合的硫化体系。在硫化胶中，以多硫键为主，多硫键含量可达到 70% 以上，如图 5.51（a）所示。当过硫化时，交联密度下降，会出现硫化返原的现象。采用普通硫化体系得到的硫化胶具有较好的综合物理机械性能，但由于多硫键的键能低，稳定性差，硫化胶的耐热性和耐老化性能相对较差。

(a) 普通硫化体系　　(b) 半有效硫化体系　　(c) 有效硫化体系

图 5.51　不同硫化体系的交联结构示意图

普通硫黄能溶于橡胶中，但当硫黄含量较高时，会有部分硫黄析出在胶料的表面，造成喷霜，影响成型和硫化。将普通硫黄聚合制成大分子硫，就不能溶于橡胶了，也不溶于二硫化碳，所以又称不溶性硫黄。不溶性硫黄在橡胶混炼过程中以沙晶形式存在于橡胶胶料中，能避免胶料喷霜，防止硫黄迁移，使胶料保持较好的成型黏性。目前，许多橡胶制品逐步使用不溶性硫黄替代（或部分替代）普通硫黄。含不溶性硫黄的胶料的硫化速率较快，焦烧时间较短，在加工中温度不宜超过其混炼的临界温度（118℃）。另外，在储存期间，任何温度下胺和其他碱性气体会导致不溶性硫黄转化为普通硫黄，所以，切勿将不溶性硫黄存放在释放游离胺的产品（如次磺酰胺类促进剂和硫化剂DTDM）附近。

② 半有效硫化体系（S-EV） 半有效硫化体系是介于普通硫化体系和有效硫化体系之间的硫化体系。硫化结构中以多硫键交联为主，又含有相当数量的双硫键和单硫键，如图5.51（b）所示。该体系兼具有效和普通硫化体系的优缺点，即硫化胶的拉伸强度、耐磨性、耐疲劳性接近普通硫化体系，生热和压缩永久变形则接近有效硫化体系，硫化返原和耐老化性能介于两者之间。表5.22为天然橡胶硫化体系与交联结构的关系。

③ 有效硫化体系（EV） 有效硫化体系，是采用高量促进剂和低量硫黄的硫化体系，或使用硫黄给予体的体系。采用有效硫化体系得到的天然橡胶硫化胶以单硫键和双硫键为主，如图5.51（c）所示。采用有效硫化体系硫化，过硫化后没有明显的硫化返原现象，所制备的硫化胶具有较高的抗热氧老化性能，但起始动态疲劳性能差。有效硫化体系常用于高温静态制品如密封制品、高温快速硫化体系。

■ **表5.22** NR中硫化体系与交联结构的关系[66]

交联结构	CV体系（硫黄2.5份，NS 0.5份）	S-EV体系（硫黄1.5份，NS 0.5份，DTDM 0.5份）	EV体系（TMTD 1.0份，NS 1.0份，DTDM 1.0份）
交联密度 $(2M_c)^{-1} \times 10^5$	5.84	5.62	4.13
单硫交联键/%	0	0	38.5
双硫交联键/%	20	26	51.5
多硫交联键/%	80	74	9.7
$E^①$	10.6	7.1	3.5
$E^②$	6.0	3.0	3.0

① 交联结构中每个交联键平均结合的硫原子数。
② 用三苯磷把全部多硫键还原为单硫键后的E值。

不同硫黄硫化体系配方及制备的天然橡胶硫化胶的性能见表5.23。

■ **表5.23** 不同硫黄硫化体系配方及制备的天然橡胶硫化胶的性能[67]

原料名称	硫化体系		
	CV	SEV	EV
配方（质量份）/份			
NR	100	100	100
ZnO	5	5	5
SA	2	2	2

续表

原料名称	硫化体系		
	CV	SEV	EV
配方（质量份）/份			
HAF	45	45	45
4010NA	1.5	1.5	1.5
4020	1.5	1.5	1.5
芳烃油	6	6	6
DM	0.7	1.2	3
S	2.5	1.2	0.5
性能			
邵A硬度/（°）	54	61	46
拉伸强度/MPa	17.4	19.1	17.0
300%定伸应力/MPa	4.5	8.1	3.9
扯断伸长率/%	660	513	850
扯断永久变形/%	30	30	35
压缩永久变形/%	18.0	6.16	14.9
回弹率/%	37.5	43	31.5
撕裂强度/（kN/m）	60.6	78.2	56.2
M_c/（g/mol）	10600	7638	13100
2h后硫化返原率/%	15.5	9.4	2.0

④ 平衡硫化体系（EC）　对于二烯烃类橡胶，尤其是天然橡胶，CV硫化体系硫化胶存在严重的硫化返原的现象，造成硫化胶的动态性能和其他物理力学性能下降。硫化返原现象主要是由于多硫键热降解造成的交联密度下降，虽然采用S-EV和EV硫化体系可降低硫化胶中的多硫键含量，提高抗硫化返原的能力，但由于交联结构的不同，其硫化胶具有较低的动态强度和耐屈挠性。EC硫化体系实质上是在CV硫化体系中加入抗硫化还原剂，控制抗硫化还原剂与硫黄、促进剂在恰当的配比下使硫化胶的多硫交联键的断键速率和再成键速率相平衡，从而使交联密度处于动态常量状态，避免或减少了硫化返原现象。EC硫化体系在较长的硫化周期内，具有较好的硫化平坦性，交联密度基本维持稳定，具有优良的耐热老化性和疲劳性，特别适合大型、厚制品的硫化。

最早应用的抗硫化返原剂是Si69，即双（三乙氧基甲硅烷基丙基）四硫化物。Si69是具有偶联剂作用的硫化剂，高温下，不均匀裂解成由双（三乙氧基甲硅烷基丙基）二硫化物和双（三乙氧基甲硅烷基丙基）多硫化物组成的混合物，如图5.52所示。Si69作为硫给予体参与橡胶的硫化反应，生成橡胶-橡胶桥键，所形成的化学结构与促进剂的类型有关，在NR/Si69/CZ（DM）硫化体系中，主要生成二硫和多硫交联键；在NR/Si69/TMTD体系中则主要生成单硫交联键。

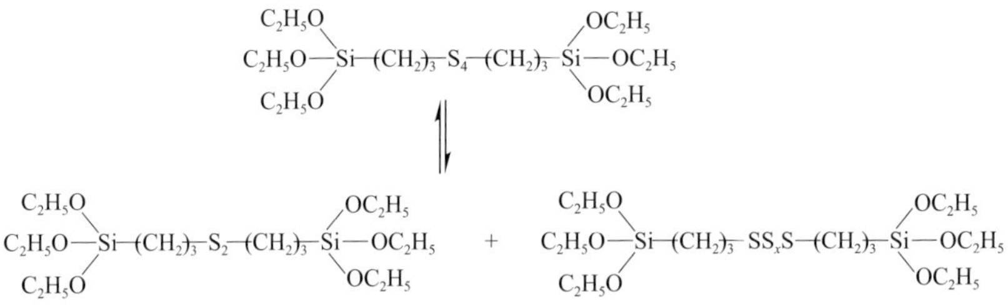

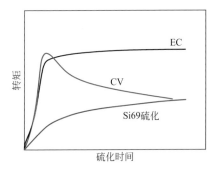

图5.52　Si69在高温下的裂解反应

因为有Si69的硫化体系的交联速率常数要低于硫黄硫化体系的，所以Si69达到正硫化时间的速率比硫黄硫化慢，因此在S/Si69/促进剂等摩尔比组合的硫化体系中，因为硫的硫化返原而导致的交联密度的下降可以由Si69生成的新的多硫键补偿，从而使交联密度在硫化过程中保持不变，使硫化胶的物性处于稳定状态，如图5.53所示。

图5.53　NR中EC、CV及Si69的硫化特性

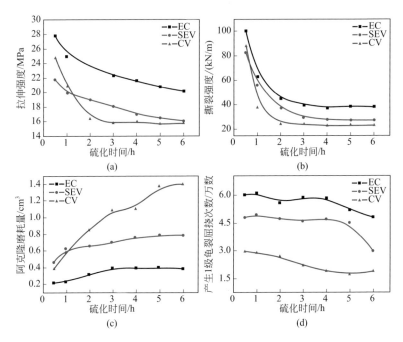

图5.54　不同硫化体系下天然橡胶的性能随硫化时间的变化关系[68]

图5.54为不同硫化体系下天然橡胶的性能随硫化时间的变化关系。从图中可以看出，采用EC硫化体系得到的NR硫化胶的拉伸强度、撕裂强度、耐屈挠性及耐磨性能均优于采用S-EV硫化体系和CV硫化体系。

另外，Si69除参与交联反应外，还可以与白炭黑发生偶联，在白炭黑填充的胶料体系中，可以产生填料-橡胶键，进一步改善胶料的物理性能和工艺性能。除Si69外，双马来酰亚胺类[如N,N'-间甲基苯基双（3-甲基马来酰亚胺），简称PK900]、有机硫代硫酸盐类（如六亚甲基-1,6-

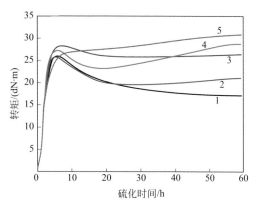

图5.55 抗硫化返原剂SR534和PK900对NR胶料硫化曲线的影响[69]

1—未加抗硫化返原剂；2—2份PK900；3—2份SR534；4—5份PK900；5—5份SR534

双硫代硫酸二钠二水合物，简称HTS）及多官能丙烯酸酯类化合物（如SR-534）等，也具有良好的抗硫化返原效果。图5.55和表5.24为抗硫化返原剂SR534和PK900对NR胶料硫化曲线和性能的影响[69]。从表5.24可以看到，当硫化时间为t_{90}时，加入抗还原剂的NR硫化胶的力学性能和不加抗还原剂的NR硫化胶的性能相近；但当硫化时间为60 min时，不加抗还原剂的NR硫化胶的力学性能显著下降，而加入SR534和PK900的NR硫化胶的性能变化相对较小。

■ **表5.24** 抗硫化返原剂SR534和PK900对NR胶料硫化曲线和性能的影响[69]

项目	1#①	SR534		PK900	
		2份	5份	2份	5份
硫化时间为t_{90}/min					
邵A硬度/（°）	66	67	66	67	67
100%定伸应力/MPa	2.8	3.0	2.9	3.0	2.9
300%定伸应力/MPa	13.7	13.5	12.7	14.2	12.4
拉伸强度/MPa	24.6	22.8	21.7	22.9	23.0
拉断伸长率/%	508	487	467	501	504
撕裂强度/（kN/m）	38	36	35	35	34
热空气老化后（100℃×24h）					
邵A硬度/（°）	−2	+1	+6	−1	+5
100%定伸应力/%	−9	−15	−12	−8	−15
300%定伸应力/%	−37	−43	−41	−41	−42

续表

项目	1^{#①}	SR534		PK900	
		2份	5份	2份	5份
硫化时间为60min					
邵A硬度/（°）	55	66	67	63	70
100%定伸应力/MPa	1.9	3.4	4.1	3.2	4.4
300%定伸应力/MPa	8.0	15.0	—	14.7	18.9
拉伸强度/MPa	13.6	19.4	17.1	19.3	19.1
拉断伸长率/%	443	372	289	374	303
撕裂强度/（kN/m）	27	33	35	37	36
热空气老化后（100℃×24h）					
邵A硬度/（°）	+4	−1	+3	−1	+2
100%定伸应力/%	−5	−8	−7	−4	−8
300%定伸应力/%	−16	−21	−20	−18	−28

① 1[#]为未加抗硫化还原剂的NR硫化胶。

注：基本配方（质量份）为：NR 100份，炭黑N330 50份，氧化锌5份，硬脂酸1.5份，防老剂4020 1份，硫黄2.5份，促进剂CZ 0.6份。

5.2.1.2 硫黄给予体硫化体系

在硫化温度下能释放活性硫的含硫化合物称为硫黄给予体。天然橡胶常用的硫黄给予体有二硫代二吗啉（DTDM）和秋兰姆类。

DTDM常用于半有效和有效硫化体系。配合DTDM的天然胶料的焦烧时间长，不喷霜，不污染，硫化胶物理机械性能良好。在全天然橡胶胎面胶配方中，使用DTDM半有效硫化体系的硫化胶的耐磨性能、动态性能、耐老化性能、抗返原性能和屈挠性能都明显提高。

常用的秋兰姆类硫黄给予体有二硫化四甲基秋兰姆（TMTD）、二硫化四乙基秋兰姆（TETD）和四硫化四甲基秋兰姆（TETT）等。TETD的硫化速率较慢，TETT的硫化性能与二硫化秋兰姆和少量硫黄并用的体系相似，硫化起步快，硫化胶的压缩永久变形优于二硫化秋兰姆，但耐热性能有所下降。用秋兰姆作硫化剂时，目前一般使用二硫化四甲基秋兰姆（TMTD）。表5.25为常用的硫载体的结构及有效硫含量。

表5.25 常用的硫载体的结构及有效硫含量

名称	分子结构式	有效含硫量/%
二硫化四甲基秋兰姆（TMTD）		13.3

续表

名称	分子结构式	有效含硫量/%
二硫化四乙基秋兰姆（TETD）	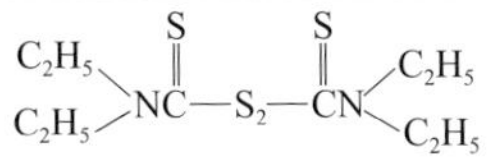	11.0
四硫化四甲基秋兰姆（TMTS）	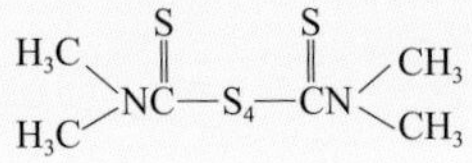	31.5
四硫化双五亚甲基秋兰姆（TRA）	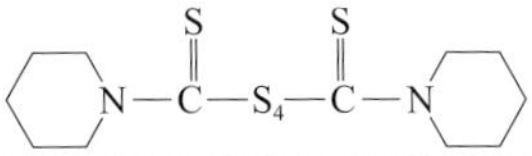	25
二硫化二吗啉（DTDM）	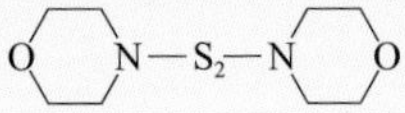	13.6
苯并噻唑二硫化吗啉（MDB）	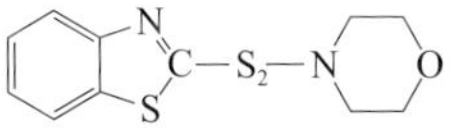	13.0

5.2.1.3　过氧化物硫化

天然橡胶可以用有机过氧化物硫化，常用的有机过氧化物有过氧化二异丙苯（DCP），过氧化苯甲酰（BPO），2,5-二甲基-2,5-（二叔丁基过氧）己烷（DHBP）等。常用的过氧化物类型见表 5.26。

■ **表 5.26**　天然橡胶常用的过氧化物类型

过氧化物类型	化学名称	化学结构	分解温度（半衰期 1min）/℃	分解温度（半衰期 10h）/℃	缩写
烷基过氧化物	二叔丁基过氧化物	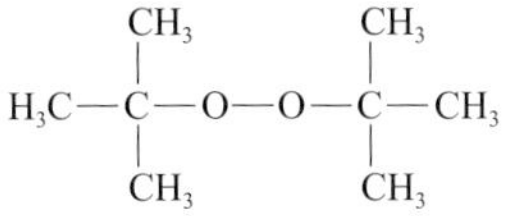	193	126	TBP
	过氧化二异丙苯	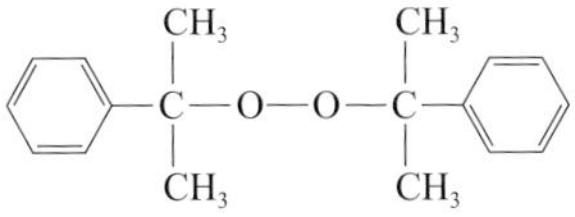	171	117	DCP
	2,5-二甲基-2,5（二叔丁基）过氧己烷	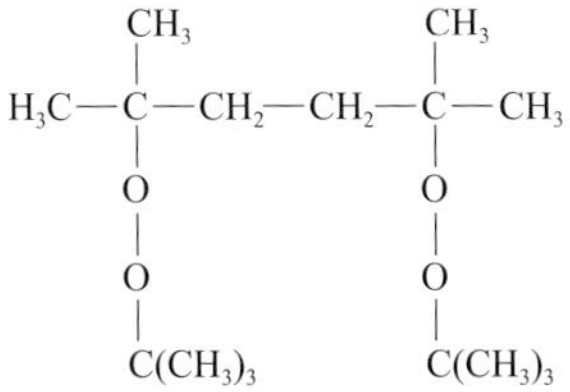	179	118	DHBP
二酰基过氧化物	过氧化苯甲酰	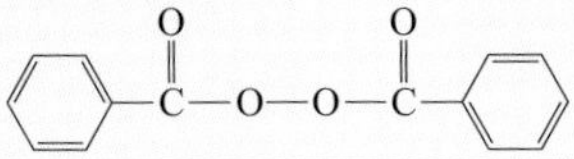	133	72	BPO
过氧酯	过苯甲酸叔丁酯	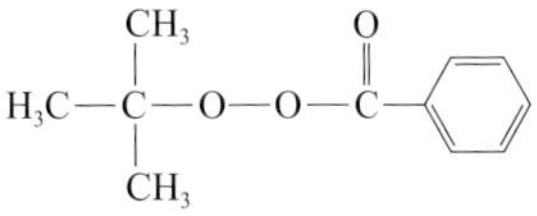	166	105	TBPB

在二烯烃类橡胶过氧化物硫化过程中，一方面，分解的自由基可以夺取 α-H，使之形成大分子自由基，然后自由基耦合，进一步形成交联键，如反应（a）；另一方面，分解的自由基也可以与双键发生加成反应生成大分子自由基，并发生交联反应，如反应（b）。

(a)

RO· + —CH₂—CH=CH—CH₂— ⟶ ROH + —CH₂—CH=CH—CH—

$$2 \cdot CH_2-CH=CH-\dot{C}H- \longrightarrow$$

(b)

RO· + —CH₂—CH=CH—CH₂—

与硫黄硫化相比，过氧化物硫化胶的网络结构中的交联键为C—C键，键能较高，热、化学稳定性高，具有优异的抗热氧老化性能，且无硫化返原现象，硫化胶的压缩永久变形低，但动态性能要差。图5.56为天然橡胶的拉伸强度随过氧化物（DCP）用量的变化。从图可以看出，过高或过低的过氧化物用量都会使天然橡胶的拉伸强度下降。在采用过氧化物硫化天然橡胶时，硫化时间也对天然橡胶的拉伸强度有重要的影响。

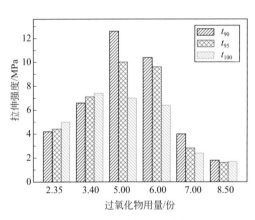

图5.56　天然橡胶的拉伸强度与过氧化用量和硫化时间的关系[70]
基本配方（质量份）：NR 100份，
DCP（有效含量40%）2.35～8.50份

表5.27为采用硫黄硫化和过氧化物硫化制备的天然橡胶硫化胶的性能对比。与硫黄硫化相比，采用过氧化物硫化制备的天然橡胶硫化胶的永久变形较低。由于过氧化物硫化的天然橡胶硫化胶的交联键为C—C键，硫化胶的耐热性也优于采用硫黄硫化的天然橡胶硫化胶。

■ **表5.27** 硫黄硫化和过氧化物硫化制备的天然橡胶硫化胶的性能对比[71]

配方与性能	硫黄硫化	过氧化物硫化
配方（质量份）/份		
NR（SMR-20）	100	100
炭黑N-550	46	46
氧化锌	4.8	4.8
硬脂酸	2	2
防老剂	3	3
增塑剂	10	10
石蜡	1.0	1.0
促进剂	3.5	3.5
硫黄	0.4	—
过氧化物	—	3
性能		
300%定伸应力/MPa	12.8	11.6
拉伸强度/MPa	24.4	20.1
扯断伸长率/%	510	445
拉伸永久变形/%	9	0
拉伸强度变化率（70℃，28天）/%	−12.6	不变
扯断伸长率变化（70℃，28天）/%	−30	−11.5

5.2.1.4 树脂和醌类衍生物硫化

（1）酚醛树脂硫化 天然橡胶可以用树脂进行硫化，所用的树脂主要是烷基酚醛树脂等。其反应机理如下：

为提高交联速率，改善硫化胶性能，往往采用含有结晶水的金属氯化物为活性剂，如 $SnCl_2 \cdot 2H_2O$，$FeCl_3 \cdot 6H_2O$ 和 $ZnCl_2 \cdot 1.5H_2O$ 等，其反应机理如下：

$$[SnCl_2 \cdot OH]^- + H^+ \longrightarrow SnCl_2 + H_2O$$

酚醛树脂硫化可用于要求硬度较高和低伸长率的材料，而且可以与硫黄硫化体系并用。酚醛树脂用量对硫化胶物理机械性能和动态力学性能的影响见表5.28。

■ **表5.28** 酚醛树脂用量对硫化胶物理机械性能和动态力学性能的影响[72]

性能		配方						
		1	2	3	4	5	6	7
邵A硬度/(°)		64	72	75	77	78	84	73
M_{100}/MPa		2.6	4.2	4.3	4.9	5.0	5.6	—
M_{300}/MPa		12.6	17.2	13.5	13.4	13.5	13.9	—
拉伸强度/MPa		20.1	22.0	18.4	16.0	15.8	14.0	17
断裂伸长率/%		450	450	400	390	375	300	400
撕裂强度/（kN/m）		99	93	83	55	39	40	92
磨耗量/cm³		0.150	0.100	0.105	0.107	0.110	0.140	—
弹性模量×10⁸/（N/m²）		1.53	4.16	5.84	6.7	14.3	11.5	—
力学损耗/（50℃）		0.093	0.068	0.064	0.058	0.0304	0.033	0.074
老化100℃×12h	拉伸强度/MPa	13.0	16.0	11.0	11.0	11.0	11.0	—
	断裂伸长率/%	300	300	250	225	200	200	—
老化100℃×24h	拉伸强度/MPa	10.6	12.2	9.2	10.4	10.4	10.4	—
	断裂伸长率/%	225	150	150	125	125	100	—
老化100℃×72h	拉伸强度/MPa	4	6	5	5	5	5	4
	断裂伸长率/%	133	125	125	100	90	83	100

注：配方（质量份）：NR（1号烟片胶）100份，S 1.5份，CZ 1.5份，ZnO 5.0份，SA 3.0份，4010NA 1.0份，RD 1.5份，40#机油3.0份，N330 50份；酚醛树脂/HMTA：1#为0，2#为5/0.5，3#为10/1.0，4#为15/1.5，5#为20/2.0，6#为25/2.5，7#为N330：80，酚醛树脂/HMTA：0。

（2）醌类衍生物硫化　对于二烯烃橡胶，还可以采用醌类衍生物硫化。采用苯醌及其衍生物硫化的二烯烃类橡胶的耐热性好，但因成本较高，还未实现广泛应用。以下是对苯醌二肟交联橡胶的机理过程：

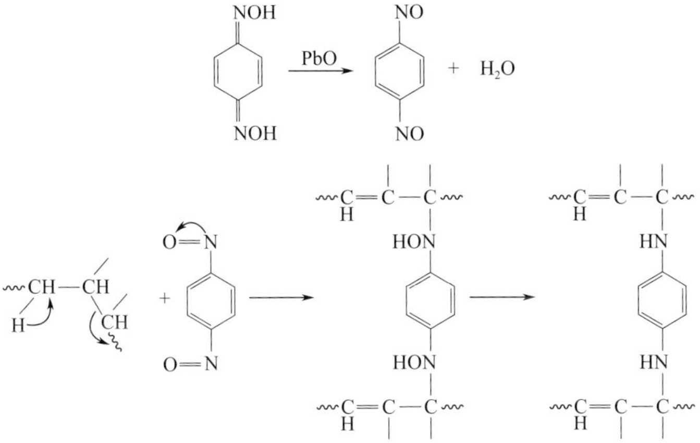

5.2.1.5　辐射硫化

辐射硫化是指聚合物在高能射线（如γ射线、高能电子束等）辐照下产生交联的过程。早在1948年，就已经有关于采用高能辐射对天然橡胶进行交联的报道[73]，但在早期天然橡胶的辐射硫化研究中，发现辐照后天然橡胶的性能会显著下降，劣于传统的硫黄硫化胶[74]，使得辐射硫化技术在橡胶领域中应用较少。近些年，随着电子加速器技术的进步以及多官能团不饱和单体对聚合物辐射交联的敏化效应的发现，辐射硫化技术在橡胶领域开始逐步受到重视。一些研究表明，采用辐射硫化得到的硫化胶的性能与硫黄硫化胶相当，甚至在某些性能方面优于硫黄硫化胶[75]。

与传统的硫化技术相比，辐射硫化的不同主要在于引发方式和反应温度的不同。橡胶在辐射的作用下，C—H键或其他侧链断裂形成自由基活性中心，这些链上的自由基再与其他链上的自由基结合，或者引发不饱和橡胶分子链上的双键以及添加的敏化剂中的不饱和键产生链式反应，形成交联键。在胶料配方方面，辐射硫化不使用硫黄、促进剂或者过氧化物等添加剂，采用无毒无污染的敏化剂，甚至可在无任何添加剂的条件下进行硫化。与传统的硫黄硫化相比，辐射硫化具有以下特点：① 交联键为C—C键，硫化胶具有较好的耐热性；② 辐射硫化时，电子束射线穿透橡胶层，橡胶的交联是无规交联形式，橡胶内外层的交联程度比较一致，克服了采用传统硫化时橡胶（特别是厚制品）由于内外表温度差异造成的交联密度不均匀的问题；③ 辐射硫化时，橡胶中不需要添加交联剂及交联助剂等，硫化过程中不产生有毒物质，具有较高的安全性；④ 辐射硫化在很短的时间内就可以完成，生产效率高；⑤ 辐射交联在常温常压下进行，能耗相对较低；⑥ 交联密度可通过辐照量进行控制，控制较方便[76,77]。

图5.57为采用不同敏化剂用量和辐照量得到的天然橡胶硫化胶的力学性能[75]。在采用辐照硫化天然橡胶时，敏化剂用量和辐照量对天然橡胶硫化胶的性能有重要的影响。在适当的敏化剂用量和辐照量下制备的天然橡胶硫化胶具有良好的力学性能，可以与采用硫黄硫化或过氧化物硫化的天然橡胶的性能相媲美。

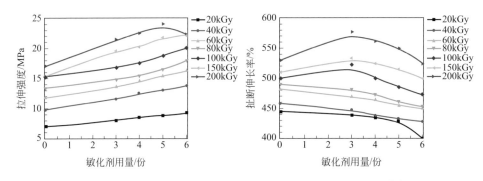

图5.57　天然橡胶的力学性能与敏化剂用量和辐照量的关系[75]

1kGy=1000J/kg

由于辐射硫化产品具有较高的安全性，在采用天然胶乳制备医用手套、奶嘴、避孕套、玩具气球等方面，辐射技术有着重要的应用[78]。另外，在轮胎制造业生产中，辐射硫化技术也越来越受到重视。但目前，辐射技术在我国橡胶生产中的应用相对较少，辐射硫化的工作还需进一步研究。

5.2.1.6　交联密度和交联网络结构的表征

交联网络的结构对硫化胶的性能有重要的影响。交联网络的差异一方面表现在交联密度的不同，另一方面表现在交联网络的分布的差异。

（1）交联密度的表征　交联密度对硫化胶的拉伸强度、定伸应力、硬度、动态力学性能等诸多性能都有重要的影响，过高或过低的交联密度都不利于硫化胶的性能。硫化胶的交联密度主要通过选择合适的交联剂种类和用量进行调节。其主要的表征方法如下：

① 平衡溶胀法。硫化胶的最大溶胀与其交联密度有关，在吸收溶剂的同时，橡胶网络张开，随着分子链的伸展，必然产生将溶剂挤出网络的弹性收缩力，当溶剂渗入橡胶的压力与网络的收缩力相等时，橡胶的体积不再发生变化，即达到溶胀平衡。采用Flory-Huggins理论可计算出交联密度[79]。

② 力学测定法。力学测定法就是根据橡胶弹性的分子理论，按应力-应变关系求得平衡模量后，利用弹性方程式计算出交联点间相对分子质量（M_c），即可求得交联密度[80]。

③ 核磁共振法（^{1}H-NMR）。^{1}H-NMR弛豫是由分子间和分子内质子间的磁化偶极相互作用引起的。当温度高于硫化胶的玻璃化温度（T_g）时，这种偶极相

互作用会由于硫化胶网络结构中的氢原子在网络主链内的热运动而相互抵消一部分。抵消部分的程度取决于局部动力学及碳氢主链形成的交联结构对其运动的限制，而剩余部分则可与交联网络链段的运动动力学关联，进行交联密度的测定[81]。

④ 其他方法。除上述方法外，测定橡胶交联密度的方法还有化学测定法、透射电子显微镜法等。另外，在橡胶硫化过程中，往往存在多种类型的化学键，如C—C键、多硫键、单硫键等，一些特定的试剂可以对某种或某几种交联键进行分解，若要测定每一类型的交联键密度，可以通过采用化学试剂的方法对各种类型的交联键进行逐一破坏，进行交联密度测试，最终获得各种交联键的含量[80]。

（2）交联网络分布的表征　　目前较为普遍的的观点是交联网络在硫化胶中的分布是不均匀的，这也已经被大量的实验结果所证实。造成交联网络分布不均匀的因素有很多，不同的硫化体系得到的硫化胶的交联网络的不均匀性也有所区别。Grobler等人[82]在研究中得出不同硫化体系得到的硫化胶的交联网络的均匀性依次为：辐射交联＞过氧化物交联＞硫黄给予体交联＞普通硫黄硫化交联。而Valentin等人[83]在对NR交联网络的研究中得出的结论是：采用有效硫化体系和普通硫黄硫化体系得到的NR硫化胶的交联网络要比采用过氧化物交联得到的NR硫化胶的交联网络均匀。Van Bevervoorde-Meilof等人[84]尝试采用原子力显微镜对不同硫化体系硫化制备的硫化胶的交联网络进行研究，发现不同硫化胶的形貌存在很大的差异，如图5.58所示。虽然作者在此研究中并未明确得出不同的结构形貌是否是由于交联网络的不均匀性所致的结论，但他们认为交联网络对这种表面形貌的差异具有重要的影响。另外，橡胶本身的结构也对交联网络的分布均

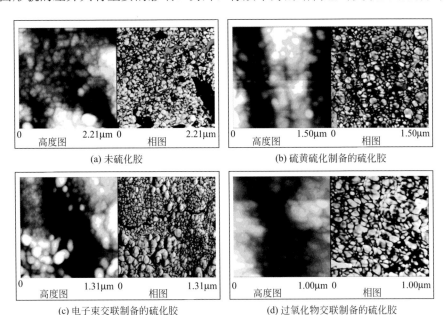

(a) 未硫化胶　　　　　　　　　　　　　(b) 硫黄硫化制备的硫化胶

(c) 电子束交联制备的硫化胶　　　　　　(d) 过氧化物交联制备的硫化胶

图5.58　不同硫化体系得到的硫化胶的AFM图像

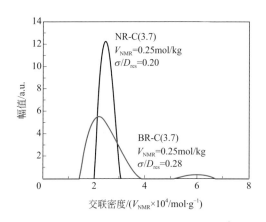

图5.59　不同橡胶基体在相同交联密度及硫化体系下的交联密度分布差异[83]

匀性有重要的影响，研究表明即使在相同的交联密度和硫化体系下，不同橡胶硫化胶中的网络结构也存在很大差异，如图5.59所示[83]。关于过氧化物硫化体系，Mark等人[85]认为过氧化物在引发聚合物交联的时候，过氧化物分解产生的自由基会引发聚合物中双键的加成聚合反应，而这种反应主要发生在相邻的双键中，因此会造成一部分的交联密度高，一部分交联密度低的现象。在硫黄硫化体系中，Gehman等人[86]认为在过硫化物附近溶解到基体中的硫黄较高，造成该部分的交联密度较高。Vilgis等人[87]提出在交联点附近的分子链的运动会受到影响，其运动能力要低于未交联部分的分子链的运动能力，因此已经交联的区域的分子链很容易再次受该部分的交联剂的引发再次发生交联。

关于交联网络分布不均匀性对最终材料性能的影响方面的报道还较少，目前得出的一些结论有：① 由于低密度区域的分子链的松弛效应，交联网络的不均匀性能够很好的分散所受到的应力，材料表现出较高的变形和较高的拉伸强度；② 与具有均匀的交联网络的材料相比，具有不均匀的交联网络的材料表现出略低的杨氏模量[82]。虽然交联网络的不均匀性对力学性能方面有影响，但从材料的应力-应变曲线及力学性能是很难断定交联网络的不均匀性情况的。

由于交联程度对材料的模量有重要影响，交联密度高的地方表现出较高的杨氏模量，而交联密度低的地方表现出较低的杨氏模量，因此采用原子力显微镜（AFM）可以分析材料的交联网络的分布情况。Wang D[88]等人采用AFM对交联度较低的异戊橡胶硫化胶的交联网络进行了研究，结果表明，在所得到的杨氏模量图像中存在不均匀的两相，一相具有较高的模量（约1.8MPa），对应交联密度较高的区域，另一相模量略低（约1.2MPa），对应交联密度较低的区域。

小角中子散射（SANS）也是一种有效的测定交联网络结构均匀性的方法[89,90]。Yoku Ikeda等人[90]在采用SANS研究异戊橡胶（IR）的交联网络时发现，采用硫黄硫化的硫化胶内部的交联网络结构是不均匀的，如图5.60所示。在硫化胶中，存在交联密度高的区域（B phase）和交联密度低的区域（A phase），而且这种交联网络的不均匀性与硫黄用量和硫化助剂如氧化锌、硬脂酸等有一定关系。Yoku Ikeda等人认为在硫化过程中，氧化锌与硬脂酸反应形成的硬脂酸锌分散到橡胶基体中，与硫黄和促进剂作用形成交联网络。在锌离子富集的区域，交联密度会较高。硫黄和促进剂用量的增加对交联点间的链节长度（ξ）影响较小，而交联密度高的区域的尺寸（Ξ）会显著增加；硬脂酸锌用量增加，会促进橡胶基体的交联反应，使得ζ下降（交联密度增加），Ξ增加；在没有硬脂酸的存在下，单独增加氧化锌的用量，ζ变化不大，而Ξ会略有增加，如图5.61所示。另外，相关的研究表明，交联网络的分布对橡胶的拉伸结晶有一定的影响。在拉伸过程中，橡胶的结晶主要发生在密度较低的区域，在高密度区域很少发生拉伸结晶[82]。

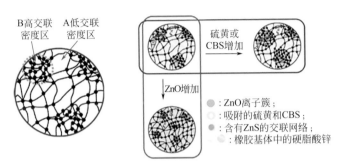

图5.60 橡胶硫化制品内部交联网络的不均一性示意图[90]

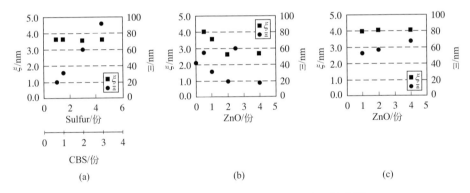

图5.61 硫黄及添加助剂对交联网络结构的影响[90]

核磁（NMR）技术是表征材料内部网络结构的一种简单有效的方法，它能够对材料内部交联网络的缺陷，交联密度及交联网络的分布进行表征。Valentin等人[83]采用固体核磁共振双量子氢谱对天然橡胶的交联网络进行了研究，发现采用过氧化物硫化的NR硫化胶中的交联网络分布较宽并呈现出双峰分布，也论证了过氧化物硫化过程由于存在橡胶中双键的聚合反应导致局部交联密度过高的观点，如图5.62所示。交联剂用量对交联网络的分布也有重要的影响，如图5.63所示。随着过氧化物的用量的增加，交联密度逐渐提高，交联密度的分布变宽。

目前，虽然有不少相关的研究，但交联网络分布的不均匀性的研究还存在很多疑问，其对橡胶性能的影响还不是很明确，这方面还需进一步研究。

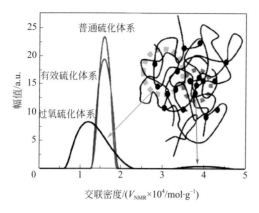

图 5.62 不同硫化体系制备的 NR 硫化胶的交联密度分布[83]

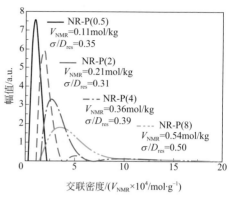

图 5.63 过氧化物用量对天然橡胶交联密度及交联密度分布的影响[83]

5.2.2 天然橡胶的卤化改性

卤化改性是橡胶化学改性中的一种重要方法,它是通过橡胶与卤素单质或含卤化合物反应,在橡胶分子链上引入卤原子,如氟、氯、溴等。橡胶卤化后,分子链极性增加,提高了弹性体的黏结强度,改善了胶料的硫化性能以及与其他聚合物特别是极性聚合物间的相容性,从而拓宽了改性空间以及产品的应用领域。

5.2.2.1 氯化天然橡胶的制备

在天然橡胶的卤化改性中,研究主要集中在天然橡胶的氯化改性方面。氯化天然橡胶(CNR)是第一个工业化的天然橡胶衍生物,CNR 的研究最早始于 1859 年,1915 年 Peachey 首先取得制造氯化橡胶的工业化专利并于 1917 年由 United Alkali 公司实现了工业化生产[91]。

天然橡胶的氯化可以采用多种氯化剂,如氯气、液氯、次氯酸、氯气与氯化氢的混合物以及能够产生氯气的试剂如盐酸和碱或碱土金属次氯酸盐等,目前用得最多并实现工业化的只有氯气。天然橡胶的氯化方法一般按其反应体系可大致分为 3 种:溶液法、胶乳法(也称为水相法)和固相法。其中溶液法是传统的生产方法,所生产 CNR 的溶解性好,质量稳定,但由于所用溶剂为四氯化碳,会造成环境污染、危害健康,其生产工艺受到限制;而固相法生产工艺较难控制,至今未见用于工业化生产的报道;胶乳法是直接将天然橡胶胶乳氯化,该方法具有工艺简单、投资少、成本低、污染小等突出优点,产品具有很强的市场竞争力。但胶乳法的氯化反应是气、液、固多相体系,氯化时氯气必须穿过胶乳粒子的外层才能与天然橡胶分子发生反应,在胶乳粒子的内部,橡胶分子的浓度很高,因而与溶液法相比,胶乳法氯化要困难。由于体系中有少量的次氯酸存在,氯化时有少量的碳碳双键被氧化断链生成羰基和羧基,同时生成少量的交联结构，其产物的分子结构较溶液法有一些变异。另外，由于胶乳法是对天然胶乳直接氯化，不可避免要带来一些原橡胶中存在的物质（如蛋白质等）以及为稳定胶乳加入的其他助剂，这些都会影响 CNR 的结构与性能[91]。各种生产方法得到的氯化天然橡胶的指标对比见表 5.29。

■ **表 5.29**　各种生产方法获得的氯化天然橡胶指标对比[92]

指标名称	公司或生产方法			
	英国 ICI 公司	新溶液法	国内水相法	传统溶液法
外观	白色无味粉末	白色无味粉末	白色无味粉末	白色无味或稍带异味粉末
质量分数（Cl）/%	64.5	66.5	62.0	60.0
质量分数（残留灰分）/%	0.3	0.18	0.6	0.8
湿分 /%	0.2	0.08	0.6	0.6
密度 /（g/cm³）	1.6	1.5～1.6	1.5～1.6	1.5～1.6
表观密度 /（kg/m³）	350～450	300	400	400
分子量	1.50万～11.50万	—	—	—
可燃性	不燃，200℃以上不熔化而分解	—	—	—
燃烧热（25℃）/（kJ/mol）	4958	—	—	—
折射率	1.596	—	—	—

天然橡胶氯化的反应机理较为复杂，迄今还未完全搞清。以天然橡胶在四氯化碳中进行氯化反应为例，它既包括 Cl_2 与 C＝C 双键的加成反应，又包括烯丙基氢被氯取代的反应，而加成和取代的产物还可能发生环化交联反应；随着氯化反应的进行还会伴随着天然橡胶的降解反应。研究表明，在氯化反应开始阶段首先发生烯丙基氢的取代以及取代物的分子内环化反应；第二阶段是环化物中的 C＝C 与 Cl_2 发生加成反应；最后是环化物中—CH_2 上的氢与 Cl_2 发生取代反应，形成五氯环化聚烯烃。生成的五氯环化聚烯烃一方面可以发生分子内脱除 HCl 形成氯代聚环烯烃，另一方面可能会发生分子间脱除 HCl 形成交联环化聚烯烃。整个氯化反应的过程如下所示：

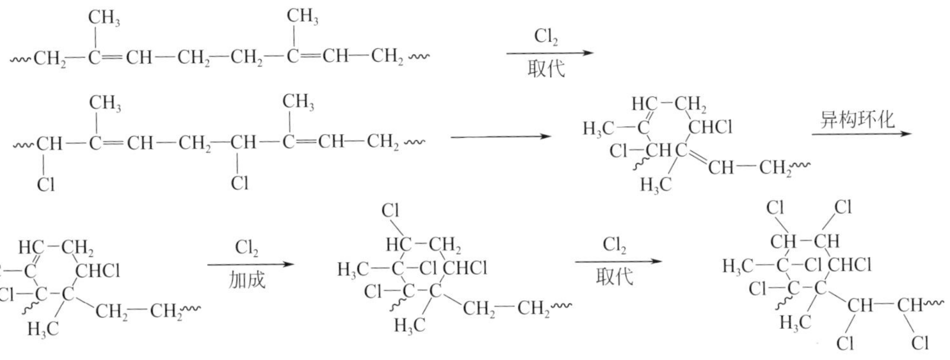

5.2.2.2 氯化天然橡胶的结构与性能

氯化天然橡胶（CNR）是天然橡胶经氯化制备得到的。Bloomfield 等在 20 世纪 30 年代提出了 $C_{10}H_{11}Cl_7$（氯的质量分数为 65.48%）的 CNR 的分子式，他认为，在 NR 的氯化过程中，除发生取代和加成反应，还有脱 HCl 和环化反应发生。在 CNR 中除了有链状的结构外，还存在如下图所示环状结构[93]：

目前关于 CNR 的分子结构仍不是完全清楚，但 CNR 分子链上具有环状结构是可以确定的。近期的研究表明，CNR 结构可能是嵌段共聚物，由线型的氯化单元和环化的氯化单元相间组成。另外，通过不同制备方法制备的 CNR 的结构也略有不同，溶液法和胶乳法 2 种工艺方法制备的 CNR 具有相同的主体结构，但精细结构有差异。

CNR 的性能与 CNR 中氯含量有关，随着氯含量的增加，CNR 趋于稳定。当含氯质量分数为 40% ~ 45% 时，CNR 柔软，有黏性，不稳定；当含氯质量分数达 50% ~ 54% 时，CNR 为固体，比较硬，但仍不稳定；氯化反应时间较长时，可以得到含氯质量分数为 62% ~ 65% 的比较稳定的 CNR，这种 CNR 呈白色粉末状，无毒、无臭、无味。含氯量高的 CNR 属于惰性的高玻璃化转变温度的树脂，已经不是弹性体材料了，其结构饱和、无活泼化学基团，具有较 NR 高的耐热性，易溶于芳烃、卤代烃、醚类、酯类和酮类（丙酮除外），不溶于脂肪烃醇类和水中，可用石油溶剂在一定范围内稀释。CNR 具有良好的阻燃性、抗霉菌性、较低的毒性，与许多物质的表面有良好的附着力。CNR 与其他树脂互溶性好，可与许多天然树脂、合成树脂并用。用 CNR 制成涂料结膜时无交联作用，溶剂挥发速率快，容易被释放出来，并有优良的快干性能和良好的耐久性，结膜后密封性好，氧气、水汽渗透率极低，可耐一般的酸、碱、盐、水和 Cl_2、HCl、H_2S、SO_2 等化学品的侵蚀。

CNR 分子链上含有较多的 C—Cl 键，由于分子链上的结合氯的不规整性，CNR 易受光、热、氧、酸等作用脱除 HCl，导致分子结构及性能的变异。有研究报道[94]，干燥的条件下 CNR 在 130 ℃以上开始热分解，而在潮湿条件下 60 ℃即开始分解。新型工艺胶

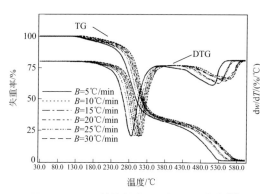

图 5.64 CNR 热降解的 TG 和 DTG 曲线[94]

乳法CNR产品的干燥一般在60℃左右，在干燥过程中会有HCl脱出，其脱出的速率对CNR的制备、性能等有一定的影响。研究表明，采用溶液法氯化制备的CNR的稳定性一般要优于采用乳液法氯化制备的CNR。CNR的热降解分为两个阶段（图5.64）：第1阶段在160～390℃之间，主要是HCl的脱除；第2阶段在390～600℃之间，主要是CNR分子链的氧化降解。

5.2.2.3　氯化天然橡胶的应用

CNR具有优良的成膜性、黏附性、抗腐蚀性以及突出的快干性和防水性，作为一种重要的涂料，在生产船舶漆、集装箱漆、道路标志漆、汽车底盘漆、建筑及化工设备的防腐防火涂料等领域有着重要的应用。另外，由于CNR漆膜具有耐水性好、耐腐蚀性强、耐候性好等特点，它还广泛应用在重大工程涂装中。此外，CNR在油墨添加剂、纸张、金属、皮革等涂料添加剂中也开始得到应用。

依照其分子量大小或黏度高低，CNR可划分为不同的产品型号，并应用于不同的领域。表5.30是CNR不同的产品型号及相关用途。大致上随着分子量和黏度的增加，氯化橡胶制品的光泽保持性、耐用性也随之提高，而分散性、相溶性、涂刷性、溶剂稀释性、喷涂性则下降。低黏度的产品一般用作油墨添加剂和喷涂漆的制造；中黏度的产品主要用于配制涂料如喷涂漆、耐化学腐蚀漆、建筑涂料、阻燃漆、路标漆、集装箱漆等；高黏度产品可以用于配制刷涂漆和胶黏剂。

■ **表5.30**　CNR不同的产品型号及相关用途[95]

型号	黏度[1]/（mPa·S）	主要用途	型号	黏度[1]/（mPa·s）	主要用途
R-5	4～6	高固体分油漆油墨	R-40	36～44	特种刷涂漆黏合剂
R-10	9～12	喷涂漆和厚浆型漆	R-90	85～119	特种刷涂漆黏合剂
R-20	18～22	制刷涂漆	R-125	120～180	特种耐水耐火黏合剂

① 黏度为不同分子量的CNR与溶剂混合液的黏度。

表5.31为世界市场上的一些氯化天然橡胶的商品牌号。氯化天然橡胶在我国以"氯化橡胶"的商品名生产，主要有乳液法和溶液法。乳液法生产的有华南热

■ **表5.31**　世界市场上的氯化天然橡胶商品[96]

国别	产品	国别	产品
英国	Duroprene	意大利	Dartex
英国	Alloprene	意大利	Protex
英国	Raolin	意大利	Clortes
美国	Parlon	荷兰	Rulacel
美国	Paravar	日本	Adekaprene CP（旭业电化工）
德国	Tornesit	日本	
德国	Pergut	日本	Super Chloron CR（山阳国策纸浆）
德国	Tegofan	日本	

带农产品加工设计研究所，溶液法生产的有上海氯碱化工集团、无锡化工集团、江苏江阴西苑化工集团、广州天昊化工集团等[96]。

除氯化天然橡胶外，也有少量关于溴化天然橡胶的报道。Nuchanrt Onchoy 曾报道过以 $FeCl_2$ 为催化剂，采用 N-溴代丁二酰亚胺（NBS）通过一步法在室温下对天然胶乳进行溴化改性制备溴化天然橡胶，并将其作为天然橡胶和白炭黑的相容剂来使用，硫化胶的性能见表 5.32[97]。

■ **表5.32** NR-Br 对白炭黑/NR 复合材料的力学性能的影响[97]

样品	NR/份	NR-Br/份	白炭黑/份	拉伸强度/MPa	扯断伸长率/%	撕裂强度/（N/mm）
NR-Si 10	100	0	10	31.8±0.4	702±13	85.7±3.0
NR-Si 10-NR-Br 1	100	1	10	29.9±1.8	677±17	79.3±2.8
NR-Si 10-NR-Br 3	100	3	10	27.1±4.6	636±54	76.1±5.1
NR-Si 10-NR-Br 5	100	5	10	30.2±1.3	710±13	78±3.8
NR-Si 30	100	0	30	29.6±0.8	691±18	148.5±8.2
NR-Si 30-NR-Br 1	100	1	30	30.1±0.6	680±16	148.0±20.0
NR-Si 30-NR-Br 3	100	3	30	28.8±0.9	676±14	146.3±21.7
NR-Si 30-NR-Br 5	100	5	30	28.8±0.7	864±7	149.3±22.5

5.2.3 天然橡胶的氢卤化改性

氢卤化是指卤化氢（如 HCl、HBr 等）与烯烃发生加成反应生成对应的卤代烃。在天然橡胶的氯化改性中，可以通过 HCl 与天然橡胶分子链上的 C=C 双键的加成反应进行氯化，这种改性通常被称作氢氯化改性。天然橡胶的氢氯化改性反应既可以在极性溶剂（如 $ClCH_2CH_2Cl$）中进行，也可以直接用天然橡胶胶乳作原料在水乳液中进行。

氢氯化改性反应具有明显的离子加成的性质，即使 HCl 以 $42×10^{-7}m^3/s$ 的速率在橡胶稀溶液中于 20℃ 下鼓泡反应，不到 20min，橡胶中的氯含量就可以达到 30%。在 NR 的氢氯化改性反应过程中，当氯含量达到 30% 时，会发生急剧相转变，反应速率急剧下降，NR 的改性产品的性能也发生急剧变化。当氯含量由 29% 增加到 30% 时，氢氯化天然橡胶的拉伸强度急剧升高，而伸长率骤降至 10% 以下，变为拉伸强度很高的结晶性塑料。

天然橡胶氢氯化改性的产品命名为氢氯化橡胶（Hydrochlorinated rubber），工业生产中一般控制含氯量在 29% ～ 30.5% 的范围，以保证制品具有良好的曲挠性。氢氯化橡胶是白色粉末，相对密度约为 1.16，常温下呈结晶状态，在 80 ～ 110℃ 时具有可塑性，110℃ 以上为无定形，130℃ 明显软化，180 ～ 185℃ 时便明显分解氯化氢。这种橡胶有耐燃性能，对许多化学物质比较稳定。氢氯化橡胶可溶于三氯甲烷、二氯甲烷、三氯乙烷和热的芳香族化合物溶液中，但不溶于水、酒精、乙醚和丙酮，能与氯化橡胶和树脂混合，但不能和天然橡胶混合。用氢氯化橡胶配制的胶黏剂可用来使橡胶与钢、紫铜、黄铜、铝以及其他材料黏合，并具有较大的附着力。

5.2.4　天然橡胶的环氧化改性

环氧化改性是一种简单、有效的化学改性方法，它可以在聚合物主链中引入极性基团，从而赋予其新的、有用的性能。除此之外，环氧基团的引入也为聚合物更进一步的改性打开了方便之门。

环氧化天然橡胶（ENR）是在橡胶分子链的双键上接上环氧基而制成。由于引入了环氧基团，橡胶分子的极性增大，分子间的作用力加强，从而使NR产生了许多独特的性能，主要有：优异的气密性、优良的耐油性、与其他材料间的良好黏合性以及与其他高聚物较好的相容性等。天然橡胶的环氧化研究最早始于1922年，但到20世纪70年代中期，由于石油危机导致合成橡胶价格上涨，对NR进行环氧化改性以提高耐油性的研究开始引起广泛关注。80年代，Gelling I R等[98,99]先后制备了不同环氧程度的环氧化天然橡胶（ENR），并形成了ENR-25和ENR-50两种商品。目前ENR的主要品种有ENR-25，ENR-50和ENR-75等。

5.2.4.1　环氧化天然橡胶的制备

天然橡胶的环氧化主要有溶液法和乳液法[100]。溶液法是将天然橡胶先溶解到溶剂如苯、氯仿中，然后加入过苯甲酸类（如过苯甲酸、卤化过苯甲酸）和过氧乙酸等作为环氧化试剂，小心控制反应条件可获得高的环氧度。

乳液法是在胶乳中加入环氧试剂进行环氧化，这种方法与溶液法相比，成本较低，污染小，更适于工业化的要求。采用乳液法对天然橡胶进行环氧化反应需从几方面考虑：① 反应体系必须适合水介质并且具有一定的稳定性；② 反应速率适中，反应温度易于控制；③ 反应体系副产物较少，对主产物的应用性能影响较小；④ 反应易终止，主产物分离、后处理比较方便，残留的反应物对主产物的性能无太大的影响。目前主要是在酸性条件下用过氧甲酸或过氧乙酸对天然橡胶进行环氧化制备ENR。反应流程大致如下：

NR胶乳 ⟹ 加稳定剂 ⟹ 酸化 ⟹ 环氧化 ⟹ ENR胶乳 ⟹ 凝固

ENR干胶 ⟸ 干燥 ⟸ 中和 ⟸ 洗涤 ⟸

过氧酸的加入主要有两种方式，一种是直接加入过氧酸对天然胶乳进行环氧化，反应机理如下：在极性介质中，过氧酸与双键形成碳阳离子，然后消去H+得到环氧产物[式（5.2）]；在非极性介质中，过氧酸先与双键形成[OH]+[O(O)CR]

离子对，然后形成环氧产物[式（5.3）]。

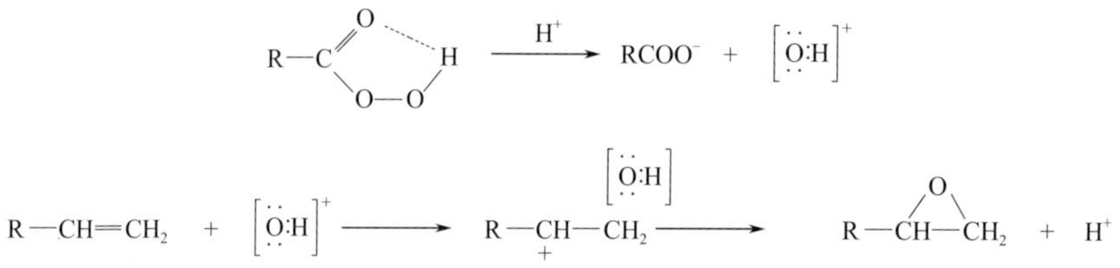

$$R-C \xrightarrow{\quad} RCOO^- + \left[\overset{..}{O}:H \right]^+$$

$$R-CH=CH_2 + \left[\overset{..}{O}:H \right]^+ \longrightarrow R-CH-CH_2 \longrightarrow R-CH-CH_2 + H^+ \qquad (5.2)$$

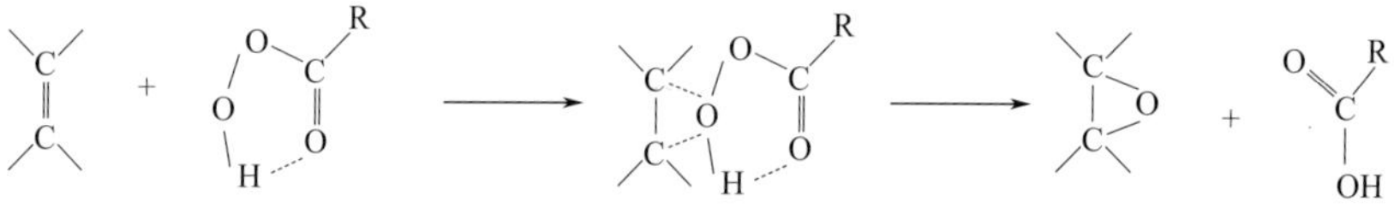

$$\qquad (5.3)$$

另一种方法是采用原位生成过氧酸的方法对NR进行环氧化，其反应机理如下所示：

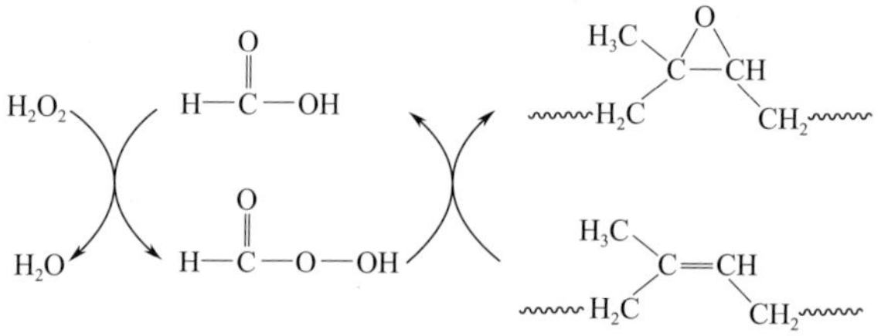

在直接加入过氧酸对天然胶乳进行环氧化方法中，如采用过氧酸如过氧乙酸对NR胶乳进行环氧化，过氧乙酸需要预先用乙酸或乙酸酐与过氧化氢反应制备，反应体系的pH值用乙酸进行调节，环氧化程度主要是通过改变干胶与过氧乙酸的用量比来控制的。由于制备好的过氧乙酸需要经过标定才能使用，既不方便，一致性也差，且过氧乙酸储存稳定性差，高浓度时还有爆炸的危险。另外，在环氧化反应过程中产生大量的乙酸，容易引起环氧基团的开环反应。目前，在环氧化天然橡胶的制备中主要倾向在反应体系中直接生成新生态的过氧甲酸，再原位进行环氧化反应。新生态的过氧甲酸的氧的活性高，无需分离，反应条件方便简单，环氧化程度可通过干胶与过氧化氢的用量比来控制。

在环氧化过程中，随反应的进行，形成的环氧基团在酸的作用下会发生开环反应[101,102]：

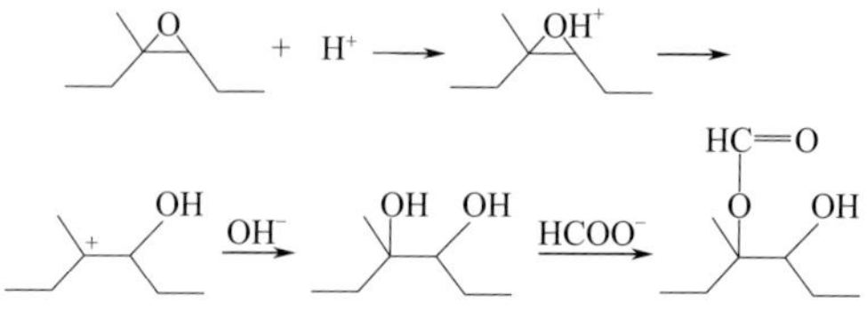

除发生开环反应外，随着环氧程度的提高，相邻的环氧基团还可能发生环化反应，形成五元环醚[101,102]：

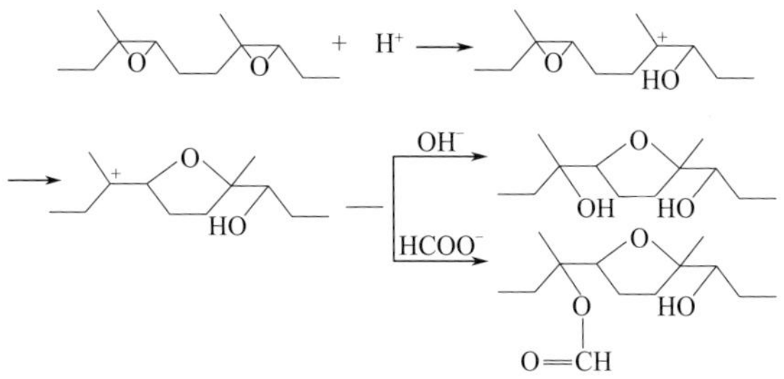

另外，随着环氧化程度提高，ENR凝胶质量分数有所增大，凝胶是环氧化过程中发生开环反应导致分子间交联的结果，反应如下图所示[103]：

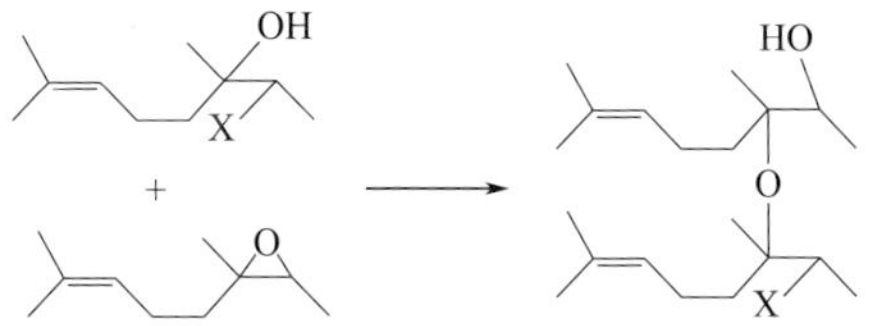

以上这些副反应会影响到ENR的性能，也是影响ENR工业化的主要障碍。避免发生副反应的主要措施是：① 使用的过氧酸不能含强无机酸；② 酸的总量必须低，当需要增加过酸以提高环氧化程度时，须将乳胶进行稀释，避免过酸浓度的升高；③ 整个反应过程中，必须严格控制温度；④ 乳胶的干胶含量不宜过高；⑤ 制得的橡胶在干燥前必须在压绉过程中彻底清洗，以除去其中所有的酸。目前，控制副反应发生，通常采取过氧酸在较为缓和的条件下进行反应。有研究表明，采用 H_2O_2/HCOOH 体系对 NR 进行环氧化时，环氧化温度为 30℃，NR 的初始质量分数为 30%，反应体系的 pH 值为 2.0，H_2O_2/NR/HCOOH 摩尔比为 1/1/0.55 时，可以避免副反应的发生[104]。

5.2.4.2 环氧化天然橡胶的结构与性能

环氧天然橡胶（ENR）是 NR 与过氧酸反应制得，其结构如下：

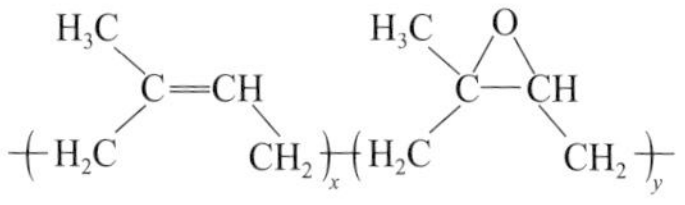

图5.65为环氧天然橡胶的 ^{1}H NMR 谱图。环氧基团上氢的化学位移主要出现在 2.7×10^{-6}（—CH），另外，与C=C键相连的—CH_3上的氢的化学位移的位置在C=C键转化为环氧基团后也会发生显著位移，出现在 1.3×10^{-6} 左右。

在NR分子链上引入环氧基团后，会引起天然橡胶性能的改变。与NR相比，ENR除具有与NR类似的性能，又具有不同的性能特点，且这些性能特点会随着环氧程度的提高而明显变化，具体如下：① ENR能结晶，系自补强橡胶，力学性能与NR相似；② 易于加工，加工性能与NR相似；③ 天然橡胶环氧化后，由于链段旋转自由度下降，其玻璃化温度随环氧化程度的增加而提高，大致上环氧基团的摩尔含量每增加1%，玻璃化温度升高1℃，如图5.66所示；④ ENR的密度增大；⑤ 天然橡胶环氧化后，气密性提高，表5.33和表5.34分别为不同环氧值的ENR的空气透过率以及ENR-40与NR、IIR力车内胎气密性的比较；⑥ 回弹性下降；⑦ ENR属于极性橡胶，与非极性油类的相容性下降，ENR-50的耐油性与中等丙烯腈含量的NBR相当；⑧ 抗湿滑性提高；⑨ 环氧基团在某些条件下已发生开环反应，ENR的老化性能要低于NR。

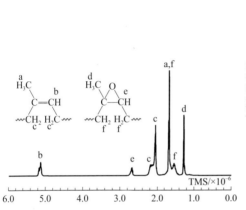

图5.65　环氧天然橡胶的¹H NMR谱图[105]

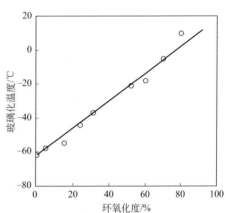

图5.66　环氧化度对天然橡胶玻璃化温度的影响

■ 表5.33　不同环氧值的ENR的空气透过率[106]

胶种	空气透过率/[cm³·(m²·24h·kPa)⁻¹]
国产胶	
NR	2.2107
ENR-10	1.2968
ENR-20	1.2445
ENR-40	0.5566
ENR-50	0.5398
马来西亚胶	
ENR-25	0.9790
ENR-50	0.6099

■ 表5.34　ENR-40，NR，IIR 内胎气密性比较[106]

静置时间/天	内胎压力/kPa		
	ENR 内胎	NR 内胎	IIR 内胎
0	274.6	274.6	274.6
6	254.9	254.9	254.9

续表

静置时间/天	内胎压力/kPa		
	ENR 内胎	NR 内胎	IIR 内胎
13	245.2	205.9	254.9
25	225.6	166.7	245.2
31	215.7	137.3	245.2
42	196.1	98.1	215.7

　　NR 的环氧化过程是在酸性条件下进行的，所得到的 ENR 需要用碱/水洗至中性，酸性或碱性均会使 ENR 的焦烧时间变短。为防止焦烧，一般需要在 ENR 中加入少量的碱性物质。常用的碱性物质是 Na_2CO_3，用量约为 0.3 份。因为 Na_2CO_3 也可能造成焦烧危险，所以一般还要加入防焦剂 CTP。用传统的硫黄硫化体系（CV）硫化的 ENR 中含有多硫键，老化时多硫键会产生含硫的酸，使环氧基团开环交联，导致硫化胶的硬度和定伸应力提高，拉伸强度、撕裂强度和耐疲劳性能降低，而配入碱性物质可以减缓老化。此外，采用有效硫化体系（EV）或半有效硫化体系（Semi-EV）硫化 ENR 可以获得较好的耐老化性能。ENR 还可以通过过氧化物硫化，所得到的硫化胶的拉伸性能一般要低于硫黄硫化胶，但压缩永久变形与 NR 相近，抗老化性能比硫黄硫化胶好得多。

　　ENR 分子主链的环氧基团能与 SiO_2 表面的硅醇基相互作用，形成 Si—O—C 键，相互结合的机理如图 5.67 所示[107]。

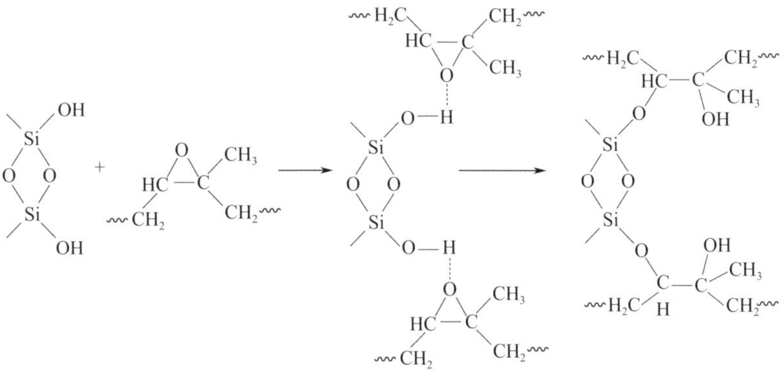

图 5.67　ENR 分子主链的环氧基团与 SiO_2 表面的硅烷醇基相互作用示意图

　　另外，在加工的过程中 ENR 上的环氧基团会发生开环反应，形成的羟基可与 SiO_2 发生化学结合、氢键或是强烈的物理吸附等相互作用，不含硅烷偶联剂的白炭黑都具有对 ENR 较好的补强性，补强效果能达到炭黑补强的水平。表 5.35 为采用炭黑和白炭黑补强的 ENR 与天然橡胶的力学性能的对比，从表中可见，与 NR 相比，ENR 的拉伸强度稍低，硬度略高，磨耗降低，压缩永久变形降低。对于 ENR-25 和 ENR-50，采用白炭黑和炭黑补强的效果相近[108]。

■ **表5.35** 采用炭黑和白炭黑补强的ENR与天然橡胶的力学性能的对比[108]

性能	NR		ENR-25		ENR-50	
	炭黑	白炭黑	炭黑	白炭黑	炭黑	白炭黑
邵A硬度/（°）	65	69	69	67	73	68
300%定伸应力/MPa	11.9	5.8	12.4	12.8	13.5	12.6
拉伸强度/MPa	29.4	23.2	25.4	21.0	24.5	22.4
扯断伸长率/%	495	720	435	405	500	435
阿克隆磨耗/（mm²/500revs）	21	63	14	15	11	14
DIN磨耗/mm³	199	364	272	250	278	289
压缩永久变形（24h/70℃，25%）/%	18	32	17	18	21	22
Goodrich生热（30min，100℃）/℃	7	47	7	7	23	19

注：表中配方（质量份）为：聚合物100份，操作油4份，氧化锌5份，硬脂酸2份，防老剂2份，硫黄2份，NOBS 1.5份，炭黑（N330）50份，白炭黑（Hi-Si223）50份，ENR配方中另加Na_2CO_3 0.3份，白炭黑配方中另加DPG 0.5份。

ENR-25的玻璃化转变温度与溶聚丁苯橡胶（s-SBR）相近，采用ENR-25来制备轮胎胎面胶也开始引起人们的关注。由于ENR-25本身含有环氧基团，能与白炭黑产生较强的相互作用，在将ENR-25与白炭黑的混合过程中甚至不需要加入硅烷偶联剂。Ikeda等人[109]采用ENR-25（Ekoprena-25™）制备了轮胎胶，并将其与传统的轮胎胶进行对比，相关性能见表5.36所示。与传统的轮胎胶相比，采用ENR-25制备的轮胎胶具有相似的力学性能，但其滚动阻力较低，抗湿滑性能较高。以卡车胎为例，与传统的NR/BR卡车胎相比，采用ENR-25制备的卡车胎的滚动阻力系数降低17%，而其在不同路面的BPST湿摩擦系数显著提高。

■ **表5.36** 几种轮胎胶的性能对比[109]

轮胎样品	s-SBR/BR 轿车胎	ENR-25轿车胎	NR/BR汽车 /卡车胎	ENR-25汽车 /卡车胎
邵A硬度/（°）	66	63	69	67
100%定伸应力/MPa	2.27	2.44	2.81	2.68
300%定伸应力/MPa	11.66	11.32	14.3	13.3
拉伸强度/MPa	21.9	21.0	25.2	26.0
轮胎滚动阻力系数	11.7	11.1	8.88	7.4
混凝土路面的BPST湿摩擦系数	78	82	64.6	75.6
柏油路面BPST湿摩擦系数	66.7	78.9	59	75
冰面BPST湿摩擦系数	27	33	30.6	40
柏油路面的湿滑制动距离/m	36.9	33.7	—	—

5.2.4.3 环氧化天然橡胶的应用

ENR具有良好的气密性、抗湿滑性等综合性能，被广泛用于各种类型的轮胎制品，如轮胎胎面、气密层、内胎等。ENR在轮胎胶料中的研究，主要集中在与NR、SBR、NBR等橡胶的复合，以改善聚合物体系的动态性能，提高复合材料的耐气密性、耐磨损、耐油性、抗湿滑性等。日本Sumitomo公司尝试使用ENR制作轮胎胎面胶，滚动阻力降低35%，抗湿滑性能明显提高。ENR具有良好的耐油性能，可适用于制造各种耐油制品。用ENR胶乳处理橡胶骨架材料如玻璃纤维、尼龙等可有效地提高骨架材料与橡胶的黏结性能。另外，ENR含有环氧基团，与其他极性的聚合物也具有良好的相容性，广泛用于与极性聚合物如PVC、NBR、羧基丁腈橡胶等共混研究[100]。

5.2.5 天然橡胶氢化改性

加氢改性是橡胶改性的重要途径之一，几乎所有的不饱和橡胶都可以进行加氢改性。橡胶的加氢改性主要是H_2与橡胶分子链内的不饱和C＝C双键的加成反应。橡胶经过加氢改性后，由于分子链的不饱和度降低，其耐热、耐氧化和耐老化性能能够得到显著提高。

5.2.5.1 氢化天然橡胶的制备

由于大分子内的C＝C双键多为对称二烃基取代的内双键，对加成反应不活泼，需要特殊的催化剂进行催化加氢，才能获得显著的加氢速率和加氢效率。加氢的催化剂可以分为均相催化剂和非均相催化剂，一般来说，由于均相催化剂具有较高的选择性，催化剂自身不存在宏观上的扩散问题，在橡胶加氢改性中具有更大的优势。天然橡胶加氢改性用的催化剂有水合肼/H_2O_2/Cu^{2+}[109]、[Ir(COD)py(PCy$_3$)]PF$_6$（COD为1,5-环辛二烯，py为吡啶）[110]、Ru[CH=CH(Ph)]Cl(CO)(PCy$_3$)[111]等。天然橡胶的氢化主要有高压氢化和常压氢化两种途径。采用高压氢化，可以获得较高氢化度的氢化天然橡胶，在一定情况下可使天然橡胶达到100%的氢化程度，得到结构类似于二元乙丙交替共聚物的天然橡胶[112]，如图5.68所示。高压氢化工艺需要高压设备、氢气、贵金属催化剂和大量溶剂，由于橡胶在溶剂中的溶解度有限及加氢工艺对溶液黏度有一定限制，再加上贵金属的回收不易彻底、高压加氢操作的不安全性及溶剂损失对环境的影响，都使这一加氢工艺实现起来有相当的难度，并大大增加了生产成本[113]。

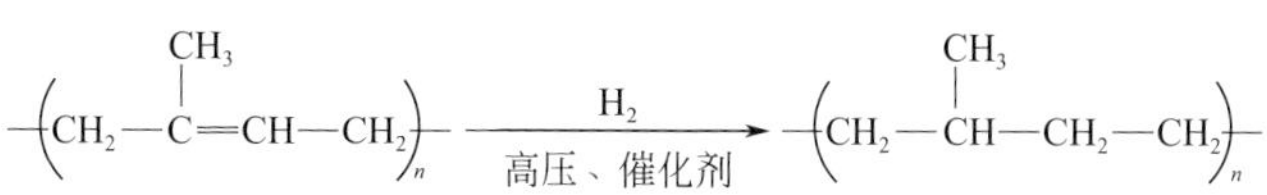

图5.68 天然橡胶高压氢化反应

用水合肼、氧化剂及金属离子引发剂处理天然橡胶胶乳时，可以在常压下使天然橡胶发生氢化加成反应，如图5.69所示。但由于天然橡胶分子链中异丙基的位阻效应，所得到的产品的氢化度比其他橡胶如丁腈橡胶低。Wideman 在1984年就发现天然橡胶胶乳在常压下利用水合肼、氧化剂及金属离子引发剂可以进行氢化，但得到的天然胶乳饱和度还不到20%[114]。有研究表明，采用水合肼/H_2O_2/$CuSO_4$催化体系在45℃对天然胶乳进行常压氢化，铜离子与天然橡胶分子链上双键摩尔比为1：10000，水合肼与天然橡胶分子链上双键摩尔比为1.4：1时，得到的HNR的饱和度可达到64.6%[115]。常压氢化法由于生产工艺简单，无需高压设备和大量溶剂，使得这一方法颇有发展前途。

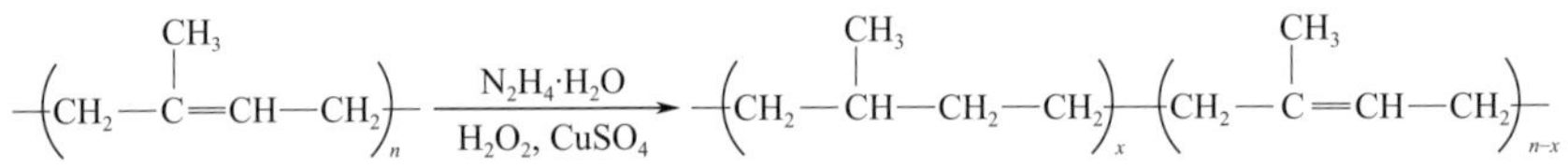

$$\left(CH_2-\underset{\underset{CH_3}{|}}{C}=CH-CH_2 \right)_n \xrightarrow[H_2O_2,\ CuSO_4]{N_2H_4\cdot H_2O} \left(CH_2-\underset{\underset{CH_3}{|}}{CH}-CH_2-CH_2 \right)_x \left(CH_2-\underset{\underset{CH_3}{|}}{C}=CH-CH_2 \right)_{n-x}$$

图5.69　天然橡胶常压氢化反应

常压氢化的反应机理如图5.70和图5.71所示。Cu^{2+}位于橡胶分子与羧酸根界面，水合肼与羧酸根生成羧酸肼离子（$RCOO^-N_2H_5^+$）。羧酸肼离子在Cu^{2+}催化下被H_2O_2氧化产生质子化偶胺中间体（$RCOO^-HNNH^{2+}$），通过质子转移不可逆地产生羧酸及偶胺（$HN=NH$），偶胺再与橡胶分子链上的双键进行立体选择加氢，使双键变为单键，同时放出氮气。

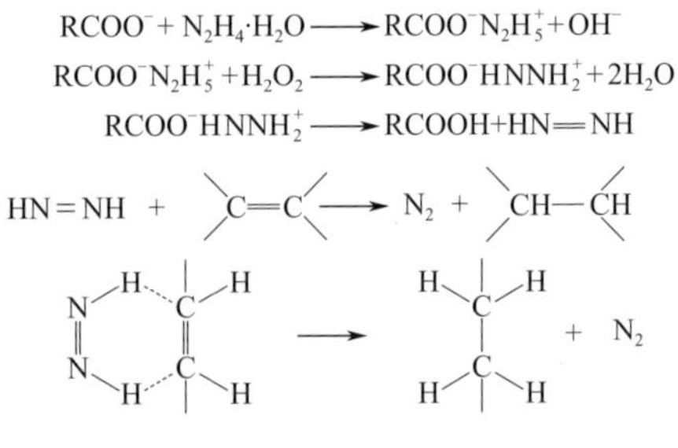

$$RCOO^- + N_2H_4\cdot H_2O \longrightarrow RCOO^-N_2H_5^+ + OH^-$$
$$RCOO^-N_2H_5^+ + H_2O_2 \longrightarrow RCOO^-HNNH_2^+ + 2H_2O$$
$$RCOO^-HNNH_2^+ \longrightarrow RCOOH + HN=NH$$

图5.70　常压氢化反应式及偶胺与碳碳双键的顺式加成

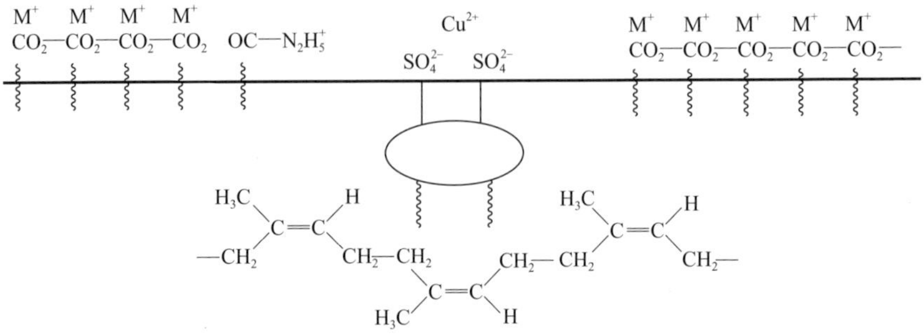

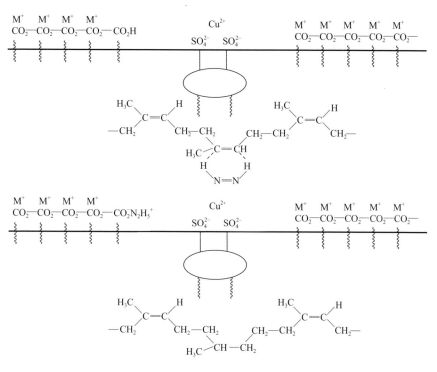

图5.71　天然橡胶的氢化机理[92]

5.2.5.2　氢化天然橡胶的结构与性能

完全氢化的NR是一种乙烯与丙烯比为1∶1的交替共聚物（HNR），如图5.72所示。

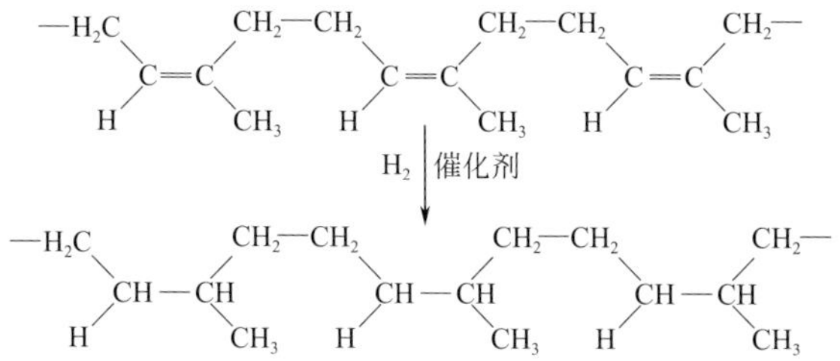

图5.72　天然橡胶完全氢化后形成乙烯-丙烯交替共聚物

图5.73为100%氢化的氢化天然橡胶和二元乙丙橡胶的^{13}C NMR谱图，与由乙烯和丙烯共聚合成的乙丙橡胶相比，HNR的乙烯与丙烯链节互相交替和头尾结合，序列规整，因此^{13}C NMR谱图中的C谱峰较为单一；而乙丙橡胶除具有乙烯与丙烯链节互相交替单元外，还含有乙烯-乙烯和丙烯-丙烯结构单元。

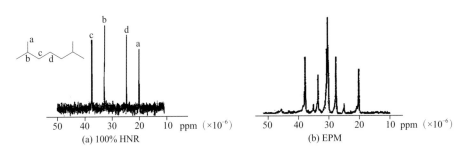

图5.73　100%氢化的氢化天然橡胶（HNR）和二元乙丙橡胶（EPM）的 ^{13}C NMR 谱图[109]

　　天然橡胶加氢改性后，橡胶结构发生变化，加工性能发生很大变化。天然橡胶氢化后，橡胶的自黏性降低，塑炼困难，不易包辊，氢化度越高，这种趋势越明显。另外，天然橡胶加氢后，橡胶分子链的不饱和度降低，橡胶的热稳定性、耐臭氧老化性以及耐酸碱腐蚀性能都得到明显提高，且随着氢化度的提高，HNR的热稳定性不断提高，见表5.37。将NR氢化改性后，制品的力学性能也会发生变化。有研究表明，氢化度100%的HNR，与天然橡胶相比，硬度提高，拉伸强度和撕裂强度降低，耐老化性能、永久变形和耐磨性能（图5.74）显著提高[113]。表5.38为不同饱和度（28%、49%、65%）的HNR，按纯胶配方在开炼机中混炼，然后硫化得到的HNR硫化胶的力学性能和老化性能等。

■ **表5.37**　氢化度对HNR的玻璃化转变温度、热稳定性的影响[113]

项目	氢化度/%	玻璃化转变温度/℃	热失重起始分解温度/℃	热失重最快温度/℃
NR	0	−62	357	380
HNR-1	69	−59	397	441
HNR-2	80	−58	431	460
HNR-3	98	−57	439	468

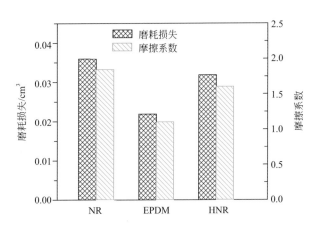

图5.74　NR，EPDM，氢化度100%的HNR硫化胶的耐磨性和摩擦系数[113]

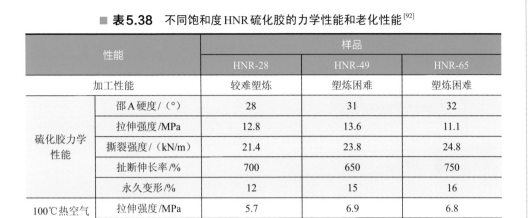

■ **表5.38** 不同饱和度HNR硫化胶的力学性能和老化性能[92]

性能		样品		
		HNR-28	HNR-49	HNR-65
加工性能		较难塑炼	塑炼困难	塑炼困难
硫化胶力学性能	邵A硬度/(°)	28	31	32
	拉伸强度/MPa	12.8	13.6	11.1
	撕裂强度/(kN/m)	21.4	23.8	24.8
	扯断伸长率/%	700	650	750
	永久变形/%	12	15	16
100℃热空气老化24h	拉伸强度/MPa	5.7	6.9	6.8
	扯断伸长率/%	420	450	450

注：配方（质量份）：NR（HNR）100份；硬脂酸0.5份，氧化锌5份，促进剂M 0.7份，硫黄3份。

目前只有少量的研究报道涉及氢化天然橡胶，对于氢化天然橡胶的研究仍需要大量的工作。对天然胶乳进行常压氢化，工艺简单，无需高压设备和大量溶剂，是未来天然橡胶氢化研究的重点。但天然胶乳是一种复杂多相体系，多种因素会影响到它的氢化效果，对天然胶乳常压氢化工艺进行更深入的考察，最终达到可用于实际生产，将是今后研究的方向。另外，天然橡胶氢化后的结构与性能变化以及氢化天然橡胶的实际应用，也有待进一步深入研究。

5.2.6 低分子量天然橡胶的制备

将天然橡胶解聚，可以得到相对分子量在1万～2万之间的低聚物，即液体天然橡胶（liquid natural rubber，简称为LNR）。液体天然橡胶具有天然橡胶的一些基本的物化性能，且都由顺式-1,4-异戊二烯结构单元组成。液体天然橡胶在常温下是可以流动的黏稠液体，可以作为天然橡胶等的成型加工助剂。

5.2.6.1 液体天然橡胶的制备

LNR的制备方法大致可以分为六类：高温塑解法、氧化降解法、光催化法、高温高压氧化法、臭氧降解法和微生物降解法[116～122]。

（1）**高温塑解法** 高温塑解法是指在高温下由机械剪切力切断聚异戊二烯主链制备LNR。有报道表明，将NR放入塑炼机中在110～140℃下降解几个小时，或者在250～300℃短时间塑炼NR，即可获得LNR。用这方法制备的LNR分子量大约2000，在20℃下黏度5000～25000P，含有大约1%的氧化物[123]。

（2）**氧化降解法** 氧化降解法是通过选择合适的氧化剂和降解剂与天然橡胶进行混合，然后利用这种混合物去切断聚合物的主链，根据不同的氧化降解体系，就能得到连有羧基或苯腙或羟基的末端官能团的LNR，反应机理如

图5.75所示。用这种方法制得LNR的数均分子量为3000～35000，分散性为1.70～1.97。在胶乳中使用苯肼作为降解剂和氧气作为氧化剂，靠苯肼和氧气混合也可以得到LNR[124,125]。

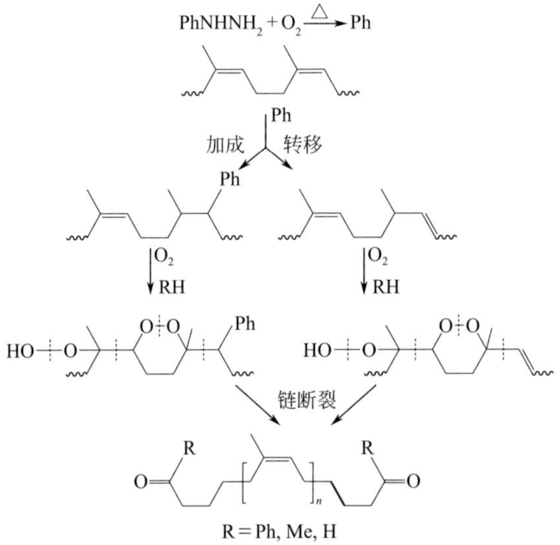

图5.75　苯肼-氧气氧化降解体系降解NR的反应机理

（3）光催化法　在天然橡胶中混入合适的光敏剂，然后在光照下利用分解产生的自由基，可以切断聚合物主链得到天然橡胶低聚物。如采用硝基苯作光敏剂，将NR紫外光照射降解，得到数均分子量大约在3000的CTNR[123]。将固体NR先与光敏剂混合（如钴、乙酰丙酮化物、硝基苯），然后放在一个架子上用太阳光充分照射，也能得到数均分子量在2000～8000之间的CTNR。但这几种方法不能很好地控制降解率，得到的LNR性能一般也较差。有报道称在溶有光敏剂的条件下可控降解NR。例如，NR在含10%四氯化碳的甲苯和存在二苯甲酮条件下大约1h后膨胀，然后放在太阳光下照射1天时间，得到TLNR的数均分子量为10000～50000，产率大约为85%[123]。

（4）高温高压氧化法　在高温高压的情况下加入氧化剂，可通过控制降解来制备LNR。如将30%～40%过氧化氢加入溶有NR的甲苯溶液中，放入200～300PSI压力的反应器中加热至150℃，即可得到数均分子量为2500～3000的LNR，反应机理如图5.76所示[123]。

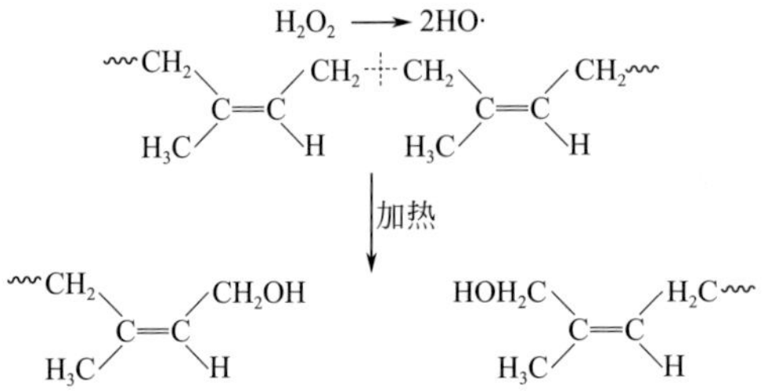

图5.76　高温高压氧化降解天然橡胶的机理

（5）臭氧降解法　使用臭氧作为强氧化剂，可以分解切断天然橡胶分子主链得到含过氧化物或无过氧化物的成品。如采用己烷为溶剂，在冰浴条件下用臭氧降解聚异戊二烯，在没有加入更多的氧化剂或降解剂的情况下，可以得到仅含羧酸和酮的低聚物[126]。

（6）微生物降解法 利用微生物分解产生的酶（如β-氧化酶），可以切断天然橡胶的主链，从而得到天然橡胶的低聚物[127]。

遥爪型液体天然橡胶（TLNR）是目前主要的一种液体天然橡胶，它以聚异戊二烯为主链结构，分子链两端带有反应性末端官能团，分子量一般在20000以下[128]。TLNR的制备主要是通过切断橡胶烃分子中的碳碳双键以实现链断裂反应，目前的主要方法有氧化还原法、高温高压氧化法、光催化法等。由于具有活性末端官能团，既能实现链的扩展和链的交联，也为功能单体的接枝改性提供了可能，是一种新型的液体天然橡胶。TLNR的结构式如下图所示，TLNR仍然具有NR的结构单元，并且链的末端有反应性官能团，用X，Y表示，n的值可能为$1 \sim 300$。

$$X - \left[CH_2 \begin{array}{c} CH_3 \\ | \\ C = CH \end{array} H_2C \right]_n Y$$

5.2.6.2 液体天然橡胶的应用

液体天然橡胶在许多领域都具有广泛的应用。

（1）在黏结方面的应用 液体天然橡胶作为黏合剂是其最有价值的应用领域之一。航空航天工业中广为应用的CTPB、CTBN、HTPB、HTBN固体推进剂黏合剂，就是利用各种端官能团液体橡胶与高能燃料、氧化剂反应生成二氧化碳和水产生推力；同时将金属铝粉、过氧酸铵等氧化剂、安定剂、燃速催化剂黏结在一起，得到高低温下都具有一定强度的固体药柱。虽然其在固体火箭推进剂中的重量分数只有10%～15%，但其作用是举足轻重的。

（2）在橡胶工业中的应用 液体天然橡胶由于流动性好，可以用浇注和注射成型工艺制备出形状复杂、尺寸精度高和性能好的橡胶制品。值得注意的是液体天然橡胶在橡胶加工行业的应用更有意义，因而在此将着重介绍液体天然橡胶作为多功能橡胶助剂应用时的情况。

① 多功能加工助剂 液体天然橡胶作为一种反应性增塑剂和软化剂首先可以改善胶料的加工性能，降低混炼胶的门尼黏度，缩短橡胶的混炼时间，降低橡胶混炼生热，减少耗电量，改进压出及压延等工艺性能；同时，液体天然橡胶对炭黑有良好的浸润性，有助于炭黑聚集体的破裂，并使炭黑在橡胶本体中均匀分散；最后，液体天然橡胶在硫化时还可与基体橡胶共交联在一起，有助于提高最终橡胶制品的力学性能。所以说液体天然橡胶是一种多功能橡胶加工助剂[129]。

② 橡胶增黏剂 由于液体天然橡胶能够改善胶料对黏着对象的浸润性，所以它可以提高橡胶的自黏性和互黏性以及与金属、非金属材料的黏着性能，液

体天然橡胶的增黏作用与其官能度、活性基团的极性及亲和性密切相关，一般来说，官能度（反应活性基团数目）和活性基团的极性越高，增黏效果就越好。

③ 填料改性剂　借助液体天然橡胶对填料的黏附力，可对填料进行表面包覆改性，进而提高其与聚合物本体的相互作用。例如，可采用液体天然橡胶表面包覆的方法来制取改性胶粉，此法工艺简单易行，效果较好。因液体天然橡胶涂层可提高胶粉与橡胶本体的相容性及分散性，硫化时使胶粉与橡胶本体之间产生良好的化学结合，可提高掺用量并获得良好的静态与动态性能。

另外，液体天然橡胶在橡胶补强、塑料增韧等方面也有应用研究报道[129,130]。

目前，见之于市场的液体天然橡胶有 Hyrdman，分为 DPR-40 和 DPR-400 两种牌号，数字代表分子量[96]。

5.2.7　天然橡胶的异构化

天然橡胶的构型单一而规整，具有结晶性。橡胶结晶对硫化胶的性能有相当大的影响：结晶时分子链高度定向排列而成分子链束，产生自然补强作用，增加韧性和抗破裂能力。但是低温结晶则使橡胶变硬，弹性下降，相对密度增大，丧失使用价值。为提高天然橡胶的耐寒性，除使用增塑剂降低天然橡胶的玻璃化温度外，还可以通过改变天然橡胶的结构，如使天然橡胶产生异构化，改变天然橡胶分子链的规整性，抑制低温结晶[116]。

早在20世纪30年代，就有研究者对橡胶的异构化反应进行研究。Meyer 和 Ferri[131]用紫外线照射环己胺溶液中的三叶胶、试图将天然胶转换成杜仲胶，当时并不能探测出聚异戊二烯中发生了任何顺反异构化反应。后来，Ferri[132]用某些化学试剂例如次氯酸和四氯化钛处理三叶胶和古塔波胶得到了相似结构的产物，这种产物在当时被认为是具有三叶胶和古塔波胶几何模型结构的中间产物，虽然这类产物在化学处理的过程中也会发生交联反应和环化反应，但是根据当时人们的理解，这种反应还不能被认定为是真正意义上的顺式结构和反式结构之间的转化。随后 Golub[133]采用溴和硫的混合物，在紫外光照下对顺丁橡胶进行处理，发现顺丁橡胶的顺式结构部分转变成反式结构，然而在相同的条件下对天然橡胶进行处理，却观察不到异构化反应的发生。后来，Gunneen 等人[134]发现少量的硫羧酸（thiol acides）可以使天然橡胶发生明显的异构化反应，其反应机理大致如下：

$$RCOSH \xrightarrow{-H} RCOS\cdot$$

（顺式）　　　　　　　　　　　　　　　　　　　　　　　　　　　（反式）

天然橡胶产生异构化后，性能会发生变化。图5.77和图5.78为天然橡胶（顺式）异构化得到的硫化胶、古塔波胶（反式）异构化得到的硫化胶与反式结构含量的关系曲线。对于天然橡胶，当异构化程度较低时，异构化硫化胶的性能与天然橡胶硫化胶的性能基本一致。但研究表明，少量反式含量结构便可使天然橡胶的结晶性发生明显改变，例如在胶乳中加入硫代苯甲酸与橡胶反应，使橡胶产生异构化，部分生成反式 -1,4- 结构，只要生成 6% 的反式 -1,4- 结构，就使结晶速率减慢 500 倍以上。因此，异构化程度较低的天然橡胶可以作为耐寒材料来使用。

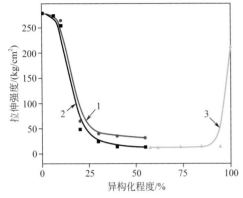

图 5.77　拉伸强度随异构化程度的变化关系[135]
1—天然橡胶异构化得到的硫化胶
（$10^4/2M_c$=0.35±0.04）；2—天然橡胶异构化得到的硫化胶（$10^4/2M_c$=0.73±0.21）；3—古塔波胶异构化得到的硫化胶（$10^4/2M_c$=0.75±0.12）

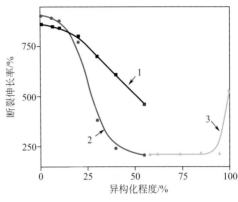

图 5.78　扯断伸长率随异构化程度的变化关系[135]
1—天然橡胶异构化得到的硫化胶
（$10^4/2M_c$=0.35±0.04）；2—天然橡胶异构化得到的硫化胶（$10^4/2M_c$=0.73±0.21）；3—古塔波胶异构化得到的硫化胶（$10^4/2M_c$=0.75±0.12）

难结晶天然橡胶专门用于制造低温条件下使用的橡胶制品，如门窗密封条、坦克车轮的履带和防震垫以及在南北极地区或高空飞行的飞机使用的橡胶器材等。

5.2.8　天然橡胶的接枝改性

接枝共聚是近代高聚物改性的基本方法之一。由于接枝共聚物是由两种不同的聚合物分子链分别组成共聚物主链和侧链，因而通常具有两种均聚物所具备的综合性能。在合适的条件下，烯类单体可与天然橡胶反应，得到侧链连接有烯类聚合链的天然橡胶接枝共聚物，这类接枝共聚物一般具有烯类单体聚合物的某些性能，如天然橡胶与甲基丙烯酸甲酯的接枝共聚物，用于通用橡胶制品时，其补强性大大提高。用作胶黏剂时，其黏合性能明显优于单纯的天然橡胶。而天然橡胶与丙烯腈的接枝共聚物，其耐油性和耐溶剂性明显提高。通过接枝共聚反应可对天然橡胶进行广泛的化学修饰，得到具有指定性能的接枝共聚物，从而提高天然橡胶制品的综合性能，拓宽其应用领域。

接枝天然橡胶是天然橡胶与烯烃类单体聚合接枝的产物。早在 20 世纪 40 年代初期，法国橡胶研究所首先开始 NR 接枝共聚的研究，接枝是在严格规定的条件下由 NR 和可聚合单体（聚合和接枝同时发生）来完成。聚合单体有丙烯酸酯、苯乙烯、丙烯腈等，接枝物的存在用热分析的方法得到了证实。迄今为止，作为天然橡胶接枝的可聚合单体主要是烯类单体，例如甲基丙烯酸甲酯（MMA）、苯乙烯（St）、丙烯腈（AN）、醋酸乙烯酯（VAc）、丙烯酸（AA）、丙烯酸甲酯（MA）、丙烯酰胺（AAM）、丙烯酸乙酯（EA）、丙烯酸丁酯（BA）等。

5.2.8.1　甲基丙烯酸接枝改性天然橡胶

天甲橡胶（简称MG）是甲基丙烯酸甲酯（MMA）与NR接枝共聚制备的，是目前唯一商品化的天然橡胶接枝共聚产品[136~140]。天甲橡胶主要有两种，一种含甲基丙烯酸甲酯（MMA）49%，简称为MG49；另外一种含甲基丙烯酸甲酯30%，称为MG30。

天甲橡胶的制备过程大致如下：将鲜胶乳的氨含量调整到0.5%±0.05%（质量分数），放入反应罐，不断搅拌。加入按配方计算的MMA单体乳化液，搅拌25min。使橡胶、单体和过氧化氢异丙苯缔合，否则甲基丙烯酸甲酯本身聚合反应大于渗入橡胶的速率，就会使橡胶分子中的甲基丙烯酸甲酯数量下降，搅拌可以使反应速率大于渗入橡胶的速率，而使橡胶分子中的甲基丙烯酸甲酯含量下降。然后加入10%四乙撑五胺的水溶液，搅拌2～3min。对MG49胶乳，在1h内温度上升至55～65℃，对MG30胶乳，在30min内温度上升至42～46℃，然后静置12h，最后将防老剂悬浮液加入胶乳中，即制成MG49或MG30的胶乳。然后使胶乳凝固，将絮凝状的凝块过滤，洗涤，放在绉片机上压炼成绉片，在室温下干燥可得成品[116]。

采用乳液法制备的天甲橡胶颗粒为核壳结构，内部为天然橡胶，外部为一层聚甲基丙烯酸甲酯，如图5.79所示。

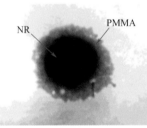

图5.79　乳液法制备的天甲橡胶的TEM照片[141]

天甲橡胶具有很高的定伸应力和拉伸强度，硬度较大，抗冲击性强，耐屈挠龟裂、动态疲劳和黏着性能好。主要用途是用来制造要求具有良好冲击性能的坚硬制品，无内胎轮胎中不透气的内贴层，合成纤维与橡胶黏合的强力胶黏剂等。由于天甲橡胶中含有甲基丙烯酸甲酯的结构单元，天甲橡胶与甲基丙烯酸甲酯有着很好的相容性。表5.39为天甲橡胶（GNR）与聚甲基丙烯酸甲酯（PMMA）的共混材料的力学性能。

■ 表5.39　GNR/PMMA共混材料的力学性能[141]

性能	GNR60/PMMA				GNR100/PMMA			
	100/0	70/30	60/40	50/50	100/0	70/30	60/40	50/50
拉伸强度/MPa	3.5	4.1	5.3	8.1	5.1	6.9	11.5	21.3
扯断伸长率/%	410.1	105.7	21.7	20.4	90.8	81.2	19.3	6.5
100%定伸应力/MPa	1.7	4.1	—	—	—	—	—	—
撕裂强度/（N/m）	13.2	15.5	16.3	25.0	28.7	61.9	46.1	44.2
邵D硬度/（°）	15.0	21.6	35.8	47.8	31.4	49.8	56.1	60.9

5.2.8.2　马来酸酐接枝改性天然橡胶[142～144]

马来酸酐单体（MAH）对合成或天然聚合物进行接枝改性的研究近些年开展的十分活跃，其接枝共聚物广泛用作反应性共混物材料、共混物组分、增容剂和复合材料基材等。热塑性材料如聚丙烯、聚乙烯、聚苯乙烯、EVA和聚酯等广泛作为马来酸酐单体接枝共聚物的主链。弹性体材料如EPDM、EPR和NR也可用作共聚物的主链。

用极性马来酸酐对天然橡胶进行接枝改性是最早尝试制备天然橡胶衍生物产品的一种方法，可改善天然橡胶在极性溶剂中的溶解性，提高其氧化稳定性。并且改性后的天然橡胶可以用CaO、MgO和ZnO等金属氧化物硫化，硫化胶具有优良的耐溶剂、耐曲挠龟裂和耐老化性。

（1）马来酸酐接枝天然橡胶共聚物的制备　马来酸酐接枝天然橡胶共聚物通常是在熔融状态下制备的，引发体系是过氧化物引发剂或者高温下在密炼机内对材料进行机械剪切而产生游离基进行接枝，此外也可通过溶液法来制备。

溶液法制备马来酸酐接枝天然橡胶的典型方法如下：在装有回流冷凝管、机械搅拌器和温度计的三口烧瓶中，加入塑炼过的天然橡胶和甲苯溶剂，升温至（70±2）℃，使NR充分溶于甲苯中。按配方加入马来酸酐单体，中速搅拌，再加入引发剂BPO，继续搅拌反应一定时间。反应结束，倒出产物，加入丙酮沉淀分离，再将沉淀物用蒸馏水洗涤3次，置于真空干燥箱中于60℃下干燥至恒重。将烘干产物在丙酮中加热回流2h，以除去未反应的单体及引发剂，提纯后产物再于真空干燥箱中60℃下干燥至恒重即可。

（2）马来酸酐接枝天然橡胶的反应机理　由于天然橡胶大分子单元中的侧甲基具有推电子作用，使双键的电子云密度增大，双键邻位α-亚甲基的氢原子很活泼，易于发生取代反应或形成稳定的大分子自由基。引发剂BPO分解产生初级自由基，进攻橡胶大分子链上的α-H产生大分子自由基，在甲苯溶液中与马来酸酐分子碰撞结合。由于马来酸酐分子结构对称，无诱导或共轭效应，空间位阻较大，不易均聚，主要以单分子悬挂到橡胶大分子链上，反应机理如下图：

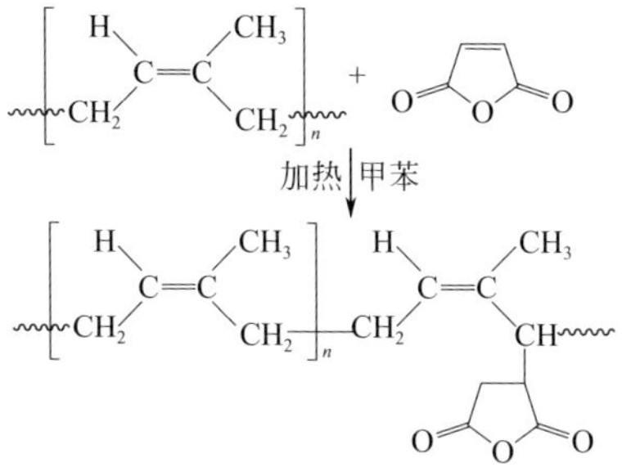

图5.80为马来酸酐接枝天然橡胶共聚物的红外谱图。与天然橡胶相比，在马来酐接枝天然橡胶共聚物的红外谱图中，在1780 cm^{-1}和1854 cm^{-1}附近，能够观察到C=O键的对称和非对称伸缩振动峰。

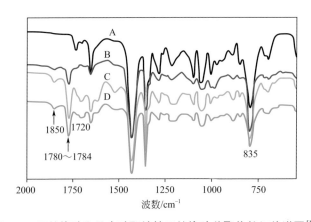

图5.80　天然橡胶和马来酸酐接枝天然橡胶共聚物的红外谱图[145]
A—天然橡胶；B、C、D—马来酸酐接枝天然橡胶共聚物，接枝量分别为3%，6%和9%

（3）马来酸酐接枝天然橡胶共聚物的应用　马来酸酐接枝天然橡胶共聚物可以用来与其他极性聚合物如PMMA共混，研究结果表明MAH接枝的NR与PMMA是相容性共混物，随着接枝共聚物中MAH单体含量的增加，共混物中PMMA分散相粒子的尺寸也随之减小。另外，将马来酸酐接枝天然橡胶共聚物与高耐磨炭黑混合，可制备出力学性能优良的复合材料。复合材料在高温下热稳定性较好；扫描电镜分析表明炭黑在基体中的分散以及界面结合情况得到了明显改善[143]。

5.2.9　天然橡胶的环化改性[146～151]

环化天然橡胶又称热异橡胶，是将天然橡胶在加热的条件与环化剂（如硫酸、硝酸、磷酸、氯磺酸、苯磺酸中的任何一种）一起反应，经历异构化过程，得到的环状结构产物。根据环化程度深浅的不同，它的软硬程度也不等，可以是非弹性的，甚至是热塑性的。

（1）基本性能　环化天然橡胶的软化点为90～120℃，相对密度为0.992，可溶于芳香烃和脂肪烃溶剂，溶解度取决于环化度。

（2）制造方法　环化天然橡胶的制备主要有以下几种方法：

① 用酸环化　通常使用氯化磺酰或硫酸作环化剂，用量约10%。将它们与天然橡胶置于125～145℃下加热1～4h，完成环化。

② 用卤化物环化　将溶解的天然橡胶与含卤（氯）化合物作用，加热干燥后得到环化天然橡胶的无定形粉末，其相对密度为0.98，可溶于橡胶溶剂中。环化天然橡胶也可由固体天然橡胶用氯锡酸在130～150℃下反应5～6h而得。

③ 加热环化　在250～300℃高温下对天然橡胶溶液加热数小时，除去分解出来的挥发物得到黄色粉末状物（即环化天然橡胶），分子量3500。

④ 脱氢还原　对天然橡胶进行加热氯化，然后用锌粉还原，最后可以得到

分子量为2500～15000的环化橡胶。

当然，也可以由天然胶乳制备环化橡胶：鲜胶乳用稳定剂处理后，加入浓度在70%以上的硫酸，在100℃下作用2h，即可使橡胶环化。在环化过程中，反应剧烈，放热量大，必须注意冷却，否则，橡胶有炭化的危险。在环化完全后，如采用非离子稳定剂，可使胶乳倾注入沸水中使之凝固；采用阳离子稳定剂，则使用酒精凝固。凝块用氢氧化钠液洗涤，再用清水冲洗，经压绉和干燥处理而得成品。使用非离子稳定剂时，当胶乳开始酸化时，必须小心操作，在剧烈搅拌下迅速加入足够的酸量，使胶乳的pH值突然超过凝固的pH范围，避免胶乳发生凝固。

（3）应用范围　环化天然橡胶呈环状结构，因而不饱和度降低，密度增大，软化点提高，折射率增大。环化天然橡胶一般用来制造鞋底和坚硬的模制品或机械的衬里；将环化天然橡胶加入油漆中可增加涂料的耐酸、耐碱和抗湿性能。对金属、木材、聚乙烯、聚丙烯和混凝土具有良好的黏着力。与普通生胶并用，可增加硫化胶的硬度、定伸应力和耐磨性能。

5.2.10　天然橡胶的老化降解及防护

5.2.10.1　天然橡胶的老化降解

天然橡胶材料及其橡胶制品在加工、储存或使用过程中，因受外部环境因素的影响和作用，出现性能逐渐变坏、直至丧失使用价值的现象称为老化。引起橡胶老化的因素非常复杂，在不同的因素作用下，老化机理也不尽相同。橡胶的老化主要有热氧老化、臭氧老化、光和热等物理因素引起的老化、疲劳老化等，其中热氧老化是橡胶老化中最常见最普遍的形式[66,152]。

橡胶的老化过程主要发生降解和交联两种反应。这两种反应并非彼此孤立的，它们往往同时发生，由于橡胶分子结构的特征和老化条件不同，使其中一种反应占主导地位。天然橡胶的老化，主要发生降解反应，表现为分子量降低、制品发黏、弹性丧失。

（1）热氧老化　热氧老化反应的主要特征是：氧化反应式自由基连锁反应；反应是自动催化过程，氢过氧化物的累积起到了自动催化的作用；自由基连锁反应最终以链降解或交联而终止。天然橡胶的热氧老化主要以降解反应为主，热氧老化的整个反应过程机理如图5.81所示[153]。

对于硫黄硫化的天然橡胶硫化胶，在高温下，硫化胶中的硫还能与氧发生反应，造成交联网络的破坏或变化，其反应机理如图5.82所示[153]。

热氧老化后，天然橡胶硫化胶的性能会发生显著的变化。图5.83为天然橡胶硫化胶在不同温度下热空气老化不同时间后的性能变化[154]。随着老化时间的增加，天然橡胶的拉伸强度和扯断伸长率逐渐下降，下降幅度随温度的升高而显著增加。在120℃下热空气老化20h后，天然橡胶硫化胶的拉伸强度降至10 MPa左右。

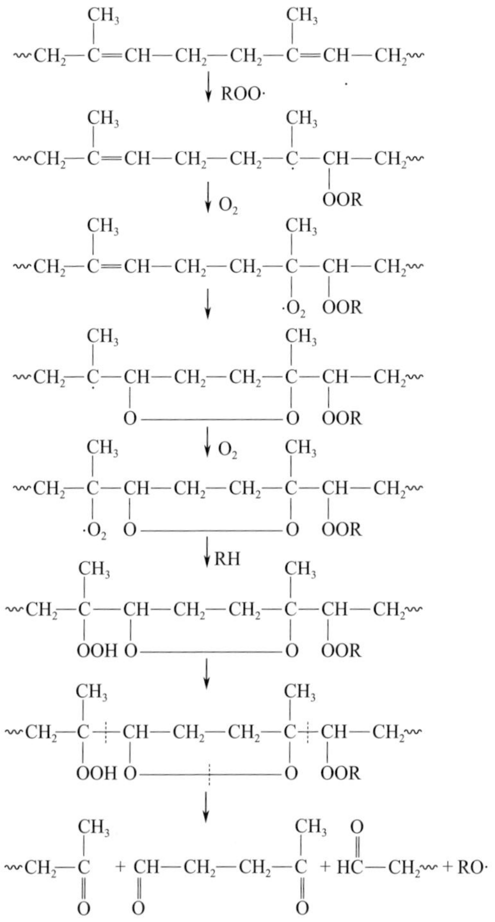

图5.81　天然橡胶的热氧降解[153]

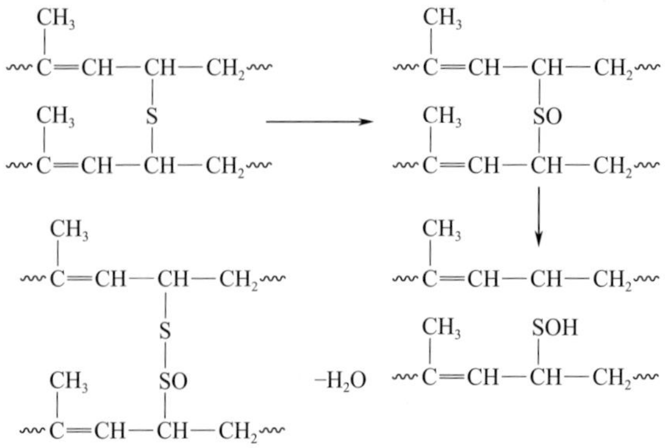

图5.82　硫黄硫化的天然橡胶中交联结构的热氧降解反应[153]

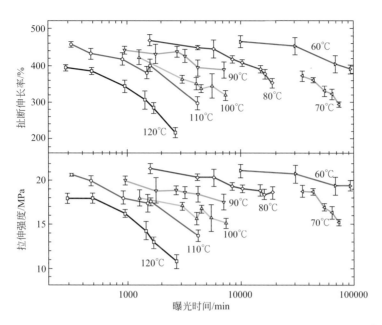

图5.83　天然橡胶硫化胶在不同温度下热空气老化不同时间后的性能变化[154]

（2）臭氧老化　臭氧主要存在于距地表20km的臭氧层中，在地表大气中也存在稀薄的臭氧。虽然大气中臭氧的浓度很低，但少量的臭氧就会导致橡胶制品表面出现龟裂情况，使橡胶制品的性能严重下降。与饱和橡胶相比，臭氧与不饱和橡胶的反应速率快得多。臭氧与双键的加成反应是一种亲电反应，当不饱和双键原子连有供电子基团（如烷基）时，可加快与臭氧的反应。因此，与其他不饱和橡胶相比，天然橡胶具有更快的臭氧化速率。臭氧与二烯烃类橡胶的反应机理大致如下[155]：

与热氧老化相比较，臭氧老化有两大特征[66]：

（a）臭氧与二烯烃橡胶的反应相当快，反应活化能很低，说明橡胶的臭氧老化是一种表面反应，未受应力的橡胶表面反应深度为（10～50）×10⁻⁶mm厚。

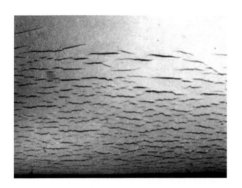

图 5.84　天然橡胶硫化胶的臭氧龟裂的照片[156]
（臭氧浓度 500μg/L，10h）

（b）臭氧老化与橡胶的应力或应变有关。未经过拉伸的橡胶与臭氧反应后会在表面形成一层灰白色的没有弹性的臭氧化物的硬脆膜；当橡胶的伸长或所受应力高于某一临界伸长或临界应力时，表面产生臭氧龟裂（图 5.84），且龟裂时的裂纹方向与受力的方向垂直。橡胶发生龟裂后，裂口处暴露出来的新鲜橡胶会继续与臭氧反应，使裂口不断增长。

（3）物理因素引起的老化　橡胶在高温、光、高能辐射和机械力等因素作用下，会使大分子主链或侧基断裂而导致老化。

① 热降解老化　高聚物在隔绝空气或惰性气体中，当热能达到化学键的分解能时，可使大分子主链断裂，产生热降解老化现象。天然橡胶在温度达到 200℃时，开始发生降解，高于 300℃时降解迅速。经分析，其热降解产物主要是分子量约 600 的低分子物，此外还有少量的异戊二烯单体、戊烯和双异戊二烯等。橡胶在热降解时，主要在分子链的弱键处断裂。

② 光老化　天然橡胶对光照敏感，降解受外界影响很大，在真空或惰性气体中，用紫外光照射，在低于 150℃时出现凝胶化现象，并析出氢气。

$$\text{\textasciitilde}CH_2-\underset{\underset{CH_3}{|}}{C}=CH-CH_2\text{\textasciitilde} \xrightarrow{hv} \text{\textasciitilde}\overset{\cdot}{C}H-\underset{\underset{CH_3}{|}}{C}=CH-CH_2\text{\textasciitilde} + H\cdot$$

$$2\text{\textasciitilde}\overset{\cdot}{C}H-\underset{\underset{CH_3}{|}}{C}=CH-CH_2\text{\textasciitilde} \longrightarrow \text{\textasciitilde}CH-\underset{\underset{CH_3}{|}}{C}=CH-CH_2\text{\textasciitilde}$$

若在 200～300℃光照时，则会产生少量的异戊二烯单体：

$$\text{\textasciitilde}CH_2-\underset{\underset{CH_3}{|}}{C}=CH-CH_2\text{\textasciitilde} \longrightarrow \left[\underset{\underset{CH_3}{|}}{CH_2-C}-CH_2=CH+CH_2-\underset{\underset{CH_3}{|}}{C}-CH_2-CH_2\right] \xrightarrow{\text{均降解}} 异戊二烯单体$$

③ 高能辐射老化　在高能辐射如 X 射线、γ 射线等作用下，橡胶结构会发生巨大变化，导致离子化作用和自由基产生，使分子主链断裂、侧基脱落或相互交联成网状。

④ 疲劳老化　橡胶的疲劳老化是指橡胶制品在受到某种频率和周期应力的作用下，橡胶材料的分子结构发生改变而出现的老化现象。在真空或惰性气体中，橡胶的疲劳老化主要是物理过程。老化的原因是在交变力场中，由于分子链

摩擦的缘故，每一个往复周期内所受的力不能完全松弛掉。存在的剩余应力不断叠加，再加上分子内摩擦生热的累积，直至分子链弱键断裂并形成裂纹，在裂纹端部产生应力集中，从而使裂纹不断增长，最终丧失使用价值。在实际情况下，疲劳老化并非是单纯的物理老化过程，往往伴随着化学反应，与温度、氧、臭氧、光及化学介质等环境因素相耦合。天然橡胶的化学性质活泼，其疲劳老化主要是在力场下与空气中的氧气、臭氧或其他具有活性的物质发生反应，使大分子链产生断裂、再度交联等化学变化。

⑤ 接触介质老化　暴露于自然环境（如空气、海水等）中使用的橡胶材料，会与各种介质接触，这些介质可能会加速天然橡胶的老化。图5.85（a）为放置在不同温度的海水中的天然橡胶的性能随时间的变化情况。随着放置时间的增加，天然橡胶的拉伸强度和扯断伸长率逐渐下降，下降速率随温度的升高而显著增加。在98℃下热放置500h后，天然橡胶硫化胶的拉伸强度降至10 MPa左右。与在空气中老化的天然橡胶硫化胶相比 [图5.85（b）]，相同温度条件下，放置在海水中的天然橡胶的老化速率更快。

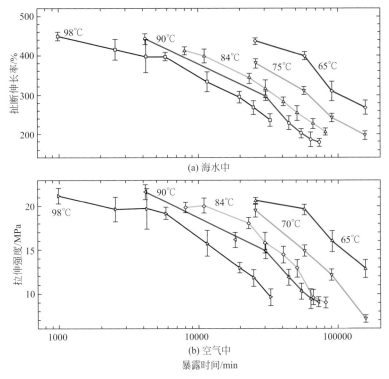

图 5.85　天然橡胶在不同温度下海水中和空气中老化不同时间后的性能变化[154]

5.2.10.2　天然橡胶的老化防护措施

橡胶的老化现象不能防止，只能采取化学的或物理的方法延缓或阻滞，达到延长橡胶制品使用寿命的目的。橡胶的老化防护可以分为化学防护和物理防护两种。

（1）化学防护法[66]　在橡胶中添加化学防护剂可以有效延缓或阻滞橡胶的老化反应，是目前提高橡胶耐老化性能的一种普遍采用的方法。防老剂的作用机理一般是破坏橡胶的氧化链反应或削弱氧化过程的反应速率。根据对各种老化现象的防护作用，化学防老剂可分为抗氧剂、抗臭氧剂、抗疲劳剂或屈挠龟裂抑制剂、金属离子钝化剂和紫外光吸收剂等。

① 抗氧剂　抗氧剂是一类化学物质，当其在聚合物体系中仅少量存在时，就可延缓或抑制聚合物氧化过程的进行，从而阻止聚合物的老化并延长其使用寿命，因此又被称为"防老剂"。根据聚合物的热氧化降解机理，在热氧化过程中产生的不稳定自由基和氢过氧化物是引起聚合物性能劣化的主要因素，抗氧剂的作用机理正是用来终止活性自由基和分解氢过氧化物的。具有抑制自由基连锁反应作用的自由基抑制剂称为主抗氧剂，具有分解氢过氧化物作用的氢过氧化物分解剂称为辅助抗氧剂。

a.主抗氧剂　主抗氧剂主要包括主要包含胺类和酚类两大类（简称AH），其作用机理是通过与氧化过程中产生的ROO• 自由基作用，终断链式反应，来抑制或延缓氧化反应，因此也称链断裂型防老剂。主抗氧剂的防护机理如下：

$$AH + R\cdot \longrightarrow A\cdot + RH$$
$$ROO\cdot + AH \longrightarrow ROOH + A\cdot$$
$$ROO\cdot + A\cdot \longrightarrow ROOA$$
$$A\cdot + A\cdot \longrightarrow A-A$$

式中ROOA和A—A均为稳定化合物。要使AH有防老化作用，自由基A• 的活性必须低于自由基R• 的活性并且不会继续进行连锁反应。

b.助抗氧剂　主要包括硫代酯和亚磷酸酯两大类，通常与主抗氧剂并用。助抗氧剂的作用是将已经形成的氢过氧化物ROOH分解成不含有自由基的产物，从而减缓自动催化效应，也就是阻止新的链引发。

含硫化合物主要是一硫化物和二硫化物，例如硫醇（R'SH）类化合物：

$$ROOH + 2R'SH \longrightarrow ROH + R'-S-S-R' + H_2O$$

$$R'-S-S-R' + 2ROOH \longrightarrow \left[R'-\overset{\overset{O}{\|}}{\underset{\underset{O}{\|}}{S}}-SR' \right] + 2ROH$$
$$\longrightarrow R'-S-R' + SO_2$$

硫醚R'—S—R'类化合物亦可继续反应：

$$R'-S-R' + ROOH \longrightarrow R'-\overset{\overset{O}{\uparrow}}{S}-R' + ROH$$

$$R'-\overset{O}{\underset{}{S}}-R' + ROOH \longrightarrow R'-\overset{\overset{O}{\|}}{\underset{\underset{O}{\|}}{S}}-SR' + ROH$$

由上述反应可以看到，理想情况下，2mol的硫醇可以分解掉5mol的氢过氧化物。若用二硫代氨基甲酸盐类二硫化物则效率更高，1mol二硫化氨基甲酸盐能分解7mol的氢过氧化物。

含磷化合物主要是亚磷酸酯类化合物，效果逊于含硫化合物，1mol亚磷酸酯只能分解1mol氢过氧化物。

$$ROOH + R'_3P \longrightarrow ROH + R'_3PO$$
$$ROOH + (R'O)_3P \longrightarrow ROH + (R'O)_3PO$$

② 金属离子钝化剂　由于变价金属离子可通过单电子转移的氧化还原反应使氢过氧化物分解产生催化氧老化过程，为了防止或抑制金属离子对聚合物催化氧化作用而加入的物质称为金属离子钝化剂或金属钝化剂（metallic passivator）。金属离子钝化剂分子中一般含有N、O、S、P等单独存在的配位原子，或同时存在羟基、羧基、酰胺基等官能团，因此具有多官能度的特点。这类化合物可与金属离子形成热稳定性高的络合物，从而使其失去活性。金属离子钝化剂的钝化效率与其结构有一定关系。一般来说，取代基为吸电子基团时，钝化效率降低，如为供电子基团时，则增大了络合物的稳定性，钝化效率提高。另外金属离子钝化剂在金属离子周围的排列状态、络合物环的数目及大小、两个螯合基之间桥式连接的长度、烷基取代基的空间位阻等因素也影响其钝化效率。

工业界已开发的金属离子钝化剂主要是肼类衍生物，如芳香族酰肼与受阻酚取代的脂肪酸酰氯生成的 N,N'-二取代肼类化合物、芳香醛与芳香酰肼反应生成的腙类化合物、脂肪族二羧酸的酰肼与脂肪族酰氯反应生成的肼类化合物和水合肼与芳香族酰氯反应生成的肼类化合物。此外，三聚氰胺、苯并三唑、8-羟基喹啉、腙和肼基三嗪的酰基化衍生物，氨基三唑及其酰基化衍生物，苄基膦酸的镍盐，吡啶硫酸锡化合物，硫联双酚的亚磷酸酯等，均可作为金属离子钝化剂。但是，单纯使用金属离子钝化剂，有时不能完全抑制金属离子的催化作用，往往将金属离子钝化剂与常用的胺类或酚类抗氧剂并用可以提高钝化效果。

③ 抗臭氧剂。抗臭氧剂是指通过化学作用（或通过物理和化学过程的结合）延缓或阻止物料与臭氧作用的物质。在橡胶中加入化学抗臭氧剂是广泛使用的防止橡胶制品臭氧老化的方法。关于抗臭氧剂的作用机理目前主要有以下几种观点[157]。

a.清除剂（scavenger）的观点，即橡胶中的抗臭氧剂扩散到橡胶制品表面，与臭氧反应，从而把攻击橡胶的臭氧清除掉。因此，抗臭氧剂与臭氧的反应速率必须要大于橡胶中双键与臭氧的反应速率，而且抗臭氧剂必须具有一定的扩散速率，以保证有效地从橡胶内向外扩散，保持平衡的表面浓度。

b.防护膜（protective film）机理，即抗臭氧剂与臭氧反应在橡胶表面上形成一层防护膜，隔断了臭氧对橡胶的攻击。

c.重新键合（relinking）理论，该理论认为抗臭氧剂能够阻止臭氧化聚合物断链或促使断裂键再结合，从而抑制了臭氧龟裂。

d. 自愈合膜（self-healing film）理论。该理论认为抗臭氧剂与橡胶臭氧化物或两性离子反应，在表面上形成了低分子量、惰性的、易流动的"自愈合膜"。

对于不同的抗臭氧剂，其作用的机理可能各有不同，即使对某一抗臭氧剂，也可能包含几种作用机理。虽然各种理论都有相关的数据论证，但目前人们较普遍的认为抗臭氧剂的作用机理是清除剂与保护膜共存的结果。

④ 疲劳老化　橡胶的疲劳老化是指橡胶在受到某种频率和周期应力的作用下，橡胶材料的分子结构发生改变而出现破坏现象。由于氧及臭氧都影响疲劳老化过程，疲劳老化的防护往往是在橡胶中加入抗氧剂和抗臭氧剂来实现。研究表明，对苯二胺类防老剂（尤其是防老剂4010NA，IPPD）有良好的抗疲劳老化效果。

Katbab[158]等用顺磁共振谱研究了加有IPPD的天然橡胶的疲劳过程，提出了以下二苯胺类防老剂的疲劳老化防护机理：

$$
\begin{aligned}
&R'R''NH + ROO\cdot \longrightarrow R'R''N\cdot + ROOH \\[4pt]
&R'R''N\cdot + ROO\cdot \longrightarrow [R'R''N{-}OOR] \longrightarrow R'R''N{-}O\cdot + \cdot OR \\[4pt]
&R'R''N{-}O\cdot + CH_2{=}\underset{\underset{CH_3}{|}}{C}{-}CH{-}CH_2\text{\large$\sim$} \longrightarrow [R'R''N{-}O{-}CH_2{-}\underset{\underset{CH_3}{|}}{C}{=}CH{-}CH_2\text{\large$\sim$}] \\[4pt]
&\longrightarrow R'R''N{-}OH + CH_2{=}\underset{\underset{CH_3}{|}}{C}{-}CH{=}CH\text{\large$\sim$}
\end{aligned}
$$

上述机理表明，IPPD第一步与过氧自由基（ROO•）迅速反应生成氮氧自由基，第二步氮氧自由基与分子链自由基（R•）进行有效的终止及再生反应，使疲劳过程产生的较多ROO•及R•稳定化，从而有效地抑制了橡胶的疲劳老化。

⑤ 光稳定剂　光稳定剂主要用于紫外光的防护，抑制光对橡胶的催化氧化。在橡胶领域，由于橡胶多配以炭黑作补强剂，使制品具有优良的抗紫外光老化性能，故抗紫外光剂在橡胶工业中的应用并不广泛。但对透明、半透明及浅色制品来说，抗紫外光剂的使用对提高耐光老化性能仍然十分重要。根据稳定机理，可分为三种类型：光屏蔽剂、紫外线吸收剂和猝灭剂。

a. 光屏蔽剂　光屏蔽剂是能反射紫外光，使其不透入橡胶内部，或兼有吸收紫外光和抗氧老化作用的物质。例如有机颜料中的酞菁蓝或酞菁绿以及无机颜料中的镉黄、镉红和钛白、氧化锌等，炭黑也是很好的光屏蔽剂。

b. 紫外线吸收剂　紫外线吸收剂的作用原理是能够强烈地吸收$250 \sim 400$ nm的紫外光，使橡胶材料不受紫外光的照射，从而提高材料的耐老化性能。常用的紫外线吸收剂有苯并三唑类、二苯甲酮类及氰基丙烯酸酯类化合物等。

c. 猝灭剂　也称能量转移剂。其作用机理是从激发态吸收能量，把激发态氧和激发态羰基等转为基态。与紫外线吸收剂相似，区别在于猝灭剂是通过分子间的作用转移激发态的能量，而紫外线吸收剂是分子内自身的能量转移，但结果都是恢复到基态。

虽然化学防老剂可根据防护功能可分为抗氧剂、抗臭氧剂、抗疲劳剂或屈挠龟裂抑制剂、金属离子钝化剂和紫外光吸收剂等，但多数防老剂可同时具有多种防护功能，难以区分。因此化学防老剂通常是按其化学结构进行划分，大致可分为胺类、酚类、杂环类和其他等几类。可以参加有关防老剂手册[96]。

（2）物理防护法　在天然橡胶老化防护中除使用化学防老剂外，还可以使用物理防老剂如石蜡。石蜡在橡胶硫化过程中不参与反应，仅仅是溶解到橡胶中，当橡胶硫化完并冷却后，由于处于饱和状态，石蜡会慢慢渗出到橡胶制品的表面并形成一层物理防护膜，能有效地阻止氧气和臭氧的进入，从而起到防老化的作用。目前主要有三种石蜡在橡胶工业中应用。

① 普通石蜡　普通石蜡的主要成分是 $C_{18}H_{38} \sim C_{32}H_{66}$，基本上是直链烷烃结构，它在橡胶中的迁移速率较快，能较快地形成保护膜。

② 微晶蜡　微晶蜡的主要成分是 $C_{34}H_{70} \sim C_{80}H_{162}$，其中既有直链烷烃，也有支链烷烃和环烷烃，在橡胶中的迁移速率较慢，形成的保护膜的时间稍长，防护效果较长。

③ 橡胶防护蜡　橡胶防护蜡的主要成分是 $C_{20}H_{42} \sim C_{57}H_{116}$，其中既有直链烷烃，也有支链烷烃和环烷烃。在橡胶中的迁移速率介于普通石蜡和微晶蜡之间。

不同品种的石蜡在橡胶中的溶解度不同，依次是普通石蜡＞橡胶防护蜡＞微晶蜡。只有当石蜡的用量高于其溶解度时，才能迁移至橡胶表面，形成防护膜，但保护膜如果过厚，容易开裂和脱落，影响其防护的效果，而且造成胶料性能下降，通常来讲，用量不宜超过2份[66]。

5.3　三叶橡胶的应用　◀◀◀

由于天然橡胶具有一系列独特的物理化学性能，尤其是其优良的回弹性、优异的抗撕裂特性、绝缘性、隔水性以及可塑性等特性，并且，经过适当处理后还具有耐油、耐酸、耐碱、耐热、耐寒、耐压、耐磨、耐疲劳等宝贵性质，因此具有广泛用途。特别是其特有的应变诱导结晶性能，使其在飞机轮胎、工程轮胎、全钢载重子午线轮胎、坦克负重轮胶胎、大型建筑和桥梁支座等制品中，具有合成橡胶所无法替代的地位。在探空气球和避孕产品上，拉伸结晶性能也是其高质量的保证。除此之外，工业上使用的传送带、运输带、耐酸和耐碱手套，日常生活中使用的雨鞋、暖水袋、松紧带，医疗卫生行业所用的外科医生手套、输血管，农业上使用的排灌胶管、氨水袋，科学试验用的密封、防震设备，甚至火箭、人造地球卫星和宇宙飞船等高精尖科学技术产品都离不开天然橡胶。目前，世界上部分或完全用天然橡胶制成的物品已达7万种以上。

有关天然橡胶加工应用的书籍和手册有不少，本书限于篇幅和重点，只对三叶天然橡胶的应用做一下总体介绍。

5.3.1 固体三叶橡胶应用

5.3.1.1 轮胎

天然橡胶最大的用量是轮胎工业，如图5.86所示。

当前，天然橡胶主要用于飞机轮胎、全钢载重子午线轮胎和工程轮胎等。在这些轮胎中，其不同部件，比如胎面胶、胎侧胶、三角胶、内衬层、带束层等都要全部采用或者部分并用天然橡胶。子午线轮胎的典型结构如图5.87所示。各种橡胶的化学结构、特性及在轮胎中的适应使用部位如表5.40所列[159]。

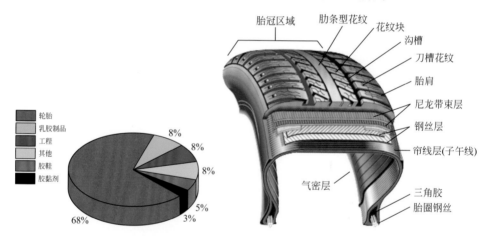

图5.86　天然橡胶在各种制品中的用量图　　图5.87　典型子午线轮胎结构图

表5.40　轮胎用橡胶特性及使用部位表

种类	NR	SBR	BR	IR	IIR
拉伸强度/MPa	20～31	20～28	19～25	20～31	15～18
弹性	☆～○	☆	○	☆～○	▽
耐磨性	☆	☆～○	○	☆	▽
耐热性	☆	☆～○	☆～○	☆	○
抗撕裂性	○	☆	▽	☆	☆
耐老化性	☆	☆	☆	☆	○
气密性能	☆	☆	▽	☆	○
应用部位	带束层、帘布层、胎圈、胎冠、胎侧	胎冠、胎侧、胎圈、帘布层、带束层	胎冠、胎侧、胎肩	胎冠、胎侧	内衬层、内胎

注：○—良；☆—中；▽—差。

胎面胶直接与地面接触，轮胎通过胎面传递牵引力，胎面由于要承受苛刻的外部应力作用而易于磨耗损坏。因此胶料除应具有较高的耐磨性能外，还应具有较高的拉伸撕裂性能和弹性，以降低轮胎的生热和改善耐切割性能，并且在高温和长时间老化后仍能有良好的性能保持率，提高使用寿命。因此，胎面胶配方中，大型轮胎一般以天然橡胶单用为主，中型以下规格并用丁苯橡胶或顺丁橡胶。大型轮胎胎面主要以天然橡胶为主，一方面是因为其拉伸结晶特性所赋予的高度抗破坏性能，另一方面则是因为天然橡胶自黏性很好，流动性也不错，便于大型轮胎成型工艺（如缠绕法成型）的实施，最后，天然橡胶与骨架材料优良的黏合性能也是重要的原因。近年来在大型轮胎中并用丁苯橡胶逐渐成为主流，这是由于并用丁苯橡胶可以降低分子链柔顺性，使其在应变过程中能够吸收大量的能量，提高基体耐磨耗和耐切割性能。

飞机轮胎和巨型轮胎如图5.88所示，其典型配方见表5.41和表5.42。

(a) 飞机轮胎　　　　　　　　　　　　　　(b) 巨型轮胎

图5.88　飞机轮胎（左）和巨型轮胎（右）

■ 表5.41　低生热飞机轮胎配方表

材料	含量（质量份）/份	材料	含量（质量份）/份
1# 天然烟片胶	100	中超耐磨炭黑 N220	40 ～ 50
高分散白炭黑	5 ～ 15	白炭黑分散剂	1 ～ 5
硅烷偶联剂	1 ～ 5	热稳定剂 HS-80	1 ～ 4
氧化锌	3 ～ 5	导热增强剂 TB-S	1 ～ 4
硬脂酸	1 ～ 3	对苯二胺类防老剂 400	1 ～ 4
防护蜡	1 ～ 3	酮胺类防老剂 RD	1 ～ 4
不溶性硫黄 IS-60	1 ～ 3	次磺酰胺类促进剂 NS	0.5 ～ 3
防焦剂 CTP	0.1 ～ 0.3	抗硫化返原剂 WK-901	0.5 ～ 1

■ **表5.42** 典型全钢工程子午线轮胎胎面胶配方表

原材料	含量（质量份）/份	含量（质量份）/份	含量（质量份）/份
天然橡胶	100	80	70
丁苯橡胶（1500）	—	—	—
顺丁橡胶	—	20	30
氧化锌	5	5	4
硬脂酸	4	2.5	3
防老剂4010NA	1	2.5	1.5
防老剂RD		1.5	1.5
防老剂A	1	—	—
防老剂BLE	1	—	—
石蜡	1.2		1
中超耐磨炉黑	45	—	—
高耐磨炉黑	—	55	—
炭黑N220	—	—	45
松焦油	4.5	—	—
芳烃油	—	3	6
促进剂NOBS	0.45	0.9	0.9
硫化剂DTDM	0.5	—	—
硫黄	1.5	1.8	2
防焦剂CTP	0.2	—	—

胎侧是轮胎侧向变形最大的部位，经受频繁的屈挠变形，因此胎侧胶应具有优异的耐屈挠性能。另外，胎侧直接和大气接触，还应具有良好的耐大气老化性能。胎侧胶配方一般采用天然橡胶与顺丁橡胶并用，斜交轮胎还可并用丁苯橡胶，防老剂用量较高，以提高耐老化性能。

带束层胶、帘布胶、三角胶和包布胶或要求优异的物理机械性能，或要求良好的黏合性能，或要求两者兼顾，为了达到这些性能，一般都采用天然橡胶。

内衬层或内胎通常在高温和伸张状态下使用，要求胶料首先要有优异的气密性能，还要求较低的定伸应力和较高的高温长时间老化后的性能保持率，同时弹性要好、永久变形要小。卤化丁基橡胶由于优异的气密性能是制备内衬层和内胎的首选原材料，通常卤化丁基橡胶并用部分（20～30质量份）天然橡胶使用以改善加工性能（特别是自黏和互黏性能）和硫化性能。另外，内胎有全用天然橡胶或天然橡胶并用丁苯橡胶制造，这种情况下，硫黄的用量一般较小，以改善耐老化性能和抗撕裂性能。

天然橡胶高抗撕、高弹性、易加工的特性，也使其在一些苛刻条件下服役使用的工程车辆和军用车辆用实心胶胎上广泛采用。图5.89是坦克及其负重轮实心胶胎产品图片，表5.43是笔者总结的坦克负重轮胶胎的配方表。

负重轮胶胎

图 5.89 坦克及其负重轮胶胎图

■ **表 5.43** 坦克负重轮胶胎配方表

材料	含量（质量份）/份	材料	含量（质量份）/份	材料	含量（质量份）/份
天然橡胶	100	炭黑 N220	50～70	双马来酰亚胺（HVA-2）	1～2
氧化锌	4	硬脂酸	2	防 4010NA	1～2
芳烃油	5～10	促进剂 MBTS	1～2	硫黄	0.5～3

5.3.1.2 胶带、胶管和胶布

（1）**橡胶输送带** 橡胶输送带是最大型化（最长可达几十公里）、影响力仅次于轮胎的第二大类橡胶复合材料工业制品，号称"平动轮胎"，是冶金、水泥、矿山、煤炭等国家重点产业实现高效连续化物料现场输送必不可缺的关键部件，其结构和应用如图 5.90 所示。

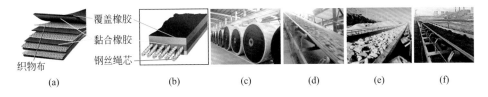

覆盖橡胶
黏合橡胶
钢丝绳芯
织物布

(a)　　　　(b)　　　　(c)　　　　(d)　　　　(e)　　　　(f)

图 5.90 输送带结构和应用

（a）耐热输送带、阻燃输送带结构（织物增强）；（b）高抗撕输送带结构
（钢丝绳芯增强）；（c）成卷待发的输送带产品；（d）输送有红火的
炼钢厂高温物料；（e）、（f）矿山和煤矿物料输送

输送带主要由抗拉层和覆盖胶层组成，其中，抗拉层承受几乎全部负荷，因此应具有一定的强度和刚度；覆盖胶层是抗拉层的保护层，保护抗拉层免受物料直接冲击、磨损和腐蚀，提高输送带使用寿命。覆盖胶层有上下之分，与物料接触的一面是上覆盖胶层，另一面是下覆盖胶层，通常上覆盖胶层比下覆盖胶层厚。根据不同的使用条件，覆盖胶层不仅要耐磨耗、耐撕裂和耐冲击，而且要耐酸、耐碱、耐寒、耐热、导电和阻燃等，各种输送用覆盖胶的物理性能见表 5.44[160]。

■ **表5.44** 各种输送带用覆盖胶的物理性能表

类别	代码	性能特征	拉伸强度/MPa	断裂伸长率/%	磨耗量/mm³	工作温度/℃
通用型	H	超高负荷，耐切割、撕裂	24	450	120	−40～80
	D	高负荷，高耐磨	18	400	100	−30～80
	L	标准负荷，耐磨	15	350	200	−30～80
	Q	中、轻负荷，耐磨	10	300	300	−25～60
耐热型	T1	中等耐热	18	400	175	−25～100
	T2	中高耐热	12	400	300	−25～150
	T3	高耐热	10	400	200	−25～200
阻燃型	S（橡胶）	高阻燃，导静电	15	350	200	−25～80
	V（PVC）	高阻燃，导静电	12	300	280	−10～50
耐油型	G	耐矿物油酯	13	350	200	−25～60
耐寒型	R	高耐寒，耐磨	18	450	100	−45～80

　　输送带所用聚合物品种众多，可以分为橡胶类和树脂类。普通输送带通常采用天然橡胶或天然橡胶与丁苯橡胶并用，近年来橡胶和塑料并用成为研究热点。特殊用途的输送带则采用具有特殊性能的橡胶。总体来说，强度在中量级以上的织物芯带与钢丝绳芯带多用橡胶，所用橡胶中又以NR、SBR、IR和BR居多。NR有较高的抗切割性能，SBR耐磨损，其他如CR、NBR、EPR和IIR则用于有特殊性能要求的输送带；硅橡胶和氟橡胶也有使用，但仅限于某些特殊性能带的表面层；PVC树脂常用于整体编织芯输送带及轻型输送带；PU树脂则多用于食品业和表面光滑且耐磨性强的轻型带。

　　典型的普通输送带覆盖胶配方见表5.45[160]。在采用天然橡胶或天然橡胶并

■ **表5.45** 普通输送带覆盖胶配方

H级（24MPa）		D级（18MPa）		L级（15MPa）		Q级（10MPa）	
组分	用量/份	组分	用量/份	组分	用量/份	组分	用量/份
NR	80	SBR1500	100	SBR1712	65	SBR1712	100
SBR1500	20	炭黑HAF	50	BR	35	炭黑HAF	60
炭黑HAF	45	氧化锌	5	炭黑ISAF	65	氧化锌	5
氧化锌	5	硬脂酸	1.5	氧化锌	4	硬脂酸	1.5
硬脂酸	1.5	促进剂	0.75	硬脂酸	1	陶土	20
促进剂	0.5	硫黄	2	促进剂	1.2	改性碳酸钙	65
硫黄	3	防老剂	1.5	硫黄	2	促进剂	1.4
防老剂	1.5	抗臭氧剂	1.5	防老剂	2	硫黄	1.75
抗臭氧剂	1.5	操作油	3.5	芳烃油	25	防老剂	2
操作油	5	古马隆树脂	5	古马隆树脂	5	芳烃油	15
—		石蜡	2	石蜡	2	古马隆树脂	5
—		—		—		石蜡	1

用丁苯橡胶的配方中，含胶率50%～55%，中超耐磨炭黑45～50份，软化剂一般采用芳烃油、古马隆树脂和石油树脂，促进剂一般采用M和DM并用，CZ和NOBS等后效性促进剂适用于丁苯橡胶配方，硫黄用量2.5份左右，丁苯橡胶配方中用量减少至1.5～2份。

天然橡胶有很高的抗撕裂强度，优良的弹性以及黏合性能，目前，大型钢丝绳芯输送带主要以天然橡胶为主，有时为了进一步提高耐磨性和抗切割性能，并用部分丁苯橡胶。

（2）胶管　胶管为中空可挠性管状橡胶制品，通常都用于在正压或负压条件下输送或抽吸各种气体、液体、黏流体和粉粒状固体等物料，其管状结构主要由内胶层、骨架层（纤维纺织物或金属线材）和外胶层组成，如图5.91所示。胶料在胶管的整体结构中是很重要的组成部分，主要包括内层胶、外层胶、缓冲胶、擦布胶和胶浆胶等。

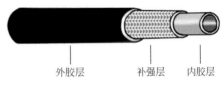

外胶层　　　　补强层　　　内胶层

图5.91　胶管结构图

内层胶直接与输送物料接触，同时大部分胶管都是在动态情况下使用的，承压状态比较复杂，因此是胶管结构中关键的胶层。其必须具有一定的拉伸强度、断裂伸长率、弹性和耐老化性能，同时要有良好的致密性和密封性。胶种一般以天然橡胶和丁苯橡胶为主，或以天然橡胶和丁苯橡胶、顺丁橡胶等通用橡胶并用，也可采用橡胶塑料并用，并可使用适量再生胶，其含胶率以25%～30%为宜，这是为了保证加工精度和降低成本。

外层胶的主要作用是保护胶管的整体结构，尤其是保护骨架层不受外界损伤。胶种通常采用氯丁橡胶，主要是提高耐老化性能，并与天然橡胶、丁苯橡胶等通用橡胶并用，也可使用适量再生胶，其含胶率一般在35%左右。

缓冲胶、擦布胶和胶浆胶的主要作用是使骨架层和内外胶层紧密结合，成为一个牢固的整体，因此不仅要有良好的黏合性能，还应具有足够的拉伸强度、断裂伸长率、弹性、定伸应力和耐屈挠疲劳等物理机械性能。胶种通常采用天然橡胶为主，并用部分丁苯橡胶、顺丁橡胶，为了提高胶料柔软性和工艺适应性，可以并用适量再生胶，缓冲胶含胶率一般25%左右，擦布胶含胶率一般35%～40%[161,162]。

典型难燃胶管各部位配方见表5.46[163]。

■ 表5.46　典型难燃胶管各部位配方表　　　　　　　　　　单位：质量份

配方	内层胶	缓冲胶	外层胶
NR	20	85	30
SBR	60	15	50
BR	20	0	20

续表

配方	内层胶	缓冲胶	外层胶
再生胶	35	20	35
硫黄	2.4	2.8	2.4
氧化锌	5	5	5
硬脂酸	2	2	2
促进剂	1.8	2.2	1.8
防老剂	2	1	3
阻燃剂	60	55	70
补强剂	55	15	55
填充剂	40	45	30
软化剂	25	25	25

（3）胶布 胶布是橡胶工业最早的产品之一，是由单层或多层织物表面、中间经涂覆含橡胶成分的胶层或微孔胶层制成，是具有弹性和屈挠性的薄型橡胶制品。

在胶布胶种选择中，普通胶布一般选用通用橡胶，如天然橡胶、丁苯橡胶、顺丁橡胶和氯丁橡胶等，含胶率为30%～60%；特殊胶布要选用具有相应特殊性能的胶种，如耐热胶布选用乙丙橡胶、硅橡胶或氟橡胶，含胶率40%～50%；气密性好的胶布选用丁基橡胶，含胶率一般70%～95%；耐油胶布可选用丁腈橡胶、氯丁橡胶、丙烯酸酯橡胶和聚硫橡胶等，含胶率50%～80%。胶布除使用橡胶外，还可与聚乙烯、氯化聚乙烯、聚氯乙烯、乙烯-乙酸乙烯酯、聚丙烯等树脂并用，借以降低成本，改进胶布质量。树脂的并用量随胶布的用途而异，一般衣料用胶布的胶料中，树脂用量通常为橡胶量的5.0%～11.0%；工业类胶布的树脂用量一般为橡胶量的11%～43%。

典型的充气类胶布制品的配方见表5.47，救生艇/筏、漂浮船/筏、气垫床等，2013年引起广泛关注的艺术品大黄鸭，如图5.92所示，也是用此制备的。

■ **表5.47** 典型的充气类胶布制品的配方表   单位：质量份

材料	含量	材料	含量	材料	含量
天然橡胶	70	丁苯橡胶	30	硫黄	0.5
促进剂DM	0.4	促进剂TMTD	2.3	促进剂H	1.6
氧化锌	5	硬脂酸	2.5	防老剂A	0.5
防老剂BLE	1	炭黑	3.5	白炭黑	10
陶土	24	硫酸钡	14	碳酸钙	22
树脂	7.5	间苯二酚	2.5		

(a) 橡皮艇

(b) 大黄鸭

图5.92　胶布制品

5.3.1.3　减震和密封橡胶制品

（1）橡胶减震制品　橡胶减震制品，又称橡胶防震、隔震制品。用于消除或减少机械震动的传递，达到减震、消音和减少冲击所致危害的橡胶制品统称橡胶减震制品。其中包括橡胶减震器、橡胶缓冲器（块、垫）、橡胶连接件、空气弹簧和橡胶护舷等。为纯橡胶或带织物、金属骨架增强的橡胶制品，一般由模压法制备，广泛应用于房屋建筑、机械设备、车辆、舰船和仪表等行业。

与金属弹簧相比，减震橡胶制品具有如下特点：① 橡胶是由多种材料组合而成，同一种形状通过材料调整可以拥有不同的性能；② 橡胶内部分子之间的摩擦使它拥有一定的阻尼性能，即运动的滞后性（受力过程中橡胶的变形滞后于橡胶的应力）；③ 橡胶在压缩、剪切、拉伸过程中都会产生不同的弹性系数，特别是橡胶材料具有压缩模量很高而拉伸和剪切模量很低的特点，使得其在高载荷承压工况下作为减震材料具有不可替代的地位。

橡胶的滞后和内摩擦特性通常用损耗因子表示，损耗因子越大，橡胶的阻尼和生热越显著，减震效果越明显。橡胶材料损耗因子的大小不仅与橡胶本身的结构有关，而且与温度和频率有关，见表5.48所列[164]，在常温下，天然橡胶和顺丁橡胶的损耗因子较小，丁苯橡胶、氯丁橡胶、乙丙橡胶、聚氨酯橡胶和硅橡胶的损耗因子居中，丁基橡胶和丁腈橡胶的损耗因子最大。用作减震用途的橡胶材料一般分5种，即天然橡胶、丁苯橡胶、顺丁橡胶为普通橡胶材料；丁腈橡胶用于耐油硫化胶；氯丁橡胶用于耐天候硫化胶；丁基橡胶用于高阻尼硫化胶；乙丙橡胶用于耐热硫化胶。

■ **表5.48**　各种橡胶材料的损耗因子表

橡胶	损耗因子（$\tan\delta$）
天然橡胶	0.05 ～ 0.15
丁苯橡胶	0.15 ～ 0.30
氯丁橡胶	0.15 ～ 0.30
丁腈橡胶	0.25 ～ 0.40
丁基橡胶	0.15 ～ 0.50
硅橡胶	0.15 ～ 0.20

图5.93是用于建筑物减震的橡胶支座，其对抵抗地震有很好的效果，该支座是由天然橡胶材料与钢片交替层合制备而成，如图5.94所示。由于天然橡胶的剪切大变形能力强，且在大变形时抗破坏能力很高（拉伸结晶），再加上加工流动性好，与钢片间的黏结性能也优良，因此目前是制备抗震、隔震支座的最好的橡胶材料。为了提高天然橡胶支座的抗老化性能，可在支座的外层通过共硫化包裹一层氯丁橡胶或三元乙丙橡胶层。由于其阻尼性能偏弱，目前正在进行改性研究，选择与其具有一定相容性和共硫化特性的橡胶进行共混，是加宽阻尼峰宽度的有效方法，这对提高阻尼特性和改善其他性能都是有利的。

(a) 自由状态下的支座

(b) 正在进行剪切变形测试的支座

图5.93　用于建筑物减震的橡胶支座

(a) 处于安装状态下的小型隔震支座

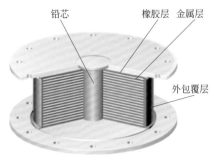
(b) 减震支座结构示意图

图5.94　减震制品

（2）橡胶密封制品　　橡胶材料具有小应力下大变形的特点，因此是理想的密封材料。橡胶密封制品是以橡胶为主体材料，配合软化剂、硫化剂、填充补强剂等助剂经混炼、硫化等工序加工制作而成的。一般用于机械、仪表、管道及建筑构件接合部位，防止外部灰尘、水、气体等侵入机构内部，或防止内部介质泄漏，从而达到密封、隔声、隔热、绝缘及缓冲的目的。

常见橡胶密封材料的特点、用途和使用范围见表5.49[165]。

从表中可以发现，虽然天然橡胶的弹性很高，适于橡胶密封件的性能需求，但由于天然橡胶耐老化性能较差，耐化学介质、耐油及耐溶剂性能也较差，因此仅单独应用于对弹性要求高、对耐油、耐热要求不高的场合，通常还是与丁腈橡胶、乙丙橡胶、氯丁橡胶、硅橡胶和氟橡胶等橡胶材料并用。

■ **表5.49**　常见橡胶密封材料的特点、用途和使用范围表

橡胶种类	主要特点	适用范围	适用温度
天然橡胶	弹性最佳、力学性能优异，不耐老化，耐油性差	汽车刹车唇形圈，耐油、耐热较差的密封圈	−50～100℃
丁苯橡胶	耐磨耗、耐热性、耐老化性能优，耐油差，弹性、强度低	O形圈，密封垫圈	−40～120℃
丁腈橡胶	耐油、耐热、耐老化、耐磨耗、耐腐蚀性好，耐寒性差	动、静态密封圈，如O形、V形、U形、Y形密封圈	−35～130℃
硅橡胶	耐老化，耐腐蚀，耐辐射，耐热，电绝缘性优异，强度低	高温、低温动静态密封件，如O形圈、油封等	−65～250℃

天然橡胶密封圈制品如图5.95所示。典型的高弹性密封胶圈配方见表5.50。

■ **表5.50**　典型的高弹性密封胶圈配方表　　　　　　　单位：质量份

材料	含量	材料	含量	材料	含量
天然橡胶	100	中超耐磨炭黑	10	碳酸钙	80
氧化锌	5	硬脂酸	1	促进剂D	0.2
防老剂4010	1	防老剂MB	1	硫黄	1.2

5.3.1.4　鞋类橡胶制品

胶鞋是橡胶工业最早的产品之一，胶鞋一般由鞋底、鞋帮、鞋面等部分组成，如图5.96所示。

图5.95　天然橡胶密封圈制品图

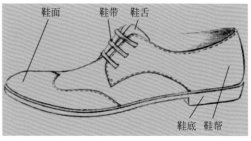

图5.96　胶鞋结构图

虽然胶鞋的种类繁多，但通常鞋帮、鞋面等材料用合成纤维织物、合成革和人造革等；鞋底以橡胶材料为主，又称橡胶底。鞋底材料选择橡胶，是由于鞋底承受着人体大部分的重力，需要经常弯曲、变形和磨损，因此需要耐磨、耐屈挠、弹性好、穿着舒适等。天然橡胶由于具有很高的弹性，抗屈挠破坏性，以及与织物间良好的黏合性，因此是鞋类用重点橡胶材料。

除了天然橡胶之外，鞋底还会用到丁苯橡胶和顺丁橡胶等，丁苯橡胶具有良好的耐磨性和耐热性，顺丁橡胶具有优异的弹性和耐磨性。通常天然橡胶与丁苯

橡胶并用比为 4 : 6，天然橡胶与顺丁橡胶并用比为 6 : 4，三胶并用体系效果更佳，通常天然橡胶 : 丁苯橡胶 : 顺丁橡胶为 3 : 4 : 3。另外，天然橡胶在一些特制鞋底中应用很少或基本不用，如耐油鞋底通常采用丁腈橡胶和氯丁橡胶并用，或丁腈橡胶与聚氯乙烯并用等。

典型天然橡胶鞋底配方见表 5.51，为天然橡胶、丁苯橡胶和顺丁橡胶三胶并用体系。

■ 表 5.51　典型天然橡胶鞋底配方表　　　　　单位：质量份

材料	含量	材料	含量	材料	含量
天然橡胶	30	丁苯橡胶	40	顺丁橡胶	30
再生胶	70	氧化锌	4	硬脂酸	2
高耐磨炉黑	52	防老剂A	0.75	防老剂RD	0.75
促进剂D	0.4	促进剂M	0.8	促进剂DM	1.0
硫黄	2.7	古马隆树脂	5	软化剂	10

5.3.1.5　硬质橡胶制品

橡胶中配合大量硫黄，经硫化后可以得到硬质橡胶。二烯类橡胶如天然橡胶、丁苯橡胶、丁二烯橡胶和丁腈橡胶都能用硫黄硫化制成硬质橡胶。此外，含有乙烯基的橡胶可以在不配合硫黄的情况下，在高温（200～300℃）、高压和无氧条件下，经过长时间加热制成无硫硬质橡胶。

大多数硬质橡胶实质上是高量硫黄对二烯类橡胶分子链的化学改性所致，如图 5.97 所示[166]。从图中可以看出，大量的硫原子以环状形式悬挂于分子主链上，显著提高了分子链的刚性，这是弹性橡胶变为硬质橡胶的实质。并且随着硫黄用量的增加，橡胶的应力应变行为逐渐转化为塑料特征，这一点可以从动态力学性能得到佐证，以丁苯橡胶为例，如图 5.98 所示[166]，随着硫黄用量增加，橡胶的玻璃化转变温度逐渐上升，最终超出室温变为塑料。值得指出的是，在高量硫黄对分子链改性的同时，大分子链间的交联也逐步形成。

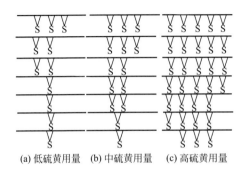

(a) 低硫黄用量　　(b) 中硫黄用量　　(c) 高硫黄用量

图 5.97　不同硫黄用量对分子链的改性效果图

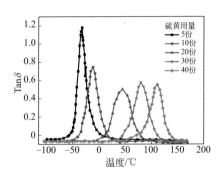

图 5.98　不同硫黄用量对橡胶动态力学性能影响图

硬质橡胶在室温下是黑色角质状的坚硬物质，按其玻璃化转变温度和物理机械性能看，已经不是橡胶材料而是一种刚性的热固性塑料。硬质橡胶具有良好的化学稳定性，室温下不易老化，具有优良的耐化学药品性和耐有机溶剂腐蚀性，低的吸水性，很高的拉伸强度和抗折断强度，并有极好的电绝缘性能。硬质橡胶还可以进行切削、钻孔等机械加工和热塑定型。硬质橡胶的主要缺点是脆性大，制品受冲击时容易碎裂；在日光和紫外线的照射下易光老化，使制品表面的介电性能迅速下降；另外，硬质橡胶的软化温度低，色泽不美观，在使用上亦受一定限制。硬质橡胶的一般性能如表5.52[167,168]。

■ **表5.52　硬质橡胶一般性能表**

性能	NR（未填充）	NR（填充）	合成橡胶（未填充）
拉伸强度/MPa	55～80	20～50	40～75
断裂伸长率/%	3～6	2～13	1～10
杨氏模量/MPa	2000～3000	4000～6000	1700～3200
抗弯强度/MPa	90～150	40～90	40～100
破碎强度/MPa	75～80	75～80	75～80
无缺口冲击强度/（kJ/m^2）	25～70	5～15	8～40
有缺口冲击强度/（kJ/m^2）	2～7	1～2.5	1.4～7
Brinell硬度/MPa	110～120	～180	110～140

在上个世纪初，硬质橡胶曾经作为刚性高的可以进行机械加工的硬质材料部分替代木材来使用。随着木材工业以及塑料工业的发展，这一用途逐渐销声匿迹。当前，硬质橡胶在大型装备的防腐衬里领域还有一定应用。如图5.99所示。

橡胶防腐衬里是为防止设备腐蚀的未硫化、预硫化或硫化的橡胶板或片，它可在金属或其他材料工作表面形成连续的隔离性的覆盖层，可分为软质橡胶、硬质橡胶和半硬质橡胶，一般根据使用条件用NR、CR和SBR等制造。衬里的制造包括对金属基材表面处理、衬里胶板加工、裁剪、贴合和硫化等工序。衬里胶板广泛用作化工设备衬里和矿山、冶金用泥浆泵、浮选机、磨机、建材工业用水泥磨机等设备的衬里，具有保护金属或其他基体免受各种介质侵蚀的能力，耐受酸、碱、无机盐及多种有机物的腐蚀，并有良好的弹性、耐磨性、抗冲击性及与金属和其他基体的黏合性能。天然橡胶由于容易加工成型，黏性好，因此是制备硬质橡胶防腐衬里的重要橡胶材料。其典型的配方见表5.53[169]。

橡胶防腐衬里

图5.99　橡胶防腐衬里图

■ 表5.53 典型天然橡胶防腐衬里配方表　　　　　单位：质量份

材料	含量	材料	含量
天然橡胶	100	硫黄	47
无机填料	120	氧化镁	5
软化剂	10	促进剂	1.0
防焦剂	0.25		

5.3.2　天然胶乳的应用

5.3.2.1　应用总述

　　胶乳是指聚合物在水介质中形成的相对稳定的胶体分散体系。天然胶乳是从橡胶植物中用采割或浸出等方法获取的。目前，工业上应用的天然胶乳都是从栽培橡胶植物中采集得到的，绝大部分来自于三叶橡胶树，极小部分来自于银胶菊橡胶植物。从三叶橡胶树采集天然胶乳过程图如图5.100所示。经过一个多世纪的研究和实践探索，人们发现，在某些应用领域，可以直接应用天然橡胶胶乳进行某些橡胶制品的生产，同应用固态干胶生产相比，具有明显的工艺和性能优势。

　　采用天然橡胶胶乳直接制备橡胶制品有如下优点：

　　① 缩短和简化工艺过程，不需要重型橡胶机械设备，并能节省厂房、场地、动力和工时；

　　② 胶乳是流体，其配合技术和加工工艺远比干胶容易，便于实现生产联动化、自动化；

　　③ 无需使用溶剂，因此可以避免因使用溶剂带来的问题，如安全和中毒等事故；

　　④ 胶乳在加工过程中，橡胶分子没有受到机械的破坏作用，因此制品仍然保持原聚合物的优良性能；

　　⑤ 适合制造结构简单的纯胶橡胶产品，而用固态天然橡胶加工成型制备纯胶橡胶制品如胶丝、乳胶手套、探空气球等，加工上有很大的困难；

　　⑥ 胶乳的流体状态，适合在造纸、纺织、建筑、胶黏剂等方面应用。

　　当然，利用胶乳制备橡胶制品也有不足之处，如下：

　　① 胶乳含有大量水分，不便于使用和运输，如半成品需要脱水和干燥；

图5.100　从三叶橡胶树采集
天然胶乳过程图

② 胶乳对温度、湿度等因素比较敏感，变性较大，其稳定性和均匀性不易控制；

③ 不易填充和补强，不耐老化，尚需进一步寻找胶乳制品的补强方法和薄制品的耐老化性能改善的方法；

④ 尚缺少复杂制品和厚制品（如轮胎、输送带等）的制备方法。

天然胶乳从橡胶树采割出来时，一般只含有30%～40%的橡胶烃，其余主要是水，还有非橡胶物质。由于胶乳含水多，运输费用高，因此发明了从胶乳中除去部分水分的浓缩方法，制备成固含量60%以上的浓缩胶乳。天然浓缩胶乳按浓缩方法分为：离心浓缩胶乳、膏化浓缩胶乳和蒸发浓缩胶乳。中国离心浓缩胶乳分为高氨和低氨两大类。除了上述三种通用天然胶乳，还有特种天然胶乳，包括高浓度天然胶乳（固含量64%以上）、阳离子胶乳、耐寒胶乳、纯化胶乳和接枝胶乳等。

因胶乳是一种水分散胶体体系，其配合和加工不同于生胶。配合剂要分散在胶乳中，需先将固体配合剂粉碎后制成水分散体，不溶于水的液体配合剂则制备成乳浊液。然后按配方要求混合在一起使用。要注意配合胶乳的稳定性，并考虑制品的性能要求和加工对稳定性的影响。

胶乳硫化和干胶硫化不同。对某些浸渍、注模制品用的胶乳，有时还需制备成预硫化胶乳才能应用。将胶乳在液态下加入硫化剂和促进剂的水分散体进行硫化，称为硫化胶乳。胶乳的硫化是在不破坏胶乳的胶体状态下进行的，其硫化程度随硫化温度的提高和硫化时间的增长而加深。硫化方法如下：

① 硫黄硫化法　最普遍采用的方法，操作简便，易于控制；

② 秋兰姆硫化法　耐老化性能优异，硫化胶乳的稳定性、凝胶的性能和成膜性能比较好，已成为通用的方法；

③ 有机过氧化物硫化法　胶膜的透明度高，耐热性能好；

④ 辐射硫化法　利用放射性同位素或电子射线的能量来促使胶乳交联硫化。可以省去硫化体系水分散体的制备，并可大大减少有毒有害化学助剂的使用。但此类方法投资大、成本高，尚未见大规模工业化应用的报道。

天然胶乳制造橡胶制品的工艺如下：

① 浸渍法，如气球、手套、医用卫生制品、医用手套和安全套等；

② 注模法，如胶乳海绵等；

③ 压出法，如胶丝、导管（包括输血胶管和听诊器胶管）等；

④ 涂覆法，如纤维涂覆、喷涂等。

当前，胶乳制品已广泛应用在国防、气象、交通运输、工业、农业、医疗卫生和人民生活等各方面。胶乳产品中大部分为纯胶制品，近年来，与各种基材一起形成的复合制品和改性产品也发展迅速，耗用量大增。主要用于无纺布、防水布、纤维、纸张、建筑材料（如胶乳水泥、胶乳沥青等）、涂料、胶黏剂、地毯背衬、人造革、印染和食品工业等各个方面[170]。

5.3.2.2 浸渍制品

浸渍制品是将金属、陶瓷等专用模型浸入配合胶乳中，停留一定时间后，在模型表面形成均匀的胶膜，经过干燥、硫化等步骤，得到浸渍制品。浸渍制品所用胶乳要求具有干胶含量高、黏度低、非胶物质含量少、机械稳定性高等性能。浸渍产品种类较多，按照类别分为：手套类、气球类、安全套类、管材类、奶嘴类等，如图5.101所示，所占比例见表5.54。

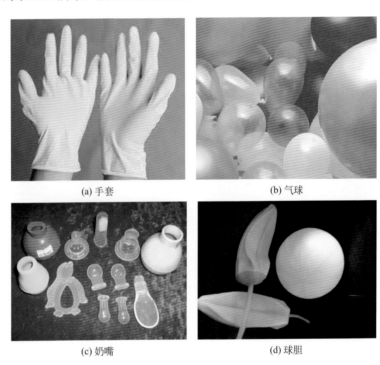

| (a) 手套 | (b) 气球 |
| (c) 奶嘴 | (d) 球胆 |

图5.101　主要浸渍制品图

■ 表5.54　主要浸渍制品的品种和比例

类别	品种	比例/%
手套	工业、医疗、家庭、渔业、劳保、防辐射、电气、绝缘用	45
医疗制品	奶嘴、吸水管、冰袋、导管、双连管、安全套等	20
玩具、运动器材类	玩具气球、洋娃娃、球胆等	15
工业品	加压成型袋、海绵背衬涂布、衬垫、气体储存袋	10
指套	办公、医疗、化妆、工业用	10

浸渍类产品中，手套的比例最大，常用手套的配方见表5.55。

■ 表5.55 常用手套配方表

原材料	医疗手套	家庭手套	工业手套	皱纹手套	耐酸碱手套	耐电手套
天然胶乳	100	100	100	100	100	100
酪素	0.5	0.15			0.15	
氢氧化钾	0.1	0.15			0.2	0.3
促进剂DZ	1.5	1.2	0.35	0.8		0.2
硫黄	0.5	1.5	0.6		1.0	1.0
氧化锌	0.5	0.5	0.3		0.5	0.3
硫脲	0.5					
防老剂264	1.0	1.0				
羊毛脂	0.5	0.35	0.35		0.5	
轻质碳酸钙		10.0				
防老剂D			1.0	2.0	1.0	1.0
填料			10.0	10.0		
炭黑			0.6		1.2	
活性氧化锌				2.0		
胶体硫黄				2.4		
促进剂PX					1.2	
辛酸钾						0.3
平平加 "O"						0.4
扩散剂NF						0.1
促进剂TT						0.4
促进剂RM						0.1

安全套主要是男性用的一种计生用具，也属于浸渍类产品，所不同的是安全套生产不使用凝固剂，主要是通过多次浸渍胶乳（2～3次），在金属模具上成膜。其典型配方见表5.56。当前，随着环保和健康要求越来越高，配方中的促进剂系统和防老剂系统均已采用了更为安全绿色的助剂。

■ 表5.56　男用安全套典型配方表　　　　　单位：质量份

原材料	含量	原材料	含量
天然胶乳	100	促进剂PX+DBZ	0.4～1.0
硫黄	0.8～1.5	酪素	0.1～0.25
扩散剂NF	0.1～0.15	平平加 "O"	0.05～0.1
防老剂264	0.5～1.0	氧化锌	0.5～0.75
氢氧化钾	0～0.75		

气球也是浸渍类乳胶制品的一大类，包括玩具气球、节日气球和气象气球等，其中又以玩具气球的用量最大。典型玩具气球的配方见表5.57。

■ 表5.57　典型天然胶乳玩具气球配方　　　　　单位：质量份

原材料	含量	原材料	含量
天然胶乳	100	氢氧化钾	0.1
硫黄	0.4	促进剂DZ	0.3
氧化锌	0.2	防老剂D	0.5
酪素	0.1	颜料	2.0

5.3.2.3　海绵制品

海绵制品又称泡沫制品，是用机械或化学方法将配合胶乳发泡、注模而制成的制品。胶乳海绵是低密度的多孔连孔橡胶材料，其制备特点是在胶凝前使胶乳中产生大量稳定的气泡。图5.102是胶乳海绵制品图。胶乳海绵制品的质量小，弹性好，具有优异的缓冲减震性能和良好的耐压缩疲劳性能，可以用于防震、隔声、隔热、密封等方面。

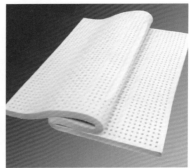

(a) 胶乳海绵　　　　　　　　　　　　　　(b) 胶乳海绵垫

图5.102　胶乳海绵制品图

胶乳海绵中含有大量的气孔，这些气孔起到了隔声、隔热、缓冲的作用，气孔的具体参数见表5.58[171]。

■ 表5.58　海绵橡胶部分性能表

项目	未填充	填充
密度/（kg/m³）	90～900	200～1100
孔眼尺寸/μm	0.4～258	
孔眼数/（10³/mm²）	12～14	
拉伸强度/MPa	1.4～6.3	1.5～6.0

胶乳海绵可以分为模型制品和非模型制品（衬里海绵、涂料海绵、地毯海绵）两大类，按照发泡程度又分为完全发泡型产品和部分发泡型产品。胶乳海绵的生产中发泡和凝胶是至关重要的。

发泡是向胶乳中导入空气或其他气体，使胶乳形成多孔结构的过程。其中机械发泡是通过机械搅拌将空气导入胶乳中产生气泡，同时表面活性剂在空气和乳清两个体系之间起到稳定作用。化学发泡是通过化学反应在胶乳中产生气泡，常用的化学发泡剂为过氧化氢、碳酸氢铵等。不论采用哪种发泡方法，产生的气泡必须不溶于水。

凝胶是在物理或凝固物质作用下，胶乳粒子的运动速率逐渐减慢，互相靠近，最后形成网状结构的过程。凝胶速率太快，胶乳粒子瞬间失去保护作用使表面黏合在一起，会出现局部凝块，结构不均匀。缓慢的凝胶过程可以使凝胶结构比较均匀，产品各向同性。因此一般采用迟缓胶凝剂氟硅酸钠，配合使用硝酸铵、硫酸铵、氯化铵、二苯胍等辅助絮凝剂。

按照胶乳的发泡和胶凝方法，胶乳海绵的生产有邓禄普法、塔勒莱法、凝固法等，其中，邓禄普法是应用最广泛的方法。邓禄普法的基本特征在于：胶乳发泡后，可用一种有延缓作用的胶凝剂，一般是氟硅酸钠，使之凝固，然后在蒸汽室内硬化，其工艺流程如图5.103所示。邓禄普法生产胶乳海绵所用

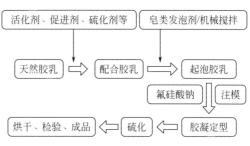

图5.103 邓禄普法生产胶乳海绵的工艺流程图

的胶乳主要是天然胶乳，也可以采用合成胶乳，或两者的混合胶乳。

海绵制品采用的天然胶乳通常要求具有浓度高、氨含量低、泡沫稳定性好、定型和胶凝时间的间隔适中、游离钙镁含量低等特点。典型天然胶乳海绵配方见表5.59。

■ 表5.59 典型天然胶乳海绵配方表　　　　　单位：质量份

原材料	纯胶海绵	填料海绵
天然胶乳	100	100
硫黄	2.7	2.7
促进剂M	1.8	1.2
促进剂PX	1.2	1.2
防老剂DBH	0.75	0.75
防老剂MB	0.75	0.75
氧化锌	3.0	3.0
软皂	1.7	1.0

续表

原材料	纯胶海绵	填料海绵
氟硅酸钠	0.9	1.1
氢氧化钾	0.25	0.25
硫酸铵	1.5	1.8
甲醛	2.5	2.5
滑石粉	—	20
胰酶	—	0.05

5.3.2.4 压出制品

压出制品是配合（或预硫化）胶乳在力的作用下通过按照产品断面要求专门设计的口型压出后凝固得到。通过压出可以制备空心胶管和实心胶丝等。橡胶丝断面为圆形，表面光滑均匀，具有较高的拉伸强度和断裂伸长率，是制备缓冲绳和纺织品的重要原材料，如松紧带、游泳衣、室内装饰品等；胶管一般用于医疗卫生事业，如输液胶管、听诊胶管等。相关制品如图5.104所示。

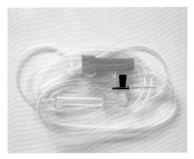

(a) 输液管　　　　　　　　　　(b) 橡胶丝

图5.104　常见天然胶乳压出制品图

压出制品采用的胶乳要求非橡胶物质含量少、胶凝温度高，但胶凝时间要短、挥发性脂肪酸含量低、黏度低等。典型医疗天然胶乳输液、排液管配方见表5.60。

■ 表5.60　典型医疗天然胶乳输液、排液管配方表　　　单位：质量份

原材料	含量	原材料	含量
天然胶乳	100	平平加"O"	0.03
硫黄	0.8	促进剂DM	0.6
促进剂ZDC	0.5	氯化铵	1.0

5.3.2.5 铸模制品

铸模制品和浸渍制品类似，区别在于浸渍制品成型于模型表面，而铸模制品

成型于模型里面，模型内壁即是产品的外形，这种方法不仅可以制造中空和实心制品，而且可以制造硬质橡胶制品。铸模制品种类繁多，如面具、玩具、道具、鞋靴、生物标本等，相关制品如图5.105所示。

(a) 道具

(b) 玩具

图5.105　铸模制品图

铸模制品的胶凝方法有如下几种：

（1）**脱水胶凝**　胶乳中的水分被多孔模型吸收，使胶乳胶凝，沉积在模型内壁。这种模具主要有石膏或陶瓷模具。

（2）**热敏胶凝**　利用热敏剂使胶乳在一定温度下进行胶凝。热敏剂可以采用无机热敏剂或水溶性高分子热敏剂。无机热敏剂胶凝是由硫酸铵等与氧化锌反应生成的锌氨络合物进行胶凝（又称凯萨姆法）。有机高分子胶凝一般采用聚乙烯甲基醚（PVME）、聚丙二醇（PPG）、聚硅氧烷类热敏剂。使用PVME时，如果是氨保存胶乳，必须事先用甲醛除氨。使用PPG时，虽然不需要除氨，但要加入氧化锌，配合胶乳需要熟成数小时。

（3）**邓禄普法胶凝**　利用氟硅酸钠在胶乳中吸水分解，使胶乳失稳脱水而产生胶凝。

（4）**其他胶凝法**　凝固剂胶凝是将多价金属盐（如硝酸钙等）和有机乙酸盐（如环己胺乙酸盐）的水或醇溶液（凝固剂）涂抹在模型内壁，再铸模，胶乳在凝固剂的作用下产生胶凝。胰蛋白酶胶凝是通过胰蛋白酶分解破坏天然胶乳的蛋白质保护层，使天然胶乳失去稳定，从而达到胶凝目的。

其中，石膏脱水胶凝是比较常用的方法，这是由于虽然石膏模型重复利用率低，但价格低廉，适用于制备形状复杂、数量又不太大的制品。配合胶乳和一般胶乳制品相同，胶乳中可以复合大量填充剂，以制备不同硬度的制品。软质铸模制品（利用石膏胶凝方法制备的）配方见表5.61，配方简单，容易制备。

■ 表5.61　软质铸模制品配方表　　　　　　　　　　　　　单位：质量份

材料	含量	材料	含量
天然胶乳	100	硫黄	1.5
氧化锌	150	促进剂ZDC	1.0

5.3.2.6 胶黏剂

胶黏剂（或黏结剂、黏合剂）是指能形成薄膜（层）结构，靠此薄膜（层）结构将一物体与另一物体的表面紧密地连接起来，起着传递应力的作用和满足一定的物理、化学性能要求的物质。有机胶黏剂属于有机高分子化合物，随着科技的发展，各种多功能、高性能的有机胶黏剂在现代工业各领域中得到了日益广泛的应用，已经成为现代工业和国防工业不可缺少的一种材料。目前市场上最常用的三类环保型胶黏剂即热熔型胶黏剂、无溶剂型胶黏剂、水基型胶黏剂[172]。

水基型胶黏剂是一个最古老的品种，在古代，人们全是以含有骨胶、干酪素等天然物质的水溶性高分子做胶黏剂的。近年来，在胶黏剂开发研究中，推行安全无公害化，特别是无溶剂化，又促进了水基型胶黏剂的发展。水基型胶黏剂是以水作为分散介质的胶黏剂，又分为水溶型胶黏剂、水分散型胶黏剂和水乳型胶黏剂，是环保胶黏剂的一大类。当高聚物溶于水，称为水溶性胶黏剂；当高聚物借助乳化剂的作用，分散于水中，称为水乳型胶黏剂。水基型胶黏剂的优点：对环境友好、无毒、不可燃、固含量高、较易清洗。

天然胶乳是最早用作胶黏剂的原料，具有固含量高、稳定性较好、定形时间短、可随意调节黏度范围、成膜性能好、初期黏合比合成胶乳优异以及黏结性能好等优点。但也有不足的地方，如对极性大的合成纤维或塑料的黏合性较差，胶膜颜色带黄或褐色，一般的配合情况下，耐老化性、耐油性、耐洗涤性、耐药品性能较差等。通常采用在天然胶乳中添加增黏剂的方法配制胶黏剂。增黏剂的作用主要是提高胶乳黏度，包括能溶于水的酪素、动物胶、淀粉、硅酸钠等，不溶于水的植物油、矿物油、树脂、松香等。改性天然胶乳现已常用于配制胶黏剂，通过对天然胶乳进行一系列化学改性，如环氧化改性、甲基丙烯酸甲酯接枝改性等，在天然橡胶分子链上引入极性基团，能够显著改善天然橡胶对多种材料的黏合效果，应用越来越广[173]。

天然胶乳胶黏剂的主要用途是制备压敏胶，用于制备压敏胶带。压敏胶是一种自胶黏物质，在较小的作用力下，形成比较牢固的黏接力。天然胶乳胶黏剂以天然胶乳作为弹性体部分，松香系列、萜烯树脂系列、石油树脂系列等乳液产品为增黏树脂部分，这两部分拼合后添加各种助剂形成天然胶乳压敏胶。典型配方见表5.62，其中202橡胶浆为丙烯酸丁酯及丙烯腈的共聚物，固含量33%～38%。生产工艺如下：在反应器中加入天然胶乳，搅拌中加入稳定剂平平加"O"，然后添加促进剂DM、防老剂D、氧化锌、硫黄、促进剂M、促进剂PX、202橡胶浆等。促进剂PX添加前，要先用润湿剂JFC稀释，以免凝胶。

与同类的溶液型压敏胶相比，天然胶乳压敏胶具有下述优点：① 由于不必使用有机溶剂，因而涂布时无火灾危险，也不会污染环境；② 乳液的黏度随固体含量的变化较小，因而可制得具有较高固体含量的胶黏剂；③ 胶乳中橡胶聚合物的分子量较高，故干燥后胶膜的内聚力较大，耐候性也比较好；④ 天然胶乳属再生资源，环保。

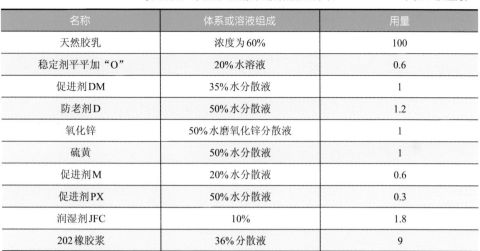

■ **表5.62** 典型天然胶乳胶黏剂配方表　　　　　　　　单位：质量份

名称	体系或溶液组成	用量
天然胶乳	浓度为60%	100
稳定剂平平加"O"	20%水溶液	0.6
促进剂DM	35%水分散液	1
防老剂D	50%水分散液	1.2
氧化锌	50%水磨氧化锌分散液	1
硫黄	50%水分散液	1
促进剂M	20%水分散液	0.6
促进剂PX	50%水分散液	0.3
润湿剂JFC	10%	1.8
202橡胶浆	36%分散液	9

5.3.2.7　胶乳水泥

　　胶乳不仅可以直接用于制造各种胶乳制品，而且还可以扩大到其他领域，其中以建筑方面应用最为广泛。胶乳水泥是其中比较成熟的品种。

　　胶乳水泥是将胶乳加入水泥砂浆中配合成的具有一定弹性的水泥材料，多用于油田钻井中。当应用胶乳水泥浆封固气层时，随着水泥水化反应的进行，环绕水泥颗粒的水被消耗，胶乳局部体积分数升高，产生颗粒聚集，形成空间网络状非渗透薄膜，完全填充水泥颗粒间空隙，避免环空窜流发生。胶乳水泥浆的主要优点[174]：

　　① 完全分散水泥浆，提高了水泥浆的施工性能，在凝固前具有良好的流变性和较高的沉降稳定性；

　　② 能有效控制失水，降低对储层的污染，有效保护油气井产能；

　　③ 非常短的过渡时间，稠化曲线呈近"直角"，能降低水泥石的渗透率，防止环空窜流；

　　④ 水泥石的弹性及抗拉强度高，抗冲击能力强，能堵塞微裂缝，抑制微裂缝的扩展，降低射孔时水泥环的破裂度，用于底井、丛式井时可有效防止邻井作业引起的水泥环破坏；

　　⑤ 能有效提高第一界面第二界面的胶结强度，有利于层间分隔，水泥石对应力变化、腐蚀等有较强的抵抗能力。

　　为了满足不同需要和降低成本，通常在胶乳水泥中加入细砂、花岗岩、水玻璃、橡胶粒、沥青等各种填充剂。沥青能改善胶乳水泥的防水性能，水玻璃等能湿润水泥，氟硅酸钠可以调节胶乳硬化时间，防止分层。另外，高铝水泥具有碱性，配合后的胶乳水泥比较稳定。采用硅酸盐水泥配合胶乳水泥时，应预先采用酪素溶液对水泥加以保护，以保证配合胶乳具有足够稳定性。胶乳水泥不能久放，应随配随用。典型天然胶乳水泥配方表见表5.63[175]。

■ **表5.63 典型天然胶乳水泥配方表** 单位：质量份

原材料	含量	原材料	含量
天然胶乳	10	酪素	0.8
珍珠岩	10.0	黄砂	100
硅酸盐水泥	100	水	适量

参考文献

[1] 邓本诚. 弹性体的改性技术. 合成橡胶工业，1991，14（1）：66-75.

[2] 张立群，吴友平. 橡胶的纳米增强及纳米复合技术. 合成橡胶工业，2000，23（2）：71-77.

[3] Gonzalez L，Rodriguez A，De Benito J L，et al. Rubber chemistry and technology，1996，69（2）：266-272.

[4] Ganguly S，Chakraborty S，Banerjee A N，et al. Journal of Applied Polymer Science，2002，85（9）：2025-2033.

[5] Wang M J，Zhang P，Mahmud K. Rubber chemistry and technology，2001，74（1）：124-137.

[6] Joshi P G，Cruse R J，Pickwell R J. Tire Technology International，2002，12：80-85.

[7] Choi S S. Journal of applied polymer science，2002，83（12）：2609-2616.

[8] Manna A K，De P P，Tripathy D K. Journal of applied polymer science，2002，84（12）：2171-2177.

[9] 刘吉文，许海燕，吴驰飞. 环氧天然橡胶接枝高分散白炭黑增强天然橡胶复合材料的制备及表征. 高分子学报，1900，1（2）：123-128.

[10] 王芳，刘剑洪，罗仲宽等. 正硅酸乙酯水解-缩合过程的动态激光光散射研究，2006. 20（6）：144-146.

[11] Miloskovska E. Structure-property relationships of rubber/silica nanocomposites via sol-gel reaction. Eindhoven：Technische Universiteit Eindhoven，2012：59.

[12] 段先健，张立群. 用溶胶-凝胶法原位生成SiO₂增强橡胶. 合成橡胶工业，2000，23（3）：147-152.

[13] 申争辉. 纳米碳酸钙在橡胶工业中的应用. 橡胶工业，2003，50（3）：179～180.

[14] 古菊，贾德民，罗远芳. 天然橡胶/固相法改性纳米碳酸钙复合材料的微观形态与力学性能. 合成橡胶工业，2005，28（5）：374-377.

[15] 吴明生，张磊，周广斌. 纳米氧化锌在胎面胶中的减量应用. 橡胶科技市场，2011，9（10）：16-18.

[16] Wang Z H，Lu Y L，Liu J，et al. Polymers for Advanced Technologies，2011，22（12）：2302-2310.

[17] 丁金波，王振华，张立群. 纳米氧化铝/天然橡胶复合材料的性能研究. 橡胶工业，2012，59（6）：331-338.

[18] Tian M，Liang W，Rao G，et al. Composites science and technology，2005，65（7）：1129-1138.

[19] Tian M，Cheng L，Liang W，et al. Macromolecular Materials and Engineering，2005，290（7）：681-687.

[20] Tian M，Cheng L，Zhang L. Journal of Applied Polymer Science，2008，110（1）：262-269.

[21] 许图远，王松，卢咏来等. 碳纳米管/橡胶复合材料的研究进展. 合成橡胶工业，2011，34（6）：489-494.

[22] 卢咏来，于海涛. 一种高模量、低生热的碳纳米管/橡胶复合材料制备方法：CN，102924763A. 2013-02-13.

[23] Singh V，Joung D，Zhai L，et al. Progress in materials science，2011，56（8）：1178-1271.

[24] Zhang Y，Tan Y W，Stormer H L，et al. Nature，2005，438（7065）：201-204.

[25] Chen Z，Lin Y M，Rooks M J，et al. Physica E：Low-dimensional Systems and Nanostructures，2007，40（2）：228-232.

[26] Zhan Y，Wu J，Xia H，et al. Macromolecular Materials and Engineering，2011，296（7）：590-602.

[27] Zhan Y，Lavorgna M，Buonocore G，et al. Journal of Materials Chemistry，2012，22（21）：10464-10468.

[28] Wang M J，Wang T，Wong Y L，et al. Kautschuk und Gummi Kunststoff，2002，55（7/8）：388-397.

[29] 梅林达·马布里，王婷，伊凡·波多布尼克等. 弹性体复合共混料及其制备方法：CN，1280534. 2001-01-17.

[30] 闫卫国，李森，张艳丽等. CEC 在光面抗切割工程机械轮胎胎面胶中的应用. 轮胎工业，2005，25（7）：409-411.

[31] Wu Y P，Zhao Q S，Zhao S H，et al. Journal of Applied Polymer Science，2008，108（1）：112-118.

[32] Zhang L Q，Wu Y P，Yang J，et al. Solid State Phenomena，2007，121：1447-1450.

[33] Wu Y P，Wang Y Q，Zhang H F，et al. Composites Science and Technology，2005，65（7）：1195-1202.

[34] He S J，Wang Y Q，Wu Y P，et al. Plastics，Rubber and Composites，2010，39（1）：33-42.

[35] Wu X，Wang Y，Liu J，et al. Polymer Engineering & Science，2012，52（5）：1027-1036.

[36] 廖双泉，鑫行华. 天然橡胶改性与应用. 北京：中国农业大学出版社，2007：62.

[37] Hughes L J，Brown G L. Journal of Applied Polymer Science，1961，5（17）：580-588.

[38] 徐文总，郝文涛，马德柱等. 丁苯橡胶/天然橡胶复合体系动态力学性能. 应用化学，2001，18（1）：44-47.

[39] 贾红兵，吴金声. 锡偶联型溶聚丁苯橡胶/天然橡胶共混物的性能. 合成橡胶工业，2000，23（2）：81-84.

[40] Fujimoto K，Yoshimiya N. Rubber Chemistry and Technology，1968，41（3）：669-677.

[41] 江浩，岳红，刘倩. 分子动力学模拟研究 NR/BR 力学性能和界面相互作用. 中国塑料，2012（5）：64-68.

[42] 李花婷，李炜东，蔡尚脉. NR/SR 并用对全钢载重子午线轮胎胎面胶性能的影响. 轮胎工业，2007，27（8）：478-481.

[43] Lewis C，Bunyung S，Kiatkamjornwong S. Journal of applied polymer science，2003，89（3）：837-847.

[44] 朱玉俊，金安. 三元乙丙橡胶/天然橡胶/顺丁橡胶改性中硫化剂的迁移. 橡胶工业，1990，37（1）：4-9.

[45] Brodsky G J. Rubber World，1994，210（5）：31-76.

[46] Kumar A，Dipak G，Basu K. Journal of applied polymer science，2002，84（5）：1001-1010.

[47] Von Hellens W. Kautschuk und Gummi，Kunststoffe，1994，47（2）：124-128.

[48] W. Hopking，R. H. Jones：郭鹏. 溴化、氯化丁基橡胶在化学性能及其应用方面的比较，1987，4：32-35.

[49] Rattanasom N，Prasertsri S，Suchiva K. Journal of applied polymer science，2009，113（6）：3985-3992.

[50] 赵旭升，贾德民. NR/NBR 共混物动态力学性能研究. 橡胶工业，1999，46（2）：75-77.

[51] Ismail H，Tan S，Poh B T. Journal of elastomers and plastics，2001，33（4）：251-262.

[52] Qin C，Yin J，Huang B. Rubber Chemistry and Technology，1990，63（1）：77-91.

[53] Qin C，Yin J，Huang B. Polymer，1990，31（4）：663-667.

[54] Ahmad S，Abdullah I，Sulaiman C S，et al. Journal of applied polymer science，1994，51（8）：1357-1363.

[55] Nakason C，Wannavilai P，Kaesaman A. Journal of applied polymer science，2006，100（6）：4729-4740.

[56] Pechurai W，Sahakaro K，Nakason C. Journal of Applied Polymer Science，2009，113（2）：1232-1240.

[57] Nakason C，Nuansomsri K，Kaesaman A，et al. Polymer testing，2006，25（6）：782-796.

[58] Sain M. M.，Lacok J，Beniska J，Khunova V. Kautschuk und Gummi，Kunststoffe，1988，41（9）：895-897.

[59] Liu M，Zhou C，Yu W. Polymer Engineering & Science，2005，45（4）：560-567.

[60] Sain M M，Rosner P，Beniska J. Kautschuk und Gummi，Kunststoffe，1987，40（5）：451-453.

[61] L Mnllins，马学东．热塑天然橡胶的进展，热带作物译丛，1980，1：26-33.

[62] 赵书兰，刘学和．聚丙烯共混改性的研究．橡胶工业，1995，42（2）：72-75.

[63] 焦书科．橡胶化学与物理导论．北京：化学工业出版社，2009.

[64] Odian G. Principles of Polymerization，Fourth Edition，1981：464-543.

[65] 杨清芝编著．实用橡胶工艺学．北京：化学工业出版社，2006.

[66] 傅政编著．橡胶材料性能与设计应用．北京：化学工业出版社，2003.

[67] 赵菲，赵金义，刘毓真，等．天然橡胶抗返原硫化体系的研究．弹性体，2004，14（3）：48-50.

[68] 孟宪德，马培瑜．平衡硫化体系硫化天然橡胶的性能研究．橡胶工业，1995，42：521-525.

[69] 刘桂龙，陈朝晖，王迪珍等．抗硫化返原剂SR534与PK900在NR中的对比研究．特种橡胶制品，2009，30（4）：36-39.

[70] Rajan R，Varghese S，George K E. Progress in Rubber，Plastics & Recycling Technology，2012，28（4）.

[71] Basfar A A，Abdel-Aziz M M，Mofti S. Radiation Physics and Chemistry，2002，63（1）：81-87.

[72] 贾红兵，杜杨．酚醛树脂对NR硫化胶性能的影响．南京理工大学学报：自然科学版，1998，22（4）：353-356.

[73] Davidson W L，Geib I G. J. Appl. Phys，1948，19，427.

[74] Pearson D S，Bohm G G A. Rubber Chemistry and Technology，1972，45（1）：193-203.

[75] Basfar A A，Abdel-Aziz M M，Mofti S. Radiation Physics and Chemistry，2002，63（1）：81-87.

[76] 许云书．合成橡胶硫化的新途径—辐射硫化．合成橡胶工业，1997，20（5）：318-320.

[77] 周瑞敏，刘兆民，王锦花．辐射技术在橡胶硫化中的应用．核技术，2000，23（6）：427-430.

[78] 杨波，赵榆林，蒋丽红．橡胶辐射硫化技术的研究及应用．云南化工，2002，29（2）：20-23.

[79] Boochathum P，Prajudtake W. European polymer journal，2001，37（3）：417-427.

[80] 袁彬彬，刘力，梁继竹等．交联结构的表征及其对硫化胶性能的影响．橡胶工业，2011，58（7）：432-437.

[81] 赵菲，毕薇娜，张萍等．合成橡胶工业，2008，31（1）：50-53.

[82] Grobler J H A，McGill W J. Journal of Polymer Science Part B：Polymer Physics，1994，32（2）：287-295.

[83] Valentin J L，Posadas P，Fernández-Torres A，et al. Macromolecules，2010，43（9）：4210-4222.

[84] van Bevervoorde-Meilof E W E，van Haeringen-Trifonova D，Vancso G J，et al. Kautschuk Und Gummi Kunststoffe，2000，53（7/8）：426-433.

[85] Mark H F. Rubber Chemistry and Technology，1988，61（3）：73-96.

[86] Gehman S D. Rubber Chemistry and Technology，1969，42（3）：659-665.

[87] Borsali R，Vilgis T A，Benmouna M. Macromolecules，1992，25（20）：5313-5317.

[88] Wang D，Nakajima K，et al. RubberCon 2013 Proceedings.

[89] Karino T，Ikeda Y，Yasuda Y，et al. Biomacromolecules，2007，8（2）：693-699.

[90] Ikeda Y，Higashitani N，Hijikata K，et al. Macromolecules，2009，42（7）：2741-2748.

[91] 杨丹，贾德民，李思东．氯化天然橡胶的研究进展．合成橡胶工业，2002，25（1）：57-59.

[92] 廖双全，薛行华编著．天然橡胶改性与应用．北京：中国农业大学出版社，2007.

[93] 凌军，薛行华，李永峰等．卤化橡胶的研究进展．热带农业科学，2008，1：019.

[94] Zhong J P，Li S D，Yu H P，et al. Journal of applied polymer science，2001，81（6）：1305-1309.

[95] 凌军，薛行华，李永峰等．卤化橡胶的研究进展．热带农业科学，2008，28（1）：79-83.

[96] 于清溪．橡胶原材料手册．北京：化学工业出版社，2007：5-34.

[97] Onchoy N，Phinyocheep P. Study of mechanical properties of natural rubber reinforced with silica and brominated natural rubber. RubberCon 2013 Proceedings.

[98] Baker C S L，Gelling I R，Newell R. Rubber chemistry and Technology，1985，58（1）：67-85.

[99] Roy S，Gupta B R，Maiti B R. Journal of elastomers and plastics，1990，22（4）：280-294.

[100] 余和平，李思东．环氧化天然橡胶研究进展．橡胶工业，1998，45（4）：246-252.

[101] Gan L H，Ng S C. European polymer journal，1986，22（7）：573-576.

[102] Gelling I R，Tinker A J，bin Abdul Rahman H. Journal of Natural Rubber Research，1991，6.

[103] Burfield D R，Gan S N. Journal of Polymer Science：Polymer Chemistry Edition，1977，15（11）：2721-2730.

[104] 杨科珂，孙红，李瑞霞等．天然橡胶的环氧化反应．四川大学学报（自然科学版），1999，36（1）：166-168.

[105] Saito T，Klinklai W，Kawahara S. Polymer，2007，48（3）：750-757.

[106] 杨清芝，张殿荣，李学岱.环氧化天然橡胶内胎气密性和实用性的研究.轮胎工业，1997，17（1）：23-27.

[107] Manna A K，De P P，Tripathy D K，et al. Journal of applied polymer science，1999，74（2）：389-398.

[108] 李学岱，杨清芝，张殿荣.环氧化天然橡胶的基本性能.弹性体，1992，2（4）：45-53.

[109] Ikeda Y，Phinyocheep P，Kittipoom S，et al. Polymers for Advanced Technologies，2008，19（11）：1608-1615.

[110] Hinchiranan N，Charmondusit K，Prasassarakich P，et al. Journal of applied polymer science，2006，100（5）：4219-4233.

[111] Tangthongkul R，Prasassarakich P，Rempel G L. Journal of applied polymer science，2005，97（6）：2399-2406.

[112] Inoue S，Nishio T. Journal of applied polymer science，2007，103（6）：3957-3963.

[113] 谢洪泉，李晓东.合成橡胶常压氢化及产物性能.合成橡胶工业，1998，21（4）：194-197.

[114] Wideman L G. Process for hydrogenation of carbon-carbon double bonds in an unsaturated polymer in latex form：US，4452950. 1984-6-5.

[115] 薛行华，符新.天然胶乳的常压氢化及产物性能.热带作物学报，2006，27（2）：95-98.

[116] 橡胶工业手册：生胶与骨架材料.第一分册.北京：化学工业出版社，1993.

[117] 从琴琴.液体天然橡胶的制备与改性.弹性体，2012，22（3）：32-36.

[118] 廖双泉，刘燕珍，李永锋，等.化学降解法制备液体天然橡胶的影响因素.合成橡胶工业，2009，32（5）：370-373.

[119] Daik R，Bidol S，Abdullah I. Malaysian Polymer Journal（MPJ），2007，2（1）：29-38.

[120] 廖建和，吕飞杰.环氧化改性天然橡胶/丁腈橡胶共混物研究.热带作物学报，1990，11（1）：1-9.

[121] 罗延龄.端官能团液体橡胶合成及应用研究进展.弹性体，1998，8（2）：48-56.

[122] 从琴琴，张哲，杨晓红等.液体天然橡胶氧化降解制备工艺的比较.弹性体，2012，22（3）：32-36.

[123] Nor H M，Ebdon J R. Progress in polymer science，1998，23（2）：143-177.

[124] Reyx D，Campistron I. Die Angewandte Makromolekulare Chemie，1997，247（1）：197-211.

[125] Guizard C，Cheradame H. European Polymer Journal，1979，15（7）：689-693.

[126] Nor H M，Ebdon J R. Polymer，2000，41（7）：2359-2365.

[127] Bode H B，Kerkhoff K，Jendrossek D. Biomacromolecules，2001，2（1）：295-303.

[128] 从琴琴，廖双全等.遥爪型液体天然橡胶的合成与表征.合成化学，2012，20（4）：458-461.

[129] 谭锋，王迪珍.液体天然橡胶作为 NR 反应型增塑剂的研究.橡胶工业，1998，45（12）：711-714.

[130] 张东华.液体橡胶的开发，应用及进展.合成橡胶工业，1992，15（2）：66-66.

[131] Meyer K H，Ferri C. Rubber Chemistry and Technology，1936，9（4）：570-572.

[132] Ferri C，Chim Helv. Rubber Chem. and Technol，1938，11：350.

[133] Golub M A. Cis-trans isomerization in polybutadiene. Journal of Polymer Science，1957，25（110）：373-377.

[134] Cunneen J I，Higgins G M C，Watson W F. Journal of Polymer Science，1959，40（136）：1-13.

[135] Cunneen J I. Rubber Chemistry and Technology，1960，33（2）：445-456.

[136] 杜官本，何森泉，宋玉铢.天然橡胶接枝共聚研究回顾.高分子材料科学与工程，1996，12（2）：8-13.

[137] 王金宇，符新.EA/BA/AN/VAC 四元共聚物接枝改性天然橡胶的研究.河北科技大学学报，2000，21（4）：61-65.

[138] Bloomfield G F，Swift P M. Journal of Applied Chemistry，1955，5（11）：609-615.

[139] 杨磊，何兰珍，陈静等.对小颗粒"胶乳法"氯化天然橡胶干燥动力学模型的研究.热带作物学报，2002，4：004.

[140] Kongparakul S，Prasassarakich P，Rempel G L. Applied Catalysis A：General，2008，344（1）：88-97.

[141] Thiraphattaraphun L，Kiatkamjornwong S，Prasassarakich P，et al. Journal of applied polymer science，2001，81（2）：428-439.

[142] 董智贤，周彦豪，谭丽霞等.马来酸酐溶液法接枝改性天然橡胶的研究.弹性体，2005，14（5）：1-5.

[143] 董智贤，贾德民，周彦豪.马来酸酐改性天然橡胶/炭黑复合材料的性能.华南理工大学学报，2006，34（5）：94-98.

[144] Nakason C，Saiwaree S，Tatun S，et al. Polymer testing，2006，25（5）：656-667.

[145] Nakason C，Kaesaman A，Supasanthitikul P. Polymer testing，2004，23（1）：35-41.

[146] 君轩. 橡胶的蠕变. 世界橡胶工业，2010，37（008）：48-48.

[147] 孙晓日，余尚先. 环化聚异戊二烯的制备. 精细石油化工，1999（4）：49-51.

[148] Harita Y，Ichikawa M，Harada K，et al. Polymer Engineering & Science，1977，17（6）：372-376.

[149] 刘霞. 环化天然橡胶并用胶的动态力学和物理性能. 世界橡胶工业，2010，37（8）：25-30.

[150] Riyajan S，Sakdapipanich J T. KGK. Kautschuk，Gummi，Kunststoffe，2006，59（3）：104-109.

[151] 王朝阳，杨继光. 1，3-双烯聚合物的环化. 特种橡胶制品，2000，21（2）：5-7.

[152] 王思静，熊金平，左禹. 橡胶老化机理与研究方法进展. 合成材料老化与应用，2009，38（2）：23-33.

[153] Edge M，Allen N S，Gonzalez-Sanchez R，et al. Polymer degradation and stability，1999，64（2）：197-205.

[154] Mott P H，Roland C M. Rubber chemistry and technology，2001，74（1）：79-88.

[155] 王作龄. 防老剂应用技术. 世界橡胶工业，2001，28（2）：45.

[156] Vinod V S，Varghese S，Kuriakose B. Polymer degradation and stability，2002，75（3）：405-412.

[157] Lattimer R P，Layer R W，Rhee C K. Rubber chemistry and technology，1984，57（5）：1023-1035.

[158] Katbab A A，Scott G. European Polymer Journal，1981，17（5）：559-565.

[159] 于清溪. 轮胎工业用橡胶材料现状与发展（一）. 橡胶科技市场，2008，6（11）.

[160] 周世元，周悦. 输送带加工技术讲座（续二）. 橡胶工业，2002，49（4）：250-252.

[161] 于清溪. 胶管工业的技术进步（上）. 橡塑技术与装备，2010，36（3）：18-22.

[162] 于清溪. 胶管工业的技术进步（下）. 橡塑技术与装备，2010，36（4）：15-23.

[163] 谢希伯，方赛良. 天然橡胶/丁苯橡胶/顺丁橡胶难燃胶管的研制. 橡胶工业，1993，40（7）：419-421.

[164] 高超锋，扈广法，范晓东. 橡胶减震材料研究进展. 高分子材料科学与工程，2012，28（007）：175-178.

[165] 马长福. 实用密封技术问答. 北京：金盾出版社，1995：151-152.

[166] Wang Y Q，Wang Y，Zhang H F，et al. Macromolecular rapid communications，2006，27（14）：1162-1167.

[167] Wang Y，Wang Y，Tian M，et al. Journal of Applied Polymer Science，2008，107（1）：444-454.

[168] Dawson T R，Porritt B D. Research Association of British Rubber Manufacturers，1935：493-520.

[169] 杨护国，姚联国，姚印华等. 防腐衬里用硬质胶与钢基体黏合的研究. 特种橡胶制品，2004，25（2）：26-27.

[170] 杨鸣波，唐志玉. 中国材料工程大典（第7卷）高分子材料工程（下），2006：258-268.

[171] 王作龄. 海绵橡胶. 世界橡胶工业，2000，27（2）：22-30.

[172] 李国挺. 国外应用胶乳胶黏剂的概况. 特种橡胶制品，1982，4：48-57.

[173] 李付亚，傅和青，黄洪等. 改性天然胶乳胶粘剂研究. 粘接，2008，29（4）：20-22.

[174] 齐奉忠，庄晓谦，唐纯静等. 国外新型水泥浆体系-胶乳水泥浆. 石油钻探技术，2005，33（6）：31-31.

[175] 君轩. 胶乳水泥和胶乳沥青. 世界橡胶工业，2010，3：43-43.

第6章
银菊橡胶

6.1 概述 ◀◀◀

银菊橡胶（guayule rubber）又称墨西哥橡胶，简称银菊胶，是从银胶菊中提取的天然橡胶，为天然橡胶的又一个重要来源，见图6.1。它和三叶天然橡胶的化学结构完全相同，在质量和性能方面也与三叶橡胶基本相同。但与三叶橡胶不同的是，银菊胶基本不含或者仅含有少量的致敏蛋白，避免了部分过敏群体对三叶橡胶蛋白的过敏反应[1,2]。

(a) 银胶菊　　　　　　　　　　　(b) 银菊橡胶

图6.1　银胶菊及银菊橡胶

6.1.1 银胶菊属性

银胶菊，英文名：Guayule（Parthenium argentatum Gray），菊科，银胶菊属多年生灌木植物。银胶菊喜温，喜强光照，夏季高温雨水充沛时生长旺盛，冬季低温期则进入休眠，生长期可抗40℃或更高的温度，休眠期耐–9℃低温。它的叶面被有蜡质，可减少水分蒸发，根系发达，可吸收土层深处的水分和养料，耐旱、耐瘠薄[3,4]。

银胶菊茎直立或弯曲，野生银胶菊株高60～130cm，成龄植株通常高度在90cm左右，单株重1～1.5kg，木质部占47%，树皮占45%，叶占8%。基部茎约4mm被灰白色短绒毛；两性花，花柱有分枝，花序托片膜质或干膜质，常折叠或平或凹；头状花序有异型小叶，在枝茎顶端排成较密的伞房花序；花托圆锥状或圆柱状，内部有瘦果1～3枚，雌花瘦果略扁，倒圆锥形[5,6]；花浅黄色，头状花外缘排列五朵舌状小花，为可孕花，其余为不孕花，着生于花茎分枝的花梗上，花茎有叶或无叶；雌花两侧各着生1朵雄花，由舌状花生成的瘦果扁平、倒卵形，黑色，顶具短毛；花序中央有 20 ～ 30 朵筒状两性花，花冠 5 裂，有聚药雄蕊 5 个，子房不育；花期 4 ～ 8 个月，靠风和昆虫传粉，2 ～ 3 年后可收获种子，种子非常细小，黑色，倒卵形，顶端具毛，千粒重仅 1g[7]。银胶菊主茎不明显，茎基部多分枝，形成稠密状灌木；单叶互生，披针形，全缘或浅裂，叶子相对较长而狭窄，叶表面被有 T 型短毛簇，而且覆盖有蜡质，在阳光下呈灰绿色而得名；根系发达，主根中含有丰富的橡胶，有稠密的侧根，寿命可达 40 ～ 50 年[8]，见图 6.2。

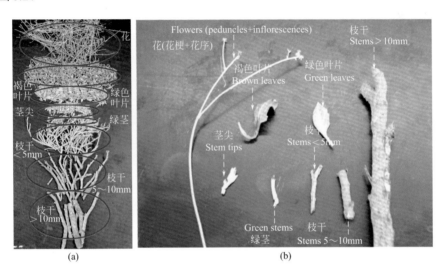

图 6.2　银胶菊各组织

银胶菊各部位的薄壁细胞里均含橡胶，以茎和根的韧皮部含胶量最多，通常是收割枝条为生产原料。银胶菊的有效成分含量不仅取决于遗传性状，而且受环境的影响很大。它的生长盛期几乎不形成橡胶，但在干旱或寒冷的条件下，生长速度变慢，在体内逐渐产生橡胶。银胶菊橡胶的理化性能与巴西橡胶基本一致。由于银菊胶颗粒结合蛋白不与免疫球蛋白 IgE（I 型乳液过敏反应）和三叶橡胶乳液蛋白 IgG 抗体发生交叉反应，不会引起胶乳过敏现象，因而近年来倍受人们关注。副产品树脂可用来生产天然木材防腐剂、杀虫剂、注塑剂等，提胶后剩余的残渣可以造纸或制作微粒板，也可用作燃料[9]。

6.1.2　地理分布

银胶菊原产于墨西哥中北部到美国东南部，北纬 20°～ 30°之间，海拔 1000 ～ 2000m 的高原半干旱地区，见图 6.3。主要分布于墨西哥中北部科阿维拉（Coahuila）、杜兰哥（Durango）、奇瓦瓦（Chihuahua）、新莱昂（Nueveleon）、萨卡特卡斯（Zacatecas）和圣路易斯波托西（San Luis Potosi）等六个州，向北一直延伸到美国德克萨斯州（Texas）的大弯区（Big Bend Region）。分布范围南北长约800km，东西宽约500km，面积约336700km²。当地气候条件恶劣，年平均气温12～20℃，夏季高温达40℃，冬季有冰冻现象，年降雨量仅300～400mm，土壤多为石灰质山坡石砾土或较松软的平地冲积土，PH值7～8，有机质含量低[4]。

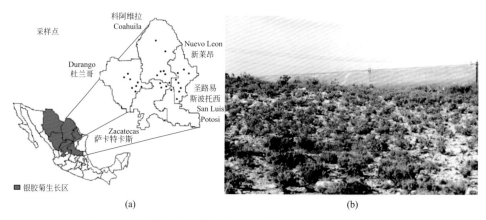

图6.3　银胶菊在墨西哥的原产地分布（a）及野生银胶菊（b）

墨西哥野生银胶菊的总分布面积达2700万亩以上，在圣路易波托西州附近的一个地区分布最广，达1125万亩。在分布带内约有10%的地面生长银胶菊灌木丛，大部分作斑点状分布，只有少数地区是集中大面积连续分布的，另有Agave（龙舌兰属），Yucca（丝半属），Opuntia（仙人掌属），Mimosa（含羞草属），Zinnia（百日草属）等的伴生植物分布[10]。

从全球范围看，除了原产地墨西哥和美国南部之外，在20世纪40年代起美国农业部曾陆陆续续将银胶菊种子送往澳大利亚、阿根廷、刚果、埃及、西班牙、苏联（现俄罗斯）、印度和中国等20多个国家地区进行试种，因此在这些地区也有银胶菊的分布[11]

6.1.3　驯化与开发利用

银菊胶最早是被印第安人发现并加以利用，西班牙移民于1510年首先在墨西哥中部发现当地的阿兹特克人（Aztec）咀嚼银胶菊茎部，从中分离出橡胶，制成有弹性的小球，并用一个石环当靶，进行类似打篮球的游戏。银胶菊含有橡胶和树脂，很容易燃烧，墨西哥北部奇瓦瓦州的银矿就用它当作熔炼白银的引火物，当地居民也将其晒干当作生活燃料[10]。

1852年比洛（Bigelow）在美国德克萨斯州测量土地时采集到银胶菊标本，送到哈佛大学，经阿塞·格雷（Asa Grag）教授订名为 Parthenium argentatum，并作了植物学方面的描述。1876年墨西哥开始研究银胶菊的实用价值，并在费城的"美利坚合众国成立100周年纪念博览会"上展出了其银菊橡胶样品。1880年美国纽约一家公司开始进行银胶菊的商业性开发利用，该公司从墨西哥进口约50t银胶菊，尝试用热水提取橡胶。其后，美、墨以及英、德、法、意的化工专家们，相继对银胶菊的加工工艺做了大量研究，在此期间曾发表过20余项有关专利[12]。

　　银胶菊的工业化应用开始于20世纪初期，并经历过三次开发高潮。第一次开发高潮发生在野生橡胶大繁荣后期（详见1.2.1.6）。1900年人们就提取出一定数量的银菊橡胶，主要用于性能测试；1902年人们开始银菊橡胶的商业化开发，并建立第一座银胶菊加工厂，采用溶剂法提胶工艺；1904年劳伦斯（Lawrence）父女利用人类咀嚼食物的原理发明了球磨机，并成功开发出湿磨法提胶工艺；同年第一批商业化银菊橡胶被曼哈顿橡胶公司生产出来。至1907年，超过20家公司在北墨西哥从事银菊橡胶的加工和生产，1910年银菊胶的产量达到10000t的历史峰值，占到美国当年总进口量的24%，消耗量的19%[13]。

图6.4　植物学家——威廉·麦卡勒姆

　　1910年10月墨西哥爆发革命，境内的银菊橡胶工业遭到很大破坏，人们开始在美国进行野生银胶菊的驯化与栽培工作，并取得很大进展。这项工作由美国洲际橡胶公司（Intercontinental Rubber Company，IRC）的首席植物学家——威廉·麦卡勒姆（William McCallum）具体执行，见图6.4。

　　1911年威廉·麦卡勒姆离开墨西哥，并通过将银胶菊种子藏入烟叶罐中的办法，带回来大量野生银胶菊种子，这为美国本土野生银胶菊的驯化工作奠定了扎实的基础，到1913年威廉·麦卡勒姆已经培育出近百万株银胶菊幼苗。威廉·麦卡勒姆和他的同事在银胶菊的培育和大规模栽培方面作了大量的工作，并逐步发展出美国本土的银胶菊种植与加工工业。1916年美国首次实现了银胶菊在本土的大规模栽培与种植，至1920年，美国国内银胶菊种植面积超过3200hm²，产胶1400t，加上墨西哥野生银菊胶的产量，当年一共生产4250t银菊胶[14]。

　　自1910年以后，由于东南亚三叶橡胶的驯化工作取得了重大成功，世界天然橡胶的供应就逐步由巴西野生三叶橡胶向东南亚种植三叶橡胶过渡。由于东南亚三叶橡胶种植农场的生产效率高，产量大，全球天然橡胶的供应很快由短缺转变为严重过剩。其后果就是美国对于银菊橡胶的需求严重疲软，1920年以后美国银胶菊的开发工作逐步陷入低谷。至1928年随着史蒂文森计划（详见1.2.1.8）的终止，美国国内银胶菊的驯化工作基本陷于停滞，在美国本土已经发展起来的数千公顷银胶菊也因天然橡胶价格暴跌而被丢荒[13]。

　　银胶菊的第二次开发高潮是在第二次世界大战期间。随着第二次世界大战的爆发，日本侵占东南亚并控制了东南亚天然橡胶的生产与贸易，以美国为首的盟国的天然橡胶的供应被掐断，（详见1.2.1.10）。为此美国紧急启动"橡胶应急计划"（Emergency Rubber Project，ERP），旨在开发本国本土的银菊橡胶，为此近千名科学家和近万名技术人员被召集到美国加利福尼亚州的萨利纳斯（Salinas，California）去执行该计划[13]，见图6.5。

(a)　　　　　　　　　　　　　　　　　　(b)

图6.5　美国二战期间因开发银胶菊而兴建的萨利纳斯（Salinas）城（a）以及附近的育苗基地（b）

ERP计划汇集了全美国最顶尖的科学家团队，包括病理学家、植物生理学家、农艺学家、化学家等。这一时期美国对于银胶菊进行了最为系统和全面的研究，包括种质筛选、育种、栽培、种植、后期管理、收获、存储、橡胶的提取与加工、银菊橡胶性能的改善，产品的制备工艺等。并形成了体系较为健全，内容较为丰富的银胶菊科学体系，包括银胶菊遗传育种、生物学、生理学、植物营养、病虫害防治、制胶工艺和化学等[13]。

值得一提的是，在ERP期间，美国加州技术研究所的Dr.Robert Emerson组织了一支由日本裔美国人组成的银胶菊项目研究团队，见图6.6，这些日本人因战争遭到美国政府驱逐，并集中监禁在加州的曼赞纳（Manzanar）。该团队至少在5个方面取得了突破性进展：① 成功开发出银胶菊废弃修剪枝干育苗技术（这在当时认为是不可能的事情）；② 成功开发出银胶菊种子快速发芽工艺；③ 研发出新一代银胶菊加工提取装备——乔丹磨，与传统球磨机相比效率大大提高；④ 开发出一系列高含胶量银胶菊品系，与传统银胶菊相比，含胶量平均提高2.3倍；⑤通过洗脱树脂工艺生产出高质量的银菊胶，在某些方面性能甚至超过三叶橡胶[13]。

整个ERP（1942～1945）期间，美国银胶菊种植面积超过1.3万hm²，截至战争结束共生产出1400t银菊橡胶。此外，1910～1946年间从墨西哥输入美国的银菊胶在6.8万吨以上，绝大部分用来制造轮胎，约占世界消费量的10%[13]。

图 6.6   Dr.Robert Emerson 组织被囚禁在曼赞纳（Manzanar）日裔美国人组成银胶菊项目研究团队
（①Dr.Robert Emerson，②Dr.Robert Emerson（右三）在考察育苗基地）

第二次世界大战结束后，质优价廉的东南亚三叶橡胶重新供应全球。银菊橡胶受到三叶橡胶和合成橡胶的双重竞争而再次陷入困境。在此大背景下，各国纷纷放弃了银胶菊的研究计划，美国的银胶菊栽培和研究也趋于一蹶不振状态。但美国橡胶政策委员会认为，美国必须保留一部分本土天然橡胶的供应，以备不时之需。因此在战后一段时期里，美国农业部门和一些科研单位，仍继续进行有关银胶菊的若干研究。例如，1946 年美国海军拨款 15 万美元给斯坦福研究所作补助经费，以研究银胶菊的育种和制胶工艺的改进。1947 年美国农业部研究部门也在报告中提出与政策委员会相同的意见，并计划在热带美洲发展巴西橡胶和研究改良一些能在美国本土种植的产胶植物，如银胶菊和俄罗斯青橡胶草（即蒲公英橡胶）等。1951 年美国政府曾拨款 230 多万美元作发展银胶菊栽培的信贷资金。1953 年用脱脂银菊胶制成的载重汽车轮胎的里程试验结果表明，银菊胶轮胎的各项性能基本上同巴西橡胶轮胎一样好。

但是 20 世纪 50 年代初期，随着朝鲜战争爆发以及随后欧洲因东西方两大集团的紧张对峙而爆发冷战。为了防止共产主义在东南亚的扩散，美国大力支持英国在马来西亚反对共产主义运动，并为此全面废止本国的银胶菊开发，转而进口马来西亚的天然橡胶，以保护英国在马来西亚的利益。因此，20 世纪 50 年代初至 70 年代中期，美国的银胶菊的研究与开发处于全面停滞状态[15]。

20 世纪 70 年代爆发两次石油危机，使得合成橡胶的成本不再低廉，人们将目光再次转向天然橡胶。美国政府也重新考虑恢复银胶菊的生产与研究，从而迎来了银胶菊第三次研究与开发的高潮。1975 年 11 月，美国在亚利桑那州举行了一次银胶菊利用国际会议。会议重点研究了银胶菊的简史、栽培、加工、植物生理、生态、土壤、气候、种子产量、化学、遗传育种和副产品综合利用等问题。

之后不久，美国科学院银胶菊专题小组公布了一个题为《银胶菊——天然胶的补充来源》的报告，其中评述了银胶菊的优点和发展银胶菊需要解决的问题，对制胶工艺、橡胶质量和经济意义都做了详细的评价。报告建议美国政府应带头组织银胶菊的生产与科研，并与墨西哥进行国际间合作，重视品种的选育和试种，联邦政府应将过去有关的档案材料集中，以供科研人员参考。报告还建议在欧洲地中海类型气候的国家和南美、澳洲南部、北非部分地区，巴基斯坦、印度西北部等试种。报告发表后不久，美国国会就决定拨款6000万美元作为今后五年银胶菊研究经费。但是令人尴尬的是，由于美国政府各部门之间的分歧与推诿，造成这笔钱从来也没有拨付过。

1988年美国政府委托Firestone公司在亚利桑那州萨卡顿（Sacaton）建成一个银胶菊提取工厂，以满足美国材料与试验协会（American Society for Testing and Materials，ASTM）对于制定银菊胶相关标准的要求，同时还要从中得出足够的经济数据以确定银菊胶能否在90年代的胶类市场上占有一席之地[16]。

20世纪90年代以来美国频频发生三叶胶乳手套引发的过敏问题，因此人们更加关注低过敏源的银菊胶乳资源。进入21世纪，由于石油产量接近峰值，造成合成橡胶的价格不断上涨，中国和印度的快速发展对于天然橡胶的需求越来越大，而天然橡胶的产能却逐渐接近饱和。为此美国于2006年启动"卓越计划"，研究开发美国本土的银菊胶，以应对将来可能出现的天然橡胶短缺。

截至目前在美国本土共有三个组织在从事银胶菊的商业化开发，分别是：①美国Yulex公司，成立于2000年，首席执行官Jeffrey A.Martin自成立时起已筹措了近8000万美元的资金专注于银胶菊从种植、栽培到提取胶乳和固体橡胶、再到下游产品生产的全方位开发，目前已经建成3500英亩的种植基地与500t的提取中试装置，主要生产低过敏源医用胶乳等高附加值的产品，目前种植面积仍在进一步扩大；②PanAridus公司，2009年成立，专门从事银胶菊的育种工作，2014年获得美国8个银胶菊新品种的专利，所培育的某些高产银胶菊品系的产胶量可突破2t/hm²；③Bridgestone北美研发中心在美国亚利桑那州的Eloy购买281英亩土地作为银胶菊的育种基地，计划2015年生产出银菊胶轮胎。

经过100多年断断续续的研究与开发，银胶菊的驯化工作已经取得突破性进展，目前银胶菊的含胶量和产胶量均已经获得质的飞跃，平均产量已经达到1～1.5t/hm²。并且已经有一些公司在尝试小规模的商业化尝试，并建造了一批中试装置，为今后银胶菊的商业化开发奠定了扎实的基础。相信不久的将来，银胶菊可以像小麦和玉米一样，成为干旱半干旱地区农民可选择的一种农作物。

除了美国大力研究与开发银胶菊之外，其它国家也在不同历史时期进行过银胶菊的研究与开发。前苏联在1925年引种银胶菊，在高加索和土库曼等地进行大规模栽培，1935年起开始选育抗冻高产品系，并于20世纪40年代初选育出一些特别抗冻的品系。墨西哥是银胶菊的原产地，因此对于银胶菊的开发也比较重视，20世纪70年代，墨西哥曾经对于本国的野生银胶菊资源做过普查，结果显示在墨西哥中北部地带仍生长着大量野生银胶菊，分布面积估计为2700万亩，估测从北方圣路易波塔西等五个州就可生产银胶菊材料30万吨。1977年，墨西哥荒漠委员会和国家科委投资200万美元建立了一座年产5000t银菊胶的中试工厂，以开发本国野生的银胶菊资源，但终因不被市场接受而不了了之。此外，澳大利亚、阿根廷、西班牙、土耳其、以色列都曾进行若干试种和研究，但均未有过重大成果。

2008年欧盟启动"珍珠计划"，在法国和西班牙南部的地中海沿岸进行了银胶菊的种植与栽培试验。结果表明，在西班牙南部的地中海沿岸完全有自然条件发展本地区的银菊胶工业，在沿地中海的南欧、北非、西亚的部分地区完全适合发展本地区的银菊天然橡胶工业，这样可以在欧洲的后院发展一个稳固的天然橡胶供应基地，从而逐步摆脱或者降低对于东南亚天然橡胶的依赖。

6.1.4 我国对于银胶菊的引种

我国曾经进行过三次银胶菊的引种工作。第一次始于1978年，我国著名橡胶栽培专家、中国工程院院士黄宗道（1921～2003年）教授等，从墨西哥引种野生的银胶菊，分送广东、广西、云南、福建等省区试种，但除云南少量植株幸存外，其它省区试种均因雨量偏高而死亡，第一次引种工作以失败而告终。

第二次引种始于1982年，中国热带农业科学院庞廷祥教授等再赴墨西哥学习银胶菊栽培技术，并引回美国二战前选育出的银胶菊良种19个，墨西哥初选的高产原始种质126个株系种子、以及银胶菊亲缘植物被茸毛银胶菊、曼陀罗型银胶菊和灰白毛银胶菊的种子。从1983～1987年，在云南、四川、河南、江苏、陕西、甘肃、新疆等省区的5个气候带进行银胶菊试种。总计，种植银胶菊30160株，面积1.15公顷。经过5年努力，初步摸清银胶菊在不同环境条件下的适应性，结果表明在我国川南、黔北的金沙江流域干热河谷地区最适合发展银胶菊的种植与栽培，但是与墨西哥相比，该地区降雨量还是偏高，在雨季的中、后期，水害死亡严重，需做好防水、保土措施，才能正常生长、产胶。其它4个气候带均因秋季多阴雨，冬季温度低，寒害严重，植株死亡率较高，而不太适于银胶菊的种植与栽栽。试验期间还筛选出5个高产银胶菊株系，其含胶量普遍达到10%左右，树脂含量在9%左右，与在墨西哥原产地的含胶量水平差异不大；但是其每年2.2t/hm^{2}的生物质量、218 kg/hm^{2}的产胶量、197kg/hm^{2}的树脂产量与同期美国每年约5 t/hm^{2}的生物质量、500 kg/hm^{2}的产胶量、450 kg/hm^{2}的树脂产量（美国PanAridus公司的估测数据）相比低了近一倍多，当然这与我国栽培的时间较短，经验不足有很大关系。但总体来说我国第二次引种银胶菊的工作基本获得了成功，实现引种试种的预期目的，为银胶菊在我国种植提供了重要依据[9]。

第三次引种始于2001年，中国林科院的程瑞梅教授在948项目的资助下，利用美国农业部提供的8个种源，在四川攀枝花金沙江畔的干热河谷地区栽植10亩银胶菊，长势良好[3]。其种子有性繁殖成功率高，发芽率不低于原产地种子。在此基础上，建立了10亩种质园。在栽培方式上，形成一套成熟的培育管理技术体系，包括种子繁殖中的种子处理、催芽，幼苗管理技术、成苗管理技术、种子采集等。在科学研究方面已经探索出该物种的无性繁殖即克隆技术，寻找出适宜该物种的适宜外植体和培养基，为进一步扩大种植和推广提供了科学支持和技术参考，第三次引种也获得了成功。但是由于缺乏后续资金支持以及没有产业开发项目跟进，至2006年项目结束后，该种植园处于无人管理的荒废状态，见图6.7。

(a)　　　　　　　　　　　　　　　　　　　(b)

图 6.7　我国第三次引种的银胶菊

6.2　银胶菊的栽培与种植　　◀◀◀

6.2.1　生长环境要求

银胶菊可广泛分布于沙漠地区、干旱和半干旱地区以及温度和降水量适宜的地区，属于生命力较强的植物，但它对生长环境也有一定的要求。在自然条件下，银胶菊一般生长在海拔1200～2100m的半干旱高原地区和石灰岩发育的冰水扇形地区，在多石、石灰质土壤中广泛生长，土质轻而排水良好；气候干燥，可耐40℃高温及-9℃低温，年降雨量175～600mm；对养分的需求相对较低；若受到土壤水分的限制，银胶菊的生长很慢[4,17]。

① 气候　银胶菊要求温和的气候，可耐夏季高温和冬季严寒，15～30℃最为适宜，低于15℃时生长显著减慢，休眠时可耐-9℃的低温。但是低温，至少夜间低温却是促进橡胶合成的主要条件。银胶菊自然分布带的年平均温度在12～18℃之间，冬季绝对温度一般不低于-10℃。土壤温度以15～35℃最为适

宜，平均气温20～25℃时，株高生长快速；平均气温低于15℃时，生长显著减慢；当气温低于13℃时，生长点无明显的伸长，植株处于相对的稳定期，但茎径仍缓慢增长[4,6,7]。在冬季，已经完全进入休眠状态的银胶菊，可以忍受-9℃的低温。如果秋季多雨，温度偏高，入冬后还未进入休眠状态，如遇寒流，植株往往遭受冻害而死亡。但也有银胶菊品种可耐寒。苏联在20世纪40年代已经选育出一些特别耐寒的品种，它们能在阿塞拜疆等地安全越冬（阿塞拜疆位于北纬41°相当于北京的纬度）。

银胶菊极耐旱，银胶菊分布带的年降雨量仅200～400mm，且一年中有明显的雨季和旱季，降雨集中在6～9月份，分布也不均匀，往往是降大雨或暴雨。降雨后有长期的干旱天气，这样的气候条件，对一般农作物是难以成长的，而银胶菊却能正常生长。水量的多少对银胶菊中橡胶和树脂产量会产生影响，相对较多的灌溉可增加银胶菊的产胶量，但在极端干旱的条件下，它可以暂时中断产生橡胶来维持植株的存活[5]。在播种和移植时需要一部分雨水，但栽培时进行灌溉可大大促进生长。在美国亚利桑那州干旱荒漠或加利福尼亚州南部栽植的银胶菊，如不灌溉，则生长缓慢，植后3年收获产量也不高。如果进行科学合理的灌溉，产量会大幅度提高，一般在优质土壤上，一年灌溉40～60天，沙性土可多灌几天，黏性土宜少灌几天[4]。

② 土壤　银胶菊喜排水良好的、松散的碱性土而忌排水不良的黏重土。但土壤碱度过高也对银胶菊有害。墨西哥天然分布的银胶菊是生长在沿山斜坡，多石块碎片的石灰性较高（pH值为7～8）的土壤上。这类土壤里含有的沙砾和分化石块碎片的百分率有很大的差异。一般来说，这些地区土壤中含有机质很少，但在某些局部地方银胶菊与其他植物混生稠密的地方，各种植物残留的有机质就较多。大部分地区土层较薄，具有厚度不一的钙积层。钙积层越深厚，植株生长越好。

银胶菊有一定的耐盐性。在有灌溉条件的地方，土壤表层1.5m内含盐量不超过0.3%时，银胶菊可以正常生长，当含盐量在0.3%～0.6%之间，则其生长显著地受到抑制，表土层30～60cm深度内含盐量达到0.6%以上时，则不能生长。局部地区由于土壤里含盐量过高，引起银胶菊生理性干旱而死亡。

土壤含盐量在一定限度内的时候，银胶菊体内的橡胶积累是随着盐分含量增高而增加，而植株的生长量则相反，即随着土壤含盐量的增加而降低。

③ 施肥　施氮肥可提高种子产量，施磷肥有利于橡胶积累，缺硼对灌木的生长和橡胶的积累有显著影响。整地时施基肥，经过缓苗期后，进行适量的叶面施肥（以复合肥料为主，其他肥料为辅）。

6.2.2　选种

优质的种质资源是银胶菊高产栽培的先决条件。银胶菊种子很小很轻，1000～1500颗种子只有1g重[5]。早在20世纪40年代，美国科研工作者就利用墨西哥收集的种质，发展种植了自由传粉（通过风、昆虫等）的银胶菊品种。50年代，已有25个品种的银胶菊种子存放在美国农业部设在Fort Collins的全国种子厨存实验室内。这些品种为后来进一步进行银胶菊品种改良提供了基础种质[3]。目前经改良的银胶菊品种有多个：593、N565、C215、C245、C250、C254、11604、11605、11619、11634、4265以及种间杂交品系AZ101，其中593是第二次世界大战期间广泛采用的品种，4265号则是从墨西哥野生种群中选出的比593号更优越的一个无融生殖（无配生殖）品系，N565是战后由美国农业部的专家选育的品种。所有以字母"C"开头的品种都是个体无融合多倍体植株（具有54和72条染色体，不受精而产生的种子）的后代，它们由于长势好、生物量和橡胶含量高，于1981年和1982年被选育出来[18]。之后在加利福尼亚，育种专家又利用这些优质种质培育出了C250、C254、CAL-6、CAL-7等系列"C"系新品种。

在杂交方面，已用曼陀罗银胶菊（染色体数目为36）作父本与普通银胶菊杂交培育出一个无融生殖、生长迅速的优良品系。该品系的染色体数目为90，其平均含胶量只有传统银胶菊的2/3，但其生长却比传统银胶菊快一倍。同龄的植株，该品系的橡胶产量要比传统银胶菊多一倍左右，种植后两年就可收获，其单位面积产量相当于3龄的银胶菊，土地利用率可大大提高[4]。

6.2.3　育种

银胶菊的种子首先用聚乙二醇、生长调节剂和杀真菌剂混合物进行预处理，然后用播种机播种，播种深度为1/4 ～ 1/2英寸（1英寸=2.54cm）。种在1/4英寸深的种子可用土壤覆盖，但对种在1/2英寸深的种子，用一层薄的蛭石覆盖更为有利。这是因为蛭石对种苗萌发的阻力比土壤小。与地表播撒相比，采用此法可使种苗存活率提高10倍，这一技术曾被大规模应用。美国农业研究部与加州大学农业试验站、得克萨斯农业与医科大学、新墨西哥州立大学和亚利桑那大学合作培育优良的银胶菊，他们用新培育的植株成功地使产量翻了一番，年产量由当地品种的500磅/英亩（1英亩=6.07亩，1磅=0.454kg）天然橡胶增加到1000磅/英亩[1]。如将银胶菊种子含水量控制在4%以下，储藏于密闭的金属罐内可保存20年，其发芽率仍较高[5]。用自来水将银胶菊种子冲洗4h，在氯酸钠溶液（0.5%有效氯）中浸2h后取出，冲洗干净并烘干。处理过的种子播在含有等量苔藓泥炭与蛭石的混合物的托盘中，发芽7 ～ 10天后，将小苗移植到聚苯乙烯苗盘，置于温室生长10 ～ 12周，然后移栽到田间[18]。

除了传统常见的银胶菊品种外，还存在银胶菊同属的灰白毛银胶菊（Parthenium incanum）和曼陀罗银胶菊（P.tomentosum var.stormonium），这两个品种可作为种源与普通银胶菊进行种间杂交，前者适应性较广，用它与银胶菊杂交产生的后代具有抗病或耐寒的特性。杂交的种耐寒后代可以向北推移试种，而杂交的抗病后代则可在发病率高的地区试种。由于曼陀罗银胶菊个体高大速生，用它与普通银胶菊杂交的后代，含胶量虽只有银胶菊的2/3，但其生长量却比银胶菊快一倍，有些杂交个体比普通银胶菊大7倍[19]。灰白银胶菊播种后生长6个月即开花结实，种子千粒重约1g，但种子发芽率低，可用1.5%的次氯酸钠溶液处理或者擦破种皮，这样将种子发芽率提高到90%以上，且出苗整齐，生长均匀。

为便于育种的快速实现，组培快繁、规模推广都是必不可少的手段，为此就需要进行组织培养的研究。有研究结果表明，在银胶菊的组织培养中，外植体以种子为宜，无论是从银胶菊茎尖、茎段，还是从种子出发，其玻璃化发生频率都非常高，以致影响到无菌物的建立，而关于银胶菊的玻璃化国内外鲜见报道，该研究正在进行中[20]。

银胶菊用种子繁殖，播种是一项关键性操作[4]。银胶菊种子很细小，着生在直立的细枝上。美国州际橡胶公司发明一种采种机，利用真空原理把种子吸进容器，虽然会浪费一些种子，但操作很成功。种子发芽困难，必须经过适当处理才可保证发芽良好。采集的种子先放入簸扬机扬去杂屑，移放在一个可在水中转动的多孔转筒内浸泡20～24h，排去水和沉淀物后，再放在0.5%～1.5%次氯酸钙或次氯酸钠溶液内浸泡2～4h，然后取出冲洗干净，用离心机除去过多的水分，趁湿播种下去。如种子需保存一个时期后才使用，则须把从离心机中拿出来的种子进行干燥，保存在密封容器中。从大田采集的种子，也可不经上述处理，直接保存一个时期，但临播种前仍须按上法进行处理。如种子保存几年后才使用，则播种前不必进行处理，一般银胶菊种子可保存多年而不会丧失生命力。

银胶菊可采取播种机播种，可一次同时播七行（即整块苗床的七行），苗床宽1.2m。播种后，立即用摇摆的洒水器自动淋水。此后经常淋水，直至种子生根发芽，然后减少淋水次数。苗床须除净杂草。行间用中耕机除草，行内用人工除草。幼苗生长迅速，4～5个月后即可移植田间，这时把幼苗顶梢按一定的高度修齐，并通过挂在后面的刮刀把苗株振松。随后人工拔起苗株，经过修根和分选，合用的苗株用湿苔藓或木屑包住根部，装箱运往田间。

6.2.4　种植园的建设与日常管理

银胶菊的种植一般有两种方式，第一种是先在育苗盘中播种培养幼苗，然后将幼苗移入大田中；第二种是直接将银胶菊种子在大田中播种。相比而言，前者工作量大，成本高，900～1600美元/公顷，但这种种植方法的幼苗成活率较高，生长均匀。后者工作量相对小，成本低，约400美元/公顷，但由于银胶菊种子小，大田环境不易控制，该方法的幼苗成活率低。

灰白银胶菊育苗3～4个月后即可出圃定植，一般植距50～60cm、行距70～80cm，种植密度为2～2.8万株/hm²[17]。移植后头3周，每2～5天轻度灌溉一次，苗木成长后，减少灌溉频率，每年3～9月灌溉12次，每次用水约100mm，10～2月份不灌溉[18]。

　　银胶菊植株在大田中生长2～3个月后就开花结实。种子成熟后，易自然开裂散落，并且银胶菊种子属于小粒径种子，因此应有专职管护人员及时手工采集，主要应用纸袋收集法。银胶菊一年四季均可开花并产生种子，其花期和种子成熟都没有规律[21]。

　　灌溉处理可影响银胶菊生物量的大小，但不会影响银胶菊的含胶量和质量，如图6.8所示。从图6.8（a）中看到灌溉次数对橡胶、树脂和总含量几乎没有任何影响，而对于单株银胶菊的橡胶产量、树脂产量及总产量影响较大，三者产量会随着灌溉次数的增加而显著提高，见图6.8（b）。

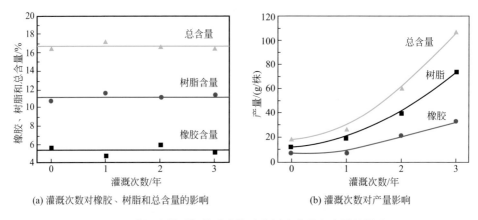

(a) 灌溉次数对橡胶、树脂和总含量的影响　　　(b) 灌溉次数对产量影响

图6.8　灌溉次数对银菊胶中橡胶和树脂含量和产量的影响

　　银胶菊的收获可进行机械化操作[22]，如图6.9所示，这样大大节省了人力成本，也提高了效率。某些银胶菊品种平茬收割后，可继续存活和并长出新枝，植株具有再生潜力是多次收获的必要条件，而多次收获就可以把建园费用分摊到几个收获周期中去。以两年为一收获周期是理想的，这样种植者可以提早获得经济效益。

图6.9　银胶菊的机械化收获

一般刚刚收获后的银胶菊不宜立即加工处理，需要在一定的条件下储存一段时间，因为普通银胶菊在收获后的最初几小时，体内的聚合酶仍在起作用，橡胶的生物合成仍在进行，而对于某些优良品系，其作用可延续1周以上，因此过早的加工处理会降低银菊橡胶的产量。比如银胶菊品系11605、11619和种间杂交品系AZ101，在早春收获，然后整株置田间储存，存放一到两周时间，将可得到单位面积最佳的橡胶质量和产量，且其橡胶很少或者没有发生质变。但另一方面，收获后的银胶菊如果不能及时加工处理，在热、氧等环境因素的作用下，银胶菊体内的橡胶会发生一定程度的降解，从而造成银菊橡胶的质量下降。不同基因型的银胶菊的橡胶降解速率不同，品系之间差距很大。比如银胶菊品系11604、N565、593和11634收获后在田间的储存时间不可超过1周，否则将造成橡胶质和量的损失[23]。因此根据银胶菊的品系特性，合理的规划收获、储存及加工的时间节点对于最大限度的获得质量较高的银菊橡胶是非常必要的。

6.2.5　病虫害及自然灾害的防治

以银胶菊为寄主的节肢动物害虫有80余种，其中约30种对植物有依赖性；虫害对苗期的危害比成熟期大。在温室中，害虫以幼苗的根为食，转基因技术可以帮助银胶菊抵御害虫的危害[4]。对病虫害的监测，实行"预防为主，防治为辅"的方针。主要通过管护员长时间观察记录和提取样本，并且结合资料查询和专家鉴定的方法。通过观察，可发现有少量的细菌性根腐病（Bacterial rot）、轮枝孢黄萎病（Verticillium spp.）等病害，而在幼苗期病虫害比较突出，会发生立枯病、霜霉病、猝倒病、叶斑病、日灼病及蝼蛄、蝗虫、干涸小象甲、黑尾叶蝉、白翘叶蝉等虫害[6]。对于银胶菊虫害的防治，通过700倍代森铵溶液或1000倍多菌灵溶液喷洒茎叶和土壤，可有效防治立枯病、霜霉病、猝倒病、叶斑病等；炼苗期逐步减少隐蔽度可防治日灼病；100倍水胺硫磷毒饵或6%可湿性666拌毒饵可防治蝼蛄；水胺硫磷1500倍液或乐果1500～2000倍液可防治蝗虫；敌敌畏500倍液灌根可防治干涸小象甲；乐果或敌敌畏800倍液可防治黑尾叶蝉和白翘叶蝉等[21]。

银胶菊的水害也不容忽视。银胶菊原产于年降雨量仅250～310mm的半荒漠高原，主要分布在排水良好的山坡。在山顶和迎风坡、地形平缓和低洼环境看不到银胶菊。过量的降雨和水分不仅不利于银胶菊的生长，反而会对其生长造成危害。银胶菊水害先是植株底部叶片出现暗黑色水渍病斑，然后在地表5cm处根茎四周皮层腐烂，病灶逐渐向下扩展，使根系丧失吸收水分能力，植株生理机能失调，最后全株死亡。银胶菊水害死亡，多出现在雨季的中、后期，而且集中在排水不良和杂草多，植株隐蔽度大，通风透光差的区域，这些区域有利于疫霉菌的浸染，导致根茎腐烂[21]。

寒害也对银胶菊有一定影响。银胶菊喜温暖气候，它既能耐高温也能耐冬季的严寒，但其耐寒性受苗龄、越冬前植株动态和冬季气候条件的影响。银胶菊当年生植株耐寒性较差，气温降至-10℃时，会受寒而死，如越冬期植株未进入休眠状态，气温降至-7℃时也会受寒害致死；一年生以上的健康植株，一般可耐短期-15℃的低温，在秋冬季节气候干旱，加上气温逐渐下降，植株进入休眠状态，其耐寒性更强，可耐短期-19℃低温。

6.2.6 含胶量及产胶量

一般银胶菊的含胶量在5%～20%（干物重量比）之间变化，野生银胶菊平均含胶量为8%～10%[24,25]。银胶菊的各个部位都含有橡胶成分，但不同部位的

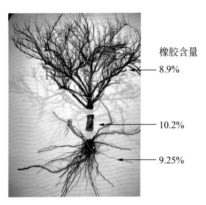

橡胶含量
—— 8.9%

—— 10.2%

—— 9.25%

图6.10 银胶菊植株各部分含胶量

橡胶含量不同，皮层是产胶的主要部位，含胶量占整株的75%～80%，远多于木质部的含胶量，特别是根部更加显著，根部皮层的含胶量比木质部多11倍，而茎部皮层比木质部仅多2～3倍。由此可以设想，对不同的银胶菊品系，可以从其皮层与木质部的含胶量比率来判断它的产胶能力。植株地上部分的干重约占全株的2/3，枝干部分的含胶量要高于根部和叶片、细枝等部分的含胶量，根系中的支根和侧根的干胶含量比主根高[26,27]，如图6.10所示。

不同银胶菊品种之间含胶量的差异并不大，而不同银胶菊品种却因受到遗传性状、生长条件、栽培方法和收获时树龄等因素的影响在生物质量方面存在很大的差异，从而造成单位面积产胶量差别巨大。较好的环境下栽培的银胶菊，1年生的每公顷产干胶270 kg，两年生的达1121kg，5～10年生的可达2700～3270kg。经过改良的优良品系，5龄时含胶可高达20%。20世纪40年代培育的适于灌溉栽培的优良品系，一般3～5龄时每公顷产干胶1800kg（亩产120kg）左右，适于旱作的同龄优良品系，每公顷产1500kg（亩产100 kg）。美国在加利福尼亚州栽培的优良品系1龄时收获，平均含胶6%，每公顷产干胶1120kg（亩产74kg）；4龄时收获，含胶18%～20%，每公顷产干胶2690kg（亩产179kg）。

银胶菊的橡胶、树脂须经过多年积聚，才能达到商业价值，野生银胶菊需7～10年橡胶含量才能达到植株干重10%，才具商业价值。而农场种植的银胶菊，一般栽培4年，橡胶含量即可达植株干重的10%，产量比野生种植提高了1倍。在20世纪40年代曾发现含胶量达26%的野生品种，由此看出银胶菊野生类型丰富，其橡胶、树脂的增产潜力很大[21]。科研人员1988年前后在加利福尼亚州的实验表明，从银胶菊生产橡胶的年产量具有800～900kg/hm^{2}的潜力[18]。最

近美国PanAridus公司宣称，自己所培育的银胶菊优良品种，平均年生物质量可达20t/hm²，年产胶量可突破2t/hm²，见图6.11。

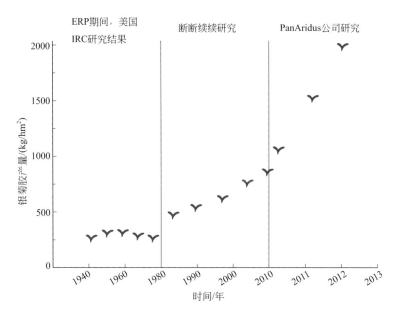

图6.11　美国PanAridus公司在银菊胶的产胶量方面取得突破

6.3　银菊胶的生物合成

6.3.1　银胶菊的含胶组织

与三叶橡胶主要在三叶橡胶树的乳汁管中合成不同，银胶菊的橡胶主要在植物体的薄壁细胞中合成。银胶菊各部位的薄壁细胞里均含橡胶，以茎和根的韧皮部含胶量最多。银胶菊体内橡胶的生物合成以及储存发生在独立的薄壁细胞里，所以虽割断皮层也见不到有胶乳流出。一年生银胶菊体内橡胶主要分布于韧皮部和木质部的维管束射线内，少量存在于初生皮层和木质部的薄壁组织内。叶子的薄壁细胞内也有少量分布，含量为0.3%～0.5%，花序梗内含量甚微[28～30]。

图6.12示出了不同品系银胶菊薄壁细胞及所产橡胶粒子的扫描电镜照片。其中图6.12（a）为银胶菊品系O-16-1茎干部分割去茎皮的照片，清楚地显示了割取茎皮的断面组织、裸露的木质部以及渗出的树脂，图中箭头表明了茎皮的厚度，同时也是图6.12（b）中所取SEM样本的位置；图b为O-16-1品系银胶菊

组织薄壁细胞中的细胞溶质和液泡中所形成的橡胶粒子；图6.12（c）图表示在AZ101品系银胶菊组织内成熟薄壁细胞内中央大液泡中橡胶粒子逐渐积累的过程，而在中央液泡周围更小范围的细胞溶质中的橡胶粒子被挤压成一个橡胶粒子层；图6.12（d）显示在N9-5品系银胶菊组织内成熟薄壁细胞中被橡胶粒子填满的中央大液泡，而在液泡周围剩余的细胞溶质中可明显看到一个橡胶粒子组成的单层。

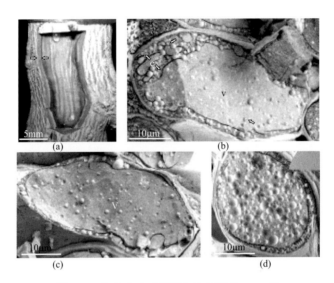

图6.12　银胶菊含胶薄壁组织细胞的SEM图
（a）、（b）O-16-1品系；（c）AZ101品系；（d）N9-5品系；
c—cytosol细胞溶质；v—vacuole液泡

6.3.2　合成路线

银菊胶的生物合成是通过蛋白酶在植物体的薄壁细胞中进行的。首先3-羟基-甲基-戊二酰辅酶A在还原酶的作用下，先生成甲羟戊酸，该物质进一步反应生成甲羟戊酸一磷酸，继续反应生成甲羟戊酸二磷酸，然后在脱酸酶的作用下生成异戊烯基焦磷酸酯（IPP），这些反应都是在细胞质中发生的。异戊烯基焦磷酸酯在异构化酶的作用下生成二甲基烯丙基焦磷酸酯（DMAPP），二者互为同分异构体，可以互相转换。二甲基烯丙基焦磷酸酯在反式橡胶转移酶的作用下活化为烯丙基引发端基，即为银菊胶分子生物合成的起始引发端基，继而引发IPP不断发生链增长反应，依次生成牻牛儿基焦磷酸酯（GPP），法尼基焦磷酸酯（FPP）和牻牛儿基牻牛儿基焦磷酸酯（GGPP）等生物合成银菊胶的前体，这些前体进一步在顺式异戊烯基转移酶的作用下不断引发IPP反应，最终生成长链的银菊胶长链分子。这些前体不仅可以引发IPP生物合成银菊天然橡胶，还可以合成其它物质，比如GPP可进一步生成精油、单萜类物质，FPP可进一步生成植物抗毒素、甾醇类，GGPP可进一步生成脱落酸、叶绿素、类胡萝卜素、赤霉素等[31~34]，如图6.13所示。

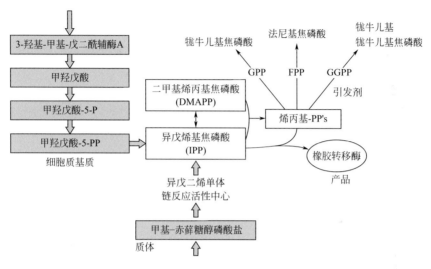

图6.13　银胶菊体内橡胶合成示意图

橡胶在银胶菊体内究竟起什么作用曾经有过不少争论。最初，橡胶曾经被认为是银胶菊体内储存的一种的营养物质。司宾塞（Spence）等曾观察到银胶菊在生长旺盛时期，体内橡胶含量减少10%～15%。但特伦布（Tranb）的试验结果否定了这种说法，他从秋季到冬季，用非常精细的操作方法进行脱叶试验，目的是减少碳水化合物对植株的供应，促使植株呈饥饿状态。即使在这种情况下，植株体内的橡胶含量并未减少。另一种说法是橡胶能对外来损伤起一种保护作用，但有人认为未见有确切的证据，因而现在很难肯定橡胶在银胶菊的生理上到底起什么作用。

6.3.3　银胶菊大分子结构分析

银菊胶大分子结构中99%以上是顺式-1,4-聚异戊二烯，未发现有1，2-及3，4-结构存在。为了分析银菊橡胶大分子的精细结构，特地将银菊橡胶分级，采取低分子量级分（聚合度约530）银菊橡胶进行^{13}C-NMR检测，见图6.14。从图中看到，银菊橡胶C_1～C_5五个主峰与三叶橡胶并没有明显区别，但是在精细结构方面还是有些差别。在ω-端基方面：16.0和39.8ppm分别是反式-1,4-结构单元5号甲基碳原子（T_5）和1号亚甲基碳原子（T_1）的信号峰；17.6ppm是二甲基烯丙基对位2个甲基碳原子（D_5）的信号峰，将T_5和D_5信号峰的强度进行对比，可以大致判定银菊胶大分子存在2～3个反式-1,4结构单元。因为被不饱和脂肪酸的信号叠加，因此不能确定二甲基烯丙基 D_2 烯碳原子是否在 131.1ppm 处存在。但上述信息也足以说明银胶菊的引发端基是由二甲基烯丙基连接 2～3 个反式 -1,4 结构单元构成。在 α- 端基方面：从图中并没有检测出与端羟基或端酯基连接的顺式 -1,4- 结构单元 4 号碳原子（C_4）在 59.1ppm 或者 60.9ppm 处的信号峰，但是 62.1ppm 处的信号峰很有可能与 α- 端基有关[35]。

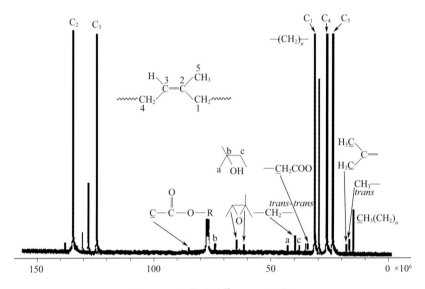

图 6.14　银菊胶的 ^{13}C-NMR 谱图

从低分子级分银菊橡胶的 ^{13}C-NMR 谱图中还检测出了一些变异基团的信号峰。比如，60.4ppm 和 64.8ppm 的小信号归因于顺式环氧化异戊二烯链节中的季碳原子和叔碳原子；34.8ppm、43.0ppm 和 72.8ppm 的小信号估计是由 C_2 羟基取代的饱和异戊二烯链节引起，它也是银菊胶的特征峰[35]。此外，还检测出了非胶组分的信号峰。比如，34.5ppm、29.7ppm 和 14.0ppm 的一系列小信号指明了脂肪酸酯的存在。这些发现表明银菊胶的基本结构为二甲基烯丙基连接 2～3 个反式结构，再连接 500 多个顺式 -1,4- 结构，最后可能以羟基或者酯基封端，见图 6.15。

图 6.15　银菊胶大分子的结构

6.3.4　分子量和分子量分布

银菊胶的分子量一般为 60 万～150 万，与三叶橡胶相近；分子量分布为 1.7～3.0，与三叶橡胶的分子量分布（3～10）相比要窄许多。各种银菊胶产品及对比三叶胶乳的分子量及分子量分布见表6.1。

■ **表6.1** 凝胶渗透色谱法测得的银菊胶平均分子量

分子量及分布	银菊胶的原料胶乳	已脱树脂的颗粒	作为商品供应的胶包	三叶橡胶的原料胶乳
$M_n/\times 10^6$	1.00	0.92	0.57	0.4
$M_w/\times 10^6$	2.0	2.20	1.70	2.0，2.2
$M_z/\times 10^6$	3.40	4.00	3.00	—
$M_p/\times 10^6$	2.07	2.09	1.85	—
M_w/M_n	2.0	2.4	3.0	5，5.4

银胶菊本身受气候、地区、海拔以及种植环境的影响较大，因而所产橡胶的分子量也各不相同。品系对于银胶菊的产胶能力影响较大，因而不同品系间的分子量变化也比较大。此外，加工方式也是影响银菊胶分子量大小的一个因素，见表6.2。

■ **表6.2** 不同品系银菊胶分子量和分子量分布

样品	$M_w/\times 10^4$	M_w/M_n	M_z/M_w	$[\eta]/(g/dL)$
商品银菊胶胶包	66	2.98	1.82	4.51
脱树脂碎胶	74	2.39	1.41	4.93
墨西哥野生原种（4177号）	84	2.00	1.70	5.53
墨西哥野生原种（7177号）	100	2.45	1.78	5.59
美国加利福尼亚州原种（A48115号）	146	1.74	1.59	9.01
美国加利福尼亚州原种（75229号）	98	2.45	1.91	—
六个月植株（人工剁碎）	64	10.38	3.36	—
六个月植株（用Waring掺合机搅碎）	78	6.17	3.33	—

银菊胶的分子量分布曲线普遍呈单峰分布，Campos-Lopez E 和 Angulo-SanchezJ L 曾经比较过银胶菊茎干部位橡胶和三叶胶乳分子量分布曲线之间的差异[36,37]，见图6.16。从图中看到，三叶胶乳的分子量略高，但差异不大。然而，这个结论是

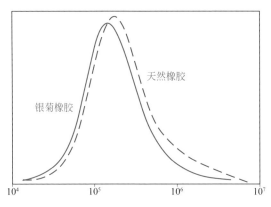

图6.16 银胶菊茎干部位的橡胶与三叶胶乳的分子量分布曲线[36]

不全面的。也有部分银胶菊品种的分子量呈多峰分布，Angulo-SanchezJ L[37]等用凝胶渗透色谱法测试了墨西哥原产地Mapimi等地的银胶菊品种BG1123、BG1132和BG11605的分子量分布曲线。检测结果显示，银菊胶分子量分布曲线的类型，不但受品系影响，还受到气候、土壤、收获时间、农艺管理方式等的影响，见图6.17。

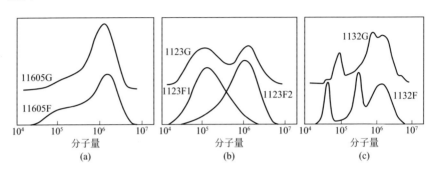

图6.17 墨西哥原产地BG11605、BG1123和BG1132品系银菊胶的分子量分布图
（G：温室栽培，F：大田栽培）

例如，BG11605无论是在温室栽培还是大田栽培，所生长的橡胶均呈一峰一肩分布；BG1123在温室栽培条件下成双峰分布，而在大田条件下呈单峰分布，并且不同植株的单峰分布区域还不相同，当然这和植株间所产橡胶的分子量大小有关；BG1132无论是在温室栽培还是大田栽培所产橡胶都呈三峰分布。

Angulo-SanchezJ L提出"批次合成机理"[37]来解释银胶菊橡胶分子量多峰分布曲线现象。他认为受气候、季节以及生长时间等因素的影响，银胶菊生物合成天然橡胶并不是一个连续过程，而是断断续续发生的。在适合橡胶生物合成的条件下，比如低温、干旱，银胶菊快速合成天然橡胶，银胶菊的薄壁细胞里充满了分子量呈一定分布的橡胶粒子。接着发生了不利于橡胶生物合成的条件，比如高温、多水等，银胶菊不再合成天然橡胶。当下一个有利于橡胶生物合成的条件来临时，银胶菊再次合成天然橡胶，而以前老的薄壁细胞中已经充满了橡胶粒子，因此合成的新的橡胶必须存储在新长出组织的薄壁细胞中，分子量也将以另外一种分布存在，这就造成了银胶菊橡胶分子量的多元分布方式。

银菊胶分子量分布模式受到诸多因素的影响，比如气候、土壤、品系以及农艺管理水平等。而将银菊胶分子量多分布现象归因于"批次合成机理"有些过于简化。但至少对于解释银菊胶分子量的多元分布有一定的帮助。相信随着人们研究的深入，这一问题会慢慢变得更为清晰。

6.3.5 银菊胶生物合成的累积规律

银胶菊体内橡胶生物合成的积累随季节性温度的变化而有所不同。它在生长盛期几乎不形成橡胶，但在干旱或寒冷的条件下，生长速度变慢，在体内形成并逐渐积累橡胶。春、夏气温较高，生长旺盛，体内橡胶积累缓慢，秋、冬气温逐渐下降，生长缓慢，体内橡胶积累加速。第二年仍然是春夏积累少，秋冬积累多，因而是有周期性的。邦纳（Bonner）认为，在相同的栽培条件下，改变温度，其体内橡胶积累是有明显差异的。昼夜温度均保持26.5℃，则银胶菊体内的橡胶积累并不增加。橡胶积累最适宜的夜温为 $4.4 \sim 7.2℃$，但夜间降温处理需要延续10h以上，效果才显著，其中以16h最为有效。当昼夜温度过低，即使夜间温度下降，橡胶积累也不会增加。夜间低温虽有利于橡胶积累，但开花和茎的伸长却受到抑制，不过对植株总的增长并没有多大影响。

生长在水分充足土壤中的银胶菊，干重增加较多，但橡胶积累并不多。当一个短期雨季之后，紧接着一个较长的旱季或灌溉一个时期后，接着停止灌溉，这样可以延缓植株的生长而有利于体内的橡胶积累。银胶菊的木质部和韧皮部半径的比率与植株的生长和橡胶积累有关，也就是说与水分供应有直接关系。当水分供应充足植株生长旺盛时，木质部的生长半径比率增大，而韧皮部的生长半径相对地减小。由于韧皮部是主要的产胶部位，因此，随着韧皮部生长比率的改变，橡胶积累的比率也随之下降。

银胶菊属于喜阳性植物，它的生长发育都需要强光照，因此光照对于橡胶的累积有重大影响，栽培在隐蔽度较大的地方，植物体内橡胶积累显然比强光照的地方少得多。米切尔（Mitchell）等观察到生长在肥沃土壤上的银胶菊对光照强度特别敏感，他们的试验表明，光照强度降低25%时，橡胶积累减少36%，而生长在瘠瘦土壤上的光照强度对橡胶积累的影响小得多。此外，在肥沃土壤上生长的银胶菊，减少对它的光照强度，除影响橡胶积累外，植株的干重增加也大大减少。泰勒（Taylor）曾用干燥的土壤把银胶菊的茎部埋起来遮荫，茎部伸长极快，其长度超过未遮荫植株的10倍以上。

本尼迪克特（Benedict）进一步探明光对银胶菊的生长和产胶的关系。他用壤土栽培，并给予强光照、高温度、水肥充裕的条件，银胶菊的干重大大增加，但橡胶积累则增加不多；而用砂土栽培，并给予相同条件，则其干重和橡胶积累都有所增加。由此表明，在某些特定环境条件下，银胶菊的干重增加，但橡胶积累并不一定增加。

6.4　银菊胶的制备方法

由于银胶菊将橡胶成分储存于树皮和木质部当中，而银胶菊的枝干与橡胶树相比又比较细，因此很难像收获三叶橡胶那样采取割胶的方法获得银菊胶乳。为获得银菊干胶和胶乳，必须破坏其植物组织和细胞，使橡胶成分释放出来。可以通过不同形式的研磨机和挤压机对银胶菊的植物组织进行研磨和挤压，然后使用适当的方法从研磨完全的银胶菊组织中尽可能最大限度的提取银菊胶。

银菊胶的制备可以分为固体胶的制备和胶乳的制备。早期，人们为了获取固体胶，主要采取3种方法制备银菊橡胶：碱煮法、溶剂法和机械法。由于碱煮法腐蚀性太大，而溶剂法所用的溶剂太贵，于是1903年Lawrence父女利用人们咀嚼食物的原理发明了一种球磨机，开启了机械法制备银菊胶的历史[38]。该方法的基本原理是在有水的环境下利用球磨机对银胶菊的植物组织和橡胶进行咀嚼式分离处理。机械法简便易行，成本低廉，很快就被人们广泛使用，至1926年机械法所生产的银菊胶占到市场份额的95%。第二次世界大战期间，人们又对机械法进行了改进，使用乔丹磨替代传统的球磨机，生产效率大大提高[39]。但是机械法生产的银菊胶树脂含量太高，性能较差。为了获得较为纯净的银菊胶，人们又对传统的溶剂法工艺进行改进，溶剂消耗成本大大降低，所提取的橡胶的质量有很大的提高。

有关银菊胶乳的提取和分离的研究最早可追溯到1948年，Jones[40]利用机械粉碎和离心分离的工艺制备银菊胶乳，但是该工艺复杂，所制备胶乳的性能也较差。后来经过Cornish[41]等人的不断完善和改进，最终得以推广和应用。美国Yulex公司又开发出新一代银菊胶乳和固体橡胶同时制备的新方法——AQUEX提胶工艺，提胶效率和所提取胶乳及固体橡胶的质量大大提高。显然银菊胶乳的制备工艺并未脱离机械法的范畴。

综上，溶剂法工艺和机械法工艺仍然是制备银菊胶乳和固体胶的两大主要工艺方向。本章将重点介绍Bridgestone/Firestone公司最新改进的溶剂法提胶工艺和Yulex公司新开发的AQUEX提胶工艺。

6.4.1 溶剂法提胶工艺

溶剂法提取银菊胶最早开始于1902年，但在当时，由于方法不成熟，加工成本比较高。之后美国农业部（USDA）和普利司通/费尔斯通等公司以及一些相关机构在20世纪80年代又对该方法进行了改进。传统的提取方法获得的银菊胶，树脂含量偏高，而且橡胶中含有低分子量的橡胶成分，分离这些树脂和低分子量橡胶成分需要额外的操作和处理。与之相比，改进的溶剂法恰好克服了这些缺陷，能获得较为纯净、品质更高的银菊胶。在使用单一溶剂或混合溶剂提取完银菊胶之后，要在提取液中加入极性溶剂，使橡胶成分析出。溶剂法提取银菊胶在德克萨斯州A&M大学和普利司通/费尔斯通联合实验室均获得了成功，能顺利获得符合标准的银菊胶产品。

溶剂法的主要思路是，先将收获的银胶菊干燥处理，然后用机械研磨的方法使银菊含胶细胞破碎，使橡胶颗粒最大限度的裸露，之后用天然胶的良溶剂进行萃取，获得银菊胶。位于美国亚利桑那州Sacaton的Bridgestone/Firestone装置是溶剂法提取装置的代表，如图6.19所示，该装置是比较成功的一条银菊胶中试生产装置，曾在1988～1990年期间生产了超过8.8t的银菊胶。满负荷运转时，该装置每小时可处理860kg银胶菊原料[42]。

在如图6.18所示的加工流程中，收获的银胶菊先经过带有切刀的装置，被切削研磨成3～4cm的小段，然后送入刨片机中，将银胶菊木质组织进一步切削，以破坏含胶的组织，释放所含的橡胶成分；切碎的银胶菊组织加入抗氧化剂后与有机溶剂混合，形成匀浆，在搅拌釜中充分搅拌处理，所用的有机溶剂为丙酮-戊烷恒沸物或者丙酮与己烷的共混物，温度保持在50℃，这样树脂和橡胶成分就被有机溶剂所溶解；经过沉降过滤式离心机，将匀浆分离为液体的有机溶液和固体的残渣，随后将有机溶液在分馏器中进一步分离，分为含树脂的溶液和含橡胶的溶液，再通过蒸馏工艺回收溶剂即可得到树脂和橡胶产品。

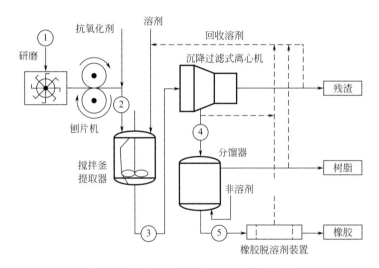

图6.18 银菊胶提取工艺流程图（溶剂法）
1—储藏的银胶菊；2—片状银胶菊处理物；3—提取浆；
4—橡胶-树脂复合物；5—银菊胶悬浮物

6.4.2 AQUEX提胶工艺

目前为止，美国的YULEX公司在银胶菊的提取和综合利用方面取得的进展最为显著，且方法最为先进。图6.19即为该公司的最新银胶菊综合利用提取模式，称之为"AQUEX"提胶工艺。这种方法通过精细研磨粉碎和多级离心分离的技术可以同时得到银菊干胶和胶乳产品，并且避免了有机溶剂的大量使用，提胶效率和质量大大提高，成本降低显著。

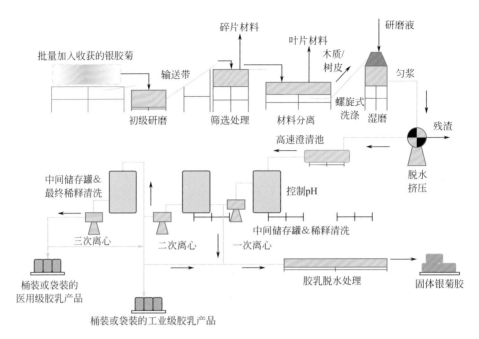

图6.19　YULEX公司设计的最新银胶菊综合利用提取模式（AQUEX）

操作流程为：将收获的银胶菊进行初步研磨处理，用输送带将研磨后的产物送入振动筛，将质量较轻的碎片材料除去，继续鼓风处理吹去叶片的碎片，剩余的木质部和树皮碎片送入螺旋桶中并加入研磨液体进行湿磨，得到均质物，对均质物挤压处理，除去水和残渣，剩余部分进入高速澄清器，调节其pH值为中性，再经过1段离心处理，得到粗胶乳产品（胶乳产品进一步处理可得到固体胶），经过2段离心处理可得到工业级别的胶乳和固体胶，经过3段离心处理可得到医用级别的胶乳和固体胶产品。这样的加工设备和流程可更加方便地实现产品的提取和分级。

此外，在银菊胶乳和固体胶的制备过程中，应注意温度的控制，在空气环境中加工时温度不应高于50℃，否则银胶菊里面的橡胶、树脂等成分会发生热氧老化反应而变质，降低橡胶的质量。因此在提取银菊干胶和胶乳的过程中最好在氮气氛围中进行，以保护橡胶和其他提取成分[43,44]。

6.5 副产物及生物质精炼　◂◂◂

在银胶菊的杆、枝和根中不仅含有橡胶烃，还含有5%～10%的树脂以及水溶性物质等[45]，见表6.3。

■ **表6.3　干银胶菊的组成**

组成	含量
橡胶烃	5%～26%
树脂	5%～10%
渣	50%～55%
叶	15%～20%
软木	1%～3%
水溶性物质	10%～12%

银胶菊的加工过程中可以产生5种产品：高分子量银菊胶、低分子量银菊胶、有机可溶性树脂、水溶物和残渣[43]。从橡胶的角度看，我们通常将高分子量银菊胶和低分子量银菊胶作为主要产品，剩余的三种作为副产品。

实际应用中银胶菊的副产物主要是树脂、纤维渣等，树脂可用于造纸和颜料工业，纤维渣可制纸浆或作燃料。

银胶菊树脂，如图6.20所示，是一种复杂的混合物，包括：倍半萜烯醚、三萜、脂肪酸甘油三酯等。树脂可以作为橡胶的增塑剂，也可用作木材的防护层，但银胶菊树脂成分因银胶菊种植地区不同、种植环境不同、收获时间不同以及加工方式不同而有很大变化。利用丙酮从银胶菊组织中分离出来的树脂和低分子量橡胶混合物具有明显的防虫蛀作用，Bultman曾经将浸渍过这种混合物的木板放在亚利桑那州沙漠和巴拿马雨林中进行实验，发现67～71个月之后，由于混合物的保护作用，木板几乎没有受到白蚁的破坏[45]。

图6.20　银胶菊副产物——树脂

银胶菊内酯是一种白色结晶性固体，不溶于水，可溶于二甲基亚砜和乙醇。现有的研究表明，银胶菊内酯是一种理想的抗炎和抗肿瘤药物，药理作用广泛，

图 6.21　银胶菊副产物——残渣

作用机制复杂，详尽作用机制有待于进一步深入研究[46]。在结构上，银胶菊内酯有两个活性基团：α-亚甲基-γ-内酯环和环氧化环，因此可以与生物分子的亲和位点发生作用，对动物体内信号通路的作用和对体外细胞的作用存在着差别，而在不同的细胞模型系统中的作用机制也有所不同。我国胡斌等的研究表明，银胶菊内酯能同时诱导 DNA 损伤和降低活性氧（reactive oxygen species，ROS）的产生；钟东明等证实银胶菊内酯通过 NF-κB 途径抑制尿激酶型纤溶酶原激活物（upA）的表达和活性而发挥作用。

低分子量橡胶可作为解聚橡胶（液体橡胶）的原料，也可广泛应用于胶黏剂和橡胶模塑加工领域。

银胶菊残渣（bagasse），如图 6.21 所示，是银胶菊提取过橡胶和树脂之后的剩余物。最早墨西哥的银胶菊加工厂利用这些残渣做燃料，事实上，残渣还有很多潜在的应用价值，对残渣进行深入的加工处理可以生产多种产品，如：防风沙土壤改良剂、复合板等[45]，如图 6.22 所示。

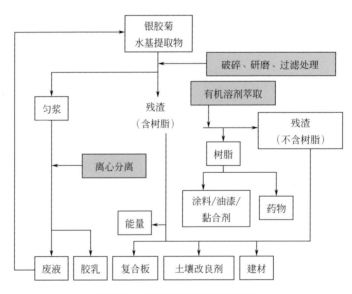

图 6.22　银胶菊综合利用示意图

此外，有人提出可将银胶菊的纤维素残渣发酵制备乙醇。实际上将银胶菊纤维素水解生产乙醇的过程不易实现，因为残渣有很强的抗水解能力，很难被水解后进行发酵。

6.6　银菊胶的性能

由于银菊胶的研究时断时续，而巴西三叶橡胶占据压倒性的商业地位，因此，关于银菊胶的性能研究数据较为零散和缺乏。据20世纪40年代的研究结论看，脱去树脂后的银菊胶，其物理和工艺性能可与巴西三叶橡胶媲美，性能指标至少有90%与巴西三叶橡胶相当。缺点是混炼时较易降解，硫化胶内部生热较高[6]。

6.6.1　生胶性能

在生胶性能方面，最大差异在于银菊胶的生胶强度较低，但在添加了 N-(2-甲基-2-硝基丙基)-4-亚硝基苯胺（MNNA）后，它的此项性能也足以与三叶橡胶相比拟，见表6.4和表6.5[10]。

■ **表6.4**　银菊胶生胶的物理机械性能

性能	银胶菊生胶	三叶橡胶（SMR5）
门尼黏度$ML_{1+4}^{100℃}$	105	85
抗氧剂（丁基化羟基甲苯）/%	0.6	—
丙酮抽提物/%	2	2.8
可塑性（P_0）	47.5	—
抗氧指数/%	41	60
黏着性		
橡胶与橡胶/MPa	0.065	0.059
橡胶与金属/MPa	0.029	0.034
炭黑胶自黏强度/MPa	0.057	0.079
炭黑胶与金属/MPa	0.036	0.028
生胶强度（100%伸长率）/MPa	0.138	0.138

银菊胶的可塑性相当于三叶橡胶的水平，只是抗老化能力（抗氧指数）低于三叶橡胶，这是由于它本身缺少天然抗氧剂的原因。银菊胶同样具有良好的黏着性，至于生胶强度，则与巴西橡胶无太大差别，见表6.4[10]。

长时间储存后三叶橡胶比银菊胶更容易变硬；银菊胶受热容易导致分子链断裂，其耐热性能和在有氧气环境中的稳定性均比三叶橡胶差，这主要是因为银菊胶中所含有的不饱和脂肪酸甘油三酯较多促进了氧化反应，在银菊胶中加入胺类抗氧剂和二烷二硫胺甲酸锌可有效增加其稳定性。

银菊胶不同的品种、植株的年龄和加工方法对产品的性质影响很大，如美国加利福尼亚州栽培的银菊胶其含胶量高而且分子量也很高，但加利福尼亚州两个品种的橡胶之间也有很大的差异。商品的银菊胶包的胶样，其分子量较低，可能是由于加工时热降解所造成的。六个月未成龄植株橡胶分子量也比较低，而分子量分布却比较宽。

银菊胶在储存中不会发生硬化，也没有三叶橡胶所含的天然防老物质和蛋白质，但含有可溶于橡胶中的甘油三酯和萜烯类物质，所以硫化速率比巴西橡胶慢得多，不过若采用低硫、促进剂TMTD硫化体系时，所得硫化胶除撕裂强度外，其他性能都接近巴西橡胶的水平。

早期所产的银菊胶，由于加工方法落后，质量低劣，树脂和杂质含量高达20%，并易于降解，质量不稳定，难于加工处理。20世纪70年代，经过墨西哥应用化学研究中心科研人员的努力，上述缺点基本得到改善。他们设计一整套实用而又经济的工艺流程，1976年底用新工艺流程生产了第一批银胶菊橡胶样品，经试验鉴定（表6.5），它的多数性能与高质量的巴西橡胶基本相似，而在某些方面还超过巴西橡胶。

■ **表6.5** 银菊胶与巴西橡胶性能的比较[10]

性能比较	银菊胶		巴西橡胶	
	PACA-6	PACA-20	SIR-5	SIR-50
杂质含量/%	0.057	0.037	0.038	0.044
灰分/%	0.76	0.84	0.22	0.45
氮含量/%	0.15	0.31	0.50	0.69
丙酮抽出物/%	3.40	3.24	4.23	3.05
挥发分/%	1.37	1.68	0.71	0.41
稀溶液黏度	4.05	4.55	5.28	4.02
凝胶/%	0.60	0.20	2.00	0.30
门尼黏度 $ML_{1+4}^{100℃}$	84	93	98	87
抽提液pH	5.6	5.9	5.3	4.5

6.6.2 硫化胶的性能

如上述，银菊胶的硫化速率比巴西橡胶慢得多，但只要把配方调整一下，就可弥补这方面的缺点，而不会影响质量。

一般认为三叶橡胶中所含的蛋白质具有促进硫化的效应，而用抽提法制得的银菊胶中蛋白质含量很低，因此如按照ASTM的规定配合后，硫化速率较慢，交联点间链段的分子量较大，以致伸长率大，撕裂强度低（表6.6）。在其他性能方面，两者差异不大。故此，如采用适当的配方，可以使银胶菊的硫化胶性能接近于三叶橡胶。

■ **表6.6** 按照ASTM配合的硫化胶的性能[47]

性能	银菊胶	三叶橡胶
硫化时间 T_{90}/min	25	19
300%定伸强度/MPa	7.24（+120）[1]	12.21（+100）[1]
拉伸强度/MPa	25.14（−12）[1]	27.93（−15）[1]
伸长率/%	635（−43）[1]	490（−39）
邵A硬度/（°）	40	48
撕裂强度/（kN/m）	31.15	76.65
交联点间链段的分子量	13000	9500

① 经70℃×14天老化后的变化率（%）。
注：140℃硫化。

表6.7为配方优化后制成的卡车胎面用硫化胶的物理机械性能比较。以含胶量35%～40%的乘用车胎作比较，在耐负荷（67h）、高速及耐磨耗（8万公里）等各项试验中，没有发现它与三叶橡胶有什么差别[47]。

■ **表6.7** 配方优化后制成的卡车胎面用硫化胶的物理机械性能比较

物理机械性能		TSR-20	银菊胶
硫化仪测量（257°F）焦烧时间/min		10.7	10.7
90%硫化时间/min		39.0	38.0
300%定伸应力/（lbf/in²）		1360（1640）	1000（1390）
拉伸强度/（lbf/in²）		3890（3360）	3630（3420）
伸长率/%		580（520）	640（580）
邵A硬度/（°）		60（64）	59（64）
古德里奇曲挠试验机/℉		40（43）	46（43）
回弹率（100%）	室温	67.9（70.1）	64.1（66.6）
	212℉	78.1（78.1）	75.5（75.5）

注：括号内是158℉×6天老化后的数值；1lbf/in²=6894.76Pa。

6.6.3 结晶性能

天然橡胶的结晶性能是其非常重要的物理性能之一，人们在研究银菊胶的过程中也对其结晶性能进行了细致的研究。在新鲜的银菊胶中，只有 α-晶型，而在老化的银菊胶中α晶型和β-晶型并存。新鲜银菊胶中球晶/晶束的成核密度要低于老化银菊胶。与三叶橡胶相似，在银菊胶中α球晶以单片晶或片晶小晶束的形式开始增长，直至长成为晶束或最终的球晶。与三叶橡胶不同的是，晶束在增长过程中在其中心附近会形成一个小颗粒，这些小颗粒通常被称作微凝胶，微凝胶呈现无规则的形貌。在三叶橡胶中，则不会在晶核附近出现微凝胶，这是两种橡胶结晶结构的显著不同点之一。由于晶束在轴向和赤道方向的增长速率不同，其形状在增长过程中就会不规则[48]，如图6.23所示。

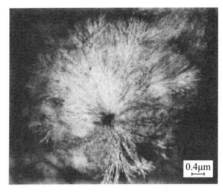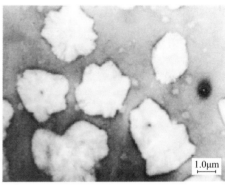

(a) 球晶(中心黑色晶核点左下侧不规则白斑为微凝胶)   (b) 球晶增长过程中的不规则形状

图6.23　银菊胶结晶的α-晶型形貌

对于β-晶型，晶束先在轴向增长，在不断填充满轴向后又向赤道方向弯曲增长，最终成为球晶，如图6.24所示。

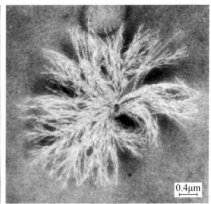

(a) 晶束的增长   (b) 晶束最终长成为β-球晶

图6.24　银菊胶结晶的β-晶型形貌

图6.25是巴西三叶橡胶、纯化过的巴西三叶橡胶、银菊胶三者的结晶性能的比较。从图可以看出，原始的巴西三叶橡胶的结晶速率明显快于银菊胶，结晶度

也较高。但一旦经过纯化去除非胶组分之后，其结晶速率和结晶度反而比银菊胶慢。这是因为，天然橡胶中的非胶组分可以作为异相成核剂，对其结晶有明显的促进作用，而一旦纯化将巴西三叶橡胶中的非胶组分去除，则其结晶速率迅速下降，结晶度也会显著降低。而银菊胶内的非胶组分较少，因此一般都是通过均相成核机理结晶，结晶速率低[44]。

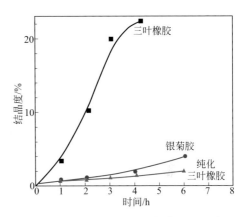

图6.25　用差示扫描量热仪表征的三叶橡胶和银菊胶的结晶速率

在拉伸状态下，三叶橡胶与银菊胶的广角X射线衍射（WAXD）图均能观察到明显的亮点，而非Debye环，这表明两种橡胶都具有很高的结晶取向[49]。

银菊硫化胶的各向同性结晶程度与三叶硫化胶是相同的。其抗破坏性能包括拉伸强度、撕裂强度、耐切割强度及疲劳寿命的排序如下：

GR（银菊胶）>SMR-10（低纯度品级天然胶）>

SMR-L（高纯度天然胶）>DPNR（脱蛋白天然胶）

这一顺序与相同破坏性能推断的固有裂纹的尺寸大小顺序相反。不同方法（力学响应曲线、红外吸收光谱及光学双折射方法）的研究结果都表明，不同种类的天然顺式-1,4-聚异戊二烯应变诱导结晶的起步点不同，银菊胶比天然橡胶所需的应变小，脱蛋白天然橡胶诱导结晶所需的应变最大。这些橡胶的应变诱导结晶趋势与其抗破坏性能的变化趋势是一致的[49]。

6.6.4　抗过敏特性

自20世纪90年代初以来，巴西三叶橡胶胶乳蛋白质致敏一直是传统NR胶乳制品（特别是NR胶乳手套）必须面对的一个严峻问题。存在于NR胶乳中的天然蛋白质会给那些容易过敏的人带来潜在的危险乃至产生致命的应激反应，而这部分人在人群中约占10%[50,51]。

2002～2003年美国5个州先后报道了该州的胶乳手套过敏事件，在社会上引起强烈反响。在俄勒冈州，先是食品制作业工人因在工作过程中穿戴NR胶乳手套致敏而向资方提出赔偿要求，接着是有18例消费者在食用接触过NR胶乳手套的食品后出现过敏而向公共健康保障部门投诉。在马萨诸塞州和康涅狄格州，接二连三出现多例医护人员因穿戴NR胶乳手套而致敏的个案。在亚利桑那州和罗德岛州也发生了类似事件。受害者们纷纷通过各种途径大声呼吁："我们不要NR胶乳手套！"

出于保障公众生命健康和安全的考虑，上述5个州已立法限制使用NR胶乳手套。为了让消费者用上放心的胶乳制品，美国计划逐步用合成橡胶和其他非致敏材料替代NR，其中银菊胶成为首选，种植银胶菊也被提升到发展本土天然橡胶资源的高度上来认识。

美国农业部自2000年开始，将开发无过敏性反应天然胶乳列为ARS项目发展计划，并于当年9月与Yulex公司签订了为期5年、拨款230万美元的项目合同。这份题为《利用银色橡胶菊，开发无过敏性反应的胶乳制品》的项目合同包括如下内容：完善采收后处理技术，提高可萃取胶乳的产量；研究将银胶菊种植纳入现有耕种体系的管理方法；寻找更有效的育种、栽培、植保、采收、加工、综合利用措施，研究上述因素对胶乳质量的影响。

经过多年的研究，人们已经发现，对橡胶或者胶乳产品的过敏反应主要和其中的蛋白质成分有关，这些蛋白质作为抗原，会导致敏感群体产生Ⅰ型变态反应。所谓Ⅰ型变态反应又称过敏反应，在人体内由免疫球蛋白E（IgE）所介导，橡胶中的蛋白质作为致敏原刺激扁桃体、肠的集合淋巴结或呼吸道黏膜中的淋巴细胞、巨噬细胞，在辅助性T细胞的协同作用下，产生IgE（在一般情况下，这一过程受抑制性T细胞的抑制）。IgE的Fc片段（免疫球蛋白可结晶片段）与肥大细胞嗜碱性粒细胞的Fc受体相结合，造成了致敏状态。当机体再次接触相同的致敏原时，它们与附着于肥大细胞上的IgE相结合。多价抗原与两个以上邻近的IgE分子发生交联，激发了两个平行但又独立的过程，其一是肥大细胞的脱颗粒和颗粒中介质（原发性介质）的释放；另一是细胞膜中原位介质合成和释放。

图6.26　银胶菊胶乳

与三叶橡胶相比，银胶菊胶乳（如图6.26）含有的蛋白质种类和质量都更少，这样就直接减少了人体接触橡胶中的蛋白质而引发的Ⅰ型变态反应[2]，见图6.29和表6.10。

图6.27表明，银菊胶产品所含的蛋白质种类要远远少于三叶橡胶中的蛋白质种类。与三叶橡胶相比，银胶菊产生的纯净橡胶颗粒含有更少的结合蛋白质，占三叶橡胶中蛋白质含量的0.2%～4%，见表6.8。此外，银胶菊橡胶颗粒结合蛋白不与免疫球蛋白（Ig）E（Ⅰ型

乳液过敏反应）和三叶橡胶乳液蛋白IgG抗体发生交叉反应。这避免了过敏性群体对银菊胶产生过敏性反应[11]。

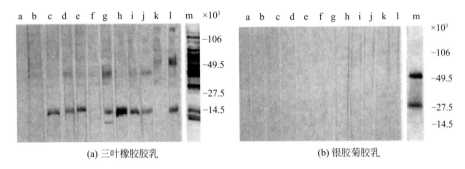

(a) 三叶橡胶胶乳　　　　　　(b) 银胶菊胶乳

图6.27　三叶橡胶胶乳（a）和银胶菊胶乳（b）中的蛋白质的Western blot实验分析

a～l表示不同的纤维素检测膜，膜上的深色条带表示蛋白质带，m表示总蛋白质带

■ 表6.8　银菊胶乳和三叶天然胶乳中蛋白质含量对比表

胶乳种类和处理方式		蛋白质含量（蛋白质/胶乳）/（μg /g）
银菊胶，低氨含量（2%）		0.10±0.10
三叶橡胶	缓冲液（不含氨）	4.28±1.90 3.75±0.31
	高氨含量（6%）	4.33±0.33
	低氨含量（2%）	3.21±0.27
	用酶脱蛋白处理	3.29±0.50

6.7　银菊橡胶的应用

　　银菊胶主要分为固体胶和胶乳两大类。固体胶最主要的应用领域是轮胎产业，因为轮胎制品是消耗天然橡胶的最主要的橡胶产品。除此之外，从20世纪40年代起就使用银菊胶制造管带、电线电缆、驼绒背、毡背、鞋类和球类等许多制品，如图6.28所示。

　　有关银胶菊橡胶在轮胎领域的使用性能方面，美国和墨西哥都进行了若干试验。其中1951年美国Firestone公司使用银菊胶和巴西橡胶制造9.00-20型卡车轮胎（10层人造丝载重轮胎）进行了轮胎里程比较实验[52]。试验项目将该公司生产的9.00-20型巴西橡胶和银菊胶轮胎分别安装在三辆卡车进行里程试验。结果表明，两种轮胎的使用性能一样，有一只银菊胶轮胎行驶了8.2万公里，仍无任何损坏。

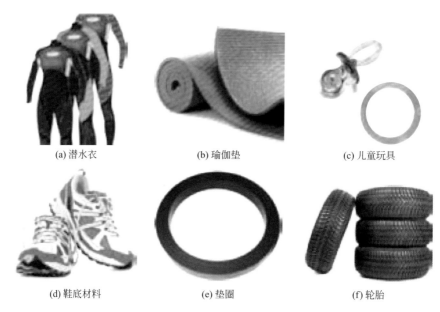

(a) 潜水衣　　　　　(b) 瑜伽垫　　　　　(c) 儿童玩具

(d) 鞋底材料　　　　(e) 垫圈　　　　　(f) 轮胎

图6.28　银胶菊固体胶产品

墨西哥应用化学研究中心与托尔内尔轮胎公司合作，用银菊胶制成卡车轮胎（650mm×16in），并按1975年墨西哥公布的Dgn-5-7-5标准进行了强力试验，见表6.9。从表中结果可以看到，在负荷和高速试验方面银菊胶轮胎均达到技术指标，无缺点，在针入度方面，超过技术指标一倍左右。据1976年报道，墨西哥应用化学研究中心，用银菊胶制得第一批优质轮胎20条。初步的检验报告认为，这批轮胎同标准天然胶制得的轮胎一样坚固耐用，甚至更好些[6]。

■ 表6.9　银菊胶轮胎（650mm×16in）强力试验结果

项目	负荷试验	高速试验	针入度试验
轮胎数量	2	2	2
技术指标	67h	4.5h	4055.7kg/cm（最小）
实验结果	67h	4.5h	7943.88kg/cm
缺点	无	无	—

20世纪80年代，美国固特异公司也用银菊胶试制出汽车轮胎和航空轮胎，其行驶里程、起落次数等使用性能接近于天然橡胶[11]。

银胶菊胶乳具有低致敏性，这决定了它可以在医疗卫生领域有更大的应用空间，利润会较高。众所周知，胶乳可应用于个人防护品（如橡胶手套、避孕套）和医学用品（如胶管、导尿管、牙科护坝）等中，在这些领域应用时，即使成本相对较高也可以被消费者所接受，如图6.29所示。

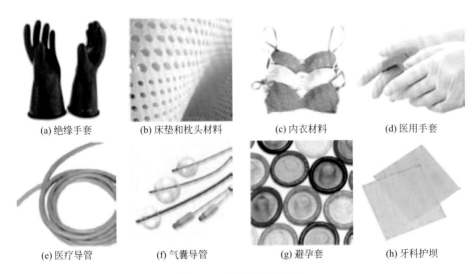

(a) 绝缘手套　　　　(b) 床垫和枕头材料　　　　(c) 内衣材料　　　　(d) 医用手套

(e) 医疗导管　　　　(f) 气囊导管　　　　(g) 避孕套　　　　(h) 牙科护坝

图6.29　银胶菊胶乳产品

　　美国食品和药品管理局（FDA）于2008年4月24日给予Yulex公司使用银菊胶乳生产检查手套的市场许可，同时也给予Yulex公司所生产的胶乳产品不含三叶胶乳广告的许可。三叶橡胶中的蛋白质会引起过敏，已使15%的健康工作者和65%的患有先天性脊柱裂的儿童过敏。而银菊胶乳不含这类蛋白质。Yulex公司总裁兼首席执行官Jeffrey Martin表示，获得第一份FDA的许可是最困难的一步，该许可将为推广由银菊胶制成的医疗器械扫清道路。Yulex公司本身不生产医疗产品，只生产胶乳原材料。然而，该公司已同一些医疗器械制造商进行了磋商，以便向他们出售用于制造检查手套、导管和其他制品的银菊胶乳[53]。

　　作为三叶橡胶之外的重要的天然橡胶资源，银菊橡胶因为其独特的抗过敏性和其他优异性能，日益被人们关注和研究应用，笔者在这里只是简单介绍银胶菊和银菊橡胶，以供参考。

参考文献

[1] Ray D T，Coffelt T A，Dierig D A. Industrial Crops and Products，2005，22：15-25.

[2] Siler D J，Cornish K，Hamilton RG. Journal of Clinical Immunology，PART 1，98（5）：895-902.

[3] 程瑞梅，肖文发. 林业实用技术，2005，11：45-45.

[4] Jasso de Rodríguez D，Angulo-Sánchez JL，Rodríguez-García R. Industrial Crops and Products，2006，24：269-273.

[5] 林镕. 中国植物志，北京：科学出版社，1979：334.

[6] 杨炳安编译. 热带作物译丛，1978，1：29-35.

[7] Coffelt T A，Johnson L. Industrial Crops and Products，2011，34：1252-1255.

[8] 张小平，王根轩. 资源开发与市场，2004，20（5）：383-392.

[9] 庞廷祥，程儒雄，伦华文等.热带农业科学，2007，27（1）：1-11.

[10] 朱荣耀.银胶菊，华南热带作物科学研究院情报所编印，1988，1.

[11] Beilen van JB，Poirier Y. Critical Reviews in Biotechnology，2007，27（4）：217-231.

[12] McGinnies，W. G. Guayule：A rubber-producing shrub for arid and semiaridregions. University of Arizona. Office of Arid Lands studies，Tucson，Arizona，1975：267.

[13] Mark R. Finlay，Growing American Rubber：Strategic Plants and the Politics of National Security，Rutgers University Press，2009：1-25.

[14] McCallum W B. Industrial and Engineering Chemistry，1926，18：1121-1124.

[15] 钱学仁.热带作物研究，1990，1：89-93.

[16] Bhowmick A K，Stephens H. Handbook of Elastomers，Second Edition，CRC Press，Boca Raton，13.

[17] Latigo GV，Smart JR，Bradford JM，Kuti JO. Journal of Arid Environments，1996，32：355-360.

[18] Estilai A，NaqviHH，WainesJ G. California Agriculture，1988，42（5）：29-30.

[19] 朱荣耀.热带农业科学，1981，5：72-75.

[20] 王丽华，王勇清，陈文德，彭培好，程瑞梅.安徽农业科学，2005，33（6）：1011-1012.

[21] 彭俊生，彭培好，陈文德，程瑞梅.安徽农业科学，2007，35（16）：4795-4797.

[22] Bedane GM，Gupta M. L，George D. L. Industrial Crops and Products，2008，28：177-183.

[23] Dierig D A，Thompson AE，Ray D T. Rubber Chemistry and Technology，1991，64（2）：211-217.

[24] Kuruvadi S，CantúD J，Angulo-Sánchez JL. Industrial Crops and Products，1997，7：19-25.

[25] CantúD J，Angulo-Sánchez JL，Rodríguez-García R，Kuruvadi S. Industrial Crops and Products，1997，6：131-137.

[26] Schloman Jr W W，Garrot Jr D J，Ray DT，Bennett D J. Journal of Agricultural and Food Chemistry，1986，34：177-179.

[27] Jasso de Rodríguez D，Angulo-Sánchez J L，Rodríguez-GarcíR. Journal of Polymers and the Environment，14（1）：37-47.

[28] Benedict C. R，Goss R，Greer P J，Foster MA. Industrial Crops and Products，2011，33：89-93.

[29] Benedict CR，Goss R，Greer P J，Foster MA. Industrial Crops and Products，2010，31：516-520.

[30] BenedictCR，Greer P J，Foster MA. Industrial Crops and Products，2008，27：225-235.

[31] Cornish，K，Backhaus RA. Phytochemistry，1990，29：3809-3813.

[32] Cornish K，Scott D J. Industrial Crops and Products，2005，22（1）：49-58.

[33] Castillón J，CornishK. phytochemistry，1999，51：43-51.

[34] Cornish K. Natural Product Reports，2000，18：1-8.

[35] Tanaka Y，郑国良.合成橡胶工业，1988，S1：14-17.

[36] Campos-Lopez E，Angulo-Sanchez JL. Journal of Polymer Science. Polymer Letter. Ed，1976，4：649-652.

[37] Angulo-Sgnchez JL，Neira-VelBzqueza G，Jasso de Rodriguez D. Industrial Crops and Products，1995，4：113-120.

[38] Carnahan G H. Industrial and Engineering Chemistry，1926，18：1125-1127.

[39] Nishimura MS，Hirosawa F N，Emerson R. Industrial and Engineering Chemistry，1947，11：1477-1485.

[40] JonesEP. Industrial and Engineering Chemistry，1948，40：864-874.

[41] Cornish K，McCoyRG，Martin JA et al：US，20060149015 A1. 2006-06-06.

[42] Schloman Jr W W. Industrial crops and products，2005，22（1）：41-47.

[43] Cornish K，Pearson C H，Rath D J. Industrial Crops and Products，2013，41：158-164.

[44] Shelby F T. Gupta S. Journal of Applied Polymer Science，1998，63（8）：1077-1089.

[45] Nakayama FS，Industrial Crops and Products，2005，22：3-13.

[46] Bultman J D，Chen S L，Schloman Jr W W. Industrial Crops and Products，1998，8（2）：133-143.

[47] 山崎升.日本ゴム协会志，1979，52（9）：545-551.

[48] Phillips PJ，Sorenson D. Journal of Polymer Science. Polymer Physics. Ed，1979，17：521-524.

[49] Choi I S，Roland C M. Rubber Chemistry and Technology，1997，70（2）：202-210.

[50] Brehler R，Rütter A，Kütting B，Contact Dermatitis，2002，46：65-71.

[51] Koh D，Ng V，Leow YH，Goh CL. British Journal of Dermatology，2005，153：954-959.

[52] 朱雅雄，陈维芳，邓海燕.现代橡胶技术，2005，31（5）：7-10.

[53] 冯涛.橡胶工业，2008，55（8）：498.

第7章
蒲公英橡胶

7.1 概述 <<<<

　　理想的产胶植物应该有如下特征：生长迅速，容易种植以及收获，能快速满足市场需求，适合高效、合理的田间作物轮作机制。从这些方面看，橡胶草是一种理想的产胶植物。

　　橡胶草（taraxacum kok-saghyz rodin，TKS）又名俄罗斯蒲公英、青胶蒲公英，为菊科蒲公英属的一种多年生草本植物。原产于哈萨克斯坦、欧洲以及中国的新疆等地，在中国的东北、华北、西北等地区也有分布，常生长在盐碱化草甸、河漫滩草甸及农田水渠边。早在1931～1932年期间，前苏联发展本国产胶植物时发现了橡胶草。Ulmann[1]在研究过苏联本土1100余种产胶植物之后，认为橡胶草是苏联最理想的产胶植物品种。野生的橡胶草含有4%～5%的高质量天然橡胶，这些橡胶成分存在于橡胶草植株的乳汁管和维管束之中[2]。

　　在20世纪30年代的苏联，橡胶草产业得到了广泛的发展。1931年前苏联由若丁（L.E.Rodin）为首的调查团到哈萨克斯坦（Kazakhstan）邻近我国原新疆省的天山一带调查时发现了橡胶草，当地称为kok-saghyz，意思是青胶。若丁根据这些材料加以详细描写，正式定名为Taraxacum koksaghyz Rodin。1950年我国西北橡胶调查团（胡亚东等）在新疆维吾尔族自治区昭苏县附近特克斯河谷采集到几种橡胶草样本。经鉴定发现，其中的一种与苏联发现的橡胶草是同种植物。在1941年，苏联的橡胶草种植面积达到67000公顷，蒲公英橡胶占整个苏联天然橡胶消费量的30%[1]。在第二次世界大战期间，由于战争对东南亚三叶橡胶产地造成严重破坏以及给全球橡胶运输带来很大的不便，除苏联外，世界其他各国包括美国[3]、英国[4]、西班牙等[5]，也开始纷纷发展基于本土植物的天然橡胶资源，尤其是橡胶草资源。据文献记载，橡胶草在美国的产胶量最高可达110kg/公顷（7.33kg/亩），在苏联的产量最高可达200kg/公顷（13.33kg/亩）[6]。

　　然而，蒲公英橡胶产业属于劳动密集型产业，种植和加工都需要大量的劳动力，生产成本较高。在第二次世界大战结束后，廉价的三叶橡胶又重新占据天然橡胶市场的主导地位，各国纷纷放弃了蒲公英橡胶的研究计划，苏联也在20世纪50年代终止了相关的研究。

　　直到50多年后，由于天然橡胶资源开始供不应求，用于合成橡胶的石油资源也日渐枯竭，全球对非化石资源材料和绿色材料的呼声不断高涨，人们重新认识到开发第二天然橡胶资源的重要性。因此，各国纷纷重启对蒲公英橡胶的研究，包括：美国的PENRA计划（program of excellence in natural rubber alternatives）[7]，简称卓越计划，始于2007年，美国俄亥俄州"第三前线项目"

资助300万美元及美国农业部资助38万美元，由俄亥俄州州立大学农业研究与发展中心（ohio agricultural research and development center，OARDC）发起的蒲公英橡胶产学研联合研究；欧盟的EU-PEARLS（EU-based Production and Exploitation of Alternative Rubber and Latex Sources）[8]，简称欧盟珍珠计划，始于2008年4月，以可再生橡胶和生物质能源为目标，以橡胶草为主要研究对象，涉及7个国家的11个单位，项目受到"第七框架计划"资助770万欧元，其中欧盟出资560万欧元，非欧盟国家出资210万欧元。中国在近几年国内天然橡胶供不应求的环境下，也开始开展第二天然橡胶资源的研究。北京化工大学从2008年开始联合山东玲珑轮胎股份有限公司、中国热带农业科学院橡胶研究所、中国热带农业科学院湛江实验站等单位，重点开展橡胶草产业系统研究，2012年黑龙江科学院加入此联盟，以期实现蒲公英橡胶产业化，部分缓解国内天然橡胶短缺和严重依赖进口的不利局面，并作为国家战略物资安全生产的技术储备。

7.1.1　橡胶草的属性

橡胶草（简称TKS）是菊科蒲公英属的一种多年生草本植物，其外形与普通的蒲公英非常相似，广泛分布于中亚、欧洲、北美以及我国新疆、甘肃、陕西以及东北、华北、西北等地。为生产橡胶而栽培的橡胶草，生长一年或两年即可收获。橡胶主要存在于橡胶草的根内，其根为直根，略微肉质化，支根多少不一[9]。根颈部披黑褐色残存叶基（foliar base），其腋间有丰富的褐色皱曲毛。植株的地上部分是由20～50个簇生叶片（fascicled leaf）组成，平铺于地面成碟形。叶片介于披针形与倒卵形之间，长7～9cm，宽1.2～1.5cm，叶柄（petiole）不显著。叶面光滑略为肉质化，颜色深绿，尖端钝圆，叶缘全缘或羽状缺刻或羽状分裂（pinnation）。花葶（scape）1～3cm，高7～24cm，长于叶，有时带紫红色，顶端被疏松的蛛丝状毛；头状花序（capitulum）直径25～30 mm；总苞（involucre）钟状，长8～11mm，总苞片浅绿色，先端常带紫红色，具较长而尖的角；外层总苞片披针状卵圆形至披针形，长4～5mm，宽1.5～2.0mm，伏贴，具白色膜质边缘，等宽或稍宽于内层总苞片；内层总苞片长为外层总苞片的1.5～2.5倍；舌状花（ray floret）黄色，花冠（corolla）喉部及舌片下部的外面疏生短柔毛，舌片长约7mm，宽约1mm，基部筒长约5mm，边缘花舌片背面有紫色条纹，柱头黄色。瘦果（achene）淡褐色，长2.0～3.5mm，上部的1/3～1/2多数有小刺，其余部分具小瘤状突起或无瘤状突起，基长1.0～1.8mm，长5～6mm。冠毛白色，长4～5mm（图7.1）。花果期5～7月[10～13]。

如图7.2，橡胶草根的长度约54cm（包括须根），最上端直径0.8cm～5cm，折断后在断口上有橡胶丝出现，是橡胶草的特征。新鲜的根折断或擦伤后有白色的乳浆流出来。根的质量约15g，最高可达到150g，其中含水量占根重的3/4。橡胶是从根中提取出来的，含量在2.89%～27.89%之间[9]。

(a) 植株　　　　　　　　　(b) 总苞片　　　　　　　　(c) 冠毛及瘦果

图7.1　橡胶草

橡胶草的形态与一般蒲公英的区别有：

① 如将干燥的根折断后有橡胶丝出现；

② 叶肉质，叶缘无锯齿。叶片带有蓝色，表面有光泽，中肋宽而颜色淡，支脉不发达（图7.3）；

图7.2　橡胶草不同形状的根　　　　　　　　图7.3　叶的多型性

③ 头状花序的总苞片的尖端有小"角"。

橡胶草的另一特征，即在第二年产生种子之后有一个休眠期，常有一个半月至两个月之久，而且常常发生在夏季高温季节。在此期间，叶片会完全枯死，但休眠期过后，橡胶草又开始生出新叶。如果橡胶草在第一年就发生休眠，那么可能是由于栽培管理不当造成的。可以将橡胶草的种植地进行部分遮阴，以避免休眠现象发生。

一年生的橡胶草，开花期可一直延长到秋末，第二年开花旺盛，常达一个半月至两个月之久。有性繁殖为正常的繁殖法，通常进行异花传粉，但自花授粉也可能发生。授粉后，花粉在柱头上5min内即萌发，花粉管在15～20min内即伸长至胚囊。在适宜的环境下，传粉后40min即发生受精作用。6天后幼胚发育完成。自花苞出现到种子产生所需要的时间约为16～18天。新鲜收获的种子发芽率很低，但是经过储藏或者处理后发芽率增加。

在盛花期之前，橡胶草的生长主要表现在地上部分。从盛花期一直到生长季的末尾，叶中制造的食物大部分都转运到根中并在该处储藏。在生长旺盛期，叶片中含有大部分的氮化合物；盛花期之后，叶片中综合蛋白质的量减少，而且所含的蛋白质逐渐分解，其中一大部分运送到根部。因此在生长季的末期，根中的总含氮量比叶中的高。

在开花前，叶片中的糖含量相当低，还原糖的量和双糖的量有时相等，有时前者略高；开花之后，叶片所含的总糖量增加，直到生长季的末尾都不会降低。而根中的碳水化合物在生长初期以菊芋糖（laevulin）为主，到生长末期时大部分会转化为菊糖（inulin）。

7.1.2 橡胶草的地理分布

橡胶草的原产地位于东经79°～83°及北纬42°20′～43°20′，即哈萨克斯坦共和国天山山谷和中国新疆特克斯河流域，如图7.4所示。

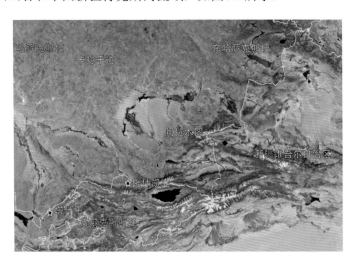

图7.4 橡胶草原产地示意图（Google Earth）

第二次世界大战期间，橡胶草在前苏联、美国、西班牙、英国、德国、瑞典和哈萨克斯坦等国广泛种植。橡胶草适应性很强，在干旱、盐碱等地上仍可良好生长，在平原、高山、坡地上也能正常生长。目前，中亚地区、俄罗斯、北美和欧洲都有橡胶草分布。我国的新疆、甘肃、陕西、河北、东北、华北、西北等地也均有过栽培史。

北京化工大学与山东玲珑轮胎股份有限公司、中国热带农业科学院橡胶研究所、中国热带农业科学院湛江实验站、黑龙江科学院组成蒲公英橡胶研究开发联盟，陆续在海南海口、广东湛江、内蒙古多伦、黑龙江、新疆和西藏种植了多块试验田，见图7.5。

图7.5　蒲公英橡胶草试验田

7.1.3　橡胶草的种植面积

虽然橡胶草在20世纪50年代有过大规模种植和发展，但没有能显示当时种植面积的调研报告。近几年的研究也都是限于实验室规模，种植面积较小，研究单位和国家较多，难以进行准确统计，但可以通过相关的报道进行大致推测。有报告称，橡胶草的年产量可达到150～500kg/公顷，1943年全球的蒲公英橡胶产量曾达到3000t，以此推算，当时橡胶草的种植面积为6000～20000公顷。Ulmann（1951年）报告称，前苏联在1941年共种植了约67000公顷的橡胶草[1]，加上当时美国、德国等国家的种植，总的种植面积应该超过70000公顷。

7.1.4　产胶量

1945年前后，美国对橡胶草进行了集中的研究，野生品种的含胶量平均为2%～3%（占根部干重百分比，以下皆同），优良品种含胶量可达到5%～6%。而据Kupzow（1980年）称，前苏联已经获得了含胶量15%的优良品种[6]见图7.6。

橡胶草的产胶量与种子的类型及栽培地区的环境有很大关系。前苏联科学家在20世纪50年代的研究报告称，橡胶草的根（鲜重，以下均是）产量为230～280kg/亩（即7700～9000磅/公顷）。同一时期，在美国栽培橡胶草所得的根产量与苏联的数据相差不多，有的比较低。1942～1944年在明尼苏达州试种的结果，橡胶草根产量最低是每亩60kg，最高是450kg，平均是190kg。橡胶的含量最低为根鲜重的1.7%，最高为5.79%，平均为4.15%。据此推算，每亩可产蒲公英橡胶2.27～4.54kg，最高也不超过15kg[9]。

生长期不同的橡胶草含胶量差距较大，通常一年生的含胶量不及多年生的。不同的研究时期和研究人员所提供的橡胶草含胶量数据也有较大差距。1950年我国西北橡胶调查团（胡亚东等）在新疆维吾尔族自治区昭

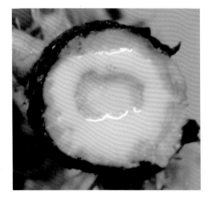

图7.6　橡胶草根部横截面放大图
橡胶颗粒就存在于白色乳汁中

苏县附近特克斯河谷采集到几种产橡胶植物。经鉴定发现，其中的一种与苏联发现的橡胶草是同种植物，并且其含胶量平均为干重的22.39%。罗士苇[9]在20世纪40～50年代的研究结果称，橡胶草的橡胶含量在2.89%～27.89%。这两组数据明显高于之前的报道，但未说明是一年生橡胶草还是多年生的橡胶草的含胶量。

7.2　橡胶草的栽培与种植　◀◀◀

7.2.1　生长环境要求

（1）气候　橡胶草对气候的适应性较强，可以广泛分布在热带、温带和寒带地区，但不同的气候条件对橡胶草的生长，尤其是对含胶量影响较大。长期在热带湿润高温的环境中，橡胶草的生长主要集中于地上部分，含胶量也低，此外高温容易导致橡胶草休眠或直接损坏植物组织；在寒带，由于气温较低，橡胶草的生长期短，植株生长缓慢，株形小，含胶量不高，骤变低温还会导致橡胶草死亡。在寒带或者冬季温度低于3.8℃两天以上的环境下，或是在发育初期时温度低于6.7℃的环境下，都会超出橡胶草忍受限度。橡胶草之所以能越过冰点以下的冬季，是因为有雪层覆盖和根部的保护。

橡胶草适合生长于平均昼温不太高或者白昼高温时期不太长以及夜温较低的温带气候环境中。昼夜温差相对较大时，有利于根部橡胶成分的储藏。在生长期较高的昼温也有利于橡胶草的生长和橡胶成分的积累。

（2）土壤　前苏联的文献中关于橡胶草对土壤的要求描述较多。Altukhov

（1939）指出富含矿物质的黑色土壤和富含有机质的土壤都适于栽培橡胶草，而且土壤中除有机质外最好还富含氮及磷。1941年苏联的报告指出栽培橡胶草最适宜的是下列几种地区：已栽培过的泥炭土（peat soil），较大的菜圃，河流冲积地及种过亚麻的田地。1943年的报告指出，不适宜栽培橡胶草的地区包括结构不良的、有后生裂纹的、地势过低的、贫瘠的或太松不保水的土壤。Mikhailov（1941）指出在酸性的灰质土（podzol）土壤中加入石灰能增加橡胶草根的产量及其含胶量。

1942年夏，美国农业部做了一个橡胶草对环境的适应及橡胶产量的试验。结果证明，这种植物很能适应美国北部的气候，在有机质土壤（organic soil）及有机质较多的矿质土壤（mineral soil）中，都生长良好。

一般而言，橡胶草对土壤有如下要求：

① 地形　陡度要小于2%，否则需要用等高线栽培法（strip cropping）来减低流水冲刷的危害。但在陡度较大（5%）的处女地也可栽培橡胶草，因为这种地区一般有机质含量较高，土壤的颗粒大，因此水分能很快被吸收，降低冲刷的影响。

② 结构　只要其他的土壤条件良好，橡胶草能在结构相差很大的土壤中生长。在表面和内部的结构是壤质砂土（loamy sand）到粉砂质黏土（silty clay）的土壤中，均可生长良好。水分较多且容易结块的土壤结构不适宜橡胶草的种植和收获。

③ 酸碱度　通常橡胶草生长最好的土壤pH是从5.5～8.5，而且有事实证明pH在6.5以上时生长较好。除非有机钙质的量确实很高，否则一切pH小于5.5的土壤，都不能用来栽培橡胶草。

④ 其他　橡胶草要求土壤的通透性较好，土壤盐类含量小于0.1%。

（3）施肥　肥料对橡胶草的生长发育影响较大。前苏联的研究表明，化学肥料、堆肥、棉籽饼和泥炭等对橡胶草的生长都有促进作用。根据前苏联橡胶植物科学研究所的材料，施肥可以增加橡胶草根的产量，平均可达40%，同时也能增加橡胶的产量[14]。橡胶草种植栽培期间的施肥包括基本施肥和追加施肥两种类型。在耕作时就应该施基肥，以便供给橡胶草生长期所需营养。为促进幼苗的苗壮、快速生长，可在播种前施化学肥料。在橡胶草生长期间应至少追施两次以上的化肥，尤其是在植株抽出6～8片真叶和花芽形成时期。施肥浓度一定要均匀，以免浓度太高烧死植株。

含不同元素的肥料对橡胶草的生长发育影响也不同。在干燥的季节，多施氮肥能延长其生长期，有利于增加橡胶的产量，如同时施氮肥和磷肥（1∶1），则效果更佳。橡胶草生长初期施磷肥能促进其快速生长，磷肥施得离根越近肥效越大。相比之下，磷比氮更能促进橡胶草橡胶分子量的增加，主要是因为磷能促进橡胶草植株的生物学成熟。此外，氮肥能够防止橡胶草提前进入休眠期，而磷肥能够促进植物快速进入休眠期。Drobkov（1941）的研究指出，硼锰两种微量元

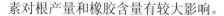

素对根产量和橡胶含量有较大影响。

从橡胶草中提取出的橡胶含有微量的铜、铁、锰等元素，这些元素对橡胶是不利的，因为它们会影响橡胶的品质。因此，应从土质和施肥种类上进行合理选择，避免橡胶草吸入大量的该类元素。

7.2.2 选种

选种的目的主要是获得优质的种质资源，为育种、大规模种植和储备优质种源奠定基础。选种的依据是目标植株含胶量的高低。

橡胶的定量分析是橡胶草选种的重要筛选依据。由于选种工作中橡胶草种类和数目庞大，因此快速含胶量检测成为定量分析的主要手段。利用红外光谱方法为主体的快速含胶量检测方法，可实现高通量的快速检测，在尽量不破坏植株的前提下实现快速测定含胶量，为选种提供依据。

收集野生橡胶草种子时，应在橡胶草种子已经成熟而苞片尚未展开的时候采集，以免混杂其他种子。采集时，通过苞片上的小"角"来区分，苞片上没有小"角"的肯定不是橡胶草。生产上收获的种子往往会掺杂约6%的其他种子，甚至更高。种子的收集，尤其是在野外筛选的过程中，一定要单株橡胶草植株或疑似橡胶草植株分开收集种子，作好标记与编号，以便后续的选育工作。

组织培养是广泛使用的工厂化种苗生产技术之一。在确定含胶量高的植株或种质之后，可以通过组织培养，将高含胶量植株进行快速无性繁殖，在短时间内获得大量具有一致性状的种苗，保证优质种质资源的生产，还可以应用于杂交育种。橡胶草为草本植物，组培技术相对较为容易，目前国内外均有橡胶草组织培养成功的报道，这对于橡胶草优良种质的扩繁具有重要意义。

对收集到的种子要及时进行晾晒风干，并通过在筛网上揉搓使冠毛和颗粒饱满的种子分离，将种子干燥至含水量约为9%，密闭包装，4℃以下长期保存。

7.2.3 育种

比起其他产胶植物，对橡胶草的研究时间较短，研究的内容也不够深入与持续，橡胶草育种工作进展相对落后。橡胶草常规选育种是一项繁复的工作，主要原因是通常情况下自交不亲和，不能自花授粉，再是单株筛选。

育种前要对种子进行检验和处理，因为储藏的种子处于休眠状态，处理后才能保证其有较高的发芽率。对储藏的种子进行检验，主要是去除霉烂和不饱满的种子。然而，温度和湿度对种子发芽率的影响较大。研究发现，5℃和25℃是种子发芽的适宜温度，将种子在5℃下堆积10～30天或者在25℃下用流动的自来水冲24h，可使种子的发芽率接近百分之百。

早播的种子一般出苗率较好，根的产量较高，单位面积的产胶量和种子产量也相应较高。但是播种时一定要保证适宜的温度，在 20～30℃ 之间，种子几乎全部发芽，而且发芽较快。播种时种子在土壤中不易太深，一般适宜深度为5mm 左右，且保证土壤湿润。

杂交是选育种的一个重要手段，将橡胶草与普通的蒲公英进行杂交筛选，可以同时提高生物量和产胶量。橡胶草和西洋蒲公英（taraxacum officinale）杂交就是其中的一种例子。西洋蒲公英在法国是一种常见的食用蔬菜，在种植条件适宜的情况下，6 个月的生长期之后，每公顷可收获 6～9t 蒲公英干根，如果杂交的橡胶草的含胶量能达到 20%，那每公顷的产胶量就能达到 1200～1800kg[6]。

植物组织培养和基因工程也为选育种提供便捷的途径，见图 7.7。与多年生的三叶橡胶树和银色橡胶菊相比，橡胶草较短的生长周期（6～8 个月）更适合进行植物组织培养和基因改造。杜邦公司在对橡胶草的一项研究中称橡胶草中一些与生产橡胶相关的基因与三叶橡胶树十分相似。目前，在橡胶草天然橡胶合成途径中，相关基因（如 MVA 途径基因 HMGS、HMGR、MVK 和 MVD 等，IPP 聚合相关的 CPT、SRPP）的功能研究与分析成果陆续被报道，为下一步进行橡胶草橡胶合成基因工程调控奠定基础。

图 7.7　橡胶草植物组织培养的过程

7.2.4　种植园的建设与日常管理

橡胶草的种植园选取应遵循"不与粮争地"的原则。虽然橡胶草的适应性很强，但对所选取的土地还是有一定的要求。土质太松的土地容易被风吹起，容易失水，加上有机物的含量太低，这样的土地不宜选用或需进行土壤改良。陡度太大的地区，雨量较大时种子或者幼苗容易被冲刷，且不利于实现机械化操作；太细的土壤其表面容易产生一层硬壳，会阻止幼苗的出土。雨量太大的地区如果土壤排水不好，会因湿度过高使得种子不能正常发芽，而且过湿的土地也不容易耕作。总之，种植园的选择要综合考虑橡胶草对生长环境的要求，如土壤、水分、地形等，见图 7.8。

(a) 幼苗苗圃　　　　　　　　　　　　　(b) 种植园

图7.8　橡胶草幼苗苗圃和种植园

种植橡胶草的土地要深耕，对于有霜冻的地区，秋耕的效果要比春耕好，因为春耕极易使土壤失水干燥，并且会破坏上层土壤的结构；而秋耕可减少霜冻对土地的影响，增加土壤上层的紧密度以及保持土壤的湿度和增进其毛细作用，并使土壤上层有一薄层细土以防止水分蒸发。耕作时要进行施肥，具体施肥的方法及其影响见7.2.1 生长环境要求。

杂草对橡胶草的生长也有较大的影响。中耕有利于去除杂草，在橡胶草行间经常进行中耕可避免杂草和橡胶草在养分和空间上的竞争，并使土壤疏松通气。苏联的研究表明，栽培橡胶草需要3 ～ 8次中耕，具体中耕次数要依据土壤的性质、杂草的多少、湿度的分布、每次中耕的时间及效率、土壤的松紧等条件而定。除此之外，要对已经长大的杂草进行人工去除，除草时必须将杂草连根拔起。用化学药剂去除杂草有一定难度，常常会因为除草剂种类选择不当或者除草时机把握不好而对橡胶草生长产生不同程度的影响。

由于选种时难免有其他蒲公英种子混杂，这些蒲公英品种与橡胶草杂交后，不能保证子代橡胶草种子纯度，因此需要对种植园里的橡胶草进行去劣处理。去劣时，先从形态上甄别拔除混杂的蒲公英，再是个体小、抵抗力弱、性状不良的橡胶草都应除去，以便收获到均一大小的种子，才能保证橡胶产量持续稳定。

7.2.5　病虫害及自然灾害的防治

橡胶草易受真菌、细菌及过滤性病毒侵染，针对性防治很有必要。在橡胶草种植栽培之前，最好调查一下当地曾流行过的病害，并做一些橡胶草对这些病原菌的敏感实验。橡胶草最严重的病害就是猝倒病，研究发现，氧化亚铜和碳酸铜对猝倒病有明显的防治效果，不但会增加已被侵染种子的出苗率，而且也会减少幼苗在出土前受猝倒病的侵害。

根腐病是威胁橡胶草的另一种病害，为了避免该病害的发生，较好的方法是将橡胶草和其他作物进行轮作，减少土壤中侵染橡胶草病原菌的数量。对于收获的橡胶草根，也容易受到根腐病原菌的侵染，因此橡胶草根在收获后应及时进行干燥，这样也方便运输和后续处理，见图7.9。

(a) 幼根　　　　　　　　　(b) 根腐病 I　　　　　　　　　(c) 根腐病 II

图 7.9　马陆会啃食橡胶草幼根和根腐病

由于橡胶草是虫媒花，与各种昆虫接触的几率较大，发生虫害的几率也较大。浮尘子有时对橡胶草危害很重，但喷洒波多尔液（Bord aux mixture）可以进行有效防治；蛴螬有时也危害根部，但不严重；红蚁和黑蚁有时会危害橡胶草的果实。此外，灰色象鼻虫、地狗蚤、野螟蛾、蚱蜢有时也可成灾。因此，在大规模的种植栽培中，必须要充分做好虫害防治工作。

自然灾害中的高温和寒冻对橡胶草危害也较大，高温容易导致橡胶草休眠（夏眠）甚至直接损害橡胶草内部组织，寒冻则会直接损害橡胶草组织，导致植株死亡。因此，要避免选择有极端高温和寒冻的地区来栽培橡胶草。使用温室大棚虽然可以有效减少高温和寒冻对橡胶草的影响，但成本也相对较高。

此外，干旱对橡胶草的影响也不容忽视。尤其是在发芽期和生长前，要保证橡胶草的水分供应，以免干旱导致发芽率过低和植株生长矮小。

7.3　蒲公英橡胶的生物合成

7.3.1　合成途径

蒲公英橡胶的生物合成过程十分复杂，但主要过程与三叶橡胶类似[15]，是典型的植物类萜次生代谢途径，可分为两个阶段（图7.10）：一是乙酰CoA经胞质甲羟戊酸途径（MVA）转化为IPP；二是在顺式异戊烯转移酶（cis-prenyltransferase，CPT）催化下，IPP聚合形成顺式天然橡胶分子。

甲羟戊酸途径（MVA）起始于乙酰-CoA乙酰基转移酶（acetyl-coenzyme A

acetyltransferase，AACT）催化2分子乙酰-CoA形成乙酰乙酰-CoA（acetoacetyl coenzyme A），随后经3-羟基-3-甲基戊二酸单酰辅酶A合酶（3-hydroxy-3-methyl-glutaryl-coenzyme A synthase，HMGS）和HMG-CoA还原酶（HMG-CoA reductase，HMGR）催化作用产生甲羟戊酸（Mevalonate）。甲羟戊酸在甲羟戊酸激酶（mevalonate kinase，MVK）、甲羟戊酸-5-磷酸激酶（phosphomevalonate kinase，PMVK）、甲羟戊酸-5-焦磷酸脱羧酶（mevalonate-5-pyrophosphate decarboxylase，MVD）的作用下依次形成甲羟戊酸二磷酸（MVAPP）、异戊二烯基二磷酸（IPP）。IPP与二甲基烯丙基二磷酸（DMAPP）互为异构体，二者可在IPP异构酶（IPI）作用下互相转化。

橡胶分子聚合由起始、延伸和终止三步组成，起始过程需要分子反式构型的烯丙基焦磷酸（如DMAPP、GPP、FPP或GGPP）作为引物（或起始物）。然后由反式-异戊烯基转移酶（trans-prenyltransferase，TPT）催化DMAPP与IPP合成，烯丙基焦磷酸的二磷酸基团很容易解离，其解离产物作为亲电试剂作用于IPP的亚甲基，重新产生1分子烯丙基焦磷酸末端基团，从而启动橡胶分子的生物合成。延伸阶段其实是IPP在顺式-异戊烯基转移酶的催化下不断掺入到聚异戊烯基焦磷酸长链上的过程。延伸过程需要二价金属阳离子Mg^{2+}或Mn^{2+}的参与。合成终止是聚异戊二烯链从橡胶合成复合体上解离下来的过程，具体细节还不清楚。有人认为聚异戊二烯链的终止可能包含一个由焦磷酸酶催化的焦磷酸基团解离而形成羟基的过程；也有人认为由于胶粒上合成橡胶分子达到一定程度时，橡胶转移酶（rubber transferase，RuT）会因为几何空间上的阻碍而终止橡胶的合成，也许这两种或其他情况同时存在。

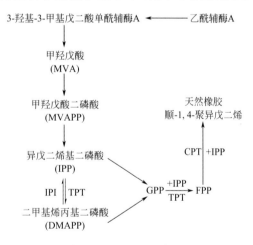

图7.10 橡胶草中橡胶的合成过程路线图

7.3.2 分子量与分子结构

蒲公英橡胶分子量受生长期、品种、气候和土壤条件等因素影响，不同研究机构报道的蒲公英橡胶分子量也有很大差异。Thomas Schmidt利用尺寸排阻色谱法（size exclusion chromatography，SEC）测得的分子量为4750000，Jan B.van Beilen测得的数据为2180000[15]，笔者对新疆采集得到的样品利用凝胶渗透色谱法（gel permeation chromatography，GPC）测得的数据为320000～380000。

前苏联的S.M.Mashtakov[16]曾就生长期对蒲公英橡胶分子量的影响做过系统研究，按照Staudinger方法测定苯溶液的相对黏度以确定分子量，结果见表7.1。

■ **表7.1** 分子量及橡胶聚合程度与生长期的关系

分子量及聚合程度	生长期	4月21日	5月31日	6月14日	7月5日	7月27日	10月4日	10月27日
根新组织	分子量	—	149900	176700	181100	209200	231400	249600
	聚合程度		2200	2590	2660	3070	3400	3670
根鞘	分子量	—	251900	24500	136100	129300	—	—
	聚合程度		3700	3600	2000	1900		
根及根鞘	分子量	249500	238900	238900	181500	220100		
	聚合程度	3670	3530	3530	2660	3240		

结果表明，在根的新组织内，橡胶分子量呈逐渐增长趋势。在生长末期，新根组织与第一年橡胶草在秋天及早春的样本在分子量及聚合度方面是相似的。根鞘内橡胶的聚合度指标在初期时最高，而且在6月中旬之前其分子量一直比新组织橡胶的分子量高。随着根鞘的严重破坏（由于土壤微生物活动结果）以及解聚作用（depolymerization），橡胶分子量急剧下降。从早春一直到5月末甚至6月中旬，橡胶草整个根（包括根鞘）的橡胶在质的方面不次于第一年橡胶草；到秋天时，样本橡胶黏度的曲线趋于平稳。在开花末期（过渡到休眠期以前），橡胶黏度及聚合度指标则明显降低。由于橡胶溶液黏度及分子量在冬天及第二年生长前6周期间不会降低，为了满足工业上的需求，橡胶的收获期应推迟到第二年春天。

由于天然橡胶的分子量存在不均一性或多分散性，因此通常以平均分子量作为其分子量的表征，以分子量分布表征其分散程度，M_w/M_n的值的大小作为分散程度的标志，M_w/M_n的值越大，其分子量分布范围越宽，反之则越低。Cornish等（2012）报道采用凝胶渗透色谱法测定并比较蒲公英橡胶和三叶橡胶的数均分子量（M_n）、重均分子量（M_w）、Z均分子量（M_z）和分子量分布的宽度系数（M_w/M_n）。从表7.2可以看出，蒲公英橡胶的数均分子量（M_n）比三叶橡胶的高35.3%，重均分子量（M_w）比三叶橡胶的高20.9%，Z均分子量（M_z）与三叶橡胶的接近；而蒲公英橡胶的分子量分布也与三叶橡胶的较接近。这应该是关于蒲公英橡胶分子量研究的最新数据之一。

■ **表7.2** GPC测定蒲公英橡胶和三叶橡胶的平均分子量

样品	M_n	M_w	M_z	分子量分布（M_w/M_n）
蒲公英橡胶	249400	1059200	3263300	4.25
三叶橡胶（SIR-20）	184390	876000	3128800	4.75

蒲公英橡胶的分子结构与三叶橡胶相同，均为顺式-聚1,4-异戊二烯，笔者

也通过NMR和自己种植的蒲公英橡胶确定了这一结论。

如图7.11，从蒲公英橡胶的 ^{1}H-NMR谱图可以看出，其为典型的顺式-聚1,4异戊二烯结构。

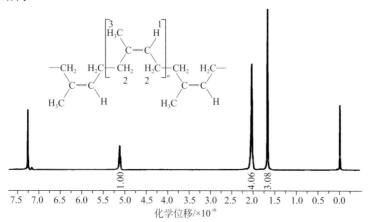

图7.11 蒲公英橡胶的 ^{1}H-NMR谱图

如图7.12，蒲公英橡胶的 ^{13}C-NMR谱图显示分子结构中的各个特征碳与化学位移峰值相互匹配，进一步证实了其分子结构为顺式-聚1,4异戊二烯。

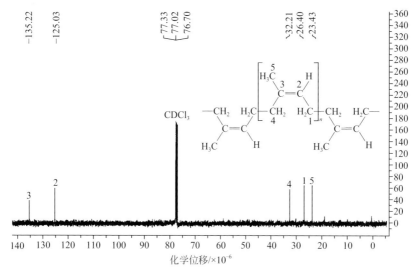

图7.12 蒲公英橡胶的 ^{13}C-NMR谱图

7.3.3 蒲公英含胶组织及其胶乳成分

橡胶主要来自于橡胶草的根部，根的构造在第一年的生长过程中经历许多的变化。在生长1～2天的幼苗中，就形成7～8个细胞厚的皮层，其外有一层表皮，其内有一层内皮层。根内具有两束木质层（diarch），含有两群乳汁管。在生

图7.13　橡胶草根部的胶乳拉丝现象

长3周的幼苗，根部表皮上的根毛就开始脱落，形成层开始活跃，产生次生韧皮部和次生木质部。与此同时，初生皮层因被推挤而解体，而在次生韧皮部中则会形成后生乳汁管，排列成2～3群，每群含有3～4个乳汁管。乳汁管通常被视为是与橡胶的形成非常密切的结构。在乳汁管中橡胶以球粒的形式存在，这些橡胶球粒的平均粒径为320nm，其中超过半数的橡胶微粒粒径却在250～400nm之间，见图7.13。

初生乳管在韧皮部内形成，而再生乳管是由靠近形成层的细胞分化而来。乳管是由几个细胞融合而成，是一个有生命的组织，具有细胞液和细胞核。乳管在根内排列成许多同心圆。在同一圆环上的乳管彼此通连；不在同一环上的乳管，彼此间不相通。盛花期前，乳管不再增粗；盛花期时，乳管系统内橡胶含量达到最高；在盛花期后，根的直径达到最大，不再增粗。

第二年生长时，第一年所产生的次生韧皮部脱落，这是多年生蒲公英的一个共有特征。因为在第二年生长初期，在第一年生的韧皮部与新生的韧皮部之间会形成木栓形成层。由于木栓形成层的活动，所产生的木栓层将第一年所产生的韧皮部与根的其他部分分离，导致被隔离的皮层逐渐死亡以至于脱落。这些被推挤而脱落的皮层中含有第一年产生的橡胶，通常成为紧密的一层，即"根套"。

蒲公英橡胶与三叶橡胶的主要成分类似，均为橡胶烃，但两种橡胶中的成分差异较大。蒲公英橡胶的分子量要比三叶橡胶高，且蒲公英橡胶含有的树脂和油脂较多，其中树脂含量是三叶橡胶的一倍，油脂物含量是三叶橡胶的60倍；两种橡胶中橡胶烃的含量不同，蒲公英橡胶中橡胶烃含量约为77%，而三叶橡胶中的橡胶烃含量为93%。此外，蒲公英橡胶中蛋白质含量要比三叶橡胶的多，这些蛋白质中部分是人体对橡胶发生过敏反应的潜在过敏源。

2007年Jan B.van Beilen和Yves Poirier对3种天然橡胶的胶乳含量、分子量、年产总量及平均年产量进行对比分析，见表7.3[15]。分析结果显示，蒲公英橡胶分子量较大，胶乳含量高于银胶菊，不亚于三叶橡胶，但胶乳的产量远不及三叶橡胶。若能通过栽培或遗传育种技术增加橡胶草生物量，提高橡胶含量，则橡胶草将是三叶橡胶最为理想的替补资源。

■ 表7.3　几种天然橡胶的胶乳含量、分子量及产量的对比

橡胶资源	胶乳成分/%	分子量	总年产量/t	平均年产量/（kg/ha）
三叶橡胶树	30～50	1310	8800000（2005）	500～3000
橡胶草	约30	2180	3000（1943）	150～500
银胶菊	3～12	1280	10000（1910）	300～1000

蒲公英橡胶的胶乳中除了橡胶烃外还有非橡胶物质，非橡胶物质包括脂类、蛋白质、无机盐、矿物质及糖类等。胶乳中非橡胶物质含量对胶体性能、橡胶加工及橡胶制品的应用性能产生不同程度的影响，尤其是门尼黏度。Nico Gevers（2012）就蒲公英、橡胶菊及三叶橡胶的生胶中非橡胶成分进行了比较，见表7.4，结果显示蒲公英和橡胶菊生胶中的灰分、ETA抽提物及丙酮抽提物含量均比三叶橡胶的要高，这可能与生胶中的无机盐和脂类含量较多有关；污物含量与三叶橡胶相当；而门尼黏度却偏低，这可能正与蒲公英和橡胶菊生胶中的非胶成分较多有关。

■ 表7.4　不同生胶的非橡胶成分比较

成分	样品		
	GR_1151 TSR20	XGR_0629 Russian dandelion 1	XGR_0610 Guayule
灰分（聚合物）/%	0.3	1.4	0.7
ETA抽提物含量/%	1.8	12.3	16.6
丙酮抽提物含量/%	1.6	10.8	12.5
污物含量/%	0.1	0.1	0
门尼黏度$ML_{1+4}^{100°C}$	68	17.4	34

7.4　制备方法

7.4.1　溶剂法

溶剂法是提取橡胶常用的方法，具体操作为：将干燥储存的橡胶草根打碎并研磨，以增大其与溶剂的接触面积。先用水煮的方法对橡胶草根的粉末进行处理，除去溶于水的成分，由于橡胶不溶于水，故存在于残渣中，收集水煮后的残渣，干燥，再用能溶解橡胶的有机溶剂，如苯、甲苯、石油醚等，对残渣进行萃取，以获得溶解橡胶成分的有机溶剂溶液。对有机溶剂溶液进行浓缩，加入乙醇使其中的橡胶成分絮凝出来，即获得蒲公英橡胶产品。

溶剂法提胶是一种非常传统的提胶工艺，优点是溶剂可以循环使用，对于环境的污染较小；缺点是一般溶剂都比较昂贵，提胶过程中会损失溶剂增加提胶成本，此外，回收溶剂也会增加能源消耗，增加提胶成本。

7.4.2　湿磨法

美国在紧急天然橡胶计划（ERP）期间专门为加工蒲公英橡胶设计了一套湿

磨法加工工艺。湿磨法工艺的核心思路是模仿人类咀嚼食物的方式来实现橡胶与植物组织的分离，达到提胶的目的。即在有水的环境下，利用球磨机对蒲公英根部进行研磨，以达到破碎植物组织的目的。一般橡胶与植物组织的密度以及亲疏水性各不相同，橡胶疏水且密度比水轻，最终会漂浮在水面上，植物组织亲水，饱吸水分之后会沉在水底，可通过浮选的方式最终实现蒲公英橡胶的提取。

湿磨法提胶的基本工艺[17,18]：收获橡胶草之后，根叶分离，对根部进行冲洗去除泥土，如果新鲜的根不能在短时间内得到处理，需要对其进行干燥处理以便于保存、运输。在适宜的储存环境中，新鲜的根部可以保存数月。首先，将根在热水中进行水煮处理，该步骤可除去水溶物杂质（主要为菊糖，菊糖可作为发酵法生产乙醇的原料），同时可使植物组织软化并使胶乳凝固。之后在球磨机中进行研磨处理，研磨之后过振动筛并进行鼓风筛选，将根部植物组织碎片和胶丝分离开来，经过这些处理可获得90%的橡胶产品[6]。

Cornish等将美国ERP期间的蒲公英橡胶制备工艺加以改进实现了湿磨法蒲公英橡胶的高效制备，见图7.14。基本工艺可分为4段：① 干根的粉碎、储存、运输至菊糖浸提罐；② 菊糖逆流浸提，剩余的根运送至主球磨机；③ 次级湿磨、橡胶的筛选、离心分离及浮选；④ 橡胶的筛选、干燥、打包。湿磨法工艺的优点是，没有溶剂消耗问题，生产成本低廉；缺点是研磨工艺耗时较长，水消耗量较大，生产效率不高。

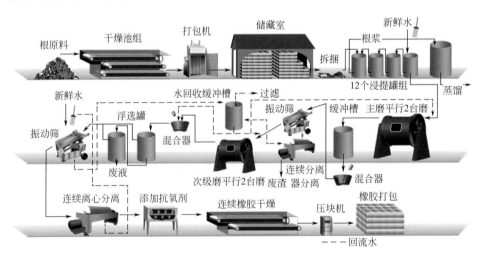

图7.14　俄亥俄州立大学湿磨法提取工艺图

7.4.3　干磨法

加拿大籍乌兹别克斯坦人Anvar Buranov提出了一种声称更为先进的干磨法提胶工艺[19,20]。该工艺存在两个核心思路：其一是利用蒲公英干根中橡胶的柔韧性和植物组织（尤其是外皮组织）的脆裂性，利用干磨机对蒲公英的干根进行搓揉，初步实现根皮和含胶根瓤的分离，同时经过搓揉的根瓤中的植物组织会变得非常松散，而根瓤中橡胶由于性质柔韧则不会受到损伤；其二是根瓤中的主要成分是非常易溶于水的聚糖成分，经过搓揉之后，将经过搓揉的根瓤部分置于一个类似洗衣机的提胶装置，并在有水存在的条件下，对含胶根瓤进行高速离心式浸提，根瓤中的菊糖成分迅速溶于水中，残余的植物组织和橡胶部分逐渐暴露出来。再利用植物组织和橡胶的密度以及亲疏水性各不相同，橡胶疏水且密度比水轻，最终会漂浮在水面上，植物组织亲水，饱吸水分之后会沉在水底，可通过浮选的方式最终实现蒲公英橡胶的提取。而菊糖溶液既可以直接干燥得到聚糖粗品，也可以直接发酵制备乙醇。

　　初步研究表明，干磨法提胶工艺环保，不使用溶剂和化学试剂，耗水量小，生产成本低廉，是目前先进的提胶工艺。使用干磨法工艺制备的蒲公英橡胶纯度可达到99%，见图7.15。

(a) 蒲公英根　　　(b) 蒲公英橡胶线　　(c) 蒲公英拉伸橡胶线　　　(d) 蒲公英橡胶

图7.15　干磨法制备蒲公英橡胶

7.5　副产物及生物质精炼 ◂◂◂

　　和银胶菊相似，单纯地从橡胶草中获得橡胶产品其成本太高，必须对橡胶草进行综合利用，充分利用其中的副产物，才有可能实现橡胶草的工业化和商业化见图7.16。橡胶草中还含有大量的碳水化合物，主要是菊芋糖和菊糖，这些碳水化合物的含量较高，适宜作为发酵工业的原料。在橡胶草早期的商业化中，菊糖是除橡胶以外的主要副产物，含量占根部干重的25% ～ 40%，提取的菊糖可用作食品类添加剂，也可用作发酵生产乙醇的原料[21]。加工之后剩余的残渣可用于发酵产生沼气。

　　此外，橡胶草中还含有大量的大分子聚合物和生物活性物质，例如纤维素，半纤维素，木质素，多酚，类黄酮等。如果能在橡胶草生物炼制中将上述成分都充分

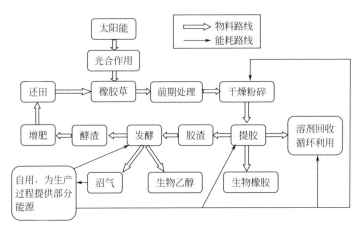

图 7.16　橡胶草综合利用示意图

利用起来，将极大地促进橡胶草的商业化。橡胶草也能直接提取胶乳产品，与银胶菊相比，蒲公英橡胶草的胶乳存在于乳汁管中，尽管不能像三叶橡胶树那样采取割胶的方式获取胶乳，但橡胶草的胶乳在植物组织受到破坏之后也会自动流出来。因此，在不破坏所有的植物组织细胞的情况下，可采用切割破碎的方式获得橡胶草胶乳。获得的胶乳可在水中呈稀乳液状态，加入防凝固剂可保持胶乳稳定。

7.5.1　蒲公英菊糖

菊糖于1984年被德国科学家发现，又称菊粉、土木香粉，是一种低聚果糖。菊糖存在于蒲公英属橡胶草的全草中。菊糖的含量在橡胶草结实期的六月份达到最高峰，含量最高能达到根部干重的40%左右[22]。菊糖是自然界中天然存在的可溶性纤维之一，可延长人体内碳水化合物的供能时间而又不显著提高血糖水平、且代谢不需要胰岛素。菊糖有助于减少糖尿病人对胰岛素的依赖性和需要，控制血糖水平。菊糖长效释放能量，不仅可以预防糖尿病人的低血糖，而且可以提高运动员的运动耐力，并对肠道双歧杆菌的生长具有明显的促进作用，从而抑制病原菌如大肠杆菌、梭状芽孢杆菌和沙门氏菌的生长。菊糖能显著改善无脂或低脂食品的口感和质构，菊糖具有多种优良的功能作用。

近年来，菊糖的开发利用受到国际食品界的高度重视，在欧洲的许多国家，菊糖作为天然的食物配料被广泛地应用，并成功应用于冰淇淋、酸奶及咖啡伴侣等产品中。

7.5.2　蒲公英生物乙醇

橡胶草中含有大量的还原糖，其含量甚至可超过50%，还原糖可成为生物法发酵制备乙醇的原料。

美国的德尔塔种植技术股份有限公司（Delta Plant Technologies Inc.，以下简称德尔塔公司）在近年来也开始对橡胶草进行研发，德尔塔公司公布的一项数据显示，种植1万英亩橡胶草，一年收获一次，经萃取得到1000万磅天然橡胶和230万加仑乙醇，副产品乙醇是一种替代燃料，它所带来的价值完全能够抵消草本天然橡胶的加工成本，从而拉低草本天然橡胶的市场价格，使之能够与目前常见的三叶橡胶相竞争。

7.6 蒲公英橡胶的性能

7.6.1 物理机械性能

橡胶的物理性能是目前评价生胶应用价值的主要依据。其中，拉伸强度是评价橡胶物理性能的一项重要指标，橡胶的强伸性能与轮胎配方设计及行驶安全性有直接关系。Nico Gevers（2012）就蒲公英橡胶、银胶菊橡胶和三叶橡胶物理性能和轮胎性能进行比较，见表7.5和表7.6。

■ **表7.5** 不同天然橡胶物理机械性能比较

性能	样品		
	泰国标准橡胶（TSR20）	蒲公英橡胶（Russian Dandelion）	银菊胶（Guayule）
回弹率（70℃）/%	44.8	35.6	39.0
撕裂强度/（kN/m）	15.5	11.0	15.1
断裂伸长率/%	515	505	500
邵A硬度/（°）	59.9	61.5	61.3
拉伸强度/MPa	20.1	17.8	19.6

从表7.5中可以看出，蒲公英橡胶的回弹率、撕裂强度、断裂伸长率及拉伸强度均与三叶橡胶和银胶菊橡胶的相近，硬度略高于三叶橡胶。

■ **表7.6** 不同天然橡胶轮胎的物理性能比较

样品	滚动阻力/N	抗湿滑性
155/65R（14QTL 710）TSR 20	100	100
155/65R（14QTL 710）Russian Dandelion	96	107
155/65R（14QTL 710）Guayule	97	101

从表中不难看出，蒲公英橡胶轮胎的滚动阻力与三叶橡胶和银胶菊橡胶的相似，而蒲公英橡胶轮胎的抗湿滑性能要比三叶橡胶轮胎的略好。总的来说，蒲公

英橡胶的物理机械性能与三叶橡胶和银胶菊橡胶非常相似。

蒲公英橡胶黏度是以苯、汽油、溶剂轻油、二硫化碳等为溶剂利用泡沫管法来测定的（表7.7）。用来测定的管是一段封闭的玻璃管，长为110mm，内径为11mm，离开口一端5mm和15mm处各有一刻度，当盛溶液至15mm刻度时，恰有深度为10mm的泡沫形成。测定时，将管直立，迅速倒转，用秒表记录管内泡沫升至管端所需要的时间[23]。

■ 表7.7　生胶黏度测定

	一号蒲公英生胶		二号蒲公英生胶		南洋生胶（烟片）	
	溶液浓度/%	沉降时间/s	溶液浓度/%	沉降时间/s	溶液浓度/%	沉降时间/s
苯	2.41	1.0	3.11	2.0		
	4.25	1.2	5.34	2.3		
	4.58	2.0	9.14	5.0		
	7.59	14.0	12.48	18.0		
汽油	2.68	1.0	4.52	1.2		
	4.66	1.3	7.84	2.0		
	8.40	4.0	12.42	5.0		
	12.29	20.0	13.10	7.0	南洋生胶在左列溶剂中浸渍8h仅能膨胀，黏度不能测定	
溶剂轻油	2.01	1.0	3.67	1.0		
	4.03	2.0	4.58	1.2		
	5.06	3.0	5.74	1.8		
	5.87	4.2	10.72	6.0		
二硫化碳	1.34	0.8	2.07	1.0		
	3.53	1.0	5.64	2.0		
	6.15	3.0	5.81	2.3		
	9.19	9.0	6.89	4.0		

笔者用差式扫描量热仪（DSC）对蒲公英橡胶和三叶橡胶进行对比检测（图7.17），结果显示，两者的玻璃化转变温度T_g相差不大，都在-66℃左右。

7.6.2　硫化性能

硫化是橡胶制品加工的主要工艺过程之一，也是橡胶制品生产中的最后一个加工工序。在这个工序中，橡胶要经历一系列复杂的化学变化，由塑性的混炼胶变为高弹性的交联橡胶，从而获得更完善的物理机械性能

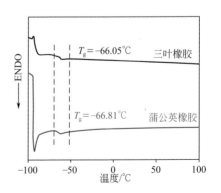

图7.17　蒲公英橡胶与三叶橡胶的DSC对比

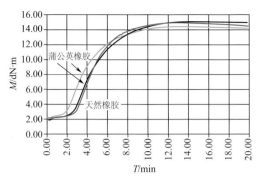

图7.18 不同产胶植物天然橡胶混炼胶的硫化曲线

和化学性能，提高和拓宽了橡胶材料的使用价值和应用范围。天然橡胶的硫化特性对其硫化胶力学性能有重要的影响。Nico Gevers（2012）就蒲公英橡胶和三叶橡胶的硫化性能进行比较（图7.18），并绘制了这两种天然橡胶混炼胶的硫化曲线。

从图中可以看出，蒲公英橡胶的焦烧时间和正硫化时间与三叶橡胶的相差不大，硫化后转矩也比较接近；在达到最大转矩后，蒲公英橡胶的硫化曲线随时间的增加转矩下降较小，甚至保持平稳，而三叶橡胶的硫化曲线有小幅度下降。由此说明蒲公英橡胶的抗返原效果较好一些。

7.7 蒲公英橡胶的应用

蒲公英橡胶最初是作为天然橡胶临时应急替代物被开发研究的，因此其应用领域与三叶橡胶相似，主要是用来制造轮胎、胶管、胶鞋等传统产品。此外，蒲公英橡胶中含有较多的蛋白质，容易引起敏感人群的过敏反应，因此，要避免应用在直接和人体接触的产品中，如橡胶手套等医疗产品。

在第二次世界大战期间，前苏联将制备的蒲公英橡胶主要用于制作轮胎，我国也在20世纪50年代前后利用提取出来的蒲公英橡胶制备了20余条载重轮胎，并将其应用于当时的北京公交集团，使用表明其性能表现优良。近年来，蒲公英橡胶的主要应用方向仍然是天然橡胶量消耗最大的轮胎领域。2012年在荷兰瓦赫宁根召开的"欧盟珍珠计划（EU-PEARLS）"项目总结会议上，VREDESTEIN公司展示了一条由蒲公英橡胶制备的轿车轮胎（图7.19）。

(a) 正面图

(b) 侧面图

图7.19 由蒲公英橡胶制备的轮胎

可以预见，在天然橡胶资源供不应求和全球倡导非化石资源化以及绿色化的大背景下，蒲公英橡胶会日益突显出其重要性，并将会被广泛的研究和推广。

参考文献

[1] Ulmann M. Wertvolle Kautschukpflanzen des gemassig-ten Klimas : Dargestellt auf Grund sowjetischer Forschungsarbeiten. Berlin : Akademie-Verlag，1951.

[2] Kekwick R G. Latex and laticifers，Encyclopedia of life Science. Nature Publishing Group，John Wiley & Sons，Ltd，published online，2002.

[3] Whaley W G，Bowen J S. Russian dandelion（Kok-Saghyz）. An emergency source of source natural rubber，United States Department of Agriculture，1947.

[4] Anonymous. Russian rubber plants. Nature，1945，155 : 229-230.

[5] Polhamus L. G. Rubber Botany，Production，and Utilization，Leonard Hill Limited. London，1962.

[6] Van Beilen B，Poirier Y. Critical Reciews in Biotechnology，2007，27 : 217-231.

[7] http : //www. oardc. osu. edu/penra/.

[8] http : //www. eu-pearls. eu/UK/.

[9] 罗士苇. 橡胶草. 中国科学，1951，2（3）: 373-379.

[10] 罗士苇，冯午，吴相钰. 橡胶草. 北京 : 中国科学院，1951.

[11] 中国科学院中国植物志编辑委员会. 中国植物志，北京 : 科学出版社，1999 : 45-46.

[12] 龚祝南，张卫明，刘常宏等. 中国蒲公英属植物资源，中国野生植物资源，2001，20（3）: 9-14.

[13] 林伯煌，魏小弟. 橡胶草的研究进展，安徽农业科学，2009，37（13）: 5950-5951.

[14] 斯切潘诺夫，普拉夫金，阿克谢洛德等. 橡胶草栽培法. 沈阳 : 东北农业出版社，1952 : 1-115.

[15] Van Beilen B，Poirier Y. Establishment of New Crops for the Production of Natural Rubber. Trends in Biotechnology，2007，25（11）: 522-529.

[16] Mashtakov SM. Comptes Rendus Acad. Sci. U. R. S. S，1939，24 : 509-512.

[17] Stramberger P，Eskew R K，Hanslick R S. Treatment of Rubber : US，2399156. 1946-04-23.

[18] Eskew R K，Edwards P W. Process for Recovering Rubber from Fleshy Plants : US，2393035. 1946-01-15.

[19] Baranov A U. US，7540438. 2009-06-02.

[20] Baranov A U. Elmuradov B. Journal of Agricultural and Food Chemistry，2010，58（2），734-743.

[21] 苗晓洁，董文宾，代春吉，梁西爱. 菊糖的性质、功能及其在食品工业中的应用. 食品科技，2006（4）: 9-21.

[22] 梁素钰，王文帆，刘滨凡，刘铁男，卢中波，刘广菊. 能源橡胶草的综合利用研究. 能源研究与信息，2010，26（4）: 219-236.

[23] 杜春宴，陈建侯，王静宜，徐澄宇，蒋百万. 新疆橡胶草工业利用的初步研究. 科学通报，1951，2（3）: 260-265.

第8章
杜仲橡胶

8.1 杜仲概述 <<<

8.1.1 杜仲属性

杜仲（Eucommia ulmoides Oliv.），又称思仙、思仲、木棉。为杜仲科、杜仲属，落叶乔木，是我国珍稀濒危第二类保护树种，皮可入药，也是我国传统的名贵中草药，在我国已经有2000多年的栽培历史[1]。杜仲通常可长至15～20m高，树冠卵形，浓密阴郁，呈球状对称分布，树干通直，树皮粗糙，灰色，是一种很具观赏性的行道树种[2]，见图8.1。杜仲雌雄异株，由越冬的鳞芽形成当年生枝条，4月开花，先叶开放或与叶同放，雄花无花被，簇生于当年生幼枝基部，雄蕊5～10枚，雌花单朵腋生，具有2枚倒生胚珠，受精后仅1枚能继续发育成果实[3]。杜仲叶为单叶，互生，椭圆形或椭圆状卵形，长6～18cm、宽3～7.5cm，前端渐尖，基部圆形，边缘有锯齿，见图8.2。杜仲果实有翅，扁平、狭长、椭圆而薄，种子中有一枚果实，极个别有两枚果实，9～11月成熟[4]，见图8.3。

图8.1　杜仲行道树　　　　图8.2　杜仲叶　　　　图8.3　杜仲籽

8.1.2 杜仲历史演化与地理分布

杜仲是一种很古老的植物，被誉为研究远古植物群落生长状况的活化石[5～7]，是世界上珍惜的子遗植物[8]。我国科技工作者在山东省临朐县山旺盆地中新世古植物群落遗迹中发现了杜仲叶的化石[5]，见图8.4。美国的古植物学家也在位于美国密苏里州的密西西比河谷地区发现了中新世古杜仲籽的化石[6]，见图8.5。这些证据足以证明在晚第三纪以前杜仲是一种生长范围很广的植物，曾广泛分布于欧亚及北美大陆。但是，随着第四纪冰期（距今约200万年）的来临，使得在欧洲和北美等地区的杜仲相继灭绝，仅在中国中部和西南部的深山老林中幸存了一部分，并最终度过了漫长的第四纪冰期存活至今[9]。

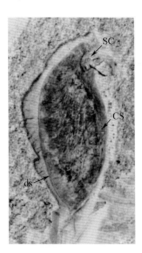

图8.4　杜仲叶化石（中国山东山旺）　　图8.5　杜仲籽化石（美国密西西比河谷）

杜仲在我国自然地理分布大体在秦岭、黄河以南，五岭以北，黄海以西，云贵高原及甘肃以东的长江中下游地区及部分黄河流域范围内。空间分布在北纬25°～35°，东经104°～119°，垂直分布范围在海拔300～2500m之间的暖温带气候区域。杜仲的中心产区在陕南，湘西北、川东、川北、滇东北、黔北，黔西、鄂西及豫西等地，上述中心产区都属山区和丘陵，目前尚能看到残存的次生天然林和半野生状态的散生树[10]。

8.1.3　杜仲的药用特性

杜仲在我国已有2000多年的药用历史[11]。传统中医认为，杜仲性辛平，味甘苦，无毒，理气补血，归肝、肾经，用于治疗肝肾不足，腰膝酸痛，下肢酸软，阳痿尿频，肝肾虚弱，妊娠下血，胎动不安，或习惯性流产，高血压等病。据专家考证，杜仲最早的应用年代应为东汉初期，建武、永平（公元55～68年）前后，距今两千多年。比如，1972年，甘肃武威旱滩坡汉墓出土了大批医药简牍，其中就有采用杜仲等药物治疗"七伤"所致虚劳内伤疾病的记载。我国最早的一部医学典籍《神农本草经》（公元2世纪）记载"杜仲味辛平。主治腰膝痛，补中，益精气，坚筋骨，强志。除阴下痒湿，小便馀沥。久服，轻身耐老。一名思仲、思仙。"书中将中草药归为上、中、下三品，杜仲属上品，无毒，多服久服不伤人，欲轻身益气，不老延年者。明代《本草纲目》载："昔有杜仲服此得道，因以名之。思仲、思仙，皆由此义。杜仲，能入肝补肾，补中益精气，坚筋骨，强志，治肾虚腰痛。久服，轻身耐劳……"《黄帝内经》《本草纲目》等将杜仲列为中药上品，记载有杜仲复方二千多方。如今还在使用的，比如杜仲天麻丸、杜仲降压片等[12]。

现代医学研究发现杜仲的活性物质有60多种[13,14]，主要有：① 木脂素类，其代表物质为松脂醇二葡萄糖苷（pinoresinol diglucoside），是降血压的主要成分；② 环烯醚萜类，其代表物质京尼平苷（geniposide）、京尼平苷酸（geniposidic asid）、桃叶珊瑚苷（aucubin），具有预防性功能低下，增强记忆功能，抗癌作用，抗氧化作用，泻下及促进胆汁分泌作用；③ 黄酮类，其代表物质为槲皮素（querctin），具有降血压、保护心肌缺血再灌注损伤及抗心肌肥厚等作用；④ 苯丙烷类、酚类，代表物质为绿原酸（chlorogenic acid），为天然广谱抗生素，具有抗菌消炎的作用；⑤ 不饱和脂肪酸，代表物质为α-亚麻酸（α-Linolenic acid），是人体必须但自身不能合成的脂肪酸，具有预防心脑血管疾病的作用，杜仲籽油α-亚麻酸含量高达61%[15]，是一种极具商业开发前景的高级保健油；⑥ 三萜、甾体类；⑦ 多糖类。杜仲具有代表性的活性物质的分子结构见图8.6。

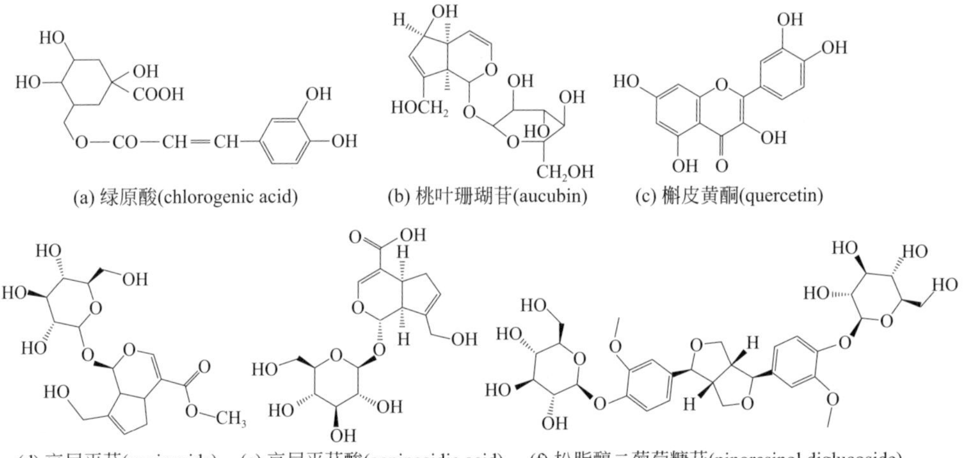

(a) 绿原酸(chlorogenic acid) (b) 桃叶珊瑚苷(aucubin) (c) 槲皮黄酮(quercetin)

(d) 京尼平苷(geniposide) (e) 京尼平苷酸(geniposidic acid) (f) 松脂醇二葡萄糖苷(pinoresinol diglucoside)

图8.6 杜仲代表性的活性物质的分子结构

8.1.4 杜仲的引种与开发

杜仲在国内大规模引种始于1949年建国以后[1,2]。向北引种至东北辽宁和吉林，并获得成功；向西引种至新疆阿克苏地区，1979年年底引种，1993年年底调查平均树高10m，胸径8.2cm，期间未受冻害，植株能正常结实，并且已繁殖出第一代苗木；向南引种至福建南平、三明地区，杜仲生长良好。但广州、南宁等地引种后，杜仲生长发育不良，病虫害较多，说明杜仲在湿热地区生长情况不好。上述工作为我国杜仲大面积的栽培奠定了良好的理论基础，同时也将我国杜仲的种植范围扩大至除黑龙江、西藏、广东及海南之外的全国27个省份和自治区，种植范围远远超过三叶橡胶树[7]。

杜仲开发方面，由于杜仲皮是名贵中药，一直以来国内杜仲的开发主要是伐树剥皮入药的开发模式。20世纪80年代初，我国杜仲林发展面积已达3万余公顷，每年出口杜仲皮1500余吨，为国家换回了大量的外汇，有力地支援了国家建设。90年代初，国内外市场对杜仲皮需求量迅速增加，出现了供不应求的局面，杜仲的价格连续上涨，国内最高价格一度达到100元/kg，出口价格达到60～80美元/kg，由此又引发了杜仲产区农民对杜仲树大片乱砍滥伐的局面[8]。这种"杀鸡取卵"的做法导致了我国本来不多的杜仲资源更加匮乏，致使杜仲皮在国内外市场货源供应日趋紧张。我国政府有关部门为了保护杜仲资源，特将杜仲列为国家二级珍贵保护树种，加大了对杜仲资源的保护力度[9]。

同时产区各级政府纷纷大力鼓励农民种植杜仲，至20世纪90年代末，全国杜仲的种植范围迅速扩大至40万公顷，杜仲的供应出现了严重过剩，同期以杜仲胶为核心的产业化进程也接连遭受挫折。因此，仅仅依靠医药市场已经远远不能消化如此众多的杜仲资源，杜仲皮的价格也是一路走低，目前维持在10元/kg的价格水平。由于种植杜仲的产值较低，部分产区的农民又纷纷将杜仲树砍伐，改种其他经济价值较高的农作物，或者干脆外出打工，任其自生自灭，导致部分杜仲树处于无人管理的荒芜状态，因此全国杜仲的种植面积又有所萎缩，目前维持在30万公顷左右，主要还是医药用取皮为主的乔木林。目前我国年产杜仲皮6000～8000t，其中国内需求约3000t，出口1200～1800t[10]。

国外从我国引进杜仲已有近百年的历史。1896杜仲被引种到法国植物园，几年后英国也开始引种杜仲，并在英国著名的皇家植物园——丘园（Kew Garden）中表现出抗性强，生长旺盛的特性，1899年日本开始从我国引种栽培，1906年杜仲被引入俄国，并于1931年开始在黑海附近和北高加索进行大量栽培，试图解决前苏联硬质橡胶缺乏的问题。前苏联对杜仲的引种获得成功，并取得了良好的效果，15年生树高6m，胸径15～30cm，每年单株结实量10～20kg，而且经受了1940年冬季-40～-38℃低温的考验。美国从1952年起，先后在俄亥俄州、犹他州、印第安那州、伊利诺伊州和加利福尼亚州都有引种或无性繁殖，其中在俄亥俄州具有22年树龄的行道树树高6.9～9.1m，胸径达40cm以上，并且无病虫害[3]，杜仲在美国主要用于街道绿化和庭院观赏，具有一定的景观价值。除上述国家外，从我国引种杜仲的国家还有德国、匈牙利、印度、加拿大等国[2]。

国外杜仲的开发方面，由于日本临近我国，中医药知识较为普及，并且引种历史较早，因此近年来对于杜仲的开发活动较为活跃。在日本，杜仲的栽培范围遍及群马县、千野县、名古屋及静冈县等24个县，面积约480hm²

（1/15hm²=666.67m²），生长状态良好。日本杜仲的栽培方式以桑园模式经营为主，留干0.3～0.5m，每年剪枝采叶生产各种保健品，另外还保存有部分行道树。近年来韩国和朝鲜也开始引进栽培杜仲。据报道，韩国山区已有大面积成片杜仲林，而且长势良好，其主要目的也是以生产杜仲保健品为主。

8.1.5 杜仲胶

很多人都知道杜仲是一种高级滋补类的中药材，是非常好的治疗高血压的中草药[13～15]。然而很少有人知道在杜仲中还存在一种天然高分子材料——杜仲胶，见图8.7。在杜仲树的六大组织器官，根、茎、叶、花、果实和种子中均有含胶细胞分布[16]。而杜仲胶主要存在于杜仲叶、皮和种子当中，其中叶含胶量2%～4%、皮含胶量8%～10%、果实含胶量10%～12%。

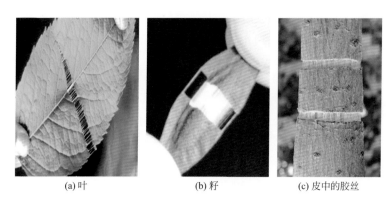

(a) 叶　　　　　　　　(b) 籽　　　　　　　(c) 皮中的胶丝

图8.7　杜仲叶、籽及皮中的胶丝

杜仲胶的化学名称为反式-1,4-聚异戊二烯，是三叶天然橡胶的同分异构体。二者的差别主要在于两个亚甲基位于双键的位置不同，如果两个亚甲基位于双键同侧，是三叶天然橡胶；如果两个亚甲基位于双键异侧，则是杜仲胶[17]。然而这一差异却造就了二者的性能差别很大。天然橡胶为顺式结构，大分子结晶能力较差，常温下在非应力状态下不结晶，以无规线团的形式聚集在一起，因此为弹性橡胶状态。自1839年美国人Charles Goodyear发明橡胶硫化以来，三叶天然橡胶以其优异的高弹性和良好的理化性能为现代社会文明的进步做出了巨大贡献，至今仍然是现代工业不可或缺的一种战略性基础原材料[18～20]。而杜仲胶为反式结构，尽管其分子链如同三叶橡胶大分子链一样柔顺，但更容易排列而进入晶格，常温下就可结晶是一种硬质塑料状态而不是弹性橡胶状态，见图8.8。如果要想将杜仲胶作为弹性橡胶来应用，必须抑制或破坏其结晶。同时，由于杜仲胶熔点不高，也限制了其在塑料材料及制品领域中的应用。

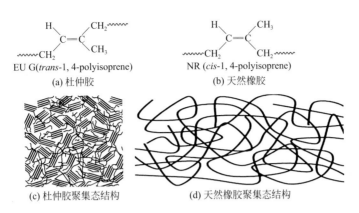

图8.8 杜仲胶和天然橡胶的分子结构及聚集态结构图

8.2 杜仲的栽培与种植 ◀◀◀

8.2.1 杜仲生长发育特点

大多杜仲翅果内含1粒种仁，极少数含2粒种仁。杜仲种子具有生理休眠的特性，属于浅休眠类型，种胚成熟需经一定的温度处理才能打破休眠，否则，发芽比较困难[1,5]。中科院植物所曾经做过杜仲种子发芽率的试验，见表8.1。从表8.1中看到，杜仲种子比较适合的发芽温度范围在13～22℃之间，最优发芽温度在18℃，发芽率高达98%，活力指数高达10.37。温度低于5℃或者高于25℃种子均不会发芽[5]。

■ 表8.1 杜仲种子发芽率试验

温度/℃	发芽率/%	发芽指数[1]	胚根长度/cm	活力指数[2]
5	0	0	0	0
10	72	1.66	0.58	0.96
13	70.5	1.71	1.30	2.22
16	80	1.90	1.69	3.21
18	98	2.81	3.69	10.37
20	74	2.18	3.02	6.58
22	76	2.29	3.06	7.01
25	5	0.35	0.27	0.09

① 发芽指数$=\sum G_t/D_t$，G_t为第t天发芽种子的胚根数；D_t为试验天数。
② 活力指数$=S\times G$，S为胚根的平均长度。

杜仲种子在常温下很容易失去生命力，自然干藏种子半年至一年即丧失育苗价值。但在1～5℃冷藏1年后，发芽率仍可达90%以上，低温储藏超过2年的种子彻底失去发芽活力。杜仲从种子萌发到开花结实需5～6年完成一个生育周期。我国南方地区天气比较暖和，适宜冬播，常于10～11月随采种、随播种，在地里通过冬季的自然低温处理打破休眠，春季即可出苗。北方地区冬季寒冷，又常遇到干旱，故常在春季播种，播种前要进行砂藏处理，一般在2月下旬至3月上旬处理种子，砂藏一个半月，到4月中、下旬播种[1～3]。

8.2.2　杜仲生长的环境适应性[1～4]

杜仲对温度的适应幅度比较宽，在年平均气温9～20℃，极端最高气温不高于44℃，极端最低气温不低于–33℃，植株均能正常生长发育；杜仲属喜光树种，只有在强光、全光条件下才能良好生长；杜仲大树根系发达，主干木质坚硬，有较强的抗风倒和风折能力，但是杜仲幼树枝杆柔软，抗风倒和风折能力差，应注意保护；杜仲为深根系树种，具有耐干旱的能力，例如杜仲在年降水量仅有88mm的新疆阿克苏地区仍能生长，但年生长量很小；杜仲对土壤的适应性很强，pH值范围要求在5.0～8.4之间，在轻酸性土（红壤、黄红壤、黄壤、黄棕壤、紫壤）及轻碱性土（石灰土、石灰性褐土、钙质土等）都能生长。

8.2.3　杜仲的生长习性

杜仲具有地下根系生长时间长，根系萌蘖强的生长特点，但是杜仲根系再生能力会随树龄增加而明显减弱；杜仲茎干具有直立生长性强，萌芽能力强的生长特性，并且茎干前期树高生长较快，后期胸径生长较快；杜仲树皮具有再生特性，一般树木剥掉皮后，树皮不能再恢复生长，而杜仲的树皮则有很强的再生能力，即使对主干某一区段树皮进行全部环剥，只要及时采取保护措施，短期内在剥掉皮的木质部上又可长出新的树皮，3～4年后即可赶上未剥皮部分树皮的厚度。杜仲树一般7年开始挂果，树龄20～30年为结实盛期，一般株产果实10～15kg。50年生以后及环剥皮的雌株虽能结实，但种实极不充实，不能用来播种育苗。

8.2.4　杜仲林的栽培模式

（1）传统药用乔木林栽培模式[2,3]　由于杜仲属于高大乔木，因此在20世纪70年代末以前，杜仲一直沿用取皮入药、取干制材的单一用途。杜仲的栽培模式主要有乔林作业、矮林作业和头木林作业。但95%以上是以培养高大的树干，多产皮为目的乔木林栽培方式，见图8.9。并采用伐树剥皮掠夺式的经营方式，经营周期长达15～20年，经济效益严重依赖杜仲皮的价格，附加值普遍不高。除此之外，还有少面积的其他栽培模式，如在豫西南杜仲产区的矮林栽培模式，这种栽培模式是杜仲皮和把柄材兼用，3～4年为一经营周期，与乔林作业比较，提高了前期效益。头木林栽培模式仅见于贵州、河南等少数产区，主要以获取树皮和把柄材为目的。

（2）胶药两用叶林栽培模式[21,22]　随着杜仲叶药用价值的不断被发现，以及杜仲胶的开发呼声日益高涨，传统的杜仲乔林模式已经不适合以制药和提胶为目标的生产模式。在此背景下，西北农林科技大学开发出一种杜仲叶林经营模式。即利用杜仲萌芽能力强的特性，定植后每年春天从靠近地面处平茬，并在主干上萌生出枝条构成开放型树冠。杜仲在这种栽

图8.9　传统药用杜仲乔木林栽培模式

培模式下，每年可以获得大量的杜仲叶、树皮和木材，这样就为杜仲胶的大规模开发利用提供了可靠的材料来源，见图8.10和图8.11。

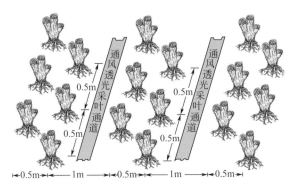

图8.10　杜仲叶林模式示意图

图8.11　杜仲叶林栽培模式

传统乔林模式每亩80株杜仲树，新型叶林模式每亩1000～1700株，实现了高密度和园艺化栽培。杜仲叶林定植三年后，产量就会比较稳定，每年产木材约1.5t/亩；干叶约1t/亩；树皮约0.5t/亩。按照干叶绿原酸含量3%，可以实现亩产绿原酸30kg；按照干叶含胶量2%，干枝皮含胶量6%计算，可以实现亩产杜仲胶50kg，接近我国三叶天然橡胶亩产底限60kg的水平。但由于杜仲叶本身的含胶率较低，目前提取杜仲胶的生产成本还比较高，因此提高杜仲叶的含胶率将是今后杜仲研究的一个重点方向。

（3）胶油两用果园化栽培模式[1,4,23]　由于杜仲叶的含胶率较低，因此会造

成提胶成本较高。而在杜仲树的所有组织器官当中，杜仲籽的含胶率最高，达到12%～17%，对于处理相同重量的杜仲叶和杜仲籽来说，用杜仲籽提胶的成本会大大降低，但是传统乔林一般每亩种植80株杜仲树，雌雄树的比例接近5：5，因此单位亩产杜仲籽仅有7.5kg，产量非常低下。在此背景下，中国林科院开发出一种新型的杜仲果林开发模式，见图8.12和图8.13，并形成一系列创新技术，包括高接换雌技术、良种雌株造林技术、丰产树形调控技术、促花促果、高产稳产等综合培育技术。

图 8.12　杜仲果园化栽培模式

图 8.13　杜仲果林所产杜仲籽

杜仲果林栽培模式每亩种植杜仲55株，利用杜仲良种雌株建园，杜仲结果期可提前3～5年。7年成林后，每亩产叶260kg，产果260kg。以此为原料（叶和果）可以提胶31kg，提取杜仲油21kg，绿原酸7.8kg，桃叶珊瑚苷8.3kg。与传统乔林模式相比，效益大大提高。

三种杜仲林栽培模式的效益统计见表8.2。从表8.2中看出，无论果林模式还是叶林模式的效益比传统的乔林模式都大大提高。因此，在我国广大适于种植杜仲的地区就有了多种栽培模式的选择。在比较平坦的地区可以大力发展叶林模式栽培，有利于机械化收割；而在丘陵、缓坡地区可以大力发展果林栽培，而在山区也可以选择传统的乔林种植。实现了杜仲栽培种植的多元化发展。

■ 表8.2　三种杜仲栽培模式的效益统计

统计项目	杜仲乔林	杜仲叶林	杜仲果林
成林时间/年	7	3	3～5
株数/亩	80	1800	55
杜仲叶/[kg/（亩·年）]	280	1000	260
杜仲籽/[kg/（亩·年）]	50	—	260
杜仲皮/[kg/（亩·年）]	—	500	—
杜仲枝条/[kg/（亩·年）]	—	1500	—
杜仲胶/[kg/（亩·年）]	10.6	50	31
杜仲油/[kg/（亩·年）]	5.5	—	21
绿原酸/[kg/（亩·年）]	8.4	30	7.8

8.2.5　病虫害的防治

杜仲具有较强的抗病虫能力，一般较少发生病虫害。但是，近年来随着杜仲大规模种植及杜仲果园化栽培面积的扩大，相继爆发了毁灭性的食叶害虫及一些新的病害，例如近年在陕西汉中地区爆发的杜仲梦尼夜蛾，造成杜仲受害面积高达 500 hm²，受害株数超过 2000 万株，给当地杜仲种植业造成巨大损失。

2011 年国家发改委在新的产业结构调整目录中将"天然橡胶及杜仲种植生产"作为单独一项列入鼓励类农林产业项目之中，为杜仲产业的发展奠定了坚实的政策保障基础，今后势必会引发大规模发展杜仲纯林产业的局面，这也为病虫害的爆发创造了条件。

杜仲的主要病害有苗木根腐病、立枯病、角斑病、褐斑病、叶枯病、灰斑病等，近年来在湖南还新发现一种杜仲紫纹羽病。这些病害会引起杜仲叶片枯死早落，枝条枯死，严重时造成苗木成片死亡且逐年蔓延[1,4]。因而展开杜仲病虫害的防治工作是杜仲大面积高产栽培的关键。

8.3　杜仲胶的生物合成 <<<

8.3.1　杜仲含胶细胞的形态及其分布

杜仲含胶细胞是杜仲植株体内合成和储藏杜仲橡胶的场所，主要分布在植株各个器官的初生和次生韧皮部中[24]。杜仲植物体中含胶细胞的多少及其大小直接影响其含胶量的高低。无论是从一般的光学显微镜还是电镜中观察，都可以看到杜仲含胶细胞是一种十分细长，两端膨大，内部充满橡胶颗粒的丝状单细胞[25]。杜仲含胶细胞在幼茎中存在于皮层薄壁组织和初生韧皮部中，髓部极少；在老茎中只存在于次生韧皮部中；在幼根和老根中都只存在于韧皮部中；在叶内存在于叶片各级叶脉韧皮部及主脉上下薄壁组织中；在叶柄存在于维管束韧皮部及薄壁组织中；在果实中只存在于果皮维管束韧皮部中，雄蕊花丝及药隔维管束韧皮部也有分布[26]，见图 8.14 和图 8.15。

图 8.14　完整的杜仲含胶细胞显微照片（×120）

在不同器官中，杜仲含胶细胞基本都是沿器官纵轴，靠近维管束并沿维管束伸展方向排列，其长度和所在器官长度有一定相关性。这一特点在茎和叶片中这一分布比较明显，见图8.16；但在果翅中，由于维管组织较少，含胶细胞不集结成束，分布较为分散，沿维管束排列的特征不明显。杜仲含胶细胞内的硬性橡胶颗粒在积累上是一个由少到多、由小到大、由不均匀分布到均匀分布的过程。杜仲全叶的胶丝网络体系，是一个各部分相互连接而末端开放的整体；在果皮内，含胶细胞沿果实的纵轴方向或与纵轴相垂直的方向排列，外果皮内的含胶细胞形成了一个完整的网状保护罩子[27]。

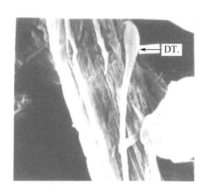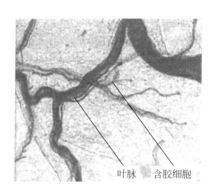

图8.15　杜仲含胶细胞的扫描电镜照片（×1200）　　图8.16　杜仲叶脉中含胶细胞的分布

8.3.2　杜仲胶的生物合成路线

和三叶橡胶的生物合成非常类似，杜仲胶的生物合成也包括三个阶段。即杜仲胶前体的生物合成阶段；杜仲胶大分子生物合成的延伸阶段；杜仲胶大分子生物合成终止阶段。

（1）杜仲胶的前体——类异戊二烯物质的合成路线　杜仲胶生物合成的前体与三叶橡胶生物合成的前体一样，包括异戊烯基焦磷酸（IPP）、二甲基烯丙基焦磷酸酯（DMAPP）、牦牛儿基焦磷酸酯（GPP）、法呢烯基焦磷酸酯（FPP）以及牦牛儿基牦牛儿基焦磷酸酯（GGPP）。这些前体的生物合成过程，可能遵循甲羟戊酸路线（MVP）或丙酮酸/磷酸甘油醛（MEP）路线，具体的生物合成过程参见图8.17。根据现有的文献来看，杜仲胶或者天然橡胶生物合成遵循的是MVP路线，尚未发现有天然橡胶的生物合成源自MEP的报道[28,29]。

（2）杜仲胶大分子的生物合成路线　1989年，日本化学家Tanaka[30]利用[13]C NMR的方法分析了从巴西山榄科植物提取出来的Chicle胶的化学组成及分子结构，同时提出了Chicle胶中反式-1,4-聚异戊二烯的生物合成机理，发现Chicle胶中反式-1,4-聚异戊二烯的生物合成机理和天然橡胶的生物合成过程相类似[31]。即IPP首先在异构酶（isomerase）的作用下异构化生成DMAPP，然后IPP在反式异戊烯基转移酶（TPT）的作用下加成到DMAPP分子上形成GPP，随着IPP的不断加入逐步形成FPP，GGPP，直至形成反式-1,4-聚异戊二烯大分子长链，这点与天然橡胶在形成FPP和GGPP之后，在顺式异戊烯基转移酶（CPT）的作用下转而生成顺式-1,4-聚异戊二烯的生物合成机理不同。

Tanaka还同时分析了从东南亚山榄科植物（palaquium gutta）提取出来的古塔波胶（gutta percha）以及巴西山榄科植物（mimusops balata）提取出来的巴拉塔胶（balata）的分子结构和生物合成机理，最后得出结论，古塔波胶（gutta percha）和巴拉塔胶（balata）属于同一种物质，具有相同的反式-1,4-聚异戊二烯化学结构，并且和Chicle胶中的反式-1,4-聚异戊二烯的生物合成机理完全相同。

1997年Tanaka[32]又分析了从杜仲树叶和树皮中提取出来的杜仲胶的化学结构，认为杜仲胶与古塔波胶（gutta percha），巴拉塔胶（balata）化学分子结构完全相同，生物合成机理也基本相同，见图8.17。

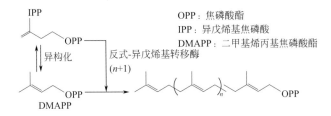

图8.17 杜仲胶的生物合成机理

（3）杜仲胶大分子端基封端　Chicle胶、古塔波胶以及巴拉塔胶都是以胶乳的形式产出反式-1,4-聚异戊二烯，而杜仲胶是以含胶细胞的形式产出反式-1,4-聚异戊二烯，因而造成杜仲胶与上述三种橡胶不同的端基封端机理。Chicle胶、古塔波胶以及巴拉塔胶是以焦磷酸端基的水解生成羟基端基而封端，杜仲胶大分子因为缺少水解的环境，则是以焦磷酸端基的酯化而封端，见图8.18。

因此，杜仲胶大分子的生物合成过程是从二甲基烯丙基（ω-端基，DMAPP）开始引发生物合成，随后在反式异戊烯基转移酶的作用下，IPP连续加成生成反式-1,4-聚异戊二烯长链大分子，最后是焦磷酸端基的酯化封端（α-端基）。但是通过^{13}C NMR测定杜仲胶酯化端基的峰强度以及杜仲胶大分子链内相对应的碳原子峰强度的比值，再结合GPC所测定的杜仲胶的聚合度的结果综合分析，发现酯化端羟基的数量要小于所测定的杜仲胶大分子的总数，这就说明还有一部分端基保留了焦磷酸端基的存在形式，

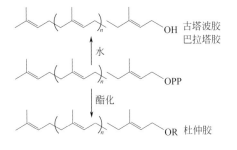

图8.18 杜仲胶的生物合成封端机理

虽然到目前为止尚未发现有关焦磷酸端基存在的直接证据，见图8.19。

（4）杜仲胶大分子的结构表征　通过对杜仲胶大分子生物合成机理的分析，我们可以知道，杜仲胶大分子是一种由反式-1,4-异戊二烯单元通过头尾加成的方式形成的一种线型高分子长链结构，同时为了清楚地表征杜仲胶的大分子结构，特将其单体单元的碳原子进行编号标记，见图8.20，而杜仲胶大分子这种结构很容易被FTIR和NMR技术表征出来。

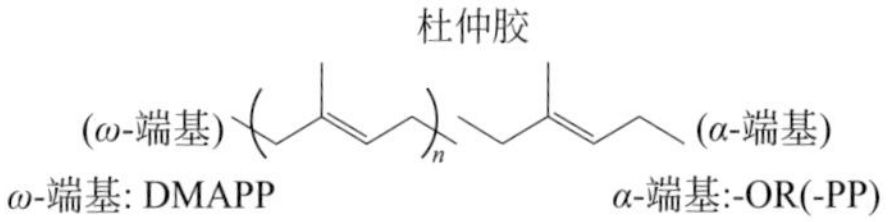

图8.19　杜仲胶生物大分子链 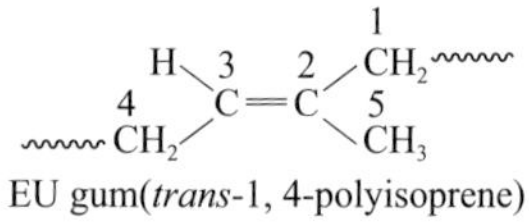　　图8.20　杜仲胶反式-1,4-聚异戊二烯大分子结构

图8.21是杜仲胶的傅里叶红外光谱图（FTIR），通过红外光谱可以读到杜仲胶分子结构的一些基本信息。从左至右，$2920cm^{-1}$处的峰是—CH_2—的非对称伸缩振动吸收峰，$2850cm^{-1}$处是—CH_2—的对称伸缩振动吸收峰，CH_3—的两个伸缩振动吸收峰重叠在—CH_2—的振动吸收峰内，$1730cm^{-1}$位羰基的伸缩振动峰，$1640cm^{-1}$为—C≡C—的伸缩振动吸收峰，结合$3300cm^{-1}$处谱图微微隆起，为杜仲胶—C≡C—的伸缩振动吸收峰的泛频。$1450cm^{-1}$为—CH_2—和CH_3—的碳氢面内弯曲运动吸收峰，$1380cm^{-1}$为CH_3—的变形振动吸收峰。$845cm^{-1}$为异戊二烯单元的骨架伸缩振动峰，$875\ cm^{-1}$，$798\ cm^{-1}$，$758\ cm^{-1}$，$595\ cm^{-1}$，$465\ cm^{-1}$五个吸收峰是杜仲胶的结晶特征峰[32]。$1730cm^{-1}$羰基的伸缩振动峰并不是杜仲胶特有的基团结构振动峰，它的存在说明，要么是在杜仲胶某些双键位置上发生了氧化反应，产生了部分羰基团，要么是样品含有一些带羰基的杂质。

图8.22是杜仲胶大分子的核磁氢谱（^{1}HNMR），从谱图中可以看到杜仲胶存在三种质子氢环境，从右至左，化学位移$\delta=1.573ppm$为甲基质子峰；$\delta=1.967ppm$和$\delta=2.037ppm$为两个亚甲基的质子峰，因为相邻次甲基含有一个质子，按照$n+1$规则将该亚甲基质子峰裂分为双重峰；$\delta=5.094ppm$为次甲基的质子峰。通过峰面积计算，可知三种氢环境的比例为3∶4∶1，正好对应甲基的三个氢，亚甲基的四个氢以及次甲基的一个氢，积分面积比例关系非常精确。

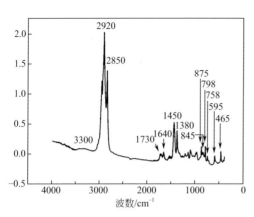

图8.21　杜仲胶的傅里叶红外光谱图（FTIR）

　　图8.23是杜仲胶大分子的核磁碳谱（^{13}C NMR），从谱图中可以看到杜仲胶存在五种碳环境，从右至左，化学位移$\delta=16.027$ppm为5号甲基碳峰；$\delta=26.744$ppm为4号亚甲基碳峰；$\delta=39.753$ppm为1号亚甲基碳峰；$\delta=124.255$ppm为3号双键碳峰；$\delta=134.907$ppm为2号双键碳峰。五个峰的积分面积近似比值为1∶1∶1∶1∶1。由于^{13}C的天然丰度太低，仅为^{12}C的1.1%，并且^{13}C的磁旋比γ是^1H的1/4，因而^{13}C NMR的灵敏度仅为^1H NMR灵敏度的1/5800，从而造成氢谱的积分面积比值非常精确，而碳谱的积分面积比值比较近似。

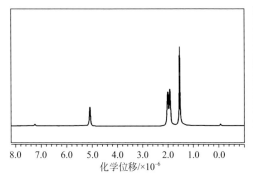

图8.22　杜仲胶 ^1H NMR 谱图　　　　图8.23　杜仲胶 ^{13}C NMR 谱图

8.3.3　杜仲胶形成累积规律

　　杜仲胶生物合成之后会累积在杜仲的各个组织器官当中，其中以杜仲叶、杜仲皮和杜仲果实的累积量最为显著[43,34]。杜仲叶和杜仲籽为一年生的组织器官，其含胶率具有随月份逐步累积的特性，随着月份的增长含胶率具有典型的"S"形累积规律[35,36]。即在春季杜仲叶和杜仲籽生长初期含胶率较低，随着杜仲叶和杜仲籽的快速生长，含胶率快速增加，等到杜仲叶和杜仲籽生长停止之后，杜仲胶的含胶率也随之稳定[37]。而杜仲叶和杜仲籽的含胶率随年份的变化不大。杜仲皮属于多年生组织器官，其含胶率具有随年份累积的特性，随着年份的增长也具有典型的"S"形累积规律[38,39]。即随着年份增加，杜仲皮的含胶率快速增加，平均达到6年生的杜仲皮的含胶率基本趋于稳定。而在一年内的不同月份，杜仲皮的含胶率也比较稳定[37]，见图8.24和图8.25。然而，还有一些相关工作稍微显示出不同的测试结果，即杜仲叶的含胶量随着月份的增长，先是快速增

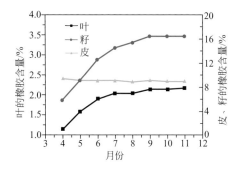

图8.24　杜仲叶、籽和皮含胶率的年变化规律

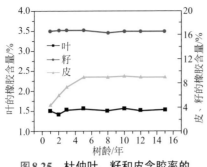

图8.25 杜仲叶、籽和皮含胶率的
树龄变化规律

加，在6月份达到最高值，之后含胶量会随着月份增长而逐步下降，到11月份含胶量降低到最高值的一半左右。这个结果并不意味着树叶中杜仲胶的绝对总量减少了。通过测试树叶的总重表明，11月份树叶的总重接近6月份的2倍。这说明，杜仲胶的累积在6月份左右就已经完成了，而杜仲树叶的其他组织成分还在继续生长。

8.3.4 杜仲胶分子量及分子量分布

杜仲胶分子量大小介于1万～100万之间，分子量分布介于2～8之间。杜仲胶分子量分布与杜仲胶的累积器官密切相关[32]，其中杜仲叶胶的分子量分布呈双峰分布，一般低分子量比例较大，占到80%～90%，而高分子量的比例较小，占到10%～20%；杜仲皮胶的分子量分布为单峰分布，其分布区域与杜仲叶胶的高分子量部分相重合；杜仲籽胶的分子量分布呈一峰一肩的分布方式，一肩为低分子量部分，基本与叶胶低分子量分布区域相重合，一峰为高分子量部分，与叶胶高分子量部分以及皮胶的分布区域相重合，见图8.26。

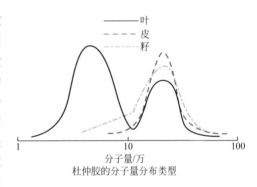

分子量/万
杜仲胶的分子量分布类型

图8.26 杜仲叶、皮、籽所含杜仲胶的
分子量及分子量分布

8.4 杜仲胶的制备方法 ◀◀◀

杜仲胶可以从杜仲叶、皮、籽中提取。杜仲皮是名贵中药材，杜仲籽产量低，而杜仲叶产量大，容易集中，成为目前杜仲胶提取的主要原料，但缺点是含胶量太低，需要处理的废渣太多。杜仲胶的提取方法主要有碱处理法和溶剂抽提法以及后来新发展的生物发酵法工艺[40～42]。

8.4.1 碱煮法

早期杜仲胶的生产采取的是碱法工艺，该工艺原料易得，流程简单，操作容易，生产出来的橡胶质量可以满足我国当时对于橡胶材料的需求，具体工艺见图8.27。

图8.27 碱法工艺制备杜仲胶

碱法工艺由于操作复杂、费时、费力、物耗大、生产成本高，产生的碱废液污染环境，目前已经废弃不用。

8.4.2 溶剂法

为了克服碱法提胶的不足，20世纪80年代，中国科学院化学研究所发明了一种粗胶-精胶二段溶剂法提胶新工艺。该工艺的特点是，省时省力，溶剂实现循环利用，不会产生废液污染，是目前杜仲胶提取的主要方法，具体工艺见图8.28。

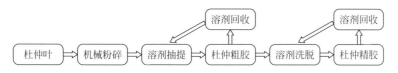

图8.28 粗胶-精胶二段溶剂法工艺制备杜仲胶

两种方法都能得到质量较好的杜仲胶制品，可以完全满足工业生产的要求，具体的质量指标见表8.3。

■ 表8.3 碱法和溶剂法提取杜仲胶质量比较[41]   单位：%

成分	碱法工艺	溶剂法工艺
杜仲胶	>85	82
树脂	7.66	14.9
灰分	2	2.5
含水量	<1	<1
颜色	白色	浅棕色

8.4.3 生物发酵法

生物发酵法提胶工艺是最近才开发出来的一种新工艺方法[42]，但目前还没有产业化的装置出现。在这方面，国内具有代表性的工作是西北农林科技大学[21,22]发明的利用绿色木霉（trichodermaviride）发酵杜仲叶或者杜仲皮，再利用高压水枪冲洗除去大量的纤维素和木质素等杂质，便得到杜仲粗胶（纯度可达到78.76%～81.83%），然后再用石油醚对粗胶进行精制和净化，进一步得到精胶。以及贵州大学[9]发明的先利用氢氧化钠对杜仲叶进行预处理去掉角质层，然后再用纤维素酶处理水解细胞壁，然后再用石油醚进行常规杜仲胶的提取。

上述两种方法均是利用微生物破坏杜仲的组织器官，使杜仲胶丝充分裸露，然后再利用常规溶剂方法提纯杜仲胶，以提高提胶效率和纯度，最终并没有脱离溶剂法提胶工艺的范畴。

8.4.4 杜仲胶综合制备工艺

传统杜仲胶的开发均是以单一提胶为目标，生物质资源利用低下，浪费严重，还会造成严重的固体物污染。以杜仲叶提胶为例，含胶率平均为2%，制备一吨杜仲胶就会带来49t的杜仲叶废渣，不仅对环境造成的污染，且需要很大场地堆放造成空间上的浪费。直接的后果就是杜仲胶价格居高不下，令下游客户无法接受，这也是杜仲胶产业化至今未能成功的一个主要原因。因此杜仲胶的开发必须走综合开发的道路，并且历史也一再证明单一提胶为目标的杜仲胶开发之路是行不通的。

实际上，中科院化学所很早就提出了杜仲胶产业的三级开发思路[16,17,41]：第一级是杜仲树叶的初级利用，比如饲料的开发，标准提取物的制备以及下游相关保健品和药品的开发；第二级是利用标准提取物废渣提取杜仲胶以及下游杜仲胶产品的综合开发；第三级是杜仲胶渣的综合利用，比如堆肥或者制备复合板材。即使从目前看来，这种三级开发的思路还是很有效的，但是组织线条比较粗糙，缺乏操作的缜密性和衔接性，这也是造成目前杜仲产业开发各自为政，互不往来的原因之一。形成了目前杜仲产业做药的只做药，提胶的只提胶，作饲料的只做饲料这样一种一盘散沙的产业开发状态，大家都可以赚到钱，但是大家的规模都不大，形成不了真正强大的杜仲产业。

配合高产杜仲叶和杜仲枝皮的杜仲叶林种植模式，以及高产杜仲籽的杜仲果林种植模式，作者建议杜仲胶的综合产业开发可以遵循两条开发路线，一条是杜仲叶综合开发路线，另一条是杜仲籽综合开发路线，见图8.29。

从图8.29可看出，与传统单一提胶为目标的开发模式相比，综合开发的初级产品有：杜仲茶、杜仲粉、杜仲绿色养殖产品、杜仲浸膏、杜仲胶、杜仲树脂、杜仲籽油，其产品线大大丰富，相互之间可以共担成本，杜仲胶的价格会大大

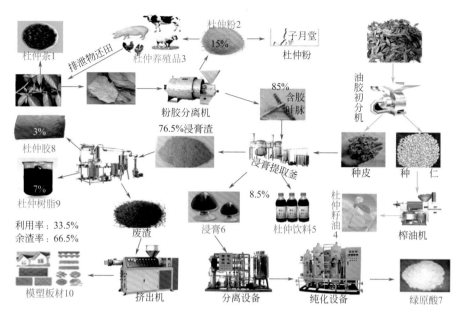

图8.29 杜仲胶综合产业化开发路线图

降低。杜仲叶的有效利用率由以前的3%提高到33.5%，资源利用效率大大提高。同时该路线图加强了杜仲产业综合开发的缜密性和各个工序的有效衔接性，可操作性强。

此外，杜仲胶的综合开发还存在产品线的市场匹配问题，比如杜仲叶含有3%左右的杜仲胶，同时还含有3%左右的绿原酸，因此有人就提出杜仲胶和绿原酸的综合开发路线图，实际上杜仲胶和绿原酸存在市场失配问题。杜仲胶的市场是十万吨级或者百万吨级，而绿原酸的市场是百吨级或者千吨级的，这样就造成二者市场失配，达不到综合开发的理想效果。换个思路，利用杜仲浸膏和杜仲胶匹配进行综合开发，杜仲浸膏的下游产品可以开发成各种保健品和食品，因此市场容量也可以达到数十万吨级或者百万吨级，这样就可以和杜仲胶的开发做和谐衔接，效果非常理想。

同样杜仲籽可以同时进行杜仲胶和杜仲籽油的匹配开发。杜仲籽油的α-亚麻酸含量（ω-3）超过60%，是一种高级保健油。世界卫生组织推荐，成年人一天食用油摄入量为25g，其中ω-3：ω-6的合理比例为1：（4～6）。ω-3是EPA和DHA的前体，是人体细胞膜的重要构成成分。由于ω-6在食物中来源广泛，含量较高，能够满足人体需求，而ω-3在大多数食物中含量较低，需要特别补充。杜仲籽油ω-3含量高达63%，将杜仲籽油开发成保健食品可以有效补充人体ω-3摄入不足的问题。按照中国人1天必须食用5g的ω-3计算，13亿中国人一年的食用量接近200万吨，如果其中的1/10来源于杜仲籽油，则杜仲籽油的市场规模可达数十万吨，可与杜仲胶市场匹配。

8.5 杜仲胶的物理性能 <<<

杜仲胶的大分子结构决定了杜仲胶的物理性能，而杜仲胶的物理性能又决定了杜仲胶的应用性能。杜仲胶大分子的化学分子式为反式-1,4-聚异戊二烯，其大分子结构包含有一级结构、二级结构、三级结构以及更高层次的结构。

国外对于反式-1,4-聚异戊二烯物理化学性能方面的研究主要以古塔波胶、巴拉塔胶以及合成反式-1,4-聚异戊二烯（TPI）为研究对象，而国内主要以杜仲胶和合成反式-1,4-聚异戊二烯（TPI）为研究对象[43~44]，但实际上4种物质本质相同。因此本书除了对引用的图表进行原始物质标注外，在一般性的叙述方面均以杜仲胶称呼。

8.5.1 基本物理性能

（1）**外观与形状** 杜仲胶大分子链规整易结晶，因此杜仲橡胶常温下一般呈皮革状，质地坚韧，升温至熔点以上会变软，冷却后恢复坚韧状态。纯杜仲胶在常温下为半透明乳白色的塑料物质，比如，青岛科技大学黄宝琛课题组合成的反式-1,4-聚异戊二烯白色粉体，经过加工则可以得到半透明乳白色的塑料[43]。但是实际上，杜仲胶是从杜仲树叶或者杜仲籽皮提取，没有办法做到100%纯净，会因提取方法不同，导致所含杂质的种类、多寡不同，进而造成所制备的杜仲胶的颜色与形状也不相同。一般提取的杜仲胶有白色、浅棕色、红棕色以及棕褐色；外观形状有絮状、白色海绵状、褐色块状和黄褐色块状等，见图8.30。

由于杜仲含有一些酚类物质，在提取过程中，这些酚类物质并不能做到完全去除，因此会在杜仲胶中残留一部分。当这些酚类物质遇热、遇氧后就会变构发黑，因此，一旦使用热辊加工杜仲胶，即使很白的杜仲胶也会很快变为棕褐色，这为我们制备一些无色或者白色的下游制品带来了一些困难，见图8.31。此时，合成型的反式-1,4-聚异戊二烯具有优势。

（2）**杜仲胶的密度** 杜仲胶是一种半结晶高分子材料，因此杜仲胶的密度会因结晶条件的不同而发生变化。杜仲胶存在α和β两种晶型，如果不刻意培养晶体，一般条件下这两种晶型将相互伴生而共存于杜仲胶中，因此杜仲胶是无定形部分、α-晶型部分、β-晶型部分等组成的混合体。杜仲胶的密度必定和结晶度以及对应的晶型密切相关，见表8.4。

(a) 白色合成反式-1,4聚异戊二烯（TPI）

(b) 浅白色古塔波胶（Gutta percha）

(c) 红棕色巴拉塔胶（Balata）

(d) 棕褐色杜仲胶（Eu gum）

图8.30 合成杜仲胶和天然杜仲胶的外观和颜色

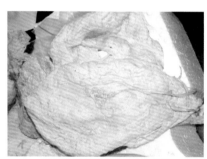

(a) 提取的近乳白色絮状杜仲胶

(b) 热辊加工后的杜仲胶

图8.31 近乳白色的天然杜仲胶经热辊加工后变为棕褐色

■ 表8.4 杜仲胶的密度[54,79]

聚集态	密度/（g/cm³）
无定形态	0.90
纯α-晶型	1.05
纯β-晶型	1.04
一般情况下的状态	1.011

表8.4中分别列出了杜仲胶无定形态、纯α-晶态、纯β-晶态以及一般状态下

的密度。显然，一般状态下杜仲胶的密度与结晶条件相关，其数值必定介于无定形态与纯 α- 晶型之间。笔者测试的杜仲胶的密度为 $1.011g/cm^3$，大于无定形态的 $0.9g/cm^3$，小于纯 α- 晶型的 $1.05g/cm^3$。

值得指出的是，硫化交联会严重影响杜仲胶的密度。一般情况下，硫化交联会增加橡胶材料的密度，比如作者以天然橡胶为对象，测试了不同交联度下天然橡胶的密度变化，见图8.32。从图中看到随着交联程度的增加，天然橡胶的密度逐步增加，但是增加的幅度较小。然而，对于杜仲胶来说，硫化交联将从两个方面影响杜仲胶的密度，一方面硫化交联会增加杜仲胶的密度，另一方面硫化交联会降低杜仲胶的结晶度，从而降低杜仲胶的密度，二者存在竞争关系。由于硫化交联降低结晶度造成密度降低的幅度要远大于交联密度增加对于密度增加的幅度，其结果就是杜仲胶的密度随着交联密度的增加而降低，见图8.32。

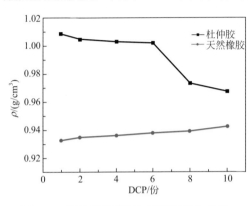

图8.32　杜仲胶的密度与交联程度的关系

从图8.32还可以看到，随着交联度的增加杜仲胶的密度的变化存在拐点。严瑞芳研究员把这个拐点称作"弹性临界转变点[41]"。交联程度超越这个点，杜仲胶的结晶就会完全消失，杜仲胶就会变成一个完全意义上的弹性体。在这个"弹性临界转变点"上，杜仲胶的物理性能会发生一系列的变化，而密度就是会发生变化的物理性能指标之一。

（3）杜仲胶的光、电性能　杜仲胶由于结晶，透光性差，因此杜仲纯胶在常温下为乳白色塑料物质，杜仲胶的折射率在20℃时为1.523。杜仲橡胶的电绝缘性好，一度广泛用于大西洋两岸的海底电缆包覆材料，在海水中浸泡40年以上，其绝缘性能仍完好，橡胶中的树脂含量在20%以下时不影响其电绝缘性。杜仲胶的电绝缘性能见表8.5。

■ **表8.5**　杜仲胶的电绝缘性能

性能	数值
表面电阻/Ω	1×10^{12}
体积电阻/$\Omega \cdot cm$	1.56×10^{14}
介电常数	3.304
介电强度/（MV/m）	27.2
介电损耗	0.01249
击穿电压（试片厚度2.6mm）/kV	12.6

（4）杜仲胶的溶解性能以及重量法测定杜仲胶的含胶量

① 杜仲胶的溶解性能和溶解度参数

杜仲胶的分子式为：

$$\left[\begin{array}{c} \overset{\displaystyle CH_3}{H_2C-\underset{}{C}=CH-CH_2} \end{array}\right]_n$$

按照斯摩尔（small）吸引常数法可以计算出杜仲胶的溶解度参数：

$$\delta=\left(\frac{\Delta E}{V}\right)^{\frac{1}{2}}=\frac{F}{V}=\frac{\sum F_i}{V}=\rho\frac{\sum F_i}{M_0}$$

式中，M_0 为重复单元的分子量，C_5H_8 的分子量为68；F 为杜仲胶重复单元中各基团的摩尔引力常数，单位为 $(cal \cdot cm^3)^{0.5}/$摩尔，$F_1(CH_3-)=303.4(J/cm^3)^{1/2}$，$F_2(-CH_2-)=269.0(J/cm^3)^{1/2}$，$F_3(-C=CH-)=421.5(J/cm^3)^{1/2}$，$\rho$ 为杜仲胶的密度。从表8.4得知，杜仲胶在无定形态下的密度为 $0.90g/cm^3$，α-晶型的密度为 $1.05g/cm^3$，β-晶型的密度为 $1.04g/cm^3$，结晶的平均密度记为 $1.045g/cm^3$。通常杜仲胶的结晶度在 35%～55%之间，由此可得杜仲胶的密度为 $0.95～0.98g/cm^3$ 之间，进而可以计算得到杜仲胶的溶解度参数：

$$\delta=[(0.95～0.98)]\times(2\times269+303.4+421.5)/68=17.6～18.2$$

由此决定了杜仲胶在酮和酒精中的溶解极微，在大多数醚中都不溶解，在大多数酯类中仅部分溶解或不溶。杜仲胶能在大多数芳烃中溶解，在脂肪烃中只有加热时才能溶解，能很好地溶于氯化烃中。杜仲胶常用的良溶剂的溶解度参数和溶解度见表8.6。

■ **表8.6** 杜仲胶常用良溶剂的溶解度参数与溶解度

溶解性能	苯	甲苯	四氯化碳	氯仿	石油醚（60～90℃）
溶解度参数（δ）	18.5～18.8	18.2	17.7	18.9～19	18.0
溶解度/（g/100mL）	2.01	3.64	3.22	4.83	4.43

② 重量法测定杜仲胶的含胶量　搞清楚杜仲胶的溶解性能，就可以利用杜仲胶的溶解性能测定杜仲胶的含胶量，这也是人们最常用的一种测定含胶植物中含胶量的方法。其原理是利用索氏提取器，先载入杜仲胶的不良溶剂，比如，乙醇、丙酮、乙酸乙酯等，去除影响含胶量的树脂等物质，然后载入杜仲胶的良溶剂，比如，甲苯、氯仿、石油醚等对杜仲胶进行有效抽提，再通过蒸馏或者沉淀的方法得到提取的杜仲胶，最后与原材料作对比，就可以得到相应的含胶量。

比如，日本大阪大学的 Shinya Takeno，称取150mg杜仲叶（干重）放入索氏提取器，先加入100mL乙醇在120℃条件下对杜仲叶进行脱除树脂的处理，12h后，将脱除树脂的样本烘干（真空50℃至恒重），再加入50mL甲苯在150℃条件下提取杜仲胶10h，最后用甲醇将杜仲胶沉淀出来，经干燥、称重后，与150mg杜仲叶对比得到该杜仲叶的含胶量为4.01%±0.25%[45]。

重量法测定含胶量的优点是对设备的要求不高、成本低廉，适合于原料林基地的一般性测试需求；缺点是样本量偏高、过程冗长、溶剂提取的靶向性不高，从而影响含胶量的准确性，另外不能进行高通量测定，因而不适于大批量样本的筛选。

（5）杜仲胶的耐化学试剂性能　杜仲胶具有良好的耐碱、酸、盐溶液性能，特别耐氢氟酸，是贮存和运输氢氟酸容器的理想材料。浓盐酸对其几乎不起作用，硝酸则破坏胶烃，浓硫酸在加热时破坏胶烃。杜仲橡胶吸水程度很小，是最耐水渗透的材料之一。杜仲橡胶的耐水、酸、碱、油的结果见表8.7。

■ 表8.7　杜仲胶在不同化学试剂中的质量损失　　　　　　单位：%

水30℃×72h	30%NaOH（30℃×72h）	40%H$_2$SO$_4$（30℃×48h）	机油（30℃×48h）
0.9～3	0.42～1	2～2.33	5～7

8.5.2　玻璃化转变

杜仲胶本身不能100%的结晶，因此通常杜仲胶都是结晶相与无定形相共存。而玻璃化转变温度T_g是无定形聚合物材料最重要的热力学参数之一，玻璃化转变温度的大小对于无定形聚合物宏观性能会有决定性的影响。玻璃化转变温度的测定手段很多，一般常用的有：① DMTA法，比如Morgan[46]利用动态力学的方法确定杜仲胶的T_g=−73℃；② 热膨胀计法，比如Dannis[47]利用热膨胀计的方法确定杜仲胶的T_g=−60℃；③DSC法，比如Lovering[48]，Tinyakova[49]和Cown[50]等分别利用DSC方法测定杜仲胶的T_g为−60℃，−70℃，−66℃。作者利用DSC方法也测定了杜仲胶的玻璃化转变温度T_g=−66℃，结果与Cown相同，见图8.33。

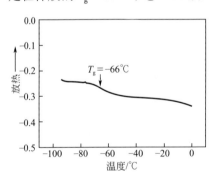

图8.33　DSC测定杜仲胶的玻璃化转变温度

Burfield[51]总结了前人测定T_g的工作，并利用DSC通过优化的加热速率（20K/min）测定了杜仲胶无定形状态下以及半结晶状态下的玻璃化转变温度，结果见表8.8。总体来讲，结晶状态下的T_g要高于无定形状态下的T_g，说明结晶会通过对非晶区大分子链运动的影响提高杜仲胶的玻璃化转变温度。

一般认为，杜仲胶的玻璃化转变温度要比天然橡胶的高，其根据在于杜仲胶很容易结晶，平时状态下就是半晶聚合物，而结晶可以限制杜仲胶大分子的运动因而使得杜仲胶大分子的柔顺性变差T_g升高，见表8.9。

■ **表8.8** 不同类型杜仲胶的玻璃化转变温度[51]

杜仲胶类型	T_g/℃	
	无定形态	半结晶态
古塔波胶	−68	−65
巴拉塔胶	−69	−68
合成反式-1,4-聚异戊二烯	−70	−66

■ **表8.9** 杜仲胶和天然橡胶的玻璃化转变温度[51]

样本	方法	玻璃化转变温度（T_g）/℃
天然橡胶	体膨胀法	−72
天然橡胶	DSC	−72
巴拉塔胶	体膨胀法	−60
合成反式-1,4-聚异戊二烯	DSC	−60

一般能够限制杜仲胶大分子运动的因素均可以升高杜仲胶的玻璃化转变温度，结晶限制杜仲胶大分子运动，因此结晶会升高 T_g，反之如果杜仲胶的结晶度下降那么 T_g 会下降。交联对于杜仲胶的 T_g 影响有两个方面，一方面交联会使杜仲胶的结晶度降低，这个因素会降低 T_g；另一方面交联会限制杜仲胶大分子的运动，这个因素升高 T_g。作者利用DMTA测定了杜仲胶的tanδ-T曲线，见图8.34。可以看到随着交联程度增加，tanδ峰面积逐步增加，表明结晶度在逐步降低，而杜仲胶的玻璃化温度却随着交联密度的增大而逐步向高温移动，说明交联点对于杜仲胶大分子的限制起主导作用，进而升高其玻璃化转变温度。

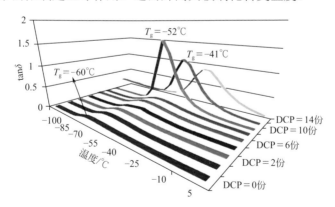

图8.34 杜仲胶的玻璃化温度与交联程度的关系

8.5.3 杜仲胶的结晶性能

由于杜仲胶大分子的反式结构易结晶，因此它很早就被用来研究高分子结晶热力学及动力学，它本身的晶体结构及各种结晶现象也研究的比较透彻。

8.5.3.1 结晶热力学

（1）杜仲胶晶型的确定　杜仲胶存在两种晶型，α-晶型和β-晶型，熔点分别为62℃和52℃[41]。早在1942年，Bunn[52]就用X射线对杜仲胶的结晶结构进行了研究，测得α-晶型属于单斜晶系（monoclinic），P2$_1$/C空间群，链直线群为P$_C$，晶胞参数$a_0=7.89$Å（1Å=0.1nm），$b_0=6.29$Å，$c_0=8.77$Å，$\beta=102^\circ$；β-晶型属于正交晶系（orthorhombic），P2$_1$2$_1$2$_1$空间群，链的直线群为P$_1$，晶胞参数$a_0=7.78$Å，$b_0=11.78$Å，$c_0=4.72$Å，$\alpha=\beta=\gamma=90^\circ$。可以看出$\alpha$-型晶体的等同周期比$\beta$-型晶体的长一倍，其大分子空间排列结构见图8.35。

图 8.35　杜仲胶α-晶型和β-晶型的大分子空间排列结构

随后G.Schuur[53]于1953年在偏光显微镜下观察了杜仲胶熔体低温结晶（$T_c=$18℃）和高温结晶（$T_c=48$℃）条件下的结晶形态。结果发现杜仲胶熔体在低温条件下结晶显示出黑十字消光球晶，而高温条件下结晶显示出树枝状球晶，见图8.36。

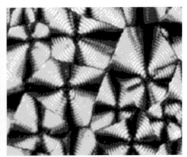

(a) α-晶型树枝状球晶　　　　　(b) β-晶型黑十字消光球晶

图 8.36　杜仲胶α-晶型和β-晶型的偏光显微镜照片

根据分析，低温结晶条件下观察到的黑十字消光球晶主要是β-晶型，而高温结晶条件下观察到的树枝状球晶主要是α-晶型。可见，两种晶型在偏光显微镜下很好区分。

1956年，Mandelkern[54]利用WAXD的方法分析了杜仲胶熔体在低温结晶（$T_c=0$摄氏度）和高温结晶（$T_c=55$摄氏度）条件下的结晶结构，结果见图8.37。图中红线是低温结晶得到的β-晶型的谱图，黑线是高温结晶得到的α-晶型的谱图。显然，两种晶型的WAXD谱图也很好区分。

在偏光显微镜（PLM）和广角X射线衍射方法的基础上，随着示差扫描量热技术（differential scanning calorimetry，DSC）的快速发展，杜仲胶晶型的确定变得相对容易得多，不用在特殊的条件下刻意培养出某一个晶型，就可以很容易的辨别出杜仲胶的α-晶型和β-晶型，见图8.38。

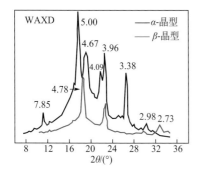

图8.37 杜仲胶α-晶型和β-晶型的
WAXD谱图[43]

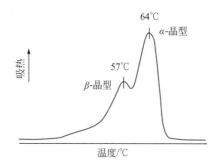

图8.38 DSC测定杜仲胶α-晶型和β-晶型升温曲线

可见两种晶型在DSC测试条件下也很容易区分，由于两个熔融峰重叠在了一起，因此如果想要进一步得到二者的结晶焓变，那就需要精细的分峰技术，人工操作起来也很麻烦。不过随着计算机技术的发展，人们研究出专门的软件就可以做到很好的分峰，并得到理想的结果。

此外，Fisher[55]通过电子衍射的方法测定拉伸条件下杜仲胶的结晶样品，发现杜仲胶还存在第三种晶型——γ-晶型，也属于单斜晶系（monoclinic），晶胞参数$a_0=5.9$Å，$b_0=9.2$Å，$c_0=7.9$Å，$\beta=94^\circ$。Su[56]通过稀溶液喷射的方法制备杜仲胶的单链单晶和寡链单晶，并通过电子衍射的方法发现一种新的晶体结构——δ-晶型，属于六方晶系（Hexagonal），晶胞参数$a_0=6.95$Å，$b_0=6.95$Å，$c_0=6.61$Å，$\alpha=\beta=90^\circ$，$\gamma=120^\circ$。但是这两种晶型目前还存在争议。

（2）杜仲胶晶型的培养　由于杜仲胶至少存在两种确定的晶型，这就增加了研究其结晶现象的复杂性。那么如何控制其结晶的生长而得到单一晶型的杜仲胶样品呢？目前有三条途径。

① 熔融结晶　熔融结晶就是将杜仲胶绝氧加热到熔点以上，使杜仲胶完全融化消除结晶，然后使杜仲胶熔体在设定的条件下冷却，得到杜仲胶晶体的一种方法。杜仲胶的两种晶型的形成与冷却前样品熔融温度密切相关。如果将杜仲胶样品加热至77℃以上，然后骤冷就得到单一的β-晶型样品；而直接从70℃以下的熔体冷却则得到含大量α-晶型和少量β-晶型的样品。实践证明晶型在很大程度上取决于结晶温度T_c。一般当T_c较高时有利于α-晶型的形成，当T_c较低时有利于β-晶型的形成[57]。另外，冷却速度对晶型的形成也有一定的影响，见表8.10。

■ 表8.10　冷却速度对于杜仲胶α-晶型和少量β-晶型形成的影响[57]

从70℃时开始冷却	A_α/A_β（α-晶型和β-晶型的面积比率）
快速冷却至0℃	0.11
快速冷却至30℃	0.14
快速冷却至40℃	0.3
快速冷却至50℃	1.76
缓慢冷却至50℃	0.05
缓慢冷却至54℃	0.03

从表8.10看出，杜仲胶如果从70℃迅速冷却至0℃或慢冷至50℃，β-晶型所占绝大多数。而从70℃迅速冷却至结晶温度，T_c的温度越高，则会生成更多的α-晶型。

② 稀溶液结晶　稀溶液结晶就是将杜仲胶样本溶解于相应的有机溶剂中，然后在设定的条件下使杜仲胶逐渐结晶并析出的一种方法。如果杜仲胶的溶液足够稀，还可以得到杜仲胶的单晶。1953年W.Schlesinger和H.M.Leeper[58]将0.01%的杜仲胶苯溶液冷却，并用偏光显微镜观察析出的晶体，认为得到的是杜仲胶单晶，并首次提出了高分子单晶的概念。Anandakumarank[59]也做了从稀溶液中培养杜仲胶晶体的研究工作。他将杜仲胶浓度为5.4×10^{-4}g/L的醋酸戊酯溶液先过冷至0℃，然后加热到40～50℃，最后在T_c下结晶，结果见表8.11。

■ 表8.11　稀溶液结晶温度对于杜仲胶的α-晶型和β-晶型形成的影响[59]

T_c/℃	DSC峰位置/℃
10	60（α-晶型）
20	62（α-晶型）
30	66（α-晶型）
32	68（α-晶型）
0	66，48（很少β-晶型）

他又将浓度为0.011g/L的醋酸戊酯溶液直接冷却至T_c下结晶，其结果见表8.12。

■ 表8.12　稀溶液结晶温度对于杜仲胶的α-晶型和β-晶型形成的影响[59]

T_c/℃	DSC峰位置/℃
10	50（β-晶型）
25	62（α-晶型）

上述研究表明，杜仲胶从溶液中结晶，如进行过冷处理，则生长的几乎全都是α-晶型，只是当T_c温度过低时才有少许β-晶型。若没有进行过冷处理，直接

结晶，则 T_c 低时结晶为 β-晶型，T_c 高时结晶为 α-晶型。另外，分子量也有所影响。分子量降低，使直接结晶成 α-型晶体的 T_c 有所升高，如 $M_n=1.1\times10^5$ 的杜仲胶样品，$T_c=30$℃ 结晶才全成为 α-晶型。当 $M_n=2.5\times10^5$，$T_c=20$℃ 时，晶体已全为 α-晶型。

③ 搅拌下的溶液结晶　这种结晶方式是将杜仲胶溶解于有机溶剂当中，在搅拌的条件下，杜仲胶逐渐结晶并析出的方法。因为受到力场的作用，通常会得到杜仲胶的纤维晶或者串晶。Flanagan[60]将杜仲胶在49℃下（这个温度接近纤维状物能从溶液结晶的最高温度）搅拌，从乙酸正丁酯中结晶，得到唯一的 β-晶型。这种晶体是一种纤维状物质，有双折射性，熔化后尺寸收缩1/4，最后一部分熔化温度为81℃。虽然下结论认为该高熔点部分是伸展链结晶还不充分，但有一定的可能性。

（3）杜仲胶结晶热力学参数的确定

① 结晶熔点 T_m 和熔融焓 ΔH_{fus}　结晶聚合物非常重要的热力学参数，决定着结晶聚合物的宏观物理机械性能。Mandelkern[54]通过熔体结晶的方式得到了杜仲胶的 α-晶型和 β-晶型，并使用X射线衍射的方法和热膨胀计方法确定了两种晶型的熔点、熔融焓和密度。Flanagan[60]重复了Mandelkern的实验，并通过计算得到了另外一组热力学参数，同时他还将杜仲胶在49℃搅拌下，从乙酸正丁酯溶液中得到一种晶体（Spin-crystals），经X射线衍射的方法分析这种晶型为 β-晶型，同时确定了它的结晶熔点，结果见表8.13。

■ **表8.13**　杜仲胶的热力学参数（T_m，ΔH_{fus}）

研究者	晶型	熔点（T_m）/℃	熔融焓（ΔH_{fus}）/（kJ/摩尔重复单元）
Mandelkern[54]	α	74	12.8 ± 1
	β	64	$6.4<\Delta H_{fus}<9.6$
Flanagan[60]	α	79.5	12.7
	β	82.4	10.5
	Spin-crystals	81.2	—

Cooper 和 Vaughan[61]利用DTA的方法测定了不同条件下得到的杜仲胶的熔点，其中 α-晶型的熔点在64～67℃之间，β-晶型的熔点在58～60.5℃之间。Boochathum 等[62]利用不同温度下稀溶液结晶的方法培养杜仲胶晶体，并用DSC的方法测定了它们的熔点，其中 α-晶型的熔点在58.2～69.9℃之间，β-晶型的熔点在51～57.2℃之间。综上所述，杜仲胶不同晶型熔点的确定与其结晶方式和测试方法相关。作者也经常使用DSC测定杜仲胶的结晶熔点，因为并不刻意培养晶体，样本均是 α-晶型和 β-晶型共存的混合体，经测定 β-晶型的熔点一般在45～55℃之间，α-晶型的熔点一般在55～65℃之间。

此外，在用DSC测定杜仲胶的结晶熔点时，经常会发现杜仲胶的升温熔融

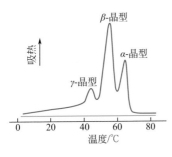

图8.39 DSC测定杜仲胶α-晶型和β-晶型升温曲线

曲线出现多个熔融峰的现象，并且还会随结晶温度而发生改变，见图8.39。但是Chaturvedi[63]在用显微镜、广角X光散射法、膨胀计法和DSC法研究了杜仲胶的这种熔融性能之后，认为杜仲胶仅仅存在两种晶型，多个峰的出现只是由于在低结晶温度下，成核速率比较高，大多数空间被晶核占据使得晶核很难通过链折叠机理发展成为完善的晶体。如果这些分子必须结晶的话，唯一的途径就是按照缨状微束的形式去结晶。因此，低结晶温度下的晶体的稳定性必然差于正常结晶过程得到的晶体，而在升温过程中这些稳定性较差的晶体就会在较低的温度下熔融，接着又重新生长成更为稳定的晶体，这就是所谓的二次结晶，具体表现为在DSC曲线上出现多个熔融峰。而当结晶温度增加时，成核速率减少，熔体黏度降低，提高了结晶分子的运动性，有利于杜仲胶大分子的扩散，从而减少二次结晶的数量，熔融峰也随之减少。

② 结晶度　另外一个非常重要的参数。结晶度的高低直接决定着杜仲胶是橡胶状态还是塑料状态，因此也直接决定着杜仲胶的应用领域。Cooper和Vaughan[61]应用热膨胀计的方法得到了不同晶型杜仲胶的结晶度，总体来讲，全α-晶型样品的结晶度要高于全β-晶型样品的结晶度，结果见表8.14。

■ 表8.14　杜仲胶不同晶型的结晶度[61]

	结晶度/%	
	α-晶型	β-晶型
古塔波胶	42	32
合成反式-1,4-聚异戊二烯	34	29

但是在实际中，人们并不会特意将杜仲胶培养成单一晶型再加以应用，都是α-晶型和β-晶型相互伴生，共存于杜仲胶当中使用。因此测定共生状态下的杜仲胶的结晶度更有实际意义。作者利用DSC的方法，测定了杜仲胶和合成反式-1,4-聚异戊二烯的结晶度，并通过简单的分峰方法得到了杜仲胶和合成反式-1,4-聚异戊二烯中α-晶型和β-晶型的结晶度，结果见表8.15。

■ 表8.15　杜仲胶以及合成反式-1,4-聚异戊二烯中α-晶型和β-晶型的结晶度[61]

类型	结晶度/%
杜仲胶	35.56
α	17.08
β	18.48
合成反式-1,4-聚异戊二烯	32.61
α	18.39
β	14.22

从表8.15中看到，合成反式-1,4-聚异戊二烯的结晶度要小于天然杜仲胶的结晶度，说明合成反式-1,4-聚异戊二烯大分子链含有顺式-1,4-结构或者3,4-结构，这会降低大分子的规整性，继而降低了结晶度，^{13}C NMR的结果证实了这一结论[70]。

硫化交联会降低杜仲胶的结晶度，作者利用WAXD和DSC的方法分别测定了不同交联度下杜仲胶的结晶度，见表8.16。

■ 表8.16　不同交联度下杜仲胶的结晶度

DCP/份	0	1	2	4	6	8	10
交联密度/（10^3g/mol）	—	18.99	6.01	3.51	2.55	2.03	1.42
结晶度（WAXD）/%	45	43	38	32	18	0.43	—
结晶度（DSC）/%	34	31	26	19	16	—	—

表8.16表明，杜仲胶的结晶度会随着交联度的增加而下降，当交联点间的分子量达到2030（$m \approx 30$，m代表着交联点间的单体单元数），结晶完全消失。这与严瑞芳早年测定的"弹性临界转变点$m \approx 43$"的结论，有点差距，但不是很大。此外，还可以看到，WAXD测定的结晶度不论交联程度如何，均大于DSC的测试结果。原因也很好理解，WAXD表征的是杜仲胶的整体结晶状况，能够准确测定杜仲胶的结晶峰和无定形峰，因此测定的结晶度比较准确。而DSC是通过测定杜仲胶的熔融焓计算结晶度，在测试过程中会发生热损耗，因此会存在量热效率的问题，这会造成得到的结晶度降低。Der-Gun Chou[64]也使用过氧化二异丙苯（1%，质量分数）交联杜仲胶使之成为交联网络，并在22℃拉伸的条件下测定其结晶度为37%，并且发现该结晶度与形变和退火温度无关。

③ α-晶型和β-晶型相互转化　Mandelkern[54]认为杜仲胶的β-晶型只是一种亚稳态，在一定条件下β-晶型可向α-晶型转变。但是Lovering和Wooden[65]指出这种转化不可能在固态晶相之间发生，只能发生在：a.熔融状态下。比如，Cooper和Vaughan[61]将β-晶型的杜仲胶样品置于53～63℃温度范围内，β-晶型可以向α-晶型快速转变，将其加热到60℃，已有部分转变为α-晶型，加热到63℃，则完全转变为α-晶型，并且β-晶型向α-晶型的转化不是一个转变温度，而是一个转变区域；b.在溶液状态下。比如，Leeper和Schlesinger[58]将杜仲胶溶液置于64～72℃温度范围内，β-晶型也可向α-晶型转变；c.溶胀状态下。比如，Anandakumaran[59]将杜仲胶于35℃条件下，在乙酸甲酯溶液中溶胀17h，或者25℃时在乙酸正丁酯溶液中溶胀24h（或者35℃时溶胀17h），则β-晶型可以向α-晶型转变。

从上也可以看出，溶剂对β-晶型向α-晶型的转变有促进作用。比如同一个β-晶型样品，在恒温条件下放置130h没有发生任何变化，但是如果在55℃的甲醇溶剂中恒温放置48h之后，会有部分转变为α-晶型。这是由于溶剂的溶胀作用降低了链折叠的表面能，从而使 β-晶型向 α-晶型转变加速。溶剂的溶胀作用越大，其加速作用越强[66]，见表 8.17。

■ **表8.17** 溶剂对于杜仲胶 β-晶型向 α-晶型转化的影响[66]

溶剂	温度/℃	时间/h	转变	熔点/℃
甲醇	55	48	部分	67
丙酮	55	48	部分	71
乙酸乙酯：苯=2：1	72	72	完全	—

实际上，杜仲胶的 α-晶型也可以向 β-晶型转变，比如 Boochathum[62]和他的同事研究了杜仲胶在正己烷和乙酸甲酯稀溶液中结晶时的熔点及晶型的相互转化，发现不但 β-晶型可以向 α-晶型转变，将杜仲胶结晶样品放置一段时间（1～3个月）后，一部分 α-晶型也可以向 β-晶型转变，至于为什么会发生这种变化目前尚不清楚。

8.5.3.2 杜仲胶结晶动力学

Cooper[61]用热膨胀计法测定了杜仲胶的结晶速率，发现结晶速率是由球晶的增长速率决定的，在测试温度范围内，结晶温度对于结晶速率有很大影响，一般结晶温度越高，结晶速率越慢，显然 Cooper 的测试温度范围在 $T_{max} \sim T_m$ 之间，具体数据见表 8.18。

■ **表8.18** 不同结晶温度下杜仲胶的结晶速率和结晶度[60]

结晶温度/℃	速率常数 k（计算取 $n=3$）	Avrami 指数 n（试验数值）	$\tau_{1/2}$/min	结晶度
古塔波胶				
52.5	3.39×10^{-9}	3.00	593	0.35
51	1.2×10^{-8}	3.00	413	0.37
47.5	1.88×10^{-7}	3.05	177	0.35
45	1.14×10^{-6}	2.74	96	0.36
42.5	5.25×10^{-6}	3.00	54	0.37
合成反式 -1,4-聚异戊二烯				
50	4.46×10^{-9}	3.00	600	0.29
47.5	4.66×10^{-8}	3.00	252	0.29
45	3.12×10^{-7}	3.00	130	0.29

Davies[67]用透射电镜测定了杜仲胶薄层样品的球晶增长速率，并给出了它与温度的关系，无论是 α-球晶还是 β-球晶，在测试温度范围内，其结晶速度会随着结晶温度的升高而降低，但会随着过冷程度的提高而增加。在一定的结晶温度条件下，α-球晶的增长速率大于 β-球晶的增长速率，但在相同过冷度时，β-球晶

的增长速率大于 α-球晶的增长速率。

Lovering[68]用偏光显微镜测定了杜仲胶的球晶增长速率与分子量的关系，发现当分子量 $\overline{M}_n<1.5\times10^5$ 时，杜仲胶的球晶增长速率与分子量成反比，当分子量 $\overline{M}_n>1.5\times10^5$ 时，这种依赖关系消失。Cooper[61]发现在杜仲胶中添加天然橡胶会显著降低结晶速率，结晶速度与添加量成反比，其原因是天然橡胶的加入会增大共混体系的黏度和"杂质量"从而会降低结晶速率。Arvanitoryannis[69]研究了牙科填料用的杜仲胶的结晶速率，发现在杜仲胶中添加不相溶的无机盐（$BaSO_4$，$CdSO_4$，Bi_2O_3，ZnO）会增加结晶速率，而添加相溶性较好的石蜡反而会降低结晶速率。

8.6 杜仲胶的化学改性

杜仲胶和天然橡胶的化学组成完全一样，但是二者的性状却迥然不同，天然橡胶是柔软的弹性体，杜仲胶是易结晶的硬质塑料[70]。原因是二者的分子链的构型不同，天然橡胶是顺式-1,4-聚异戊二烯，一般情况下很难结晶，为无规线团结构，因此在常温下表现为优良的高弹性体，一百多年来为橡胶工业做出了重要贡献，至今还发挥着重要作用[71,72]。杜仲胶为反式-1,4-聚异戊二烯，分子链易于堆集而结晶，因此在常温下表现为一种结晶性硬质塑料[73]。基于对二者链结构的深入研究，导致人们想利用杜仲胶的双键，使其转变为弹性体，以作为第二天然橡胶资源。前人尝试了两种方法：异构化和硫化。

8.6.1 杜仲胶的异构化

早在20世纪30～40年代，人们发现用紫外光辐照聚丁二烯可以使聚丁二烯发生异构化反应。顺着这个思路，Meyer和Ferri[74]用紫外光辐照天然橡胶的环己烷溶液，希望能够得到异构化的天然橡胶，但是经鉴定，并没有异构化反应发生。后来Fisher[75]用磺酸、磺酰氯，Ferri[76]则使用四氯化钛等试剂与天然橡胶、古塔波胶以及巴拉塔胶反应，这些方法后来经鉴定发生的反应主要是环化，而非异构化。因此20世纪30～40年代的研究认为天然橡胶和杜仲胶不可能异构化。

直到20世纪50年代末，Cunneen[77]等才摸索出了有效的异构化方法，异构化试剂为硫代苯磺酸、SO_2等，虽然这些试剂可以使杜仲胶、天然橡胶等发生异构化反应，但是并不能发生100%的异构化反应，并且异构化过程中还会发生环化反应。20世纪70年代，先进的 ^{13}C 核磁共振技术使深入到分子水平的研究成为可能。Tanaka[78]用 ^{13}C 核磁共振研究了异构化聚异戊二烯链的序列分布，并且可以精确计算异构化单元的百分含量。但是这些研究仅仅具有一定的理论价值，异构化之后的硫化橡胶的强度和伸长率都很低，不具备工业应用的价值，人们想通过异构化获得杜仲胶弹性体的尝试收效不大。

8.6.2 杜仲胶的硫化

杜仲胶硫化对塑料态向橡胶态转变的研究也不顺利。早些时候由于机械地沿用天然橡胶硫化的配方，没有得到弹性体，只得到了类似皮革的硬质材料。之后，又有许多学者做了很多有益的探索，取得了一些理论上的进展。

20世纪50年代，前苏联的Zhang[79]等在一个宽温度范围研究了杜仲胶力学性质随支化、交联等结构的变化。发现结构化程度越高，则所得样品的结晶度越低；硫化的杜仲胶的强度、弹性模量以及其他一些力学性能与结晶度和交联度有关。

研究发现，硫化交联可以延迟杜仲胶的结晶时间，并降低杜仲胶的结晶速率，但是为了破坏结晶而过度硫化会严重恶化杜仲胶的力学性能。比如Zhang[79]等人尝试了4种方法来破坏杜仲胶的结晶，以期望得到永久性的弹性体：① 143℃下用极细的、分散的很好的硫黄硫化杜仲胶；② 70℃下用极细的、分散的很好的硫黄硫化杜仲胶；③ 20℃下，在S_2Cl_2蒸汽中硫化杜仲胶；④ 20℃下，将杜仲胶的CCl_4溶液与S_2Cl_2石油醚溶液混合硫化杜仲胶。

从①中得到的硫化产品在20℃下，经过10个月仍能保持无定形态；从②中得到的硫化产品20℃下经过6个月后开始结晶；从③和④中得到的产品仍保持晶体结构。此外，当交联剂硫的含量增至3.1%时，杜仲胶的强度和模量会急剧下降。

硫化交联还会降低杜仲胶的结晶熔点，比如D.W.Saunders[80]做了交联剂硫的含量从0.5%～6%的6个样品，并测定相应杜仲胶的结晶熔点，见表8.19。显然，杜仲胶的熔点会随着交联密度的增加而降低。

■ 表8.19　杜仲胶交联度与结晶熔点之间的关系[80]

NO	1	2	3	4	5	6
硫黄含量/%	6	5	4	2	1	0.5
熔点/℃	40	—	45	—	—	55

虽然取得了上述研究进展，但是所制备的杜仲胶样品要么仍能缓慢结晶，拉伸时，发生蠕变，撤去外力，并不立即恢复，仅仅是缓慢回缩，要么过度的硫化后严重损害了杜仲胶的力学性能。可见仅仅通过硫化交联的方式并不能得到具有实用价值的杜仲胶弹性体。

严瑞芳[41,73]深入研究了杜仲胶的硫化过程和性能，发现了杜仲胶的结晶性和宏观状态与交联度间存在着明显的依赖关系，进一步提出了硫化杜仲胶依据交联程度的不同可分为3个硫化状态，分别对应着3种不同的聚集态结构和宏观性状[81]，见表8.20。

■ **表8.20** 杜仲胶硫化过程的3个状态[81]

硫化状态	硫化程度	聚集态结构	熔点/℃	宏观状态
A状态	未硫化		$\alpha=62$，$\beta=52$	低温可塑性材料
B状态	轻微交联	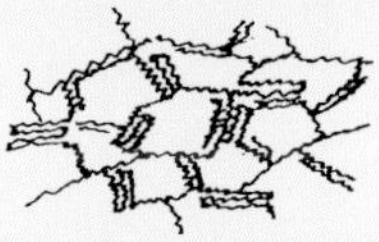	52	形状记忆材料
C状态	弹性交联		—	高弹性材料

从表8.20看出，在第一状态，未硫化的杜仲胶是结晶热塑性高分子，存在两种晶型，熔点分别为62℃和52℃，是一种低温可塑性材料[82]。在第二状态，低交联度的杜仲胶是硬质热弹性体，是交联网络型结晶材料。受热后具有橡胶弹性，受力可变形，冷却至室温变硬，并冻结住在变形态，再次加热可以恢复至原始形状。利用这一特性可将其发展成为一种热刺激性形状记忆功能材料[83]。第三状态，交联度增至弹性转变临界值（$m=43$，$M_c=2924$），杜仲胶结晶消失变成为完全意义上的柔软弹性体[84,85]。

8.7 杜仲胶的应用 ◄◄◄

杜仲胶受硫化控制的三状态理论，为杜仲胶的下游应用奠定了基础，也为我国杜仲胶的产业化应用指明了方向。比如，利用第一状态杜仲胶的低温可塑性，可以将杜仲胶应用于无需制模的、可代替石膏的骨科固定夹板，以及牙科填充材料等[82]。利用第二状态杜仲胶的形状记忆功能，可以将杜仲胶应用于异型管件接头，医用矫形器等[83]。利用第三状态杜仲胶的高弹性能，可以将杜仲胶应用于轮胎，传送带等橡胶制品[84]。但是上述应用必须建立在杜仲胶三种硫化状态可靠的力学性能基础之上。

8.7.1 杜仲胶硫化三状态的静态力学性能[70]

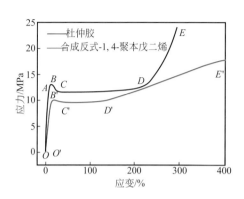

图8.40 杜仲胶和合成反式-1,4-聚异戊二烯的应力-应变曲线

第一状态，未硫化杜仲胶是一种结晶性高分子材料，因此杜仲胶的应力-应变曲线符合结晶性高分子材料的特征，见图8.40。

从图中可以看出，未硫化杜仲胶的应力-应变曲线包括3个点，分别是弹性极限点 A、屈服点 B 以及断裂点 E；和六个阶段，分别是弹性形变（胡克弹性） OA 阶段、屈服 AB 阶段、应变软化 BC 阶段、冷拉 CD 阶段、应变硬化 DE 阶段以及断裂阶段 E。各个阶段的力学性能参数见表8.21。

■ 表8.21 杜仲胶和合成反式-1,4-聚异戊二烯的力学性能参数

力学性能	杜仲胶	合成反式-1,4-聚异戊二烯
弹性极限强度/MPa	11.5	—
弹性极限伸长率/%	5	—
杨氏模量/MPa	230	$28 < E < 107$
屈服强度/MPa	11.98	8.67
断裂伸长率/%	293	354
断裂强度/MPa	24.18	17.18

作为比较，将未硫化的合成反式-1,4-聚异戊二烯的应力-应变曲线置于图8.40中，可以看出，合成反式-1,4-聚异戊二烯的应力-应变过程基本上与杜仲橡胶的一致，只是其杨氏模量、屈服强度、断裂强度均低于杜仲胶，但是断裂伸长率要高于杜仲胶，冷拉区也相对要短一些。

由于合成反式-1,4-聚异戊二烯在合成的过程中会引入少量顺式-1,4-结构和3,4-结构，因此其大分子结构达不到100%纯反式-1,4-结构。本文所采用的合成反式-1,4-聚异戊二烯的顺式-1,4-结构含量为0.52%，3,4-结构含量为0.34%[70]，这些结构的存在降低了大分子链的规整性，继而降低了结晶度，结果就是合成反式-1,4-聚异戊二烯的弹性增加，塑性降低。对应的就是模量下降，伸长率提高。

第二状态，轻微硫化交联使杜仲胶由一维线性结构变成了三维网络结构。由于交联点的存在会降低杜仲胶的结晶度，从而降低杜仲胶的塑性，增加杜仲胶的弹性，但是此时杜仲胶仍然是一种结晶性高分子材料，见图8.41。可以看出，交联剂DCP为1～2份的轻微交联的杜仲胶曲线是典型的第二状态应力-应变曲线，

从整体看，还是典型的结晶高分子材料的应力-应变曲线。但是随着交联程度的增加，杜仲胶的应力-应变曲线的弹性极限点逐渐消失、屈服强度逐渐降低、应变软化阶段消失、冷拉过程缩短、应变硬化变得缓慢。事实上，DCP 为 4 ～ 6 份的曲线是第二状态高度交联杜仲胶的应力-应变曲线，此时的应力-应变曲线既非典型的结晶高分子材料的应力-应变曲线，也非典型的橡胶材料 S 形应力-应变曲线，是介于二者之间的一种应力-应变曲线，更像某些热塑性弹性体的应力应变曲线。随着交联程度的增加，杜仲胶的应力-应变曲线的屈服点消失，应变软化消失，冷拉与应变硬化逐步融合，但是初始应变阶段的杨氏模量变化较小，还是典型的塑料态的杨氏模量。

DCP 为 8 ～ 10 份的曲线是第三状态也即高弹性杜仲胶的应力-应变曲线，杜仲胶达到弹性临界转变点，结晶完全消失，此时杜仲胶的应力-应变曲线已经完全转变为橡胶典型的 S 形应力-应变曲线，见图 8.41。但此时，由于交联密度很高，交联点间的分子量很低，故材料的伸长率很低，实用性受到影响。

图 8.42 显示了不同交联度合成反式 -1,4- 聚异戊二烯的应力-应变曲线，其特点和杜仲胶相类似，仅仅是程度有差异，比如杜仲胶的屈服点在 DCP=6 份时才消失，而合成反式 -1,4- 聚异戊二烯的屈服点在 DCP=2 份就消失了。这是由于合成反式 -1,4- 聚异戊二烯大分子链含有顺式 -1,4 和 3,4 单元结构，降低了规整度，进而降低了结晶度。显然，随着交联密度增加，合成反式 -1,4- 聚异戊二烯向橡胶状态转变的速度要更快一些。

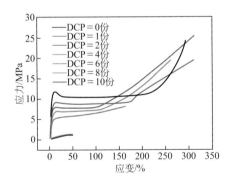 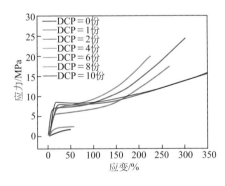

图 8.41　不同交联度杜仲胶的　　　　图 8.42　不同交联度合成反式 -1,4- 聚异
应力-应变曲线　　　　　　　　　戊二烯的应力-应变曲线

将杜仲胶硫化三状态的拉伸强度、扯断伸长率以及硬度等力学指标列于表 8.22 中。从表中看到，第一状态，无论是杜仲胶还是合成反式 -1,4- 聚异戊二烯的力学性能指标均可满足低温可塑产品的要求；第二状态，交联度低（DCP≤4 份），力学性能指标优越，可以满足形状记忆功能材料的要求，交联度高（DCP＞4 份），力学性能指标变差，不能满足形状记忆材料的使用要求了；第三状态，虽然硬度指标符合橡胶材料的要求，但是过度交联（DCP≥8 份）使得杜仲胶和合成反式 -1,4- 聚异戊二烯的拉伸强度不足 3MPa，扯断伸长率不足 48%，应用性受限。

表8.22 杜仲胶与合成反式-1,4-聚异戊二烯的力学性能

状态	DCP/份	拉伸强度/MPa		扯断伸长率/%		邵A硬度/(°)	
		EU gum	STPI	EU gum	STPI	EU gum	STPI
第一状态	0	24.2	16.9	292	350	99	99
第二状态	1	19.6	15.5	308	351	98	92
	2	25.6	24.5	309	301	95	91
	4	19.2	20	263	224	91	89
	6	8.3	17.5	164	266	88	82
第三状态	8	1.3	2.5	48	56	69	65
	10	1.1	1.9	32	48	66	56

总体来看,杜仲胶要想保持必要的力学性能,硫化剂的用量不宜超过5份。换句话说,虽然通过控制交联度,使杜仲胶达到临界值,可将杜仲胶转变为弹性体,但是由于过度的交联恶化了杜仲胶的力学性能,又使其丧失了应用价值。由此看来,针对交联控制结构与性能的方法而言,杜仲胶的高弹性和良好的力学性能之间是一对不可调和的矛盾,要想获得高弹性,那就只能损失力学性能,如果要想保留良好的力学性能,那就只能损失杜仲胶的高弹性。

8.7.2 杜仲胶的动态力学性能[71,72]

杜仲胶是半结晶性高分子材料,晶相与无定形相共存,杜仲胶的这种结构特征决定了杜仲胶的动态力学性能不仅与玻璃化转变温度 T_g 有关,而且和熔点 T_m 密切相关。其动态力学性能受到杜仲胶的玻璃化转变与结晶熔融转变的双重控制。温度和交联度是改变杜仲胶的玻璃化状态和结晶状态的两个手段,因而对于杜仲胶动态力学性能起着决定性的作用。如果固定温度测试范围 ($-100℃ <T<100℃$),改变交联度,杜仲胶的动态力学性能会表现出5种不同的行为,见图8.43。

(1)未交联[图8.43(a)和(b),DCP=0份]　从图8.43(a)和(b)中看到,在 T_g 温度,杜仲胶的储能模量 E' 有一个很小的转变,对应的损耗模量 E'' 和损耗因子 tanδ 出现一个非常小的损耗峰。这是由于杜仲胶晶相与无定形相共存,当温度达到 T_g 温度时,晶相内的链段由于晶格的限制而无法运动,而只有无定形相的链段可以自由运动造成的结果。

当温度达到熔点时,整个杜仲胶大分子都可以自由运动,其结果就是储能模量 E' 和损耗模量 E'' 迅速下降,因为储能模量 E' 要比损耗模量 E'' 下降的速率更快,其结果就是对应的损耗因子 tanδ 迅速增大。

(2)轻微交联[图8.43(c)和(d),DCP=0.2～0.8份]　从图8.43(c)和(d)中看到,当温度达到 T_g 时,杜仲胶的储能模量 E' 的转变和损耗模量 E'' 峰稍有增加,对应的损耗因子 tanδ 峰略微增加。

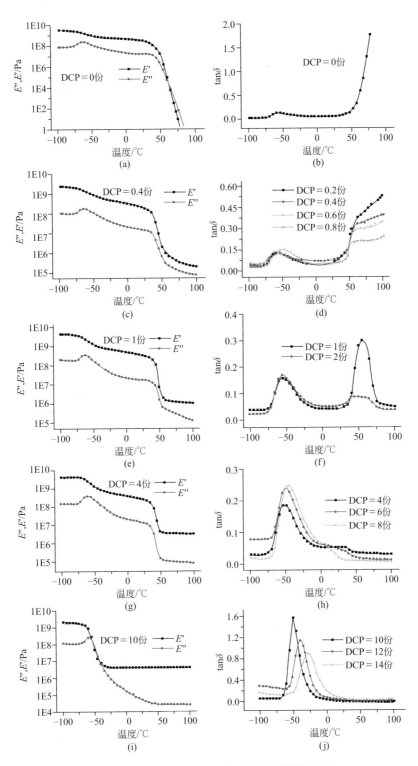

图 8.43 不同交联度杜仲胶的动态力学性能曲线

　　但是少量交联点的引入对于结晶熔融转变阶段的影响较大，当温度达到T_m时，杜仲胶的储能模量E'和损耗模量E''不再急剧下降，同时出现了转变，有了高弹平台。$\tan\delta$-T曲线也出现了拐点，交联度越高，拐点越低。显然这是由于不断增多的交联点增大了体系的黏度，形成了整体化学网络的结果，尽管交联密度还很低。

　　（3）中度交联[图8.43（e）和（f），DCP=1～2份]　此时杜仲胶已经形成了一定交联程度的整体交联网络，当温度达到T_g时，杜仲胶的储能模量E'的转变和损耗模量E''峰继续增加，对应的损耗因子$\tan\delta$峰明显增加，表明较多的杜仲胶链段从结晶相进入到了无定形相。

　　当温度达到T_m时，杜仲胶的储能模量E'下降的速度快于损耗模量E''，温度超过熔点T_m之后，由于橡胶网络的形成，储能模量E'几乎不再下降，而损耗模量E''继续下降，其结果就是$\tan\delta$-T曲线在T_m附近出现了峰值，交联度越高，T_m处的$\tan\delta$峰越小。

　　（4）高度交联[图8.43（g）和（h），DCP=4～8份]　此时杜仲胶交联密度较大，对于结晶的破坏程度较高，使得更多的链段从结晶相进入到了无定形相。当温度达到T_g时，杜仲胶的储能模量E'的转变和损耗模量E''均有较大增加，对应的损耗因子$\tan\delta$峰快速增加。

　　当温度达到T_m时，杜仲胶的储能模量E'下降的速度反而慢于损耗模量E''，温度超过熔点T_m之后，由于橡胶网络程度较高，储能模量E'和损耗模量E''几乎都不再下降，其结果就是$\tan\delta$-T曲线在T_m附近的峰值消失，代之以下降的台阶。说明高交联度下杜仲胶整体分子运动的损耗比较小。

　　（5）弹性交联[图8.43（i）和（j），DCP≥10份]　此时杜仲胶交联密度达到临界弹性转变点，结晶完全消失。链段全部处于无定形态。当温度达到T_g时，杜仲胶的储能模量E'大幅度下降，损耗模量E''先增加后下降，结果对应的损耗因子$\tan\delta$峰出现了突变，基本和天然橡胶一个数量级。随后，类似普通橡胶，随着交联度的进一步增加，$\tan\delta$峰面积逐步降低，玻璃化转变温度不断提高。由于结晶消失，也就不再有结晶熔融转变发生，$\tan\delta$-T的关系表现为平滑而缓慢下降的曲线。

　　综上所述，杜仲胶的$\tan\delta$-T曲线会展示出两个动态力学转变区域，一个在T_g区域，受玻璃化转变控制，另一个在T_m区域，受结晶熔融控制。而这两个动态力学转变区域会随着交联程度发生演变而在动态逆向转变规律。如果杜仲胶的$\tan\delta$值在T_g区域增加，那么其T_m区域的$\tan\delta$值必定降低，反之亦然。在T_g区域，其$\tan\delta$峰值与交联度成正比，与结晶度成反比；在T_m区域，其$\tan\delta$峰值与结晶度成正比，与交联度成反比，见图8.44。

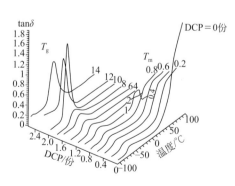

图8.44　杜仲胶受T_g和T_m控制的两个动态力学区域

　　显然，通过对杜仲胶动态力学性能的分析，可以更进一步深入认识硫化三状态杜仲胶的大分子聚集态结构。杜仲胶不同硫化阶段对应的聚集态结构和动态力学性能示意图见图8.45。

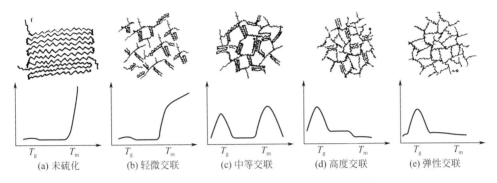

(a) 未硫化　　(b) 轻微交联　　(c) 中等交联　　(d) 高度交联　　(e) 弹性交联

图8.45　杜仲胶不同硫化阶段对应的聚集态结构和动态力学性能示意图

8.7.3　杜仲胶弹性体的制备

　　经过前面的分析可知，要想获得完全高弹性的杜仲胶，那么交联密度必须达到或者超过弹性临界转变点，但此时杜仲胶的力学性能会严重恶化而失去使用价值。因此要想使杜仲胶应用于传统橡胶材料领域，就必须对其进行改性，最主要的方法就是适度交联与共混并用。硫化交联可以降低杜仲胶的结晶度，前面已有诸多论述，进一步可见图8.46。从图中看到，交联不会改变杜仲胶的晶型，但会降低杜仲胶的结晶熔点、熔融焓以及结晶度，从而增加杜仲胶的弹性。但是过度的硫化交联又会恶化杜仲胶的力学性能，因此选择合适的交联程度成为杜仲胶下游应用的首要条件。

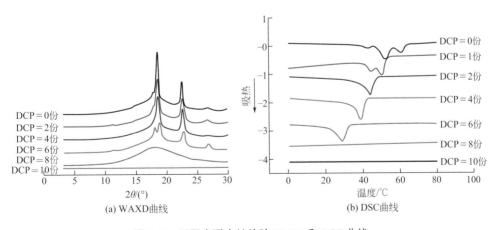

(a) WAXD曲线　　　　　　　　　(b) DSC曲线

图8.46　不同交联度杜仲胶 WAXD 和 DSC 曲线

实际上，通过与传统橡胶共混并用的方式，也可以有效改变杜仲胶的结晶性能，见图8.47。从图8.47看到，共混并用不会改变杜仲胶的晶型，但会降低杜仲胶的结晶熔点和结晶度。这也很好理解，共混样品内，杜仲胶的含量少了，界面区域加大了，杜仲胶的规整性堆砌受到抑制，结晶度自然会下降，结晶熔融焓会降低，熔点也会降低。

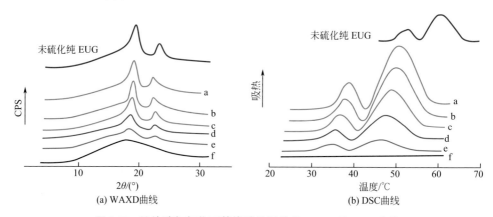

图8.47　杜仲胶与氯化丁基橡胶共混物的WAXD和DSC曲线
EUG/CIIR：a—80/20；b—60/40；c—50/50；d—40/60；e—20/80；f—0/100

Kawahara认为，共混并不能改变杜仲胶本身的结晶熔点和结晶度，但是共混却可以增大体系的黏度，从而严重影响杜仲胶的结晶速率。因此，在较短的时间内使用WAXD和DSC测定杜仲胶共混体系，并得出共混并用会降低杜仲胶的结晶熔点和结晶度的结论也就不稀奇了。无论如何，共混并用可以在较低的交联程度条件下实现改善杜仲胶的弹性，并延迟杜仲胶的结晶速度。

如果结晶速度降的很慢，那么作为轮胎材料使用，就不会有什么问题存在。因为轮胎属于周期性使用的产品，基本都是白天行驶晚上停放。轮胎在白天行驶过程中产生的热量可以使杜仲胶始终处于热弹性状态，而晚上停放时期，缓慢的结晶速度可以支撑杜仲胶在第二个行驶周期之前不会发生严重的结晶现象而造成轮胎变形；而未经改性的杜仲胶则会因结晶冻结住这种变形，从而改变轮胎的圆形结构，影响行驶，见示意图8.48和图8.49。

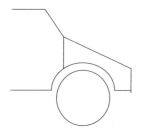

图8.48　行驶状态下杜仲胶轮胎自身生热可以保持杜仲胶的热弹性

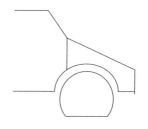

图8.49　停驶状态下杜仲胶结晶会造成轮胎变形，影响汽车的正常行驶

严瑞芳[84,85]就是采用上述交联和共混并用的方法改善杜仲胶的弹性与力学性能，最终将杜仲胶成功应用于轮胎。他首先采用增大交联度的方法来控制杜仲胶的结晶，并取得了初步成功，为此他申请了一篇德国专利，见表8.23。从表中看到在德国专利中，他通过加入较多硫化剂（3～6份）来控制杜仲胶的结晶，以改善杜仲胶的弹性，并取得了不错的效果，最大拉伸强度可达到20MPa，残余变形10%，完全符合传统橡胶材料的使用要求。但是，该配方并没有达到"弹性临界转变点"，只是延缓了杜仲胶结晶的动力学过程，时间一长，杜仲胶的结晶又会慢慢恢复。

■ **表8.23** 德国和中国专利高弹性杜仲胶的配方及力学性能

配方/份	德国专利	中国专利
合成杜仲胶	100	—
杜仲胶	—	55
顺丁橡胶	—	45
炭黑	50～60	50
植物油	0～5	5
硬脂酸	—	5
氧化锌	0～1	2
氧化镁	—	2
树脂改性剂	—	5
防老剂	—	1
硫黄	2～4	2.5
促进剂（比如，二硫化四甲基秋兰姆）	1～2	2.5
力学性能	德国专利	中国专利
拉伸强度/MPa	18～20	≥20
扯断伸长率/%	300～400	≥500
残余变形/%	10	≥20

因此，为了进一步改善杜仲胶的应用性能，他采用并用顺丁胶的方法，见表8.23。在他的中国专利中，高弹性杜仲胶的配方更为精细化，交联剂的用量达到5份（硫黄+促进剂），顺丁橡胶的并用量达到45%，力学性能可以满足使用要求，但是残余变形较大，超过了20%，可满足一般橡胶材料的使用要求。显然交联和共混并用是实现杜仲胶真正作为橡胶材料使用的关键。

由于过度交联会严重损伤杜仲胶的力学性能，因此一般建议杜仲胶的交联剂用量不宜超过5份（含促进剂）。在轮胎工厂实际生产过程中，硫化剂（含促进剂）的用量平均在3.5份左右，如此低的交联剂不可能很好的抑制杜仲胶的结晶，因此，要想保证杜仲共混胶的高弹性和良好力学性能的平衡，就必须进一步降低杜仲胶的用量。

青岛科技大学黄宝琛课题组，在使用合成反式-1,4-聚异戊二烯制备胎面胶方面作了大量的研究工作[43,44]。他们的工作表明，在胎面胶中，如果将合成反式-1,4-聚异戊二烯的用量控制在20%以内，共混胎面胶的弹性和力学性能可以很好地平衡，见表8.24。

表8.24 合成反式-1,4-聚异戊二烯制备胎面胶的配方及力学性能

配方	1	2	3	4	5
NR	70	50	70	50	50
SBR	30	30	0	0	15
BR	0	0	30	30	15
TPI	0	20	0	20	20
S	2	2	2	2	2
促CZ	0.9	0.9	0.9	0.9	0.9
其他助剂	—	—	—	—	—
力学性能	1	2	3	4	5
拉伸强度/MPa	26.7	24	26.2	22	23.5
扯断伸长率/%	571	481	600	494	472
残余变形/%	21	12	17	12	12
撕裂强度/(kN/m)	57.1	52.2	62	64	64
邵A硬度/(°)	65	65	62	64	64
回弹/%	34	38	46	45	42

从表8.24中看到，配方1和配方3为传统胎面胶配方，配方2、4、5为添加了20份合成反式-1,4-聚异戊二烯的配方。硫化剂（含促进剂）用量统一为2.9份。而从力学性能方面看，天然橡胶减少20份，代之以合成反式-1,4-聚异戊二烯，会略微降低胎面胶的拉伸强度和扯断伸长率。其他性能的差异性不大，基本均可以满足胎面用胶的要求。

连续的高弹性橡胶相

分散的杜仲胶微晶相

图8.50 杜仲并用硫化胶的两相共混"界面交联海岛结构"示意图

实际上，即使杜仲胶并用量低于20份，在硫化剂用量只有3份的条件下，杜仲胶的结晶也不可能消失，图8.46中WAXD图和DSC熔融曲线可以证明这一点。但是为什么杜仲共混胶还是获得了很好的弹性和力学性能的平衡呢？这就要分析一下杜仲共混胶的相结构，以20份杜仲胶和80份高弹性橡胶（比如顺丁橡胶）共混为例，见图8.50。

从图8.50中看到，杜仲胶分散相是以微小的结晶体的形式存在于高弹性橡胶的连续相当中，就如连续的大海中分布的一个个分散的小

岛。这也就是高分子物理学当中聚合物两相共混的"海岛结构"。此外，硫化可以在连续相、分散相以及两相界面处发生交联反应，这就使得两相界面被交联剂牢固的连接在了一起，我们可以将其定义为"界面交联海岛结构"，这有别于传统具有清楚的两相界面的海岛结构。正是这种被交联剂连接在一起的高弹橡胶连续相和杜仲微晶分散相的"界面交联海岛结构"，保证了杜仲共混胶良好高弹性和力学性能的平衡。

8.7.4 杜仲胶的产业化发展方向

大量的研究表明，基于交联和共混改性对杜仲胶的结构与性能的调控，杜仲胶不仅能应用于传统的海底电缆、高尔夫球及装饰器件，还可以在绿色轮胎、医疗器械、消音减震、异型管件接头、密封堵漏等领域发挥独特作用，见图8.51[86]。

（1）**高性能轮胎** 杜仲胶可以与其他橡胶并用制备高性能轮胎。在非晶状态时，杜仲胶大分子链柔顺，弹性较好，内摩擦比较小，因而产生的内耗比较小；在半晶状态时，在共混硫化橡胶中以微晶相存在，遇到裂纹时会使其偏转，因此耐穿刺等抗破坏能力强。因此，在轮胎中添加一定比例的杜仲胶，可望使轮胎具有高弹性、低生热、耐磨、耐撕、耐扎等特点。

（2）**医疗器械** 杜仲胶属于天然高分子材料，无毒性、无任何副作用、也没有合成高分子普遍存在的催化剂

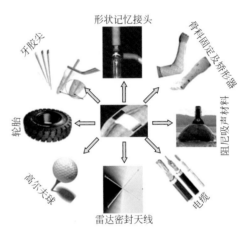

图8.51 杜仲胶下游应用产品

残留问题，再加上其物理机械性能可以通过交联与共混灵活调控的特性，因此在医疗领域应用前景广泛。以杜仲胶为基材制作的牙科填充材料占到全球市场的65%左右，深受医患的欢迎；其次，利用杜仲胶低温可塑的特点制作骨科外固定夹板、假肢市场前景广阔；最后，利用杜仲胶形状记忆特性，制作可重复使用的矫形器材，可显著降低患者的医疗费用。

（3）**阻尼材料** 作者通过控制杜仲胶的交联密度[71,72]，可使杜仲胶的$\tan\delta$-T曲线呈现双峰特性。虽然杜仲胶在传统T_g区域的$\tan\delta$峰较小，阻尼性能较差，但是在中高温度下出现另一个$\tan\delta$峰，其峰值大大超过同等温度下传统阻尼材料氯化丁基橡胶的$\tan\delta$值。据此可以开发出各种减震件、消音器件等。

（4）**异型管件接头及密封堵漏材料** 利用杜仲胶的形状记忆特性还可以开发出各种异型管件接头及密封堵漏材料。由于杜仲胶具有优异的抗水解、抗霉烂变质、抗酸碱盐腐蚀性，因此对于在海底、湖底、河底以及深埋于地下的输气、

输水、输油管线铺设中存在的异型管件接头衔接、渗漏管件的密封堵漏等棘手问题意义重大。具有形状记忆功能的杜仲胶异型管件接头具有操作方便、密封性能好、不易腐蚀霉变等特点，市场应用前景广泛。

参考文献

[1] 杜红岩. 杜仲优质高产栽培. 北京：中国林业出版社，1996：16-18.

[2] 张康健，张檀. 中国神树 - 杜仲. 北京：经济管理出版社，1997：1-10.

[3] 周正贤. 中国杜仲. 贵阳：贵州科技出版社，1993：1-20.

[4] 杜红岩，谢碧霞，邵松梅. 杜仲胶的研究进展与发展前景. 中南林学院学报，2003，23（4）：95-99.

[5] Wang Y F，Li C S，Collinson M E，et al. American Journal of Botany，2003，90（1）：1-7.

[6] Call V，Dilcher D. American Journal of Botany，1997，84（6）：798-798.

[7] 孙启高，王宇飞，李承森. 中新世山旺盆地植被演替与环境变迁. 地学前缘，2002，9（3）：15-23.

[8] 陆志科，谢碧霞，杜红岩. 杜仲胶提取方法的研究. 福建林学院学报，2004，24（4）：353-356.

[9] 张学俊，周礼红，张国发等. 杜仲叶和皮中杜仲胶提取的研究. 贵州工业大学学报（自然科学版），2001，6：003.

[10] 张学俊，王庆辉，宋磊等. 不同温度条件下溶剂循环溶解 - 析出提取杜仲胶. 天然产物研究与开发，2007，19（6）：1062-1066.

[11] 刘影秋. 杜仲的化学成分及应用研究进展. 贵州农业科学，1996，6：58-60.

[12] 周莉英，刘晓利. 杜仲胶的研究现状. 陕西中医学院学报，2004，27（4）：55-57.

[13] Xu Z，Tang M，Li Y，et al. Journal of Agricultural and Food Chemistry，2010，58（12）：7289-7296.

[14] Gu J，Wang J J，Yan J，et al. Journal of Ethnopharmacology，2011，133（1）：6-13.

[15] Luo L，Wu W，Zhou Y，et al. Journal of Ethnopharmacology，2010，129（2）：238-243.

[16] 严瑞芳. 高分子通报，1989，2：39-44.

[17] 严瑞芳. 杜仲胶研究新进展. 化学通报，1991，1（1）：6.

[18] Kauffman G B. The Chemical Educator，2001，6（1）：50-54.

[19] Ralph Frank. India rubber man. Caldwell：Publisher Caxton Printers（Ed），1939：281-286.

[20] Wolff S. Rubber Chemistry and Technology，1996，69（3）：325-346.

[21] 何文广，苏印泉. 叶林模式杜仲生物量的动态研究. 福建林业科技，2011，38（3）：48-53.

[22] 许喜明，徐咏梅，彭锋等. 多年生杜仲叶林栽培模式及其更新复壮. 陕西林业科技，2006，1：22-24.

[23] 杜红岩，赵戈，卢绪奎. 论我国杜仲产业化与培育技术的发展. 林业科学研究，2000，13（5）：554-561.

[24] 崔跃华，汪矛. 杜仲含胶细胞的形态学研究. 植物学通报，1999，16（4）：439-443.

[25] 申延，何浤，秦俊哲等. 杜仲含胶细胞的整体观察. 西北林学院学报，2006，21（4）：41-44.

[26] 周莉英，黎斌，苏印泉. 杜仲含胶细胞形态特征的研究. 西北植物学报，2001，21（3）：566-569.

[27] 田兰馨，胡正海. 杜仲橡胶丝的形态和分布规律研究. 西北植物研究，1983，3：1-3.

[28] 张福珠，苗鸿，鲁纯. 落叶阔叶林释放异戊二烯的研究. 环境科学，1994，1：1-5.

[29] 刘涤，胡之璧. 植物类异戊二烯生物合成途径的调控. 植物生理学通讯，1998，34（1）：1-9.

[30] Tanaka Y. Journal of Apply Polymer Science Appl. Polym. Symp，1989，44（1）：1-9.

[31] Lynen F，Henning U. AngewandteChemie，1960，72（22）：820-829.

[32] Tangpakdee J，Tanaka Y，Shiba K，et al. Phytochemistry，1997，45（1）：75-80.

[33] 严瑞芳，林传玲，吴志才等. 高分子学报，1995，2：206-210.

[34] 杜红岩，李芳东，杜兰英等. 不同产地杜仲果实形态特征及含胶量的差异性研究. 林业科学，2006，42（3）：35-39.

[35] 杜红岩，谢碧霞，邵松梅. 杜仲胶的研究进展与发展前景. 中南林学院学报，2003，23（4）：95-99.

[36] 杜红岩，杜兰英，李芳东. 杜仲果实内杜仲胶形成积累规律的研究. 林业科学研究，2004，17（2）：185-191.

[37] 杜红岩, 谢碧霞, 孙志强等. 不同变异类型杜仲皮含胶性状的变异规律. 中南林学院学报, 2004, 24 (2): 10-12.

[38] 杜红岩, 张昭祎, 杜兰英等. 杜仲皮内杜仲胶形成积累的规律. 中南林学院学报, 2004, 24 (4): 11-16.

[39] 杜红岩, 杜兰英, 陆志科等. 杜仲无性系叶片含胶特性的差异及其相关性分析. 中南林学院学报, 2004, 24 (4): 17-19.

[40] 杜红岩, 杜兰英, 李福海等. 不同产地杜仲树皮含胶特性的变异规律. 林业科学, 2004, 1: 1.

[41] 谢遂志, 刘登祥, 周鸣峦. 橡胶工业手册: 第一分册. 北京: 化学工业出版社, 1989: 79-82.

[42] Yan Ruifang (严瑞芳). Polymeric Materials Encyclopedia, Salamone J C Eds: CRC Press, 1996, 3: 2291-2299.

[43] Zhang X, Cheng C, Zhang M, et al. Journal of Agricultural and Food Chemistry, 2008, 56 (19): 8936-8943.

[44] 黄宝琛. 中国化工, 1998, 70: 39-38.

[45] 黄宝琛. 材抖导报, 2001, 15 (2): 56-57.

[46] Takenos, Bamba T, Nakazawa Y, et al. Journal of Bioscience and Bioengineering, 2008, 106 (6): 537-540.

[47] Morgan R J, Nielsen L E, Buchdahl R. Journal of Applied Physics, 1971, 42 (12): 4653-4659.

[48] Dannis M L. Journal of Applied Polymer Science, 1959, 1 (1): 121-126.

[49] Lovering E G. Journal of Polymer Science Part A‐2: Polymer Physics, 1970, 8 (5): 747-752.

[50] Tinyakova E N, Dolgoplosk B A, Zhuravleva T G, et al. Journal of Polymer Science, 1961, 52 (157): 159-167.

[51] Cown J M G. European Polymer Journal, 1975, 11 (4): 297-300.

[52] Burfield D R, Lim K L. Macromolecules, 1983, 16 (7): 1170-1175.

[53] Bunn C W. Proc. Royal. Society, 1942, A: 180-183.

[54] Schuur G. Journal of Polymer Science, 1953, 11 (5): 385-398.

[55] Mandelkern L, Quinn Jr F, Roberts A D. Journal of the American Chemical Society, 1956, 78 (5): 927-932

[56] Fisher D. Proceedings of the Physical Society. Section B, 1953, 66 (1): 7.

[57] Su F, Yan D, Liu L, et al. Polymer, 1998, 39 (22): 5379-5385.

[58] Cooper W, Smith R K. Journal of Polymer Science Part A: General Papers, 1963, 1 (1): 159-168.

[59] Leeper H M, Schlesinger W. Journal of Polymer Science, 1953, 11 (4): 307-323.

[60] Anandakumaran K, Kuo C C, Mukherji S, et al. Journal of Polymer Science: Polymer Physics Edition, 1982, 20 (9): 1669-1676.

[61] Flanagan R D, Rijke A M. Journal of Polymer Science Part A‐2: Polymer Physics, 1972, 10 (7): 1207-1219.

[62] Cooper W, Vaughan G. Polymer, 1963, 4: 329-340.

[63] Boochathum P, Tanaka Y, Okuyama K. Polymer, 1993, 34 (17): 3694-3698.

[64] Chaturvedi P N. Journal of Materials Science Letters, 1992, 11 (24): 1692-1695.

[65] Chou D G, Smith Jr K J. Polymer Engineer and Science, 1994, 34 (4): 290-300.

[66] Lovering E G, Wooden D C. Journal of Polymer Science Part A-2: Polymer Physics, 1969, 7 (10): 1639-1649.

[67] 吴志才. 杜仲胶临界转变研究. 中国科学院化学所硕士研究论文, 1993.

[68] Davies C K L, Long O E. Journal of Materials Science, 1979, 14 (11): 2529-2536.

[69] Lovering E G. Journal of Polymer Science Part C: Polymer Symposia, 1970, 30 (1): 329-337.

[70] Arvanitoryannis I, Blanshard J, Kolokuris I. Polymer International, 1992, 27 (4): 297-303.

[71] Zhang J, Xue Z. Polymer Testing, 2011, 30 (7): 753-759.

[72] Zhang J, Zhang L. Polymer Bulletin, 2012, 68 (7): 2021-2032.

[73] Zhang J, Xue Z, Yan R, Chinese Journal of Polymer Science, 2011, 29 (2), 157-163.

[74] Qian R Y, Wu Z C, Yan R F, Xue Z H. Macromolecular Ripid Communications, 1995, 16: 19-23.

[75] Meyer K H, Ferri C. Helvetica Chimica Acta, 1936, 19 (1): 694-697.

[76] Fisher H L. Industrial & Engineering Chemistry, 1927, 19 (12): 1325-1333.

[77] Ferri C. Helvetica Chimica Acta，1927，20：1393-1396.

[78] Cunneen J I，Higgins G M C，Watson W F. Journal of Polymer Science，1959，40（136）：1-13.

[79] Tanaka Y，Sato H. Polymer，1976，17（2）：113-116.

[80] Kargin VA，Sogolova TI，Nadareishvili. Polymer Science U.S.SR，1964，6（1），191-197.

[81] Saunders D W. Transactions of the Faraday Society，1956，52：1414-1425.

[82] 严瑞芳. 杜仲胶研究进展及发展前景. 化学进展，1995，7（1）：65-71.

[83] 严瑞芳，薛兆弘. CN，88103978. 0. 1988.

[84] 严瑞芳，薛兆弘. CN，88103742. 7. 1988.

[85] 严瑞芳，卢绪奎. CN，92114761. 9. 1992.

[86] Yan R F. DE，3227757. 1984.

[87] 张继川，薛兆弘，严瑞芳等. 天然高分子材料——杜仲胶的研究进展. 高分子学报，2011，10：1105-1117.

第9章
其他天然橡胶

9.1 桉叶藤橡胶 ◀◀◀

桉叶藤，夹竹桃科，桉叶藤属，多年生灌木，独立生长可至2m高，如果依附于其他乔木可长至30m[1]。原产于印度洋盆地，广泛分布于热带亚洲和非洲，在我

国的广东南部岛屿和福建有少量栽培，见图9.1。因为桉叶藤叶子翠绿明亮，花较大且略带紫色，在十九世纪一度被视为珍贵的观赏植物。桉叶藤气候适应性较强，可以很容易的利用扦插技术进行繁殖，桉叶藤的种子播种成活率也很高，几乎没有病虫害侵袭，也基本不需特别施肥。由于生存容易，桉叶藤的过度繁殖往往给其他物种的生存造成毁灭性打击，在澳大利亚及夏威夷，当地政府不得不花费大量的资金和人力控制这种植物的过度繁殖。

图9.1　桉叶藤

桉叶藤橡胶（Cryptostegia grandiflora）的化学结构为顺式-1,4-聚异戊二烯，它以胶乳的形式存在于枝皮的形成层内，枝皮的含胶量平均为2%～4%，最高可以达到9%。枝皮破损后，可以看到白色的乳汁慢慢渗出[2]。但是，桉叶藤橡胶至今还没有发展出合适的收割器械和提取方法，目前仅有的获取方法是在每个枝干上割口，然后一滴一滴地收集胶乳，这必然造成劳工成本居高不下。桉叶藤橡胶产量较高，一英亩可以产出195～300磅橡胶（13～22kg/亩），这要比其他的一年生橡胶植物的亩产量都要高。桉叶藤橡胶的质量与胶乳获取的部位密切相关，一般侧枝胶乳含树脂量较高，力学性能偏低，而主干胶乳含树脂量较少，力学性能较好，总体来看桉叶藤橡胶完全适于工业化应用的要求，见表9.1。

■ **表9.1　桉叶藤橡胶的主要组成分析及力学性能**

样本来源	制备方法	含量/%			力学性能	
		橡胶烃	丙酮抽出物	苯不溶物	拉伸强度/MPa	伸长率/%
海地侧枝胶乳	水凝聚	81.7	12.7	2.9	19.5	805
海地侧枝胶乳	十二烷基苯磺酸钠凝聚	83.2	14.3	3.3	18.3	910
海地侧枝胶乳	盐浸凝聚	81.2	13.8	3.2	20.9	845
海地主干胶乳	十二烷基苯磺酸钠凝聚	88.0	8.6	2.0	21.8	870

上世纪初，随着电力和汽车工业对于橡胶的需求逐年增多，美国的一些投资商看中了桉叶藤橡胶的商业价值，并在海地购买大量土地广泛种植桉叶藤，他们希望这种植物在一年内能够出产达到商业化质量的橡胶。但是结果不甚理想，首先桉叶藤橡胶的产量比预期的要低，即使是在非常好的灌溉土地上，其产量仅仅是期望值的三分之一或更低；其次虽然桉叶藤对环境的适应能力较强，但是如果想达到较高的产量，对于气候、土壤等外部环境还是有较高的要求，限制其大规模种植；最后桉叶藤橡胶的树脂含量较高，质量差于巴西三叶橡胶。

第二次世界大战期间，美国启动ERP（emergency rubber project）计划，美国政府与海地政府协商在海地种植了40000英亩的桉叶藤，以弥补日本掐断东南亚三叶橡胶的供应而造成的严重短缺。事实证明这种当年可产胶的含胶植物需要大量的劳工去收集胶乳，并且产量很低。而第二次世界大战期间劳工短缺，根本无法维持如此大量桉叶藤胶乳的收集。因此战争结束后，随着物美价廉的东南亚三叶橡胶的稳定供应，人们很快就放弃了桉叶藤橡胶的开发[3]。

9.2　秋麒麟草橡胶　◀◀◀

秋麒麟草，菊科，一枝黄花属，多年生草本植物，有100多个品种，主要分布于美洲，我国有4个品种[4]。秋麒麟草平均可生长至一米高，最高可以长到3m高，细长的叶子，头部开黄花，因此也叫做一枝黄花，见图9.2。秋麒麟草橡胶（goldenrod）的化学结构为顺式-1,4-聚异戊二烯，主要以胶乳的形式存在于秋麒麟草的叶子当中，胶乳含胶量平均在2%～6%，最高可达12%。秋麒麟草生长相对容易，每株秋麒麟草可以生长很多叶子，每亩叶子的产量也较高，因而秋麒麟草橡胶的产量较高，一英亩可以产出200～300磅橡胶（15～22kg/亩）[5]。但是，目前还没有开发出合适的设备有效地将叶子从秋麒麟草上脱离下来，此外秋麒麟草的种植需要施肥，否则产量会下降，适宜南方温暖湿润的气候，不耐北方的寒冷气候。

秋麒麟草橡胶因著名的发明家Thomas Edison而出名[3]。Edison在晚年为了使美国摆脱对国外进口天然橡胶的依赖，当时在美国全境考察了17000余种含胶乳的植物，最终确认在美国本土最有可能大规模开发秋麒麟草橡胶以替代进口天然橡胶，至少在战时可以救急[6]。通过杂交等手段，Edison将平均

图9.2　秋麒麟草

1m高的秋麒麟草提高至平均3m高，生物质量大大提高，胶乳含胶量由平均5%提高至12%，见图9.3。后来Edison委托自己的好友Henry Ford[7]以秋麒麟草橡胶为原材料制作出4条轮胎，经测试表明用秋麒麟草橡胶制作的轮胎质量很差，后来人们认识到秋麒麟草橡胶的分子量不到3×10^5g/mol，远低于巴西三叶橡胶1.3×10^6g/mol的分子量，这是造成秋麒麟草橡胶质量较差的主要原因[8]。

图9.3　Edison（左）培育的秋麒麟草

图9.4　秋麒麟草橡胶样品

1931年，随着Thomas Edison的逝世，秋麒麟草不再受到人们的关注，因此秋麒麟草橡胶的开发也陷于停滞。人们后来称秋麒麟草橡胶是Thomas Edison人生最后的伟大实验（last grand experiment），虽然这个实验最终没有取得成功。至今Thomas Edison设在在美国佛罗里达麦尔斯堡（Fort Myers）的冬季别墅，还保留着当年的"艾迪生植物研究实验室"，里面陈列有秋麒麟草橡胶的一些样本，见图9.4。

9.3　木薯橡胶

木薯橡胶（manihot glaziovii）通常又被称作萨拉橡胶（ceara rubber），属于产橡胶的大戟科（Euphorbiaceae）植物家族，所产橡胶和巴西三叶橡胶相同，均为顺式-1,4-聚异戊二烯[9]。木薯橡胶树最早由法国植物学家Dr.Glaziow发现，后来Muller在《巴西植物志》中对其进行了描述和命名。木薯橡胶树原产于南美洲巴西东北部萨拉州（Ceara）、皮奥伊州（Piaui）、伯南布州（Pernambouc）以及巴伊亚州（Bahia）等地。该地区海拔1000m左右，土壤成弱酸性，气候多变，年平均降雨量在600～700mm，极端气候条件下，有可能大旱，滴雨不下；也有可能大涝，形成洪灾。

木薯橡胶树为乔木，在主干长至离地面3～5m高的时候开始分叉，并生长成延伸状的树冠，通常可长至8～15m高。树干为结实的圆形躯干，外面包裹一层可剥离的、皮革状的落皮层。掌形树叶并开裂成三个叶片，叶片无毛，椭圆形或者卵形生长，颜色浅绿明亮。木薯橡胶树长至一年半可以开花，通常每年的3～4月份开花，圆锥形的花序7～9cm长，雄花长于花序的上端，雌花生长的位置略低，雄花的萼片要短于雌花，并结出三浅裂、球囊状的果实，见图9.5。

(a)   (b)

图9.5　木薯橡胶树

木薯橡胶树于1900年左右引种至非洲的刚果、塞内加尔、埃塞俄比亚、加纳以及亚洲的印度，并在当地生长良好。当时德国认为木薯橡胶是最好的产天然橡胶植物，并于1912年在位于东非的殖民地种植了4.5万公顷木薯橡胶。英国也不甘落后，也在东非发展木薯橡胶。

木薯橡胶和巴西三叶橡胶相类似也是以胶乳的形式产出橡胶，因此也是以割胶的方式获得橡胶。但是木薯橡胶树的胶乳黏度要比三叶橡胶树大，因此胶乳流出的速率和量要比三叶橡胶小，此外胶乳遇到空气过早的凝固也会停止胶乳的流出，因此在产量和生产效率方面木薯橡胶要比三叶橡胶低很多。木薯橡胶的成分因种植地区而异，但总体来讲橡胶烃的成分要少于巴西三叶橡胶树，见表9.2[10]。

■ 表9.2　木薯橡胶的主要组成分析

样本来源	年份	含量（质量分数）/%			
		橡胶	树脂	蛋白质	灰分
东非	1908	67.2	12.0	13.8	7.0
乌干达	1908	76.5	8.0	12.5	3.0
肯尼亚	1908	66.4	9.7	15.5	8.4
马拉维	1908	78.6	10.8	8.4	2.2
苏丹	1908	81.9	5.9	10.0	2.2
尼日利亚	1908	67.2	3.6	23.9	5.3
尼尔吉利斯	1908	82.5	6.4	9.8	1.3
纳得	—	92.5	4.3	—	—

9.4　向日葵橡胶

向日葵，菊科，向日葵属，一年生草本植物，是我们日常生活中最常见的农作物之一，葵花籽不仅是美味的零食，而且还是重要的油料作物，见图9.6。然而向日葵还含有天然橡胶，化学结构为顺式 -1,4-聚异戊二烯。向日葵叶子含胶较多，含胶量随向日葵的品种不同而变化，一般为0.1%～2%。向日葵橡胶（sunflower）的分子量远低于巴西三叶橡胶树，其分子量范围在（6.5～7.5）×10^4之间，也有少部分向日葵橡胶的分子量可以达到6.0×10^5。向日葵杆橡胶含量极少，含胶量普遍低于0.1%[11,12]。因此向日葵橡胶的质量和性能要低于巴西三叶橡胶树。

实际上，向日葵是一种很有潜在应用价值的含胶作物。因为：① 向日葵本身就含有橡胶，虽然橡胶的含胶率太低，而且分子量还不够高，但是科学家正在努力通过遗传育种和基因工程技术对其进行改造，以满足商业化生产的要求；② 向日葵是一种很成熟的农作物，无论是农民还是农场每年都在选择性的种植，而每年产生的

图9.6　向日葵橡胶

废弃物就可以作为生产天然橡胶以及生物质能源的原料；③ 农民对于向日葵的生长习性很熟悉，不需要大规模的培训；④ 向日葵是一种一年生的农作物，便于大规模机械化种植和收割；⑤ 现有向日葵的种植面积比较稳定，不需要额外寻找土地种植产橡胶的向日葵[13,14]。

美国的科学家正是看中了向日葵的以上优点，正在努力提高向日葵的含胶量，橡胶质量，以及单位面积的生物质量，以期使向日葵成为一种能够生产油料、食品、牲畜饲料、天然橡胶以及生物质能源的综合性经济作物，实现可再生向日葵生物质原料的100%利用。

9.5 印度榕橡胶

印度榕，桑科，无花果属，多年生乔木，又称作橡胶树或者印度橡胶树，原产于南亚尼泊尔到东南亚爪哇等广大地区，由于外形美观，因此成为一种很吸引人的室内盆栽植物或者热带园林观赏植物见图9.7。目前，印度榕作为景观植物，已经引种至整个热带亚热带地区[15]。

图9.7　印度榕橡胶树

印度榕以胶乳的形式产出橡胶，化学式为顺式-1,4-聚异戊二烯，胶乳中橡胶烃的含量为30%左右，与巴西三叶橡胶树的含胶量相近似。但是印度榕橡胶（ficus elastica）的分子量较低为 $1.0 \times 10^{4\sim 5}$ 之间，因此印度榕橡胶的质量较差，几乎没有商业价值。然而，由于印度榕橡胶制取简单，且分子量较低，因此相同质量的印度榕橡胶所含端基数量要比三叶橡胶多很多，因此人们常常在实验里把印度榕橡胶作为一种含橡胶植物进行天然橡胶生物合成以及天然橡胶端基结构方面的比较性基础研究[16,17]。

印度榕除了含有橡胶之外，还含有24.5%的蛋白质、6.1%的油脂、4.2%的多元酚以及2%的碳氢化合物。其样本的总热值达到28.7 MJ/kg，远高于甲醇的22.4 MJ/kg，可与无烟煤的29.7 MJ/kg相媲美。此外，印度榕还含有一些具有药用活性的物质，比如邻二羟基酚类。目前科学家正在对印度榕进行综合研究，以期对印度榕进行包括橡胶在内的综合利用与开发[18]。

9.6 美洲橡胶

美洲橡胶树（castilloa elastica），桑科，高大乔木，又称作巴拿马橡胶树或者墨西哥橡胶树（图9.8），原产于墨西哥南部、中美洲以及南美洲的西北部地区的热带雨林地区，树皮产胶乳，收集起来经干燥可得到固体天然橡胶。在哥伦布发现美洲大陆以前，当地土著人就用美洲橡胶做成橡胶球举行具有宗教仪式性质的活动，直到今天在墨西哥南部尤卡坦半岛以及中美洲偏远的印第安人部落还可以见到类似的宗教活动[19]。

图9.8 美洲橡胶树

美洲橡胶树胶乳存在于美洲橡胶树内皮的乳管当中，当割断乳管，胶乳即从切口流出，可以持续流出20min至2h，因而每次割胶，胶乳流出量较大。但是美洲橡胶树胶乳再生的速率较慢，一般割一次胶，经过3～4个月，胶乳才可以完全再生，因此每年只能割3～4次胶。而三叶橡胶树的胶乳再生速率则要快得多，每天都可以割胶。这是三叶橡胶树和美洲橡胶树之间的最大区别，同时也是限制美洲橡胶树大面积推广和开发的主要原因。

美洲橡胶树胶乳含胶量因地区差异较大，在墨西哥地区生长的美洲橡胶树胶乳含有22%～29%的固体橡胶，在厄瓜多尔生长的美洲橡胶树胶乳含有30%～36%的固体橡胶。胶乳经干燥之后得到的固体橡胶含有90%以上的橡胶烃，其他成分是一些树脂以及蛋白质类的物质。美洲橡胶树胶乳内橡胶烃的含量会随着树龄的增加而增加，见表9.3。

■ **表9.3**　美洲橡胶树胶乳内橡胶烃的含量与树龄的关系

树龄/年	1	3	5	7	9	11	13	15	17
橡胶烃含量（质量分数）/%	17.3	19.4	21.8	25.5	29.3	33.2	36.6	38.3	39.5

美洲橡胶的质量与树龄也有密切的关系，一般从树龄较低的植株获得胶乳所制备的橡胶树脂含量较高，比如2年生植株所产橡胶树脂含量42.33%，5年生为18.18%，8年生植株所产橡胶的树脂含量可降低至7.21%，因此一般选择从8年生的植株开始割胶是比较合适的。美洲橡胶树不同组织器官所产橡胶的树脂含量也不相同，见表9.4。从表中看到，一般主干橡胶树脂含量最少，叶子橡胶树脂含量最多，因此选择主干割胶将是获得美洲橡胶的主要方式。此外也可以通过丙酮抽提橡胶的树脂含量来标定美洲橡胶的质量，或者评估所产橡胶的树龄。

■ **表9.4**　美洲橡胶树不同组织器官与所产橡胶的树脂含量

不同组织器官	主干	最大侧枝	中等侧枝	幼枝	叶子
树脂/%	2.61	3.77	4.88	5.86	7.50

美洲橡胶的性能与巴西三叶橡胶相近，完全可以进行工业化应用，见表9.5[20]。从表中看到，处理方法不同，所得美洲橡胶的质量也会有差异，如果采用烟熏或者空气干燥的方式凝聚美洲橡胶，那么苯不溶物的含量会增加，这说明凝胶的含量大大增加。但是无论哪种处理方式，所得美洲橡胶的力学性能与三叶天然橡胶很接近，均能够满足工业化应用的要求。

■ **表9.5**　美洲橡胶的主要组成分析及力学性能

样本来源	制备方法	含量/%			力学性能	
		橡胶烃	丙酮抽出物	苯不溶物	拉伸强度/MPa	伸长率/%
墨西哥	磺酸钠凝聚	89.4	7.5	3.1	24.5	870
厄瓜多尔	肥皂凝聚	88.5	7.5	2.6	23.0	755
厄瓜多尔	泻根皂凝聚	92.8	4.4	2.8	24.9	815
厄瓜多尔	烟片胶	83.2	5.2	12.4	25.6	795
危地马拉	空气干燥	72.3	3.4	23.9	24.3	685

在20世纪初，随着电力工业和汽车工业的高速发展，大大增加了人们对于天然橡胶的需求。由于美洲橡胶性能优异，且易于栽培，美国的投资者们组建公司在南墨西哥、中美洲及委内瑞拉开发美洲橡胶。比如1910年，墨西哥的天然

橡胶产量达到历史的峰值，为17381t，其中9542t为银胶菊橡胶，而剩余的7939t几乎都是美洲橡胶。当时巴西亚马逊河上游的玛瑙斯港是天然橡胶贸易的主要中转港口，同年进入到玛瑙斯的美洲橡胶（包括从秘鲁、玻利维亚和委内瑞拉转运来的）达到7410t，而巴西三叶橡胶为22655t。以上数据表明，20世纪初，美洲橡胶在世界橡胶工业体系中占据着相当重要的地位。

此外，相比较巴西三叶橡胶树，美洲橡胶树因为割胶的劳动成本低，不易发生病虫害，并且是墨西哥以及中南美洲的原生树种，因此美洲橡胶树更具经济竞争力，因而在墨西哥南部、危地马拉、厄瓜多尔以及洪都拉斯获得了大面积种植。但是1897年新加坡植物园主Ridley发明了一种新的割胶方法，改变了传统粗放的割胶方式容易导致三叶橡胶树死亡的局面，使得东南亚生产三叶天然橡胶的劳动力强度大幅度降低、产量大幅度提高、生产成本大幅度下降，从而使其成为天然橡胶市场上的主要原料。此外，三叶橡胶树的胶乳再生能力强，需要每天割胶，而东南亚劳动力成本相对较低，因而适合在东南亚大规模发展集中连片的三叶橡胶树种植农场，在农场附近再配套三叶胶乳加工中心，从而建立起高效的三叶橡胶种植与生产体系，发展出目前世界唯一的天然橡胶供应基地。而美洲橡胶的开发却始终不能有效地降低成本，其发展逐渐陷入低谷，最终被人们放弃了。

但是在第二次世界大战期间，由于日本占领东南亚，掐断了盟国的天然橡胶供应，因此人们又想起这种和巴西三叶天然橡胶很类似的天然橡胶品种。在1942～1944年间，盟国通过采收野生的美洲橡胶树，一共生产了18500t天然橡胶，有力地支持了战时对于天然橡胶的需求。战争结束后，西方怯于日本攻占东南亚而垄断天然橡胶资源的事情再次发生，非常希望在西半球建立起独立自主的天然橡胶工业体系。

美洲橡胶由于和三叶橡胶相近的特性以及还有许多三叶橡胶树不具备的优点，比如易于栽培、较低的劳动成本、抵抗多种疾病，包括南美枯叶病，因而非常适合在美洲地区开发与利用。此外，美洲橡胶树胶乳的相对密度为1.006～1.016，胶乳呈酸性，pH值范围在4.5～6.0之间，这样的特性使得美洲橡胶树胶乳十分稳定，即使在开放的容器内也可以保存2～3周，这要比需要氨水保存的三叶胶乳的稳定性强了许多。这种稳定特性十分有利于长途运输，因而便于美洲橡胶树胶乳的分散收集和集中处理。而拉丁美洲的劳动力成本较高，因而在拉丁美洲非常适合以家庭或者小型农场为单位，发展小型美洲橡胶树为辅助经济作物的种植农场，再配套中央胶乳处理中心的美洲橡胶开发模式，从而建立西半球的美洲天然橡胶工业生产体系。

但是在市场经济条件下，美洲橡胶的生产成本始终不能有效降低，因此随着战后三叶天然橡胶再次充斥世界市场，人们可以很容易地在市场上购买到物美价廉的三叶天然橡胶，开发美洲橡胶这种费力劳神的事情无论是政府还是私人企业都不愿意再干，因此美洲橡胶的发展再一次被人们放弃了。

9.7　绢丝橡胶

绢丝橡胶树（funtumia elastica，silkrubber），夹竹桃科，丝胶树属，高大乔木，可长至30m高，是热带非洲地区产橡胶的植物之一。原产于西部非洲和中部非洲的加纳、刚果、尼日利亚等地。其树叶椭圆形或卵形，大小约20cm×9cm，基部圆形或楔形，先端渐尖，叶缘波浪状。其花黄白色，浓密的聚伞花序芳香四溢，花冠筒6～10mm，裂片5～7mm。其果实灰褐色，纺锤形，先端尖或渐尖，可达30cm长，风媒传播种子。其树干较直，呈圆筒形，树冠较窄，树皮呈棕色或者深褐色，随着树龄增加树皮会开裂，并逐渐结成颗粒状，见图9.9。绢丝橡胶树是当地一种古老的草药，树皮是其主要药用部位，具有抗菌、消炎的作用，可用于治疗过敏引起的哮喘等呼吸系统疾病，也可以用来治疗疟疾[18]。

图9.9　绢丝橡胶树

割开绢丝橡胶树的树皮，会有大量白色乳液渗出，如果用手指搓揉胶乳，最终可以搓出橡胶小球。在非洲地区，还有其他品种的丝胶树种，当地人称之为非洲丝胶树（funtumia africana），该树种也产胶乳，但是不含天然橡胶，因此用手指搓不出橡胶小球。一般绢丝橡胶（干重）组成为橡胶烃80.4%，树脂15.3%，不溶物4.3%。总体质量和性能不如巴西三叶橡胶，但基本可以满足工业化应用的要求[19]。

20世纪初，汽车工业和电力工业对于天然橡胶的需求猛增，而巴西又垄断了三叶天然橡胶的供应，赚取了巨额利润。为了打破巴西对于天然橡胶供应的垄断地位，老牌资本主义国家英国在自己的殖民地——尼日利亚的黄金海岸发展绢丝橡胶（funtumia elastica），但由于绢丝橡胶树所产胶乳的产量较低，并且绢丝胶乳不易凝聚，生产比较困难，因此英国很快放弃了非洲绢丝橡胶的开发。

到目前绢丝橡胶树更多的是作为一种治疗哮喘的药物原料树以及美化环境的行道树来使用。

9.8 科齐藤橡胶 <<<

科齐藤又称橡胶藤（landolphia vine）[20]，为夹竹桃科藤本植物，原产于中部非洲的刚果、马拉维、莫桑比克和坦桑尼亚等国家，是非洲地区另外一种产橡胶的植物。科齐藤树叶表面光滑，颜色亮绿，长圆卵形，开白色或者乳白色的花，花冠筒长4cm左右，果实为球状，直径大约为15cm，可食用，见图9.10。

图9.10 科齐藤橡胶树

科齐藤是以胶乳的形式出产天然橡胶，割开科齐藤的支干可以渗出白色的胶乳，人们通过收集胶乳，再经过干燥之后就可以制备出科齐藤天然橡胶。19世纪末20世纪初，比利时国王利奥波德二世（Leopold Ⅱ）看到天然橡胶的利润比较丰厚，就在比属刚果殖民地发展科齐藤橡胶。但是由于科齐藤胶乳的收集非常困难，并且出产的橡胶质量较差，因此随着东南亚物美价廉三叶橡胶的稳定供应，科齐藤橡胶渐渐退出天然橡胶市场[18,21]。

目前，虽然非洲当地民众仍然收集科齐藤胶乳制作一些简单的橡胶制品，比如橡胶带，轮胎补漏胶等，但更多的是收获科齐藤的果实作为食品的原料，比如制作饮料以及啤酒。

9.9　莴苣橡胶

莴苣，菊科，莴苣属植物，品种繁多，为一年生、两年生或多年生草本植物，还有一些品种为多年生灌木植物。莴苣的生长范围非常广泛，主要生长在欧亚大陆比较凉爽干燥的地区[22]，见图9.11，图9.11（a）是一种栽培的卷心莴苣（Lactuca sativa），图9.11（b）是一种野生的多刺莴苣（Lactuca serriola）。

(a) 栽培的卷心莴苣　　　　　　　　(b) 野生的多刺莴苣

图 9.11　莴苣橡胶树

莴苣所产胶乳，含有天然橡胶，为顺式-1,4-聚异戊二烯。不同的莴苣胶乳含胶量不同，比如Charles测定加拿大野生莴苣（Lactuca Canadensis）胶乳的含胶量为2.2%，多刺莴苣（Lactuca serriola）胶乳的含胶量为1.6%。莴苣橡胶的分子量较高，普遍超过1.0×10^6，但莴苣橡胶的分子量分布普遍较窄，分布指数平均在1.1左右，比如Bushman等人测定多刺莴苣（Lactuca serriola）橡胶的分子量为1.38×10^6，分子量分布为1.15；还测定卷心莴苣（Lactuca sativa）橡胶的分子量为1.27×10^6，分子量分布为1.13。如此高的分子量和窄的分子量分布使得莴苣天然橡胶具有较高的拉伸强度和耐磨性，完全可以满足工业化应用。同时由于其所产天然橡胶的分子量分布较窄，科学家们正根据这种生物学特性将其作为研究天然橡胶生物合成的模型化合物[23]。

鉴于莴苣的种类繁多，生长地区广泛，适于多种气候和土壤条件，如果通过基因工程等手段提高其生物质量及含胶量，则莴苣橡胶也会具备广泛种植和开发的潜力。

9.10 古塔波胶

图9.12 古塔波树

古塔波树[24]，山榄科（Sapotaceae），胶木属（Palaquium），热带高大乔木，原产于东南亚及北澳大利亚的热带雨林地区。古塔波树最高可长至30m高，树径可达1m。树叶无毛，上面为绿色，下面通常为黄色或灰色，8～25cm长。花簇生，花冠白色，生长有4～7个裂片；卵形浆果，长约37cm，可食用，见图9.12。

古塔波树以胶乳的形式出产橡胶，化学式为反式-1,4-聚异戊二烯，为巴西三叶天然橡胶的同分异构体，和我国所产杜仲胶属于同一种物质。古塔波胶乳为粉笔白的颜色，胶乳流出之后会被氧化而变颜色，因此一般凝固的古塔波胶的颜色为浅黄到棕红等颜色。按照商业化制备古塔波胶的方式不同，可以分为：树叶古塔波胶（leaf guttapercha），主要是以古塔波树叶以及枝皮为原料，通过机械研磨的方法得到的古塔波胶；胶乳古塔波胶（tapped guttapercha），通过割胶获取胶乳，然后凝固得到的古塔波胶；丛林古塔波胶（jungle guttapercha），主要是通过伐树，然后再通过刮擦树皮而制备的古塔波胶，由于利用这种方法制备古塔波胶比较容易，因此在古塔波胶工业早期阶段，几乎是当时制胶的唯一方式，这几乎导致当地野生的古塔波树灭绝[25]。三种商业化古塔波胶的构成与性能[26]，见表9.6。

■ 表9.6 三种商业化古塔波胶的构成与性能

名称	橡胶烃含量/%	树脂含量/%
树叶古塔波胶	88～92	8～12
胶乳古塔波胶	86～92	8～14
丛林古塔波胶	55～65	34～45

在欧洲人发现并研究古塔波胶以前，居住在东南亚热带雨林里的土著人就已经熟知和应用古塔波胶了。他们利用凝固的古塔波胶乳制作马鞭、刀把、水

桶等物件[27]。古塔波胶引起欧洲人的关注是在19世纪中期，1843年一个叫做蒙哥马利（Montgomerie）的外科医生在派驻到新加坡的东印度公司时，注意到了这种产胶乳的树，并仔细研究了这个树种和胶乳的性质，他利用凝固的胶乳制作了一些很有用处的理疗器件，比如固定夹板以及医用探条等，并写了一篇关于古塔波胶的文章，连同一些样品送到了位于伦敦的英国皇家艺术学会。1847年（Hooker）根据古塔波树的生物学特性，将其归入山榄科，并命名为Isonandragutta，直到1884年胡克又将其改为Palaquiumgutta，并延续至今[28]。

在胡克将古塔波胶进行生物学分类之后，古塔波胶逐渐被人们所熟知，并有相当多的古塔波胶被运输到欧洲，人们研究它的物理化学性质，并着手对其改性，以改善其应用性能，同时申请了相关专利。人们发现古塔波胶在常温下结晶，比较坚硬，而泡在热水里很快变软，很容易塑形，根据这些特性，古塔波胶很快就被用来制作高尔夫球。1848年，Dr.Robert Adams发明出用古塔波胶制作出的高尔夫球（guttie，gutty），并正式在苏格兰圣安德鲁斯市古老的皇家高尔夫球场进行比赛。由于gutty球结实、耐用，制作容易，价格低廉，很快就在世界范围内推广开来，见图9.13。

1847年，德国炮兵军官，维尔纳·冯·西蒙发现古塔波胶具有较强的耐海水腐蚀及耐酸碱性，并且绝缘性能异常优异，不吸水，因而非常适合应用于地下或者水下电缆的绝缘包覆材料。这一发现为古塔波胶在水下电缆的绝缘包覆材料方面奠定了基础，因此古塔波胶很快就被应用于海底电缆以及地下电缆的铺设，随着欧洲和美洲大陆大西洋海底电缆的铺设以及维修，古塔波胶的需求量猛增，见图9.14。

图9.13　古塔波胶制作的高尔夫球　　　图9.14　古塔波胶制备海底电缆的工厂

从1844年至1896年，全球总计生产出6万吨古塔波胶，其中应用于海底电缆达到48000t，其他用于酸碱容器及其他工业制品。从1900～1940年，平均每年有2000～3500t古塔波胶被生产出来，而其中用于修补海底电缆所需要的古塔波胶就达到了750～1000t[25]。

　　早期人们采取野蛮的伐树取胶的方式开发古塔波胶，随着电缆工业对于古塔波胶的需求猛增，东南亚野生古塔波树资源几乎被砍伐殆尽。因此野生的古塔波胶已经不能满足经济发展的要求，人们通过研究古塔波胶树的生物学特性，摸索出大规模种植古塔波胶树的栽培方法以及割胶方法，以便通过发展农作物的方式，长期、安全、稳定地获取古塔波胶资源，见图9.15和图9.16。

图9.15　荷兰殖民者在印尼爪哇　　　　图9.16　泰国割胶工人在收取自然
　　　建立的古塔波胶种植园　　　　　　凝固在古塔波树干上的古塔波胶

　　但是，自20世纪50年代以来，石油基合成高分子工业发展迅猛，廉价易得的石油基高分子材料，特别是聚氯乙烯，很快就替代了古塔波胶，被大量用于海底电缆的铺设和修复，而之前对于东南亚古塔波树的大规模掠夺性的砍伐，也使东南亚古塔波胶工业体系处于崩溃的境地，古塔波胶在与物美价廉且供应稳定的石油基高分子材料的竞争中完全处于劣势，逐步被挤出市场而淡出人们的视线。目前仅有少量古塔波胶用于制作商品名为牙胶尖（guttapercha point）的牙科填充材料，见图9.17。

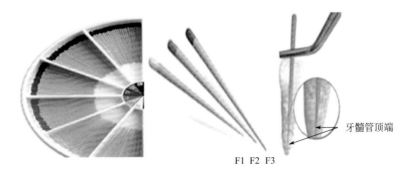

F1 F2 F3

牙髓管顶端

图9.17　牙胶尖

9.11 巴拉塔胶 ◀◀◀

巴拉塔树[29]，山榄科（Sapotaceae），人心果属（Manilkara），高大乔木，可长至30～45m高，原产于南美洲北部，中美洲和加勒比海等广大热带区域，有时又称为巴西牛木。巴拉塔树叶互生，呈椭圆形，为全缘叶，长10～20cm；花呈白色，雨季初期开花。果实为黄色浆果，直径3～5cm，可食用，通常含有1～2个种子，见图9.18。

图9.18 巴拉塔胶树

巴拉塔树以胶乳的形式出产巴拉塔胶（Balata），其胶乳可以通过空气干燥的方式制备巴拉塔胶，通常为片状；也可以通过水煮的方式制备巴拉塔胶，通常为块状。这两种方法制备的巴拉塔胶所含树脂量比较高，达到50%左右，见表9.7，因而巴拉塔胶的整体性能要差于古塔波胶。巴拉塔胶的化学式为反式-1,4-聚异戊二烯，与杜仲胶和古塔波胶相同，常温下为一种硬质橡胶，其物理化学性质与杜仲胶基本相同[30]。

■ **表9.7** 两种商业化古塔波胶的构成与性能

名称	橡胶烃含量/%	树脂含量/%
片状巴拉塔胶	50～55	45～50
块状巴拉塔胶	45～50	50～55

巴拉塔胶是作为古塔波胶的补充原料而被人们所熟识。20世纪50年代以前，随着全球电讯工业的高速发展，对于古塔波胶的需求猛增，东南亚野生古塔波

树几乎被砍伐殆尽，处于灭绝的境地，古塔波胶的供应远不能满足电缆工业的需求。于是人们不得不寻找其他含胶资源以补充古塔波胶的不足，欧美人在南美洲热带雨林中一种叫做Mimusopsglobosa的植物中寻找到一种巴拉塔胶（balata），性能和古塔波胶相同，于是将其与古塔波胶共混，以弥补古塔波胶的不足。

9.12 桃叶卫矛胶 ◀◀◀

桃叶卫矛，也称丝绵木，卫矛科（Celastraceae），卫矛属（Evonymus），多年生灌木或小乔木植物，该科植物有200多个品种。其中具备商业化开发价值的桃叶卫矛品种有：结瘤桃叶卫矛（Evonymus verrucosascop），广泛分布在前苏联地区，也是前苏联开发桃叶卫矛胶的主要原料；欧洲桃叶卫矛（Evonymus europaea），广泛分布在欧洲；日本桃叶卫矛（Evonymus japonica），主要分布在日本、中国东北和俄罗斯远东地区；以及远东玛加桃叶卫矛（Evonymus maackii），主要分布在俄罗斯远东地区、日本，中国东北地区也有生长，见图9.19。

图9.19 桃叶卫矛

桃叶卫矛不产胶乳，而是以胶腺细胞的形式出产橡胶，桃叶卫矛的胶腺细胞呈直线状、很长、末端尖锐，主要分布在根的派生皮和树干的下部。桃叶卫矛胶（Evonymus）[31]的化学式为反式-1,4-聚异戊二烯，和杜仲胶、古塔波胶属于同一种物质。桃叶卫矛不同部位含胶分布与含树脂分布呈现一定的规律性，含胶分布根皮最多、茎皮次之、枝皮较少、树叶几乎不含胶分；而树脂则反之，树叶最多、枝皮次之，茎皮较少，根皮最少。不同的桃叶卫矛品种，含胶量与树脂含量也各不相同，见表9.8。

■ **表9.8** 不同桃叶卫矛品种含胶量与树脂含量（根皮，干重）

品种	结瘤桃叶卫矛	欧洲桃叶卫矛	日本桃叶卫矛	远东玛加桃叶卫矛
树龄/年	7～10	7	7	11
含胶量/%	4～8	1.5～2.5	5～10	10～16
树脂含量/%	4～5	3～5	2～8	4.5～6

从表9.8中看到，结瘤桃叶卫矛，欧洲桃叶卫矛和远东玛加桃叶卫矛都具备商业化开发的价值，而其中远东玛加桃叶卫矛含胶量较高，可以提取出高质量的桃叶卫矛胶，见表9.9。从表9.9中看到，桃叶卫矛胶的成分构成几乎与古塔波胶的相同，完全能够满足当时电缆工业的需求。

■ **表9.9** 远东玛加桃叶卫矛胶的组成

橡胶烃	树脂	其他（杂质）
88～91	5～6	4～6（0.7～0.8）

前苏联是唯一一个将桃叶卫矛胶工业化的国家。1917年俄国十月革命之后，西方国家对其进行全面经济封锁，天然橡胶和古塔波胶属于重点禁运物资。为了摆脱西方国家的经济封锁，苏联的科技工作者通过自身的努力，在前苏联广袤的土地上发现桃叶卫矛科植物的茎皮和根皮中也含有反式-1,4-聚异戊二烯，其结构和性能完全和古塔波胶相同，很快前苏联就在乌克兰加盟共和国的乌曼城建立了第一个加工厂，之后迅速建立起了自己较为完备的桃叶卫矛胶工业体系，可以完全满足国内的需要，1936年以后前苏联已经停止了东南亚古塔波胶的进口。可以说前苏联桃叶卫矛胶的开发为苏联的经济发展做出重要贡献，也为第二次世界大战期间苏联击败德国法西斯，最终取得第二次世界大战的胜利做出了贡献。至20世纪50年代，石油基合成高分子高速发展，完全替代了古塔波胶，前苏联也逐步放弃了桃叶卫矛胶的生产。

9.13 Chicle胶

Chicle胶产自中美洲一种叫做人心果树（manilkara zapota）的胶乳中（图9.20）。

人心果树，山榄科（sapotaceae），人心果属（manilkara），高大乔木。原产于墨西哥和中北美洲地区，生长范围北起墨西哥韦拉克鲁斯（veracruz），南至哥伦比亚的大西洋沿岸，主产区在墨西哥的尤卡坦半岛（yucatan peninsula）。人心果树可长至15～30m高，叶互生，长圆形或卵状椭圆形，大小约为12cm×3 cm；花1～2朵生于枝顶叶腋，长约1cm；花冠白色，长6～8mm；褐色浆果呈纺锤形、卵形或球形，长4cm以上，果肉黄褐色，可食用，当地人用其制作奶油果冻。

图9.20　Chicle胶

人心果树长至7～8年成熟时可以割胶，单株人心果树Chicle胶乳的产量差异性很大，少的只有3kg，而高的则有15kg。Chicle胶乳为奶白色，有弹性，割胶工人通过从人心果树的底部至顶部割开"Z"字形的凹槽，然后在凹槽的底部放置收集胶乳用的容器，胶乳会沿着"Z"字形的凹槽流到容器中，整个过程会持续20h。随后割胶工人将收集到的胶乳集中，将水分烘干，成型为块状，最后得到商业化的粗Chicle胶。

Chicle胶是唯一一种同时含有顺式-1,4-聚异戊二烯和反式-1,4-聚异戊二烯的植物橡胶。1951年箭牌口香糖公司的Walter Schlesingsr和H.M.Leeper利用重量法分析了不同商业化Chicle胶的构成及性能[32]，为了验证实验结果的准确性，他们还特地在洪都拉斯的一株人心果树割取了Chicle胶乳的标准样品，以作比较，见表9.10。

■ **表9.10**　Chicle胶的构成及性能

构成　　　性能	商业化Chicle胶 Ⅰ	商业化Chicle胶 Ⅱ	商业化Chicle胶 Ⅲ	标准样品	分子量
顺-1,4含量	28	26	32	22	9.1×10^5
反-1,4含量	72	74	68	78	1.6×10^5

从表9.10中看到，Chicle胶是由低分子量的反式-1,4-聚异戊二烯和高分子量

的顺式-1,4-聚异戊二烯构成，其中反式-1,4-聚异戊二烯的比例为70%左右，分子量平均为1.6×10^5；顺式-1,4-聚异戊二烯的比例为30%左右，分子量平均为9.1×10^5。1989年，日本的Y.Tanaka教授利用^{1}H NMR技术精确分析了纯Chicle胶的组成，结果表明Chicle胶中反式-1,4-聚异戊二烯的比例为82%，顺式-1,4-聚异戊二烯的比例为18%，基本与重量法得到的结果相一致[33]。

　　Chicle胶曾经是世界口香糖工业的主要原料。而正是一个偶然的机会，美国的Thomas Adams将Chicle胶引入到口香糖工业。1866年，墨西哥前总统Antonio Lopez de Santa Anna带着一些Chicle胶样品来到纽约找到了Thomas Adams，他希望后者能够帮助他将Chicle胶做成橡胶制品，并提供了两吨样品以做实验。但是Thomas Adams的实验失败了，并没有将Chicle胶做成橡胶制品。但是他记得这位前墨西哥总统说过，当地玛雅人有咀嚼Chicle胶乳的习惯。因此Thomas Adams就有了将Chicle胶做成口香糖的想法。当时的口香糖是用加糖的石蜡制作，而Chicle胶可以很好地替代石蜡做基胶。Adams的这一想法开启了现代口香糖产品的大门，Adams牌的口香糖至今还有售卖。

　　但是在20世纪40年代后期，Chicle胶被物美价廉的石油基树脂，比如丁苯橡胶、顺丁橡胶、醋酸乙烯酯等乙烯基聚合物所取代，因为石油基树脂口香糖材质更为合理、香味更为持久、黏性有所降低，同时也更为便宜。但是直到今天还有一些品牌仍坚持使用Chicle胶制作天然口香糖基胶。当然，并不是所有的天然口香糖都使用Chicle胶制作，其他天然基胶还有马来西亚出产的明胶（Jelutong）以及亚马逊河谷出产的香豆胶乳（sorva）。

　　2004年，天然基胶口香糖总量为3000t，占全球口香糖市场份额的3.5%，而同年石油基树脂基胶口香糖为10万吨，与其相比，天然口香糖几乎可以忽略不计。但是随着人们环保意识增强，人们更愿意追求绿色的纯天然产品，天然口香糖的消费有扩大的趋势，尤其在亚洲的日本，人们更愿意食用天然基胶的口香糖。

　　目前从事天然口香糖生产主要有三家公司，分别为，墨西哥的卡雷纳公司（Canel's），意大利的基胶公司（Gum Base Co.）以及日本的乐天公司（Lotte）。

参考文献

[1]　Hoover SR，Thomas J. et al. Industrial and Engineering Chemistry，1945，37（9）：803-805.

[2]　Magoon M L，Krishnan R，Vijaya Bai K. Genetica，1970，41：425-436.

[3]　Finlay MR，Growing American Rubber：Strategic Plants and the Politics of National Security. Rutgers University Press，2009：1-25.

[4]　James B，Arthur W. Galston. The Botanical Review，1947，13（10）：543-596.

[5]　Swanson C L，Buchanan R A，Otey F H. Journal of Applied Polymer Science，1979，23（3）：743-748.

[6]　Tanaka Y，Sato H，Kageyu A. Rubber Chemistry and Technology，1983，56（2）：299-303.

[7]　Hendricks S B，Wildman S G，Jones E J. Rubber Chemistry and Technology，1946，19（2）：501-509.

[8] McKennon FL，Lindquist J. R. Rubber Chemistry and Technology，1945，18（3）：679-684.

[9] Joseph T，Yeoh H H，Loh C S. Plant Cell Reports，2000，19（5）：535-538.

[10] De Barros GG，Ricardo NMP，Vieira VW. Journal of Applied Polymer Science，1992，44（8）：1371-1376.

[11] Stipanovic RD，Seiler GJ，Rogers C E，et al，1982，30：611-613.

[12] Stipanovic RD，O'Bried DH，Rogers CE，et al. Journal of Agricutul and Food Chemistry，1980，28：1322-1323.

[13] Stone K J，Wellburn A R，Hemming F W Biochemical Journal，1967，102：325-330.

[14] Siler DJ，Cornish K. Phytochemistry，1993，32（5）：1097-1102.

[15] Hager T，MacArthur A，McIntyre D，et al. Rubber Chemistry and Technology，1979，52（4）：693-709.

[16] Henderson PVN，The Hispanic American Historical Review，1993，73（2）：235-260.

[17] Healy PF. Ancient Mesoamerica，1992，3（2）：229-239.

[18] Harmsa R. The Journal of African History，1975，16（1）：73-88.

[19] Stavely FW，Biddison PH，Forster MJ，et al. Rubber Chemistry and Technology，1961，34（2）：423-432.

[20] Dumetta R. The Journal of African History，1971，12（1）：79-101.

[21] Monson J. African Economic History，1993，21：113-130.

[22] Fox CP. Industrial & Engineering Chemistry，1913，5（6）：477-478.

[23] Bushmana BS，Scholteb AA，Cornish K. Phytochemistry，2006，67（23）：2590-2596.

[24] Williams L. Economic Botany，1964，18（1）：5-26.

[25] Metcalfe DJ，Grubb PJ，Turner IM. Plant Ecology，1998，134（2）：131-149.

[26] Thang HC. Forest Ecology and Management，1987，21（1-2）：3-20.

[27] Tully J. Journal of World History，2009，20（4）：559-579.

[28] Kour A. Modern Asian Studies，1998，32（1）：117-147.

[29] Williams L. Economic Botany，1962，16（1）：17-24.

[30] Ross P. Economic Botany，1959，13（1）：30-40.

[31] 张笑尘. 马莱树胶. 上海：商务印书馆，1955.

[32] Schlesinger W，Leeper HM. Industrial & Engineering Chemistry，1951，43（2）：398-403.

[33] Bateman LC. Industrial & Engineering Chemistry，1957，49（4）：704-711.

第10章
生物基合成弹性体

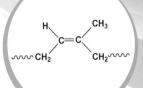

10.1 引言 <<<

橡胶被广泛应用于工业矿山、交通运输、农林水利、国防军工、医疗卫生、电气通信、文教体育等领域，被誉为重要的战略物资。目前，我国几乎所有的橡胶制品都依赖于天然橡胶和以石化资源为原料的合成橡胶。然而，天然橡胶树的生长和产胶受地理位置和气候条件等因素的影响很大，我国仅有海南、云南和广东、广西的部分地区适宜种植。以2011年为例，我国天然橡胶消耗量为370万吨，产量仅为70.7万吨，80%以上依赖进口，对外依存度过高。而用于生产合成橡胶的原料通常是丁二烯、苯乙烯、异戊二烯、氯丁二烯、乙烯和丙烯等石化产品。众所周知，石化资源属于不可再生资源，在能源、资源与环境都受到严重挑战的今天，以大量能源资源消耗为代价的化工工业正在面临着严峻的考验。充分利用可再生资源、减少对石油等不可再生的化石资源的依赖，对促进全球经济的可持续发展具有十分重大的意义。

生物质资源是非石油路线制备化学品的重要来源，美国已提出2020年50%有机化学品和材料将产自生物质原料，工业生物技术将起核心作用。用来制备生物基材料的生物质原料主要包括：① 由生物质经微生物发酵得到的酸、醇、烯等小分子单体；② 直接从天然植物中提取得到的淀粉、纤维素、木质素、植物油等。

生物基合成弹性体是基于生物质原料合成的弹性体材料，生物基合成弹性体同天然橡胶的不同之处在于前者需要通过人为的聚合反应才能获得，是间接利用了生物质资源，而天然橡胶的聚合过程是在生物体内完成的，人们可以通过提取的方法获得弹性体材料。根据应用的不同，可将生物基合成弹性体分为生物基医用弹性体和生物基工程弹性体两个大类。生物基医用弹性体主要是以生物基单体为原料合成的应用在组织修复、药物缓释、手术缝合等医用场所的弹性体材料，侧重于材料的生物相容性和可降解性等。而生物基工程弹性体是以生物基单体为原料合成的，以交通运输、物料传送、减震、密封等传统工程应用为目的弹性体材料，侧重于考察材料的机械强度、原料成本、环境稳定性等。在本章内容中，首先介绍了多种生物基化学品，然后较为详细地介绍了生物基医用弹性体和生物基工程弹性体的发展情况。

合成生物基弹性体用生物质化学品简介 ◀◀◀

下面将重点对目前大宗生产和具有良好发展前景的生物质单体进行介绍：

（1）甲醇（methanol）　又称"木醇"或"木精"，是结构最为简单的饱和一元醇，是一种无色有酒精气味易挥发的液体，熔点–98℃，沸点64.5℃，分子量32.04，化学式：CH_3OH。甲醇的化学性质较活泼，具有脂肪族伯醇的一般性质，能发生氧化、酯化、羰基化等化学反应。

生物质合成甲醇主要采用热化学气化法，首先将生物质通过热化学气化得到原料气，原料气经过预处理可得到H_2，CO，CH_4等甲醇合成气，这些合成气在一定条件下经过催化剂催化作用便可生成甲醇。法国的Lemasle以木头为主料，松树皮、稻草球等为辅料，经过13h的生产周期，可以得到甲醇，平均每吨干木头可以生产487kg甲醇。美国国家可再生能源实验室以蔗糖残渣为原料，每吨可得到甲醇570kg。荷兰的BioMCN公司利用生物柴油生产的副产物粗甘油为原料生产甲醇，2010年其产能达到2.5亿升。虽然我国甲醇的合成工业比较成熟，但却没有生物质合成甲醇的系统研究。

（2）乙醇（ethyl alcohol）　无色、透明，具有特殊香味的液体，熔点–114℃，沸点78.4℃，分子量46.07，相对密度0.798，化学式：C_2H_6O；结构式：⌒OH。乙醇的密度比水小，能跟水以任意比互溶，是一种重要的溶剂，能溶解多种有机物和无机物。乙醇可以用作基本的有机化工原料，如用来制取乙醛、乙醚、乙酸乙酯、乙胺，也可用来制造醋酸、饮料、香精、染料、燃料。

目前制备生物乙醇主要是由糖类（甘蔗、甜菜等）经过发酵得到，或是由淀粉（玉米、土豆、木薯等）水解得到[1～4]。由乙醇可以衍生出一些重要的化学品，如乙烯、醋酸、醋酸乙酯等，如图10.1所示。近年来，生物乙醇的发展速度迅猛，其中美国和巴西是生物乙醇的生产大国，尤其是巴西的生产成本最低，这

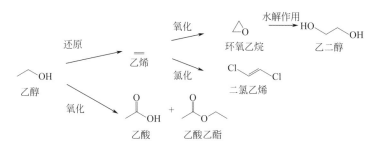

图10.1　以乙醇为平台的衍生化学品

更促使了乙醇衍生化学品的快速发展。中粮生化公司是国内最大的燃料乙醇生产企业，目前燃料酒精产能已达到 4.4×10^5 t/a，乙醇汽油已实现对安徽全省、山东省7个地市、江苏省5个地市、河北省2个地市的燃料酒精的平稳供应。

（3）乳酸（lactic acid）又称2-羟基丙酸，纯品为无色液体，工业品为无色到浅黄色液体，无气味，具有吸湿性，熔点18℃，沸点122℃（2kPa），相对密度1.206，折射率（20℃）1.439，化学式：$C_3H_6O_3$；结构式：

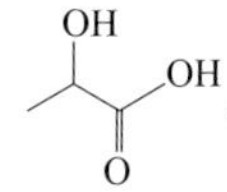

乳酸能与水、乙醇、甘油混溶，不溶于氯仿、二硫化碳和石油醚。在常压下加热分解，浓缩至50%时，部分变成乳酸酐，因此产品中常含有10%～15%的乳酸酐。

乳酸是一种重要的有机酸，已被广泛地应用于食品、制药、医药、日常化工和纺织等行业。微生物发酵制备乳酸所需的营养底物是葡萄糖等碳水化合物，大多数是采用玉米、稻谷、土豆等可再生资源为原料。乳酸发酵的菌种选择是生产乳酸的关键，其菌种主要包括乳酸杆菌和根霉菌[5,6]。目前工业化生产的乳酸均采用乳酸杆菌进行发酵，其转化率高，属于厌氧发酵，能耗低、生产成本较低。乳酸的需求巨大，通过生物质转化生产乳酸，是一项和生物乙醇生产相媲美的产业，具有重要的社会和经济效益，引起了世界各大企业和研究机构的重视。美国ADM、Cargill、Dow、荷兰Purac等公司是目前乳酸及其衍生品的主要生产企业。

聚乳酸是以乳酸为主要原料通过化学合成得到的生物基聚合物，但是由乳酸直接进行缩聚反应，会导致生成的聚合物分子量较低。因此，乳酸先分子内脱水形成丙交酯，再通过丙交酯的开环聚合可以制备高分子量的聚乳酸[7]。聚乳酸具有环保无毒，降解速率快，耐热温度高等优点，聚乳酸具有与传统的塑料相媲美的性能，可以替代当前广泛使用的塑料材料。与传统的石油产品相比，聚乳酸也是一种低能耗的产品，可以降低能耗达到30%～50%。随着聚乳酸的产能逐渐增加和成本的降低，将带动乳酸行业的发展。目前，聚乳酸的主要生产企业有美国Nature Works公司（1.4×10^5 t/a），中国海正生物有限公司（5000t/a），德国Ems Inventa-Fischer公司（2000t/a），日本丰田公司（1000t/a）。

乳酸是一种以可再生资源为原料制得的重要平台化合物，可以衍生出众多的生物基化学品，如图10.2所示。乳酸通过酯化反应可以得到乳酸酯[8]，其无毒、是一种绿色的有机溶剂，可用于生产香料、合成树脂涂料、胶黏剂等。乳酸通过还原可以得到丙二醇，丙二醇脱水可以得到环氧丙烷；乳酸脱水可以制得丙烯酸和丙烯酸酯[9]，但是其转化率较低。

（4）甘油（glycerol）即丙三醇，是一种重要的化工原料，沸点290℃，分子量92.09，化学式：$C_3H_8O_3$；结构式：能与水、乙醇任意比混溶，不溶于苯、氯仿、四氯化碳、二硫化碳、石油醚和油类。甘油具有醇类物质的一般化学性质，可以作为原料参与许多化学反应生成各种衍生物，因此广泛应用于

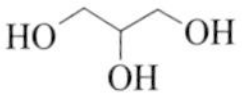

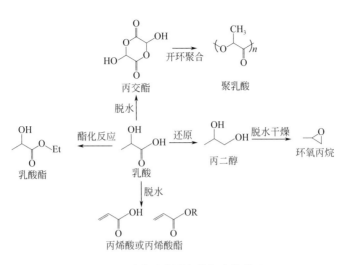

图 10.2　以乳酸为平台的衍生化学品

食品、医药、个人护理和化工等行业，甘油也可以与癸二酸合成生物弹性体。天然甘油主要以植物油脂和动物脂肪为原料，经过简单加工得到，直到目前，天然油脂仍为生产甘油的主要原料，其中约 42% 的天然甘油来自制皂副产物，58% 来自脂肪酸生产过程。在生产生物柴油的过程中，甘油可以作为副产物大量生成，平均每生产 9kg 生物柴油就有 1kg 甘油粗产品产生。预计欧洲和美国到 2015 年将会生产生物柴油 939 万吨，同时会得到 104 万吨粗甘油，其价格可能会从 1.3 ～ 2.0 美元/kg 跌到 0.4 ～ 1.1 美元/kg。

　　生物基甘油自身的多官能团性使得其可以从不同的反应途径生产出高附加值的化学品[10]，甘油选择性氧化可以生成羟基丙二酸、丙酮二酸，甘油选择性加氢可以得到丙二醇、乳酸，甘油脱水可以得到丙烯醛、羟基丙酮，如图 10.3 所示。

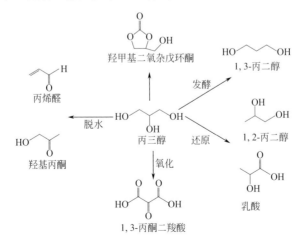

图 10.3　以甘油为平台的衍生化学品

（5）1,3-丙二醇（1,3-propanediol） 无色、无味的黏稠液体，沸点为214.4℃，冰点–27℃，分子量76.10，相对密度1.053，化学式：$C_3H_8O_2$；结构式：HO~~~~OH。1,3-丙二醇可溶于水、醇、醚等多种有机溶剂，主要用于增塑剂、洗涤剂、防腐剂、乳化剂的合成，也可用于食品、化妆品和制药等行业，其最主要的用途是作为聚合单体合成性能优异的高分子材料，如聚对苯二甲酸丙二醇酯（PTT）。

1,3-丙二醇的生产方法主要有丙烯醛水合法，环氧乙烷甲酰化法和微生物发酵法。丙烯醛水合法是以丙烯为原料，在催化剂的作用下生成丙烯醛，然后水合得到3-羟基丙醛，而后在Ni催化剂或Pt、Ru催化剂作用下醛基加氢，从而制得1,3-丙二醇。环氧乙烷甲酰法是以环氧乙烷为起始原料，在钴催化剂作用下与CO和H_2进行加氢甲酰化后生成3-羟基丙醛，而后加氢生成1,3-丙二醇。微生物发酵法采用葡萄糖或淀粉等碳水化合物作为原料，首先发酵成甘油，然后通过与单一微生物接触，在适当的发酵条件下制备1,3-丙二醇。微生物发酵法与化学法相比具有操作简单、条件温和、环境污染小等优点，尤其是原料易得、可利用再生资源，具有广阔的应用和开发前景。因此国内外很多知名企业和研究机构都致力于开发生物法制取1,3-丙二醇的技术。美国DuPont公司和英国Tate&Lyle公司于2004年建立了联合工厂，利用基因改性后的大肠杆菌发酵玉米糖浆来制备1,3-丙二醇，年产量为12万吨。根据DuPont公司的报道，生物发酵这种新工艺跟传统石化制作工艺相比，能够减少40%的能源消耗，同时至少能够减少40%以上的温室气体排放。2008年1月，法国Metabolic Explorer公司利用生物柴油副产物甘油，经过发酵法成功生产出1,3-丙二醇，纯度超过99.5%。

我国也有多家研究所从事1,3-丙二醇生物法技术的开发研究，从自然科学基金到国家"十五"以及"十一五"都给予了高度关注和资助。清华大学以克雷伯氏菌和葡萄糖作为辅助底物发酵生产1,3-丙二醇[11]，并先后与黑龙江辰能生物工程有限公司、湖南海纳百川生物工程有限公司和河南天冠企业集团有限公司合作进行批量试生产，并分别建成了年产4000t、300t和1000t的生产线。此外，大连理工大学生物化工研究所开发了甘油两步法发酵生产1,3-丙二醇的工艺。中国石化抚顺研究院对以生物柴油副产物产甘油为原料生产1,3-丙二醇的工艺进行了系统化的研究，成功完成了200t/a中试后，所开发的万吨级工艺包通过了中国石化组织的技术鉴定。

（6）丁二酸（succinic acid） 也称琥珀酸，为无色结晶体、味酸，可燃，熔点188℃，在235℃时分解，分子量118.09，相对密度1.56，化学式：$C_4H_6O_4$；

结构式：HO~~~~OH。丁二酸能溶于水，微溶于乙醇、乙醚和丙酮，是一种重要的有机合成原料。广泛应用于医药、农药、染料、香料、油漆、食品、塑料等行业。

传统工业以石油或天然气裂解的顺丁烯二酸或顺丁烯二酸酐为原料生产丁二酸。但是采用这种方法获得的丁二酸，成本比较高。丁二酸广泛地存在于自然界中，如松属植物的树脂久埋于地下而成的琥珀，此外多种植物、动物的组织中都含有丁二酸。近年来，以淀粉、糖为原料，采用生物发酵技术生产丁二酸的工艺已取得了较好的效果[12]。与传统化学方法相比，微生物发酵法生产丁二酸，成本低、污染小、环境友好，且在发酵过程中可固定大量的CO_2用于菌株代谢，能够有效减轻温室效应，其来源广泛且价格低廉，可以减少石油、煤等不可再生资源的消耗。

Reverdia是全球首家利用可再生资源生产丁二酸的公司，其位于意大利卡萨诺斯皮诺拉（Cassano Spinola）的大型生物基丁二酸生产基地已投入运营。目前，该厂的年产能为10000t，其产品商标为Biosuccinium™。日本三菱化学公司则与美国Bio Amber公司合作，在法国Pomacle建设2000t/a的丁二酸生产装置。我国扬子石化公司将建设规模为1000t/a的丁二酸装置，将成为国内首家生物制取丁二酸的企业。

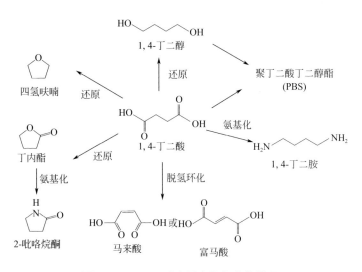

图10.4 以丁二酸为平台的衍生化学品

丁二酸可作为重要的C_4平台化合物，可以衍生出一些重要的化学产品，如1,4-丁二醇、四氢呋喃、γ-丁内酯、2-吡咯烷酮，如图10.4所示。丁二酸也是合成生物基聚合物的主要单体之一，如用于合成尼龙、聚酯[13,14]等。此外，利用生物基丁二酸和丁二醇可以合成生物基的聚丁二酸丁二醇酯（PBS）。PBS作为一种绿色的聚合物材料，来源于可再生资源，在一定的条件下可降解回归自然。目前日本昭和高分子株式会社和美国Eastman公司已经开始生产商品化的生物基PBS，其年产规模分别为5000t/a和15000t/a，这两家公司生产的生物基PBS可以作为家用电器和电子仪器等的包装材料，日本昭和高分子株式会社生产的生物基

PBS其商品名为"Bionolle"。

（7）1,4-丁二醇（1,4-butanediol） 无色黏稠油状液体，可燃，熔点为20.1℃，沸点为228℃，分子量为90.12，相对密度为1.02，化学式：$C_4H_6O_4$；结构式：HO‿‿‿‿OH。1,4-丁二醇能与水混溶，溶于甲醇、乙醇、丙酮，微溶于乙醚，是一种重要的有机化工和精细化工原料，被广泛用于生产聚对苯二甲酸丁二醇酯（PBT），γ-丁内酯（GBT），聚氨酯（PU），四氢呋喃（THF）等。此外，还用于合成维生素B_6、农药、除草剂以及溶剂、增湿剂、医药中间体、链增长剂和胶黏剂等。

目前生产1,4-丁二醇的工业化方法有Reppe法、正丁烷/顺酐法、丁二烯法和环氧丙烷法等，此外还开发出生物转化法。生物转化法生产丁二醇主要是通过葡萄糖等发酵得到丁二酸，再采用适当的催化剂使之转化为1,4-丁二醇。美国Genomatica公司采用C_5或C_6等糖类和水为原料，通过自主知识产权的高效回收工艺，得到纯度大于99%的1,4-丁二醇产品。Genomatica公司的生物法1,4-丁二醇生产工艺荣获美国绿色合成路线奖，与传统工艺相比，该方法的能耗比石油基路线低约60%，二氧化碳排放量降低70%，建造同等规模的生产装置，建设费用可以减少30%～60%。Genomatica公司先后与Tate&Lyle、三菱化学、Novamonat、BASF等国际公司合作建设生物法1,4-丁二醇的生产装置。意大利Novamonat采用Genomatica公司技术，于2012年年底建成投产了一套20 kt/a的1,4-丁二醇生产装置，这是Genomatica首套工业化生物法制备1,4-丁二醇的生产装置。此外，美国Bio Amber公司结合Dupont公司加氢催化剂技术将大量的生物基琥珀酸制成100%的生物基1,4-丁二醇。目前该公司正在建造综合性工厂，以便同时生产生物基琥珀酸和1,4-丁二醇。从发展前途看，丁二醇生物转化工艺的生产费用可望与已工业化的工艺相竞争。

（8）衣康酸（itaconic acid） 又名甲叉琥珀酸、亚甲基丁二酸，为无色结晶性粉末，熔点167～168℃，分子量130.1，相对密度1.57，化学式：$C_5H_6O_4$；结构式：（图）。衣康酸溶于水、乙醇和丙酮，微溶于氯仿、苯和乙醚，是一种不饱和二元酸，广泛用于合成树脂、合成纤维、塑料、橡胶、离子交换树脂和表面活性剂等。

衣康酸分子结构中具有双键，衣康酸的化学结构赋予了它特殊的化学特性，能够与其他单体如丙烯腈等发生共聚合反应，也能进行各种加成、酯化和缩聚反应。由于羧基的存在，衣康酸可以作为丙烯酸或甲基丙烯酸的替代物。另外，衣康酸酯的聚合物，如衣康酸甲酯、乙酯、乙烯基酯的聚合物可用作塑料、黏合剂、橡胶和涂料[15]。衣康酸还可以作为一种共聚单体参与到聚合物的化学改性中[16]。在这些应用中，大部分衣康酸用于聚合物的制备，其余的小部分衣康酸用作添加剂、除垢剂和生物活性派生物，在医药和农业上也有少量应用[17]。

衣康酸生产方法有合成法和发酵法，合成法主要有柠檬酸合成法和顺酐合成法，而发酵法一般是利用土霉菌（*aspergillus terreus*）对糖类进行发酵，其产率可以达到80g/L，转化率达到65%以上[18]。随着发酵工艺的不断进步，发酵法生产衣康酸的成本已经低于传统的合成法，并且具有原料易得，技术娴熟等优点，发酵法已成为目前生产衣康酸的主要方法。糖类是微生物发酵生产衣康酸的重要原料，其中包括葡萄糖、蔗糖和木糖等[19]。目前，世界发酵法衣康酸的主要产地为中国（约占46%），美国（约占45%），日本（约占7%），和韩国（约占2%），年产量超过十万吨，平均售价约为12000元/t。表10.1为我国的主要衣康酸生产企业，衣康酸生产成本的降低和产量的不断提高，为建立以衣康酸为原料的可再生聚合物提供了有利条件。

■ **表10.1**　国内主要的衣康酸生产企业及其产量

编号	简称	2012年产量/t	2011年产量/t	2010年产量/t
1	青岛琅琊台	13000	13000	13000
2	山东中舜	4500	4500	4500
3	南京华晶	2000	2000	3000
4	山东华明	10000	10000	10000
5	浙江国光	12000	10000	8000
6	成都拉克	2000	2000	2000
7	云南燃二	3000	3000	3000
8	成都万和	1000	1000	1000
	总计	47500	45500	44500

衣康酸作为一种具有特殊化学结构的二元酸，可以制备出多种衍生物，如2-甲基-1,4-丁二醇、3-甲基四氢呋喃、3-或4-γ-丁内酯，如图10.5所示。文献中关于衣康酸转为各种衍生物的研究很少，但是由衣康酸衍生出各种化学品的转化方式应该与丁二酸类似。如衣康酸酯在Pt-Re催化剂作用下可以转化为2-甲基-1,4-丁二醇，在Cu系催化剂作用可以转化为3-甲基四氢呋喃。

（9）乙酰丙酸（levulinic acid）　又称4-氧化戊酸，白色片状结晶，易燃，有吸湿性，易溶于水和醇、醚类有机溶剂。常压下蒸馏几乎不分解，若长时间加热则失水成为不饱和的γ-内酯。乙酰丙酸的熔点37.2℃、沸点139～140℃（1kPa）、分子量115.1、相对密度1.1335、折射率（20℃）1.4396；化学式：$C_5H_8O_3$；结构式：

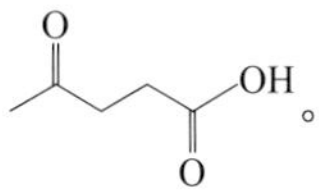

。

图10.5　以衣康酸为平台的衍生化学品

乙酰丙酸分子中含有一个羧基和一个羰基，具有良好的反应性，能够进行酯化、氧化还原、取代、聚合等反应，此外它的4位碳原子是不对称的，可以进行手性合成和拆分。乙酰丙酸可以用于手性试剂、生物活性材料、润滑剂、吸附剂、聚合物、涂料等[20]。目前，以生物质原料制取乙酰丙酸主要有糠醇催化法和生物质直接水解法两种方法，前一种方法是以糠醛为原料，加氢生成糠醇，在盐酸或草酸催化作用下制备乙酰丙酸；生物质直接水解法是以纤维素或淀粉等可再生资源为原料，在酸性条件下加热水解制得乙酰丙酸。美国Biofine公司以木材废料和农业废弃物为原料，在稀硫酸催化作用下，采用两个连续的反应器进行催化水解，其中乙酰丙酸的转化率可以达到70%。

乙酰丙酸是重要的绿色平台化合物，可以衍生出多种化合物，如图10.6所示。乙酰丙酸催化加氢后脱水可以得到γ-戊内酯[21]，γ-戊内酯加氢可以得到1,4-戊二醇[22]，1,4-戊二醇脱水可以得到2-甲基四氢呋喃，其中副产物为戊酸和戊醇。

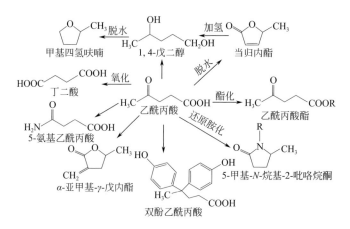

图10.6　以乙酰丙酸为平台的衍生化学品

γ-戊内酯作为一种重要的乙酰丙酸衍生物，可以作为香料、润滑剂、溶剂，还可以直接作为燃料的添加剂使用，通过催化转化可以得到烯烃、烷烃和戊酸酯。乙酰丙酸与醇通过酯化反应可以得到乙烯丙烯酸酯[23]，可以用于香料，食品添加剂、增塑剂和生物液体燃料等。乙酰丙酸与两分子苯酚可以合成双酚酸[24]，双酚酸可以替代双酚 A 用于合成环氧树脂和聚碳酸酯等高分子材料。乙酰丙酸氧化可以得到丁二酸，胺基化可以得到 5-氨基乙酰丙酸等。

（10）糠醛（furfural）　又称呋喃甲醛，油状液体、无色或浅黄色，在空气中容易变成黄棕色，有苦杏仁的味道，闪点60℃，分子量96.08，相对密度1.1594，折射率（20℃）1.5261，化学式：$C_5H_4O_2$；结构式：。糠醛能溶于许多有机溶剂如：丙酮、苯、乙醚、甲苯等，能与水部分互溶。

糠醛是一种重要的杂环类化工产品，可以由农副产品玉米芯、甘蔗渣、花生壳、高粱杆、燕麦壳等在稀硫酸作用下，高温水解成戊糖，进一步脱水得到[25]。我国是农业大国，每年可产生3000万吨的玉米芯，按每12t玉米芯可以转化得到1t糠醛计算，可以生产250万吨糠醛。目前我国年产糠醛10余万吨，为糠醛衍生的发展提供了巨大的发展空间。以糠醛为原料直接或间接衍生出的化工产品品种众多，如糠醛通过催化加氢可以得到糠醇、四氢糠醇，2-甲基呋喃；糠醛通过还原氨化可以得到糠胺；糠醛通过氧化可以得到糠酸；糠醛通过脱羧可以得到呋喃，呋喃通过催化加氢可以得到四氢呋喃，如图10.7所示。糠醛及其衍生化学品应用于农药、树脂、医药、日化等众多领域，也可作为石油的精制和萃取剂。1992年，Quaker Oats公司率先以硫酸作为催化剂，商业化生产糠醛。

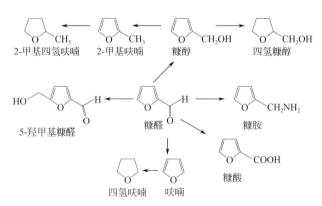

图10.7　以糠醛为平台的衍生化学品

（11）木糖醇（xylitol）　又称戊五醇，熔点92～96℃，沸点216℃，分子质量152.15，化学式：$C_5H_{12}O_5$；结构式：。易溶于水，溶于乙醇及吡啶类溶剂。

木糖醇是一种天然五碳糖醇，可以作为蔗糖替代物，是木糖代谢的产物，木糖广泛存在于各种植物中，可从白桦、覆盆子、玉米、莴苣、花椰菜等植物中提取。作为一种甜味剂，木糖醇虽然存在于水果和蔬菜中，但含量很低，直接提取不仅困难而且经济性差，目前工业上主要用木糖催化加氢的方法生产。生产木糖醇的原料广泛，含有较丰富木聚糖的农林副产物如玉米芯、甘蔗渣、秸秆、树皮、木屑等均可利用。将粗原料用稀酸处理，其半纤维素部分水解后得到以木糖为主的水解液，再适当处理后在 Raney 镍催化下加氢将糖还原为醇，加氢液蒸发、结晶后可得到木糖醇。

1999年国际食品法典委员会（CAC）批准木糖醇为可按生产需要，无须限量食用的食品添加剂。2004年8月，美国能源部可再生资源办公室将木糖醇列为十二种优先开发利用的平台化合物之一。2007年，Danisco 公司利用 Bacillus subtilis 有较强五碳糖合成能力的特点，以此菌为宿主菌，克隆表达了木糖醇磷酸脱氢酶（xylitol phosphate dehydrog enase，XPDH）基因，延伸木糖醇合成途径，转化率为22%。同年，芬兰国立技术研究中心（VTT）和 Danisco 公司合作研究，以普通酿酒酵母（saccharomyces cerevisiae）为宿主菌，在原有的磷酸戊糖途径（pentose phosphate pathway，PPP）基础上，增加了木糖醇脱氢酶（XDH）和磷酸糖磷酸酶（sugar phosphate phosphatase，Ptase）两个酶基因，扩展了木酮糖 - 5P 到木糖醇路线[26]。日本和美国正在积极研究利用微生物发酵法将淀粉直接转化成木糖醇的工艺。该工艺一旦成熟，同样会改变世界现有木糖醇生产格局。目前，全球木糖醇市场稳步发展，每年以15%的速率增长。Danisco 集团公司是世界主要的食品添加剂和配料供应商，该公司也是目前世界最大的木糖醇生产企业，木糖醇年产能为3万吨左右，并在河南安阳建有 Danisco 甜味剂（安阳）有限公司，重点生产木糖和晶体木糖醇。目前国内主要生产厂家见表10.2。

■ 表10.2 国内木糖醇主要生产厂家

序号	公司	产能/（t/a）
1	山东禹城福田药业有限公司	25000
2	浙江开化华康药业	20000
3	山东金缘生物科技公司	8000
4	河南汤阴豫鑫木糖醇有限公司	6000～7000
5	河北乐亭县奥翔木糖醇公司	6000

（12）谷氨酸（glutamic acid） 无色晶体，有鲜味，微溶于水，而溶于盐酸溶液，熔点247～249℃，分子量147.13，相对密度1.538，化学式：$C_5H_9NO_4$；

结构式：HO—...—OH。谷氨酸易溶于热水，几乎不溶于乙醚、丙酮、冷醋酸、乙醇和甲醇。谷氨酸有左旋体、右旋体和外消旋体。L-谷氨酸的用途广泛，可用来生产味精、食品添加剂、香料和用于生物化学的研究。主要用于聚γ-谷氨酸、聚谷氨酸-γ-苄酯、聚谷氨酸-γ-甲酯、聚谷氨酸-天冬氨酸共聚物、聚谷氨酸-γ-苄酯-聚乙二醇共聚物的制备。

发酵法是目前生产谷氨酸的主要方法，也可以采用蛋白质水解法和合成法生产。发酵生产谷氨酸的原料是薯类、玉米、木薯淀粉、椰子树淀粉等的水解糖或糖蜜。目前我国氨基酸的生产厂家已超过百家，在国际上占有举足轻重的地位。2010 年我国氨基酸工业总产量超过 300 万吨，其中大宗氨基酸产品谷氨酸及其盐产量达 220 万吨，占世界总产量的 70% 以上，居世界第一。谷氨酸通过环化、脱羧、脱氨、加氢等反应可以转化出多种的化学品，如 1,5-戊二醇、戊二酸、5-氨基-1-丁醇等，如图 10.8 所示。

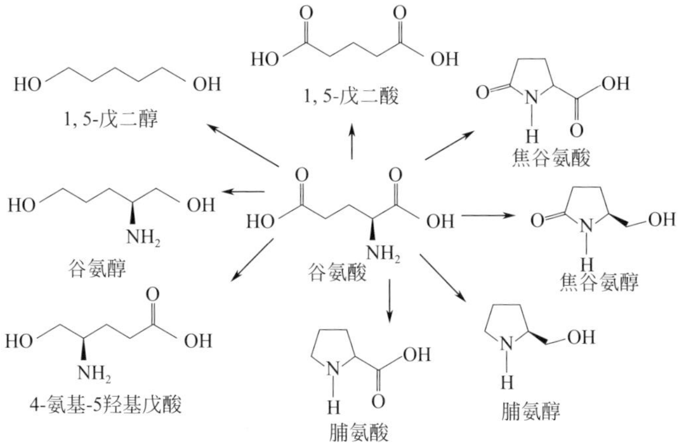

图 10.8　以谷氨酸为平台的衍生化学品

（13）苹果酸（malic acid）　又称 2-羟基丁二酸，为无色针状结晶，或白色晶体粉末，无臭，带有刺激性爽快酸味，熔点 127～130℃，分子量 134.09，相对密度 1.609，化学式：$C_4H_6O_5$；结构式： 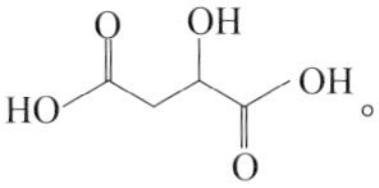 。苹果酸易溶于水，溶于乙醇，不溶于乙醚，有吸湿性。苹果酸有 L-苹果酸、D-苹果酸和 DL-苹果酸 3 种异构体。天然存在的苹果酸都是 L 型的，几乎存在于一切果实中，以仁果类中最多。苹果酸可用于可生物降解聚苹果酸丁二醇酯弹性体，β-聚苹果酸等聚合物的制备。

生物法制备苹果酸可以采用 Pimelobacter simplex DM18 菌的马来酸水合酶高效转化马来酸的方法。反应 36 h，可制备 386g/L 的 D-苹果酸钙盐，相当于 300g/L 的 D-苹果酸，转化率接近 99%，光学纯度达 97.03%。由于 L-苹果酸属于发酵生产的产品，安全性能有保障，因此，国际市场上需求量快速增加，近年来需求量保持在年均10%左右的高速率增长。目前世界苹果酸主要生产国有美国、加拿大、日本等。国内最大的生产厂家为深圳南头新元实业有限公司，年产量达2000t。其他年产500t以上的厂家有上海染化七厂、江苏六合一化等。

（14）山梨醇（sorbitol） 为白色吸湿性粉末或晶状粉末、片状或颗粒，无臭，依结晶条件不同，熔点在88～102℃，分子量为182.17，相对密度1.49，化学式：$C_6H_{14}O_6$；结构式： 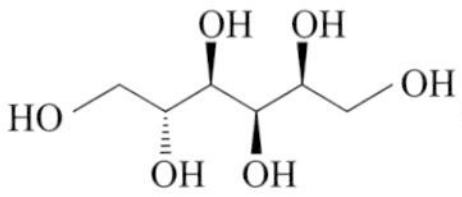 。山梨醇易溶于水，微溶于乙醇和乙酸，有清凉的甜味，甜度约为蔗糖的一半，热值与蔗糖相近。

山梨醇广泛地存在于自然界中，如水果、蔬菜、烟草中，主要应用于化工、医药、食品、日化等各个工业领域。目前，全球的山梨醇年生产能力已经超过了700000t，世界上最大的山梨醇生产商是法国的Roquette公司。山梨醇的生产方法有主要有两种：葡萄糖催化加氢法和淀粉糖化直接加氢法。但是化学催化存在安全性差、需在高温高压下进行、对设备的要求高、转化率低、催化剂成本昂贵等缺点，因此近年来采用生物催化的方法制备山梨醇引起了人们的重视。早在1984年，Barrow等人发现乙醇细菌（*zymomonas mobilis*）能够将蔗糖或果糖和葡萄糖的混合物发酵生成山梨醇[27]。最近，有文献报道采用工程细菌Lactobacillus将葡糖糖转化为山梨醇的理论产率为97%[28]。山梨醇作为葡糖糖的加氢产物，已经成为重要的生物质转化平台，如山梨醇通过脱水反应可以得到异山梨醇；山梨醇通过氢解反应可以得到丙二醇和乳酸；此外，山梨醇在催化剂Pt/Al_2O_3作用下可以得到己烷，其中己烷的选择性为50%[29]。以山梨醇为平台的衍生化学品如图10.9所示。

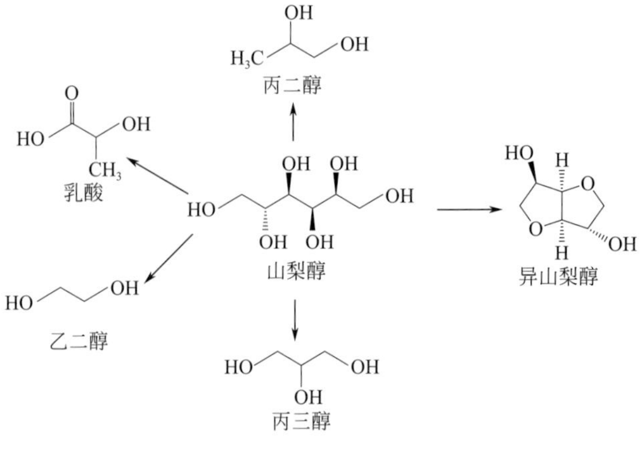

图10.9 以山梨醇为平台的衍生化学品

（15）柠檬酸（citric acid） 又称枸橼酸，为无色半透明晶体或白色颗粒或白色结晶性粉末，无臭、味极酸，常含一分子结晶水，在潮湿的空气中微有潮解性，沸点175℃，熔点153℃，分子量192.12，相对密度1.665，化学式：

$C_6H_8O_7$；结构式：　　　　　　　　　。溶于水、乙醇、丙酮，不溶于乙醚、苯，微溶于氯仿。柠檬酸在食品和医学上用作多价螯合剂，也是化学中间体，用于制造汽水、糖果等，也用作金属清洁剂，媒染剂等。天然柠檬酸在自然界中分布很广，如在柠檬、醋栗、覆盆子、葡萄汁等中，可从植物原料中提取，也可由糖进行柠檬酸发酵制得。柠檬酸在化学技术上可作化学分析用试剂，用作实验试剂、色谱分析试剂及生化试剂；用作络合剂，掩蔽剂；用以配制缓冲溶液，也广泛用于食品、医药、日化等行业。柠檬酸作为一个高反应活性的单体，可以通过缩合聚合反应得到基于柠檬酸的生物可降解弹性体（如聚柠檬酸二醇酯），这些弹性体在很大范围内具有可控的机械和降解性能，并对很多细胞种类具有良好的亲和性和官能性[30～32]。

柠檬酸生产方法主要包括水果提取法和生物发酵法。水果提取法是将柠檬酸从柠檬、橘子、苹果等柠檬酸含量较高的水果中提取出来，此法提取的成本较高，不利于工业化生产。生物发酵法主要是将黑曲霉放入含有蔗糖或葡萄糖的培养基中进行培养，以生产柠檬酸。糖类的来源包括玉米浆、糖蜜发酵液、玉米粉的水解产物或其他廉价的糖类溶液。在去除霉菌之后，向剩余的溶液中加入氢氧化钙，使柠檬酸反应生成柠檬酸钙沉淀，分离出沉淀之后再加入硫酸就可以得到柠檬酸。中国是世界上最大的柠檬酸产品生产国和出口国，柠檬酸年产能占世界的 70% 左右，年产量占世界的 65% 左右，2010 年，我国柠檬酸产量达 98 万吨。其中，安徽丰原生物化学股份有限公司年产量最大，为 22 万吨，价格约 6500 元/t。吴江市华恒精细化工有限公司年产量 3 万吨左右。

（16）柠檬烯（limonene）　别名苎烯，单萜类化合物，无色油状液体，有类似柠檬的香味，熔点 –74.3℃，沸点 178℃，分子量 136.23，相对密度 0.8402，化学式：$C_{10}H_{16}$；结构式：　　　　　　。柠檬烯有左旋柠檬烯、右旋柠檬烯和消旋柠檬烯三种光学异构体。

柠檬烯广泛存在于天然的植物精油中。其中主要含右旋体的有蜜柑油、柠檬油、香橙油、樟脑白油等；含左旋体的有薄荷油等；含消旋体的有橙花油、杉油和樟脑白油等。在制造本品时，分别由上述精油进行分馏制取，也可以从一般精油中萃取萜烯，或在加工樟脑油及合成樟脑的过程中，作为副产物制得。若按柑橘皮平均出油率 0.5% 计，可年产柑橘精油 3500t，按得率 90% 计，每年可提取 D- 柠檬烯 3000t 以上，这无疑是一笔可观的自然资源。

柠檬烯主要用作合成橡胶、香料的原料，也用作磁漆、假漆和各种含油树脂、树脂蜡、金属催干剂农药生产。D- 柠檬烯具有热动力学性质，这将会使它成为良好的热传递液。柠檬烯可以在 –100℃ 以下的低温应用，目前 D- 柠檬烯已被考虑用作油漆、涂料以及黏合剂的载体溶剂。

（17）癸二酸（sebacic acid） 白色片状晶体，微溶于水，溶于酒精和乙醚，熔点134.4℃，沸点294.5℃，分子量202.25，相对密度1.27，化学式：$C_{10}H_{18}O_4$；

结构式：。癸二酸可用作合成润滑剂、人造香料、环氧树脂固化剂、医药等方面的原料，并用作化妆品、表面活性剂、添加剂、软化剂等多方面。癸二酸二酯类能够作为润滑剂和蓖麻油润滑剂的稀释剂，这些产品包括癸二酸二甲酯、二乙酯、二丁酯、二辛酯、二异丙酯及其衍生物等。此外，癸二酸可也应用于工程塑料的生产，如尼龙、可降解聚酯等。

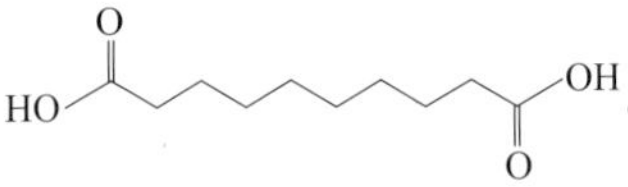

目前，癸二酸有两种生产路线：一种是以蓖麻油的水解产物蓖麻油酸为原料，通过高温碱裂解生成癸二酸和仲辛醇；另一种是己二酸电解氧化法。与蓖麻油裂解法相比，己二酸电解氧化法成本较高，并未大规模生产。近年来，采用癸烷经酵母菌的作用生产癸二酸的方法备受人们关注。目前世界癸二酸的生产能力约为15万吨，其主要分布在中国、美国、巴西、印度和日本。其中，中国是目前世界上最主要的癸二酸生产国家，生产能力约占全球总生产能力的70%以上。在我国，可再生资源蓖麻油的产量十分丰富，年产量可达10万吨以上，使用蓖麻油水解裂解法生产癸二酸是我国采用的最普遍的方法，有数十家生产厂家采用蓖麻油为原料生产癸二酸。

（18）大豆油及其衍生物 大豆油产自大豆种子，是目前产量最大的植物油类之一。自从转基因大豆研制成功以来，大豆油的产量逐年上升，2005年，大豆油的产量为2600万吨/年，到2010年，这一数据上升到4195万吨/年，如此快速的产量增长，也源于人类对大豆油的需求量逐年提高。大豆油的主要用途是食用，约占85%，但仍然有超过10%的大豆油（约400万吨）及其衍生物被广泛开发用于增塑剂、涂层、压敏黏合剂、生物柴油、泡沫塑料及弹性体等各个领域。由于大豆油具有优异的环境友好性能和内在的生物降解性，已经成为材料领域应用最为广泛的可再生资源之一[33]。

大豆油是三油酸甘油酯结构，其分子量为800左右。大豆油中甘油三酸酯含量可以达到95%，凝固点–18～–15℃，碘值（mg碘/100g油）为120～137（平均一个大豆油分子约含有4.6个双键），皂化值（mgKOH/1g油）为188～195。大豆油的结构包括15%的饱和脂肪酸，23%油酸，53%亚油酸和8%亚麻酸，其代表结构如图10.10所示[34]。由于大豆油结构中同时含有甘油酯官能团和大量双键，因此，大豆油可以被用来改性或者直接作为反应单体来制备一些新型的大豆油基材料。

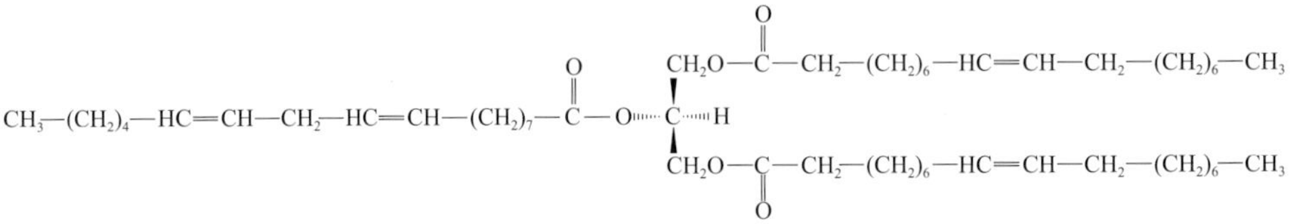

图10.10 大豆油结构示意图

大豆油中存在大量双键，可以通过自由基聚合或阳离子聚合的方法来制备大豆油基聚合物，但由于大豆油的双键在链的中间，反应活性较低，直接利用大豆油进行反应得到的聚合物性能很差，并无实用价值。Larock 利用特制的催化剂将大豆油制备成低饱和大豆油（LSO）和共轭大豆油（CSO）来提高双键的数量和反应活性，并通过阳离子聚合和自由基聚合方法把 LSO 或 CSO 与苯乙烯或二乙烯基苯等第三组分进行共聚，可以制备得到了具有较高交联密度和高力学性能的热固性塑料[35,36]。众所周知，高的交联密度和刚性的链段虽然可以明显提高材料的力学性能，但是也会同时导致高的玻璃化转变温度，而弹性体材料要求具有较低的玻璃化转变温度（低于使用温度），因此，利用自由基聚合和阳离子聚合并不能制备具有较高力学性能的弹性体。

对大豆油的双键进行改性，可以得到多种大豆油衍生物，常见的大豆油衍生物有环氧大豆油、大豆油多元醇和大豆油碳酸酯，其结构式如图 10.11 所示。

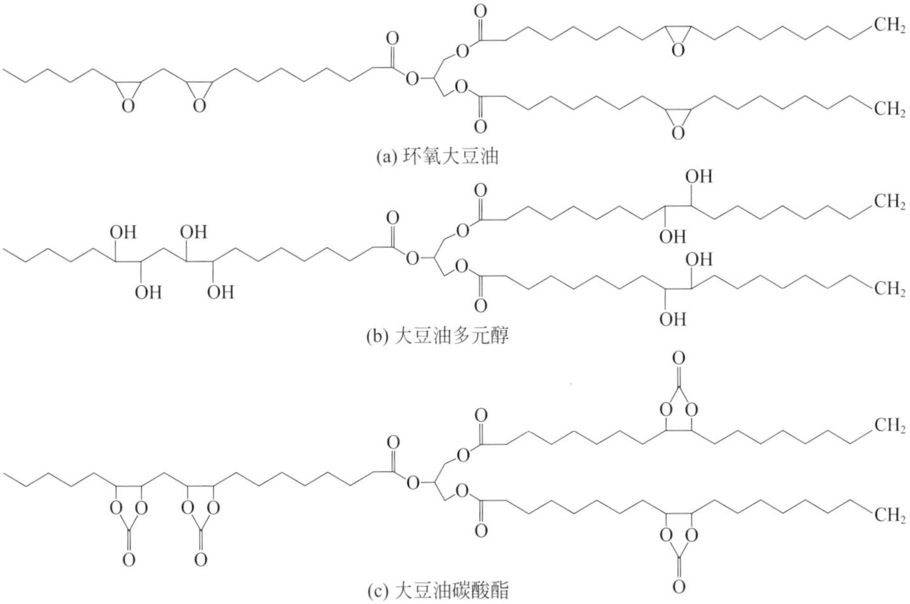

(a) 环氧大豆油

(b) 大豆油多元醇

(c) 大豆油碳酸酯

图 10.11　常见大豆油衍生物结构示意图

环氧大豆油是由大豆油环氧化得到的，可通过过氧羧酸氧化法、浓硫酸催化法、离子交换树脂催化法、硫酸铝催化法和无羧酸催化氧化法等方法制备得到，年产量在 10 万吨/年左右，目前主要用做塑料和橡胶的增塑剂。以环氧大豆油与甲醇为原料，在分子筛催化剂的作用下又可制备得到大豆油多元醇，其转化率可达到 90%以上。2012 年美国巴特尔公司称利用大豆油和甘油为原料，通过改变甘油含量，成功制备得到了分子量和羟基含量可控的大豆油多元醇，这些多元醇主要用来与异氰酸酯反应制备聚氨酯材料（预计此大豆油多元醇可替代石油基材料25%～40%)，但是异氰酸酯原料来源于石化资源，因此所得聚氨酯仍需依赖化石资源，达不到完全可再生的要求。

大豆油碳酸酯是通过环氧大豆油与二氧化碳在一定压力和温度下，发生加成反应得到的，主要用来和多元胺反应制备非异氰酸酯聚氨酯，如果选择生物质二元胺如丁二胺和癸二胺为反应单体，便可得到全生物基大豆油聚氨酯。这种方法制备得到的聚氨酯相对于大豆油多元醇与异氰酸酯反应制备得到的聚氨酯相比，力学性能差，且无法进一步加工，因此目前尚无有效方法来提高其力学性能，限制了其应用。

10.3 生物基医用弹性体 ◀◀◀

材料科学和生物医学的发展促进了生物材料的开发和利用，其应用也越来越广泛，从医疗器械到具有人体功能的人工器官，从整形材料到现代医疗仪器设备，几乎涉及生物医学的各个领域。高分子化合物是构成人体绝大部分组织和器官的物质，这也是生物医用高分子材料成为目前用量和研究最多的生物材料，并具有很好发展前景的根本原因。

人体中许多组织和器官都具有弹性，生物弹性体的模量与人体内绝大部分软组织器官匹配，因此在实际应用中具有一定的先天优势。ASTM把弹性体定义为橡胶或具有类似橡胶性质的一类高分子材料，而对于橡胶力学指标的要求是于室温（18～29℃）拉伸至原长的两倍保持1min后松开，其应在1min内回缩至小于原长1.5倍的长度。根据ASTM对弹性体的定义，再结合材料在体内所处的特殊生态环境（温度、体液等）和所起的特殊作用，我们对生物弹性体做了如下定义：生物弹性体是一类具有一定生物相容性，在人体温度范围内（35～40℃）拉伸至原长的1.5倍保持1min后松开，应在1min内缩至小于原长1.25倍的长度，模量在0.1～20MPa之间的用于诊断、治疗、修复或替换机体中的组织、器官或增进其功能的高分子材料。在本章中，我们以交联方式的不同，将生物基医用弹性体分为热交联生物基医用弹性体，光交联生物基医用弹性体和热塑性生物基医用弹性体三种。

10.3.1 热交联生物基医用弹性体

热交联生物基医用弹性体材料主要具备以下4个特征：生物相容性、生物降解性、生物活性、热可交联性。由于大多数聚合反应和交联反应是在加热条件下进行的，因此，热交联生物基医用弹性体也是最常见的生物基医用弹性体，其主要包括聚（多元醇/二元酸）型生物基医用弹性体，聚（二元醇/多元酸）型生物基医用弹性体，聚（多元醇/多元酸）型生物基医用弹性体，双键交联型生物基医用弹性体四种。

10.3.1.1　聚（多元醇/二元酸）型生物基医用弹性体

多元醇和二元酸制备的热交联型生物基医用弹性体主要包括聚（甘油/癸二酸）（PGS），聚（多元醇/癸二酸）（PPS），聚（甘油/癸二酸/乳酸）（PGSL），聚（甘油/十二烷二酸）（PGD），聚（多元醇/酮戊二酸）（PTK），聚（赤藓糖醇/二元酸）（PErD），聚（十二烷醇/苹果酸）（PDDM）等。这些弹性体的基本性能可参见表10.3。

■ **表10.3**　代表性聚（多元醇/二元酸）型生物基医用弹性体基本性能

名称	T_g/℃	拉伸强度/MPa	断裂伸长率/%	体外降解速率	文献
PGS	< −80	0.5	267	70天降解15%	[37]
PPS	7.3 ～ 45.6	0.6 ～ 17.6	11 ～ 205	105天降解22%	[39]
PGSL	NA	0.2	133	NA	[40]
PGD	32.1	0.5 ～ 7.2	123 ～ 225	40天降解5.8%	[41]
PTK	NA	0.2 ～ 30.8	22 ～ 583	28天降解100%	[42]
PErD	−35.8 ～ 3.8	0.1 ～ 16.7	22 ～ 466	21天降解100%	[43]
PDDM	NA	0.2 ～ 4.2	25 ～ 737	30天降解9%	[44]

（1）聚（甘油/癸二酸）（PGS）　含有甘油或癸二酸的聚合物广泛应用在生物材料领域，PGS是典型的多元醇/二元酸共聚物型生物弹性体。Langer的研究小组制备了甘油和癸二酸摩尔比1：1的PGS弹性体[37]。设计PGS主要遵循5个原则：① 通过交联键和氢键提高材料的力学性能；② 通过三官能团和两官能团单体反应形成三维的网络结构；③ 控制交联密度，使材料具有合适的弹性；④ 通过引入酯基团提高材料的亲水性；⑤ 通过交联降低降解速率。PGS的设计模仿细胞外基质的胶原蛋白和弹性蛋白的力学行为，并表现出较高的弹性和可调节的生物降解速率。通过调整PGS交联密度可以调节其力学性能，PGS生物弹性体已被尝试应用于软组织工程和药物输送领域，如图10.12为PGS弹性体在心脏表面缝合应用的示意图。

（2）聚（多元醇/癸二酸）（PPS）　采用生物基单体如木糖醇，山梨醇，麦芽糖醇等多元醇与癸二酸在120 ～ 150℃下缩合聚合可以

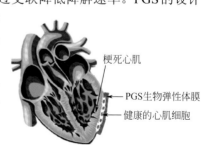

图10.12　PGS弹性体（蓝色区域）在心脏表面缝合上的应用[38]

梗死心肌

PGS生物弹性体膜

健康的心肌细胞

制备一系列PPS生物弹性体[39]，反应方程式见图10.13。PPS弹性体的体外降解速率要低于体内的降解速率，其降解速率能够通过投料比和交联密度来控制。但是，由于PPS中存在的大量羟基会造成其交联密度过高，PPS具有弹性易丧失的缺点。在制备PPS弹性体的过程中，单体的摩尔比和交联的条件需要严格的控制。

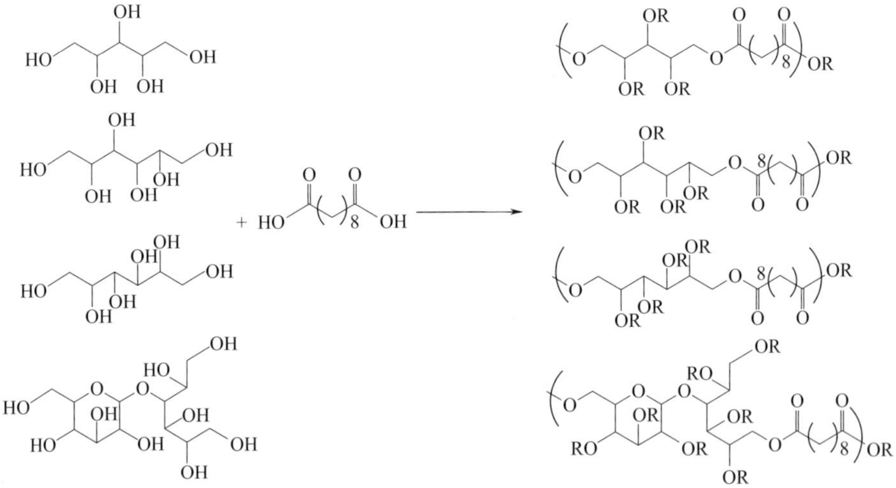

图10.13　PPS弹性体的反应方程式[39]

（3）聚（甘油/癸二酸/乳酸）（PGSL）　为了调节PGS弹性体的降解速率，适应不同的应用场合，通过甘油、癸二酸、乳酸的三元缩聚可以制备出PGSL弹性体[40]。在甘油∶癸二酸∶乳酸摩尔比为1∶1∶0.5的条件下，PGSL的拉伸强度为0.15MPa，断裂伸长率为133%。PGSL可以抑制血小板的凝结，延长凝血时间，这表明PGSL具有良好的血液相容性。PGSL有在药物缓释领域应用的潜力，不过在分解过程中产生的乳酸对药物的影响需要考虑。

（4）聚（甘油/十二烷二酸）（PGD）　通过甘油和十二烷二酸的缩合聚合可以合成PGD弹性体[41]。首先，在氮气气氛和120℃下，两种单体以1∶1的摩尔比加入到反应器中，反应时间为24h；然后，在压力为13kPa的条件下反应24h形成预聚体；最后，将预聚体浇注在模具中，在10kPa、90℃的真空烘箱中48h即得到产物。PGD的T_g为32.1℃，因此，室温下PGD为玻璃态，而在人体温度下为弹性体。从图10.14也可以看出，21℃下，PGD在拉伸过程中有明显的屈服，表现为塑料的特征；在37℃下，为典型的弹性体的应力应变曲线，随着应变的提高，应力逐步升高。PGD具有较低的降解速率，细胞能够附着生长，并保持良好的活性。此外，PGD还是一种形状记忆材料，能够在微创手术中发挥重要作用。由于十二烷二酸的反应活性较低，制备PGD需要更长的反应时间，这可能会导致生产效率的降低和氧化降解的发生。

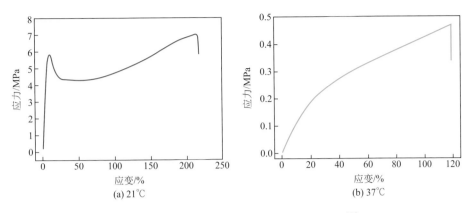

图10.14　PGD在不同温度下的应力应变曲线[41]

（5）聚（多元醇/酮戊二酸）（PTK）　PTK是采用酮戊二酸与三元醇缩合聚合制备的可降解聚酯材料，Barrett的研究小组分别制备了聚（甘油/酮戊二酸），聚（1,2,4-丁三醇/酮戊二酸），聚（1,2,6-己三醇/酮戊二酸）三种聚合物[42]。如图10.15所示，首先在125℃条件下，将酮戊二酸和三元醇以摩尔比1∶1的比例投料反应1h制成预聚物；然后分别在60℃，90℃，120℃条件下进行交联，反应时间为6h～7d，得到一系列PTK聚合物。这些聚合物中，低温长时间（如60℃，7d）的交联产物是柔软有弹性的材料，高温短时间（如120℃，1d）的交联产物是硬的塑料状的材料。同时，控制交联程度，可以调整PTK的降解速率。PTK能够支撑小鼠纤维细胞的附着和生长，其降解产物也没有毒性，这些特点使PTK具有广阔的应用前景。

$$
\begin{array}{c}
\underset{\text{(α-戊酮二酸)}}{\text{HOOC}-\overset{\overset{\text{O}}{\|}}{\text{C}}-(\text{CH}_2)_2-\text{COOH}} + \underset{\text{(三元醇, $n=0,1,3$)}}{\text{HO}-\text{CH}_2-\overset{\overset{\text{OH}}{|}}{\text{CH}}-(\text{CH}_2)_n-\text{CH}_2-\text{OH}} \\[2ex]
\xrightarrow[\text{(2) 60℃, 90℃或120℃, 6h～7d}]{\text{(1) 125℃, 1h}} \underset{\substack{\text{(聚α-戊酮二酸弹性体)}\\ \text{R＝H或聚合链}}}{\left[\text{OC}-\overset{\overset{\text{O}}{\|}}{\text{C}}-(\text{CH}_2)_2-\text{COO}-\text{CH}_2-\overset{\overset{\text{OR}}{|}}{\text{CH}}-(\text{CH}_2)_n-\text{CH}_2-\text{O}\right]_m}
\end{array}
$$

图10.15　PTK弹性体的合成方程式[42]

（6）聚（赤藓糖醇/二元酸）（PErD）　在PTK材料之外，Barrett的研究小组也制备了一系列以赤藓糖醇和5～14个碳原子的碳二酸为单体的聚酯型材料PErD[43]。首先，在145℃条件下将聚合原料混合均匀，反应2h；然后，在压力为260Pa的条件下制得PErD的预聚物；最后，分别在120℃下3天，140℃下3天，120℃下2天制备了不同的PErD聚合物。同PTK类似，PErD从坚硬到柔顺，降解速率也可以通过交联过程来进行调节，以满足不同条件下的应用。采用长链的二酸制备的PErD较短链的二酸制备的PErD降解的更慢。

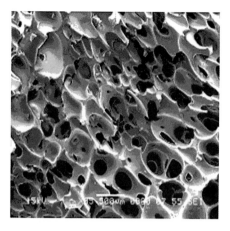

图10.16 通过超临界二氧化碳发泡法制备的多孔PDDM材料[44]

（7）聚（十二烷醇/苹果酸）（PDDM） PDDM是通过十二烷醇和苹果酸的缩合聚合制备，首先，按照十二烷醇和苹果酸2∶1的比例在140℃下形成预聚物；然后，将预聚物浇注在模具中，在160℃下成型[44]。PDDM的力学性能受交联密度的影响很大，因此，可以通过控制交联密度来调整力学性能。实验表明，PDDM与小鼠L929纤维细胞具有良好相容性。如图10.16，PDDM可以通过超临界二氧化碳加工成孔径为100～250μm的多孔结构。这种多孔的PDDM材料有望在血管和心肌的组织工程领域得到应用。

10.3.1.2 聚（二元醇/多元酸）型生物基医用弹性体

聚（二元醇/多元酸）型生物基弹性体主要包括聚（1,8-辛二醇/柠檬酸）（POC），聚（聚乙二醇/柠檬酸）（PEC），聚（1,2-丙二醇/癸二酸/柠檬酸）（PPSC），聚（1,8-辛二醇/柠檬酸/癸二酸）（POCS），多元酸交联的聚碳酸酯二醇（PCPA），多元酸交联的聚己内酯二醇（PCLPA）等，这些生物基医用弹性体的基本性能见表10.4。

■ 表10.4　代表性聚（二元醇/多元酸）型生物基医用弹性体基本性能

名称	T_g/℃	拉伸强度/MPa	断裂伸长率/%	体外降解速率	文献
POC	-10～0	2.6～6.1	100～400	180d完全降解	[45]
PEC	-28.2～2.9	0.2～2.7	140～1506	28d降解68%	[47]
PPSC	-13.8～9.8	0.9～2.1	226～432	20d降解60%以上	[48]
POCS	-37～-0.7	0.2～0.6	127～231	6h降解64%	[49]
PCPA	-51～-41	9.4～13.5	208～434	5d降解10%	[50]
PCLPA	-49～67	0.7～15.0	140～750	12h完全降解	[51]

（1）聚（1,8-辛二醇/柠檬酸）（POC） 柠檬酸是一种带有三个羧基和一个羟基的多官能团单体，可以与双羟基的单体进行反应，制备网络状的弹性体。POC就是具有代表性的二元醇/多元酸的弹性体材料，Ameer的研究小组在没有催化剂和交联剂的条件下合成了POC弹性体[45]。选择1,8-辛二醇的主要原因是由于它是无毒水溶性脂肪族二元醇中链长最长的，这样能够提高分子的柔顺性，降低玻璃化转变温度。首先，在140℃下，采用辛二醇和柠檬酸合成数均分子量约为1085g/mol的预聚物；然后，将该预聚物在较低温度下（37～120℃）

和较长时间（1 ～ 12天）成型，即得到
POC弹性体。POC弹性体的拉伸强度约
为2.0MPa，断裂伸长率可以达到260%，
降解速率可以通过投料组成和后续成型工
序进行调节。人体动脉平滑肌细胞和内
皮细胞能够在POC膜上正常附着和生长，
说明了POC具有良好的生物相容性。如
图10.17，Ameer的研究小组还采用羟基
磷灰石填充的POC制备了移植韧带螺丝。

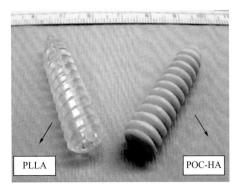

图10.17　采用PLLA和POC-HA制备的移植韧带螺丝[46]

（2）聚（聚乙二醇/柠檬酸）（PEC）
PEC是一种能够快速降解的生物弹性体[47]，
选择聚乙二醇的原因是由于其出色的生物相容性。其制备方法为，在140℃下，将
不同分子量的聚乙二醇（M_n=150，200，300，400）与柠檬酸发生缩合反应形成预
聚物，反应时间6 ～ 7h；然后，将预聚物在120℃进行成型。PEC的T_g随着聚乙二
醇原料分子量的增加而降低，其力学性能可以通过交联密度、投料比、成型条件
等进行调节。PEC的体外降解速率很快，有些在24h就可以降解50%。因此，PEC
弹性体有望在伤口止血和快速药物释放方面得到应用。但是由于PEC降解速率过
快，因此不适合应用在软组织修复等需要降解速率较慢的场所。

（3）聚（1,2-丙二醇/癸二酸/柠檬酸）（PPSC）　PPSC弹性体是通过1,2-
丙二醇、癸二酸、柠檬酸的缩聚合成的。首先，在140℃下，合成重均分子量
为658的聚（1,2丙二醇/癸二酸）的预聚物；然后，在相同温度下，将该预聚物
与不同比例的柠檬酸进行反应；最终，将所得产物在120℃下的模具中进行成型
和交联，得到PPSC生物弹性体，成型时间为12 ～ 36h。同PEC材料不同的是，
PPSC材料结构中不含有醚基团。因此，PPSC材料的吸水率和降解速率较低。在
PPSC基体中添加羟基磷灰石（HA）可以制备PPSC/HA复合材料，如图10.18，
通过TEM分析发现，HA可以均匀的分散在PPSC基体中。所制备的PPSC/HA
复合材料的拉伸强度可以达到8.21MPa，此外，通过加入HA，可以进一步降低
PPSC材料的细胞毒性[48]。

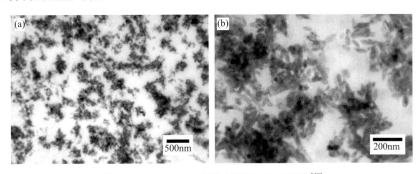

图10.18　PPSC/HA复合材料的TEM照片[48]

（4）聚（1,8-辛二醇/柠檬酸/癸二酸）（POCS）　在140～145℃下，将1,8-辛二醇、柠檬酸、癸二酸三种单体进行反应，制备POCS的预聚物；然后将该预聚物溶解在二氧己烷中形成溶液，将该溶液浇注在模具中，在80℃的烘箱中放置7天，溶剂挥发同时逐步交联，形成最终产物[49]。癸二酸含量较高的POCS弹性体降解速率较慢，POCS弹性体的表面形态、润湿性和官能团含量都可以进行调节，这对成骨细胞的附着和生长比较有利。POCS弹性体突出的优点是性能易控制，尤其是润湿性，可以通过柠檬酸和癸二酸的比例进行方便的调整。

（5）多元酸交联聚碳酸酯二醇（PCPA）　PCPA弹性体是采用多元酸与聚碳酸酯二醇进行缩合聚合制备的[50]，多元酸包括丙三羧酸（Yt）和1,3,5-苯三酸（Y），聚碳酸酯二醇（PCD）分别采用数均分子量为1000g/mol的PCD_{1000}和数均分子量为2000的PCD_{2000}。在260℃和氮气气氛下，将丙三羧酸、1,3,5-苯三酸和PCD混合制备预聚物，其中，PCD_{1000}体系反应20～40min，PCD_{2000}体系反应80～90min；然后，将预聚物溶解在DMF溶剂中，在270℃的条件下进行二次聚合，时间为40～80min。制备产物在室温下均为弹性体材料，采用PCD_{1000}制备的产物的断裂伸长率较采用PCD_{2000}制备的产物要小。PCPA弹性体在磷酸盐缓冲液中的质量损失基本呈线性增加的趋势，如图10.19为PCPA弹性体在磷酸盐缓冲液的质量损失。

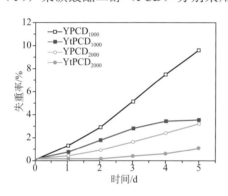

图10.19　PCPA弹性体在磷酸盐缓冲液中的质量损失[50]

Y—1,3,5-苯三酸；Yt—丙三羧酸；
PCD—聚碳酸酯二醇

（6）多元酸交联聚己内酯二醇（PCLPA）　PCLPA是通过聚己内酯二醇和丙三羧酸或者丁烷四酸进行缩合聚合合成的[51]。首先，在260℃和氮气气氛下，采用PCL二醇和多元酸合成预聚物，PCL二醇和丙三羧酸的合成预聚物体系中，摩尔比为2∶3，反应时间为20～60min，PCL二醇和丁烷四酸的合成体系中，摩尔比为1∶2，反应时间为7～35min；将得到的预聚物溶解在DMF中，80℃下，将该溶液涂抹在铝板上；最后，在280℃下进行成型，时间为40～80min。PCLPA的性能受PCL二醇的分子量和羧酸类型的影响很大，同时，PCL二醇的结晶度和多元酸的结构也影响着PCLPA的弹性。PCLPA在含有脂肪酶的磷酸盐缓冲液中完全降解时间仅为12h，但是在不含脂肪酶的磷酸盐缓冲液中没有明显的降解，说明PCLPA的降解机理为酶降解。过高的成型温度限制了PCLPA在软组织工程和药物释放方面的应用。

10.3.1.3　聚（多元醇/多元酸）型生物基医用弹性体（PGSC）

目前，聚（多元醇/多元酸）型生物弹性体的研究还比较少，报道过的仅有聚（甘油/癸二酸/柠檬酸）（PGSC）生物弹性体[52]。同上述的生物弹性体不同的是，PGSC 具有更多的羟基和羧基官能团，这些官能团能够显著改变 PGSC 的表面活性，可用于进一步的表面改性，而且可以提高分子链之间的相互作用。PGSC 弹性体的合成过程可见图 10.20。首先在 130℃、1kPa 条件下，以癸二酸和甘油 1:1 的摩尔比反应 20h，制备 PGS 预聚物；然后将 PGS 预聚物同柠檬酸混合后浇注在模具中，120℃下交联成型，得到 PGSC 弹性体。同 PGS 和 POC 材料相比，PGSC 更容易进行改性，具有更好的生物相容性和生物活性，有在软组织工程和药物缓释领域应用的潜力。

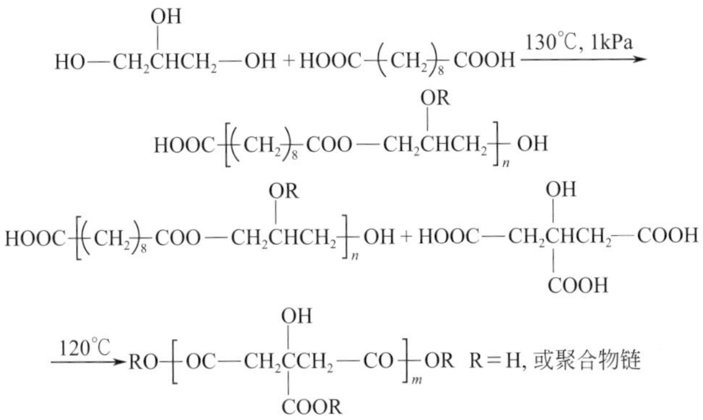

图 10.20　PGSC 弹性体的合成过程[52]

10.3.1.4　双键交联型生物基医用弹性体

双键交联型生物基医用弹性体主要包括双键交联聚（1,8-辛二醇/柠檬酸）弹性体，双键交联聚（乙二醇/反式氢化己二烯二酸）弹性体以及双键交联聚（己内酯/丙交酯）弹性体。

（1）双键交联聚（1,8-辛二醇/柠檬酸）（双键交联 POC）　双键交联 POC 是在 POC 体系中引入丙烯酸盐或富马酸盐，从而将双键提供为第二交联网络的交联点[53]。这种方法可以让 POC 弹性体在双键交联的过程中成型，同时能够显著提高机械强度，以适应如韧带或软骨等肌骨组织的需求。其制备过程为，在 130℃和氮气气氛下，将柠檬酸、1,8-辛二醇和丙烯酸盐或者富马酸盐混合反应形成含有双键的预聚物；然后，将该预聚物通过过氧化苯甲酰进行交联，形成的双键交联的网络结构可以降低交联点之间的分子链长度，提高生物弹性体的机械性能。与 POC 和 PGS 弹性体相比，双键交联 POC 具有更为优异的结构稳定性和机械强度（如拉伸强度>10MPa），因此，可以应用在对机械强度要求更高的生物材料领域，但是对于双键交联所引入的交联剂等对材料生物相容性的影响需要进一步的考察。

（2）双键交联聚（乙二醇/反式氢化己二烯二酸）（双键交联 PEGH）　双

键交联PEGH弹性体采用乙二醇和反式氢化己二烯二酸为原料通过缩合聚合进行制备[54]。在130℃下，采用过氧化苯甲酰（BPO）和偶氮二异丁腈（AIBN）进行交联。如图10.21所示，通过使用标准的压印光刻技术，双键交联PEGH生物弹性体可以进一步加工成各种表面形态的薄膜。采用乙烯基单体如乙烯基吡啶加入到含有双键交联PEGH体系中可以加快交联速率。同PGS弹性体相比，双键交联PEGH弹性体具有更优异的力学性能和更快的降解速率。BPO和AIBN交联剂对双键交联PEGH弹性体生物相容性的影响需要进一步考察。

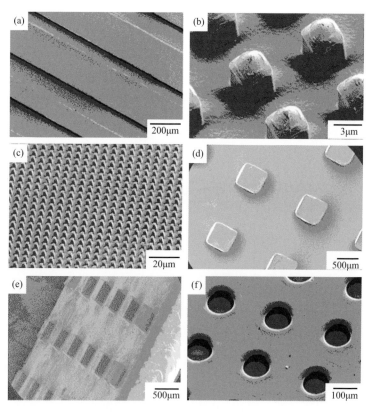

图10.21 多种表面形态的双键交联PEGH薄膜扫描电镜照片[54]

（3）双键交联聚（己内酯/乳酸） 双键交联聚（己内酯/乳酸）弹性体采用星型低聚物聚（己内酯/乳酸）和甲基丙烯酸酐进行合成[55]。首先，160℃下，以辛酸亚锡为引发剂，季戊四醇为助引发剂，通过己内酯和乳酸的开环聚合制备预聚体；然后，将该预聚体与甲基丙烯酸酐反应制备含有甲基丙烯酸酯结构预聚体；最后，将上述产物在90℃下通过过氧化二苯甲酰进行交联，反应时间为24h。在体外降解实验中发现，含有较高己内酯单元的弹性体降解的更慢，含有较高乳酸单元的弹性体降解较快。同线型聚（己内酯/乳酸）弹性体相比，双键交联聚（己内酯/乳酸）更容易加工成型，具有更好的力学性能。

10.3.2　光交联生物基医用弹性体

大部分的聚酯弹性体通过热交联完成成型，但是热交联可能破坏对热敏感的药物或蛋白质。光交联可以克服热交联在这方面的不足，可以通过调节交联剂的用量和光照强度控制交联过程，目前广泛应用于树脂类牙科材料。同热交联生物弹性体一样，光交联可降解生物弹性体也广泛应用于组织工程和药物释放研究。目前已经报道的光交联生物基医用弹性体主要有聚（甘油-癸二酸酯）生物弹性体、聚（碳酸酯）生物弹性体等。

10.3.2.1　光交联聚（甘油/癸二酸/丙烯酸）生物基医用弹性体（PGSA）

PGS 是典型的热交联型的弹性体，在医用材料方面得到了广泛研究，但是由于制备条件要求较高，限制了 PGS 的应用。通过在 PGS 体系中引入丙烯酸官能团，在室温下通过光照就可以快速交联，图 10.22 即为通过光照成型的 PGSA 弹性体的示意图及成型后 PGSA 薄膜的 SEM 照片[56]。

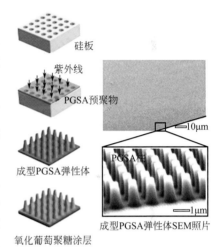

图 10.22　通过光照成型的 PGSA 弹性体的示意图及成型后 PGSA 薄膜的 SEM 照片[56]

10.3.2.2　光交联聚（1,8-辛二醇/马来酸/柠檬酸）生物基医用弹性体（POMC）

采用 1,8-辛二醇、马来酸、柠檬酸为原料可以合成 POMC 弹性体[57]。首先，采用辛二醇、马来酸、柠檬酸在 135℃条件下形成分子量（摩尔质量）为 701～1291g/mol 的预聚物；然后，将预聚物溶解在二甲基亚砜（DMSO）中；最后，采用 365nm 波长的紫外光进行光照交联，时间约为 3min。随着马来酸比例的增加，POMC 逐渐变软和富有弹性，POMC 弹性体的降解速率降低，光照时间对产物的力学性能影响不大。

10.3.2.3　光交联聚碳酸酯类生物基医用弹性体

聚碳酸酯（PC）类聚合物在体内降解速率较快，而且不会产生酸性的分解产物，说明聚碳酸酯可以在对酸敏感的药物的缓释材料中发挥作用。聚碳酸酯在体外的降解速率较慢，说明酶在聚碳酸酯的降解中发挥着重要的作用。但是未交联的聚碳酸酯材料，其蠕变的速率很快，通过热交联对 PC 进行改性，可以显著提高其抗蠕变的特性[58]。此外，制备可光交联的聚碳酸酯也是解决 PC 蠕变的一个好的办法。如图 10.23 为采用光交联的多孔聚碳酸酯生物医用弹性体 SEM 照片。

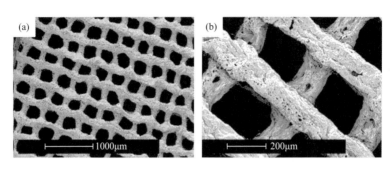

图 10.23　采用光交联的多孔聚碳酸酯生物医用弹性体 SEM 照片[58]

10.3.2.4　光交联聚己内酯类生物基医用弹性体

在聚己内酯体系中通过引入酰氯和甲基丙烯酰氯等官能团作为交联点，通过光照就可以制备光交联的 PCL 弹性体[59]。同其他光交联弹性体类似，光交联聚己内酯弹性体也期望应用在药物载体和软组织工程支架等方面。

10.3.3　热塑性生物基医用弹性体

热塑性生物基医用弹性体容易加工成型，可以通过加热或者溶剂加工，获得组织工程所需的复杂形状，该材料易与细胞、蛋白质、活性分子或者药物混合形成有良好生物活性的支架或载体。热塑性生物基医用弹性体一般由软段和硬段组成，如聚氨酯、聚醚酯、聚酰胺等嵌段共聚物，也可由溶胶凝胶双组分组成，如热塑性 PGS 弹性体。热塑性生物基医用弹性体大致可以分为以下几种类型：

10.3.3.1　热塑性 PGS 生物基医用弹性体

热交联 PGS 和光交联 PGS 在生物医用领域有巨大潜力，由于丙三醇末端羟基比中间的羟基活性高，热塑性 PGS 由丙三醇和癸二酸按不同比例在 130℃、1MPa 下直接固化，形成溶胶和凝胶，其中溶胶含量大于 60%[60]。PGS 的半互穿网络结构包含结晶部分，通过 90℃ 热压和室温下冷压易于再成型。热塑性聚（丙三醇-癸二酸酯）（TM-PGS）T_g 为 –32.2 ～ 25.1℃，拉伸强度 0.21 ～ 0.7MPa，模量 0.07 ～ 7.05MPa，断裂伸长率 12% ～ 144%。

10.3.3.2　热塑性嵌段聚氨酯生物基医用弹性体

热塑性嵌段聚氨酯（SPU）生物基医用弹性体通常由两步法合成[61]。聚酯二醇或者聚醚二醇与二异氰酸酯反应得到预聚物用异氰酸酯封端，然后用二元醇或者二元胺进行扩链。生物降解 SPU 弹性体又被分为聚（酯-聚氨酯）或聚（醚-聚氨酯），由软段（聚酯部分或聚醚部分）和硬段（二异氰酸酯和扩链剂部分）组成。该材料可微相分离为软硬区域，其性能可以通过控制二醇、二异氰酸酯和扩链剂的类型来调节。通过控制单体结构和合成加工过程其性能可以得到广泛的调节，通常具有高机械强度和高弹性，所以广泛适用于生物医学领域，并且可以加工成为多种支架材料。二异氰酸酯部分缓慢的降解速率在一定程度上限制了可降解嵌段聚氨酯（SPU）生物基医用弹性体在软组织工程和药物缓释方面的应用。

10.3.3.3　热塑性聚醚酯生物基医用弹性体

聚（乙二醇）/聚（对苯二甲酸-丁二醇）酯（PEG/PBT）是最有代表性和最成熟的聚醚酯生物基医用弹性体[62]，已经商业化的产品名为 PolyActive®。一般通过酯交换反应制备 PEG/PBT。其玻璃化转变温度在 30℃ 左右，在试管中可水解和氧化降解，以水解为主。聚（乙二醇）/聚（对苯二甲酸-丁二醇）酯（PEG/PBT）生物相容性良好，已被研究用于皮肤，牙科用的活性涂层，臀部植入物，骨组织替代物等。引入磷酸基团后产生了另一种聚（醚酯）生物基医用弹性体，可用作导管和药物释放载体。

10.3.3.4　热塑性聚酯酰胺生物基医用弹性体

热塑性聚酯酰胺生物基医用弹性体（PEA）是包含聚酯链段和聚酰胺链段的共聚物，具有聚酰胺良好的热稳定性和机械强度，又具有聚酯良好的可加工性和可降解性[63]。聚酯酰胺一般通过二元酸，二元胺，氨基酸等同聚醚二醇或聚酯二醇进行缩合反应得到。PEA 材料可以应用于组织工程支架，非病毒性的基因转染试剂，蛋白质转移载体等领域。PEA 弹性体在人体温度下具有优异的弹性。根据酰胺的来源不同，可以将 PEA 弹性体分为两类，氨基酸 PEA（如谷氨酸或赖氨酸），和非氨基酸 PEA（如脂肪族二胺或氨基醇）。研究发现，非氨基酸 PEA 的降解主要由聚酯链段的水解造成，而聚酰胺部分的比较稳定。对于氨基酸 PEA 来说，其降解过程主要是由酶催化来完成的。PEA 弹性体的玻璃化转变温度较高，而且在分子间存在较多的氢键，如何降低 PEA 的玻璃化转变温度和分子间的氢键作用是 PEA 弹性体的研究重点。

10.4　生物基工程弹性体

近年来，生物基合成弹性体的研究取得了显著的进步。然而，传统生物基合成弹性体的研究主要集中在生物可降解和生物医用方面，所制备的弹性体具有用料小、造价高、力学性能较差的特点。从成本和性能考虑，均不适合应用在轮胎、传送带、减振密封件等传统工程橡胶的领域。张立群课题组首次提出了生物基工程弹性体（biobased engineering elastomer，BEE）的概念和内涵[64,65]：① 所用原料不依赖于化石资源，主要通过可再生的生物资源来制备，单体容易获得，价格便宜；② 通过化学合成或者生物合成的这些弹性体应当具良好的环境稳定性，例如较低的吸水率和非常低的降解速率；③ 合成的弹性体应该与传统的橡胶加工成型工艺有良好的相容性，可采用传统的橡胶加工工艺加工成型，例如混合，模压和硫化等工艺；④ 合成弹性体（包括增强或未增强的）应该具有与传统合成橡胶相比拟的物理机械性能，可以适合于多方面的工程应用。在本章的工作中，将着重介绍生物基工程弹性体的研究进展，其内容包括以下几个部分：聚酯生物基工程弹性体，衣康酸生物基工程弹性体，大豆油生物基工程弹性体，生物基单体合成的传统工程弹性体，其他生物基工程弹性体。

10.4.1 聚酯生物基工程弹性体

聚酯生物基工程弹性体（polyester bio-based engineering elastomers，PBEE）主要是分子主链上含有酯基的不饱和聚合物，是由多种二元酸与二元醇聚合而成。PBEE 是一种新型的弹性体材料，具有与传统橡胶相媲美的物理性能，有望在一定领域替代传统的橡胶材料。PBEE 所选用的合成原料均为现阶段大宗工业化生产的生物质单体，单体产量大且价格较为便宜，这为 PBEE 的发展提供了一定的价格优势。PBEE 可采用传统聚酯的生产工艺设备，工艺路线相对较为成熟，有一定工业化生产的基础。这种新型的弹性体材料是由北京化工大学课题组率先制备得到，该课题组正在建设年产 100t 的 PBEE 中试生产线。

10.4.1.1 聚酯生物基工程弹性体的结构

PBEE 是以 1,3-丙二醇、1,4-丁二醇、衣康酸、癸二酸和丁二酸五种大宗生产的生物质单体为原料经过聚合得到的。聚合反应主要包括酯化反应和熔融缩聚反应两个阶段。酯化反应阶段是指不同的二醇和二酸之间直接酯化生成低聚体，在这个反应阶段不需要采用催化剂，因为单体二酸本身就可以起到催化剂的作用，这种催化实际上是氢质子催化。缩聚反应阶段是指低聚体之间进行缩合聚合，生成一分子酯键同时脱除一分子水，在此阶段需要加入催化剂，如钛酸四丁酯。图 10.24 为 PBEE 的反应方程式。

通过调整单体的摩尔配比、催化剂的用量、反应温度以及真空度，可以制得数均分子量（M_n）大于 3.5 万，重均分子量（M_w）大于 12.8 万，多分散指数（PDI）为 3.2 左右，玻璃化转变温度为 −56℃ 左右的聚酯弹性体（PBEE）[66]。PBEE 与传统的石油基橡胶相比，分子量相对不高，但是玻璃化转变温度较低。之所以有如此低的玻璃化转变温度，主要是由于在主链中引入了长碳链的癸二酸结构，使得聚合物的分子链非常柔顺。另外采用多种单体进行共聚，能够破坏分子链的规整性，抑制结晶，使其在室温下为无定形状态。这样一种线型、含有双键的可交联弹性体可以进行二次加工，利用传统橡胶加工方法来制备不同种类

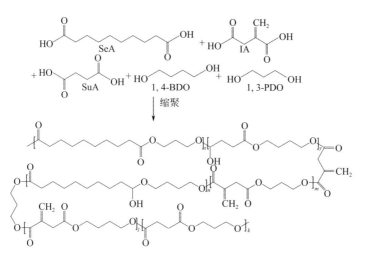

图 10.24　聚酯生物基工程弹性体（PBEE）的反应方程式

的弹性体复合材料，从而提高弹性体的力学性能，拓宽其应用范围。另外，此弹性体还可以用作生物基塑料增韧剂，对 PLA 进行增韧，具有非常优异的增韧效果[67]。

10.4.1.2　聚酯生物基工程弹性体纳米复合材料的性能

橡胶材料不经过增强，往往很难获得较高的机械强度。对于 PBEE，未填充的硫化胶拉伸强度仅为 0.8 MPa，加入纳米填料进行增强，能显著提高橡胶材料的物理机械性能。因此我们采用传统的纳米填料，如气相法白炭黑（SiO$_2$）和炭黑（CB）对 PBEE 进行补强。

（1）硫化性能　SiO$_2$ 填充量对 PBEE 硫化性能的影响见图 10.25 和表 10.5。采用过氧化二异丙苯（DCP）在 160℃的条件下可以使 PBEE 发生交联，说明合成的弹性体 PBEE 与现代橡胶工业具有很好的相容性。从表 10.5 可以看出，随着 SiO$_2$ 填充量的增加，PBEE/SiO$_2$ 复合材料的最大转矩 M_H、最小转矩 M_L 和最大最小转矩之差 ΔM 均呈增大的趋势。M_L 取决于低剪切速率下复合材料的刚度和黏度，由于填料分数的增加使材料的黏度增大，因此 M_L 升高。ΔM 是复合材料刚性的量度，即橡胶交联网络和填料-聚合物的界面作用对复合材料模量贡献的总和。可以清楚地看到，随着 SiO$_2$ 填充量的增加，复合材料的模量显著提高。

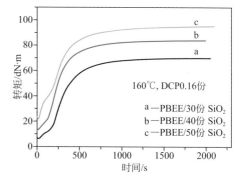

图 10.25　不同 SiO$_2$ 用量对 PBEE 硫化性能的影响

■ 表10.5　PBEE/SiO₂复合材料的硫化特性

SiO₂含量/质量份	T_{10}/s	T_{90}/s	M_L/dN·m	M_H/dN·m	ΔM/dN·m
30	136	660	6.32	69.89	63.57
40	104	562	13.26	83.87	70.61
50	47	632	21.65	95.50	73.85

注：T_{10}指焦烧时间；T_{90}指正硫化时间。

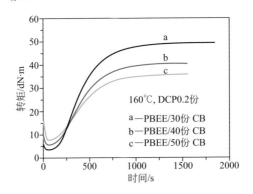

图10.26　不同CB用量对PBEE硫化性能的影响

■ 表10.6　PBEE/CB复合材料的硫化特性

炭黑含量/份	T_{10}（m∶s）	T_{90}（m∶s）	M_L/dN·m	M_H/dN·m	ΔM/dN·m
30	3∶21	12∶51	3.66	49.66	46.00
40	3∶08	12∶34	5.64	40.47	34.83
50	3∶06	12∶44	7.78	35.88	28.10

　　CB用量对PBEE硫化性能的影响见图10.26和表10.6。随着CB用量的增加，PBEE/CB复合材料的最小转矩M_L增大，最大转矩M_H和最大最小转矩之差ΔM减少。CB用量越高，复合材料黏度越大，填料之间作用力越强，填料-橡胶相互作用也越大，在硫化曲线上则表现为M_L提高。加入CB之后材料的硫化速率明显减慢，M_H和ΔM明显减小。可能是CB表面的醌基等官能团终止DCP分解产生的过氧化物自由基，从而影响了DCP的硫化效率，使材料的交联密度降低。可以考虑适当加大DCP的用量，以提高材料的交联密度。

　　（2）PBEE复合材料的微观形貌　为了考察PBEE/SiO₂和PBEE/CB复合材料中填料的分散情况，对材料进行TEM和SEM观察（图10.27和图10.28）。图10.27中为复合材料的TEM照片，从图中可以看出，两种填料在基体中的分散都比较均匀。相比较而言，白炭黑的粒径比炭黑N220更小，分散也更加均一。良好的分散有利于对PBEE起到较好的补强作用。图10.28中（a）、（c）和（b）、（d）分别是PBEE/30份SiO₂和PBEE/30份CB复合材料的断面在不同放大倍数下的SEM照片。从SEM照片来看，PBEE/30份SiO₂复合材料的断面比较粗糙，表面有明显的均匀褶皱，类似很多小丘岭，断面表面只能观察到少量的 SiO_2 粒子，大多数粒子被橡胶包埋，SiO_2 粒子与 PBEE 基体之间产生了较强的结合。对于 PBEE/30 份 CB 复合材料，可以看到较多的炭黑粒子突出于断面表面，并且粒子周围有附着胶，粒子与基体之间的界面模糊，说明炭黑粒子与 PBEE 基体之间结合得也比较好。

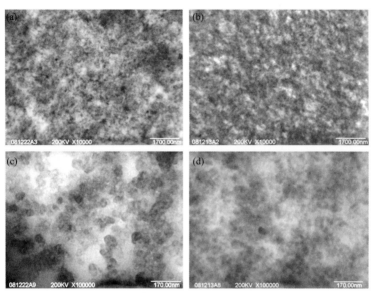

图 10.27　不同填料的 PBEE 复合材料的 TEM 照片
(a)、(c) PBEE/30 份 SiO_2；(b)、(d) PBEE/30 份 CB

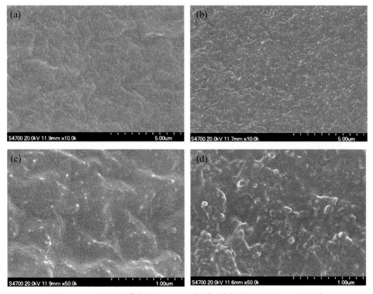

图 10.28　不同填料的 PBEE 复合材料断面的 SEM 照片
(a)、(c) PBEE/30 份 SiO_2；(b)、(d) PBEE/30 份 CB

（3）力学性能　为了与传统的合成橡胶的性能作对比，分别制备了四种橡胶复合材料：丁苯橡胶/50份 SiO_2（SBR1500/50份 SiO_2），丁苯橡胶/50份CB（SBR1500/50份CB），丁腈橡胶/50份 SiO_2（NBR-26/50份 SiO_2）和丁腈橡胶/50份CB（NBR-26/50份CB）。图10.29是不同填料分数的PBEE/SiO_2复合材料的应力-应变曲线。表10.7列出了几种复合材料的物理机械性能。可以看出，随着 SiO_2用量的增大，复合材料的邵A硬度，100%定伸应力，拉伸强度和撕裂强度都随之升高，扯断伸长率有所减小。PBEE/50份 SiO_2复合材料的拉伸强度可以达到20.5MPa，已经可以满足很多实际应用的需要。SiO_2对 PBEE起到了很好的补强效果，这主要归因于 SiO_2在PBEE基体中良好的分散和填料与基体之间强的界面作用。与SBR1500/50份 SiO_2复合材料和NBR-26/50份 SiO_2相比强度已经非常接近，并且100%定伸应力可以达到10.1 MPa，是它们的3倍以上，永久变形也要小很多，但是断裂伸长率要低。从高100%定伸应力可以推断复合材料中 SiO_2与基体之间具有很强的物理作用。需要指出的是传统的SBR1500 和NBR-26都具有较高的分子量，数均分子量可达十万以上，而合成的PBEE的数均分子量只有3.5万左右，这可能是其撕裂强度和断裂伸长率较低的主要原因。

■ **表10.7**　PBEE/SiO_2复合材料的物理机械性能

项目	PBEE复合材料 SiO_2用量/份			SBR1500/50份 SiO_2	NBR-26/50份 SiO_2
	30	40	50		
邵A硬度/（°）	72	75	81	81	84
100%定伸应力/MPa	5.7	7.4	10.1	3.2	3.4
拉伸强度/MPa	14.8	18.9	20.5	23.6	20.7
扯断伸长率/%	223	216	189	424	416
永久变形/%	2	2	4	12	14
撕裂强度/（kN/m）	26.7	25.9	30.3	34.9	42.3

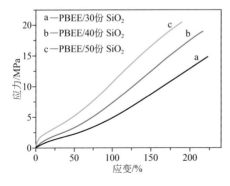

图10.29　PBEE/SiO_2复合材料的
应力-应变曲线

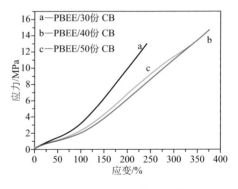

图10.30　PBEE/CB 复合材料的
应力-应变曲线

图10.30是不同填料分数的PBEE/CB复合材料的应力-应变曲线。表10.8列出了几种复合材料的物理机械性能。从复合材料的硫化曲线可以推断出随着CB用量的增大，复合材料的交联密度减小。力学性能测试的结果表明，复合材料的拉伸强度先升高后降低，断裂伸长率先增大后减小，永久变形显著增大。这与材料的交联密度随炭黑用量增加而下降有关。从复合材料的TEM和SEM电镜照片可以看出，炭黑的粒径大于白炭黑，分散也稍差一些。并且，炭黑与PBEE基体的亲和性不如SiO_2。这几个方面的因素决定了CB对PBEE的补强效果不如SiO_2。

■ **表10.8** PBEE/CB复合材料的物理机械性能

项目	PBEE复合材料CB用量/份			SBR1500/ 50份CB	NBR-26/ 50份CB
	30	40	50		
邵A硬度/(°)	62	61	60	66	72
100%定伸应力/MPa	2.7	2.0	2.3	2.6	4.1
拉伸强度/MPa	13.0	14.7	12.7	23.6	27.8
扯断伸长率/%	241	375	334	366	311
永久变形/%	2	12	16	4	6
撕裂强度/(kN/m)	18.3	18.4	20.2	32.9	36.0

（4）水解稳定性 在室温下将PBEE/SiO_2复合材料在去离子水中浸泡3个月来考察其水解稳定性及降解前后力学性能的变化。图10.31为PBEE/30份SiO_2复合材料在水中浸泡3个月前后的应力-应变曲线，表10.9为PBEE/30份SiO_2复合材料泡水后性能的变化，其中质量损失率通过烘干后样条的质量与原始样条质量的对比而得，吸水率是通过湿样条与烘干后样条的质量对比得出的。复合材料的质量损失率为1.20%，吸水率为1.67%。浸泡前样条的拉伸强度为14.8 MPa，浸泡3个月后湿的样条的拉伸强度降低到了8.4 MPa，泡水后的样条干燥后的拉伸强度为12.4 MPa。由于酯键的水解使得聚酯分子链断裂，材料的交联密度降低，泡水后湿样条和干样条的拉伸强度均有所降低，断裂伸长率增大。但是对于湿样条，水的增塑作用使得样品的力学性能下降的非常明显。

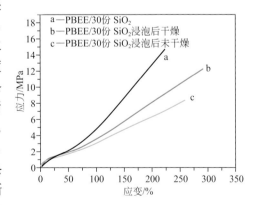

图10.31 水中浸泡3个月后PBEE/30份SiO_2复合材料的应力-应变曲线

■ **表10.9** 浸泡3个月后PBEE/30份SiO$_2$复合材料性能的变化

样品 PBEE/30份SiO$_2$	拉伸强度/MPa	断裂伸长率/%	吸水率/%	质量损失率/%
泡水前	14.8	223	—	—
泡水后，湿	8.4	260	1.67	1.20
泡水后，干	12.4	293	—	—

（5）耐磨性能　橡胶磨耗是其表面受到摩擦力作用而使橡胶制品表面发生磨损脱落的现象，影响制品的使用寿命，是衡量橡胶制品性能的一个重要检验指标。表10.10列出了几种复合材料的阿克隆磨耗值。与传统的合成橡胶SBR1500和NBR-26相比，添加50份SiO$_2$的PBEE复合材料的阿克隆磨耗值最小，NBR-26次之，SBR1500磨耗值最大；而添加50份CB的SBR1500复合材料的阿克隆磨耗值最小。这是因为SiO$_2$在极性基体PBEE和NBR中分散较好，界面作用较强，而CB在非极性基体SBR中分散更优。

相对于SBR和NBR，PBEE的分子量小，且分子量分布比较宽，这对于材料的耐磨性能是不利的。但实验结果表明PBEE复合材料的耐磨性与SBR和NBR都是可比的。而且PBEE/50份SiO$_2$复合材料具有比相同填料分数的SBR和NBR更优异的耐磨性能。可能归因于PBEE的分子链比较柔顺，生热小，而且与SiO$_2$具有更好的亲和性。

■ **表10.10**　PBEE复合材料的阿克隆磨耗值

样品	密度/（g/cm^3）	阿克隆磨耗/[cm^3/1.61km]
PBEE/30份SiO$_2$	1.290	0.178
PBEE/40份SiO$_2$	1.330	0.170
PBEE/50份SiO$_2$	1.268	0.190
PBEE/30份CB	1.247	0.191
PBEE/40份CB	1.269	0.259
PBEE/50份CB	1.304	0.294
SBR1500/50份SiO$_2$	1.162	0.214
NBR-26/50份SiO$_2$	1.188	0.196
SBR1500/50份CB	1.121	0.212
NBR-26/50份CB	1.140	0.282

（6）气体阻隔性能　随着橡胶工业的发展，越来越多的场合都需要应用橡胶的气密性能，大量的工业和民用橡胶气体密封件、航空航天高真空系统用橡胶制品需要橡胶具有良好的气体阻隔性能。考察了PBEE/30份SiO$_2$复合材料的气体阻隔性能，实验测得PBEE/30份SiO$_2$复合材料的透气系数为3.506×

$10^{-17} m^2 \cdot Pa^{-1} \cdot s^{-1}$，低于常用的天然橡胶/30 份 SiO_2 和丁苯橡胶/30 份 SiO_2 的透气系数。说明 PBEE/30 份 SiO_2 复合材料是一种新型的具有良好气密性的橡胶材料。

（7）溶胀性能　图 10.32 是几种复合材料溶胀前后的对比照片，网格的大小为 1cm×1cm，溶胀前所有试样的大小为 3cm×1.5 cm（长×宽）。试样在甲苯溶液中于 25℃下浸泡 72h，此时已经达到溶胀平衡，可以看出溶胀之后 SBR1500 和 NBR-26 复合材料的体积要大于 PBEE 复合材料的体积。从表 10.11 的数据可以看出，对于同一种填料，PBEE 复合材料的溶胀指数（SI）小于 SBR1500 和 NBR-26 复合材料，并且 PBEE/50 份 SiO_2 复合材料的 SI 小于 PBEE/50 份 CB 复合材料。PBEE 分子的极性、高的交联密度和填料与基体之间强的相互作用决定了 PBEE 复合材料良好的耐溶剂性。

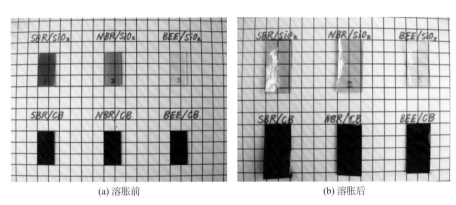

(a) 溶胀前　　　　　　　　　　　　　　　(b) 溶胀后

图 10.32　复合材料溶胀前后的对比照片

■ 表 10.11　几种复合材料的溶胀性能对比

样品编号	溶胀前质量/g	溶胀后质量/g	溶胀指数 SI
1# SBR1500/50 份 SiO_2	0.6360	1.7803	2.80
2# NBR-26/50 份 SiO_2	0.7197	1.8843	2.62
3# PBEE/50 份 SiO_2	0.6051	1.1147	1.84
4# SBR1500/50 份 CB	0.5179	1.4735	2.85
5# NBR-26/50 份 CB	0.5844	1.4800	2.53
6# PBEE/50 份 CB	0.5855	1.3143	2.24

（8）耐油性能　橡胶制品在使用过程中经常需要和油类物质长期接触，因此其耐油性能的优劣至关重要。在军工领域特别是航空航天领域，尤其需要高质量的，能够在油性环境中长期工作并保持良好性能的橡胶产品。出于国防安全的需要，航空航天领域亦需要一种来源稳定，不依赖于石油化石资源，并且能够满足其苛刻工作环境的优质橡胶。

我们选取了三种航空航天领域常用的油种对样品进行耐油实验，分别是燃油

（RP-3）、煤油（4-109）和润滑油（YH-15）。另外，为了更加直观的评价PBEE纳米复合材料的耐油性能，选取了丁腈橡胶N220进行对比实验，由于后者良好的耐油性，丁腈橡胶被广泛应用于密封件、胶辊和胶管等橡胶制品中。对PBEE纳米复合材料和N220在常温相同环境下进行耐油试验。结果如表10.12所列：从表10.12可以看出，PBEE/CB纳米复合材料在三种油中浸泡后，断裂伸长率、硬度和永久变形变化较小，主要的性能变化集中在拉伸强度上。PBEE/CB复合材料在RP-3中浸泡至溶胀后，其拉伸强度由12.1MPa下降至10.5MPa，下降了13.2%；在4-109中浸泡至溶胀过后，PBEE/CB复合材料的拉伸强度由12.1MPa下降至10.7MPa，下降了11.6%；而在YH-15中浸泡至溶胀后PBEE的拉伸强度由12.1MPa下降至8.83MPa，下降了27.0%。PBEE/CB复合材料在RP-3和4-109中浸泡后其拉伸强度变化相对较小，而在YH-15中浸泡至溶胀后PBEE/CB复合材料的拉伸强度有比较明显的下降。PBEE/CB复合材料耐RP-3油和4-109油的性能明显优于耐YH-15油的性能。

■ **表10.12**　PBEE/40份CB纳米复合材料在三种油中浸泡至溶胀后的力学性能变化

	油种	拉伸强度/MPa	扯断伸长率/%	邵A硬度/（°）
泡油前	—	12.1	261	63
泡油后	RP-3	10.5	227	64
	4-109	10.7	206	62
	YH-15	8.8	208	64

　　我们对PBEE/CB纳米复合材料和NBR/CB复合材料的高温耐油性进行了对比实验，两者在不同温度于RP-3油中浸泡24 h后的拉伸强度保持率如图10.33所示：

PBEE/CB纳米复合材料和NBR/CB纳米复合材料的拉伸强度和断裂伸长率随着在RP-3中浸泡温度的提高而逐渐下降，究其原因，是纳米复合材料在高温环境下出现了老化现象，分子链出现了断裂和降解，导致了性能的大幅度下降。由图可知，在100℃之前，PBEE/CB纳米复合材料与NBR/CB复合材料在经高温油处理后两者力学性能保持率不相上下，而在100℃以上，PBEE/CB纳米复合材料的力学性能保持率则明显好于NBR/CB复合材料，在150℃的高温下浸泡24h后拉伸强度仍有近45%的保持率。这是由于其大分子主链是饱和的，而NBR主链上仍

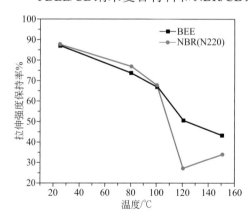

图10.33　PBEE/CB纳米复合材料和NBR分别在不同温度下于RP-3中浸泡24h后的拉伸强度保持率对比

含有大量的双键。

（9）**热空气老化性**　橡胶材料与制品受热、光、空气等影响易发生老化，造成自身性能的大幅下降。橡胶的耐老化性不仅影响到产品的工作性能，更决定着它的安全保障和使用寿命。

由于 PBEE 是主链为比较稳定的饱和的含有酯基的弹性体材料，预期其应该具有良好的耐老化性能。对炭黑增强的 PBEE 的热老化性能进行了研究，分别在 100℃、125℃、150℃三个温度下对 PBEE/CB 样条分别进行 24h、48h 和 72h 的老化处理，其力学性能变化如表 10.13 所示。未添加任何防老剂的条件下 PBEE/CB 纳米复合材料的抗老化性能优异，100℃条件下老化 72h 其力学性能并未出现明显下降，125℃条件下老化 72h PBEE 的拉伸强度保持率仍在 90% 以上，150℃条件下老化 72h 后，PBEE/CB 纳米复合材料拉伸强度的下降比较明显，但保持率仍达到了 68.2%。随着老化温度的升高，PBEE/CB 纳米复合材料的力学性能逐渐下降，若以硬度变化 15 度且拉断伸长率降低 50% 作为橡胶失效判据，PBEE/CB 纳米复合材料在 150℃仍可较长时间连续工作。

■ **表10.13**　PBEE/CB 纳米复合材料的抗老化性能

	老化条件	拉伸强度/MPa	断裂伸长率/%	100%定伸应力/MPa	邵 A 硬度/(°)
老化前		13.2	305	2.0	63
老化后	100℃ ×24h	13.4	295	2.5	65
	100℃ ×48h	12.4	279	2.7	65
	100℃ ×72h	11.3	238	3.0	66
	125℃ ×24h	11.8	208	3.5	65
	125℃ ×72h	10.9	204	3.8	67
	150℃ ×24h	11.5	230	3.7	66
	150℃ ×48h	9.5	163	5.0	68
	150℃ ×72h	9.0	150	5.4	70

（10）**耐低温性能**　弹性体 PBEE 的分子链非常柔顺，T_g 可以达到 -56℃，预期具有比较好的耐低温性能。因此我们以低温脆性和压缩耐寒系数两个参数来衡量 PBEE/CB 纳米复合材料的耐低温性能。PBEE/CB 纳米复合材料和 PBEE/SiO_2 纳米复合材料的低温脆性温度可以达到 -59℃和 -66℃。压缩耐寒系数表征硫化橡胶的低温压缩后弹性恢复的能力。一般认为，压缩耐寒系数 >0.2 时，可以达到其可靠使用的最低温度。从表 10.14 的数据可以看出，PBEE/CB 纳米复合材料在 -5℃时，其压缩耐寒系数只有 0.05，说明炭黑增强的 PBEE 低温压缩后弹性恢复的能力极差。而 PBEE/SiO_2 纳米复合材料在 -50℃时，其压缩耐寒系数仍能达到 0.21，说明其可靠使用温度能达到 -50℃。这说明 SiO_2 增强的 PBEE 复合材料表现出优异的低温应用性能。

■ **表10.14** PBEE/CB纳米复合材料与PBEE/SiO₂纳米复合材料的压缩耐寒系数测试结果

胶料	温度/℃	压缩耐寒系数
PBEE/CB纳米复合材料	−5	0.05
	−4	0.52
PBEE/SiO₂纳米复合材料	−40	0.36
	−46	0.22
	−50	0.21
	−55	0.06

综上所述，PBEE是一种可在高温150℃、低温−50℃下工作的橡胶材料，并且有很好的耐油性能，因此，它首先可以作为一种新型的高性能的耐油耐老化的橡胶密封材料，当然也可以为其他高弹性橡胶制品作为原材料。有意思的是，它还可以作为生物基塑料的增韧改性剂。下面的章节将有论述。

10.4.1.3　聚酯生物基弹性体对聚乳酸的增韧研究

近年来，石油价格的持续上涨以及石油等不可再生资源的日渐枯竭，发展生物基聚合物受到了人们的广泛关注。聚乳酸（PLA）是一种新型的热塑性脂肪族聚酯，其可以由可再生资源如玉米、马铃薯等为原料经过发酵、化学合成得到。PLA因其良好的生物相容性和生物降解性，优异的机械强度和加工性能，在生物医用材料和通用塑料领域都展现出广阔的应用前景。常温下PLA是一种硬而脆的透明材料，但是其抗冲击性和柔韧性差，这极大地限制了PLA的广泛应用。开发与石油基聚合物增韧剂效果相媲美的生物基PLA增韧剂至关重要。张立群课题组利用所合成的PBEE对聚乳酸进行增韧改性取得了优异的成果[67]。

图10.34为不同PBEE含量PLA/PBEE共混物的SEM和TEM照片。PBEE为侧链上含有双键的不饱和聚酯弹性体，因此其侧基的双键极易与RuO₄反应，使其在TEM中照片中为黑色。从图10.34（a）中我们可以看出，PBEE较为均匀的分散在PLA基体中，形成了海岛结构，为典型的相分离体系。我们随机选取了100个PBEE粒子，通过粒径分析软件计算得到了分散相PBEE的平均粒径。随着PBEE含量的增加，分散相PBEE的粒径由 0.99μm（共混物中含有体积分数为5.8% PBEE）增大到1.2 μm（共混物中含有体积分数为22.6% PBEE）。从PLA/PBEE共混物的低温脆断面照片中[图10.34（b）]，可以明显观察到一些孔洞，这是在脆断过程中，PBEE粒子被拔出导致的，但是这些孔洞的形状非常不规则。

共混物的玻璃化转变温度（T_g）也可表征两组分是否相容。如果两组分完全相容，则可形成均相材料，表现出一个T_g；若两组分不能相容，则发生相分离，表现出两相各自的T_g；若两组分部分相容，两相的T_g相互靠近，移动的多少与两组分相容程度有关。为了进一步表征PLA/PBEE的相容性，对不同含量PBEE增韧改性PLA共混物的动态热机械性能（DMTA）进行了表征，如图10.35所示。

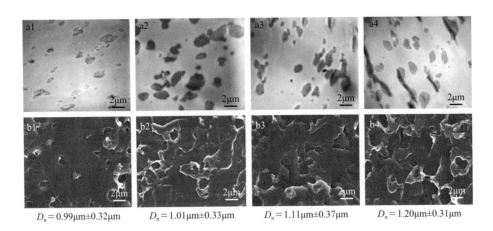

$D_n = 0.99\mu m \pm 0.32\mu m$　　$D_n = 1.01\mu m \pm 0.33\mu m$　　$D_n = 1.11\mu m \pm 0.37\mu m$　　$D_n = 1.20\mu m \pm 0.31\mu m$

图 10.34　PLA/PBEE 共混物的电镜照片[67]

a1、b1—5.8 vol% PBEE；a2、b2—11.5 vol% PBEE；a3、b3—17.1 vol% PBEE；
a4，b4—22.6 vol% PBEE. a—TEM 照片；b—SEM 照片；D_n—平均粒径

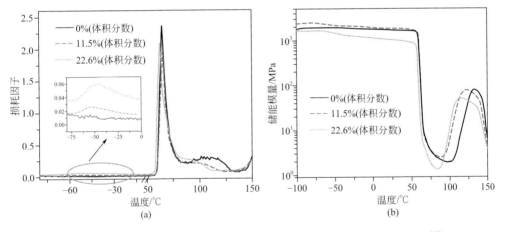

图 10.35　PLA/PBEE 共混物的损耗因子和储能模量对温度的 DMTA 曲线[67]

从图 10.35（a）中可以看出，PLA/PBEE 共混物的 tan δ 曲线在测试温度范围内出现双峰，分别为 PLA 和 PBEE 的 T_g，表明 PLA/PBEE 为热力学不相容体系。然而随着 PBEE 含量的增加，共混物中两相的 T_g 相互靠近，表明 PLA 和 PBEE 之间存在一定的相容性。由于 PLA 和 PBEE 具有相似的分子结构——酯基，这促进了PLA 和 PBEE 分子链之间的相互作用。

　　图 10.35（b）为共混物 PLA/PBEE 储能模量随温度的变化曲线。在测试温度范围内，共混物的储能模量（E'）出现多处变化：在 –50℃，PBEE 的玻璃化转变导致模量的下降；在 60℃附近，PLA 的玻璃化转变导致模量进一步的下降；在 105℃，PLA 的冷结晶导致模量的升高；当温度超过 130℃，冷结晶的熔融使得模量又快速下降。共混物的 E' 随着 PBEE 含量的增加而下降。从图中我们也可以看

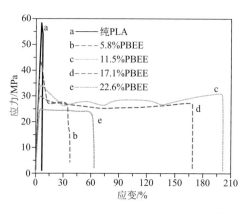

图10.36　PLA/PBEE的应力-应变曲线[67]

出PLA/PBEE共混物的冷结晶温度向低温方向移动，这表明引入弹性粒子PBEE可以有效地提高PLA的冷结晶能力。

PLA/PBEE共混物的应力-应变曲线如图10.36所示。纯PLA在拉伸过程中无明显的屈服现象，断裂伸长率为7.1%。随着PBEE的加入，使得PLA基体材料拉伸行为发生了显著变化。共混试样在拉伸过程中有明显的瓶颈收缩，拉伸断面粗糙不规则，其应力-应变曲线中出现了明显的屈服拐点和弹性形变应力平台，由脆性断裂向韧性断裂转变。可以看出，随着PBEE用量（体积分数）的增加，加入PBEE后，体系的拉伸强度和拉伸模量明显低于纯的PLA，这是因为弹性体的模量较低，降低了基体的刚性，所以共混体系的拉伸强度有所下降；而共混体系的断裂伸长率先增加后降低，这可能是由于PBEE用量过多时，其在PLA中的分散较差所致。当PBEE用量（体积分数）为11.5%时，PLA/PBEE共混物的断裂伸长率达到最大值179%，比纯PLA提高了25倍。

材料韧性/柔软性的一种主要表征手段为冲击测试和拉伸测试。图10.37为PLA/PBEE的拉伸韧性和缺口冲击强度随着PBEE含量变化的曲线。随着PBEE含量的增加，共混物的拉伸韧性（应力-应变曲线所围的面积）逐渐升高，然后降低。当PBEE含量（体积分数）为11.5%时，共混物的拉伸韧性比纯PLA提高了21倍，达到了48.6 MJ/m³。PLA具有缺口敏感性，因此材料的缺口冲击强度能够充分表征这种材料的韧性，加入PBEE后，共混体系的冲击性能明显上升，并且随着PBEE含量的增加呈上升趋势，在PBEE含量（体积分数）为22.6%时达到了纯PLA的5.6倍。综合考虑PLA/PBEE共混物的冲击和拉伸性能，PBEE的最佳用量（体积分数）为11.5%。

图10.38是共混物PLA/PBEE拉伸断面的扫描电镜照片，从图10.38（a）

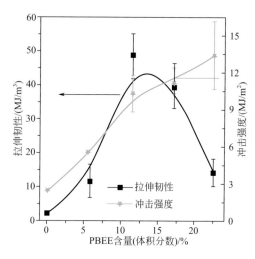

图10.37　PLA/PBEE的拉伸韧性和冲击强度随着PBEE变化曲线[67]

可以看出纯PLA的断面非常平坦，表明PLA是脆性断裂。图10.38（b）和（c）拉伸断面比较粗糙，在PBEE弹性粒子的诱导下，共混物基体被拉长，前端发白，呈韧性断裂的特征，说明基体和分散相之间的黏结力很强，在断裂发生前，基体PLA的变形吸收了很大的能量，使PLA的拉伸韧性显著的提高。

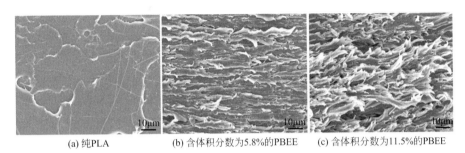

(a) 纯PLA　　　(b) 含体积分数为5.8%的PBEE　　　(c) 含体积分数为11.5%的PBEE

图10.38　PLA/PBEE 共混物的拉伸断面照片[67]

PLA/PBEE共混物的冲击断面照片如图10.39所示。从图中可以看出纯PLA的冲击断面非常光滑，为明显的脆性断裂。而含有11.5% PBEE的PLA/PBEE共混物，其冲击断面非常粗糙，表面有很多孔洞，基体变形严重，为韧性断裂。在SEM图片（c）（d）中，可以观察到断面的形貌垂直于冲击方向形成很长的孔洞，基体发生明显的塑性变形，说明基体在断裂过程中吸收了相当大的能量，从而使共混物的韧性在很大程度上提高。

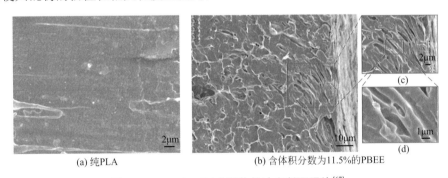

(a) 纯PLA　　　　　(b) 含体积分数为11.5%的PBEE

图10.39　PLA/PBEE 共混物的冲击断面照片[67]

以上研究表明，这种新型的聚酯弹性体可以作为PLA的良好的增韧改性剂。理论上讲，它也可以作为聚丁二酸丁二醇酯PBS等其他含有酯键的生物基塑料的增韧改性剂，有广阔的应用空间。

10.4.2　衣康酸生物基工程弹性体

10.4.2.1　概述

衣康酸生物基工程弹性体是生物基工程弹性体研究的重要组成部分，本部分内容首先通过生物基单体衣康酸和发酵法生产的异戊醇的酯化反应制备生物基衣康酸二异戊酯单体，然后通过衣康酸二异戊酯与异戊二烯的乳液共聚合制备聚（衣康酸酯/异戊二烯）型的弹性体材料，即衣康酸生物基工程弹性体，简称为康戊胶[68]，图10.40为康戊胶的制备过程示意图。

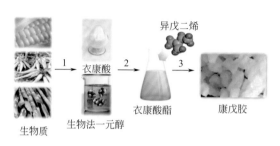

图10.40　康戊胶的制备过程示意图

衣康酸在高分子材料中应用广泛，例如作为共聚组分，可以有效改进聚合物的性能。有研究发现聚丙烯腈制备过程中加入少量衣康酸共聚，可以降低纤维反应活化能，促进环化和交联[69]。采用摩尔分数为2%～3%的衣康酸改性的聚丙烯腈，其熔点温度（158℃）低于采用甲基丙烯酸改性的聚丙烯腈（164℃）和未改性的聚丙烯腈（186℃）[70]。根据衣康酸的结构特性，衣康酸也可以作为反应单体参与缩聚反应制备聚酯材料[71]。

10.4.2.2　康戊胶的合成及其化学特性

图10.41是康戊胶的合成方程式，通过氧化还原体系引发的乳液聚合，采用叔丁基过氧化物作为引发剂，甲醛次硫酸钠和EDTA钠铁盐作为助引发剂，在20℃就能引发聚合，低于异戊二烯的沸点（34℃），因此本方法在常压下即可进行。首先将油酸钾、磷酸三钾、氯化钾、去离子水、衣康酸二异戊酯和异戊二烯进行混合，在氮气保护的条件下进行预乳化，形成均一的预乳液；然后加入引发剂叔丁基过氧化氢、助引发剂EDTA钠铁盐和甲醛次硫酸钠，在氮气保护的条件

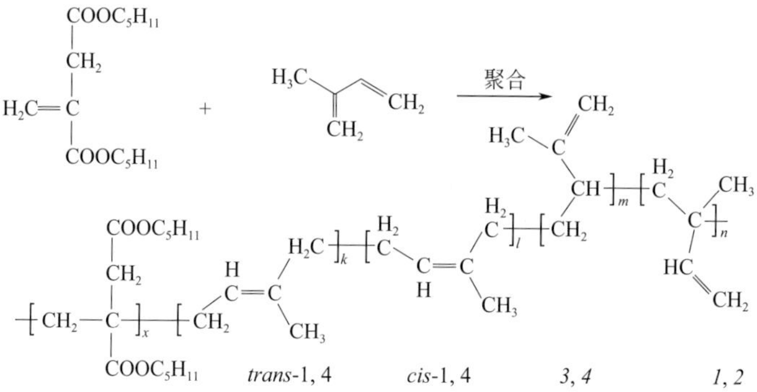

图10.41　衣康酸二异戊酯与异戊二烯共聚合反应

下反应12h，得到康戊胶乳液；最后加入终止剂羟胺，采用絮凝剂进行破乳并干燥后，即可得到康戊胶的生胶（图10.42）。

| 纯康戊胶 | 康戊胶(10%异戊二烯) | 康戊胶(20%异戊二烯) |
| 康戊胶(30%异戊二烯) | 康戊胶(40%异戊二烯) | 康戊胶(50%异戊二烯) |

图10.42　不同异戊二烯含量（质量分数）的康戊胶生胶

■ 表10.15　康戊胶生胶的分子量，分子量分布和玻璃化转变温度

异戊二烯含量（质量分数）/%	衣康酸二异戊酯含量/g	异戊二烯含量/g	M_n	M_w/M_n	T_g/℃
0	100	0	55000	2.20	−4.2
5	95	5	84000	3.05	−10.6
10	90	10	142000	3.28	−25.5
20	80	20	352000	3.41	−39.5
30	70	30	316000	3.66	−42.1
40	60	40	256000	4.12	−48.2
50	50	50	317000	3.94	−53.8

从表10.15中可以看出，采用乳液聚合法合成的康戊胶的分子量随着异戊二烯含量的增加有着明显的变化，在20%异戊二烯含量的康戊胶中，其数均分子量达到了352000，分散指数为3.41。这与传统橡胶如天然橡胶、丁苯橡胶等具有相当的分子量水平。实验还发现随着异戊二烯含量的增大，康戊胶的玻璃化转变温度逐步降低，这主要是由于异戊二烯链段的引入增加了康戊胶分子链的柔顺性引起的。在异戊二烯含量大于10%以上时，玻璃化转变温度低于−25℃，达到了常用弹性体材料的要求。随着异戊二烯含量的增加，康戊胶的数均分子量呈现先增大后减小的趋势，分散指数呈现逐步增大的趋势。

10.4.2.3　康戊胶和康戊胶/白炭黑复合材料的性能研究

首先，以20%异戊二烯含量的康戊胶进行硫化特性研究。如图10.43所示，康戊胶可以通过硫黄/促进剂硫化体系进行有效的交联，随着硫黄用量的增加，硫化速率逐步提高，转矩也有明显增大。当硫黄用量为0.25份时，由于硫黄用量较少，因此硫化速率比较慢，焦烧时间，硫化时间都比较长。随着硫黄用量的增大，硫化速率明显加快，转矩增加与硫黄用量呈正比。

从图10.44中可以看出，对于含有不同硫黄用量的康戊胶来说，当硫黄用量为0.25份时，康戊胶的断裂伸长率为660%，拉伸强度为0.5MPa。实验发现随着硫黄用量的增加，交联程度有所增加，拉伸强度升高，断裂伸长率随着硫黄用量的增加逐步减小，在加入2份硫黄时，断裂伸长率已经不足200%。在高交联密度下，扯断样品需要克服更多的交联点，因此，拉伸强度会增大，但是随着交联密度的提高，在拉伸过程中，分子链间的滑移受到了交联点的限制，断裂伸长率会明显降低。

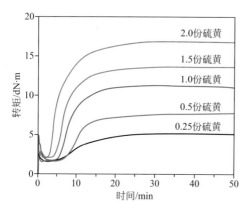

图10.43　不同硫黄用量康戊胶交联曲线[68]　　图10.44　不同硫黄用量的康戊胶的
　　　　　　　　　　　　　　　　　　　　　　　　　　　应力-应变曲线[68]

由于未补强的康戊胶的力学性能较差，拉伸强度仅为1MPa左右。因此，进行了白炭黑补强康戊胶的研究。采用白炭黑补强康戊胶有以下两个优点：首先，白炭黑原料的来源不依赖于石化资源，从而可以进一步的发挥康戊胶为生物基弹性体的优势。其次，由于康戊胶中具有大量的酯基基团，预测白炭黑表面存在的大量羟基官能团可以与酯基之间形成氢键，提高白炭黑与康戊胶的相互作用和白炭黑在康戊胶基体中的分散效果。如图10.45所示，在康戊胶/白炭黑复合材料体系中，会形成两种类型的氢键，第一种是白炭黑之间形成的氢键HB_a和白炭黑与康戊胶之间形成的氢键HB_b。其中，HB_b这种氢键有助于抑制白炭黑的团聚，提高白炭黑在康戊胶中的分散效果。

图10.46为康戊胶/白炭黑复合材料的应力-应变曲线，从图中可以看出，加入白炭黑可以显著提高康戊胶的力学性能，如加入50份白炭黑后，其拉伸强度可以达到11.7MPa，断裂伸长率为369%，继续增加白炭黑的份数，拉伸强度有所增加，而断裂伸长率明显降低。因此，可以选择50份白炭黑作为首选的填充份数。随着白炭黑份数的增加，康戊胶/白炭黑复合材料100%定伸应力和300%定伸

应力也逐步增大。如图 10.47，采用康戊胶为基础可以制备多种康戊胶橡胶制品。

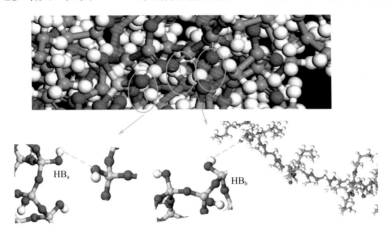

图 10.45　康戊胶与白炭黑之间形成氢键的分子模拟结果示意图[68]

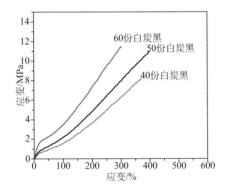

图 10.46　康戊胶/白炭黑复合材料的应力-
应变曲线[68]

图 10.47　康戊胶在实验室阶段的
制品照片[68]

■ **表 10.16**　不同异戊二烯含量康戊胶白炭黑复合材料的力学性能

项目	PDII-20 [①]	PDII-30	PDII-30	PDII-40
拉伸强度/MPa	11.8	14.0	17.3	19.3
断裂伸长率/%	418.2	553.1	600.5	662.6
100%定伸强度/MPa	2.34	2.78	1.95	1.78
300%定伸强度/MPa	8.40	6.67	5.76	5.33
永久变形/%	32	34	32	32
硬度/Shore A	78	77	75	73

① PDII-20：异戊二烯含量为 20% 的康戊胶。

为了分析异戊二烯含量对康戊胶性能的影响，同时尝试进一步提高康戊胶/
白炭黑复合材料的力学性能，开展了不同异戊二烯含量康戊胶/白炭黑复合材料的力学性能的研究。表10.16为不同异戊二烯含量康戊胶/白炭黑复合材料的力学性能，可以看出，随着异戊二烯含量的增大，康戊胶/白炭黑复合材料的拉伸强度和断裂伸长率逐渐增大，定伸应力反而逐渐下降，在异戊二烯质量分数为50%时，拉伸强度达到19.3MPa，断裂伸长率大于600%。因此，在对拉伸强度要求较高的应用环境，可以考虑使用异戊二烯含量较高的康戊胶。

10.4.2.4 不同侧基康戊胶的合成与性能研究

在康戊胶的研究中发现，衣康酸酯侧基对康戊胶的性能有着显著的影响，为了分析侧基对康戊胶各项性能的影响，合成了不同侧基的康戊胶生胶。首先，通过衣康酸与甲醇，乙醇，正丙醇，正丁醇等一元醇制备不同侧基长度的衣康酸二酯，然后通过衣康酸二酯与异戊二烯的共聚合制备不同侧基长度的康戊胶生胶，图10.48即为不同侧基长度康戊胶的合成反应式。通过氧化还原引发体系引发的乳液聚合，在相似的聚合条件下，合成了带有不同侧基的康戊胶，图10.49为不同侧基长度的康戊胶生胶。包括聚（衣康酸二甲酯/异戊二烯）型康戊胶（PDMⅡ），聚（衣康酸二乙酯/异戊二烯）型康戊胶（PDEⅡ），聚（衣康酸二正丙酯/异戊二烯）型康戊胶（PDPrII），聚（衣康酸二正丁酯/异戊二烯）型康戊胶（PDBII），聚（衣康酸二正戊酯/异戊二烯）型康戊胶（PDPeII），聚（衣康酸二正己酯/异戊二烯）型康戊胶（PDHxII），聚（衣康酸二正庚酯/异戊二烯）型康戊胶（PDHpII），聚（衣康酸二正辛酯/异戊二烯）型康戊胶（PDOII），聚（衣康酸二正壬酯/异戊二烯）型康戊胶（PDNII），聚（衣康酸二正癸酯/异戊二烯）型康戊胶（PDDII）。

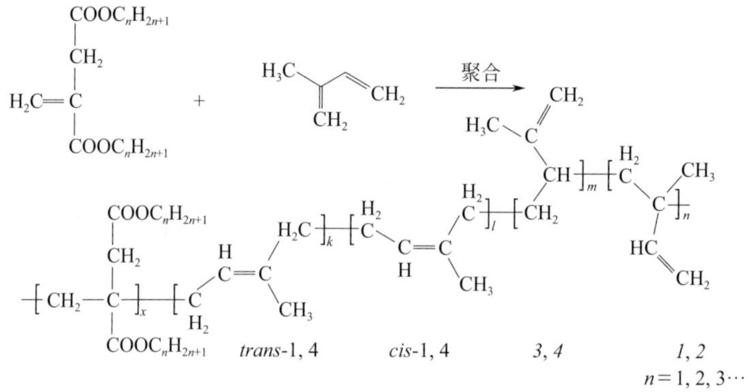

图10.48　不同侧基长度康戊胶的合成反应式

其数均分子量从10万～30万不等，分子量分布系数在3.0左右。控制衣康酸酯与异戊二烯共聚的投料比为2：3时，经测试发现，随着侧基长度的增加，聚合物的玻璃化转变温度逐渐降低。如衣康酸二甲酯/异戊二烯共聚物型的康戊胶的玻璃化转变温度在5℃左右，而衣康酸二正壬酯/异戊二烯共聚物型的康戊胶的玻璃化转变温度为-68℃左右。

(a) M_n=111000甲酯　(b) M_n=826000丙酯　(c) M_n=181000丁酯　(d) M_n=260000戊酯

(e) M_n=211000己酯　(f) M_n=220000庚酯　(g) M_n=107000辛酯　(h) M_n=120000壬酯

图10.49　不同侧基康戊胶生胶照片和数均分子量

如图10.50所示，通过力学性能的测试发现，拉伸强度和断裂伸长率随着康戊胶侧基的增加也有着显著的变化，整体上呈现先增大后减小的趋势。这主要是有两个方面的原因造成的，首先，随着康戊胶侧基长度的增加，康戊胶的玻璃化转变温度逐步降低，这一点可以通过DSC和DMTA结果得到验证，分子链柔顺性的提高有利于填料和助剂在康戊胶基体中的分散，也有利于混炼胶的硫化成型，因此，聚（衣康酸二正丁酯/异戊二烯）型康戊胶（PDBII）的机械强度要高于聚（衣康酸二甲酯/异戊二烯）型康戊胶（PDAII）和聚（衣康酸二乙酯/异戊二烯）型康戊胶（PDEII）。其次，随着康戊胶侧基的增加，更长的侧基影响了康戊胶主链在填料上的缠结和吸附，造成了填料和康戊胶分子链的相互作用减弱，影响了填料的增强效果，因此，PDPeII，PDHxII，PDHpII，PDOII 的拉伸强度和断裂伸长率要明显低于PDBII，而且是随着侧基增加，呈现逐步降低的趋势。

图10.51是不同侧基康戊胶白炭黑复合材料的DMTA曲线，从DMTA曲线可以看出，随着康戊胶侧基长度的增加，康戊胶的分子链的柔顺性是逐步提高的，这是

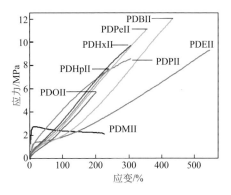

图10.50　不同侧基康戊胶/白炭黑复合材料的拉伸曲线

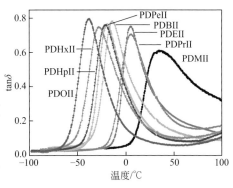

图10.51　不同侧基康戊胶/白炭黑复合材料的DMTA曲线

由于侧基长度的增加增大了康戊胶分子链之间的间距，提高了康戊胶的自由体积。研究发现，对于橡胶复合材料的DMTA曲线，0℃的tanδ值可以反映该材料的抗湿滑性，0℃的tanδ值越高，说明该材料的抗湿滑性越好，相似的是，60℃的tanδ值可以反映材料的滚动阻力，60℃的tanδ值越低，说明该材料的滚动阻力越低。结合tanδ的峰值温度，可以看出，PDBII和PDPII是制备轮胎胎面的理想材料。

10.4.2.5　含有羧基官能团康戊胶的合成与表征

为了增强康戊胶与含有羟基官能团的纳米白炭黑的结合，提高白炭黑在康戊胶基体中的分散效果，尝试在康戊胶中引入羧基官能团，制备含有羧基的康戊胶。在之前研究探索的引发体系中引入了第三单体——不饱和羧酸。由于羧酸电离出带正电荷的氢离子，破坏了乳胶粒表面的双电层结构，从而使得乳液变得极不稳定，难以实现乳液聚合的稳定进行，有必要在乳液聚合体系中引入一种能够在酸性环境中仍然保持高活性的阴离子乳化剂。因此，选用十二烷基苯磺酸钠作为共聚合的乳化剂，叔丁基过氧化氢作为氧化剂（引发剂），甲醛次硫酸钠和乙二胺四乙酸铁钠为还原体系，采用乳液聚合方法成功制备了含羧基的康戊胶。图10.52为羧基康戊胶的胶乳和生胶。

(a) 胶乳　　　　　　　　　　　　　　(b) 生胶

图10.52　羧基康戊胶的胶乳和生胶

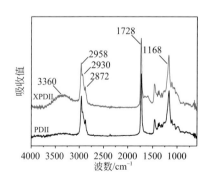

图10.53　羧基康戊胶和康戊胶的傅里叶红外谱图

图10.53是羧基康戊胶和康戊胶的傅里叶红外谱图。从图中可以看出，经过提纯处理后，羧基康戊胶在3360 cm^{-1}出现了明显的羧羟基的伸缩振动吸收峰，这说明在康戊胶的分子链上成功引入了羧基基团，成功制备了羧基康戊胶。通过测定，制备的羧基康戊胶的数均分子量为290000，分子量分布指数为4.0。由于这项工作还在进行之中，有关其

性能方面的研究将会陆续报道，有兴趣的读者可以关注。

10.4.2.6　康戊胶/累托石复合材料的制备和性能研究

为了提高康戊胶材料的气密性，开发康戊胶在气体密封领域的应用，利用乳液湿法复合技术制备了康戊胶/累托石复合材料，尝试以累托石的片层结构来提升康戊胶复合材料的气密性见图10.54。

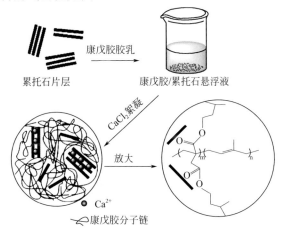

累托石片层　　康戊胶胶乳　　康戊胶/累托石悬浮液

CaCl₂絮凝　放大　Ca²⁺　康戊胶分子链

图10.54　乳液共沉法制备康戊胶/累托石复合材料示意图

如图10.55，TEM照片表明，在累托石填充量较少的情况下，复合材料为剥离型材料，累托石呈剥离态存在于康戊胶基体中。当累托石含量增加时，样品中开

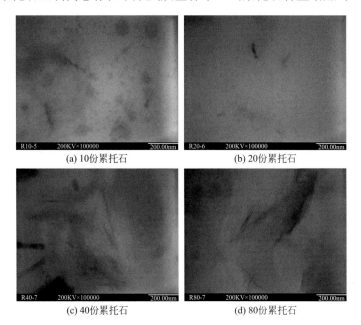

(a) 10份累托石　　　　　(b) 20份累托石

(c) 40份累托石　　　　　(d) 80份累托石

图10.55　康戊胶/累托石纳米复合材料的TEM照片

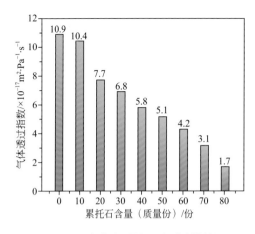

图10.56　康戊胶/累托石复合材料的
气体透过指数

始出现聚集结构，复合材料中同时存在剥离型和聚集型的累托石。不同累托石含量样品的气体透过指数见于图10.56。康戊胶纯胶的气体透过指数为$10.9×10^{-17}m^2·Pa^{-1}·s^{-1}$，气体阻隔性能较差。累托石作为填料时，由于其片层大的宽厚比和较大的比表面积可以增加气体在橡胶基体中的透过路径，并且同时限制了橡胶大分子的回转而阻碍了气体小分子在橡胶基体中的渗透，可以有效地改善橡胶的气密性。从图中可以看出，随着累托石在橡胶中填充量的增加，复合材料的气体透过指数逐渐降低，当填充50份累托石时，样品的气体透过指数降为纯康戊胶的一半以下，达到$5.1×10^{-17}m^2·Pa^{-1}·s^{-1}$。在填充份数为80份时，康戊胶/累托石复合材料的气体透过指数为$1.7m^2·Pa^{-1}·s^{-1}$，气体阻隔性能优异。

10.4.2.7　康戊胶/受阻酚杂化材料的结构与性能研究

受阻酚是一类含有酚羟基的有机小分子物质，可以作为聚合物材料的阻尼功能添加剂。将康戊胶与受阻酚AO-80通过熔融共混制备了一种新组成的杂化材料。根据文献报道，在极性聚合物中加入受阻酚AO-80复合后，在复合材料内部形成了一种贯穿材料整体的氢键网络结构，材料可通过氢键的破坏和重建吸收大量能量，从而显著提高材料的阻尼性能。

图10.57是PDII/AO-80复合材料和纯康戊胶基体的损耗因子-温度曲线。从图中可知所有的PDII/AO-80复合材料只有一个转变峰，这说明了AO-80与基体拥有优异的相容性。同时可以看到，与纯康戊胶基体相比，加入AO-80后，由于AO-80与基体之间强烈的氢键网络作用，使得材料的玻璃化转变峰向高温区域显著移动，甚至转变峰值区域达到了室温。最重要的是，随着AO-80含量的增加，PDII/AO-80复合材料的损耗因子tanδ峰值几乎呈直线上升，当添加100份AO-80后，损耗因子峰值由基体的

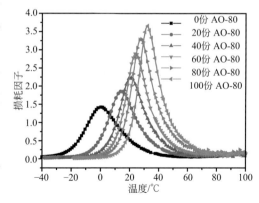

图10.57　PDII/AO-80复合材料和纯康戊胶基体的损耗因子-温度曲线

1.4升高到3.6。以上结果说明PDII/AO-80复合材料的阻尼性能优异，并且可以通过控制复合比例来获得不同阻尼温域的橡胶阻尼材料。这为康戊胶在高性能阻尼材料领域的应用提供了实验基础。

10.4.3 大豆油生物基工程弹性体

10.4.3.1 概述

大豆油作为一种天然原料，环保可再生，是目前产量最大的植物油之一，因此利用大豆油制备聚合物也成为当前研究的热点。然而，目前报道的利用大豆油为原料制备弹性体的研究非常少，这主要是由于大豆油是一种甘油酯结构，其聚合物基本上是热固性聚合物，无法进一步加工。我们都知道，在弹性体领域，为了得到较低的玻璃化转变温度，弹性体分子链一般都比较柔顺，不结晶，因此大多数弹性体本身的力学性能不高（像天然橡胶这样具有拉伸结晶性能的弹性体除外），无法直接应用，需要通过二次加工引入纳米增强颗粒和其他填料来提高其力学性能和其他特殊性能，如耐老化性等。考虑到大豆油结构的特殊性，可以先制备具有可加工性能的大豆油弹性体，然后通过二次加工的方法来提高其力学性能。

作者课题组第一次提出以环氧大豆油（ESO）与生物质癸二胺（DDA）为原料进行反应，利用癸二胺既可与环氧官能团进行开环反应进行聚合，又可与环氧大豆油结构中的甘油酯官能团发生胺解反应从而破坏聚合物或预聚物中的交联结构，最终成功制备了非交联、具有可加工性能的大豆油生物基工程弹性体（PESD）[72]，并对其进行了二次加工，制备得到了具有实用价值的交联大豆油弹性体材料。本节内容将主要围绕PESD的结构表征、反应原理、交联及力学性能、阻尼性能及吸水率性能分别进行描述。表10.17中是不同单体配比所合成的PESD的凝胶含量和重均分子量数据表，可以看出，改变单体配比，可以得到凝胶含量低于15%，重均分子量高于1万的五种PESD，其中，当环氧大豆油与癸二胺摩尔比为1∶2时，所合成的PESD-3的分子量最高，可以达到13万以上，而凝胶含量只有7%，具有良好的可加工性能。

■ **表10.17** 不同单体配比所合成的PESD凝胶含量和重均分子量数据表

编号	环氧大豆油/癸二胺（摩尔比）	凝胶含量/%	重均分子量/×10⁴
PESD-1	1∶1.5	1.4	1.12±0.16
PESD-2	1∶1.75	15.1	3.86±0.76
PESD-3	1∶2	7.0	13.31±0.64
PESD-4	1∶2.25	6.1	6.15±1.46
PESD-5	1∶2.5	5.2	4.78±1.53

　　利用 ^{1}H NMR 方法对改变反应单体配比和改变反应时间所合成的大豆油生物基工程弹性体进行了表征和分析，根据不同种类 H 质子的峰积分变化，推理出了反应过程，如图 10.58 和图 10.59 所示。在反应过程中，癸二胺会同时与环氧大豆油中环氧官能团和酯官能团发生反应，此反过程可在 1h 左右完成。当癸二胺一端的氨基发生反应时，另一端的氨基由于大的位阻效应而活性变弱，很难继续与酯官能团发生反应，但仍然可以和环氧官能团继续反应。当环氧大豆油与癸二胺摩尔比为 1∶2 时，恰好有一个酯键断裂，而且是甘油酯结构中与次甲基相连的酯键，此时反应产物的分子量为最大。当进一步增加癸二胺用量时，多余的癸二胺可以继续与酯官能团反应，进一步破坏其甘油酯结构，导致分子量下降。

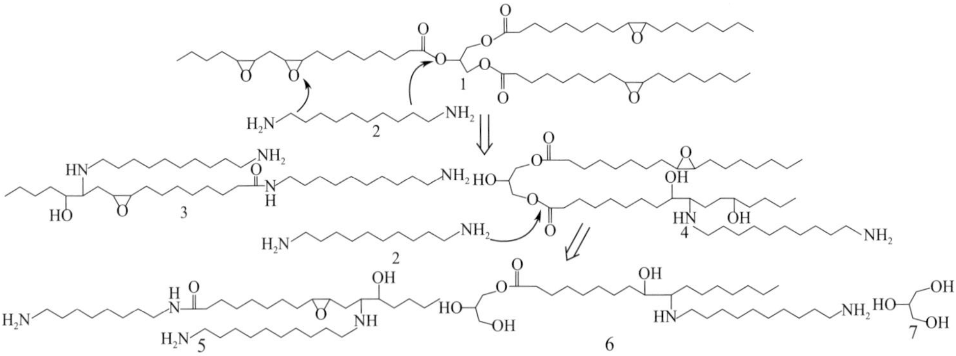

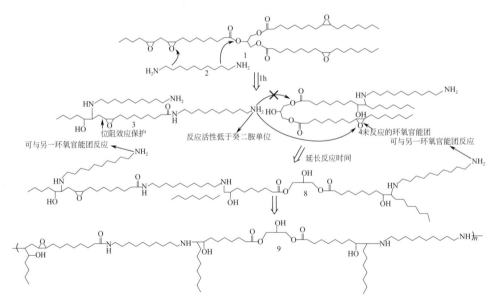

图10.58　不同含量 DDA 的反应过程原理图

图10.59　不同反应时间反应过程原理图

10.4.3.2　大豆油生物基工程弹性体（PESD）的性能

（1）PESD 的结晶和玻璃化转变　对弹性体来说，玻璃化转变是一个非常重要的参数，较低的玻璃化转变温度会使弹性体在室温下具有更好的弹性。大豆油弹性体 PESD 的玻璃化转变温度通过 DSC 表征方法进行了确定，如图 10.60 所示。大豆油弹性体的玻璃化转变温度主要受单体的配比影响，当 DDA 含量较低时，比如 PESD-1 和 PESD-2，分别在 0℃和 8℃出现了明显的熔融峰，说明反应生成了低聚物，反应并不完全。当 DDA 加入量高于 1：2 时，如 PESD-3，PESD-4，和 PESD-5，从 DSC 曲线上只能观察到一个玻璃化转变温度，说明反应完全，而且玻璃化转变温度都在 –17℃左右，证明 PESD 在室温下具有良好的弹性，而且可以被用来进一步加工制备成交联的弹性体。由于 PESD-3 具有较低的玻璃化转变温度和最高的分子量，因此作者选择 PESD-3 为原料进行了二次加工，并对 PESD 的交联过程和交联的 PESD 的基本性能进行了研究。

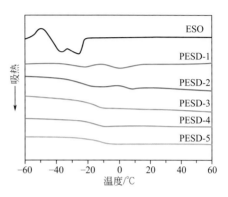

图 10.60　不同含量（质量份）癸二胺的 PESD 的 DSC 谱图[72]

（2）PESD 的交联及力学性能研究　一般来说，弹性体在交联以前，不具备力学性能，因此需要对弹性体生胶进行加工，加入纳米增强填料、防老剂和交联剂等，然后在一定条件下使其交联，从而使弹性体具有一定的力学性能或者是某些特殊性能。目前橡胶的交联剂基本都是硫黄或者过氧化物，利用橡胶中的双键或活泼氢进行交联。考虑到 PESD 中没有双键，但是含有环氧官能团、羟基和少量的—NH₂，这些官能团均可以与二元酸发生反应，因此作者课题组选择了生物基单体丁二酸酐作为交联剂对 PESD 进行交联。

由于弹性体的性能与其交联的程度有很大关系，因此首先对 PESD 的交联动力学进行了分析。研究发现，反应温度对交联的速率影响比较大，如图 10.61 所示，不同硫化温度的硫化曲线，其最大扭矩变化不大，说明交联程度差不多，但是不同硫化温度下交联时间有明显区别，160℃的硫化温度下，硫化时间超过 2h，而在 180℃的硫化温度下，硫化时间只有 28min。为了提高硫化的效率，同时考虑到更高的温度会对材料造成不利的影响，因此选择 180℃为最佳的硫化温度。接着，在 180℃硫化温度下，考察了不同交联剂用量对硫化过程的影响，如图 10.62 所示。从图中可以看出，当交联剂用量为 3 份时，最大扭矩很低，只有 12dN·m 左右，而硫化时间却非常长，至少达到 50min；随着交联剂用量的增加，硫化时间明显缩短，而最大扭矩明显升高，当交联剂用量达到 11 份时，最大扭矩可以达到 48dN·m，而硫化时间仅有 13min。这说明交联剂用量的增加可以明显改善交联效率，并可以提高交联的程度。另外，从图中还可以看出11份和9份最大扭矩之间的距离较小，这也说明11份的交联程度接近于最大。

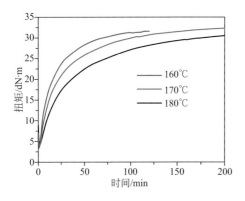

图10.61　PESD-3混炼胶不同温度下的硫化曲线[72]（丁二酸酐含量为7份）

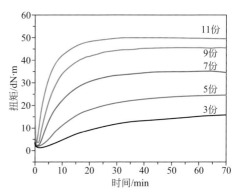

图10.62　不同份数丁二酸酐交联的PESD-3的交联动力学[72]

图10.63是交联弹性体的应力-应变曲线，从图中可以看出，随着丁二酸酐份数的增加，弹性体的定伸模量和拉伸强度都在增加。在较低的应变下，所有的应力都比较小，而且应力随应变增加的速率很慢，而当应变超过110%时，而且丁二酸酐份数大于或等于9份时，应力随应变的增加而迅速增加，最大可以达到8.5MPa，这主要是由于此时出现了分子链拉伸重排取向的结果。众所周知，目前除了具有拉伸结晶性质的橡胶（比如天然橡胶），大多数的纯橡胶的拉伸强度一般都在1～3MPa的范围内，因此需要利用纳米填料的加入对其进行补强[73]。就PESD弹性体而言，由于分子间有氢键的作用，可以固定分子取向，因此在高的交联程度下，弹性体展现出了自增强的性质。交联PESD弹性体的一些基本性能的数据列于表10.18中，从表中可以看出随着交联剂用量的增加，邵A硬度可以从28°增加到50°，拉伸强度可以从0.8MPa增加到8.5MPa，而且100%定伸应力可以从0.2MPa增加到1.8MPa。

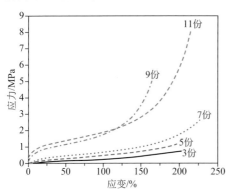

图10.63　不同交联剂用量下交联弹性体的应力-应变曲线[72]

■ 表10.18　交联弹性体的力学性能表

力学性能　　　　　样品	PESD-3-3份	PESD-3-5份	PESD-3-7份	PESD-3-9份	PESD-3-11份
邵A硬度/(°)	28	34	38	45	50
拉伸强度/MPa	0.8	1.0	2.5	4.8	8.5
玻璃化转变温度/T_g	−5	1	7	12	17

续表

力学性能＼样品	PESD-3-3份	PESD-3-5份	PESD-3-7份	PESD-3-9份	PESD-3-11份
100%定伸应力/MPa	0.2	0.3	0.5	1.8	1.8
断裂伸长率/%	205	200	226	160	210
永久变形/%	16	8	8	4	4

（3）大豆油生物基工程弹性体的阻尼性能研究 利用DMTA方法对交联弹性体的阻尼性能进行了表征，通常来说高和宽的阻尼是优异阻尼性能的必要条件。图10.64是交联弹性体的损耗峰tanδ与温度的关系曲线，从图中可以看出，每种弹性体都只有一个宽的tanδ峰出现。随着丁二酸酐份数的提高，tanδ峰向高温方向移动，说明玻璃化转变温度在升高。交联的PESD弹性体有效阻尼温域（tanδ>0.3时的温度范围，ΔT）都高于

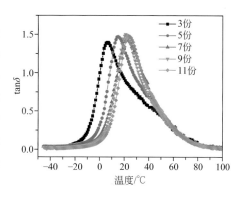

图10.64 交联弹性体的损耗峰tanδ与温度的关系[72]

50℃，而且tanδ峰值的高度均大于1.4，证明交联PESD弹性体具有良好的阻尼性能，此弹性体有望被用做阻尼材料。

（4）大豆油生物基工程弹性体的吸水率 为了研究所制备的交联弹性体的环境稳定性，作者还对此交联PESD弹性体的吸水率进行了研究。对于弹性体来说，其吸水率理论上受其本身极性的影响，一般来说极性的弹性体比较亲水。然而，从表10.19所列的交联PESD弹性体的水接触数据中可以看出，所有弹性体的水接触角均大于90°（水接触角大于90°为疏水），且水接触角随着丁二酸酐份数的增加而增加。从PESD弹性体的结构中可以看到，酰胺官能团所占比例比较少，而羟基虽然亲水，其周围被大量的脂肪链段包围，且羟基会与旁边的—NH产生分子内氢键作用，从而降低了羟基与水的亲和力。另外，大量酯官能团的存在也会使弹性体具有疏水性。通过对吸水率的测定，可以进一步说明交联PESD弹性体的亲疏水性能，如图10.65所示。随着时间的延长，弹性体的吸水率在缓慢增加，但是经

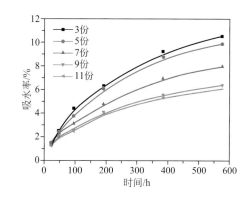

图10.65 交联密度对弹性体吸水动力学的影响[72]

过24天浸泡以后，所有的弹性体的吸水率（质量分数）均低于11%，这说明此弹性体的吸水率较低。以吸水率（质量分数）达到10%时所用的时间为准做对比，此交联PESD弹性体的吸水率要低于大多数的常见橡胶。随着交联剂份数的增加，吸水率下降，说明交联密度的变化可以影响吸水率。这种低的吸水率使此交联PESD交联弹性体有可能应用于工程橡胶材料领域。

■ 表10.19　交联弹性体的水接触角表

PESD弹性体	PESD-3	PESD-5	PESD-7	PESD-9	PESD-11
水接触角/（°）	106.8±0.3	107.3±0.2	107.8±0.3	108.2±0.4	109.4±0.2

10.4.4　生物基单体合成的传统工程弹性体

目前国际上一些大公司，如杰能科（Genencor）、阿米瑞斯（Amyris）、朗盛（Lanxess）以及固特异（Goodyear）通过生物质发酵的方法获得一些生物基单体，如异戊烯基焦磷酸酯、乙醇、丙醇、异丁醇、丁二醇，再进一步转化成传统的单体，如异戊二烯、乙烯、丙烯、异丁烯、丁二烯等，最终合成为生物基的传统橡胶，比如异戊橡胶、乙丙橡胶、丁基橡胶、顺丁橡胶。这样种模式的优点是合成橡胶均为传统结构、传统品种，可以直接应用而无需推广性工作。但是其缺点是制备步骤较多，而且对开发新结构、新性能的橡胶不利。

10.4.4.1　生物基异戊橡胶

异戊橡胶是溶液聚合的高顺式-1,4-聚异戊二烯，是最接近于天然橡胶（NR）的一种合成橡胶。异戊二烯的主要来源是通过石油基的异戊烷、异戊烯脱氢法、化学合成法（包括异丁烯-甲醛法、乙炔-丙酮法、丙烯二聚法）和裂解C5馏分萃取蒸馏法。然而，随着化石资源的日益枯竭，开发新的异戊二烯合成途径已成为当前发展的必然趋势。

异戊二烯广泛存在自然界中，主要是指某些树木和草本植物排放至大气中的一种易挥发的C5萜类化合物。然而，由于植物占地面积较大，挥发性气体难以收集，能量转化效率低等原因，使得收集大气中的异戊二烯作为一种可持续的原料异常的困难。异戊二烯可以由异戊二烯合成酶催化二甲基烯丙基焦磷酸酯（dimethylallyl diphosphate，DMAPP）得到，反应过程中焦磷酸被释放。异戊二烯中间体DMAPP可以通过两个独立的生物合成途径得到，即真核细胞和一些原核细胞中的甲羟戊酸（mevalonate pathway，MVA）途径[74]，和原核生物或植物体中甲基赤藓醇4-磷酸途径（methylerythritol 4-phosphate pathway，MEP）[75]。随着生物催化的快速发展，目前通过微生物发酵的方法制备异戊二烯已经变成了一种可行的方法。微生物发酵法是以糖类为原料，在大肠杆菌等的作用下通过

MVA 或 MEP 路线得到生物基异戊二烯[76,77]，反应过程如图 10.66 所示。

　　杰能科（Genencor）和固特异（Goodyear）两家公司于 2010 年 3 月 25 日宣布组建联合体，开发一体化发酵、回收和提纯系统，用于从糖类生产生物基异戊二烯，进而合成异戊橡胶。阿米瑞斯（Amyris）公司和米其林（Michelin）公司也于 2011 年 9 月 28 日签署一项协议，合作开发可再生的异戊二烯。阿米瑞斯公司预计到 2015 年开始商业化生产异戊二烯，以应用于轮胎以及其他特种化学品，如黏合剂、涂料和密封剂。阿米瑞斯公司的技术目前已用于商业化规模生产 15 个碳的分子，即所谓的法呢烯，该技术也可用于将植物基糖类转化成异戊二烯。

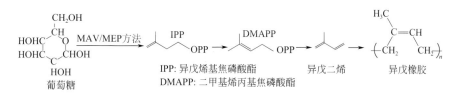

图 10.66　生物基异戊橡胶的反应过程

10.4.4.2　生物基乙丙橡胶

　　生物基乙丙橡胶（EPDM）可以由可再生资源得到的乙烯和丙烯共聚得到。生物基乙烯可以利用可再生生物质资源经发酵生产乙醇，在催化剂作用下脱水得到，乙醇脱水所用的催化剂主要采用氧化铝、沸石、杂多酸、分子筛如 ZMS-5 等[78]。目前制备生物基乙醇主要是由糖类（甘蔗、甜菜等）经过发酵得到，或是由淀粉（玉米、土豆、木薯等）水解得到。生物基丙烯可以由生物基的化学品丙酮氢化得到异丙醇，再经催化脱水得到丙烯[79,80]。然后按照传统的方式将生物基乙烯和生物基丙烯或第三单体（如乙叉降冰片烯等）合成为 EPM 或者 EPDM，合成路线如图 10.67 所示。

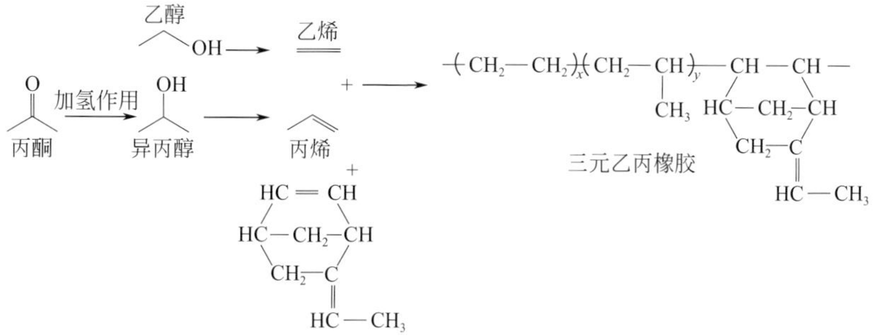

图 10.67　生物基乙丙橡胶的反应过程

目前德国朗盛公司正在进行工业化的尝试，其在巴西特里温福（Triunfo）的 EPDM 生产厂利用当地 Braskem S.A. 公司供应的生物基乙烯生产生物基 EPDM，这将是全世界第一款生物基 EPDM 产品，据称首批生物基 EPDM 的产量有望达到数百吨。

10.4.4.3　生物基丁基橡胶

德国朗盛公司日前宣布，其生物基异丁烯已在中试装置上试产成功，并生产出一批由生物基原料合成的丁基橡胶[81]，合成路线如图 10.68 所示。

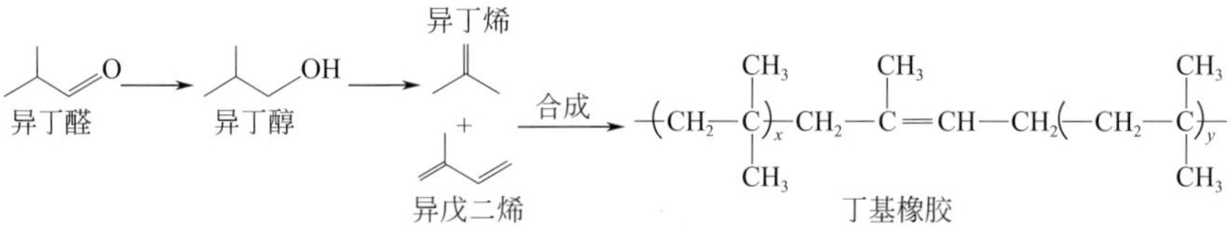

图 10.68　生物基丁基橡胶的反应过程

朗盛公司表示，将在 2013 年工业化生产生物基丁基橡胶，至 2015 年使生物基丁基橡胶产能达到数万吨规模。这样一来，朗盛公司的丁基橡胶生产过程可大幅度地降低碳排放量，可实现 2025 年碳排放量比 2002 年减少 25% 的目标。

10.4.4.4　生物基顺丁橡胶

制备生物基顺丁橡胶的关键是如何得到生物基丁二烯，它可以通过生物基乙醇或 2,3-丁二醇衍生得到。早在 20 个世纪 50 年代法国的 Hüls 等就利用生物乙醇制备丁二烯，具体路线为：乙醇脱氢转化为乙醛，然后在催化剂 $MgO\text{-}SiO_2$ 的作用下通过醇醛缩合反应得到丁二烯，产率在 70% 左右[82]。近年来，以葡萄糖作为原料通过生物发酵的方法得到 2,3-丁二醇成为生物能源领域的新热点。具体做法是利用 *bacillus polymyxa*，*klebsiella pneumoniae* 等细菌将葡萄糖转化为 2,3-丁二醇，进而得到生物基顺丁橡胶所需要的丁二烯单体[83]，合成路线如图 10.69 所示。

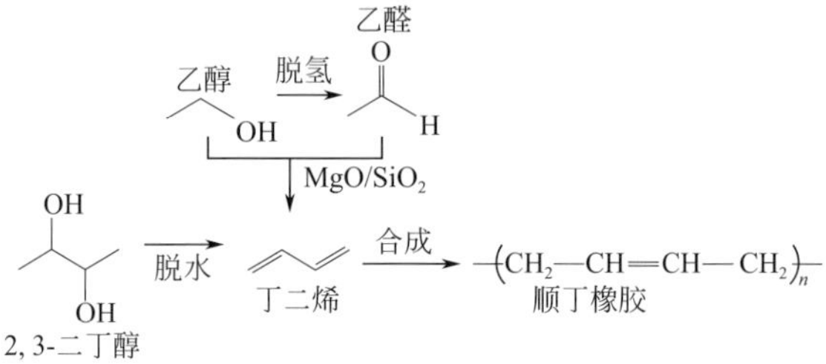

图 10.69　生物基顺丁橡胶的反应过程

10.4.5 其他生物基工程弹性体

10.4.5.1 聚氨酯生物基工程弹性体

聚氨酯弹性体材料因具有良好的力学性能、耐磨性、高弹性、生物相容性、耐油、耐化学药品等特点，被广泛应用于生物医学工程、工业制品、国防制品等方面。随着生物基原料和生物技术的发展，各企业和研究机构也积极研发生产大豆油、蓖麻油等生物基聚氨酯材料。采用生物基多元醇制备聚氨酯是其未来发展的趋势之一，陶氏、拜耳、杜邦等众多化工巨头已纷纷实现了生物基多元醇在聚氨酯方面的运用。虽然中国起步较晚，但发展迅速。植物油是一种可再生资源，价格也相对便宜，以植物油作为制备多元醇的基础原料所得聚氨酯不仅符合环保要求，而且具有良好的化学和物理性能。目前，生物基聚氨酯弹性体的研究主要集中在以植物油基的多元醇为软段，与异氰酸酯反应来获得相应的聚氨酯，在许多方面这种生物基的聚氨酯的性能与石油基多元醇的聚氨酯性能相当。

商业化产品方面，世界上一些大公司都相继开发了生物基的产品来满足市场需求，如美国 Cargill 公司开发了商品名为 BiOH 的大豆油基多元醇，并在芝加哥建造了一套 BiOH 的生产装置；西班牙的 Merquinsa 公司开发了 Perlthane ECO 系列生物基聚氨酯弹性体；德国拜耳公司也相应推出了植物油基的发泡聚氨酯材料。

10.4.5.2 聚羟基脂肪酸酯弹性体

聚羟基脂肪酸酯（PHA）是一类由微生物合成的可完全降解的聚酯生物材料。PHA 的单体种类多，彼此间链长差别很大，这就使不同的 PHA 材料性质有很大的不同，包括从坚硬质脆的硬塑料到柔软的弹性体。目前，聚-3-羟基丁酸酯是 PHA 家族中结构简单、研究较多的一员，为高结晶度的聚合物，脆性大，强憎水，体内降解很慢[84]。为了改善聚-3-羟基丁酸酯的性能，人们利用不同链长的羟基烷酸与聚-3-羟基丁酸酯形成共聚物，在增加聚-3-羟基丁酸酯柔韧性的同时，大大降低了结晶度，从而获得了 PHA 弹性体。已经商业化的 PHA 弹性体主要有 3-羟基丁酸/3-羟基戊酸共聚物等，当前对 PHA 弹性体的研究主要集中在其合成工艺的改进上[85]。

10.4.5.3 聚酰胺生物基工程弹性体

目前，关于生物基聚酰胺弹性体的报道很少，主要都是通过生物基尼龙与聚醚嵌段共聚得到的，生物基聚酰胺弹性体的研究主要是在企业界。法国阿科玛公司和瑞士的 EMS-Grivory 公司都致力于生物基聚酰胺弹性体的研究，利用自己生产的来源于蓖麻油的尼龙 11 与聚醚共聚得到的聚醚酰胺弹性体（Pebax），该弹性体不含增塑剂，具有相当广泛的硬度范围及良好的回弹性，出众的低温抗冲击性能，低温不硬化，对大多数的化学品有抗腐蚀作用。Pebax 产品可以应用于医疗器械，体育用品，汽车和机械工具，电子电器产品等领域。

10.5 总结与展望 ◀◀◀

　　生物基医用弹性体的研究已经取得了显著的进步，但是对于可降解的生物基医用弹性体的研究还是集中在合成过程、表面特性、细胞毒性等基本的材料特征上。生物基医用弹性体的应用需要不同学科的研究人员在材料和医学领域内的深度合作才能完成，因此，加强生物基医用弹性体的相关研究的深入合作成为推进生物基医用弹性体进一步发展的关键。从可再生的生物质资源开发新一代工程橡胶已经成为包括中国在内的世界橡胶工业的研究重点。采用生物质化学品为原料合成的具有新型结构的生物基工程弹性体（如聚酯生物基工程弹性体、衣康酸生物基工程弹性体、大豆油生物基工程弹性体等新材料），具有原料易得、发酵工艺成熟、成本较低的优点，研究的难点在于新材料性能的提升和应用的开发上；对于采用发酵法制备的乙烯、丙烯、丁二烯、异戊二烯等原料合成的生物基工程弹性体，其优势在于性能与传统非生物基工程弹性体完全相同，可以直接替代现有工程弹性体，而其研究的难点在于生物基单体的高效制备，生产效率的提高和成本的控制方面。生物基医用弹性体和生物基工程弹性体具有光明的发展前景，值得全世界的产、学、研、用部门进行深入持续地研究投入。

参考文献

[1] Hahn-Hägerdal B, Galbe M, Gorwa-Grauslund M F, et al. Trends in Biotechnology, 2006, 24 (12): 549-556.

[2] Lynd L R. Annual Review of Energy and The Environment, 1996, 21 (1): 403-465.

[3] Mielenz J R. Current Opinion in Microbiology, 2001, 4 (3): 324-329.

[4] Regauskas A J, Williams C K, Davison B H, et al. Science, 2006, 311: 484-489.

[5] Datta R, Henry M. Journal of Chemical Technology and Biotechnology, 2006, 81 (7): 1119-1129.

[6] John R P, Nampoothiri K M, Pandey A. Applied Microbiology and Biotechnology, 2007, 74 (3): 524-534.

[7] Rasal R M, Janorkar A V, Hirt D E. Progress in Polymer Science, 2010, 35 (3): 338-356.

[8] Aparicio S, Alcalde R. Green Chemistry, 2009, 11 (1): 65-78.

[9] Varadarajan S, Miller D J. Biotechnology Progress, 1999, 15 (5): 845-854.

[10] Behr A, Eilting J, Irawadi K, et al. Green Chemistry, 2008, 10 (1): 13-30.

[11] Marguerite A. Cervin, Phillipe Soucaille, Fernando Valle. Process for the biological production of 1, 3-propanediolwith high yield: US, 2004152174 (A1). 2008-05-13.

[12] Song H, Lee S Y. Enzyme and Microbial Technology, 2006, 39 (3): 352-361.

[13] Bechthold I, Bretz k, Kabascis, et al. Chemical Engineering & Technology, 2008, 31 (5), 647-654.

[14] Zeikus J G, Jain M K, Elankovan P. Applied Microbiology and Biotechnology, 1999, 51 (5): 545-552.